高等院校数字化建设精品教材

大学物理

主　编　程素君　蒋利娟
编　者　（按姓氏笔画排序）
王　斌　刘大平　李　娜
宋　薇　张向丹　苗同军
蒋利娟　程素君　逄瑞霞

本书资源使用说明

北京大学出版社
PEKING UNIVERSITY PRESS

内 容 简 介

本书是根据教育部高等学校物理学与天文学教学指导委员会物理基础课程教学指导分委员会（现为大学物理课程教学指导委员会）编制的《理工科类大学物理课程教学基本要求》的精神，结合当前地方本科院校的教学实际，在总结编者长期从事工科大学物理教学一线实践经验的基础上，吸取国内外优秀教材之精华编写而成. 本书内容大致涵盖基本要求中的 A 类内容，并遴选有关 B 类内容. 全书包括力学、热学、电磁学、光学、量子论 5 篇. 在撰述上力求物理概念与原理准确、简洁、透彻、重点突出、图像清晰.

本书适合作为高等学校工科各专业或理科非物理专业的大学物理课程的教材或教学参考书.

图书在版编目（CIP）数据

大学物理 / 程素君，蒋利娟主编. — 北京：北京大学出版社，2021.7
ISBN 978-7-301-32246-8

Ⅰ. ①大… Ⅱ. ①程…②蒋… Ⅲ. ①物理学—高等学校—教材 Ⅳ. ①O4

中国版本图书馆 CIP 数据核字（2021）第 109770 号

书　　名　大学物理
DAXUE WULI
著作责任者　程素君　蒋利娟　主编
责 任 编 辑　刘　啸　班文静
标 准 书 号　ISBN 978-7-301-32246-8
出 版 发 行　北京大学出版社
地　　址　北京市海淀区成府路 205 号　100871
网　　址　http://www.pup.cn
电 子 邮 箱　zpup@pup.cn
新 浪 微 博　@北京大学出版社
电　　话　邮购部 010-62752015　发行部 010-62750672　编辑部 010-62754271
印 刷 者　长沙超峰印刷有限公司
经 销 者　新华书店
787 毫米×1092 毫米　16 开本　19.75 印张　493 千字
2021 年 7 月第 1 版　2023 年 12 月第 3 次印刷
定　　价　56.00 元

前　言

本书是为适应当前教学改革需要，根据《国家教育事业发展“十三五”规划》提出的要求，为满足理工科各专业使用而编写的. 本书有以下几个特点：

1. 简明

本书按力学、热学、电磁学、光学、量子论的顺序编写. 力求文字简明凝练，内容精细紧凑，注重内容的科学性、系统性和连贯性.

2. 适中

与其他同类教材相比，本书在内容的深度、难度上做了适当调整，注重习题和内容的匹配，在保证基本要求的前提下，尽量避免繁杂的数学推演.

3. 实用

经典物理是理工科各专业后续课程的必备基础知识，必须讲透、讲够. 除讲清这些物理理论知识、注重启迪思维外，还须引导学生学习科学家勇于创新、进取的精神. 总之，本书编写的思路是围绕基础，加粗主干，重在实用，重在理论联系实际，重在培养学生的科学素养和综合素质.

4. 兼容

在本书的编写过程中，既要考虑物理学体系的完整性和系统性，又要尽量考虑各类学校及不同专业对物理知识要求的差异. 因此，在某些章节的内容前面加有“*”号，教师可以根据学校课程设置、专业特点和教学课时数进行取舍. 跳过这些带“*”号的内容，不会影响整个体系的完整性和系统性. 教材即“一剧之本”，既满足教师在授课“舞台”上有据可依的需要，又为教师提供了发挥个性的空间.

本书由程素君、蒋利娟主编，具体章节编写情况如下：第 1 章和第 3 章由宋薇编写；第 4 章和第 5 章由王斌编写；第 2 章和第 6 章，以及习题参考答案由李娜编写；第 7 章和第 8 章由苗同军编写；第 9 章和第 10 章由逯瑞霞编写；第 11 章和第 12 章由刘大平编写；第 13 章由程素君编写；第 14 章由蒋利娟编写；第 15 章和附录由张向丹编写. 由主编程素君和蒋利娟负责全书的修改、统稿和定稿工作. 曾政杰、钟运连、沈阳编辑了配套教学资源，魏楠、苏娟、汤晓提供了版式和装帧设计方案. 在此一并感谢.

由于编者水平有限，加之时间仓促，书中难免存在不妥和疏漏之处，恳请使用本教材的广大师生批评指正.

编　者

目　　录

第1篇　力　　学

第 2 篇 热 学

第3篇　电　磁　学

第4篇　光　　学

第 5 篇　量　子　论

第1篇

力　　学

物理学是研究物质最普遍、最基本的运动形式和其基本规律的一门学科.这些运动形式包括机械运动、分子热运动、电磁运动、原子和原子核运动,以及其他微观粒子运动等.其中机械运动是最简单、最基本的运动形式,力学就是以机械运动规律及其应用为研究对象的学科.所谓机械运动,就是一个物体相对于另一个物体的位置,或一个物体内部的一部分相对于其他部分的位置随时间变化的过程.宇宙中天体的运行、导弹弹道的计算、人造地球卫星轨道的设计等,都属于力学的范畴.

第1章

质点运动学

微课视频

机械运动是最简单、最常见的运动形式，其基本形式有平动和转动. 在力学中，研究物体位置随时间变化的规律的科学称为质点运动学.

本章讨论质点运动学，其主要内容包括位置矢量、位移、速度和加速度、质点的运动方程、切向加速度和法向加速度等.

1.1 参考系 质点

1.1.1 参考系

自然界中的所有物体都在不停地运动，没有绝对静止的物体. 在观察一个物体的位置及位置的变化时，先要选取其他物体作为标准物，选取的标准物不同，对物体运动情况的描述也就不同. 这就是运动的相对性.

为描述物体的运动而选取的标准物叫作**参考系**. 参考系的选取是任意的，不同的参考系对同一物体运动情况的描述是不同的. 因此，在描述物体的运动情况时，必须指明是对哪个参考系而言的. 在讨论地面上物体的运动时，通常选取地球作为参考系.

1.1.2 质点

实际物体都有一定的大小和形状，物体上各点的位置是不同的，在运动中物体上各点的位置变化一般也不相同. 但是，在许多情况下，运动物体的形状、大小和结构与所研究的问题无关，且影响很小，这时可以把运动物体看作一个点. 为此，引入了质点的概念.

所谓**质点**，是指只考虑其质量而不考虑其大小和形状的物体. 质点是经过科学抽象而形成的物理模型. 把物体当作质点是有条件的、相对的，而不是无条件的、绝对的. 例如，在研究行星绕太阳运动时，行星与太阳的距离比行星的直径大很多，因此行星自转的影响可以忽略，此时行星就可以被当作质点. 表 1-1 给出了一些物体的质量和长度的数量级.

表 1-1 一些物体的质量和长度的数量级

质量 m/kg		长度 l/m	
电子的质量	10^{-30}	质子核的半径	10^{-15}
质子的质量	10^{-27}	原子的半径	10^{-10}
血红蛋白的质量	10^{-22}	病毒的线度	10^{-7}
流感病毒的质量	10^{-19}	人类的身高	10^{0}
雨滴的质量	10^{-6}	珠穆朗玛峰的高度	10^{4}

续表

质量 m/kg		长度 l/m	
人的质量	10^{1}	地球的半径	10^{6}
金字塔的质量	10^{10}	太阳的半径	10^{9}
地球的质量	10^{24}	太阳系的半径	10^{13}
太阳的质量	10^{30}	太阳与其最近的恒星的距离	10^{16}
银河系的质量	10^{41}	银河系的尺度	10^{21}

应当指出，将物体抽象为质点的研究方法在实践和理论上都有重要意义. 即便所研究的运动物体在有些情况下不能视为质点，但是仍可将该物体看成由许多质点组成的系统，弄清这些质点的运动，就可以弄清整个物体的运动. 因此，研究质点的运动是研究物体运动的基础.

1.2　质点运动的描述

1.2.1　位置矢量

对物体运动的描述首先需选定参考系，之后应在参考系上选择一个坐标系以定量描述物体运动. 常用的坐标系有直角坐标系、极坐标系和自然坐标系等. 如图 1－1 所示，在直角坐标系中，在任一时刻 t，质点 P 的位置都可以用一个由原点 O 指向质点 P 的有向线段来表示，称之为**位置矢量** $\boldsymbol{r}$，简称**位矢**. 如果取 $\boldsymbol{i}$,$\boldsymbol{j}$ 和 $\boldsymbol{k}$ 分别为 x 轴、y 轴和 z 轴的单位矢量，那么位矢 $\boldsymbol{r}$ 可以表示为

$$\boldsymbol{r} = x\boldsymbol{i} + y\boldsymbol{j} + z\boldsymbol{k}, \tag{1-1}$$

其中 x,y,z 分别为位矢 $\boldsymbol{r}$ 在 x 轴、y 轴和 z 轴上的投影. 位矢 $\boldsymbol{r}$ 的大小为

$$|\boldsymbol{r}| = \sqrt{x^2 + y^2 + z^2},$$

位矢 $\boldsymbol{r}$ 的方向可以通过如下方向余弦来确定：

$$\cos\alpha = \frac{x}{|\boldsymbol{r}|}, \quad \cos\beta = \frac{y}{|\boldsymbol{r}|}, \quad \cos\gamma = \frac{z}{|\boldsymbol{r}|},$$

其中 α,β,γ 分别是位矢 $\boldsymbol{r}$ 与 x 轴、y 轴和 z 轴正方向之间的夹角.

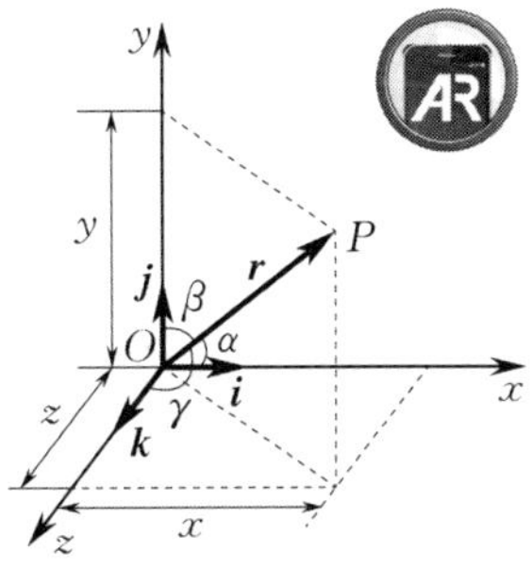

图 1－1　位置矢量

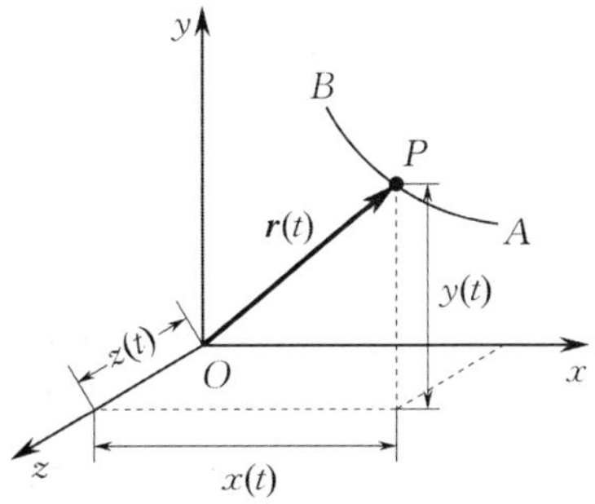

图 1－2　运动方程

如图 1－2 所示，当质点 P 沿曲线 AB 运动时，其位矢 $\boldsymbol{r}$ 是随时间变化的，即是时间 t 的函数，可以表示为

$$\boldsymbol{r} = \boldsymbol{r}(t) = x(t)\boldsymbol{i} + y(t)\boldsymbol{j} + z(t)\boldsymbol{k}. \tag{1-2}$$

式(1－2) 叫作质点的运动方程. $x(t)$，$y(t)$ 和 $z(t)$ 是运动方程的分量，从中消去参数 t 可以得到质

点运动的轨迹方程，所以式(1－2)也称为轨迹的参数方程.

应当指出，运动学的重要任务之一就是找出各种具体运动所遵循的运动方程.

1.2.2 位移矢量

为了描述质点位置在一段时间内的改变，引入位移这个物理量. 在图 1－3 所示的直角坐标系中，某质点在时刻 t_1 位于 A 点，位矢为 $\boldsymbol{r}_A$；在时刻 t_2 位于 B 点，位矢为 $\boldsymbol{r}_B$. 显然，在时间间隔 $\Delta t = t_2 - t_1$ 内，其位矢的大小和方向都发生了变化. 我们称由起点 A 指向终点 B 的有向线段为该质点的**位移矢量**，简称**位移**，用 $\Delta\boldsymbol{r}$ 表示. 由图 1－3 可以看出，该质点的位移为

$$\Delta\boldsymbol{r} = \boldsymbol{r}_B - \boldsymbol{r}_A. \tag{1-3}$$

在国际单位制中，位移的单位是米(m).

位移是描述质点位置变化的物理量，反映某段时间间隔内质点位置变动的总效果. 应当注意的是，位移不同于质点在这段时间内走过的路程. 路程是质点运动轨迹的长度，是一个标量. 如图 1－3 所示，弧长$\overset{\frown}{AB}$ 表示质点的路程，而位移则是有向线段$\overrightarrow{AB}$. 当质点经一闭合路径回到原来的起始位置时，其位移为零，而路程却不为零. 所以，质点的位移和路程是两个完全不同的概念. 只有在 $\Delta t \to 0$ 的情况下，位移的大小 $|\mathrm{d}\boldsymbol{r}|$ 才可视为与路程没有区别.

应当注意，当参考系确定后，质点的位矢 $\boldsymbol{r}$ 与坐标系的选取有关，而它的位移 $\Delta\boldsymbol{r}$ 则与坐标系的选取无关. 这一结论可从图 1－4 中得出. 在 $Oxyz$ 坐标系中，质点处于 A 点和 B 点的位矢分别为 $\boldsymbol{r}_A$ 和 $\boldsymbol{r}_B$，而在 $O'x'y'z'$ 坐标系中，其位矢则为 $\boldsymbol{r}'_A$ 和 $\boldsymbol{r}'_B$. 如果$\overrightarrow{OO'} = \boldsymbol{b}$，那么在这两个坐标系中质点的位矢之间的关系为 $\boldsymbol{r}_A = \boldsymbol{r}'_A + \boldsymbol{b}$ 和 $\boldsymbol{r}_B = \boldsymbol{r}'_B + \boldsymbol{b}$，即 $\boldsymbol{r}'_A = \boldsymbol{r}_A - \boldsymbol{b}$ 和 $\boldsymbol{r}'_B = \boldsymbol{r}_B - \boldsymbol{b}$. 于是可得，在 $O'x'y'z'$ 坐标系中，质点从 A 点到 B 点的位移为 $\boldsymbol{r}'_B - \boldsymbol{r}'_A = \boldsymbol{r}_B - \boldsymbol{r}_A = \Delta\boldsymbol{r}$. 这说明，质点的位矢取决于坐标系的选取，而位移则与坐标系的选取无关.

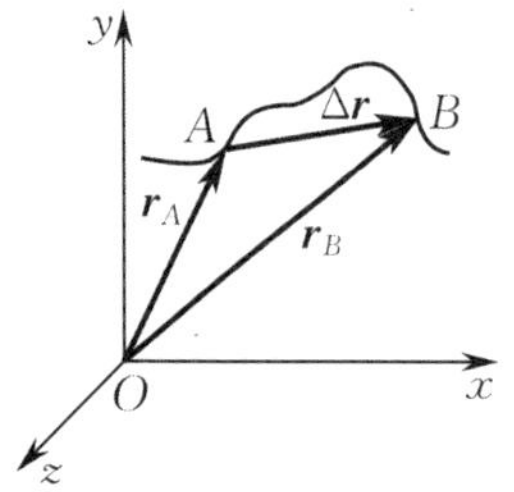

图 1－3 位移矢量

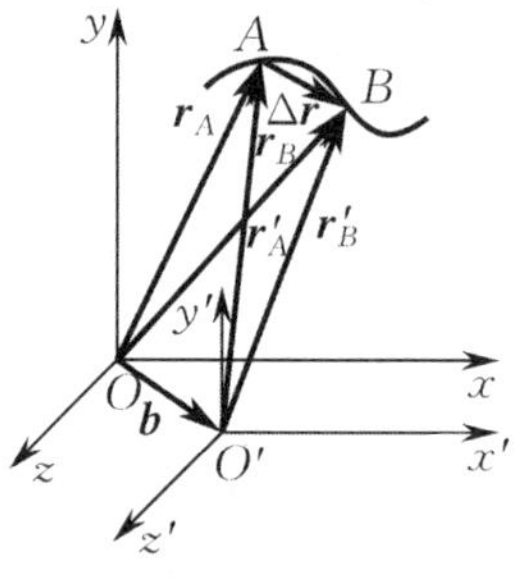

图 1－4 位移与坐标系的选取无关

1.2.3 速度

设两个质点发生了同样的位移，但所用的时间不同，即它们位置变动的快慢不同，为了反映质点位置变动的快慢，引入速度这个物理量.

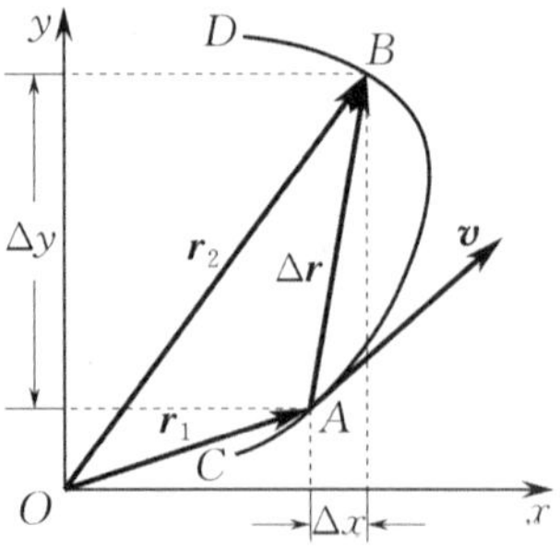

图 1－5 平均速度

仅知道质点在某时刻的位矢，还不能确定质点的运动状态. 只有当质点的位矢和速度同时被确定时，其运动状态才能被确定. 位矢和速度是描述质点运动状态的两个物理量.

如图 1－5 所示，一质点在平面上沿轨迹 $CABD$ 做曲线运动. 在时刻 t，它处于 A 点，其位矢为 $\boldsymbol{r}_1(t)$；在时刻 $t+\Delta t$，它处于 B 点，其位矢为 $\boldsymbol{r}_2(t+\Delta t)$. 在 Δt 时间内，质点的位移为 $\Delta\boldsymbol{r} = \boldsymbol{r}_2 - \boldsymbol{r}_1$，在时间间隔 Δt 内的**平均速度**定义为

$$\overline{\boldsymbol{v}} = \frac{\boldsymbol{r}_2 - \boldsymbol{r}_1}{\Delta t} = \frac{\Delta \boldsymbol{r}}{\Delta t}.$$

由式(1-2)知，$\boldsymbol{r} = x\boldsymbol{i} + y\boldsymbol{j}$，故有

$$\Delta \boldsymbol{r} = \Delta x\boldsymbol{i} + \Delta y\boldsymbol{j},$$

所以平均速度可以写成

$$\overline{\boldsymbol{v}} = \frac{\Delta \boldsymbol{r}}{\Delta t} = \frac{\Delta x}{\Delta t}\boldsymbol{i} + \frac{\Delta y}{\Delta t}\boldsymbol{j} = \overline{v}_x\boldsymbol{i} + \overline{v}_y\boldsymbol{j},$$

其中$\overline{v}_x$和$\overline{v}_y$是平均速度$\overline{\boldsymbol{v}}$在$x$轴和$y$轴上的分量. 平均速度反映了在一段时间内质点位置变动的方向和平均快慢. 为了更准确地描述质点的运动状态，必须把时间间隔取得很小，使得在这段时间间隔内，质点的运动状态可以看作是不变的. 当$\Delta t \to 0$时，平均速度的极限称为**瞬时速度**，简称**速度**，用$\boldsymbol{v}$表示，即

$$\boldsymbol{v} = \lim_{\Delta t \to 0}\overline{\boldsymbol{v}} = \lim_{\Delta t \to 0}\frac{\Delta \boldsymbol{r}}{\Delta t} = \frac{\mathrm{d}\boldsymbol{r}}{\mathrm{d}t}. \tag{1-4a}$$

根据$\boldsymbol{r} = x\boldsymbol{i} + y\boldsymbol{j}$，式(1-4a)还可以写成

$$\boldsymbol{v} = \frac{\mathrm{d}\boldsymbol{r}}{\mathrm{d}t} = \frac{\mathrm{d}x}{\mathrm{d}t}\boldsymbol{i} + \frac{\mathrm{d}y}{\mathrm{d}t}\boldsymbol{j} = v_x\boldsymbol{i} + v_y\boldsymbol{j}, \tag{1-4b}$$

其中$v_x = \frac{\mathrm{d}x}{\mathrm{d}t}$，$v_y = \frac{\mathrm{d}y}{\mathrm{d}t}$分别是速度$\boldsymbol{v}$在$x$轴和$y$轴上的分量. $\boldsymbol{v}$的大小为

$$|\boldsymbol{v}| = \left|\frac{\mathrm{d}\boldsymbol{r}}{\mathrm{d}t}\right| = \sqrt{\left(\frac{\mathrm{d}x}{\mathrm{d}t}\right)^2 + \left(\frac{\mathrm{d}y}{\mathrm{d}t}\right)^2} = \sqrt{v_x^2 + v_y^2}.$$

速度$\boldsymbol{v}$的大小称为**速率**. 速度$\boldsymbol{v}$的方向与$\Delta\boldsymbol{r}$在$\Delta t \to 0$时的极限方向一致. 当$\Delta t \to 0$时，$\Delta\boldsymbol{r}$趋于与轨迹相切，即与A点的切线重合. 所以当质点做曲线运动时，质点在某一点的速度方向沿该点处曲线的切线方向，并指向质点前进的一侧. 在日常生活中可以观察到如下现象：拴在绳子上做圆周运动的小球，如果绳子突然断开，那么小球就会沿切线方向飞出去.

显然，上述有关速度的讨论可以推广到三维情形. 质点在三维直角坐标系中的速度可以表示为

$$\boldsymbol{v} = v_x\boldsymbol{i} + v_y\boldsymbol{j} + v_z\boldsymbol{k}. \tag{1-5}$$

在国际单位制中，速度的单位是米每秒($\mathrm{m \cdot s^{-1}}$).

1.2.4　加速度

从描述质点运动的观点来看，其主要特征是速度. 当涉及其他物体与所研究的对象(质点)有相互作用时，质点的速度将发生变化，所以必须引入描述速度变化的物理量——加速度.

如图1-6所示，质点在Oxy平面内的运动轨迹为一曲线. 设在时刻t，质点处于A点，其速度为$\boldsymbol{v}_1$；在时刻$t+\Delta t$，质点处于B点，其速度为$\boldsymbol{v}_2$，则在时间间隔Δt内，质点的速度增量为$\Delta\boldsymbol{v} = \boldsymbol{v}_2 - \boldsymbol{v}_1$，**平均加速度**定义为在单位时间内的速度增量，即

$$\overline{\boldsymbol{a}} = \frac{\Delta \boldsymbol{v}}{\Delta t} = \frac{\boldsymbol{v}_2 - \boldsymbol{v}_1}{\Delta t}.$$

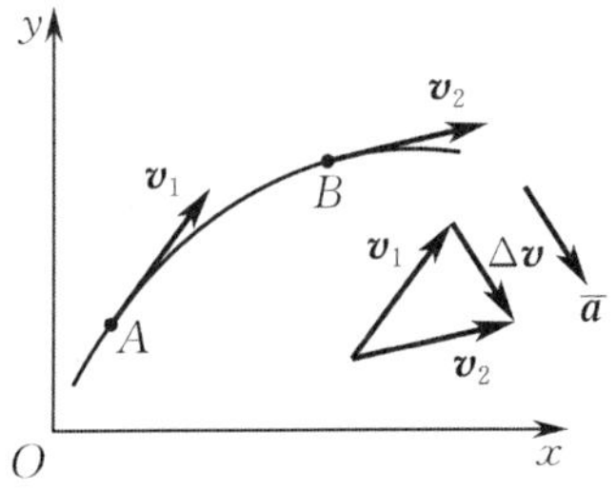

图1-6　曲线运动的加速度

当$\Delta t \to 0$时，平均加速度的极限称为**瞬时加速度**，简称**加速度**，用$\boldsymbol{a}$表示，即

$$\boldsymbol{a} = \lim_{\Delta t \to 0}\frac{\Delta \boldsymbol{v}}{\Delta t} = \frac{\mathrm{d}\boldsymbol{v}}{\mathrm{d}t}. \tag{1-6}$$

根据式(1-4b),式(1-6)可以写成

$$\boldsymbol{a}=\frac{\mathrm{d}\boldsymbol{v}}{\mathrm{d}t}=\frac{\mathrm{d}v_x}{\mathrm{d}t}\boldsymbol{i}+\frac{\mathrm{d}v_y}{\mathrm{d}t}\boldsymbol{j}=a_x\boldsymbol{i}+a_y\boldsymbol{j},$$

其中 $a_x=\frac{\mathrm{d}v_x}{\mathrm{d}t}$,$a_y=\frac{\mathrm{d}v_y}{\mathrm{d}t}$ 分别为 $\boldsymbol{a}$ 在 x 轴和 y 轴上的分量. $\boldsymbol{a}$ 的方向是 $\Delta t\to 0$ 时 $\Delta\boldsymbol{v}$ 的极限方向,而 $\boldsymbol{a}$ 的大小为

$$|\boldsymbol{a}|=\sqrt{a_x^2+a_y^2}=\sqrt{\left(\frac{\mathrm{d}v_x}{\mathrm{d}t}\right)^2+\left(\frac{\mathrm{d}v_y}{\mathrm{d}t}\right)^2}=\sqrt{\left(\frac{\mathrm{d}^2x}{\mathrm{d}t^2}\right)^2+\left(\frac{\mathrm{d}^2y}{\mathrm{d}t^2}\right)^2}.$$

应当注意,加速度 $\boldsymbol{a}$ 既反映速度方向的变化,又反映速度大小的变化. 质点做曲线运动时,任一时刻质点的加速度方向并不与速度方向相同,即加速度方向不沿曲线的切线方向. 由图 1-6 可以看出,在曲线运动中,加速度的方向指向曲线的凹侧.

显然,上述有关加速度的讨论很容易推广到三维情形. 质点在三维直角坐标系中的加速度可以表示为

$$\boldsymbol{a}=a_x\boldsymbol{i}+a_y\boldsymbol{j}+a_z\boldsymbol{k}. \tag{1-7}$$

在国际单位制中,加速度的单位是米每二次方秒($\mathrm{m\cdot s^{-2}}$).

1.3 质点运动学问题举例

质点运动学有两类常见的问题:一类是已知质点的运动方程,求解某时刻质点的位矢、速度和加速度;另一类是已知质点在起始时刻的位矢、速度和加速度,求解质点的运动方程. 此外,由于质点通常做曲线运动,且其速度和加速度是时间的函数,因此在求解运动学问题时,经常使用微积分的知识.

例 1-1

已知一质点的运动方程为 $\boldsymbol{r}=2t\boldsymbol{i}+(2-t^2)\boldsymbol{j}$(SI),求:(1) $t=1$ s 和 $t=2$ s 时质点的位矢;(2) $t=1$ s 到 $t=2$ s 内质点的位移;(3) $t=1$ s 到 $t=2$ s 内质点的平均速度;(4) $t=1$ s 和 $t=2$ s 时质点的速度;(5) $t=1$ s 到 $t=2$ s 内质点的平均加速度;(6) $t=1$ s 和 $t=2$ s 时质点的加速度.

解 由题意得

(1) $\boldsymbol{r}_1=(2\boldsymbol{i}+\boldsymbol{j})$ m,

$\boldsymbol{r}_2=(4\boldsymbol{i}-2\boldsymbol{j})$ m.

(2) $\Delta\boldsymbol{r}=\boldsymbol{r}_2-\boldsymbol{r}_1=(2\boldsymbol{i}-3\boldsymbol{j})$ m.

(3) $\overline{\boldsymbol{v}}=\frac{\Delta\boldsymbol{r}}{\Delta t}=\frac{2\boldsymbol{i}-3\boldsymbol{j}}{2-1}\ \mathrm{m\cdot s^{-1}}$

$=(2\boldsymbol{i}-3\boldsymbol{j})\ \mathrm{m\cdot s^{-1}}$.

(4) $\boldsymbol{v}=\frac{\mathrm{d}\boldsymbol{r}}{\mathrm{d}t}=(2\boldsymbol{i}-2t\boldsymbol{j})\ \mathrm{m\cdot s^{-1}}$,

$\boldsymbol{v}_1=(2\boldsymbol{i}-2\boldsymbol{j})\ \mathrm{m\cdot s^{-1}}$,

$\boldsymbol{v}_2=(2\boldsymbol{i}-4\boldsymbol{j})\ \mathrm{m\cdot s^{-1}}$.

(5) $\overline{\boldsymbol{a}}=\frac{\Delta\boldsymbol{v}}{\Delta t}=\frac{\boldsymbol{v}_2-\boldsymbol{v}_1}{\Delta t}=\frac{-2\boldsymbol{j}}{2-1}\ \mathrm{m\cdot s^{-2}}$

$=-2\boldsymbol{j}\ \mathrm{m\cdot s^{-2}}$.

(6) $\boldsymbol{a}=\frac{\mathrm{d}^2\boldsymbol{r}}{\mathrm{d}t^2}=\frac{\mathrm{d}\boldsymbol{v}}{\mathrm{d}t}=-2\boldsymbol{j}\ \mathrm{m\cdot s^{-2}}$,

$\boldsymbol{a}_1=-2\boldsymbol{j}\ \mathrm{m\cdot s^{-2}}$,

$\boldsymbol{a}_2=-2\boldsymbol{j}\ \mathrm{m\cdot s^{-2}}$.

例 1－2

一质点沿 x 轴运动，已知其加速度为 $a=4t$(SI)，初始条件为 $t=0$ 时，$v_0=0$，$x_0=10$ m，求该质点的运动方程.

解　取质点为研究对象，由加速度的定义可知

$$a=\frac{dv}{dt}=4t\quad（一维可用标量式），$$

$$dv=4t\,dt,$$

对上式两边积分并代入初始条件，得

$$\int_0^v dv=\int_0^t 4t\,dt,$$

即

$$v=2t^2.$$

由速度的定义可知

$$v=\frac{dx}{dt}=2t^2,\quad dx=2t^2\,dt,$$

对上式两边积分并代入初始条件，得

$$\int_{10}^x dx=\int_0^t 2t^2\,dt,$$

即

$$x=\frac{2}{3}t^3+10.$$

例 1－3

如图 1－7 所示，有一个球体在某种液体中竖直下落，其初速度为 $v_0=10\ \text{m}\cdot\text{s}^{-1}$，它在液体中的加速度为 $a=-1.0v$，问：

(1) 经过多长时间后可以认为该球体已停止运动？

(2) 该球体在停止运动前经历的路程有多长？

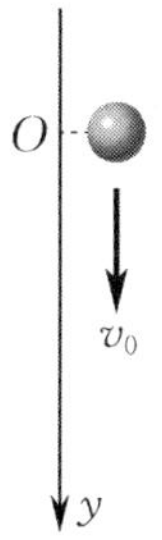

图 1－7

解　(1) 由题意可知，球体做变速直线运动，其加速度的方向与速度的方向相反. 由加速度的定义可知

$$a=\frac{dv}{dt}=-1.0v,$$

对上式整理积分，得

$$\int_{v_0}^v \frac{dv}{v}=-1.0\int_0^t dt,\qquad (1)$$

即

$$v=v_0e^{-1.0t}.$$

结果表明，球体的速度 v 随时间 t 的增大而减小.

(2) 由速度的定义可知

$$v=\frac{dy}{dt}=v_0e^{-1.0t},$$

对上式整理积分，得

$$\int_0^y dy=\int_0^t v_0e^{-1.0t}\,dt,$$

即

$$y=10\left[-\frac{1}{1.0}(e^{-1.0t}-1)\right]=10(1-e^{-1.0t}).$$

由题意可知，质点停下来时，其速度应当为零. 而从式(1)可以看出，要使质点的速度为零，即 $v=0$，时间需无限长. 我们做一些近似计算，结果如表 1－2 所示.

表 1－2　球体下降速度与时间和路程的对应关系

$v/\text{m}\cdot\text{s}^{-1}$	$v_0/10$	$v_0/100$	$v_0/1\,000$	$v_0/10\,000$
t/s	2.3	4.6	6.9	9.2
y/m	8.997 4	9.899 5	9.989 9	9.999 0

1.4　圆周运动

1.4.1　平面极坐标系

本节讨论一种较为简单的曲线运动——圆周运动. 为了较简洁地描述质点在圆周上的位置

和运动情况，下面先引入平面极坐标系.

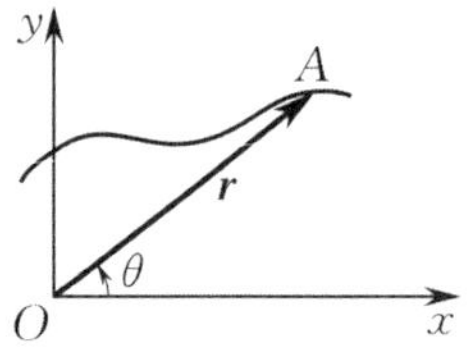

图 1-8　平面极坐标系

设有一质点在如图 1-8 所示的 Oxy 平面内运动，某时刻它位于 A 点. 由坐标原点 O 指向 A 点的有向线段 $\boldsymbol{r}$（位矢）与 x 轴正方向之间的夹角为 θ. 于是，质点在 A 点的位置可由坐标 (r,θ) 来确定. 这种以 (r,θ) 为坐标的坐标系称为**平面极坐标系**. 在平面直角坐标系内，A 点的坐标为 (x,y). 这两个坐标系的坐标之间的变换关系为 $x=r\cos\theta$ 和 $y=r\sin\theta$.

1.4.2　圆周运动的角速度

如图 1-9 所示，一质点在 Oxy 平面内做半径为 r 的圆周运动，某时刻它位于 A 点，且在平面极坐标系中的位矢为 $\boldsymbol{r}$. 当质点在圆周上运动时，位矢 $\boldsymbol{r}$ 与 x 轴正方向之间的夹角 θ 随时间改变，即 θ 是时间的函数 $\theta(t)$. 角坐标 $\theta(t)$ 随时间的变化率叫作**角速度**，用 ω 表示，有

$$\omega=\frac{\mathrm{d}\theta}{\mathrm{d}t}. \tag{1-8}$$

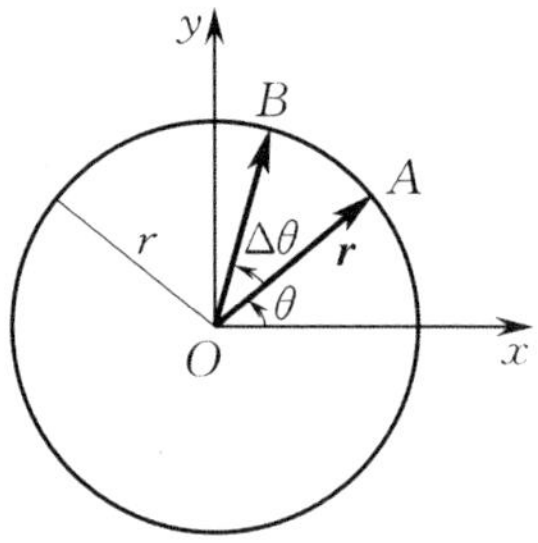

图 1-9　质点在平面内做圆周运动

在国际单位制中，角速度的单位是弧度每秒（$\mathrm{rad\cdot s^{-1}}$）.

如果在时间 Δt 内，质点由图 1-9 中的 A 点运动到 B 点，所经过的圆弧长为 $\Delta s=r\Delta\theta$，$\Delta\theta$ 为时间 Δt 内位矢 $\boldsymbol{r}$ 所转过的角度. 当 $\Delta t\to 0$ 时，$\dfrac{\Delta s}{\Delta t}$ 的极限值为

$$\lim_{\Delta t\to 0}\frac{\Delta s}{\Delta t}=r\lim_{\Delta t\to 0}\frac{\Delta\theta}{\Delta t},$$

即

$$\frac{\mathrm{d}s}{\mathrm{d}t}=r\frac{\mathrm{d}\theta}{\mathrm{d}t}.$$

因为 $\dfrac{\mathrm{d}s}{\mathrm{d}t}$ 为质点在 A 点的速率 v，$\dfrac{\mathrm{d}\theta}{\mathrm{d}t}$ 为质点在 A 点的角速度 ω，所以有

$$v=r\omega. \tag{1-9}$$

式(1-9)是质点做圆周运动时速率和角速度之间的瞬时关系.

1.4.3　圆周运动的切向加速度和法向加速度　角加速度

设质点做圆周运动，其速度的大小和方向均在不断变化，这种圆周运动称为变速圆周运动. 下面讨论变速圆周运动的加速度.

如图 1-10(a) 所示，质点在经历了时间 Δt 后，从 A 点沿圆周运动到 B 点，其速度由 $\boldsymbol{v}_A$ 变为 $\boldsymbol{v}_B$（设 $|\boldsymbol{v}_B|>|\boldsymbol{v}_A|$）. 显然，在时间 Δt 内，速度的增量为 $\Delta\boldsymbol{v}=\boldsymbol{v}_B-\boldsymbol{v}_A$（见图 1-10(b)）. 若将矢量 $\Delta\boldsymbol{v}$ 分解为如图 1-10(c) 所示的两个分矢量 $\Delta\boldsymbol{v}_{\mathrm{t}}$ 和 $\Delta\boldsymbol{v}_{\mathrm{n}}$，则有

$$\Delta\boldsymbol{v}=\Delta\boldsymbol{v}_{\mathrm{n}}+\Delta\boldsymbol{v}_{\mathrm{t}},$$

其中 $\Delta\boldsymbol{v}_{\mathrm{t}}$ 的大小是 $\boldsymbol{v}_B$ 与 $\boldsymbol{v}_A$ 的大小之差，表示质点速度大小的改变量；$\Delta\boldsymbol{v}_{\mathrm{n}}$ 则表示质点速度方向的改变量. 将上式代入式(1-6)，得

$$\boldsymbol{a}=\lim_{\Delta t\to 0}\frac{\Delta\boldsymbol{v}}{\Delta t}=\lim_{\Delta t\to 0}\frac{\Delta\boldsymbol{v}_{\mathrm{n}}}{\Delta t}+\lim_{\Delta t\to 0}\frac{\Delta\boldsymbol{v}_{\mathrm{t}}}{\Delta t}.$$

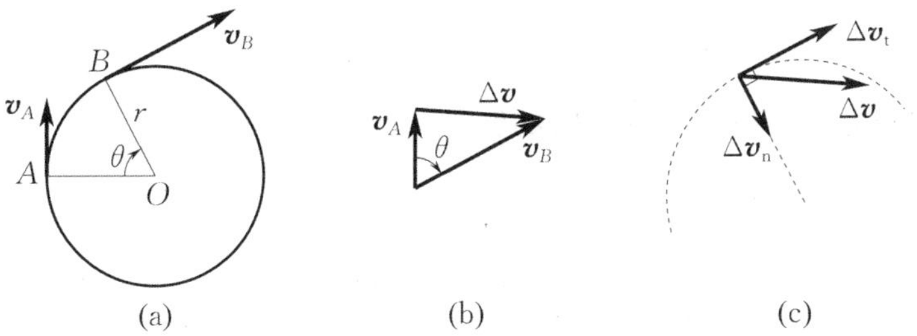

图 1-10　变速圆周运动

当 $\Delta t \to 0$ 时，B 点接近于 A 点，这时 $\lim\limits_{\Delta t \to 0} \dfrac{\Delta \boldsymbol{v}_n}{\Delta t}$ 的方向指向圆心 O，其大小为 $\dfrac{v^2}{r}$，称为**法向加速度**，以 $\boldsymbol{a}_n$ 表示；而 $\lim\limits_{\Delta t \to 0} \dfrac{\Delta \boldsymbol{v}_t}{\Delta t}$ 的方向与 A 点的速度方向相同，其大小为 $\dfrac{dv}{dt}$，称为**切向加速度**，以 $\boldsymbol{a}_t$ 表示. 因此上式可以表示为

$$\boldsymbol{a} = \lim_{\Delta t \to 0} \frac{\Delta \boldsymbol{v}}{\Delta t} = \boldsymbol{a}_n + \boldsymbol{a}_t. \tag{1-10a}$$

这就是说，在变速圆周运动中，任意时刻的瞬时加速度 $\boldsymbol{a}$ 都可以分解为法向加速度 $\boldsymbol{a}_n$ 和切向加速度 $\boldsymbol{a}_t$，法向加速度改变质点速度的方向，切向加速度改变质点速度的大小.

在图 1-11 中，如果取 $\boldsymbol{e}_n$ 和 $\boldsymbol{e}_t$ 分别为法向单位矢量和切向单位矢量，那么，$\boldsymbol{a}_n$ 和 $\boldsymbol{a}_t$ 可以分别写成 $\boldsymbol{a}_n = a_n \boldsymbol{e}_n$ 和 $\boldsymbol{a}_t = a_t \boldsymbol{e}_t$. 于是式(1-10a)也可以写成

$$\boldsymbol{a} = a_n \boldsymbol{e}_n + a_t \boldsymbol{e}_t = \frac{v^2}{r} \boldsymbol{e}_n + \frac{dv}{dt} \boldsymbol{e}_t. \tag{1-10b}$$

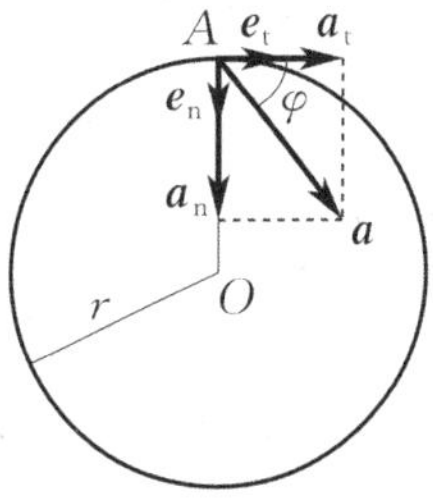

图 1-11　切向加速度和法向加速度

显然，在变速圆周运动中，速度的方向和大小都在变化，加速度 $\boldsymbol{a}$ 的方向不再指向圆心 O(见图 1-11). 由图 1-11 可得

$$a = \sqrt{a_n^2 + a_t^2}, \quad \tan \varphi = \frac{a_n}{a_t}. \tag{1-11}$$

上述结果虽然是从变速圆周运动中得出的，但可以证明，对于一般的曲线运动，式(1-10a)、式(1-10b)和式(1-11)仍然适用，只是公式中的半径 r 应该用曲线上相应点的曲率半径 ρ 来替代.

质点做变速圆周运动(见图 1-10)，在时刻 t，质点位于 A 点，其角速度为 ω_1；在时刻 $t + \Delta t$，质点位于 B 点，其角速度为 ω_2. 在时间间隔 Δt 内，质点的角速度增量为 $\Delta \omega = \omega_2 - \omega_1$. 当 $\Delta t \to 0$ 时，$\dfrac{\Delta \omega}{\Delta t}$ 的极限值 $\dfrac{d\omega}{dt}$ 叫作**角加速度**，用 α 表示，有

$$\alpha = \lim_{\Delta t \to 0} \frac{\Delta \omega}{\Delta t} = \frac{d\omega}{dt} = \frac{d^2 \theta}{dt^2}. \tag{1-12}$$

在国际单位制中，角加速度的单位是弧度每二次方秒($rad \cdot s^{-2}$).

由式(1-9)可知，在圆周运动中，速率和角速度的关系为 $v = r\omega$. 现将速率对 t 求导，得

$$\frac{dv}{dt} = r \frac{d\omega}{dt},$$

其中等式左边为切向加速度的大小，于是可得

$$a_t = r\alpha. \tag{1-13}$$

式(1-13)是质点做变速圆周运动时，切向加速度的大小与角加速度之间的关系.

例 1-4

一个质点做半径为 r 的圆周运动，质点的路程与时间的关系为 $s=\frac{1}{2}bt^2$（b 为一常量）. 求：(1) 质点在某一时刻的速率；(2) 法向加速度和切向加速度的大小；(3) 总加速度.

解 (1) 由题意知，质点在圆周上的速率为

$$v=\frac{\mathrm{d}s}{\mathrm{d}t}=\frac{\mathrm{d}}{\mathrm{d}t}\left(\frac{1}{2}bt^2\right)=bt.$$

显然，质点做变速圆周运动.

(2) 在任意时刻质点的切向加速度和法向加速度的大小分别为

$$a_{\mathrm{t}}=\frac{\mathrm{d}v}{\mathrm{d}t}=b,\quad a_{\mathrm{n}}=\frac{v^2}{r}=\frac{(bt)^2}{r}.$$

(3) 在任意时刻，质点的加速度 $\boldsymbol{a}$ 的大小为

$$a=\sqrt{a_{\mathrm{n}}^2+a_{\mathrm{t}}^2}=b\sqrt{\frac{b^2t^4}{r^2}+1}.$$

加速度 $\boldsymbol{a}$ 的方向可由 $\boldsymbol{a}$ 与切向加速度 $\boldsymbol{a}_{\mathrm{t}}$ 之间的夹角 φ 来确定，有

$$\varphi=\arctan\frac{a_{\mathrm{n}}}{a_{\mathrm{t}}}=\arctan\frac{bt^2}{r}.$$

1.4.4 匀速圆周运动和匀变速圆周运动

1. 匀速圆周运动

质点做匀速圆周运动时，速度的大小不变而方向改变. 如图 1-12(a) 所示，一质点在半径为 r 的圆周上匀速地从 A 点运动到 B 点，所经历的时间为 Δt. 它在 A，B 两点的速度分别为 $\boldsymbol{v}_A$ 和 $\boldsymbol{v}_B$，且 $|\boldsymbol{v}_A|=|\boldsymbol{v}_B|$. A，B 两点相对于圆心 O 的位矢分别为 $\boldsymbol{r}_A$ 和 $\boldsymbol{r}_B$，两位矢的夹角为 $\Delta\theta$. 在时间间隔 Δt 内，质点的平均加速度为 $\overline{\boldsymbol{a}}=\frac{\Delta\boldsymbol{v}}{\Delta t}$. 当 $\Delta t\to 0$ 时，有

$$\boldsymbol{a}=\lim_{\Delta t\to 0}\frac{\Delta\boldsymbol{v}}{\Delta t}=\frac{\mathrm{d}\boldsymbol{v}}{\mathrm{d}t}. \tag{1-14}$$

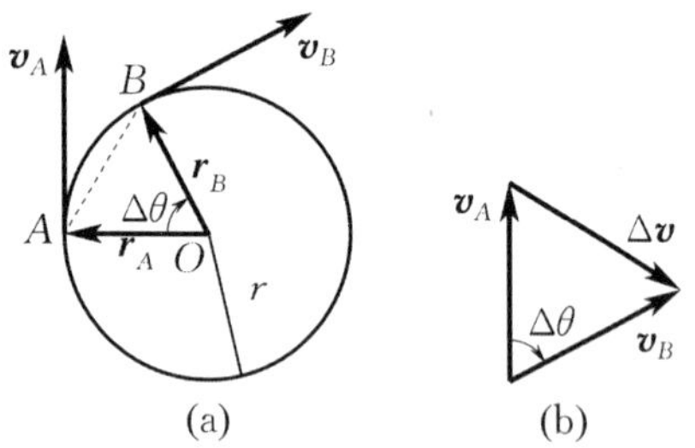

图 1-12 匀速圆周运动

如图 1-12(b) 所示，当 $\Delta t\to 0$ 时，$\Delta\theta$ 亦趋近于零，这时 $\Delta\boldsymbol{v}$ 与 $\boldsymbol{v}_A$ 垂直，质点在 A 点的加速度 $\boldsymbol{a}$ 垂直于 $\boldsymbol{v}_A$，且指向圆心 O. 故该加速度也称为向心加速度，用符号 $\boldsymbol{a}_{\mathrm{n}}$ 表示. 由图 1-12(b) 可以看出，$\boldsymbol{v}_A$，$\boldsymbol{v}_B$ 和 $\Delta\boldsymbol{v}$ 所组成的三角形与图 1-12(a) 中的 $\triangle AOB$ 相似. 因 $|\boldsymbol{v}_A|=|\boldsymbol{v}_B|=v$，故有 $\frac{|\Delta\boldsymbol{v}|}{v}=\frac{\overline{AB}}{r}$. 将等式两边同除以 Δt，得

$$\frac{|\Delta\boldsymbol{v}|}{\Delta t}=\frac{v}{r}\cdot\frac{\overline{AB}}{\Delta t}.$$

当 $\Delta t\to 0$ 时，B 点趋近于 A 点，弦长 $\overline{AB}$ 趋近于弧长 $\widehat{AB}$，向心加速度的大小为

$$a_{\mathrm{n}}=\lim_{\Delta t\to 0}\frac{|\Delta\boldsymbol{v}|}{\Delta t}=\lim_{\Delta t\to 0}\left(\frac{v}{r}\cdot\frac{\overline{AB}}{\Delta t}\right),$$

而 $\lim\limits_{\Delta t\to 0}\frac{\overline{AB}}{\Delta t}=v$，所以

$$a_{\mathrm{n}}=\frac{v^2}{r}=r\omega^2, \tag{1-15}$$

其中 ω 为质点的角速度.

2. 匀变速圆周运动

设 $t=0$ 时 $\theta=\theta_0$，$\omega=\omega_0$，且 α 为常量，由式(1-8)和式(1-12)求得质点做匀变速圆周运动的公式为

$$\begin{cases}\omega=\omega_0+\alpha t,\\ \theta=\theta_0+\omega_0 t+\dfrac{1}{2}\alpha t^2,\\ \omega^2=\omega_0^2+2\alpha(\theta-\theta_0).\end{cases}\tag{1-16}$$

显然，这三个公式在形式上与匀变速直线运动的公式相似，只不过把线量换成角量而已. 需要注意的是，如果角加速度不是常量，那么这些公式就不再适用了.

例 1-5

如图 1-13 所示，某飞机在空中 A 点时的水平速率为 1 940 km · h^{-1}，沿近似于圆弧的曲线俯冲到 B 点，此时其速率为 2 192 km · h^{-1}，所经历的时间为 3 s. 设圆弧 $\overset{\frown}{AB}$ 的半径约为 3.5 km，且该飞机从 A 点到 B 点的俯冲过程可视为匀变速圆周运动. 若不计重力加速度的影响，求：(1) 飞机在 B 点的加速度；(2) 飞机由 A 点到达 B 点所经历的路程.

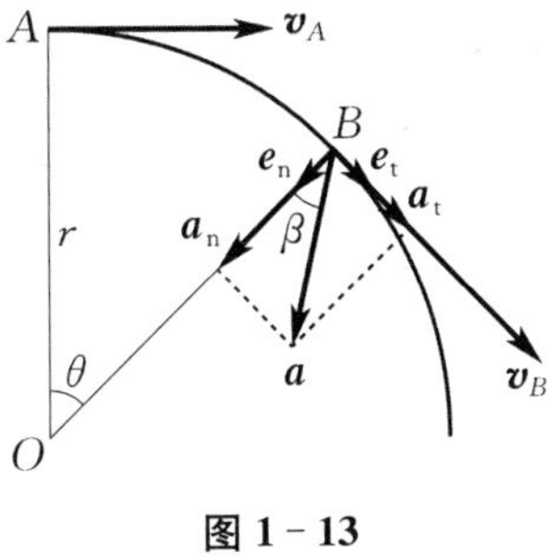

图 1-13

解　(1) 如图 1-13 所示，在 B 点作一自然坐标系，其切向单位矢量为 $\boldsymbol{e}_t$，法向单位矢量为 $\boldsymbol{e}_n$. 由于飞机在 A，B 两点之间做半径为 $r=3.5$ km 的匀变速圆周运动，$\dfrac{dv}{dt}$ 和角加速度 α 的大小均不变，因此飞机在 B 点的切向加速度为 $\boldsymbol{a}_t=a_t\boldsymbol{e}_t$，其大小为

$$a_t=\frac{dv}{dt},$$

对上式整理积分可得

$$\int_{v_A}^{v_B}dv=\int_0^t a_t dt=a_t\int_0^t dt,$$

即

$$a_t=\frac{v_B-v_A}{t}.$$

将 $v_A=1\,940\ \text{km}\cdot\text{h}^{-1}\approx 539\ \text{m}\cdot\text{s}^{-1}$，$v_B=2\,192\ \text{km}\cdot\text{h}^{-1}\approx 609\ \text{m}\cdot\text{s}^{-1}$，$t=3$ s 代入上式，得

$$a_t\approx 23.3\ \text{m}\cdot\text{s}^{-2}.$$

飞机在 B 点的法向加速度为 $\boldsymbol{a}_n=a_n\boldsymbol{e}_n$，其大小为

$$a_n=\frac{v_B^2}{r}\approx 106\ \text{m}\cdot\text{s}^{-2},$$

故飞机在 B 点的加速度 $\boldsymbol{a}$ 的大小为

$$a=\sqrt{a_t^2+a_n^2}\approx 109\ \text{m}\cdot\text{s}^{-2}.$$

而 $\boldsymbol{a}$ 与 $\boldsymbol{e}_n$ 的夹角为

$$\beta=\arctan\frac{a_t}{a_n}\approx 12.4°.$$

(2) 在时间 t 内，位矢 $\boldsymbol{r}$ 所转过的角度 θ 为

$$\theta=\omega_A t+\frac{1}{2}\alpha t^2,$$

其中 ω_A 是飞机在 A 点的角速度. 故在此时间内，飞机所经过的路程为

$$s=r\theta=r\omega_A t+\frac{1}{2}r\alpha t^2=v_A t+\frac{1}{2}a_t t^2.$$

将已知数据代入上式，得

$$s\approx 1\,722\ \text{m}.$$

阅读材料

习题 1

1－1 质点做曲线运动，在时刻 t，质点的位矢为 $\boldsymbol{r}$，速度为 $\boldsymbol{v}$，速率为 v，$t\sim t+\Delta t$ 时间内的位移为 $\Delta\boldsymbol{r}$，路程为 Δs，位矢大小的变化量为 Δr，平均速度为 $\overline{\boldsymbol{v}}$，平均速率为 $\overline{v}$.

(1) 根据上述情况，则必有(　　)；

A. $|\Delta\boldsymbol{r}|=\Delta s=\Delta r$

B. $|\Delta\boldsymbol{r}|\neq\Delta s\neq\Delta r$，当 $\Delta t\to 0$ 时，有 $|\mathrm{d}\boldsymbol{r}|=\mathrm{d}s\neq\mathrm{d}r$

C. $|\Delta\boldsymbol{r}|\neq\Delta s\neq\Delta r$，当 $\Delta t\to 0$ 时，有 $|\mathrm{d}\boldsymbol{r}|=\mathrm{d}r\neq\mathrm{d}s$

D. $|\Delta\boldsymbol{r}|\neq\Delta s\neq\Delta r$，当 $\Delta t\to 0$ 时，有 $|\mathrm{d}\boldsymbol{r}|=\mathrm{d}s=\mathrm{d}r$

(2) 根据上述情况，则必有(　　).

A. $|\boldsymbol{v}|=v,\ |\overline{\boldsymbol{v}}|=\overline{v}$

B. $|\boldsymbol{v}|\neq v,\ |\overline{\boldsymbol{v}}|\neq\overline{v}$

C. $|\boldsymbol{v}|=v,\ |\overline{\boldsymbol{v}}|\neq\overline{v}$

D. $|\boldsymbol{v}|\neq v,\ |\overline{\boldsymbol{v}}|=\overline{v}$

1－2 一运动质点在某瞬时的位矢为 $\boldsymbol{r}(x,y)$，对其速度的大小有四种意见：

(1) $\dfrac{\mathrm{d}r}{\mathrm{d}t}$；　　(2) $\dfrac{\mathrm{d}\boldsymbol{r}}{\mathrm{d}t}$；

(3) $\dfrac{\mathrm{d}s}{\mathrm{d}t}$；　　(4) $\sqrt{\left(\dfrac{\mathrm{d}x}{\mathrm{d}t}\right)^2+\left(\dfrac{\mathrm{d}y}{\mathrm{d}t}\right)^2}$.

下述判断正确的是(　　).

A. 只有(1)(2) 正确

B. 只有(2) 正确

C. 只有(2)(3) 正确

D. 只有(3)(4) 正确

1－3 质点做曲线运动，$\boldsymbol{r}$ 表示位矢，$\boldsymbol{v}$ 表示速度，$\boldsymbol{a}$ 表示加速度，s 表示路程，a_t 表示切向加速度的大小. 对表达式(1) $\dfrac{\mathrm{d}\boldsymbol{v}}{\mathrm{d}t}=\boldsymbol{a}$，(2) $\dfrac{\mathrm{d}\boldsymbol{r}}{\mathrm{d}t}=\boldsymbol{v}$，(3) $\dfrac{\mathrm{d}s}{\mathrm{d}t}=v$，(4) $\left|\dfrac{\mathrm{d}\boldsymbol{v}}{\mathrm{d}t}\right|=a_t$，下述判断正确的是(　　).

A. 只有(1)(4) 正确

B. 只有(2)(4) 正确

C. 只有(2) 正确

D. 只有(1)(2)(3) 正确

1－4 若一个质点在做圆周运动，则有(　　).

A. 切向加速度一定改变，法向加速度也改变

B. 切向加速度可能不变，法向加速度一定改变

C. 切向加速度可能不变，法向加速度不变

D. 切向加速度一定改变，法向加速度不变

1－5 一质点沿 x 轴运动的规律是 $x=t^2-4t+5$(SI)，则前 3 s 内它的(　　).

A. 位移和路程都是 3 m

B. 位移和路程都是 －3 m

C. 位移是 －3 m，路程是 3 m

D. 位移是 －3 m，路程是 5 m

1－6 已知质点沿 x 轴做直线运动，其运动方程为 $x=2+6t^2-2t^3$(SI)，求：(1) 质点在运动开始后4 s 内的位移的大小；(2) 质点在该时间内所通过的路程；(3) $t=4$ s时质点的速度和加速度.

1－7 已知质点的运动方程为 $\boldsymbol{r}=2t\boldsymbol{i}+(2-t^2)\boldsymbol{j}$(SI)，求：(1) 质点的运动轨迹；(2) $t=0$ 及 $t=2$ s 时，质点的位矢；(3) $t=0$ 到 $t=2$ s 内质点的位移 $\Delta\boldsymbol{r}$.

1－8 已知质点的运动方程为

$$\begin{cases}x=-10t+30t^2,\\ y=15t-20t^2\end{cases}\text{(SI)},$$

试求：(1) 质点初速度的大小和方向；(2) 质点加速度的大小和方向.

1－9 一升降机以 $1.22\ \mathrm{m\cdot s^{-2}}$ 的加速度加速上升，当上升速度为 $2.44\ \mathrm{m\cdot s^{-1}}$ 时，有一螺钉从升降机的天花板上松脱，升降机的天花板与其底面相距 2.74 m. 求：(1) 螺钉从升降机的天花板落到底面所需要的时间；(2) 以地面为参考系，螺钉的下降距离.

1－10 一石子从空中由静止开始下落，由于空气阻力，石子并非做自由落体运动. 已知其加速度 $a=A-Bv$，其中 A，B 为常量，试求石子的速度和运动方程.

1－11 一质点具有恒定加速度 $\boldsymbol{a}=6\boldsymbol{i}+4\boldsymbol{j}$，其单位为 $\mathrm{m\cdot s^{-2}}$. 在 $t=0$ 时，其速度为 0，位置矢量为 $\boldsymbol{r}_0=10\boldsymbol{i}$ m. 求：(1) 质点在任意时刻的速度和位置矢量；(2) 质点在 Oxy 平面上的轨迹方程，并画出轨迹的示意图.

1-12　质点在 Oxy 平面内运动，其运动方程为 $\boldsymbol{r}=2t\boldsymbol{i}+(19-2t^2)\boldsymbol{j}$，其中 $\boldsymbol{r}$ 的单位为 m，t 的单位为 s. 求：(1) 质点的轨迹方程；(2) 在 $t_1=1$ s 到 $t_2=2$ s 时间内质点的平均速度；(3) $t=1$ s 时，质点的速度、切向加速度与法向加速度；(4) $t=1$ s 时，质点所在轨道处的曲率半径.

1-13　一飞机以 100 $\mathrm{m\cdot s^{-1}}$ 的速度沿水平直线飞行，当飞机离地面高为 100 m 时，驾驶员要把物品空投到前方某一地面目标处，问：(1) 此时目标距离飞机正下方多远？(2) 投放物品时，驾驶员看目标的视线和水平线成何角度？(3) 物品投出 2 s 后，它的法向加速度和切向加速度各为多少？

1-14　如图 1-14 所示，驾驶员驾车从跑道东端启动，到达跑道终端时速率为 150 $\mathrm{km\cdot h^{-1}}$，他随即以仰角 $\alpha=5°$ 冲出，飞越跨度为 57 m 的河面，安全着落在西岸木板上，问：(1) 驾驶员驾车跨越河面用了多长时间？(2) 若起飞点高出河面 10 m，驾驶员驾车飞行的最高点距河面为多少？(3) 西岸木板和起飞点的高度差为多少？

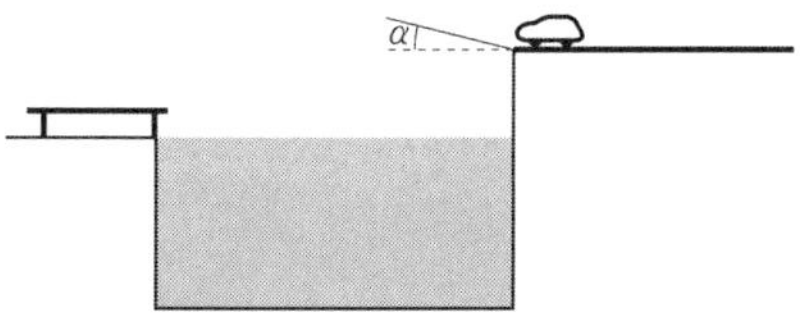

图 1-14

1-15　如图 1-15 所示，从山坡底端将小球抛出，已知该山坡有恒定倾角 $\alpha=30°$，小球的抛射角 $\beta=60°$，设小球被抛出时的速率为 $v_0=19.6\ \mathrm{m\cdot s^{-1}}$，忽略空气阻力，问：小球落在山坡上的位置离山坡底端的距离为多少？此过程经历多长时间？

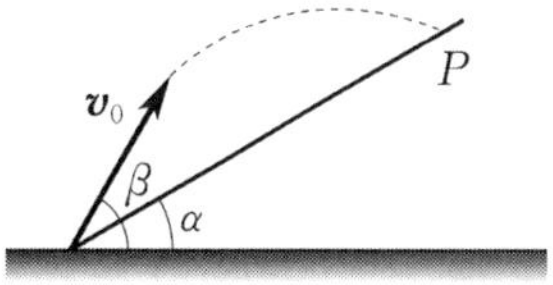

图 1-15

1-16　一质点沿半径为 R 的圆周按规律 $s=v_0t-\frac{1}{2}bt^2$ 运动，其中 v_0，b 都是常量. (1) 求 t 时刻质点的加速度；(2) t 为何值时，总加速度在数值上等于 b？(3) 当加速度达到 b 时，质点运动了多少圈？

1-17　一半径为 0.5 m 的飞轮在启动的短时间内，其角速度与时间的平方成正比. 在 $t=2.0$ s 时，测得轮缘一点的速度大小为 4.0 $\mathrm{m\cdot s^{-1}}$. 求：(1) 该飞轮在 $t'=0.5$ s 的角速度，该轮缘一点的切向加速度和总加速度；(2) 该轮缘一点在 2.0 s 时间内转过的角度.

1-18　一质点在半径为 0.1 m 的圆周上运动，其角位置为 $\theta=2+4t^3$，其中 θ 的单位为 rad，t 的单位为 s. (1) 求在 $t=2.0$ s 时，质点的法向加速度和切向加速度；(2) 当切向加速度的大小恰等于总加速度大小的一半时，θ 为多少？(3) t 为多少时，法向加速度和切向加速度的值相等？

第2章

微课视频

质点动力学

第1章讨论了如何描述质点的运动，本章进一步研究质点运动状态变化的原因和在什么条件下会发生何种运动，这就涉及物体本身的性质和物体之间的相互作用，我们称之为动力学. 动力学的基本原理是牛顿(Newton) 的三大运动定律. 本章将概括性地阐述牛顿定律的内容及其在质点运动方面的初步应用.

物体的运动和物体的相互作用是人类几千年来不断探索的课题. 即使在如今，已知运动情况求受力情况的问题仍然不断出现. 例如，怎样安排火箭推力才能将它送到预定的轨道?这便是动力学问题. 自牛顿发表他的《自然哲学的数学原理》以来，牛顿三大定律已经成为动力学的基础.《自然哲学的数学原理》发表已三百余年，在这期间，人类对自然的认识已发生了翻天覆地的变化. 例如，牛顿认为遥远的宇宙中心是不动的，后来马赫(Mach) 表示异议. 法拉第(Faraday) 提出物质的存在形式除实体外，还有场. 人们可以研究场的动量，却无法研究作用于场的力，故动量比力更具普遍意义，因此需要从动量入手研究动力学. 在此体系中，牛顿定律仍保持其应有的重要地位.

2.1 牛顿定律

2.1.1 牛顿第一定律

按照古希腊哲学家亚里士多德(Aristotle) 的说法，静止是物体的自然状态，要使物体以某一速度做匀速运动，必须有力对它作用. 从表面上看，在水平面上运动的物体最后都要趋于静止，从地面上抛出的石子最终都要落回地面. 在此后的漫长岁月中，这个观点一直被不少人所坚信. 直到十七世纪，意大利物理学家和天文学家伽利略(Galileo) 指出，物体沿水平面滑动趋于静止的原因是有摩擦力作用在物体上. 他从实验中总结出，如果没有外力的作用，物体将以恒定的速度运动下去. 力不是维持物体运动的原因，而是使物体运动状态改变的原因. 牛顿继承和发展了伽利略的见解，于 1687 年用概括性的语言在《自然哲学的数学原理》中写道：任何物体都保持静止或沿一条直线做匀速运动的状态，除非作用在它上面的力迫使它改变这种状态. 这就是牛顿第一定律，其数学形式为

$$\sum_i \boldsymbol{F}_i = \boldsymbol{0} \text{ 时}, \frac{\mathrm{d}\boldsymbol{v}}{\mathrm{d}t} = \boldsymbol{0}. \tag{2-1}$$

牛顿第一定律包含了惯性和力两个重要的概念，并且定义了惯性参考系.

(1) 提出了惯性的概念. 牛顿第一定律指出了任何物体都具有保持其运动状态不变的性质，即保持静止或匀速直线运动的状态. 这种性质称为**惯性**. 所以，牛顿第一定律又称为惯性定律.

(2) 确定了力的确切含义. 牛顿第一定律把物体间的相互作用称为**力**，即力是物体改变其运

动状态的一种作用. 要改变物体的运动状态,即要使物体获得加速度,就必须使它受到力的作用.

(3) 定义了惯性参考系. 物体的运动状态总是相对于一定的参考系而言的,如果物体在某参考系中不受其他物体作用而保持静止或匀速直线运动状态,那么这个参考系就称为**惯性参考系**,简称**惯性系**. 如果参考系相对于某惯性系做加速运动,那么这个参考系就是非惯性系.

2.1.2　牛顿第二定律

物体在运动时总具有速度. 我们把物体的质量 m 与其速度 $\boldsymbol{v}$ 的乘积叫作物体的**动量**,用 $\boldsymbol{p}$ 表示,即

$$\boldsymbol{p}=m\boldsymbol{v}. \tag{2-2}$$

在国际单位制中,动量的单位是千克米每秒($\mathrm{kg\cdot m\cdot s^{-1}}$).

显然,动量 $\boldsymbol{p}$ 也是一个矢量,其方向与速度 $\boldsymbol{v}$ 的方向相同. 与速度一样,动量也是描述物体运动状态的量,但动量比速度的意义更为重要. 当外力作用于物体上时,其动量发生改变. 牛顿第二定律阐明了作用于物体上的外力与物体动量变化的关系.

牛顿第二定律表述为:在受到外力作用时,物体所获得的加速度的大小与合外力的大小成正比,与物体的质量成反比,加速度的方向与合外力的方向相同,即物体的动量随时间的变化率 $\frac{\mathrm{d}\boldsymbol{p}}{\mathrm{d}t}$ 等于作用于物体上的合外力 $\boldsymbol{F}$,用公式表达为

$$\boldsymbol{F}=\frac{\mathrm{d}\boldsymbol{p}}{\mathrm{d}t}=\frac{\mathrm{d}(m\boldsymbol{v})}{\mathrm{d}t}. \tag{2-3a}$$

当物体运动速度的大小 v 远小于光速 c 时,物体的质量可以视为一个与速度无关的常量. 于是式(2-3a) 可以写成

$$\boldsymbol{F}=m\frac{\mathrm{d}\boldsymbol{v}}{\mathrm{d}t}\quad 或 \quad \boldsymbol{F}=m\boldsymbol{a}. \tag{2-3b}$$

在直角坐标系中,式(2-3b) 也可以写成

$$\boldsymbol{F}=ma_x\boldsymbol{i}+ma_y\boldsymbol{j}+ma_z\boldsymbol{k}. \tag{2-3c}$$

这是牛顿第二定律的数学表达式,又称为质点动力学的基本方程.

牛顿第二定律是牛顿力学的核心,应用它解决问题时必须注意以下几点:

(1) 牛顿第二定律仅在惯性系中成立. 物体做平动时,它的运动可认为是质点的运动,质点的质量就是整个物体的质量. 以后如不特别指明,在论及物体的平动时,都把物体当作质点来处理.

(2) 牛顿第二定律所表示的合外力与加速度之间的关系是瞬时对应关系.

(3) 力的叠加原理. 当几个外力同时作用于物体上时,其合外力 $\boldsymbol{F}$ 所产生的加速度 $\boldsymbol{a}$ 与每个外力 $\boldsymbol{F}_i$ 所产生加速度 $\boldsymbol{a}_i$ 的矢量和是一样的,这就是力的叠加原理.

式(2-3b) 是牛顿第二定律的矢量式,它在直角坐标系中的分量式为

$$\begin{cases} F_x=ma_x,\\ F_y=ma_y,\\ F_z=ma_z, \end{cases} \tag{2-4}$$

其中 F_x,F_y 和 F_z 分别表示作用在物体上的所有外力在 x 轴、y 轴和 z 轴上的分量之和;a_x,a_y 和 a_z 分别表示物体的加速度 $\boldsymbol{a}$ 在 x 轴、y 轴和 z 轴上的分量.

当质点在平面上做曲线运动时,可取如图 2-1 所示的自然坐标系,$\boldsymbol{e}_\mathrm{n}$ 为法向单位矢量,$\boldsymbol{e}_\mathrm{t}$ 为切向单位矢量. 质点在 A 点的加速度 $\boldsymbol{a}$ 在自然坐标系的两个相互垂直方向上的分矢量分别为 $\boldsymbol{a}_\mathrm{t}$ 和 $\boldsymbol{a}_\mathrm{n}$.

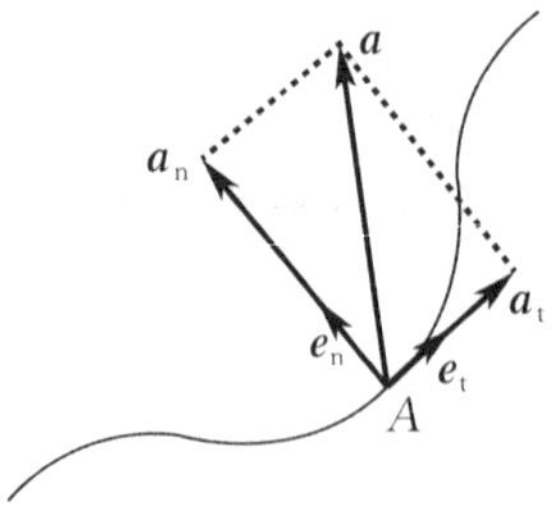

图 2－1　自然坐标系

如果 A 点处曲线的曲率半径为 ρ，那么质点在平面上做曲线运动时，牛顿第二定律可以写成

$$\boldsymbol{F}=m\boldsymbol{a}=m(\boldsymbol{a}_t+\boldsymbol{a}_n)=m\frac{dv}{dt}\boldsymbol{e}_t+m\frac{v^2}{\rho}\boldsymbol{e}_n. \tag{2-5a}$$

若以 F_t 和 F_n 分别代表合外力 $\boldsymbol{F}$ 在切向和法向上的分量，则有

$$\begin{cases}F_n=ma_n=m\dfrac{v^2}{\rho},\\ F_t=ma_t=m\dfrac{dv}{dt},\end{cases} \tag{2-5b}$$

其中 F_t 叫作切向力，F_n 叫作法向力（或向心力）；相应地，a_t 和 a_n 叫作切向加速度和法向加速度.

2.1.3　牛顿第三定律

牛顿第三定律说明力具有物体间相互作用的性质. 当两个物体之间有相互作用时，则说明存在作用力 $\boldsymbol{F}$ 和反作用力 $\boldsymbol{F}'$，它们沿同一直线，大小相等，方向相反，分别作用在两个物体上. 这就是牛顿第三定律，其数学表达式为

$$\boldsymbol{F}=-\boldsymbol{F}'. \tag{2-6}$$

牛顿第三定律指出，有作用力必然存在反作用力，两者相互依存. 牛顿第三定律还说明，作用力与反作用力虽然大小相等，方向相反，且沿同一直线，但是它们作用在两个不同的物体上，因此这两个力不是一对平衡力，不能相互抵消. 例如，静止在地板上的物体，它同时受到地球的引力和地板的支撑力，这是一对平衡力. 地球对物体的引力和物体对地球的引力，地板对物体的支撑力和物体对地板的压力，才各是一对作用力与反作用力.

运用牛顿第三定律分析物体受力情况时必须注意以下两点：

(1) 作用力和反作用力互以对方为自己存在的条件，它们同时产生，同时消失，任何一方都不能孤立存在.

(2) 作用力和反作用力是分别作用在两个物体上的，它们属于同种性质的力. 如果作用力是万有引力，那么反作用力也一定是万有引力.

2.2　力学中几种常见的力

在力学中，分析物体的受力情况是十分重要的. 力学中几种常见的力有万有引力、弹性力、摩擦力等，它们分属不同性质的力，弹性力和摩擦力属于接触力，而万有引力属于场力.

2.2.1　万有引力

1. 万有引力

十七世纪初，德国天文学家开普勒(Kepler) 分析第谷(Tycho) 观察行星所得的大量数据，提出了行星绕太阳做椭圆轨道运动的开普勒定律. 牛顿继承了前人的研究成果，通过深入研究，提出了著名的万有引力定律. 万有引力定律指出，星体之间，地球与地球表面附近的物体之间，以及所有物体之间都存在着一种相互吸引的力，所有这些力都遵循同一规律，这种相互吸引的力叫作**万有引力**. 万有引力定律可表述为：在两个相距为 r，质量分别为 m_1，m_2 的质点间存

在万有引力，其方向沿着它们的连线，其大小与它们的质量乘积成正比，与它们之间距离 r 的二次方成反比，即

$$F = G\frac{m_1 m_2}{r^2}, \tag{2-7a}$$

其中 G 为常量，叫作引力常量. 引力常量最早由英国物理学家卡文迪什(Cavendish)于 1798 年通过实验测出. 在计算时，一般取 $G = 6.67\times10^{-11}\ \text{N}\cdot\text{m}^2\cdot\text{kg}^{-2}$.

万有引力定律可以写成矢量形式，即

$$\boldsymbol{F} = -G\frac{m_1 m_2}{r^2}\boldsymbol{e}_r, \tag{2-7b}$$

其中 $\boldsymbol{e}_r$ 是与 $\boldsymbol{r}$ 同向的单位矢量，负号表示质量为 m_1 的质点对质量为 m_2 的质点的万有引力的方向和与 $\boldsymbol{r}$ 同向的单位矢量 $\boldsymbol{e}_r$ 的方向相反(见图 2-2).

应该注意，万有引力定律中的 $\boldsymbol{F}$ 是两个质点之间的引力. 若求两个物体间的引力，则必须把两个物体都分成很多小部分，把每个小部分都看成一个质点，然后计算所有这些质点间的相互作用力. 从数学上讲，这个计算通常是一个积分问题. 计算表明，对于两个密度均匀的球体，它们之间的引力可以直接用式(2-7a)来计算，这时 r 表示两个球体球心间的距离.

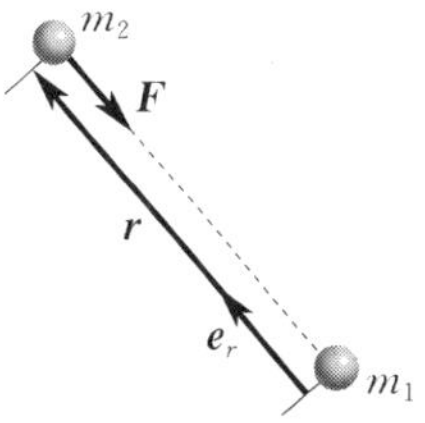

图 2-2　万有引力

2. 重力

通常把地球对地球表面附近物体的万有引力叫作**重力**，其方向通常是指向地球中心的. 在重力的作用下，物体具有的加速度叫作重力加速度 $\boldsymbol{g}$. 例如，以 m_E 代表地球的质量，r 代表地球中心与物体之间的距离，由式(2-7a)可得重力加速度的大小为

$$g = \frac{Gm_E}{r^2}.$$

在地球表面附近，物体与地球中心的距离 r 与地球的半径 R 相差很小，即 $r\approx R$. 故重力加速度的大小可以表示为

$$g \approx \frac{Gm_E}{R^2}.$$

已知 $G = 6.67\times10^{-11}\ \text{N}\cdot\text{m}^2\cdot\text{kg}^{-2}$，$m_E = 5.98\times10^{24}\ \text{kg}$，$R = 6.37\times10^6\ \text{m}$，将之代入上式得 $g\approx 9.83\ \text{m}\cdot\text{s}^{-2}$. 计算时，一般取地球表面附近的重力加速度为 $g = 9.80\ \text{m}\cdot\text{s}^{-2}$.

顺便指出，由月球质量和半径的数据，可以算出月球表面附近的重力加速度约为 $1.62\ \text{m}\cdot\text{s}^{-2}$，亦即近似等于地球表面附近的重力加速度的 1/6.

2.2.2　弹性力

弹性力是由物体形变而产生的力. 造成形变的方式和效果不同，产生的弹性力的表现形式也各不相同. 弹簧因被拉伸或压缩而产生弹性力；物体放在支撑面上，产生作用在支撑面上的正压力和作用在物体上的支持力；绳索被拉紧时，在绳索内部横截面上产生的张力.

下面简述有关张力的概念. 我们知道，绳索松弛时，绳索内任意两相邻部分之间是没有拉力的. 然而，当绳索受到其他物体所施外力作用而被拉紧后，在绳索内任意两相邻部分之间就存在着一对大小相等、方向相反的相互作用力 $\boldsymbol{F}_T$ 和 $\boldsymbol{F}'_T$，这一对拉力称为**张力**. 若绳索的质量比与之相互作用的物体的质量轻得多，则可以近似认为绳索内任意两横截面处的张力是相等的. 但是，如果绳索的质量和与之相互作用的物体的质量是可以比较的，那么绳索内各横截面处的张力就不

再相等. 所以,拉紧的绳索内各处的张力是否相等,应视具体情况而定. 本书所涉及的被拉紧的绳索问题,如不特别指明,都可当作细而轻的绳索,绳索上各处的张力是相等的.

2.2.3 摩擦力

两个互相接触的物体在有相对滑动的趋势但又尚未相对滑动时,其接触面上便产生阻碍发生相对滑动的力,这个力称为**静摩擦力**. 把物体放在一水平面上,有一外力 $\boldsymbol{F}$ 沿水平面作用在物体上,若外力 $\boldsymbol{F}$ 较小,物体尚未滑动,这时静摩擦力 $\boldsymbol{F}_0$ 与外力 $\boldsymbol{F}$ 在数值上相等,其方向与 $\boldsymbol{F}$ 相反. 随着 $\boldsymbol{F}$ 增大,静摩擦力 $\boldsymbol{F}_0$ 也相应地增大,直到 $\boldsymbol{F}$ 增大到某一数值时,物体即将相对于平面滑动,这时静摩擦力达到最大值,称为最大静摩擦力 $\boldsymbol{F}_{0m}$. 实验表明,最大静摩擦力的值与两物体接触面上的正压力的大小 F_N 成正比,即

$$F_{0m} = \mu_0 F_N,$$

其中 μ_0 叫作静摩擦系数. 静摩擦系数与两接触物体的材料性质,以及接触面的情况有关,而与接触面的大小无关. 需要强调的是,在一般情况下,静摩擦力的值总满足下述关系:

$$F_0 \leqslant F_{0m}.$$

物体在平面上滑动时,所受的摩擦力叫作**滑动摩擦力** $\boldsymbol{F}_f$,其方向总是与物体相对平面的运动方向相反,其大小与物体的正压力的大小 F_N 成正比,即

$$F_f = \mu F_N,$$

其中 μ 叫作滑动摩擦系数. 它与两接触物体的材料性质、接触表面的情况、温度、干湿度等有关,还与两接触物体的相对速度有关. 在相对速度不太大时,为计算简单起见,可以认为滑动摩擦系数略小于静摩擦系数. 在计算时,除特别指明外,可认为它们是近似相等的,即 $\mu = \mu_0$.

摩擦产生的影响有利有弊. 所有机器的运动部分都有摩擦,它既磨损机器又浪费能量,而且会使机器局部温度升高,从而降低机器的精度,这是摩擦有害的一面. 为此,必须设法减少摩擦,通常是在产生有害摩擦的部位涂上润滑油,或者以滚动摩擦代替滑动摩擦,或者改变摩擦材料的性能等. 此外,摩擦也是生产和生活中所必需的. 很难想象,没有摩擦的自然界会是什么情况,人的行走、车轮的滚动、货物借助皮带输送机的传输等,都是依赖于摩擦才能进行的.

2.3 牛顿定律的应用举例

牛顿定律是物体做机械运动的基本定律,它在实践中有广泛的应用. 本节将举例说明如何应用牛顿定律来分析问题和解决问题. 求解质点的动力学问题一般分为两类:一类是已知质点的受力情况,求解质点的运动状态;另一类是已知质点的运动状态,求解作用于质点上的力.

运用牛顿定律解决问题的基本方法称为隔离体法. 所谓隔离体法,是指选出一个或几个物体作为隔离体,分析周围物体对隔离体的作用力和隔离体的运动情况,再运用牛顿第二定律求解问题的方法. 下面阐述隔离体法的基本步骤:

(1) 选定可以看作质点的隔离体为研究对象. 隔离体可以是一个物体,也可以是物体的一部分.

(2) 分析隔离体的受力情况,并画出隔离体的受力图. 首先考察隔离体所受的非接触力,如重力、电磁力等;然后考察与隔离体接触的每一个物体,在接触处找出弹力、压力、摩擦力等接触力.

(3) 分析隔离体的运动状况. 主要是分析隔离体的加速度,并在受力图中标明该加速度的

方向.

(4) 建立坐标系,列出牛顿第二定律方程,检查方程的数目和未知数的数目,看是否相等,当两者相等时,可以通过数学运算求解.

(5) 将具体的数值代入方程求解,运算过程中要注意统一单位.

下面举例说明上述方法的具体应用.

例 2-1

阿特伍德机　如图 2-3 所示,一根轻绳穿过定滑轮,轻绳两端分别系有质量为 m_1 的物体 1 和质量为 m_2 的物体 2,且 $m_1 > m_2$. 设定滑轮的质量不计,定滑轮与轻绳及轴间摩擦不计,定滑轮以大小为 a 的加速度相对于地面向上运动,试求两物体相对于定滑轮的加速度大小及轻绳中的张力.

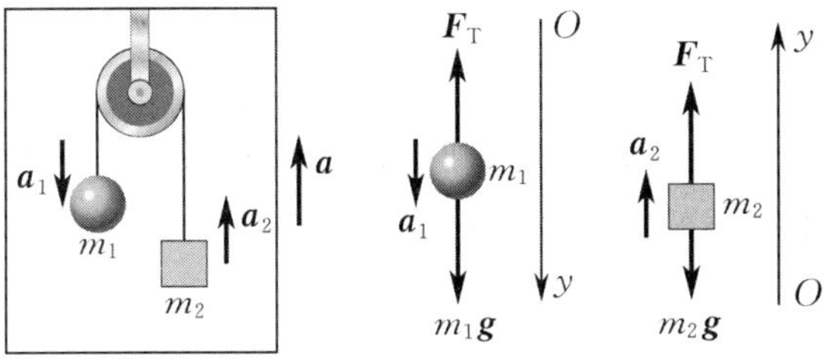

图 2-3

解　选取地面为惯性系,定滑轮以大小为 a 的加速度相对于地面向上运动,以 a_r 表示物体 1 相对于定滑轮的加速度的大小,作如图 2-3 所示的受力图,那么物体 1 相对于地面的加速度的大小为 $a_1 = a_r - a$. 根据牛顿第二定律,有

$$m_1 g - F_T = m_1 a_1 = m_1(a_r - a). \quad (1)$$

由于轻绳的长度不变,故物体 2 相对于定滑轮的加速度的大小也是 a_r,物体 2 相对于地面的加速度的大小为 a_2,有 $a_2 = a_r + a$. 于是,物体 2 的运动方程为

$$F_T - m_2 g = m_2 a_2 = m_2(a_r + a). \quad (2)$$

由式(1)和式(2)可得两物体相对于定滑轮的加速度大小为

$$a_r = \frac{m_1 - m_2}{m_1 + m_2}(g + a).$$

将上式代入式(1),得轻绳中的张力为

$$F_T = \frac{2m_1 m_2}{m_1 + m_2}(g + a).$$

例 2-2

设有一辆质量为 $m = 2\,500$ kg 的汽车,在平直的高速公路上以 120 km·h^{-1} 的速度行驶. 若欲使汽车平稳地停下来,驾驶员启动刹车装置,刹车阻力是随时间线性增加的,即 $F_f = -bt$,其中 $b = 3\,500$ N·s,试问此汽车经过多长时间才能停下来?

解　由题设可知,汽车在 $t = 0$ 时刻以速度 $v_0 \approx 33.3$ m·s^{-1} 沿 x 轴正方向行驶,它在行驶过程中所受的刹车阻力为 $F_f = -bt$,其中负号表示阻力与 x 轴正方向相反. 由牛顿第二定律可得汽车的加速度的大小为 $a = -\dfrac{bt}{m}$. 可见汽车的加速度是时间的函数,即汽车做变加速直线运动. 由于刹车阻力的作用,在时刻 t,汽车的速度为 0,汽车停下来了. 由加速度定义 $\boldsymbol{a} = \dfrac{d\boldsymbol{v}}{dt}$ 可得

$$\int_{v_0}^{0} dv = \frac{1}{m}\int_0^t (-bt)dt.$$

由上式可解得汽车停止前所行驶的时间为

$$t = \sqrt{\frac{2v_0 m}{b}} \approx 6.90 \text{ s}.$$

例 2-3

雨滴的收尾速度　设半径为 r、质量为 m 的雨滴,从高空某处以速度 140 m·s^{-1} 落下. 如果这样的雨滴密集地打在人的身上,将会对人造成很大的伤害. 幸好,大气对雨滴有阻力

作用，使得雨滴的落地速度大为减小，并使雨滴匀速落向地面，这个速度叫作收尾速度. 空气对雨滴的阻力大小 F_f 与很多因素有关. 作为一般计算，常用经验公式 $F_{浮} = \rho_{液} g V_{排}$，$F_f = 0.87r^2v^2$，其中 r 和 v 分别是雨滴的半径和速度的大小. 试求雨滴的半径 r 分别为 0.5 mm，1.0 mm 和 1.5 mm 时的收尾速度.

解 作为近似计算，我们视雨滴为一球体. 它在大气中要受到重力 P、浮力 F' 和阻力 F_f 的作用，由牛顿第二定律，有

$$P - F' - F_f = m\frac{dv}{dt}.$$

若 ρ_1 是雨滴的密度，ρ_2 是空气的密度，则有

$$\frac{4}{3}\pi r^3 \rho_1 g - \frac{4}{3}\pi r^3 \rho_2 g - 0.87r^2v^2 = m\frac{dv}{dt}. \quad (1)$$

化简式(1) 得

$$\frac{4}{3}\pi r^3 g(\rho_1 - \rho_2) - 0.87r^2v^2 = m\frac{dv}{dt}. \quad (2)$$

当雨滴在空气阻力作用下以恒定的速度下落时，其加速度为零，即 $\frac{dv}{dt} = 0$. 这样式(2) 中的速度就是雨滴的收尾速度 v_L. 于是有

$$v_L = \sqrt{\frac{4\pi r^3(\rho_1 - \rho_2)g}{3 \times 0.87r^2}} = \sqrt{\frac{4\pi r(\rho_1 - \rho_2)g}{3 \times 0.87}}. \quad (3)$$

从式(3) 可以看出，当雨滴和空气的密度分别为 $\rho_1 = 1 \times 10^3\ \mathrm{kg \cdot m^{-3}}$ 和 $\rho_2 = 1\ \mathrm{kg \cdot m^{-3}}$ 时，雨滴的收尾速度 v_L 与雨滴半径 r 的二分之一次方成正比. 因此，不同半径的雨滴有不同的收尾速度，半径越大其收尾速度也越大. 例如，当 $r = 0.5$ mm 时，由式(3) 可算得雨滴的收尾速度为 $4.86\ \mathrm{m \cdot s^{-1}}$. 对半径为 1.0 mm 和 1.5 mm的雨滴，由式(3) 可算得它们的收尾速度分别为$6.88\ \mathrm{m \cdot s^{-1}}$ 和 $8.41\ \mathrm{m \cdot s^{-1}}$.

应当注意，上面关于雨滴在空气中收尾速度的计算，是在忽略诸如温度、压强、雨滴表面的形状和清洁程度等很多因素的情况下得出的，所以所得结果只是近似值. 即使如此，它在理论和实践中仍然是很有意义的.

例 2－4

如图 2－4(a) 所示，有一绳索围绕在圆柱上，绳索绕圆柱的张角为 θ，绳索与圆柱间的静摩擦系数为 μ，求绳索处于滑动的边缘时，绳索两端的张力 $\boldsymbol{F}_{TA}$ 和 $\boldsymbol{F}_{TB}$ 间的关系. 设绳索的质量略去不计.

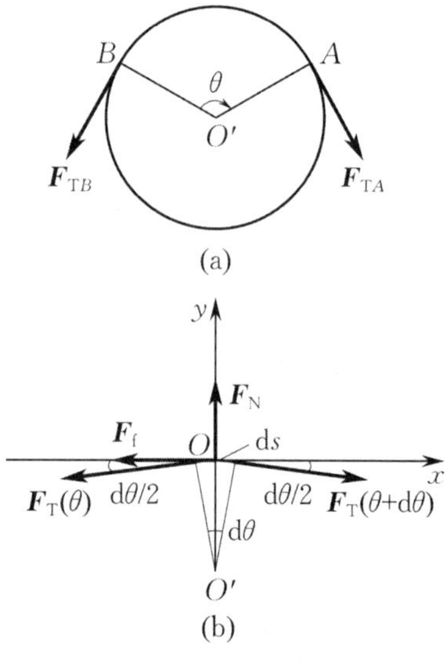

图 2－4

解 如图 2－4(b) 所示，在围绕圆柱的绳索 AB 上，取一微小段绳索 ds，其相对于圆心的张角为 $d\theta$. 设 ds 两端的张力分别为 $\boldsymbol{F}_T(\theta)$ 和 $\boldsymbol{F}_T(\theta + d\theta)$，圆柱对 ds 的支持力为 $\boldsymbol{F}_N$. 当圆柱有顺时针旋转的趋势时，圆柱对 ds 的摩擦力为 $\boldsymbol{F}_f$. 由于绳索的质量略去不计，故 ds 所受重力不予考虑.

由题意可知，绳索处于滑动边缘，所以绳索的加速度的大小为 $a = 0$. 取如图 2－4(b) 所示的 x 轴和 y 轴，根据牛顿第二定律，微小段绳索 ds 所受的力在 x 轴和 y 轴上的分量分别为

$$F_T(\theta + d\theta)\cos\frac{d\theta}{2} - F_T(\theta)\cos\frac{d\theta}{2} - F_f = 0, \quad (1)$$

$$-F_T(\theta + d\theta)\sin\frac{d\theta}{2} - F_T(\theta)\sin\frac{d\theta}{2} + F_N = 0. \quad (2)$$

此外，由摩擦力的定义，有

$$F_f = \mu F_N. \qquad (3)$$

考虑到 ds 相对于圆心 O' 的张角 dθ 很小，即 $\sin\frac{\theta}{2}\approx\frac{d\theta}{2}$, $\cos\frac{\theta}{2}\approx 1$，以及 $F_T(\theta+d\theta)-F_T(\theta)=dF_T$，故式(1)、式(2) 可分别简化为

$$dF_T = F_f = \mu F_N, \qquad (4)$$

$$\frac{1}{2}dF_T d\theta + F_T d\theta = F_N. \qquad (5)$$

略去式(5) 中的二阶无穷小量 $dF_T d\theta$，那么联立式(4) 和式(5)，并积分得

$$\int_{F_{TB}}^{F_{TA}}\frac{dF_T}{F_T}=\mu\int_0^{\theta}d\theta,$$

解之得

$$F_{TB}=F_{TA}e^{-\mu\theta}. \qquad (6)$$

式(6) 表明，绳索与圆柱之间存在摩擦力，绳索两端的张力之比随张角 θ 按指数规律变化. 设绳索与圆柱之间的滑动摩擦系数为 $\mu=0.25$. 当绳索围绕圆柱半圈时($\theta=\pi$)，$\frac{F_{TB}}{F_{TA}}=e^{-0.25\pi}\approx 0.46$；当绳索围绕圆柱一圈时($\theta=2\pi$)，$\frac{F_{TB}}{F_{TA}}=e^{-0.25\times 2\pi}\approx 0.21$. 若把绳索端点 A 与一负荷相连接，则 F_{TA} 为负荷所引起的张力；同样，若把绳索端点 B 与拉力相连接，则 F_{TB} 为该拉力所引起的张力. 从上述数据可以看出，绳索围绕圆柱的圈数越多，F_{TB} 比 F_{TA} 小得就越多. 人们常将这个原理用于工农业生产和日常生活. 例如，为了使轮船平稳地停靠在码头上，人们常将缆绳在桩柱上多绕几圈. 又如，将重物挂在梁柱的钉子上时，有经验的人总是把系有重物的绳索在梁柱上多绕几圈.

例 2-5

如图 2-5 所示，长为 l 的轻绳，一端系有质量为 m 的小球，另一端系于原点 O，开始时小球处于最低位置. 若小球获得如图 2-5 所示的初速度 $\boldsymbol{v}_0$，它将在竖直平面内做圆周运动，求小球在任意位置的速率及轻绳的张力.

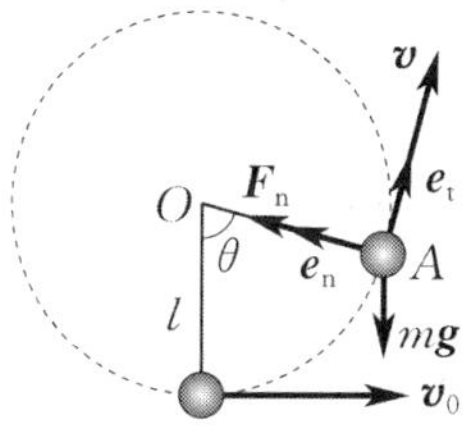

图 2-5

解　研究对象为小球.

受力分析：小球受到两个力的作用，重力 $m\boldsymbol{g}$ 和拉力 $\boldsymbol{F}_n$.

根据牛顿第二定律，有 $\boldsymbol{F}_n+m\boldsymbol{g}=m\boldsymbol{a}$，应用自然坐标系，其法向方程和切向方程分别为

$$F_n - mg\cos\theta = ma_n = m\frac{v^2}{l}, \qquad (1)$$

$$-mg\sin\theta = ma_t = m\frac{dv}{dt}. \qquad (2)$$

由式(2) 有

$$-g\sin\theta=\frac{dv}{dt}=\frac{dv}{d\theta}\cdot\frac{d\theta}{dt}=\frac{dv}{d\theta}\omega=\frac{v}{l}\cdot\frac{dv}{d\theta},$$

即

$$v dv = -gl\sin\theta d\theta,$$

对上式两边积分得

$$\int_{v_0}^{v} v dv=\int_0^{\theta}-gl\sin\theta d\theta,$$

从而有

$$\frac{1}{2}(v^2-v_0^2)=gl(\cos\theta-1),$$

解之得

$$v=\sqrt{v_0^2+2gl(\cos\theta-1)}.$$

将上式代入式(1)，得

$$F_n=m\left(\frac{v_0^2}{l}+3g\cos\theta-2g\right).$$

2.4 非惯性系 惯性力

牛顿定律只适用于惯性系，然而常常要在非惯性系中研究力学现象. 本节简单介绍怎样在非惯性系中分析力学问题.

例如，以地面为参考系(惯性系)观察一运动质点 P，其加速度为 $\boldsymbol{a}_1$，一车厢相对于地面以加速度 $\boldsymbol{a}_2$ 做匀加速直线运动；以车厢为参考系(非惯性系)观察该运动质点 P，其加速度为 $\boldsymbol{a}_0$，那么有

$$\boldsymbol{a}_1 = \boldsymbol{a}_0 + \boldsymbol{a}_2.$$

若该质点的质量为 m，它受到其他物体的相互作用合力为 $\boldsymbol{F}$，根据牛顿第二定律，有

$$\boldsymbol{F} = m\boldsymbol{a}_1,$$

由此得出

$$\boldsymbol{F} = m\boldsymbol{a}_2 + m\boldsymbol{a}_0.$$

显然，$\boldsymbol{F} \neq m\boldsymbol{a}_0$. 这说明牛顿第二定律对非惯性系不适用. 但如果将上式改写成

$$\boldsymbol{F} + (-m\boldsymbol{a}_2) = m\boldsymbol{a}_0,$$

并把由于非惯性系相对于惯性系做加速运动所引起的一项$(-m\boldsymbol{a}_2)$看作一个力，称为**惯性力**，用 $\boldsymbol{F}_2$ 表示，即 $\boldsymbol{F}_2 = -m\boldsymbol{a}_2$，于是有

$$\boldsymbol{F} + \boldsymbol{F}_2 = m\boldsymbol{a}_0,$$

其中 $\boldsymbol{F}$ 是其他物体对质点 P 的相互作用力，$\boldsymbol{F}_2$ 是惯性力，$\boldsymbol{a}_0$ 是质点 P 相对于车厢(非惯性系)的加速度.

上式表明，引入了惯性力的概念以后，牛顿第二定律在形式上对车厢(非惯性系)依然适用.

惯性力不是通常所指的物体之间的相互作用力，因而不存在施力物体，也没有与其对应的反作用力. 它实际上是物体本身的惯性在非惯性系中的反映. 因此，它与物体的质量和非惯性系的运动状况有关，有时还与物体在非惯性系中的位置、速度等因素有关.

对于不同的非惯性系，惯性力的表达式也不相同. 例如，一个参考系相对于惯性系做匀加速直线平动，这个参考系称为**加速平动参考系**(上述车厢就是一个加速平动参考系). 在加速平动参考系中，质点所受的惯性力为

$$\boldsymbol{F}_2 = -m\boldsymbol{a},$$

其中 m 为质点的质量，$\boldsymbol{a}$ 为加速平动参考系相对于惯性系的加速度. 又如，一个参考系相对于惯性系绕一个固定轴做匀角速度转动，这个参考系称为**匀角速度转动参考系**(一个绕垂直轴做匀角速度转动的水平圆盘就是一个匀角速度转动参考系). 在匀角速度转动参考系中，一个静止的质点所受的惯性力为

$$\boldsymbol{F}_2 = -m\boldsymbol{a}_{\mathrm{n}} = m\omega^2\boldsymbol{r},$$

其中 m 为质点的质量，$\boldsymbol{a}_{\mathrm{n}}$ 为质点相对于惯性系的向心加速度，ω 为匀角速度转动参考系相对于惯性系转动的角速度的大小，$\boldsymbol{r}$ 为从转轴向质点所引的矢量，它垂直于转轴. 这个力的方向沿 $\boldsymbol{r}$ 离开圆心，称为惯性离心力. 对于其他运动情况的非惯性系，还需引入别的惯性力，这里不做介绍.

阅读材料

习题 2

2-1 两个质量相等的小球由一轻弹簧相连接，再用一细绳悬挂于天花板上，处于静止状态，如图 2-6 所示. 将细绳剪断的瞬间，球 1 和球 2 的加速度分别为(　　).

A. $a_1 = g, a_2 = g$

B. $a_1 = 0, a_2 = g$

C. $a_1 = g, a_2 = 0$

D. $a_1 = 2g, a_2 = 0$

图 2-6

2-2 在升降机天花板上拴有一轻绳，其下端系一重物，当升降机以加速度 a_1 上升时，轻绳中的张力正好等于它所能承受的最大张力的一半，问升降机以多大的加速度上升时，轻绳刚好被拉断?(　　).

A. $2a_1$

B. $2(a_1 + g)$

C. $2a_1 + g$

D. $a_1 + g$

2-3 一质量为 m 的物体自空中落下，它除受重力外，还受到一个与其速度平方成正比的阻力作用，比例系数为 k，k 为正常量，该物体下落的收尾速度(最后物体做匀速运动的速度) 将是(　　).

A. $\sqrt{\dfrac{mg}{k}}$

B. $\dfrac{g}{2k}$

C. gk

D. $\sqrt{gk}$

2-4 一段路面水平的公路，转弯处轨道半径为 R，汽车轮胎与路面之间的滑动摩擦系数为 μ，要使汽车不侧滑，汽车在该处的行驶速率为(　　).

A. 不得小于 $\sqrt{\mu g R}$

B. 必须等于 $\sqrt{\mu g R}$

C. 不得大于 $\sqrt{\mu g R}$

D. 还应由汽车的质量决定

2-5 用水平力 F_N 把一个物体压在粗糙的竖直墙面上，让其保持静止，当 F_N 逐渐增大时，物体所受的静摩擦力的大小 F_f(　　).

A. 不为零，但保持不变

B. 随 F_N 成正比地增大

C. 开始时随 F_N 增大，达到某一最大值后保持不变

D. 无法确定

2-6 有一如图 2-7 所示的斜面，其倾角为 α，底边 AB 长为 $l = 2.1$ m. 一质量为 m 的物体从斜面顶端由静止开始向下滑动，斜面的滑动摩擦系数为 $\mu = 0.14$，试问：当 α 为何值时，物体在斜面上下滑的时间最短?其数值为多少?

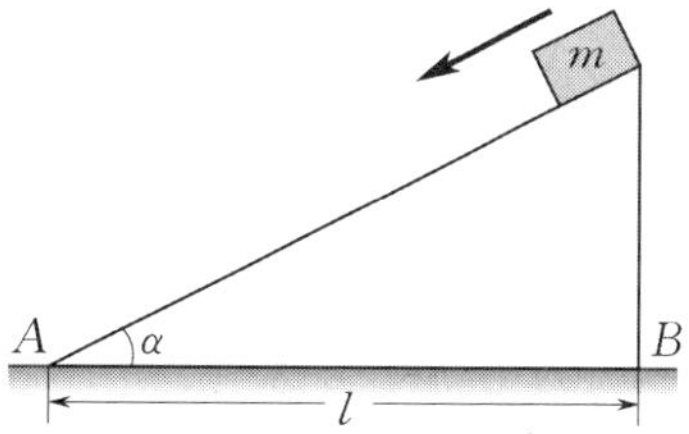

图 2-7

2-7 工地上有一吊车，将甲、乙两混凝土块吊起送至高空. 甲块质量为 $m_1 = 2.00 \times 10^2$ kg，乙块质量为 $m_2 = 1.00 \times 10^2$ kg，两混凝土块的接触关系如图 2-8 所示. 设吊车、框架和钢丝绳的质量不计. 试求下述两种情况下，钢丝绳所受的张力，以及乙块对甲块的作用力：(1) 两混凝土块以 $10.0\ \text{m} \cdot \text{s}^{-2}$ 的加速度上升；(2) 两混凝土块以 $1.0\ \text{m} \cdot \text{s}^{-2}$ 的加速度上升. 从本题的结果，你能体会到起吊重物时必须缓慢加速的道理吗?

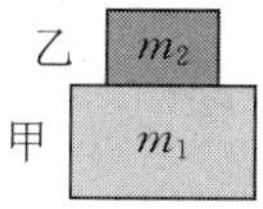

图 2-8

2-8 如图 2-9 所示，已知 A，B 两物体的质量均为 $m = 3.0$ kg，物体 A 以加速度 $a = 1.0\ \text{m} \cdot \text{s}^{-2}$ 运动，求物体 B 与桌面之间的摩擦力(滑轮与连接绳的质量不计).

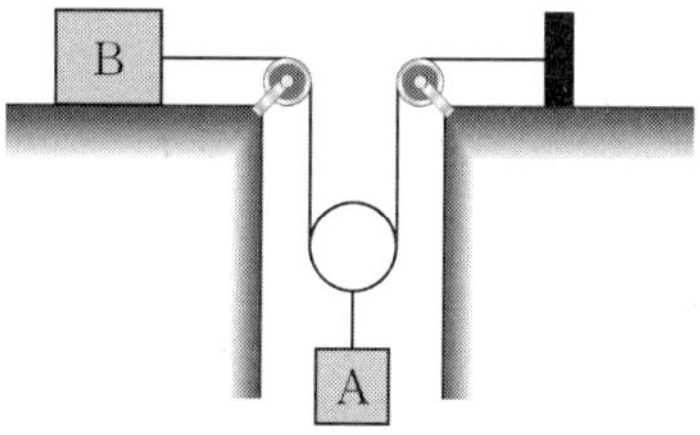

图 2-9

2-9 质量为 m' 的长平板以速度 v' 在光滑平面上做直线运动，现将质量为 m 的木块轻轻平稳地放在

长平板上，长平板与木块之间的滑动摩擦系数为 μ，问木块在长平板上滑行多远才能与长平板取得共同速度？

2-10 在一只半径为 R 的半球形碗内，有一个质量为 M 的小钢球，当小钢球以角速度 ω 在水平面内沿碗内壁做匀速圆周运动时，它距碗底有多高？

2-11 在图 2-10 所示的轻滑轮上跨有一轻绳，轻绳的两端分别连接着质量为 1 kg 和 2 kg 的物体 A 和 B，现以大小为 50 N 的恒力 F 向上提轻滑轮的轴，不计轻滑轮的质量及轻滑轮与轻绳之间的摩擦，求物体 A 和 B 的加速度.

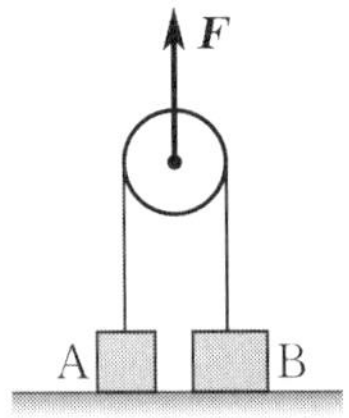

图 2-10

2-12 一质量为 50 g 的物体挂在一弹簧末端，弹簧伸长一段距离后静止，经扰动后物体做上下振动. 若以物体的静平衡位置为原点，向下为 y 轴正方向，测得其运动规律按余弦形式变化，即 $y=0.20\cos\left(5t+\frac{\pi}{2}\right)$，其中 t 以 s 为单位，y 以 m 为单位. (1) 求作用于该物体上的合外力的大小；(2) 证明：作用在该物体上的合外力的大小与物体离开平衡位置的距离 y 成正比.

2-13 一质量为 10 kg 的质点在力 F 的作用下沿 x 轴做直线运动，已知 $F=120t+40$，其中 F 的单位为 N，t 的单位为 s. 在 $t=0$ 时，质点位于 $x=5$ m 处，其速度为 $v_0=6\ \mathrm{m\cdot s^{-1}}$，求质点在任意时刻的速度和位置.

2-14 轻型飞机连同驾驶员的总质量为 1×10^3 kg. 飞机以 $55\ \mathrm{m\cdot s^{-1}}$ 的速度在水平跑道上着陆后，驾驶员开始制动. 若阻力的大小与时间成正比，比例系数 $k=5\times10^2\ \mathrm{N\cdot s^{-1}}$，空气对飞机的升力不计，求：(1) 10 s 后飞机的速度；(2) 飞机着陆后 10 s 内滑行的距离.

2-15 质量为 m 的跳水运动员，从 10.0 m 高台上由静止跳下，落入水中，高台与水面的距离为 h. 把跳水运动员视为质点，并略去空气阻力. 运动员入水后垂直下沉，水对其阻力为 bv^2，其中 b 为一常量. 若以水面上一点为坐标原点 O，竖直向下为 y 轴正方向，求：(1) 运动员在水中的速度 v 与 y 的函数关系；(2) 若 $\frac{b}{m}=0.4\ \mathrm{m^{-1}}$，跳水运动员在水中下沉多少距离才能使其速度 v 减小到落水速度 v_0 的 $\frac{1}{10}$（假定跳水运动员在水中的浮力与所受的重力大小恰好相等）？

2-16 一质量为 m 的小球最初位于图 2-11 所示的 A 点，然后沿半径为 r 的光滑圆轨道 $ADCB$ 滑动，试求小球到达 C 点时的角速度和对光滑圆轨道的作用力.

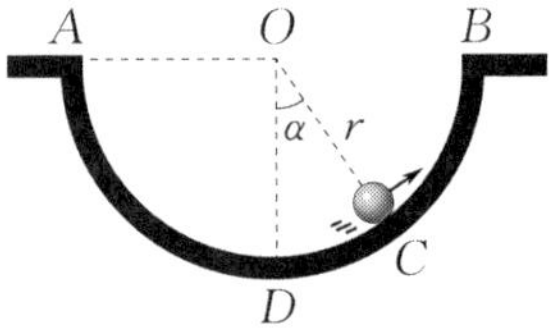

图 2-11

2-17 在光滑的水平桌面上放置一半径为 R 的固定圆环，物体紧贴圆环的内侧做圆周运动，其滑动摩擦系数为 μ. 开始时物体的速率为 v_0，求：(1) t 时刻物体的速率；(2) 当物体速率从 v_0 减小到 $\frac{v_0}{2}$ 时，物体所经历的时间及经过的路程.

2-18 质量为 45 kg 的物体，由地面以初速度 $60\ \mathrm{m\cdot s^{-1}}$ 竖直向上发射，物体受到空气的阻力为 $F_r=kv$，其中 $k=0.03\ \mathrm{N\cdot m^{-1}\cdot s}$. (1) 求物体发射到最大高度所需要的时间；(2) 最大高度为多少？

第3章

动量守恒定律和机械能守恒定律

微课视频

牛顿第二定律指出，在外力作用下，质点的运动状态会发生改变，并获得加速度. 然而力不仅会作用于质点，而且更多情况下会作用于质点系. 此外，力作用于质点或者质点系往往还有一段持续时间，或者一段持续距离. 这时要考虑的不是力的瞬时作用，而是力对时间的累积作用或力对空间的累积作用. 在这两种累积作用中，质点或质点系的动量、动能或能量将发生变化或转移. 在一定条件下，质点系内的动量或能量将保持守恒. 动量守恒定律和能量守恒定律不仅适用于力学，而且为物理学中各种运动形式所遵守，只要通过某些扩展和修改即可. 更进一步地说，它们是自然界中已知的一些基本守恒定律中的两个. 本章的主要内容有：质点和质点系的动量定理与动能定理，外力与内力、保守力与非保守力、动能与势能等概念，以及功能原理、动量守恒和机械能守恒定律.

3.1 质点和质点系的动量定理

3.1.1 冲量

在 t_1 到 t_2 的时间内，大小和方向都不变的力 $\boldsymbol{F}$ 作用在质点上，力 $\boldsymbol{F}$ 与作用时间 t_2-t_1 的乘积称为力的**冲量**，或称为恒力在时间 t_2-t_1 内的冲量，用 $\boldsymbol{I}$ 表示，即

$$\boldsymbol{I}=\boldsymbol{F}(t_2-t_1). \tag{3-1}$$

力的冲量是矢量，其方向与力的方向相同，力的冲量反映了力在一段时间内的累积作用.

在国际单位制中，冲量的单位为牛[顿]秒(N·s).

一般情况下，力的大小和方向是随时间变化的，不能直接用式(3-1)来计算变力的冲量. 这时，可以把时间间隔 t_2-t_1 分为许多无限短的时间间隔 $\mathrm{d}t$，在时间 $\mathrm{d}t$ 内，变力近似看作不变，变力在时间 $\mathrm{d}t$ 内的冲量(元冲量)记作 $\mathrm{d}\boldsymbol{I}$，有

$$\mathrm{d}\boldsymbol{I}=\boldsymbol{F}\mathrm{d}t.$$

变力在 t_1 到 t_2 时间内的冲量，等于 t_2-t_1 时间内元冲量的矢量和，也就是力在一定时间间隔内对时间的积分，即

$$\boldsymbol{I}=\int_{t_1}^{t_2}\boldsymbol{F}\mathrm{d}t. \tag{3-2}$$

式(3-2)为力的冲量的一般定义式.

3.1.2 质点的动量定理

在第2章中，牛顿第二定律的表达式为

$$\boldsymbol{F}=\frac{\mathrm{d}\boldsymbol{p}}{\mathrm{d}t}=\frac{\mathrm{d}(m\boldsymbol{v})}{\mathrm{d}t},$$

即

$$\boldsymbol{F}\mathrm{d}t = \mathrm{d}\boldsymbol{p} = \mathrm{d}(m\boldsymbol{v}).$$

在牛顿力学范围(低速运动)内,质点的质量可以认为是不变的,故 $\mathrm{d}(m\boldsymbol{v})$ 可以写成 $m\mathrm{d}\boldsymbol{v}$. 一般来说,作用在质点上的力是随时间改变的,即力是时间的函数,也就是 $\boldsymbol{F}=\boldsymbol{F}(t)$. 考虑到以上两点,在时间间隔 $\Delta t = t_2 - t_1$ 内,对上式积分,有

$$\int_{t_1}^{t_2} \boldsymbol{F}\mathrm{d}t = \boldsymbol{p}_2 - \boldsymbol{p}_1 = m\boldsymbol{v}_2 - m\boldsymbol{v}_1, \tag{3-3}$$

其中 $\boldsymbol{v}_1$ 和 $\boldsymbol{p}_1$ 是质点在时刻 t_1 的速度和动量,$\boldsymbol{v}_2$ 和 $\boldsymbol{p}_2$ 是质点在时刻 t_2 的速度和动量.

式(3-3)的物理意义是:在给定时间间隔内,外力作用在质点上的冲量等于质点在此时间内的动量增量. 这就是**质点的动量定理**. 一般来说,冲量的方向并不与动量的方向相同,而与动量增量的方向相同.

式(3-3)是质点的动量定理的矢量表达式,在直角坐标系中,其分量式为

$$\begin{cases} I_x = \int_{t_1}^{t_2} F_x \mathrm{d}t = mv_{2x} - mv_{1x}, \\ I_y = \int_{t_1}^{t_2} F_y \mathrm{d}t = mv_{2y} - mv_{1y}, \\ I_z = \int_{t_1}^{t_2} F_z \mathrm{d}t = mv_{2z} - mv_{1z}. \end{cases} \tag{3-4}$$

显然,质点在某一方向上的动量增量,仅与该质点在此方向上所受外力的冲量有关.

从动量定理可知,在相等的冲量作用下,不同质量的物体,其速度变化是不同的,但它们的动量变化是一样的. 从过程角度来看,动量 $\boldsymbol{p}$ 比速度 $\boldsymbol{v}$ 更确切地反映了物体的运动状态. 因此,当物体做机械运动时,其动量 $\boldsymbol{p}$ 和位矢 $\boldsymbol{r}$ 是描述物体运动状态的状态参量.

3.1.3 质点系的动量定理

上面讨论了质点的动量定理. 然而在许多问题中还需研究由一些质点构成的质点系的动量变化与作用在质点系上的力之间的关系.

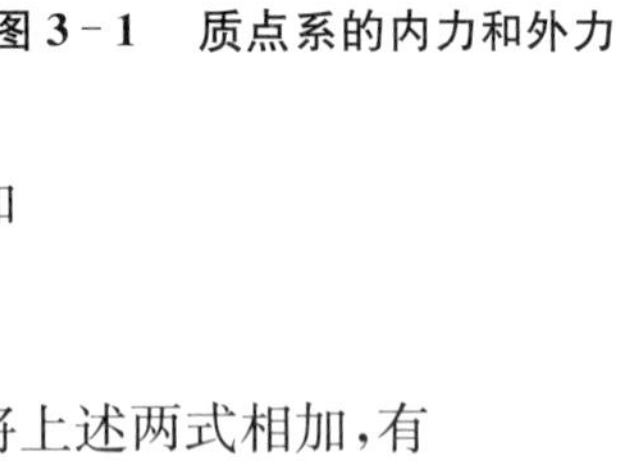

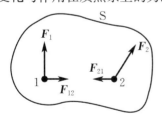

图 3-1 质点系的内力和外力

如图 3-1 所示,在系统 S 内有 1 和 2 两个质点,它们的质量分别为 m_1 和 m_2,系统外的质点对它们作用的力叫作外力,系统内的质点间的相互作用力叫作内力. 设作用在两个质点上的外力分别为 $\boldsymbol{F}_1$ 和 $\boldsymbol{F}_2$,而两个质点间相互作用的内力分别为 $\boldsymbol{F}_{12}$ 和 $\boldsymbol{F}_{21}$.

根据质点的动量定理,在 $\Delta t = t_2 - t_1$ 时间内,两个质点所受力的冲量和动量增量分别为

$$\int_{t_1}^{t_2} (\boldsymbol{F}_1 + \boldsymbol{F}_{12})\mathrm{d}t = m_1\boldsymbol{v}_1 - m_1\boldsymbol{v}_{10}$$

和

$$\int_{t_1}^{t_2} (\boldsymbol{F}_2 + \boldsymbol{F}_{21})\mathrm{d}t = m_2\boldsymbol{v}_2 - m_2\boldsymbol{v}_{20},$$

将上述两式相加,有

$$\int_{t_1}^{t_2} (\boldsymbol{F}_1 + \boldsymbol{F}_2)\mathrm{d}t + \int_{t_1}^{t_2} (\boldsymbol{F}_{12} + \boldsymbol{F}_{21})\mathrm{d}t = (m_2\boldsymbol{v}_2 + m_1\boldsymbol{v}_1) - (m_2\boldsymbol{v}_{20} + m_1\boldsymbol{v}_{10}). \tag{3-5}$$

由牛顿第三定律知 $\boldsymbol{F}_{12} = -\boldsymbol{F}_{21}$,故式(3-5)可以改写成

$$\int_{t_1}^{t_2} (\boldsymbol{F}_1 + \boldsymbol{F}_2)\mathrm{d}t = (m_2\boldsymbol{v}_2 + m_1\boldsymbol{v}_1) - (m_2\boldsymbol{v}_{20} + m_1\boldsymbol{v}_{10}).$$

上式表明，作用于两个质点组成的系统的合外力的冲量等于系统内两个质点动量之和的增量，亦即系统的动量增量.

上述结论很容易推广到由 n 个质点所组成的系统. 如果系统内含有 n 个质点，那么式(3-5)可以改写成

$$\int_{t_1}^{t_2}\Big(\sum_{i=1}^{n}\boldsymbol{F}_i^{\text{ex}}\Big)\mathrm{d}t+\int_{t_1}^{t_2}\Big(\sum_{i=1}^{n}\boldsymbol{F}_i^{\text{in}}\Big)\mathrm{d}t=\sum_{i=1}^{n}m_i\boldsymbol{v}_i-\sum_{i=1}^{n}m_i\boldsymbol{v}_{i0},$$

其中 $\boldsymbol{F}_i^{\text{ex}}$ 和 $\boldsymbol{F}_i^{\text{in}}$ 分别表示第 i 个质点所受外力的合力和内力的合力. 考虑到内力总是成对出现，且大小相等、方向相反，故其矢量和必为零. 如果作用于系统的合外力的冲量用 $\boldsymbol{I}$ 表示，且系统的初动量和末动量分别为 $\boldsymbol{p}_0$ 和 $\boldsymbol{p}$，那么上式可以改写为

$$\int_{t_1}^{t_2}\Big(\sum_{i=1}^{n}\boldsymbol{F}_i^{\text{ex}}\Big)\mathrm{d}t=\sum_{i=1}^{n}m_i\boldsymbol{v}_i-\sum_{i=1}^{n}m_i\boldsymbol{v}_{i0}\tag{3-6a}$$

或

$$\boldsymbol{I}=\boldsymbol{p}-\boldsymbol{p}_0.\tag{3-6b}$$

式(3-6b)表明，作用于系统的合外力的冲量等于系统动量的增量，这就是**质点系的动量定理**. 如同质点的动量定理一样，也可将质点系的动量定理写成分量式.

需要强调的是，作用于系统的合外力是作用于系统内每一个质点的外力的矢量和. 只有外力才对系统的动量变化有贡献，而系统的内力是不能改变整个系统的动量的. 这是牛顿第三定律的直接结果. 利用这个结论来研究几个物体组成的系统的动力学问题，就可化繁为简了.

在无限小的时间间隔内，质点系的动量定理可以写成

$$\Big(\sum_{i=1}^{n}\boldsymbol{F}_i^{\text{ex}}\Big)\mathrm{d}t=\mathrm{d}\boldsymbol{p}\quad\text{或}\quad\sum_{i=1}^{n}\boldsymbol{F}_i^{\text{ex}}=\frac{\mathrm{d}\boldsymbol{p}}{\mathrm{d}t}.\tag{3-6c}$$

式(3-6c)表明，作用于质点系的合外力等于质点系的动量随时间的变化率.

在人造地球卫星的定轨和运行过程中，常常需要纠正同步卫星的运行轨道. 近来，采用一种叫作离子推进器的系统所产生的推力，能使卫星保持在适当的方位上. 其基本原理就是质点系的动量定理.

例 3-1

一质量为 $M=2\,000$ kg 的重锤，从高处自由下落到锻件上，在打击锻件前一瞬间的速率为 $v_0=5\ \mathrm{m\cdot s^{-1}}$，打击锻件后，速率变为零. 如果作用时间分别为(1) $\Delta t=1$ s，(2) $\Delta t=0.01$ s，试分别求作用时间内重锤对锻件的平均冲力.

解　因锻件的质量未知，为方便计算，以重锤为研究对象，把它看作质点. 在重锤打击锻件的过程中，重锤受到两个力的作用：锻件对重锤的冲力 $\boldsymbol{N}$，方向向上，其平均大小为 $\overline{N}$；重力 $m\boldsymbol{g}$，方向向下. 过程开始时，即重锤在打击锻件之前的瞬间，重锤的动量大小为 Mv_0，方向向下；过程结束时，重锤速率变为零，动量也变为零. 取竖直向上为坐标轴正方向，由动量定理可得

$$(\overline{N}-Mg)\Delta t=0-(-Mv_0),$$

$$\overline{N}=\frac{Mv_0}{\Delta t}+Mg=M\Big(\frac{v_0}{\Delta t}+g\Big).$$

将已知数据代入上式，解得

(1) 当 $\Delta t=1$ s 时，$\overline{N}=2.96\times10^4$ N，

(2) 当 $\Delta t=0.01$ s 时，$\overline{N}=1.02\times10^6$ N，

其方向向上. 由牛顿第三定律可知，重锤施于锻件的平均冲力的大小与 $\overline{N}$ 相等，方向向下.

由上面的计算可知，重锤的自重对平均冲力是有影响的，但是当 Δt 很小，即 $\dfrac{v_0}{\Delta t}\gg g$ 时，平均冲力比重锤受到的重力大很多. 这时，重锤的自重可以忽略.

例 3-2

一物体所受合力 $F=2t$，且一直做直线运动，试问在第二个 5 s 内和第一个 5 s 内物体所受冲量之比及动量增量之比各为多少？

解 设物体沿 x 轴正方向运动，则第一个 5 s 内物体所受冲量为

$$I_1=\int_0^5 F\mathrm{d}t=\int_0^5 2t\mathrm{d}t$$

$$=25\ \mathrm{N\cdot s}\quad (I_1\text{ 沿 }x\text{ 轴正方向}),$$

第二个 5 s 内物体所受冲量为

$$I_2=\int_5^{10} F\mathrm{d}t=\int_5^{10} 2t\mathrm{d}t$$

$$=75\ \mathrm{N\cdot s}\quad (I_2\text{ 沿 }x\text{ 轴正方向}).$$

两冲量之比为

$$\frac{I_2}{I_1}=3.$$

因为

$$\begin{cases}I_2=(\Delta p)_2,\\ I_1=(\Delta p)_1,\end{cases}$$

所以动量增量之比为

$$\frac{(\Delta p)_2}{(\Delta p)_1}=3.$$

例 3-3

一长为 l、密度均匀的柔软链条，其单位长度的质量为 λ. 将其卷成一堆放在地面上. 若手握链条的一端，以匀速 v 将其上提，当链条一端被提离地面到高度为 y 时，求手对链条的提力.

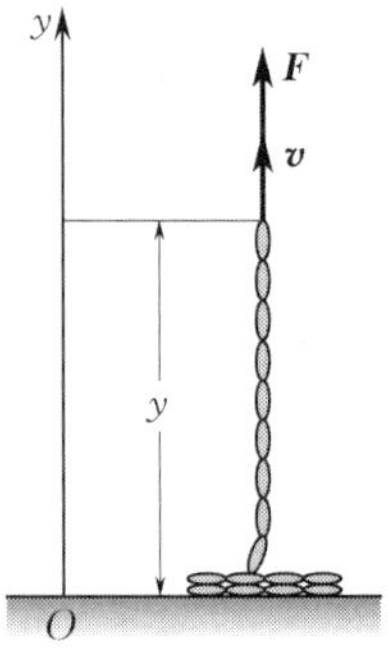

图 3-2

解 如图 3-2 所示，取地面为惯性系，地面上一点为坐标原点 O，竖直向上为 y 轴正方向. 以整个链条为一个系统. 设在时刻 t，链条一端离地面的高度为 y，其速度为 v. 由于在地面部分的链条的速度为零，故在时刻 t，链条的动量为

$$p(t)=\lambda yv.$$

由于 λ 和 v 均为常量，故链条的动量随时间的变化率为

$$\frac{\mathrm{d}p}{\mathrm{d}t}=\lambda v\frac{\mathrm{d}y}{\mathrm{d}t}=\lambda v^2. \tag{1}$$

作用于整个链条的外力，有手的提力 F、重力 λyg 和 $\lambda(l-y)g$，以及地面对长为 $l-y$ 的链条的支持力 F_N. 由牛顿第三定律知，F_N 与 $\lambda(l-y)g$ 大小相等、方向相反，所以该系统所受的合外力为 $F-\lambda yg$，由式(1) 得

$$F=\lambda v^2+\lambda yg.$$

3.2 动量守恒定律

从式(3-6c) 可以看出，当系统所受合外力为零时，系统的总动量的增量也为零，即 $\boldsymbol{p}-\boldsymbol{p}_0=\mathbf{0}$. 这时系统的总动量保持不变，即

$$\boldsymbol{p}=\sum_{i=1}^{n} m_i\boldsymbol{v}_i=\text{常矢量}. \tag{3-7}$$

这就是**动量守恒定律**，将它表述为：当系统所受合外力为零时，系统的总动量将保持不变.

式(3-7) 是动量守恒定律的矢量式. 在直角坐标系中，其分量式为

$$p_x = \sum_{i=1}^{n} m_i v_{ix} = \text{常量},$$

$$p_y = \sum_{i=1}^{n} m_i v_{iy} = \text{常量},$$

$$p_z = \sum_{i=1}^{n} m_i v_{iz} = \text{常量}.$$

在应用动量守恒定律时应该注意以下几点：

(1) 动量是矢量，系统的总动量不变是指系统内各物体的动量的矢量和不变，而不是指其中某一个物体的动量不变．此外，各物体的动量还必须相对于同一惯性系.

(2) 系统的动量守恒是有条件的．这个条件就是系统所受的合外力必须为零．然而，有时系统所受的合外力虽不为零，但与系统的内力相比较，外力远小于内力，这时可以略去外力对系统的作用，认为系统的动量是守恒的．像碰撞、打击、爆炸等问题，一般都可以这样来处理，这是因为参与碰撞的物体的相互作用时间很短，相互作用内力很大，而一般的外力(如空气阻力、摩擦力或重力) 与内力比较，可忽略不计．所以可以认为，在碰撞过程中，参与碰撞的物体系统的总动量保持不变.

(3) 如果系统所受外力的矢量和不为零，但合外力在某个坐标轴上的分矢量为零，那么系统的总动量虽不守恒，但在该坐标轴上的分动量是守恒的．这一点对处理某些问题是很有用的.

(4) 动量守恒定律是物理学中最普遍、最基本的定律之一．动量守恒定律虽然是从表述宏观物体运动规律的牛顿运动定律导出的，但近代的科学实验和理论分析都表明：在自然界中，大到天体间的相互作用，小到质子、中子、电子等微观粒子间的相互作用，都遵守动量守恒定律；而在原子、原子核等微观领域中，牛顿运动定律却是不适用的．因此，动量守恒定律比牛顿运动定律更加基本，它与能量守恒定律一样，是自然界中最普遍、最基本的定律之一.

在复杂的问题中，研究对象(系统) 可能是由许多个物体组成的，既可能是整个大系统在全过程中动量守恒，也可能是某几个物体组成的小系统在某个小过程中动量守恒．这就要求解题时放眼全局，灵活地选择研究对象，建立动量守恒方程.

例 3-4

如图 3-3 所示，质量为 m 的水银球，竖直地落到光滑的水平桌面上，分成质量相等的三等份，并各自沿桌面运动，其中两等份的速度分别为 $\boldsymbol{v}_1$，$\boldsymbol{v}_2$，其大小都为 $0.30\ \text{m}\cdot\text{s}^{-1}$，$\boldsymbol{v}_1$ 和 $\boldsymbol{v}_2$ 相互垂直．试求第三等份的速度.

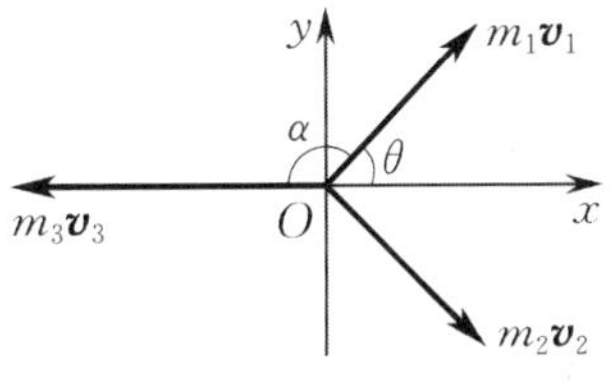

图 3-3

解　选择水银球为研究对象，其受力情况分析如下：

水银球受向下的重力和向上的桌面支持力，水平方向不受力．故水平方向动量守恒.

在水平面上取如图 3-3 所示的坐标系，则有

$$m_1 v_1 \cos\theta + m_2 v_2 \cos(90^\circ - \theta) - m_3 v_3 = 0, \quad (1)$$

$$m_1 v_1 \sin\theta - m_2 v_2 \sin(90^\circ - \theta) = 0. \quad (2)$$

已知

$$m_1 = m_2 = m_3,$$

$$v_1 = v_2 = 0.30\ \text{m}\cdot\text{s}^{-1},$$

将其代入式(1) 和式(2)，得

$$v_3 = \sqrt{2}v = \sqrt{2} \times 0.30\ \text{m}\cdot\text{s}^{-1} \approx 0.42\ \text{m}\cdot\text{s}^{-1},$$

$$\theta = 45^\circ,$$

$$\alpha = 135^\circ.$$

例 3－5

设有一静止的原子核，衰变辐射出一个电子和一个中微子后成为一个新的原子核. 已知电子和中微子的运动方向相互垂直，且电子的动量为 $1.2\times10^{-22}\ \mathrm{kg\cdot m\cdot s^{-1}}$，中微子的动量为 $6.4\times10^{-23}\ \mathrm{kg\cdot m\cdot s^{-1}}$，求新原子核的动量.

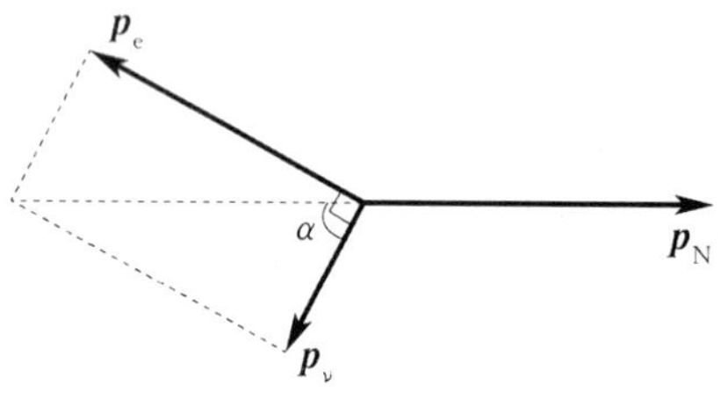

图 3－4

解 以 $\boldsymbol{p}_e$，$\boldsymbol{p}_\nu$ 和 $\boldsymbol{p}_N$ 分别代表电子、中微子和新原子核的动量，且 $\boldsymbol{p}_e$ 与 $\boldsymbol{p}_\nu$ 相互垂直（见图 3－4）. 在原子核衰变的短暂时间内，粒子间的内力远大于外界作用于该粒子系统上的外力，故粒子系统在衰变前、后的动量是守恒的. 考虑到原子核在衰变前是静止的，所以衰变后电子、中微子和新原子核的动量之和应为零，即

$$\boldsymbol{p}_e+\boldsymbol{p}_\nu+\boldsymbol{p}_N=\boldsymbol{0}.$$

由 $\boldsymbol{p}_e$ 与 $\boldsymbol{p}_\nu$ 相互垂直，有

$$p_N=\sqrt{p_e^2+p_\nu^2}.$$

代入已知数据，得

$$p_N\approx1.36\times10^{-22}\ \mathrm{kg\cdot m\cdot s^{-1}}.$$

新原子核动量的方向如图 3－4 所示，图中的 α 角为

$$\alpha=\arctan\frac{p_e}{p_\nu}\approx61.9^\circ.$$

*3.3 火箭飞行原理

发射地球卫星、载人航天飞船、深空探测器等航天飞行器都离不开推力强大的火箭. 这里简略地介绍火箭飞行原理. 火箭在发射和运行过程中，火箭内部的燃料发生爆炸性的燃烧，使火箭尾部喷射出大量与火箭运动方向相反的速度很大的粒子流.

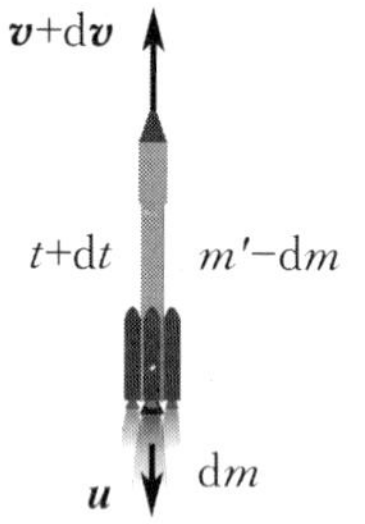

图 3－5 火箭飞行原理

如图 3－5 所示，在时刻 t，火箭（系统）的质量（包括所携带的燃料）为 m'，它相对于某惯性系（如地面）的速度为 $\boldsymbol{v}$；在 $t\to t+\mathrm{d}t$ 的时间间隔内，火箭中有质量为 $\mathrm{d}m$ 的燃料燃烧为粒子流，并相对于火箭以速度（喷射速度）$\boldsymbol{u}$ 喷射出去，此时系统包括火箭主体和刚喷出的粒子流. 在时刻 $t+\mathrm{d}t$，火箭相对于某惯性系（地面）的速度为 $\boldsymbol{v}+\mathrm{d}\boldsymbol{v}$，而粒子流相对于该惯性系（地面）的速度为 $\boldsymbol{v}+\mathrm{d}\boldsymbol{v}+\boldsymbol{u}$. 如果略去作用于系统的外力（如重力），那么系统的动量是守恒的. 于是有

$$m'\boldsymbol{v}=(m'-\mathrm{d}m)(\boldsymbol{v}+\mathrm{d}\boldsymbol{v})+\mathrm{d}m(\boldsymbol{v}+\mathrm{d}\boldsymbol{v}+\boldsymbol{u}).$$

考虑到 $\boldsymbol{v}$ 与 $\boldsymbol{u}$ 的方向相反，并取 $\boldsymbol{v}$ 的方向为正方向，则上式可以改写成

$$m'v=(m'-\mathrm{d}m)(v+\mathrm{d}v)+\mathrm{d}m(v+\mathrm{d}v-u),$$

化简并略去二阶微分 $\mathrm{d}m\mathrm{d}v$，得

$$m'\mathrm{d}v-u\mathrm{d}m=0.$$

因为所选的系统包括火箭主体和喷出的粒子流，所以随着粒子流从火箭喷出，粒子流的质量在增加，而火箭主体的质量却在减少. 显然，$-\mathrm{d}m'=\mathrm{d}m$. 这样上式可以改写成

$$\mathrm{d}v=-u\frac{\mathrm{d}m'}{m'}.$$

设粒子流的喷射速度 u 为常量. 当 $t=0$ 时，火箭主体的质量为 m_0'，速度 $v=v_0$；在 $t=t$ 时，火箭主体的质量为 m'，速度为 v. 对上式两边积分得

$$\int_{v_0}^{v} \mathrm{d}v = -u\int_{m_0'}^{m'} \frac{\mathrm{d}m'}{m'},$$

从而

$$v = v_0 - u\ln\frac{m'}{m_0'} = v_0 + u\ln\frac{m_0'}{m'}, \tag{3-8}$$

其中 m_0'/m' 叫作质量比. 显然,质量比越大,粒子流的喷射速度越大,火箭获得的速度也越大.

然而,仅靠增加单极火箭的质量比或增大粒子流的喷射速度来提高火箭的飞行速度是不够的. 为了把飞行器发射升空,必须采用多级火箭. 下面简述三级火箭的情况.

若质量比用 N 表示,则第一、第二、第三级火箭的质量比分别为 $N_1 = \dfrac{m_0'}{m_1'}$,$N_2 = \dfrac{m_1'}{m_2'}$,$N_3 = \dfrac{m_2'}{m_3'}$. 因此,由式(3-8)可得,各级火箭中燃料烧完后,火箭的速度分别为

$$v_1 = u\ln N_1, \quad v_2 = v_1 + u\ln N_2, \quad v_3 = v_2 + u\ln N_3.$$

所以,第三级火箭中的燃料烧完后,火箭的速度为

$$v_3 = u(\ln N_1 + \ln N_2 + \ln N_3). \tag{3-9}$$

若火箭粒子流的喷射速度为 $u = 2.5\ \mathrm{km\cdot s^{-1}}$,各级的质量比分别是 $N_1 = 4, N_2 = 3, N_3 = 2$,则由式(3-9)可算得 $v_3 \approx 7.95\ \mathrm{km\cdot s^{-1}}$. 这个速度已达到人造地球卫星的入轨速度. 实际上,上述计算只是一种估算. 若考虑燃料用完后脱落的储存燃料容器的质量,计算还要复杂很多.

*3.4　质心和质心运动定律

3.4.1　质心

如图 3-6 所示,向空中斜抛出一块三角板,三角板上总存在一点 C,其运动轨迹与一质点被斜抛时的抛物线轨迹一样,这个点称为三角板的质心. 可见,就平动而言,三角板的质量似乎集中于该质心. 下面分别讨论质心位置的确定和质心的运动定律.

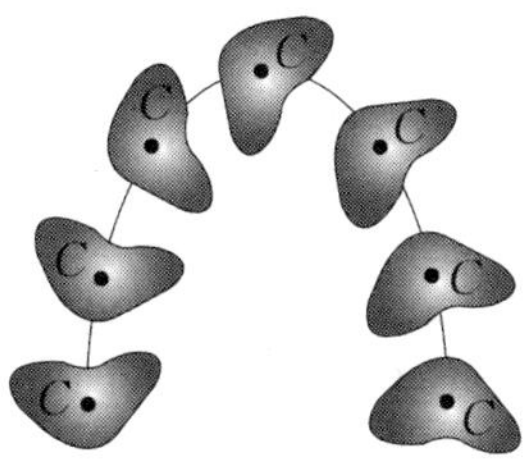

图 3-6

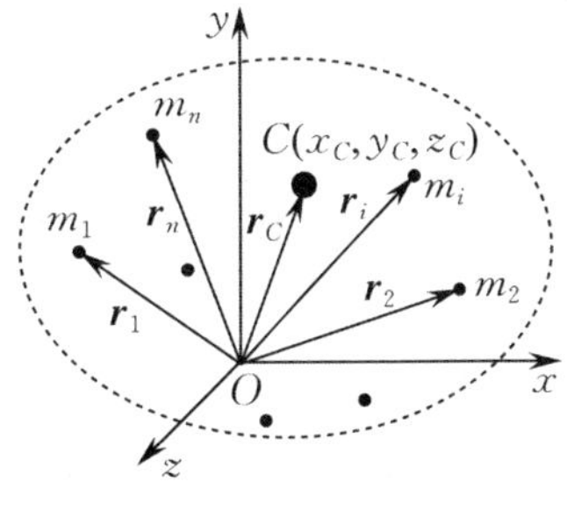

图 3-7

在图 3-7 所示的直角坐标系中,有 n 个质点组成的质点系,其质心位置可由下式确定:

$$\boldsymbol{r}_C = \frac{m_1\boldsymbol{r}_1 + m_2\boldsymbol{r}_2 + \cdots + m_i\boldsymbol{r}_i + \cdots + m_n\boldsymbol{r}_n}{m_1 + m_2 + \cdots + m_i + \cdots + m_n} = \frac{\sum_{i=1}^{n} m_i\boldsymbol{r}_i}{m'}, \tag{3-10a}$$

其中 m' 为质点系内各质点的质量总和,$\boldsymbol{r}_i$ 为第 i 个质点相对于坐标原点 O 的位矢,$\boldsymbol{r}_C$ 为质心相对于坐标原点 O 的位矢,它在 x 轴、y 轴和 z 轴上的分量,即质心在 x 轴、y 轴和 z 轴上的坐标,分别为

$$x_C = \frac{\sum_{i=1}^{n} m_i x_i}{m'}, \quad y_C = \frac{\sum_{i=1}^{n} m_i y_i}{m'}, \quad z_C = \frac{\sum_{i=1}^{n} m_i z_i}{m'}. \tag{3-10b}$$

对于质量连续分布的物体,可以把它分成许多质元 dm,那么式(3-10b) 中的求和 $\sum_{i=1}^{n} m_i x_i$ 可用积分 $\int x\mathrm{d}m$ 来替代. 于是,质心的坐标为

$$x_C = \frac{1}{m'}\int x\mathrm{d}m, \quad y_C = \frac{1}{m'}\int y\mathrm{d}m, \quad z_C = \frac{1}{m'}\int z\mathrm{d}m. \tag{3-10c}$$

对于密度均匀、形状对称的物体,其质心就在它的几何中心,例如圆环的质心在圆环中心,球的质心在球心等.

例 3-6

水分子是由两个氢原子和一个氧原子构成的,其结构如图 3-8 所示. 每个氢原子与氧原子之间的距离均为 $d = 1.0 \times 10^{-10}$ m,氢原子与氧原子两条连线之间的夹角为 $\theta = 104.6°$. 求水分子的质心.

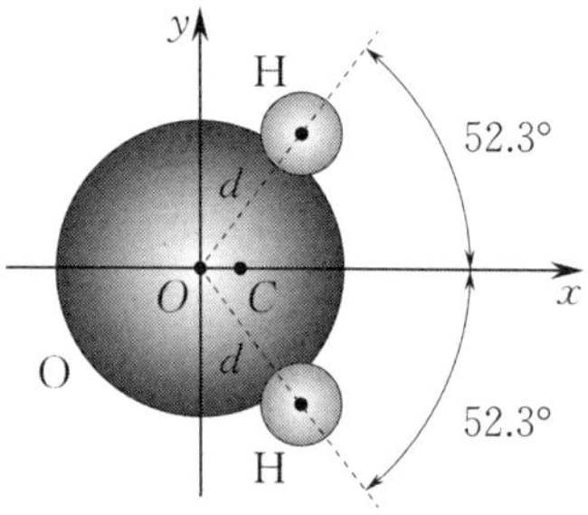

图 3-8

解 选如图 3-8 所示的坐标系. 由于氧原子的中心位于坐标原点 O,两个氢原子关于 x 轴对称,故质心 C 在 y 轴上的坐标 $y_C = 0$. 利用式(3-10b) 可得质心 C 在 x 轴上的坐标为

$$x_C = \frac{\sum_{i=1}^{3} m_i x_i}{\sum_{i=1}^{3} m_i} = \frac{m_{\mathrm{H}} d\cos 52.3° + m_{\mathrm{O}} \times 0 + m_{\mathrm{H}} d\cos 52.3°}{m_{\mathrm{H}} + m_{\mathrm{O}} + m_{\mathrm{H}}}.$$

关于氢原子和氧原子的质量 m_{H} 和 m_{O},若以 u(原子质量单位) 为单位计算,则 $m_{\mathrm{H}} = 1.0$ u,$m_{\mathrm{O}} = 16.0$ u. 把已知数据代入上式,得 $x_C \approx 6.8 \times 10^{-12}$ m,即质心处于图中 $y = 0, x \approx 6.8 \times 10^{-12}$ m 处,其位矢 $\boldsymbol{r}_C = 6.8 \times 10^{-12}\boldsymbol{i}$ m.

例 3-7

求半径为 R 的均质半薄球壳的质心.

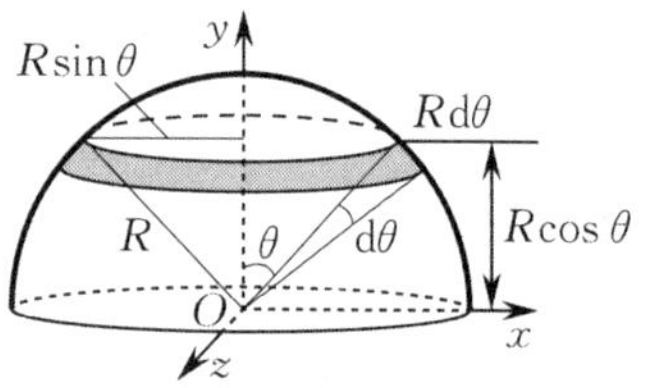

图 3-9

解 选如图 3-9 所示的坐标系. 由于均质半薄球壳关于 Oxy 平面和 Oyz 平面对称,故质心位于 y 轴上. 在半薄球壳上取一圆环,圆环的平面与 y 轴垂直. 圆环的面积为 $\mathrm{d}S = 2\pi R\sin\theta \cdot R\mathrm{d}\theta$. 设均质半薄球壳的质量面密度为 σ,则圆环的质量为

$$\mathrm{d}m = \sigma 2\pi R^2 \sin\theta\mathrm{d}\theta.$$

由式(3-10c) 可得均质半薄球壳的质心为

$$y_C = \frac{\int y\mathrm{d}m}{m'} = \frac{\int y\sigma 2\pi R^2 \sin\theta\mathrm{d}\theta}{\sigma 2\pi R^2}.$$

因为 $y = R\cos\theta$,所以上式可以改写为

$$y_C = R\int_0^{\frac{\pi}{2}} \cos\theta\sin\theta\mathrm{d}\theta = \frac{1}{2}R,$$

即质心位于 $y_C = \dfrac{R}{2}$ 处,其位矢 $\boldsymbol{r}_C = \dfrac{R}{2}\boldsymbol{j}$.

3.4.2 质心运动定律

在图 3-7 所示的质点系中,式(3-10a) 可以写成

$$m'\boldsymbol{r}_C = \sum_{i=1}^{n} m_i \boldsymbol{r}_i,$$

考虑到质点系内各质点的质量总和 m' 是一定的,因此,上式对时间的一阶导数为

$$m'\frac{\mathrm{d}\boldsymbol{r}_C}{\mathrm{d}t}=\sum_{i=1}^{n}m_i\frac{\mathrm{d}\boldsymbol{r}_i}{\mathrm{d}t},\tag{3-11}$$

其中$\frac{\mathrm{d}\boldsymbol{r}_C}{\mathrm{d}t}$是质心的速度，用 $\boldsymbol{v}_C$ 表示；$\frac{\mathrm{d}\boldsymbol{r}_i}{\mathrm{d}t}$是第 i 个质点的速度，用 $\boldsymbol{v}_i$ 表示. 故式(3-11)可以写为

$$m'\boldsymbol{v}_C=\sum_{i=1}^{n}m_i\boldsymbol{v}_i=\sum_{i=1}^{n}\boldsymbol{p}_i.\tag{3-12}$$

式(3-12)表明，系统内各质点的动量的矢量和等于系统质心的速度乘以系统的总质量.

前面在讨论质点系的动量定理时已经讲过，系统内各质点间相互作用的内力的矢量和为零，即 $\sum_{i=1}^{n}\boldsymbol{F}_i^{\mathrm{in}}=\boldsymbol{0}$. 因此，作用在系统上的合力就等于合外力，即 $\boldsymbol{F}^{\mathrm{ex}}=\sum_{i=1}^{n}\boldsymbol{F}_i^{\mathrm{ex}}$. 于是由式(3-12)可得

$$\boldsymbol{F}^{\mathrm{ex}}=m'\frac{\mathrm{d}\boldsymbol{v}_C}{\mathrm{d}t}=m'\boldsymbol{a}_C.\tag{3-13}$$

式(3-13)表明，作用在系统上的合外力等于系统的总质量乘以系统质心的加速度. 它与牛顿第二定律在形式上完全相同，只是系统的质量集中于质心. 在合外力作用下，质心以加速度 $\boldsymbol{a}_C$ 运动. 通常我们把式(3-13)作为质心运动定律的数学表达式.

利用质心运动定律求解质点系的物理问题，会方便很多.

例 3-8

设有一质量为 $2m$ 的弹丸，从地面斜抛出去，它飞行在最高点处爆炸成质量相等的两块碎片，如图 3-10 所示，其中一块碎片竖直自由下落，另一块碎片水平抛出，它们同时落地. 试问第二块碎片的落地点在何处？

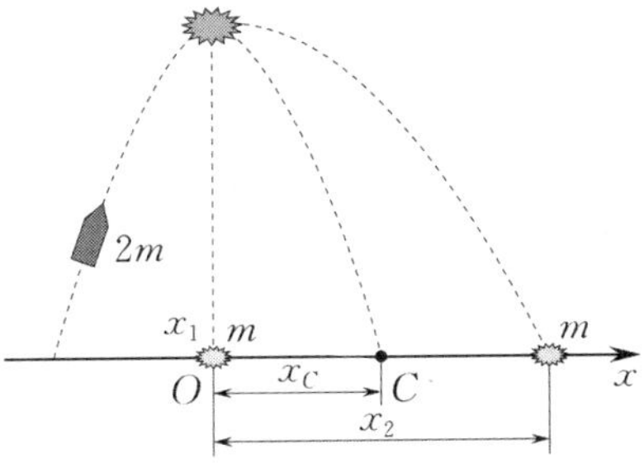

图 3-10

解　以弹丸为一个系统，空气阻力略去不计，C 为两块碎片落地时的质心. 爆炸前和爆炸后弹丸质心的运动轨迹都在同一抛物线上. 也就是说，爆炸后两块碎片质心的运动轨迹与爆炸前弹丸的运动轨迹是同一抛物线. 选取第一块碎片的落地点为坐标原点 O，水平向右为 x 轴正方向. 设 m_1，m_2 分别为第一、第二块碎片的质量，且 $m_1=m_2=m$；x_1 和 x_2 分别为两块碎片落地时距原点 O 的距离，x_C 为两块碎片落地时的质心距原点 O 的距离. 已知 $x_1=0$，由式(3-10b)可得

$$x_C=\frac{m_1x_1+m_2x_2}{m_1+m_2}.$$

故 $x_2=2x_C$. 这个问题虽可用质点运动学方法来求解，但要烦琐得多，读者不妨一试.

3.5　功

牛顿第二定律反映了任一瞬时质点所受的合外力产生的瞬时效应. 在许多力学问题中，还需要研究在力的持续作用下，质点在空间有一定位移时，力所产生的空间累积效应. 为此引入了功的概念.

3.5.1　变力的功

一质点在力的作用下沿路径 AB 运动，如图 3-11 所示，质点在力 $\boldsymbol{F}$ 的作用下发生位移元 $\mathrm{d}\boldsymbol{r}$，

$\boldsymbol{F}$ 与 $\mathrm{d}\boldsymbol{r}$ 之间的夹角为 θ. 将**功**定义为：力在位移方向的分量与该位移大小的乘积. 按此定义，力 $\boldsymbol{F}$ 所做的元功为

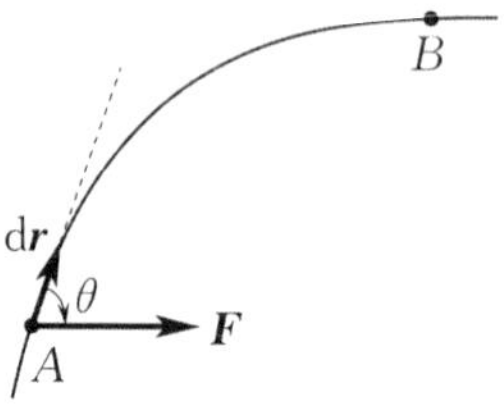

图 3-11　功的定义

$$\mathrm{d}W = |\boldsymbol{F}|\,|\mathrm{d}\boldsymbol{r}|\cos\theta. \tag{3-14a}$$

若用 $\mathrm{d}s$ 表示 $|\mathrm{d}\boldsymbol{r}|$ 的大小，即 $\mathrm{d}s = |\mathrm{d}\boldsymbol{r}|$，则式(3-14a) 可以写成

$$\mathrm{d}W = F\mathrm{d}s\cos\theta. \tag{3-14b}$$

可见，当 $0^\circ \leqslant \theta < 90^\circ$ 时，功为正值，即力对质点做正功；当 $90^\circ < \theta \leqslant 180^\circ$ 时，功为负值，即力对质点做负功；当 $\theta = 90^\circ$ 时，力对质点不做功.

力 $\boldsymbol{F}$ 和位移 $\mathrm{d}\boldsymbol{r}$ 均为矢量，按矢量标积的定义，式(3-14a) 的右边为 $\boldsymbol{F}$ 与 $\mathrm{d}\boldsymbol{r}$ 的标积，则有

$$\mathrm{d}W = \boldsymbol{F}\cdot\mathrm{d}\boldsymbol{r}. \tag{3-14c}$$

式(3-14c) 表明，虽然力和位移都是矢量，但它们的标积 —— 功是标量.

在国际单位制中，功的单位是焦[耳](J). $1\ \mathrm{J} = 1\ \mathrm{N\cdot m}$.

如果把式(3-14a) 写成 $\mathrm{d}W = F|\mathrm{d}\boldsymbol{r}|\cos\theta$，那么功的定义也可以说成是：力对质点所做的功为质点的位移在力的方向的分量和力的大小的乘积. 显然这个叙述与前述功的定义是等效的. 在具体问题中采用哪一种叙述，视方便而定.

设有一质点沿图 3-12 所示的路径由 A 点运动到 B 点，而在该过程中作用于质点上的力的大小和方向都在改变. 为求得在该过程中变力所做的功，把路径分成很多位移元，使这些位移元中的力可以近似看成是不变的. 于是，质点从 A 点运动到 B 点时，变力所做的功应等于力在每段位移元上所做元功的代数和，即

$$W = \int\mathrm{d}W = \int_A^B \boldsymbol{F}\cdot\mathrm{d}\boldsymbol{r} = \int_A^B F\cos\theta\mathrm{d}s. \tag{3-15a}$$

式(3-15a) 是变力做功的表达式.

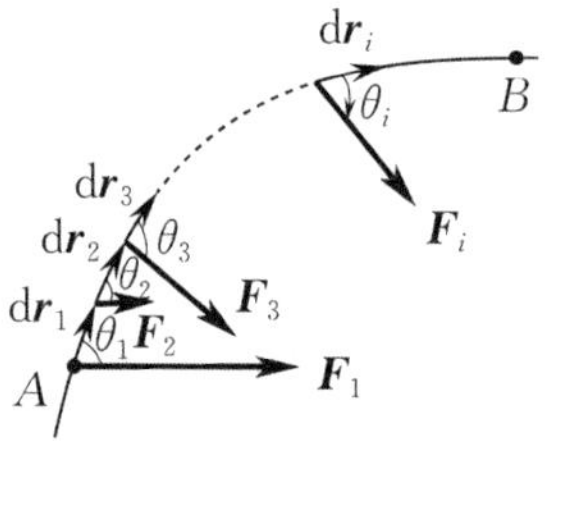

图 3-12　变力的功

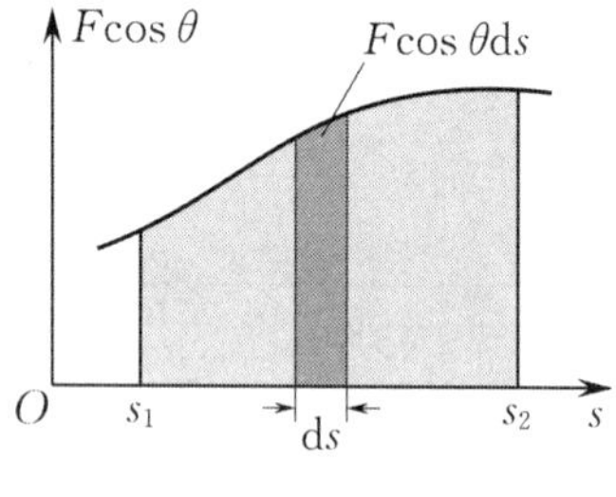

图 3-13　变力做功的图示

功常用图示法来计算. 如图 3-13 所示，图中的曲线表示 $F\cos\theta$ 随路径变化的函数关系. 曲线下面的面积等于变力所做功的代数值.

在直角坐标系中，$\boldsymbol{F}$ 和 $\mathrm{d}\boldsymbol{r}$ 都可以拆分为三个方向上的分量的矢量和，即

$$\boldsymbol{F} = F_x\boldsymbol{i} + F_y\boldsymbol{j} + F_z\boldsymbol{k},\quad \mathrm{d}\boldsymbol{r} = \mathrm{d}x\boldsymbol{i} + \mathrm{d}y\boldsymbol{j} + \mathrm{d}z\boldsymbol{k}.$$

因此，式(3-15a) 也可以写成

$$W = \int_A^B \boldsymbol{F}\cdot\mathrm{d}\boldsymbol{r} = \int_A^B (F_x\mathrm{d}x + F_y\mathrm{d}y + F_z\mathrm{d}z) = \int_{x_0}^{x} F_x\mathrm{d}x + \int_{y_0}^{y} F_y\mathrm{d}y + \int_{z_0}^{z} F_z\mathrm{d}z. \tag{3-15b}$$

式(3-15b) 是变力做功的另一数学表达式，它与式(3-15a) 是等同的.

3.5.2　合力的功

上面仅讨论了一个力对质点所做的功.若有几个力同时作用在质点上,则它们所做的功是多少呢?设有 $\boldsymbol{F}_1,\boldsymbol{F}_2,\cdots,\boldsymbol{F}_n$ 作用在质点上,它们的合力 $\boldsymbol{F}=\boldsymbol{F}_1+\boldsymbol{F}_2+\cdots+\boldsymbol{F}_n$. 由功的定义式(3-15a)知,此合力所做的功为

$$W=\int \boldsymbol{F}\cdot \mathrm{d}\boldsymbol{r}=\int(\boldsymbol{F}_1+\boldsymbol{F}_2+\cdots+\boldsymbol{F}_n)\cdot \mathrm{d}\boldsymbol{r}.$$

由矢量标积的分配律可得

$$W=\int \boldsymbol{F}_1\cdot \mathrm{d}\boldsymbol{r}+\int \boldsymbol{F}_2\cdot \mathrm{d}\boldsymbol{r}+\cdots+\int \boldsymbol{F}_n\cdot \mathrm{d}\boldsymbol{r},$$

即

$$W=W_1+W_2+\cdots+W_n. \tag{3-16}$$

式(3-16)表明,合力对质点所做的功等于每个分力所做功的代数和.显然,上述结果是依据力的叠加原理(力的独立作用原理)得出的.

在生产实践中,重要的是要知道功对时间的变化率.我们定义功随时间的变化率为**功率**,用 P 表示,则有

$$P=\frac{\mathrm{d}W}{\mathrm{d}t}.$$

利用式(3-14c),可得

$$P=\frac{\mathrm{d}W}{\mathrm{d}t}=\frac{\boldsymbol{F}\cdot \mathrm{d}\boldsymbol{r}}{\mathrm{d}t}=\boldsymbol{F}\cdot\boldsymbol{v}=Fv\cos\theta. \tag{3-17}$$

在国际单位制中,功率的单位为瓦[特](W). 1 kW $=10^3$ W.

例 3-9

质量为 2 kg 的物体由静止出发沿直线运动,作用在物体上的力为 $F=6t$(SI),与时间 t 有关.试求在前 2 s 内,此力对物体所做的功.

解　已知作用在物体上的力是时间的函数 $F(t)$,为了能用式(3-15a)来计算此变力所做的功,必须找到变量 x(物体的位移)与 t 之间的关系,以便统一变量进行积分.由 $F=6t$ 和牛顿第二定律 $F=ma$,有

$$a=\frac{F}{m}=3t.$$

由加速度的定义 $a=\dfrac{\mathrm{d}v}{\mathrm{d}t}$,有

$$\int_0^v \mathrm{d}v=\int_0^t 3t\mathrm{d}t,$$

$$v=1.5t^2.$$

又由速度的定义,有

$$\mathrm{d}x=v\mathrm{d}t=1.5t^2\mathrm{d}t.$$

于是,在前 2 s 内,此力对物体所做的功为

$$W=\int F\mathrm{d}x=\int_0^2 9t^3\mathrm{d}t=36\ \mathrm{J}.$$

3.6　动能　质点的动能定理

下面从力所产生的空间累积效应,得出力对质点做功与质点动能变化之间的关系.

如图 3－14 所示，一质量为 m 的质点在合外力 $\boldsymbol{F}$ 的作用下，自 A 点沿曲线移动到 B 点，它在 A 点和 B 点的速率分别为 v_1 和 v_2. 设作用在位移元 $\mathrm{d}\boldsymbol{r}$ 上的合外力 $\boldsymbol{F}$ 与 $\mathrm{d}\boldsymbol{r}$ 之间的夹角为 θ. 由式(3－14c)可得，合外力 $\boldsymbol{F}$ 对质点所做的元功为

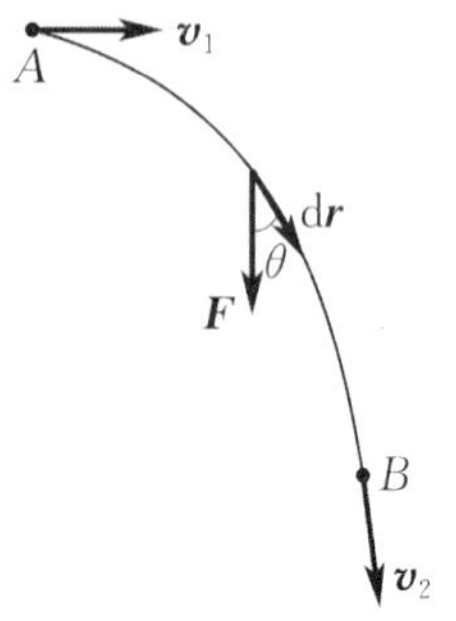

图 3－14　动能定理

$$\mathrm{d}W = \boldsymbol{F}\cdot\mathrm{d}\boldsymbol{r} = F\cos\theta\,|\,\mathrm{d}\boldsymbol{r}\,|.$$

由牛顿第二定律及切向加速度 a_t 的定义，有

$$F\cos\theta = ma_\mathrm{t} = m\frac{\mathrm{d}v}{\mathrm{d}t}.$$

考虑到 $|\,\mathrm{d}\boldsymbol{r}\,| = \mathrm{d}s$，则 $\mathrm{d}s = v\mathrm{d}t$. 因此有

$$\mathrm{d}W = m\frac{\mathrm{d}v}{\mathrm{d}t}\,|\,\mathrm{d}\boldsymbol{r}\,| = mv\mathrm{d}v.$$

于是，在质点自 A 点移动到 B 点的过程中，合外力所做的功为

$$W = \int_{v_1}^{v_2} mv\mathrm{d}v = \frac{1}{2}mv_2^2 - \frac{1}{2}mv_1^2. \tag{3－18a}$$

$\frac{1}{2}mv^2$ 是与质点的运动状态有关的参量，叫作质点的**动能**，用 E_k 表示. $E_\mathrm{k1} = \frac{1}{2}mv_1^2$ 和 $E_\mathrm{k2} = \frac{1}{2}mv_2^2$ 分别表示质点在起始和终止位置时的动能. 等式右边为质点动能的增量. 质点的动能是描述质点运动状态的一个物理量，是质点运动状态的单值函数. 动能是一个标量，其单位和功的单位相同，即在国际单位制中，动能的单位为焦[耳](J).

式(3－18a) 可以写成

$$W = E_\mathrm{k2} - E_\mathrm{k1}. \tag{3－18b}$$

式(3－18b) 表明，合外力对质点所做的功等于质点动能的增量. 这个结论就叫作**质点的动能定理**，E_k1 称为初动能，E_k2 称为末动能.

由式(3－18b) 可以看出，当 $W > 0$ 时，$E_\mathrm{k2} > E_\mathrm{k1}$，说明此时合外力所做的功为正功，质点的动能增加；当 $W < 0$ 时，$E_\mathrm{k2} < E_\mathrm{k1}$，说明此时合外力所做的功为负功，质点的动能减少. 通常把后者说成是质点克服外力做功，使得其本身的动能减少了.

关于质点的动能定理还应说明以下两点：

(1) 功与动能之间的联系和区别. 只有外力对质点做功，才能使质点的动能发生变化. 功是能量变化的量度，与外力作用下质点的位置移动过程有关，是一个过程量. 而动能取决于质点的运动状态，它是运动状态的函数.

(2) 与牛顿第二定律一样，动能定理也适用于惯性系. 此外，在不同的惯性系中，质点的位移和速度是不同的. 因此，功和动能依赖于惯性系的选取，但对不同的惯性系，动能定理的形式相同.

动能的单位和量纲与功的单位和量纲相同.

应该指出，应用动能定理时要计算功的线积分，故必须知道质点的运动路径. 然而在许多情况下，这往往是十分困难的. 但是，有些力的线积分与积分路径无关，只与质点的起始和终止位置有关. 这些力就是 3.7 节要介绍的保守力.

例 3-10

已知一质量为 m 的质点在平面上做曲线运动，其运动方程为 $\boldsymbol{r}=a\cos\omega t\boldsymbol{i}+b\sin\omega t\boldsymbol{j}$，其中 a,b,ω 都为正值常量. 试求在 0 到 $\frac{\pi}{2\omega}$ 时间内质点合外力所做的功.

解　根据速度的定义可得质点的速度为

$$\boldsymbol{v}=\frac{\mathrm{d}\boldsymbol{r}}{\mathrm{d}t}=-a\omega\sin\omega t\boldsymbol{i}+b\omega\cos\omega t\boldsymbol{j}.$$

当 $t=0$ 时，$\boldsymbol{v}(0)=b\omega\boldsymbol{j}$；

当 $t=\frac{\pi}{2\omega}$ 时，$\boldsymbol{v}\left(\frac{\pi}{2\omega}\right)=-a\omega\boldsymbol{i}$.

由此可得，质点在此过程的起始、终止时刻的动能分别为

$$E_{k1}=\frac{1}{2}mb^2\omega^2,$$

$$E_{k2}=\frac{1}{2}ma^2\omega^2.$$

根据质点的动能定理，在此过程中质点合外力所做的功为

$$W=E_{k2}-E_{k1}=\frac{1}{2}m\omega^2(a^2-b^2).$$

在例 3-10 中，质点沿一椭圆轨迹运动，质点所受的合外力又没有直接给出，然而根据动能定理，合外力对质点所做的功总是等于质点的终止状态和起始状态动能的差值，故问题得以解决. 由此可见，在运动轨迹较为复杂的情况下，用动能定理计算功往往比用功的定义式直接计算要方便得多.

例 3-11

如图 3-15 所示，一质量为 1 kg 的小球系在长为 1 m 的细绳下端，细绳的上端固定在天花板上. 起初把细绳拉到与竖直线成 30° 角处，然后放手，使小球沿圆弧下落. 试求细绳与竖直线成 10° 角时，小球的速率.

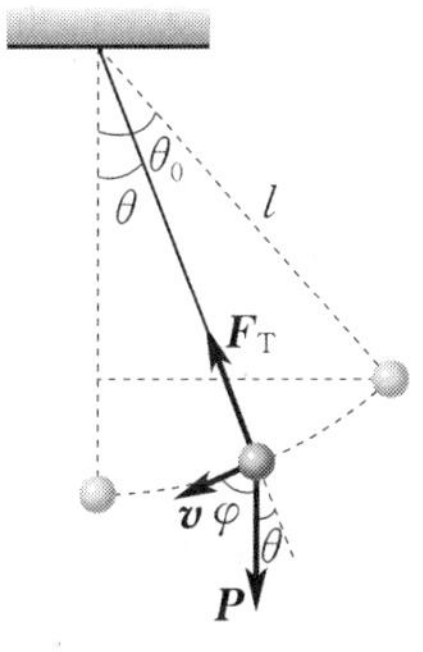

图 3-15

解　设小球的质量为 m，细绳长为 l，在起始时刻细绳与竖直线的夹角为 θ_0，小球的速率为 $v_0=0$. 在某一时刻，细绳与竖直线的夹角为 θ，小球的速率为 v，小球受到绳的拉力 $\boldsymbol{F}_T$ 和重力 $\boldsymbol{P}$ 的作用. 由式(3-14c)可知，在合外力的作用下，小球在圆弧上有无限小位移 $\mathrm{d}\boldsymbol{r}$，合外力 $\boldsymbol{F}$ 做的功为

$$\mathrm{d}W=\boldsymbol{F}\cdot\mathrm{d}\boldsymbol{r}=\boldsymbol{F}_T\cdot\mathrm{d}\boldsymbol{r}+\boldsymbol{P}\cdot\mathrm{d}\boldsymbol{r}.$$

由于 $\boldsymbol{F}_T$ 的方向始终与小球的运动方向垂直，故 $\boldsymbol{F}_T\cdot\mathrm{d}\boldsymbol{r}=0$，而

$$\boldsymbol{P}\cdot\mathrm{d}\boldsymbol{r}=P\cos\varphi|\mathrm{d}\boldsymbol{r}|=P\sin\theta|\mathrm{d}\boldsymbol{r}|.$$

从图 3-15 可知，位移 $\mathrm{d}\boldsymbol{r}$ 的大小为 $|\mathrm{d}\boldsymbol{r}|=\mathrm{d}s=-l\mathrm{d}\theta$. 所以，合外力所做的功为

$$W=-mgl\int_{\theta_0}^{\theta}\sin\theta\mathrm{d}\theta=mgl(\cos\theta-\cos\theta_0).$$

由动能定理，即式(3-18b)得

$$W=mgl(\cos\theta-\cos\theta_0)=\frac{1}{2}mv^2-\frac{1}{2}mv_0^2.$$

解得小球的速率为

$$v=\sqrt{2gl(\cos\theta-\cos\theta_0)}\approx 1.53\ \mathrm{m\cdot s^{-1}}.$$

3.7 保守力与非保守力 势能

3.6 节我们介绍了作为机械能之一的动能. 本节将介绍另一种机械能 —— 势能. 为此，我们将从重力、弹性力、万有引力，以及摩擦力等力的做功特点出发，引出保守力和非保守力的概念，然后介绍引力势能、重力势能和弹性势能.

3.7.1 重力、弹性力、万有引力做功

1. 重力做功

如图 3-16 所示，设一质量为 m 的质点在重力作用下从 A 点沿 ACB 路径移动到 B 点，A 点和 B 点距地面的高度分别为 y_1 和 y_2. 因为质点运动的路径为一曲线，所以重力和质点运动方向之间的夹角是不断变化的. 把 ACB 路径分成许多位移元，在位移元 $\mathrm{d}\boldsymbol{r}$ 上，重力 $\boldsymbol{P}$ 所做的功为

$$\mathrm{d}W = \boldsymbol{P} \cdot \mathrm{d}\boldsymbol{r}.$$

若质点在平面内运动，按图 3-16 所示选取坐标系，并取地面上某一点为坐标原点 O，则

$$\mathrm{d}\boldsymbol{r} = \mathrm{d}x\boldsymbol{i} + \mathrm{d}y\boldsymbol{j}.$$

于是有

$$\mathrm{d}W = -mg\boldsymbol{j} \cdot (\mathrm{d}x\boldsymbol{i} + \mathrm{d}y\boldsymbol{j}) = -mg\mathrm{d}y.$$

在质点由 A 点移动到 B 点的过程中，重力所做的功为

$$W = -mg\int_{y_1}^{y_2}\mathrm{d}y = -mg(y_2 - y_1) = -(mgy_2 - mgy_1). \tag{3-19}$$

若质点从 A 点沿 ADB 路径移动到 B 点，显然结果是一样的. 上述结果表明，重力做功只与质点的起始和终止位置有关，而与其所经过的路径无关. 这是重力做功的一个重要特点.

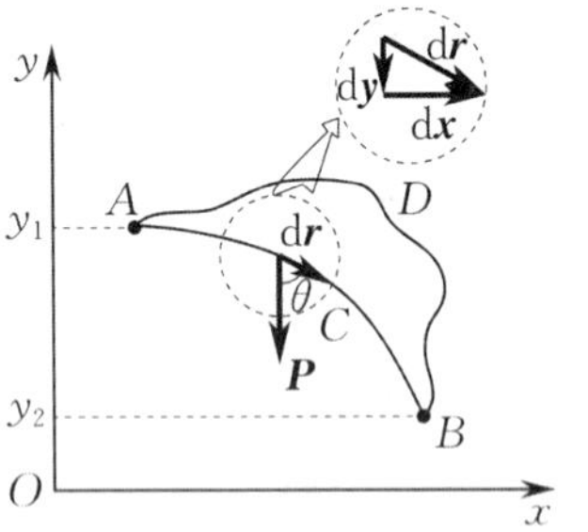

图 3-16 重力沿任意路径对物体做的功

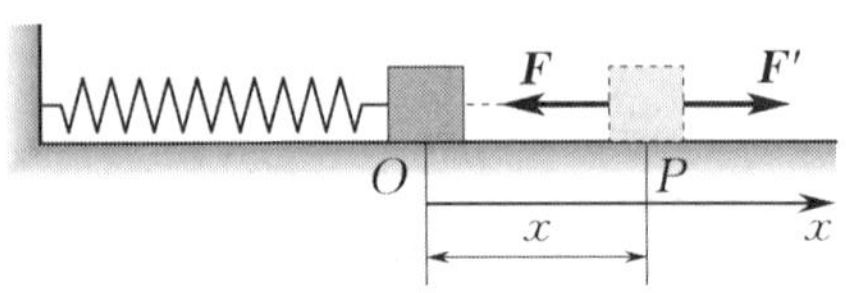

图 3-17 弹簧的伸长

2. 弹性力做功

图 3-17 所示是一放置在光滑平面上的弹簧，弹簧的一端固定，另一端与一质量为 m 的物体相连接. 当弹簧在水平方向不受外力作用时，它将不发生形变，此时物体位于 O 点，这个位置叫作平衡位置. 现以平衡位置 O 为坐标原点，向右为正方向建立坐标系.

若物体受到沿 x 轴正方向的外力 F' 作用，弹簧将沿 x 轴正方向被拉长，弹簧的伸长量，即其位移为 x. 根据胡克定律，在弹性限度内，弹簧的弹性力 F 与弹簧的伸长量 x 之间的关系为

$$F=-kx,$$

其中 k 称为弹簧的刚度系数. 在弹簧被拉长的过程中,弹性力是变力(见图 3－18). 当弹簧的伸长量为 $\mathrm{d}x$ 时,弹性力 F 可以近似看成不变. 于是,当弹簧的伸长量为 $\mathrm{d}x$ 时,弹性力做的元功为

$$\mathrm{d}W=-kx\,\mathrm{d}x.$$

这样,当弹簧的伸长量由 x_1 变到 x_2 时,弹性力所做的功就等于各个元功之和,数值上等于图 3－18 所示的梯形的面积. 由积分计算可得弹性力做的功为

$$W=-\left(\frac{1}{2}kx_2^2-\frac{1}{2}kx_1^2\right). \tag{3-20}$$

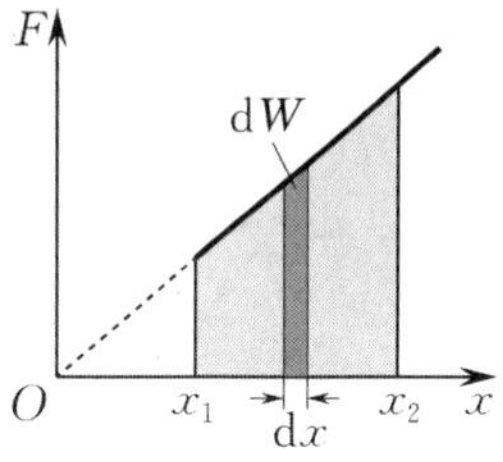

图 3－18　弹性力做功

从式(3－20)可以看出,对在弹性限度内具有给定刚度系数的弹簧来说,弹性力所做的功只由弹簧起始和终止位置决定,而与弹性形变的过程无关.

3. 万有引力做功

如图 3－19 所示,有两个质量分别为 m 和 m' 的质点 1 和 2,其中质点 2 固定不动,质点 1 经任一路径由 A 点运动到 B 点,取质点 2 的位置为坐标原点,A,B 两点相对于质点 2 的距离分别为 r_A 和 r_B. 设在某一时刻,质点 1 距质点 2 的距离为 r,其位矢为 $\boldsymbol{r}$,这时质点 1 受到质点 2 的万有引力为

$$\boldsymbol{F}=-\frac{Gmm'}{r^2}\boldsymbol{e}_r,$$

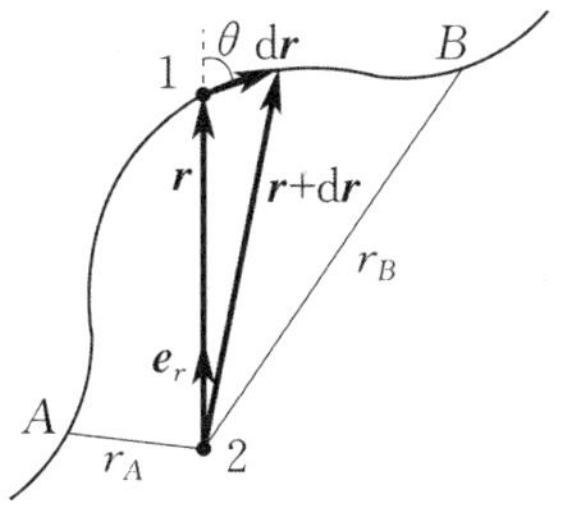

图 3－19　万有引力做功

其中 $\boldsymbol{e}_r$ 为沿位矢 $\boldsymbol{r}$ 的单位矢量. 当质点 1 沿某一路径移动位移元 $\mathrm{d}\boldsymbol{r}$ 时,万有引力做的功为

$$\mathrm{d}W=\boldsymbol{F}\cdot\mathrm{d}\boldsymbol{r}=-G\frac{mm'}{r^2}\boldsymbol{e}_r\cdot\mathrm{d}\boldsymbol{r}.$$

从图 3－19 可以看出,

$$\boldsymbol{e}_r\cdot\mathrm{d}\boldsymbol{r}=|\boldsymbol{e}_r||\mathrm{d}\boldsymbol{r}|\cos\theta=|\mathrm{d}\boldsymbol{r}|\cos\theta=\mathrm{d}r.$$

于是,

$$\mathrm{d}W=-G\frac{mm'}{r^2}\mathrm{d}r.$$

所以,在质点 1 从 A 点沿任一路径运动到 B 点的过程中,万有引力做的功为

$$W=-\int_{r_A}^{r_B}G\frac{mm'}{r^2}\mathrm{d}r=Gmm'\left(\frac{1}{r_B}-\frac{1}{r_A}\right). \tag{3-21}$$

式(3－21)表明,当两质点的质量 m' 和 m 给定时,万有引力做的功只取决于质点 m 的起始和终止位置,而与它所经过的路径无关. 这是万有引力做功的一个重要特点.

3.7.2　保守力与非保守力

从上述对重力、弹性力和万有引力做功的讨论中可以看出,它们所做的功只与质点(或弹簧)的始、末位置有关,而与路径无关. 这是它们做功的一个共同特点. 具有这种特点的力叫作**保守力**. 除上面所讲的重力、弹性力和万有引力是保守力外,电荷间相互作用的库仑力和原子间相互作用的分子力也是保守力.

然而,在物理学中并非所有的力都具有做功与路径无关这一特点,例如,常见的摩擦力,它所

做的功就与路径有关，路径越长，摩擦力做的功就越大. 显然，摩擦力就不具有保守力做功的特点. 另外，还有一些力做的功也与路径有关，例如，磁场对电流作用的安培力，它做的功也与路径有关. 这种做功与路径有关的力叫作**非保守力**. 摩擦力就是一种非保守力.

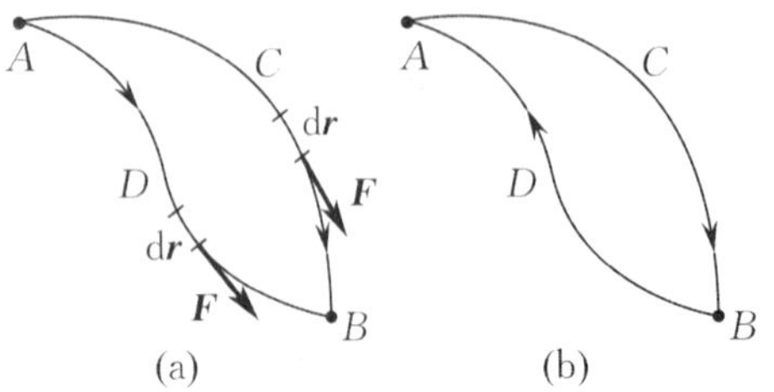

图 3-20　保守力做功

如图 3-20(a) 所示，设一物体在保守力作用下自 A 点沿路径 ACB 到达 B 点，或沿路径 ADB 到达 B 点. 根据保守力做功与路径无关的特点，有

$$W_{ACB} = W_{ADB} = \int_{ACB} \boldsymbol{F} \cdot \mathrm{d}\boldsymbol{r} = \int_{ADB} \boldsymbol{F} \cdot \mathrm{d}\boldsymbol{r}. \qquad (3-22)$$

显然，此积分结果只是 A，B 两点位置的函数. 如果物体沿图 3-20(b) 所示的闭合路径运动一周，则保守力对物体做的功为

$$W = \oint_{ACBDA} \boldsymbol{F} \cdot \mathrm{d}\boldsymbol{r} = 0, \qquad (3-23)$$

其中积分号 $\oint$ 表示沿闭合曲线积分. 式(3-23) 表明，物体沿任意闭合路径运动一周，保守力对它所做的功为零. 式(3-23) 是反映保守力做功特点的数学表达式. 无论是重力、万有引力、弹性力、库仑力，还是分子力，它们沿闭合路径做的功都符合式(3-23). 此外还应指出，式(3-23) 是根据式(3-22) 得出的，所以可以说保守力做功与路径无关的特点与保守力沿任意闭合路径运动一周做功为零的特点是一致的，即是等效的.

3.7.3　势能　势能曲线

从上面关于重力、弹性力和万有引力做功的讨论中，我们知道这些保守力做功均只与物体的始、末位置有关. 为此引入势能的概念. 我们把与物体位置有关的能量称作物体的**势能**，用 E_{p} 表示. 于是，三种势能分别表示如下：

重力势能　$E_{\mathrm{p}} = mgy$；

弹性势能　$E_{\mathrm{p}} = \dfrac{1}{2}kx^2$；

引力势能　$E_{\mathrm{p}} = -G\dfrac{mm'}{r}$.

式(3-19)、式(3-20) 和式(3-21) 可以统一写成

$$W = -(E_{\mathrm{p2}} - E_{\mathrm{p1}}) = -\Delta E_{\mathrm{p}}. \qquad (3-24)$$

式(3-24) 表明，保守力对物体做的功等于物体势能增量的负值.

为加深对势能的理解，需强调指出：

(1) 势能是状态函数. 在不同保守力作用的情况下，尽管势能的表达式各不相同，但都与所经过的路径无关，也就是说势能是坐标的单值函数，即 $E_{\mathrm{p}} = E_{\mathrm{p}}(x, y, z)$.

(2) 势能的相对性. 势能的值与零势能位置的选取有关. 虽然原则上零势能位置的选取是任意的，但一般情况下，选取物体位于地面时的重力势能为零势能；两物体相距无限远时，引力势能为零势能；弹簧处于自然状态时，弹性势能为零势能.

(3) 势能是属于系统的. 保守力的功取决于彼此以保守力相互作用的物体间的相对位置及其变化，因此，势能应该属于以保守力相互作用的物体所组成的系统，而不应该把它看作属于任一物体. 势能是由系统内部物体间保守力的作用而存在的，即势能是属于系统的，撇开系统谈单个

物体的势能是没有意义的. 例如,重力势能是属于地球和物体所组成的系统的. 应当注意,平常叙述时,常将物体和地球所组成的系统的重力势能说成是物体的重力势能,这只是叙述上的简便而已,其实它是属于物体和地球所组成的系统的. 引力势能和弹性势能也是如此.

(4) 势能是一个标量,其单位和功的单位相同. 在国际单位制中,势能的单位为焦[耳](J).

当零势能的位置确定后,势能仅是物体所在位置的坐标函数. 依此函数而画出的势能随坐标变化的曲线,称为势能曲线. 图 3-21(a) 是重力势能曲线,横轴代表高度,纵轴代表重力势能,重力势能曲线是一条直线. 图 3-21(b) 是弹性势能曲线,横轴代表弹簧的伸长量,纵轴代表弹性势能,弹性势能曲线是一条过原点的抛物线,原点为弹簧处于自然状态的位置,该处弹性势能为零. 图 3-21(c) 是引力势能曲线,横轴代表两质点间的距离,纵轴代表引力势能,引力势能曲线是双曲线的一支. 从图中可以看出,当两质点的距离为无穷远时,两质点的引力势能为零,即当 $r \to \infty$ 时,引力势能趋于零.

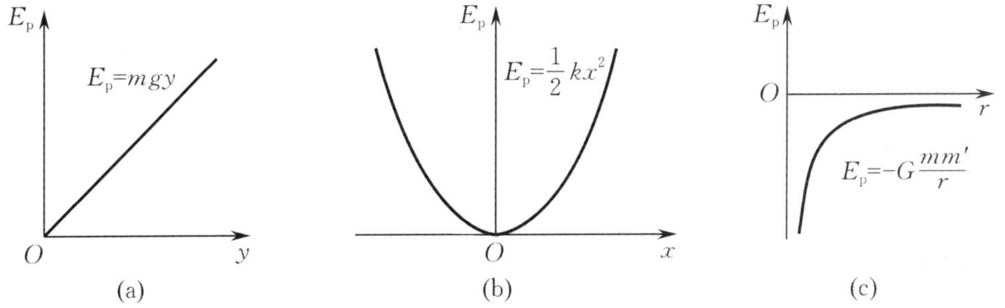

图 3-21　势能曲线

3.8　功能原理

前面我们讨论了质点做机械运动时的能量 —— 动能和势能,以及合外力对质点做功引起质点动能改变的动能定理. 可是在许多实际问题中,我们需要研究由许多质点所构成的系统. 这时系统内的质点,既受到系统内各质点之间相互作用的内力,又可能受到系统外的质点对系统内的质点作用的外力. 例如,把弹簧和与弹簧相连接的物体视为一个系统时,弹簧与物体间的作用力为内力,空气对弹簧和物体的阻力为外力.

3.8.1　质点系的动能定理

设一个系统内有 n 个质点,作用于各个质点的力所做的功分别为 $W_1, W_2, \cdots$,使各质点由初动能 $E_{k10}, E_{k20}, \cdots$ 改变为末动能 $E_{k1}, E_{k2}, \cdots$. 由质点的动能定理可得

$$W_1 = E_{k1} - E_{k10},$$
$$W_2 = E_{k2} - E_{k20},$$
$$\cdots\cdots$$

将以上各式相加,有

$$\sum_{i=1}^{n} W_i = \sum_{i=1}^{n} E_{ki} - \sum_{i=1}^{n} E_{ki0}, \tag{3-25}$$

其中 $\sum\limits_{i=1}^{n} E_{ki0}$ 是系统内 n 个质点的初动能之和,$\sum\limits_{i=1}^{n} E_{ki}$ 是这些质点的末动能之和,$\sum\limits_{i=1}^{n} W_i$ 是作用在

系统内 n 个质点上的力所做的功之和. 因此,式(3－25) 的物理意义是:作用于质点系的力所做的功等于该质点系的动能增量. 这也叫作**质点系的动能定理**.

正如前面所说,系统内的质点所受的力,既有来自系统外的外力,也有来自系统内各质点间相互作用的内力,因此,作用于质点系的力所做的功 $\sum_{i=1}^{n} W_i$ 应是一切外力对质点系所做的功 $\sum_{i=1}^{n} W_i^{ex} = W^{ex}$ 与质点系内一切内力所做的功 $\sum_{i=1}^{n} W_i^{in} = W^{in}$ 之和,即

$$\sum_{i=1}^{n} W_i = \sum_{i=1}^{n} W_i^{in} + \sum_{i=1}^{n} W_i^{ex} = W^{in} + W^{ex}, \tag{3-26}$$

所以

$$W^{in} + W^{ex} = \sum_{i=1}^{n} E_{ki} - \sum_{i=1}^{n} E_{ki0}. \tag{3-27}$$

式(3-27)是质点系的动能定理的另一数学表达式,它表明,质点系的动能的增量等于作用于质点系的一切外力做的功与一切内力做的功之和.

3.8.2 质点系的功能原理

进一步分析可知,作用于质点系内的力有保守力与非保守力之分. 如果以 W_c^{in} 表示质点系内各保守内力做功之和,W_{nc}^{in} 表示质点系内各非保守内力做功之和,那么,质点系内一切内力所做的功应为

$$W^{in} = W_c^{in} + W_{nc}^{in}.$$

此外,由式(3-24)可知,系统内保守力做的功等于势能增量的负值,因此,质点系内各保守内力所做的功应为

$$W_c^{in} = -\left(\sum_{i=1}^{n} E_{pi} - \sum_{i=1}^{n} E_{pi0}\right). \tag{3-28}$$

综上所述,有

$$W_{nc}^{in} + W^{ex} = \left(\sum_{i=1}^{n} E_{ki} + \sum_{i=1}^{n} E_{pi}\right) - \left(\sum_{i=1}^{n} E_{ki0} + \sum_{i=1}^{n} E_{pi0}\right). \tag{3-29}$$

在力学中,动能和势能统称为**机械能**. 若以 E_0 和 E 分别代表质点系的初机械能和末机械能,即

$$E = \sum_{i=1}^{n} E_{ki} + \sum_{i=1}^{n} E_{pi}, \quad E_0 = \sum_{i=1}^{n} E_{ki0} + \sum_{i=1}^{n} E_{pi0},$$

则式(3－29) 可以写成

$$W_{nc}^{in} + W^{ex} = E - E_0. \tag{3-30}$$

式(3-30)表明,质点系的机械能的增量等于外力与非保守内力所做的功之和. 这个结论就是**质点系的功能原理**.

在应用式(3－30) 求解问题时应当注意,W^{ex} 是作用在质点系内各质点上的外力所做的功之和,而 W_{nc}^{in} 是非保守内力对质点系内各质点所做的功之和.

此外还应知道,功和能量既有密切联系又有区别. 功总是和能量的变化与转换过程相联系,功是能量变化与转换的一种量度. 而能量则代表质点系统在一定状态下所具有的做功本领,它和质点系统的状态有关,对机械能来说,它与质点系统的机械运动状态(位置和速度) 有关.

功能原理给出了质点系机械能的改变和功的关系. 由于机械能中势能的改变已经反映了保

守内力做的功，因此应用功能原理时，只计算外力做的功和非保守内力做的功，对于保守内力做的功，不需要计算在内. 同时还要注意，计算外力做的功 W^{ex} 和非保守内力做的功 W_{nc}^{in} 时，都要先计算作用在一个质点上的作用力做的功，然后再求各个力做的功之和.

应用功能原理的基本步骤是：第一，确定研究对象，选定系统；第二，分析系统的受力情况，正确区分保守内力和非保守内力，内力和外力，写出外力做的功和非保守内力做的功；第三，选定系统的势能零点，写出系统初、末状态的机械能；第四，根据功能原理建立方程，求解得出结果.

例 3 - 12

将一质量为 $m=0.1\ \text{kg}$ 的石子，从高出地面 $h=1.5\ \text{m}$ 的地方，以速率 $v_0=10\ \text{m}\cdot\text{s}^{-1}$ 斜抛出去，石子落到地面的速率为 $v=10.5\ \text{m}\cdot\text{s}^{-1}$，求空气阻力对石子做的功.

解　可以用两种方法来解.

方法一：用功能原理求解. 把地球和石子看作一个系统，石子所受的力有空气阻力 f，是外力，空气阻力做的功记为 W_f；有重力 mg，是保守内力. 选择地面为重力势能零点，则系统初、末状态的机械能分别为 $\frac{1}{2}mv_0^2+mgh$ 和 $\frac{1}{2}mv^2$. 根据功能原理，得空气阻力对石子做的功为

$$W_f=\frac{1}{2}mv^2-\left(\frac{1}{2}mv_0^2+mgh\right)\approx -0.96\ \text{J}.$$

方法二：用动能定理求解. 把石子作为研究对象，可看作质点的石子在整个过程中所受的外力为空气阻力 f 和重力 mg，空气阻力做的功记为 W_f，重力做的功为 mgh，石子初、末状态的动能分别为 $\frac{1}{2}mv_0^2$ 和 $\frac{1}{2}mv^2$. 根据动能定理，有

$$W_f+mgh=\frac{1}{2}mv^2-\frac{1}{2}mv_0^2.$$

由此得出空气阻力对石子做的功为

$$W_f=\frac{1}{2}mv^2-\frac{1}{2}mv_0^2-mgh\approx -0.96\ \text{J}.$$

3.9　机械能守恒定律

从质点系的功能原理（见式(3 - 30)）可以看出，当 $W_{nc}^{in}+W^{ex}=0$ 时，有

$$E=E_0,\tag{3-31}$$

即

$$\sum_{i=1}^{n}E_{ki}+\sum_{i=1}^{n}E_{pi}=\sum_{i=1}^{n}E_{ki0}+\sum_{i=1}^{n}E_{pi0}.\tag{3-32}$$

它的物理意义是：当作用于质点系的外力和非保守内力不做功时，质点系的机械能是守恒的. 这就是**机械能守恒定律**.

机械能守恒定律的数学表达式(3 - 32) 还可以写成

$$\sum_{i=1}^{n}E_{ki}-\sum_{i=1}^{n}E_{ki0}=-\left(\sum_{i=1}^{n}E_{pi}-\sum_{i=1}^{n}E_{pi0}\right),$$

即

$$\Delta E_k=-\Delta E_p.$$

可见，在满足机械能守恒的条件($W_{nc}^{in}+W^{ex}=0$)下，质点系内的动能和势能之间可以相互转换，但动能和势能之和不变. 所以，在机械能守恒定律中，机械能是不变量或常量. 而质点系内的

动能和势能之间的转换则是通过质点系内的保守力做功来实现的.

例 3-13

质量分别为 m_1, m_2 的两质点受万有引力作用,从距离为 l 且静止的状态运动到距离为 $\frac{1}{2}l$ 的状态,此时它们的速率各为多少?

解 以两质点为系统,则该系统的动量及能量均守恒,即

$$m_1v_1 + m_2v_2 = 0, \quad (1)$$

$$\frac{1}{2}m_1v_1^2 + \frac{1}{2}m_2v_2^2 - \frac{Gm_1m_2}{l/2} = -\frac{Gm_1m_2}{l}. \quad (2)$$

由式(1)和式(2)解得

$$v_1 = m_2\sqrt{\frac{2G}{(m_1 + m_2)l}},$$

$$v_2 = m_1\sqrt{\frac{2G}{(m_1 + m_2)l}}.$$

例 3-14

一总长度为 l 的均匀链条,开始时,长为 a 的一段从桌面边缘下垂,另一部分静止(用手拉住)在光滑水平桌面上,如图 3-22 所示. 松开拉住链条的手,链条开始下滑,求链条刚好全部离开桌面时的速率.

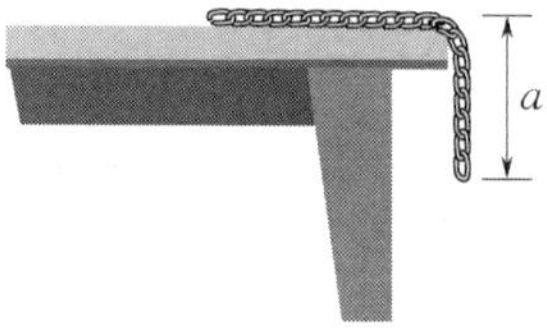

图 3-22

解 以地球和链条为研究对象,将它们看作一个系统. 该系统所受的外力为桌面的支持力 N,方向垂直桌面向上,在链条滑动过程中 N 不做功. 因为该系统中没有非保守内力,所以系统的机械能守恒.

设链条的质量为 m,以桌面为重力势能零点. 刚松手时为系统初态,链条刚好全部离开桌面时为系统末态. 系统初态的机械能为

$$E_0 = -\frac{ma}{l}g \times \frac{a}{2},$$

系统末态的机械能为

$$E = -mg\,\frac{l}{2} + \frac{1}{2}mv^2.$$

由机械能守恒定律可以得出

$$-mg\,\frac{l}{2} + \frac{1}{2}mv^2 = -\frac{ma}{l}g \times \frac{a}{2},$$

解上述方程得

$$v = \sqrt{\frac{g}{l}(l^2 - a^2)}.$$

3.10 碰撞

碰撞,一般是指两个或两个以上物体在运动中相互靠近,或发生接触时,在相对较短的时间内发生强烈相互作用的过程. 碰撞会使两个物体或其中一个物体的运动状态发生明显的变化. 碰撞过程一般都非常复杂,但由于我们通常只需要了解物体在碰撞前、后运动状态的变化,而对发生碰撞的物体系统来说,外力的作用又往往可以忽略,因此可以利用动量、角动量,以及能量守恒定律对有关问题进行求解.

碰撞具有如下特点:

(1) 碰撞时间极短.

(2) 碰撞力很大,外力可以忽略不计,系统动量守恒.

(3) 速度发生有限的改变,在碰撞前、后的位移可以忽略不计.

两球的碰撞过程可以分为两个阶段. 开始碰撞时，两球相互挤压，发生形变，由形变产生的弹性回复力使两球的速度发生变化，直到两球的速度变得相等为止. 这时形变达到最大. 这是碰撞的第一阶段，称为压缩阶段. 此后，由于形变仍然存在，弹性回复力继续作用，使两球速度改变而有相互脱离接触的趋势，两球压缩逐渐减小，直到两球脱离接触为止. 这是碰撞的第二阶段，称为恢复阶段. 整个碰撞过程到此结束.

根据碰撞过程中能量是否守恒，可将碰撞过程分为以下三类：

(1) 完全弹性碰撞：碰撞前、后系统动能守恒(能完全恢复原状).

(2) 非弹性碰撞：碰撞前、后系统动能不守恒(部分恢复原状).

(3) 完全非弹性碰撞：碰撞后系统以相同的速度运动(完全不能恢复原状).

本节主要讨论完全弹性碰撞和完全非弹性碰撞两类碰撞过程.

3.10.1　完全弹性碰撞

在两个物体发生碰撞的过程中，它们之间相互作用的内力要比其他物体对它们作用的外力大很多，因此可以忽略其他物体对它们作用的外力.

如果碰撞后两物体的动能之和完全没有损失，那么该碰撞就是完全弹性碰撞.

例 3-15

如图 3-23 所示，设有两个质量分别为 m_1 和 m_2，速度分别为 v_{10} 和 v_{20} 的弹性球 A 和 B 发生对心碰撞. 两球的速度方向相同，设该碰撞是完全弹性碰撞，求碰撞后两球的速度 v_1 和 v_2.

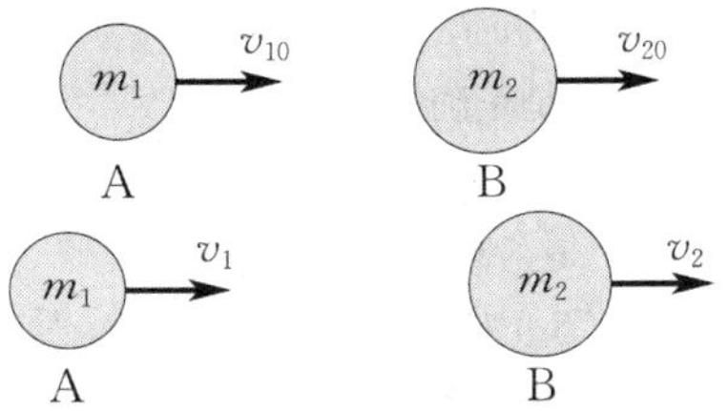

图 3-23

解　由机械能守恒定律可得

$$\frac{1}{2}m_1v_{10}^2+\frac{1}{2}m_2v_{20}^2=\frac{1}{2}m_1v_1^2+\frac{1}{2}m_2v_2^2. \quad (1)$$

由动量守恒定律可得

$$m_1v_{10}+m_2v_{20}=m_1v_1+m_2v_2. \quad (2)$$

式(1) 可以改写为

$$m_1(v_{10}^2-v_1^2)=m_2(v_2^2-v_{20}^2). \quad (3)$$

式(2) 可以改写为

$$m_1(v_{10}-v_1)=m_2(v_2-v_{20}). \quad (4)$$

由式(3) 和式(4) 解得

$$v_{10}+v_1=v_{20}+v_2. \quad (5)$$

碰撞前两球相互趋近的相对速度($v_{10}-v_{20}$) 等于碰撞后它们分开的相对速度(v_2-v_1).

联立式(3) 和式(5)，得

$$\begin{cases} v_1=\dfrac{(m_1-m_2)v_{10}+2m_2v_{20}}{m_1+m_2}, \\ v_2=\dfrac{(m_2-m_1)v_{20}+2m_1v_{10}}{m_1+m_2}. \end{cases} \quad (6)$$

下面对结果加以讨论：

(1) 当 $m_2 \gg m_1$，且 $v_{20}=0$ 时，由式(6) 可得

$$v_1 \approx -v_{10}, \quad v_2 \approx 0.$$

这种情况说明，碰撞后质量为 m_1 的球还是以同样的速度大小，从质量为 m_2 的球上反弹回来，而质量为 m_2 的球几乎保持静止状态. 气体分子和容器壁的碰撞就属于这种情况.

(2) 当 $m_1 \gg m_2$，且 $v_{20}=0$ 时，由式(6) 可得

$$v_1 \approx v_{10}, \quad v_2 \approx 2v_{10}.$$

这种情况说明，当一个质量很大的球与一个质量很小的球相碰撞时，大球的速度不会发生大的变化，而小球则以大约两倍于大球的速度向前运动.

(3) 当 $m_1=m_2$ 时，由式(6) 可得

$$v_1=v_{20}, \quad v_2=v_{10}.$$

这种情况说明，两个质量相等的球碰撞后的速度是相互交换的.

3.10.2 完全非弹性碰撞

如果两个物体发生碰撞后导致机械能转换为其他形式的能量，如化学能、热能等，或者其他形式的能量转换为机械能，那么这样的碰撞都称为非弹性碰撞. 在非弹性碰撞过程中，物体往往会发生形变，还会发热、发声等. 因此在一般情况下，碰撞过程中会有动能损失，即动能不守恒，但动量守恒.

在非弹性碰撞中，如果碰撞后两物体结合在一起，并以同一速度运动，则动能损失最大. 这种碰撞就是完全非弹性碰撞. 在完全非弹性碰撞过程中动量守恒. 关于完全非弹性碰撞的应用，本节不做讨论.

阅读材料

习题 3

3-1 把一支枪水平固定在小车上，小车放在光滑的水平地面上. 当枪发射子弹时，下列关于枪、子弹、小车的说法中正确的是(　　).

A. 枪和子弹组成的系统动量守恒

B. 枪和小车组成的系统动量守恒

C. 枪、子弹和小车组成的系统动量守恒

D. 若子弹和枪筒之间的摩擦忽略不计，则枪和小车组成的系统动量守恒

3-2 质量为 m 的质点围绕半径为 R 的圆周轨迹做匀速圆周运动，在半个周期内动量改变量的大小为(　　).

A. 0　　B. mv

C. $2mv$　　D. 条件不足，无法确定

3-3 在下列几种现象中，动量守恒的有(　　).

A. 原来静止在光滑水平面上的车，从水平方向跳上一个人，以人和车为一个系统

B. 运动员将铅球从肩窝开始加速推出，以运动员和铅球为一个系统

C. 从高空自由落下的重物落在静止于地面上的车厢中，以重物和车厢为一个系统

D. 光滑水平面上放一斜面，斜面光滑，一个物体沿斜面滑下，以物体和斜面为一个系统

3-4 对质点系有以下几种说法：(1) 质点系总动量的改变与内力无关；(2) 质点系总动能的改变与内力无关；(3) 质点系机械能的改变与保守内力无关. 下列对上述说法判断正确的是(　　).

A. 只有(1) 是正确的

B. (1)(2) 是正确的

C. (1)(3) 是正确的

D. (2)(3) 是正确的

3-5 有两个倾角不同、高度相同、质量一样的斜面放在光滑的水平面上，斜面是光滑的，有两个一样的物块分别从这两个斜面的顶点由静止开始下滑，则(　　).

A. 物块到达斜面底端时的动量相等

B. 物块到达斜面底端时的动能相等

C. 物块和斜面，以及地球组成的系统的机械能不守恒

D. 物块和斜面组成的系统在水平方向上动量守恒

3-6 对功的概念有以下几种说法：(1) 保守力做正功时，系统内相应的势能增加；(2) 质点经一闭合路径运动，保守力对质点做的功为零；(3) 作用力和反作用力大小相等、方向相反，所以两者所做功的代数和必为零. 下列对上述说法判断正确的是(　　).

A. (1)(2) 是正确的

B. (2)(3) 是正确的

C. 只有(2) 是正确的

D. 只有(3) 是正确的

3-7　如图 3-24 所示，质量分别为 m_A 和 m_B 的物体 A 和 B，置于光滑桌面上，物体 A 和 B 之间连有一轻弹簧. 另有质量分别为 m_C 和 m_D 的物体 C 和 D，分别置于物体 A 和 B 之上，且物体 A 和 C、物体 B 和 D 之间的滑动摩擦系数均不为零. 首先用外力沿水平方向相向推压物体 A 和 B，使轻弹簧被压缩，然后撤掉外力，则在物体 A 和 B 弹开的过程中，对物体 A,B,C,D，以及轻弹簧组成的系统，有(　　).

A. 动量守恒，机械能守恒

B. 动量不守恒，机械能守恒

C. 动量不守恒，机械能不守恒

D. 动量守恒，机械能不一定守恒

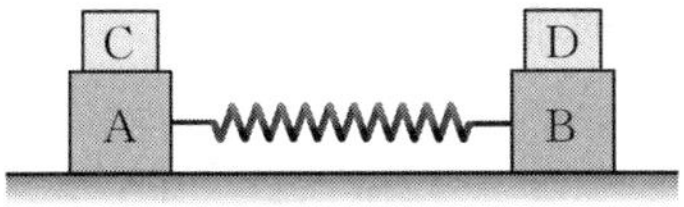

图 3-24

3-8　如图 3-25 所示，子弹射入水平光滑地面上静止的木块，然后穿出. 以地面为参考系，下列说法中正确的是(　　).

A. 子弹减少的动能转变为木块的动能

B. 子弹和木块组成的系统机械能守恒

C. 子弹减少的动能等于子弹克服木块阻力所做的功

D. 子弹克服木块阻力所做的功等于这一过程中产生的热

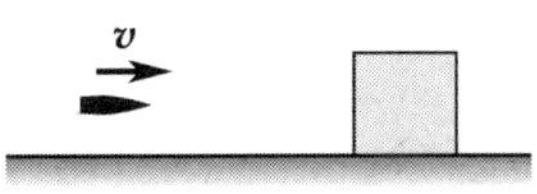

图 3-25

3-9　一架速度为 $300\ \mathrm{m \cdot s^{-1}}$ 的水平飞行的飞机，与一只身长为 0.20 m、质量为 0.50 kg 的飞鸟相碰. 设碰撞后飞鸟的尸体与飞机具有同样的速度，碰撞前飞鸟相对于地面的速度甚小，可以忽略不计. 试估计飞鸟对飞机的冲力(碰撞时间可用飞鸟身长被飞机速度相除来估算). 根据本题计算结果，你对于高速运动的物体(如飞机、汽车) 与通常情况下不足以引起危害的物体(如飞鸟、小石子) 相碰后会产生什么后果的问题有些什么体会?

3-10　质量为 m 的物体，从水平面上 O 点以初速度 $\boldsymbol{v}_0$ 抛出，$\boldsymbol{v}_0$ 与水平面成仰角 θ. 若不计空气阻力，求：(1) 从发射点到最高点，物体所受的重力冲量；(2) 从发射点到落回至同一水平面，物体所受的重力冲量.

3-11　$F_x = 30 + 4t$(F_x 的单位为 N，t 的单位为 s) 的合外力作用在质量为 $m = 10$ kg 的物体上，试求：

(1) 在开始 2 s 内此力的冲量；

(2) 若冲量 $I = 300\ \mathrm{N \cdot s}$，此力作用的时间；

(3) 若物体的初速度为 $v_1 = 10\ \mathrm{m \cdot s^{-1}}$，方向与 F_x 相同，在 $t = 6.86$ s 时，此物体的速度.

3-12　高空作业时系安全带是非常必要的. 假如一质量为 51.0 kg 的人，在操作时不慎从高空竖直跌落下来，由于安全带的保护，最终使他被悬挂起来. 已知此时人离原处的距离为 2.0 m，安全带弹性缓冲作用时间为 0.5 s，求安全带对人的平均冲力.

3-13　质量为 m 的小球，在力 $F = -kx$ 的作用下运动，已知 $x = A\cos \omega t$，其中 k,ω,A 均为正值常量，求在 $t = 0$ 到 $t = \dfrac{\pi}{2\omega}$ 时间内小球动量的增量.

3-14　击球手用棒打击速率为 $20\ \mathrm{m \cdot s^{-1}}$ 的水平飞来的垒球，球飞到竖直上方 10 m 处. 已知球的质量为 0.3 kg，若棒与球接触时间为 0.02 s，求球受到的平均冲力.

3-15　皮球从某高度落到水平地板上，每弹跳一次上升的高度总等于前一次的 0.64 倍，且每次皮球与地面接触的时间都相等，空气阻力不计，与地面碰撞时，皮球的重力可忽略，试求：

(1) 相邻两次皮球与地板碰撞的平均冲力大小之比是多少?

(2) 若用手拍这个皮球，保持在 0.8 m 的高度上下跳动，则每次应给皮球施加的冲量大小为多少?已知皮球的质量为 $m = 0.5$ kg，$g = 10\ \mathrm{m \cdot s^{-2}}$.

3-16　一个连同装备总质量为 $M = 100$ kg 的宇航员，在距离飞船 $s = 45$ m 处与飞船处于相对静止状态，宇航员背着装有质量为 $m_0 = 0.5$ kg 的氧气储气筒，筒有个可以使氧气以 $v = 50\ \mathrm{m \cdot s^{-1}}$ 的速率喷出的喷嘴，宇航员必须向着返回飞船的相反方向放出氧气才能回到飞船，同时又必须保留一部分氧气供途中呼吸用，宇航员的耗氧率为 $Q = 2.5 \times 10^{-4}\ \mathrm{kg \cdot s^{-1}}$，不考察喷出氧气对设备及宇航员总质量的影响，问：

(1) 瞬时喷出多少氧气，宇航员才能完全返回飞船?

(2) 为使总耗氧量最低，应一次喷出多少氧气?返回时间是多少(飞船的运动可看作匀速运动)?

3-17　如图 3-26 所示，在水平地面上，有一横截

面积为 $S=0.2\ \mathrm{m}^2$ 的直角弯管，管中有流速为 $\boldsymbol{v}=3.0\ \mathrm{m\cdot s^{-1}}$ 的水通过，求弯管所受力的大小和方向.

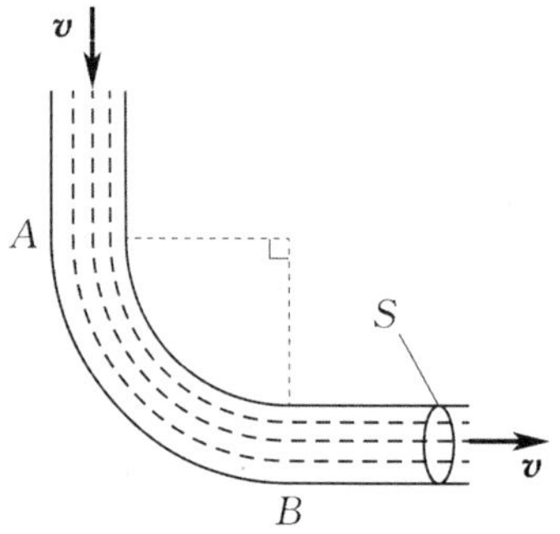

图 3-26

3-18 A,B两船在平静的湖面上平行逆向航行，当两船擦肩相遇时，各自向对方平稳地传递质量为 50 kg 的重物，结果是 A 船停了下来，而 B 船以 $3.4\ \mathrm{m\cdot s^{-1}}$ 的速度继续向前驶去. A,B两船原有的质量分别为 0.5×10^3 kg 和 1.0×10^3 kg，求在传递重物前 A,B 两船的速度(忽略水对船的阻力).

3-19 质量为 m' 的人手里拿着一个质量为 m 的物体，此人用与水平方向成 α 角的速度 $\boldsymbol{v}_0$ 向前跳去. 当他到达最高点时，他将物体以相对于人为 $\boldsymbol{u}$ 的水平速度向后抛出. 问：由于人抛出物体，他跳跃的距离增加了多少(假设人可视为质点)?

3-20 一物体在介质中按规律 $x=ct^3$ 做直线运动，其中 c 为一常量. 设介质对物体的阻力正比于速度的平方. 试求物体由 $x_0=0$ 运动到 $x=l$ 时，阻力所做的功(已知阻力系数为 k).

3-21 一质量为0.20 kg的小球，系在长为2.00 m的细绳上，细绳的另一端系在天花板上. 把小球移至使细绳与竖直方向成 30° 角的位置，然后由静止放开. 求：(1) 在绳索从 30° 到 0° 角的过程中，重力和张力所做的功；(2) 小球在最低位置时的动能和速率；(3) 在最低位置时细绳的张力.

3-22 一质量为 m 的质点，系在细绳的一端，细绳的另一端固定在水平面上. 此质点在粗糙水平面上做半径为 r 的圆周运动. 设质点的初速度是 $\boldsymbol{v}_0$. 当它运动一周时，其速度为 $\frac{\boldsymbol{v}_0}{2}$. 求：(1) 摩擦力做的功；(2) 滑动摩擦因数；(3) 在静止以前质点运动的圈数.

3-23 如图 3-27 所示，用一轻弹簧把 A 和 B 两块板连接起来，它们的质量分别为 m_1 和 m_2. 问在 A 板上需加多大的压力，方可在力停止作用后恰能使 A 板在跳起来时 B 板稍被提起(设弹簧的刚度系数为 k)?

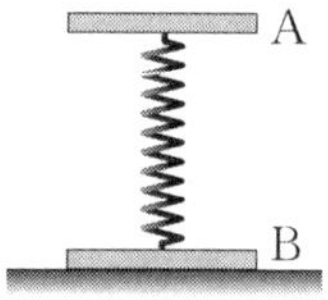

图 3-27

3-24 如图 3-28 所示，一质量为 m 的木块静止在光滑水平面上，一质量为 $\frac{m}{2}$ 的子弹沿水平方向以速度 v_0 射入木块一段距离 L(此时木块的滑行距离恰为 s) 后留在木块内. (1) 木块与子弹的共同速度为 v，此过程中木块和子弹的动能各变化了多少?(2) 子弹与木块的摩擦阻力对子弹和木块各做了多少功?(3) 证明这一对摩擦阻力所做功的代数和等于其中一个摩擦阻力沿相对位移 L 所做的功. (4) 证明这一对摩擦阻力所做功的代数和等于子弹-木块系统总机械能的减少量(转化为热的那部分能量).

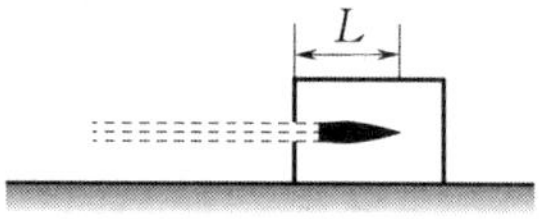

图 3-28

3-25 一质量为 m 的地球卫星，沿半径为 $3R_E$ 的圆轨道运动，R_E 为地球的半径. 已知地球的质量为 m_E，求：(1) 卫星的动能；(2) 卫星的引力势能；(3) 卫星的机械能.

3-26 如图 3-29 所示，天文观测台有一半径为 R 的半球形屋面，有一冰块从屋面的最高点由静止沿屋面滑下，若摩擦力略去不计，求此冰块离开屋面的位置，以及在该位置处的速度.

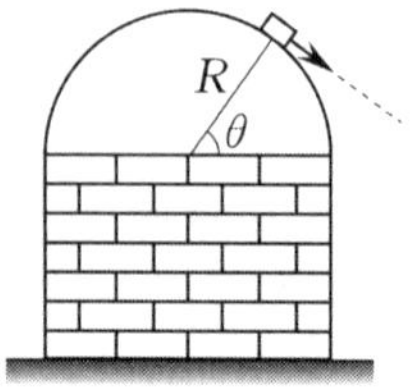

图 3-29

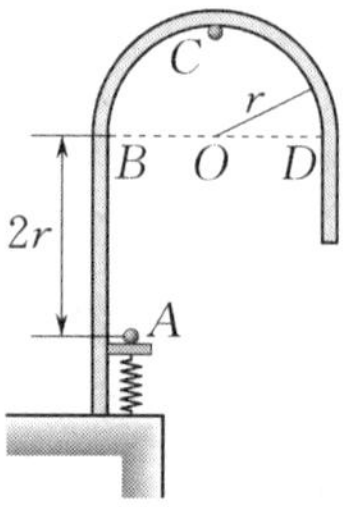

图 3-30

3-27 如图 3-30 所示，把质量为 $m=0.2$ kg 的小球放在位置 A 时，使弹簧被压缩 $\Delta l=7.5\times10^{-2}$ m. 然后在弹簧的弹性力作用下，小球从位置 A 由静止释放，小球沿轨道 $ABCD$ 运动. 小球与轨道间的摩擦不计. 已知 BCD 为半径为 $r=0.15$ m的半圆弧，AB 相距为 $2r$，求弹簧刚度系数的最小值.

3-28 如图 3-31 所示，质量为 m、速度为 $\boldsymbol{v}$ 的钢

球，射向质量为 m' 的靶，靶中心有一小孔，内有刚度系数为 k 的弹簧，此靶最初处于静止状态，但可在水平面做无摩擦滑动. 求子弹射入靶内的弹簧后，弹簧的最大压缩距离.

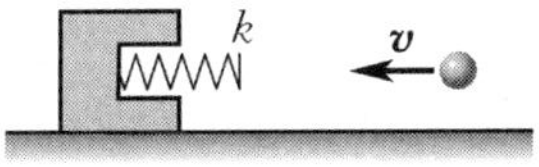

图 3－31

3－29　质量为 m 的弹丸，穿过如图 3－32 所示的摆锤后，速度由 v 减小到 $\frac{v}{2}$. 已知摆锤的质量为 m'，摆线长度为 l，若摆锤能在垂直平面内完成一个完全的圆周运动，则弹丸速度的最小值应为多少?

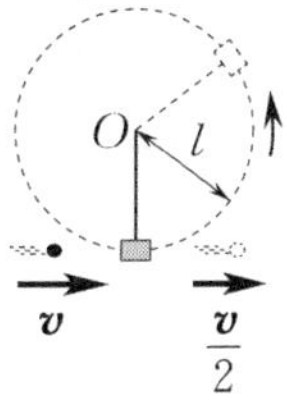

图 3－32

第4章

刚体的转动

微课视频

在前几章的讨论中，我们都忽略了物体的形状和大小，把物体看成质点进行处理. 但是，实际的物体有一定的形状和大小，而且在很多实际问题中，物体的形状和大小是不能忽略的. 例如，在讨论地球的自转、飞轮的转动和车轮的滚动等问题时，就不能忽略它们的形状和大小.

一般来说，在外力作用下，物体的形状和大小是要发生变化的. 而如果在外力作用下某物体的形状和大小不发生变化(组成物体的任意两质点间的距离始终保持恒定)，则这种理想化了的物体叫作刚体. 在什么情况下可以把物体看作刚体呢?如果在所研究的问题中物体的形状和大小的改变量与物体原有的形状和大小相比很小，以致可以忽略不计，那就可以把它看作刚体. 因此，一个物体能否看作刚体，要根据所研究问题的具体情况而定.

在刚体力学的研究过程中，通常把一个刚体分割成许多微小的部分，这些微小部分称为质元，并把每个质元都看成质点，这样，刚体就是一个质点系. 它与一般的质点系不同的是任意两个质点间的距离不会改变. 因此，可以把质点力学的基本规律应用到这个特殊的质点系中，从而找出刚体运动的规律.

由于刚体是由许多质点构成的特殊系统，因此我们仍可以用质点的运动规律来加以研究，从而使牛顿力学的研究范围从质点向刚体拓展开来，并对两者的研究方法、基本概念和规律的相似性有较深入的理解. 本章着重讨论刚体绕定轴的转动，其主要内容有角速度、角加速度、转动惯量、力矩、转动动能和角动量等物理量，以及转动定律和角动量守恒定律等.

4.1 刚体运动的基本形式

4.1.1 刚体的平动

平动和转动是刚体运动的基本形式. 在运动过程中，如果刚体上任意两点连线(参考线)的空间方向始终保持平行，即刚体中所有点的运动轨迹均相同，那么这种运动就称为**刚体的平动**，如图 4-1(a) 所示. 显然，刚体平动时，刚体上各点的运动情况完全相同. 此时，刚体上任意一点的运动就可以代表整个刚体的运动.

4.1.2 刚体的定轴转动

如图 4-1(b) 所示，当刚体绕一直线转动时，刚体上所有的点都绕此直线做圆周运动，这条直线叫作转轴. 若转轴的位置和方向固定不变，则这种转轴称为固定转轴，此运动称为**刚体的定轴转动**(如车床上工件的转动). 若转轴的位置或方向随时间改变，则刚体做非定轴转动(如陀螺的运动).

刚体做定轴转动时具有如下基本特征：

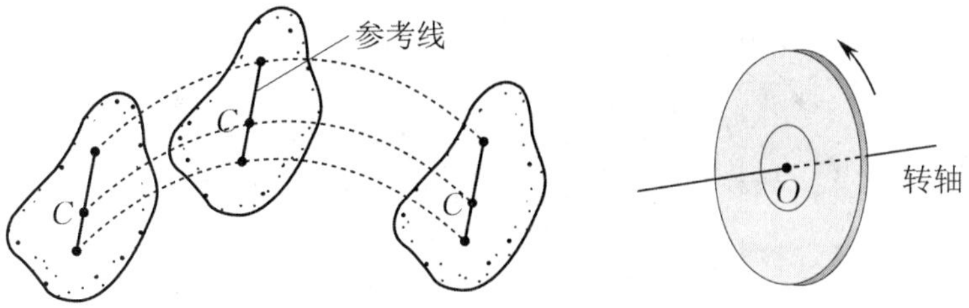

(a) 平动　　(b) 转动

图 4-1　刚体的运动

(1) 刚体上的各质点都在垂直于固定转轴的平面内做圆周运动.

(2) 因为刚体上各质点之间的相对位置不变,所以各质点做圆周运动的半径在相同时间内转过的角度相同. 显然,刚体中所有质点具有相同的角位移、角速度和角加速度. 因此用角量来描述刚体的定轴转动最为方便.

下面对刚体绕定轴转动的角速度、角加速度加以阐述.

1. 刚体绕定轴转动的角速度

刚体绕定轴转动时所有质点具有相同的角位移、角速度和角加速度,但由于各质点相对转轴的位置不同,它们的位移、速度和加速度不尽相同. 因此,为了方便表述图 4-2(a) 所示的刚体绕定轴 z 的转动情况,我们在刚体内取如图 4-2(b) 所示的参考平面,此参考平面过原点 O 并垂直于 z 轴. 在此平面上取一参考线,且把此线作为 x 轴. 这样,刚体的方位可由原点 O 到参考平面上任一点 P 的位矢 $\boldsymbol{r}$ 与 x 轴的夹角 θ 来确定,θ 叫作角坐标. 当刚体转动时,θ 随时间改变. 经过 $\mathrm{d}t$ 时间后,角坐标的改变量 $\mathrm{d}\theta$ 为角位移.

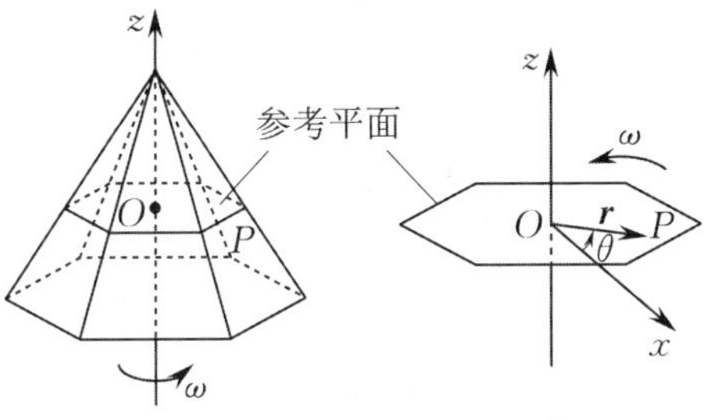

(a)　　(b)

图 4-2　刚体绕定轴转动

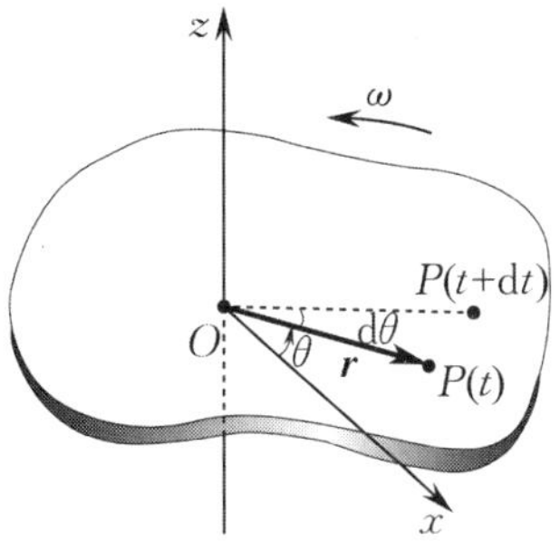

图 4-3　角速度

如图 4-3 所示,有一刚体绕 z 轴转动. 在时刻 t 刚体上 P 点的位矢 $\boldsymbol{r}$ 对 x 轴的角坐标为 θ,经过 $\mathrm{d}t$ 时间后,其角坐标为 $\theta+\mathrm{d}\theta$,将**角速度**定义为

$$\omega=\frac{\mathrm{d}\theta}{\mathrm{d}t}. \tag{4-1}$$

由上述讨论可知,ω 就是绕 z 轴转动的刚体的角速度的大小. 下面讨论该角速度的方向.

刚体绕 z 轴转动时,既可顺时针转动,也可逆时针转动. 这一点很容易从图 4-4 看出. 图中两圆盘角速度的大小是相等的,但转动方向相反. 为方便计算,我们取逆时针转动的角速度为正值($\omega>0$),顺时针转动的角速度为负值($\omega<0$),所以两圆盘的角速度是不同的. 要强调指出,刚体只有在定轴转动的情况下,其转动方向才可用角速度的正、负来表示.

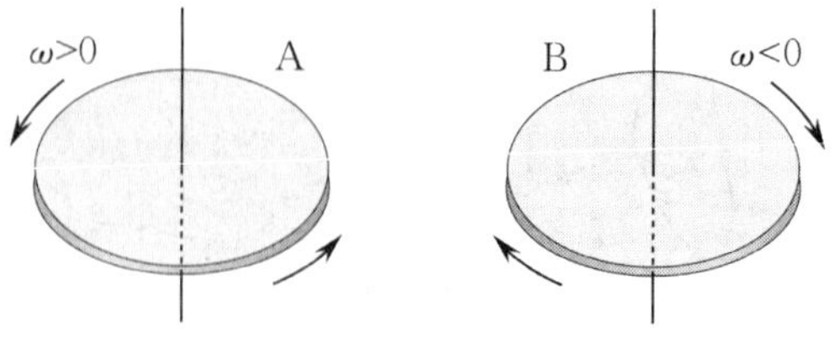

图 4-4　绕定轴转动的刚体

2. 刚体绕定轴转动的角加速度

刚体绕定轴转动时，若在时刻 t_1 其角速度为 ω_1，在时刻 t_2 其角速度为 ω_2，在时间间隔 $\Delta t = t_2 - t_1$ 内，其角速度的增量为 $\Delta\omega = \omega_2 - \omega_1$. 当 Δt 趋于零时，$\dfrac{\Delta\omega}{\Delta t}$ 的极限就是**角加速度** α，即

$$\alpha = \frac{d\omega}{dt}. \tag{4-2}$$

由上述讨论可知，α 就是绕 z 轴转动的刚体的角加速度的大小. 对刚体绕定轴转动的角加速度的方向，也可用正负来表示. 在图 4-5(a) 所示的情况下，角速度 ω_2 的方向与 ω_1 的方向相同，且 $\omega_2 > \omega_1$，那么 $\Delta\omega > 0$，角加速度为正值，刚体做加速转动；在图 4-5(b) 所示的情况下，角速度 ω_2 的方向与 ω_1 的方向相同，且 $\omega_2 < \omega_1$，那么 $\Delta\omega < 0$，角加速度为负值，刚体做减速转动.

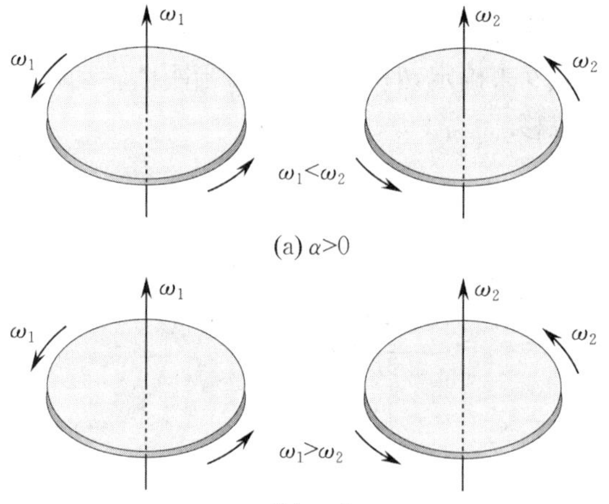

图 4-5　刚体绕定轴转动的角加速度

对于角加速度为常量的绕定轴转动的刚体，其运动学方程的形式为

$$\begin{cases} \omega = \omega_0 + \alpha t, \\ \omega^2 = \omega_0^2 + 2\alpha(\theta - \theta_0), \\ \theta = \theta_0 + \omega_0 t + \dfrac{1}{2}\alpha t^2. \end{cases} \tag{4-3}$$

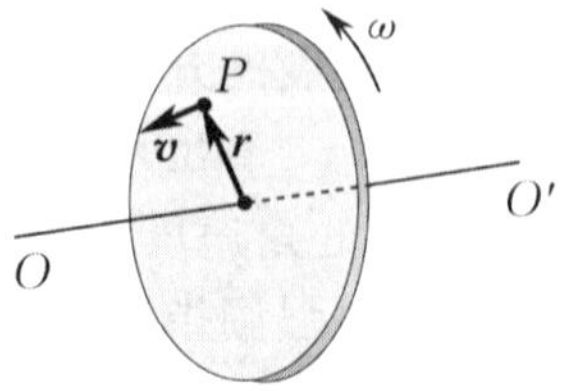

图 4-6　角量与线量的关系

刚体绕定轴转动时，刚体上所有点都绕固定轴做圆周运动，故描述刚体运动状态的角量与线量之间的关系，都可用有关圆周运动中相应角量与线量的关系来表述. 在图 4-6 中，刚体绕定轴 OO' 以角速度 ω 转动，P 点的线速度大小 v 与 ω 之间的关系为

$$v = r\omega. \tag{4-4}$$

显然，距转轴越远，线速度越大. P 点的切向加速度和法向加速度的大小分别为

$$a_t = r\alpha, \quad a_n = r\omega^2. \tag{4-5}$$

同样，距转轴越远，切向加速度和法向加速度也越大.

例 4-1

半径为 0.2 m、转速为 150 $r \cdot min^{-1}$ 的飞轮，因受到制动而均匀减速，经 30 s 停止转动. 试求：(1) 角加速度和在此时间内飞轮所转的圈数；(2) 制动开始后 $t = 6$ s 时，飞轮的角速度；(3) $t = 6$ s 时，飞轮边缘上一点的线速度、切向加速度和法向加速度的大小.

解　(1) 由题意可知

$$\omega_0 = \frac{2\pi \times 150}{60}\ \mathrm{rad \cdot s^{-1}} = 5\pi\ \mathrm{rad \cdot s^{-1}}.$$

飞轮做匀减速运动，由式(4-3) 得

$$\alpha = \frac{\omega - \omega_0}{t} = -\frac{\pi}{6}\ \mathrm{rad \cdot s^{-2}},$$

其中负号表示 α 的方向与 ω_0 的方向相反. 而飞轮在 30 s 内转过的角度为

$$\theta = \frac{\omega^2 - \omega_0^2}{2\alpha} = 75\pi\ \mathrm{rad}.$$

于是，飞轮所转的圈数为

$$N = \frac{\theta}{2\pi} = 37.5\ \mathrm{r}.$$

(2) 在 $t = 6$ s 时，飞轮的角速度为

$$\omega = \omega_0 + \alpha t = 4\pi\ \mathrm{rad \cdot s^{-1}}.$$

(3) 由式(4-4) 得 $t = 6$ s 时，飞轮边缘上一点的线速度的大小为

$$v = r\omega = 0.2 \times 4\pi\ \mathrm{m \cdot s^{-1}} \approx 2.5\ \mathrm{m \cdot s^{-1}}.$$

该点的切向加速度和法向加速度的大小分别为

$$a_t = r\alpha \approx -0.105\ \mathrm{m \cdot s^{-2}},$$

$$a_n = r\omega^2 \approx 31.6\ \mathrm{m \cdot s^{-2}}.$$

4.2　转动定律

4.1 节只讨论了刚体绕定轴转动的运动学问题. 这一节将讨论刚体绕定轴转动的动力学问题，即研究刚体获得角加速度的原因，以及刚体绕定轴转动时所遵守的定律. 为此，我们引入力矩这个物理量.

4.2.1　力矩

经验告诉我们，对绕定轴转动的刚体来说，外力对刚体转动的影响，不仅与力的大小有关，而且还与力的作用点的位置和力的方向有关. 例如，用同样大小的力推门，当作用点靠近门轴时，不容易把门推开；当作用点远离门轴时，就容易把门推开；当力的作用线通过门轴时，就不能把门推开. 现引入力矩这个物理量来描述力对刚体转动的作用.

图 4-7 所示是刚体的一个横截面，它可绕通过 O 点且垂直于该平面的转轴 Oz 旋转. 作用在刚体内 P 点上的力 $\boldsymbol{F}$ 也在此平面内. 从转轴与横截面的交点 O 到力 $\boldsymbol{F}$ 的作用线的垂直距离 d 叫作力对转轴的力臂，力的大小 F 和力臂 d 的乘积叫作力 $\boldsymbol{F}$ 对转轴的**力矩**，用 M 表示，即

$$M = Fd. \tag{4-6a}$$

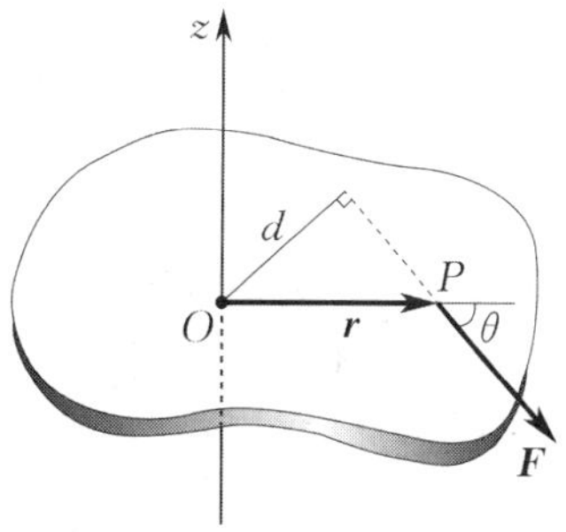

图 4-7　力矩

由图 4-7 可以看出，$\boldsymbol{r}$ 为由 O 点到力 $\boldsymbol{F}$ 的作用点 P 的位矢，θ

为位矢 $\boldsymbol{r}$ 与力 $\boldsymbol{F}$ 之间的夹角. 由于 $d = r\sin\theta$,因此式(4-6a)可写为

$$M = Fr\sin\theta. \tag{4-6b}$$

应当指出,力矩不仅有大小,而且有方向. 力矩的矢量性可由矢量的矢积定义来表示,力矩矢量 $\boldsymbol{M}$ 为位矢 $\boldsymbol{r}$ 和力 $\boldsymbol{F}$ 的矢积,即

$$\boldsymbol{M} = \boldsymbol{r} \times \boldsymbol{F}. \tag{4-7}$$

$\boldsymbol{M}$ 的大小为

$$M = Fr\sin\theta.$$

$\boldsymbol{M}$ 的方向垂直于 $\boldsymbol{r}$ 与 $\boldsymbol{F}$ 所构成的平面,可由如图 4-8 所示的右手定则确定:把右手拇指伸直,其余四指弯曲,弯曲的方向是由位矢 $\boldsymbol{r}$ 通过小于 180° 的角 θ 转向力 $\boldsymbol{F}$ 的方向,这时拇指所指的方向就是力矩的方向.

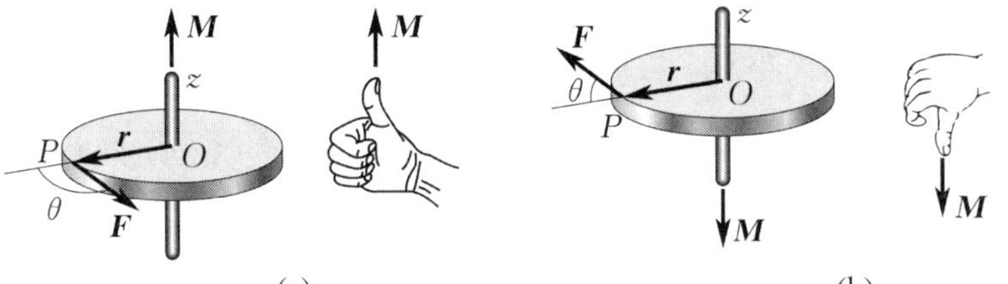

图 4-8　确定力矩方向的右手定则

对定轴转动来说,用矢积表示力矩的方向,与先规定转动正方向再按力矩的正负来确定力矩的方向,其结果是一致的.

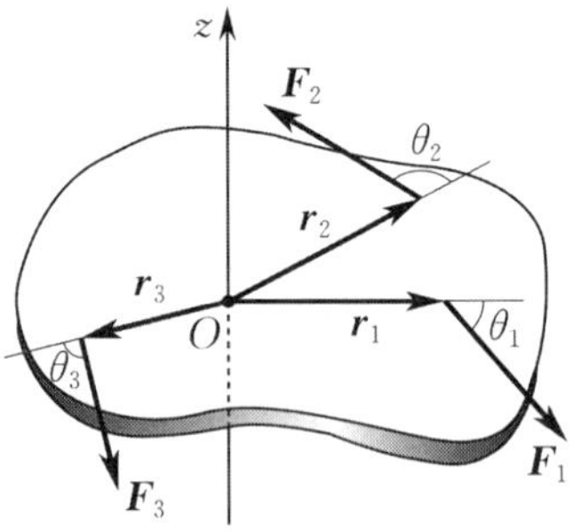

图 4-9　合力矩

如图 4-9 所示,若有几个外力同时作用在一个绕定轴转动的刚体上,且这几个外力都在与转轴相垂直的平面内,则它们的合外力矩等于这几个外力矩的代数和,即

$$M = -F_1 r_1 \sin\theta_1 + F_2 r_2 \sin\theta_2 + F_3 r_3 \sin\theta_3.$$

若 $M > 0$,则合力矩的方向沿 z 轴正方向;若 $M < 0$,则合力矩的方向与 z 轴正方向相反.

在国际单位制中,力矩的单位为牛[顿]米(N·m).

上面仅讨论了作用于刚体上的外力的力矩,而实际上,刚体内各质点间还有内力作用,在讨论刚体绕定轴转动时,这些内力的力矩要不要计算呢?

设刚体由 n 个质点组成,其中第 1 个质点和第 2 个质点间相互作用力在与转轴 Oz 垂直的平面内的分力各为 $\boldsymbol{F}'_{12}$ 和 $\boldsymbol{F}'_{21}$,它们的大小相等、方向相反,且在同一直线上,即 $\boldsymbol{F}'_{12} = -\boldsymbol{F}'_{21}$,如图 4-10 所示. 若取刚体为一个系统,则这两个力属于系统的内力. 从图 4-10 可以看出,$r_1\sin\theta_1 = r_2\sin\theta_2 = d$. 这两个力对转轴 Oz 的合内力矩为

$$M = M_{21} + M_{12} = F'_{21} r_2 \sin\theta_2 - F'_{12} r_1 \sin\theta_1 = 0.$$

上述结果表明,沿同一作用线的大小相等、方向相反的两个作用力对转轴的合力矩为零.

由于刚体内质点间的作用力总是成对出现的,并遵守牛顿第三定律,故刚体内各质点间的作用力对转轴的合内力矩也应为零,即

$$M = \sum_{i,j=1}^{n} M_{ij} = 0.$$

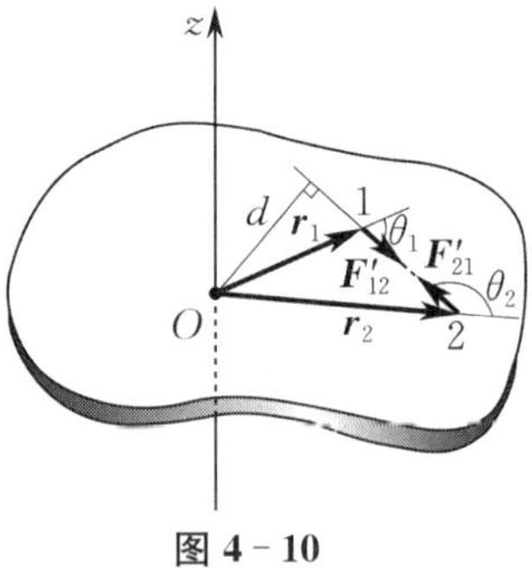

图 4-10

4.2.2　转动定律

在外力矩作用下绕定轴转动的刚体，因其角速度发生变化而具有角加速度．下面来讨论外力矩和角加速度之间的关系．

如图 4-11 所示，一刚体在直角坐标系中绕通过 O 点且垂直于刚体平面的 z 轴转动．此刚体可看作由无限多个线度非常小的质元 Δm_i 组成，其中每一个质元都绕 z 轴做圆周运动．设作用在质元 Δm_i 上的外力的切向分量为 $\boldsymbol{F}_{it}$，其切向加速度为 $\boldsymbol{a}_t$．由牛顿第二定律，有

$$\boldsymbol{F}_{it} = \Delta m_i \boldsymbol{a}_t.$$

力 $\boldsymbol{F}_{it}$ 对 z 轴的力矩大小为

$$M_i = r_i F_{it} = \Delta m_i r_i a_t.$$

已知线加速度和角加速度的关系为 $a_t = r\alpha$，上式可以写成

$$M_i = r_i F_{it} = \Delta m_i r_i^2 \alpha.$$

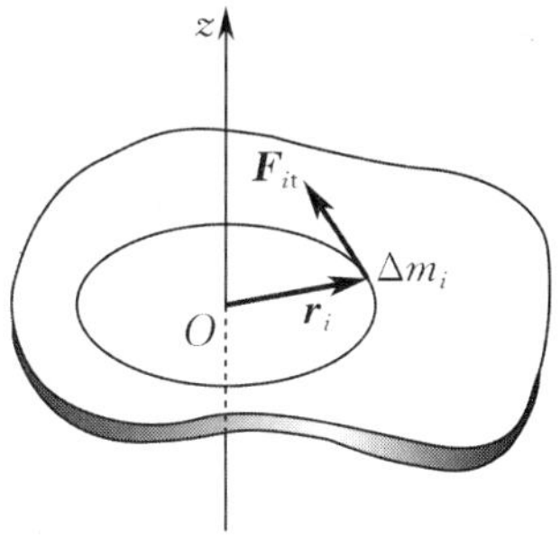

图 4-11　导出转动定律的图

虽然刚体上每一质元的线加速度不同，但它们的角加速度是相同的．令刚体上各质元对 z 轴的合外力矩为 $M = \sum_i M_i$，则由上式可得

$$M = \sum_i \alpha r_i^2 \Delta m_i = \alpha \sum_i r_i^2 \Delta m_i. \tag{4-8}$$

显然，式(4-8) 中的 $\sum_i r_i^2 \Delta m_i$ 只与刚体的形状、质量分布，以及转轴的位置有关．也就是说，它只与绕定轴转动的刚体本身的性质和转轴的位置有关．称之为**转动惯量**，用 J 表示，即

$$J = \sum_i r_i^2 \Delta m_i. \tag{4-9}$$

在国际单位制中，转动惯量的单位是千克平方米($\mathrm{kg \cdot m^2}$)．

因此，式(4-8) 为

$$M = J\alpha. \tag{4-10}$$

式(4-10) 表明，刚体绕定轴转动时，刚体的角加速度与它所受的合外力矩成正比，与刚体的转动惯量成反比．这个关系叫作**刚体绕定轴转动的转动定律**，简称**转动定律**．

4.2.3　转动惯量的计算

把转动定律式(4-10) 与质点运动的牛顿第二定律公式相比较，可以看出，两者形式非常相似：合外力矩 M 与合外力 F 相对应，转动惯量 J 与质量 m 相对应，角加速度与加速度相对应．因此，转动惯量的物理意义可以这样理解：当以相同的力矩分别作用在两个绕定轴转动的刚体上时，转动惯量大的刚体所获得的角加速度小，即角速度改变得慢，也就是保持原有转动状态的惯性大；反之，转动惯量小的刚体所获得的角加速度大，即角速度改变得快，也就是保持原有转动状态的惯性小．所以，转动惯量是描述刚体在转动中惯性大小的物理量．

在转动惯量的定义式 $J = \sum_i \Delta m_i r_i^2$ 中，r_i 为质元 Δm_i 到转轴的垂直距离，求和应该是对整个刚体而言的．根据这一定义式，可以直接计算出刚体的转动惯量．

当刚体的质量为连续分布时，为了精确地表述转动惯量，应将式(4-9) 中的质元质量改为 $\mathrm{d}m$，将求和变为积分，得出公式

$$J = \int r^2 \mathrm{d}m. \tag{4-11}$$

由转动惯量的定义式可以看到，刚体对一固定转轴的转动惯量等于刚体上各质元的质量与其到转轴的垂直距离的平方的乘积之和. 因此，转动惯量的大小不仅和刚体的总质量有关，而且和质量相对于转轴的分布有关，即与刚体的形状、大小、各部分的密度，以及相对于转轴的分布有关. 形状、大小相同的均匀刚体，对于相同位置的转轴而言，总质量越大，转动惯量越大. 总质量相同的刚体，质量分布离转轴越远，转动惯量越大. 需要强调的是，同一刚体对不同的转轴有不同的转动惯量. 因此，说到刚体的转动惯量的大小时，必须指明对哪个转轴而言.

必须指出，只有几何形状简单、质量连续且均匀分布的刚体，才能用公式 $J=\int r^2\mathrm{d}m$ 来计算它们的转动惯量. 而对于几何形状复杂或质量分布不均匀的刚体的转动惯量，通常用实验方法测定. 表 4－1 给出了几种刚体的转动惯量.

表 4－1　几种刚体的转动惯量

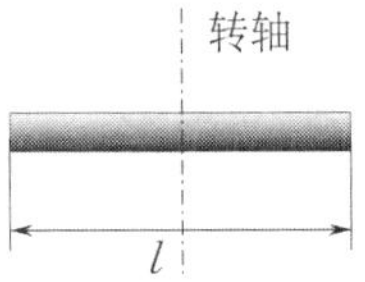 细棒（转轴通过细棒中心且与细棒垂直） $J=\frac{ml^2}{12}$	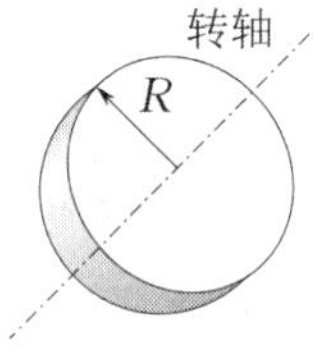 圆盘（转轴通过圆盘中心且与盘面垂直） $J=\frac{mR^2}{2}$	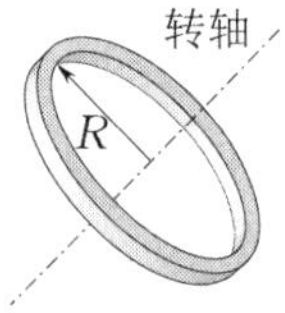 薄圆环（转轴通过薄圆环中心且与环面垂直） $J=mR^2$
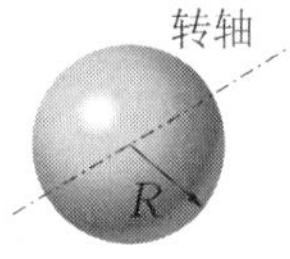 球体（转轴沿球体的直径） $J=\frac{2mR^2}{5}$	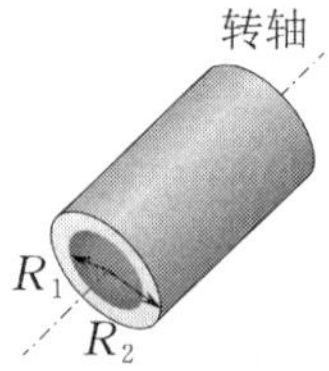 圆筒（转轴沿圆筒的几何轴） $J=\frac{m}{2}(R_2^2+R_1^2)$	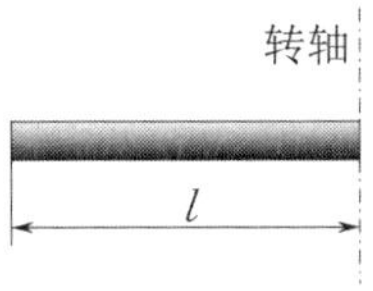 细棒（转轴通过细棒的一端且与细棒垂直） $J=\frac{ml^2}{3}$

4.2.4　转动定律的应用举例

例 4－2

如图 4－12 所示，有一半径为 R、质量为 m' 的均匀圆盘，可绕通过盘心 O 且与盘面垂直的水平轴转动. 转轴与圆盘之间的摩擦略去不计. 圆盘上绕有轻而细的绳索，绳索的一端固定在圆盘上，另一端系一质量为 m 的物体，试求物体下落时的加速度、绳索中的张力和圆盘的角加速度.

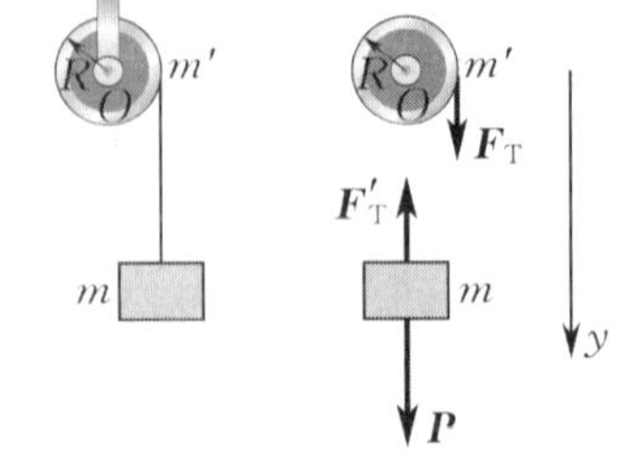

图 4－12

解　如图 4－12 所示，绳索作用在圆盘和物体上的力分别是 $\boldsymbol{F}_{\mathrm{T}}$ 和 $\boldsymbol{F}'_{\mathrm{T}}$，考虑到绳索的质量远小于圆盘的质量，故 $\boldsymbol{F}_{\mathrm{T}}=\boldsymbol{F}'_{\mathrm{T}}$，物体受到张

力 F'_T 和重力 $\boldsymbol{P}$ 的作用，若取竖直向下的方向为 y 轴正方向，则有

$$mg - F_T = ma_y. \tag{1}$$

作用在圆盘上的力矩为 $M = F_T R$，圆盘的转动惯量为 $J = \frac{1}{2}m'R^2$.

由转动定律，有

$$F_T R = J\alpha = \frac{1}{2}m'R^2\alpha. \tag{2}$$

因 $R\alpha = a_y$，故由式(2)可得

$$F_T = \frac{1}{2}m'a_y. \tag{3}$$

由式(1)、式(2)和式(3)可求得物体下落时的加速度、绳索的张力和圆盘的角加速度分别为

$$a_y = \frac{2m}{2m+m'}g,$$

$$F_T = \frac{mm'}{2m+m'}g,$$

$$\alpha = \frac{2m}{(2m+m')R}g.$$

例 4-3

有一半径为 R、质量为 m 的均匀圆盘，以角速度 ω_0 绕通过盘心且垂直于圆盘平面的轴转动. 若有一个与圆盘大小相同的粗糙平面(刹车片)挤压此转动圆盘，则有正压力 F_N 均匀地作用在圆盘上，从而使其转速逐渐变慢. 设正压力 F_N 和刹车片与圆盘间的滑动摩擦系数 μ 均已被实验测出，试问圆盘经过多长时间才能停止转动？

解　由题意可知，圆盘上所受的压力是均匀的，转动圆盘的面积为 πR^2，所以圆盘上单位面积所受的压力为 $\frac{F_N}{\pi R^2}$. 在转动圆盘上距转轴为 r 处，取一长为 dl、宽为 dr 的面积元，在刹车片的作用下，该面积元所受的摩擦力为 $dF_f = \frac{\mu F_N dl dr}{\pi R^2}$. 此摩擦力对转轴的力矩的大小为

$$r dF_f = \frac{r\mu F_N dl dr}{\pi R^2},$$

该力矩的方向与角速度 ω_0 的方向相反. 于是距转轴为 $r \to r + dr$ 的圆环的摩擦力矩为

$$dM = \frac{r\mu F_N dr}{\pi R^2}\int_0^{2\pi r} dl = \frac{2r^2\mu F_N dr}{R^2}.$$

故刹车片对整个圆盘作用的摩擦力矩的大小为

$$M = \int_0^R \frac{2r^2\mu F_N dr}{R^2} = \frac{2}{3}\mu R F_N. \tag{1}$$

已知圆盘的转动惯量为 $J = \frac{1}{2}mR^2$，由转动定律和式(1)可得圆盘的角加速度的值为

$$\alpha = \frac{M}{J} = \frac{4}{3}\frac{\mu F_N}{mR}. \tag{2}$$

又因为角速度和角加速度的关系式为

$$\omega = \omega_0 - \alpha t, \tag{3}$$

所以圆盘停止转动($\omega = 0$)所经历的时间为

$$t = \frac{\omega_0}{\alpha} = \frac{3}{4}\frac{mR\omega_0}{\mu F_N}.$$

4.3　角动量

在第 2 章和第 3 章中，我们研究了力对改变质点运动状态所起的作用，并从力对时间的累积作用出发，引出动量定理，从而得到动量守恒定律；还从力对空间的累积作用出发，引出动能定理，从而得到机械能守恒定律和能量守恒定律. 对于刚体，4.2 节讨论了在外力矩作用下刚体绕定轴转动的转动定律. 同样，力矩作用于刚体总是在一定的时间和空间进行的. 为此，这一节将讨论

力矩对时间的累积作用,得出角动量定理. 4.4 节将讨论角动量守恒定律. 4.6 节将讨论力矩对空间的累积作用,得出刚体的转动动能定理.

4.3.1 质点的角动量

如图 4-13 所示,在与 z 轴垂直的平面 S 上,有一质量为 m 的质点做半径为 r 的圆周运动,在某时刻该质点位于 A 点. 质点相对于 O 点的位矢为 $\boldsymbol{r}$,其速度为 $\boldsymbol{v}$(动量为 $\boldsymbol{p}=m\boldsymbol{v}$),且 $\boldsymbol{r}$ 与 $\boldsymbol{v}$ 是相互垂直的,定义质点 m 对 O 点的角动量为

$$\boldsymbol{L}=\boldsymbol{r}\times\boldsymbol{p}=m\boldsymbol{r}\times\boldsymbol{v}. \tag{4-12}$$

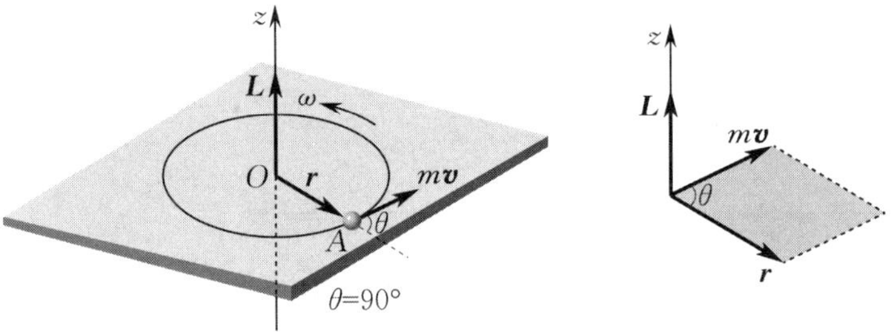

图 4-13 质点做圆周运动的角动量

显然,角动量是一个有大小和方向的矢量. 按矢量的矢积定义,角动量的大小为

$$L=rmv\sin\theta, \tag{4-13}$$

其中 θ 为 $\boldsymbol{r}$ 与 $\boldsymbol{v}$(或 $\boldsymbol{p}$) 之间小于 180° 的夹角. 因为质点绕 O 点做圆周运动时,$\boldsymbol{r}$ 与 $\boldsymbol{v}$ 之间的夹角 $\theta=90°$,所以质点对 O 点的角动量的大小为

$$L=rmv=mr^2\omega, \tag{4-14}$$

其中 ω 为质点绕 z 轴转动的角速度. 角动量 $\boldsymbol{L}$ 的方向则垂直于图 4-13 所示的 $\boldsymbol{r}$ 与 $\boldsymbol{v}$ 构成的平面,并遵守右手定则:右手拇指伸直,当四指由 $\boldsymbol{r}$ 经小于 180° 的角 θ 转向 $\boldsymbol{v}$ 时,拇指的指向即是 $\boldsymbol{L}$ 的方向.

在国际单位制中,角动量的单位为千克平方米每秒($kg\cdot m^2\cdot s^{-1}$).

应当指出,式(4-12) 及式(4-13) 虽然是从讨论质点做圆周运动时给出的,但实际上它们适用于质点对任意参考点的角动量的计算,而式(4-14) 只适用于圆周运动. 因此,式(4-12) 和式(4-13) 的适用范围更广泛些.

4.3.2 刚体绕定轴转动的角动量

如图 4-14 所示,有一刚体以角速度 ω 绕 z 轴转动. 可见,刚体上所有质元都以相同的角速度 ω 绕 z 轴做圆周运动. 由式(4-14) 可知,质元 Δm_i 对 z 轴的角动量为 $r_i\Delta m_i v_i=\Delta m_i r_i^2\omega$. 于是,刚体上所有质元对 z 轴的角动量,即刚体绕 z 轴的角动量为

$$L=\sum_i \Delta m_i r_i^2\omega=\left(\sum_i \Delta m_i r_i^2\right)\omega,$$

其中 $\sum\limits_i \Delta m_i r_i^2$ 为刚体绕 z 轴的转动惯量. 故刚体对 z 轴的角动量为 $L=J\omega$. 它的矢量式为

$$\boldsymbol{L}=J\boldsymbol{\omega}. \tag{4-15}$$

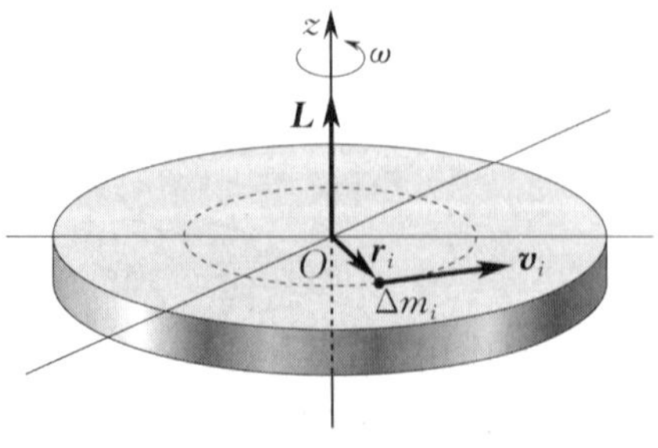

图 4-14 刚体绕定轴转动的角动量

4.4　角动量定理

将式(4-15)对时间求导,可得

$$\frac{\mathrm{d}\boldsymbol{L}}{\mathrm{d}t}=\frac{\mathrm{d}(J\boldsymbol{\omega})}{\mathrm{d}t}.$$

将上式与刚体绕定轴转动的转动定律公式比较,考虑到 $\alpha=\frac{\mathrm{d}\omega}{\mathrm{d}t}$,可以得出刚体的合外力矩为

$$\boldsymbol{M}=\frac{\mathrm{d}\boldsymbol{L}}{\mathrm{d}t}=\frac{\mathrm{d}(J\boldsymbol{\omega})}{\mathrm{d}t}. \tag{4-16}$$

式(4-16)表明,刚体绕定轴转动时,作用于刚体的合外力矩 $\boldsymbol{M}$ 等于刚体绕此定轴的角动量 $\boldsymbol{L}$ 随时间的变化率.

设有一转动惯量为 J 的刚体绕定轴转动,在合外力矩 $\boldsymbol{M}$ 的作用下,在时间 $\Delta t=t_2-t_1$ 内,其角速度由 ω_1 变为 ω_2,由式(4-16)积分得

$$\int_{t_1}^{t_2}\boldsymbol{M}\mathrm{d}t=\int_{L_1}^{L_2}\mathrm{d}\boldsymbol{L}=\boldsymbol{L}_2-\boldsymbol{L}_1=J\boldsymbol{\omega}_2-J\boldsymbol{\omega}_1, \tag{4-17a}$$

其中 $\int_{t_1}^{t_2}\boldsymbol{M}\mathrm{d}t$ 是合外力矩与作用时间的乘积,叫作力矩对定轴的**冲量矩**,又称为**角冲量**,用 $\boldsymbol{H}$ 表示.

在国际单位制中,角冲量的单位为牛[顿]米秒(N·m·s).虽然角冲量的单位与角动量的单位相同,但它们的物理意义却不相同.

如果在物体的转动过程中,其内部各质点相对于转轴的距离发生了变化,那么物体的转动惯量 J 也必然随时间变化.若在 Δt 时间内,转动惯量由 J_1 变为 J_2,则式(4-17a)变为

$$\boldsymbol{H}=\int_{t_1}^{t_2}\boldsymbol{M}\mathrm{d}t=J_2\boldsymbol{\omega}_2-J_1\boldsymbol{\omega}_1. \tag{4-17b}$$

式(4-17b)表明,当转轴给定时,作用在物体上的角冲量等于角动量的增量.这个结论叫作**角动量定理**.它与质点的动量定理在形式上很相似.

4.5　角动量守恒定律

由式(4-17a)可以看出,当合外力矩为零,即 $\boldsymbol{M}=\boldsymbol{0}$ 时,有

$$J\boldsymbol{\omega}=\text{常矢量}. \tag{4-18}$$

也就是说,如果物体所受的合外力矩等于零,或者不受外力矩的作用,那么物体的角动量保持不变,这个结论叫作**角动量守恒定律**.

必须指出,上面在得出角动量守恒定律的过程中受到刚体、定轴等条件的限制,但它的适用范围却远远超出这些限制.

角动量守恒有下面几种情况:

(1) 对于一个绕定轴转动的刚体,因为其转动惯量一定,所以角动量守恒表现为角速度保持不变.例如,电动机带动高速转动的砂轮,在切断电动机电源后,因为阻力矩很小,所以砂轮依然可以转动一段时间.如果在刚切断电源后的不长一段时间内考察,那么可以认为砂轮因不受阻力矩而保持角速度恒定.

(2) 对于绕定轴转动的物体的转动惯量可变的情况，角动量守恒表现为：转动惯量增大时，角速度相应减小；转动惯量减小时，角速度相应增大. 现实生活中，有许多现象都可以用角动量守恒来说明. 例如，在图 4－15 中，有一人坐在能绕竖直轴转动的凳子上(摩擦忽略不计)，开始时，此人平举两臂，两手各握一哑铃，并使人与凳子一道以一定的角速度旋转. 由于在水平面内没有外力矩作用，人与凳子的角动量之和应当保持不变. 因此，当此人放下两臂，使转动惯量减小时，人与凳子的转动角速度就要加快. 又如，跳水运动员常在空中先把手臂和腿蜷缩起来，以减小转动惯量而增大转动角速度，在快到水面时，把手臂和腿伸直，以增大转动惯量而减小转动角速度，并以一定的方向落入水中.

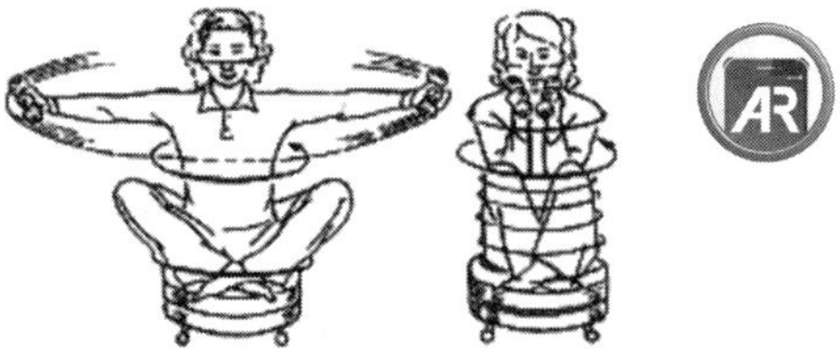

图 4－15　角动量守恒定律的演示

(3) 对于几个物体组成的系统来说，绕一共同的定轴转动时，角动量守恒表现为各个物体对定轴的转动惯量和角速度乘积之和保持不变. 例如，工程上经常采用的摩擦离合器就是利用这个原理构成的. 又如，在太空飞行的航天器经常需要调整飞行姿态，图 4－16 中的航天器内有一可控制其转速的飞轮. 如果把航天器和飞轮视为一个系统，并设想系统没有外力矩作用，系统的角动量为零. 若此时飞轮不旋转，航天器也不会旋转，并保持原有的飞行姿态. 然而，若欲使航天器改变飞行方向，则可使飞轮按图 4－16(a) 所示的方向旋转起来. 因此，由角动量守恒定律可知，这时航天器的转动方向与飞轮的旋转方向相反. 当航天器的姿态调整到需要的位置后，再使飞轮停止旋转，航天器就稳定在图 4－16(b) 所示的方向了.

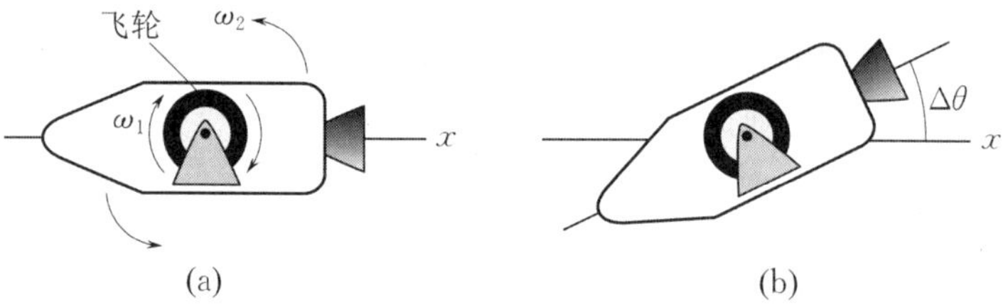

图 4－16　航天器调姿

最后还应再次指出，角动量守恒定律、动量守恒定律和机械能守恒定律，虽然都是在不同的理想化条件(如质点、刚体 ……) 下，用经典的牛顿力学原理“推证”出来的，但它们的适用范围远远超出了原有条件的限制. 它们不仅适用于牛顿力学所研究的宏观、低速(远小于光速) 领域，而且通过相应的扩展和修正后也适用于牛顿力学失效的微观、高速(接近光速) 领域，即量子力学和相对论领域. 这就充分说明，上述三条守恒定律有其时空特征，是近代物理理论的基础，是更为普适的物理定律.

例 4－4

如图 4－17 所示，有两个转动惯量分别为 J_1 和 J_2 的圆盘 A 和 B. A 是机器的飞轮，B 是用以改变飞轮转速的离合器的圆盘. 开始时，它们分别以角速度 ω_1 和 ω_2 绕水平轴转动. 然后，两圆盘在沿水平方向的外力作用下，啮合为一体，其角速度为 ω，求啮合后的两圆盘的角速度.

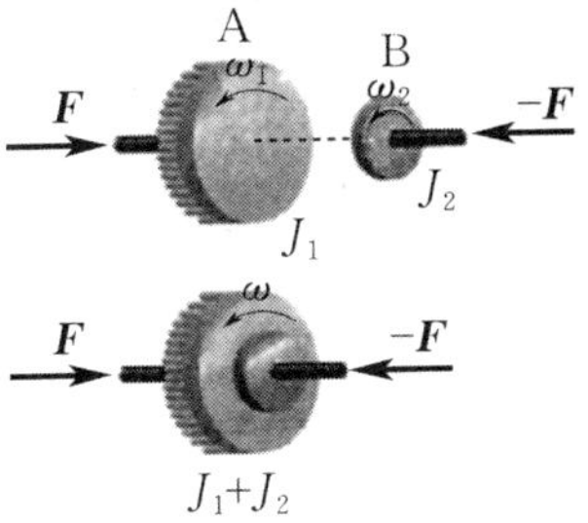

图 4-17

解　取两圆盘为一个系统，它们啮合后的转动惯量为 $J = J_1 + J_2$，其角速度为 ω. 在它们啮合过程中，相互作用的摩擦力矩为系统的内力矩. 内力矩对系统的角动量没有影响. 而作用在两圆盘上的外力是沿轴向的，所以外力矩为零. 基于上述原因，系统中两圆盘在啮合过程的角动量是守恒的. 于是有

$$J_1\omega_1 + J_2\omega_2 = (J_1 + J_2)\omega.$$

因此，啮合后两圆盘的角速度为

$$\omega = \frac{J_1\omega_1 + J_2\omega_2}{J_1 + J_2}.$$

例 4-5

如图 4-18 所示，有一根质量很小的长度为 l 的均匀细杆，可绕通过其中心点 O 并与纸面垂直的轴在竖直平面内转动. 当细杆静止于水平位置时，有一只小虫以速率 v_0 垂直落在距 O 点距离为 $\frac{l}{4}$ 处，并背离 O 点向细杆的端点 A 爬行. 设小虫的质量与细杆的质量均为 m，要使细杆以恒定的角速度转动，小虫应以多大的速率向细杆端点爬行？

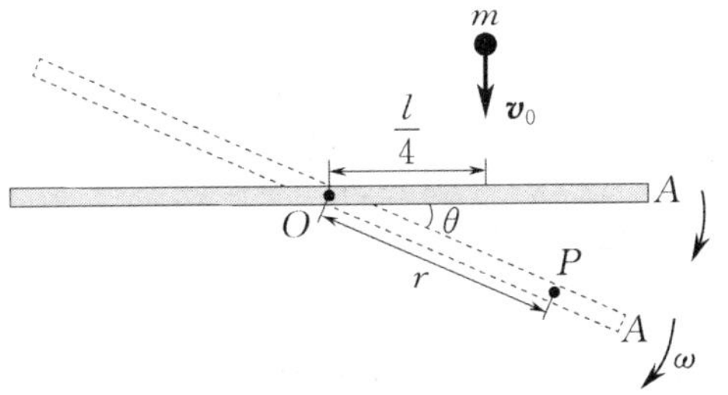

图 4-18

解　设想小虫落到细杆上的碰撞可视为完全弹性碰撞，且由于碰撞时间极短，重力的角冲量可略去不计. 于是，细杆带着小虫一起以角速度 ω 转动. 在碰撞前后，小虫和细杆系统的角动量守恒，故有

$$mv_0\frac{l}{4} = \left[\frac{1}{12}ml^2 + m\left(\frac{l}{4}\right)^2\right]\omega.$$

由上式可得细杆的角速度为

$$\omega = \frac{12}{7}\frac{v_0}{l}. \tag{1}$$

因细杆对转轴的重力矩始终为零，当小虫爬到距 O 点为 r 的 P 点时，作用在细杆和小虫系统的外力矩仅为小虫所受的重力矩，即

$$M = mgr\cos\theta. \tag{2}$$

由于要求角速度恒定，因此由角动量定理可得

$$M = \omega\frac{\mathrm{d}J}{\mathrm{d}t}, \tag{3}$$

所以

$$mgr\cos\theta = 2mr\omega\frac{\mathrm{d}r}{\mathrm{d}t}.$$

考虑到 $\theta = \omega t$，由上式及式(1) 可得

$$v = \frac{\mathrm{d}r}{\mathrm{d}t} = \frac{7lg}{24v_0}\cos\left(\frac{12v_0}{7l}t\right).$$

从上式可以看出，小虫的爬行速率是时间的周期函数，小虫只有不断按上式的规律调控其速率，才能既到达端点 A，又能保持细杆以恒定的角速度转动. 当然，对小虫来说这是难以做到的，但对用现代微电子技术制造的微型机器人来说是不难实现的.

例 4-6

一质量为 M、半径为 R 的转台，可绕通过其中心的竖直轴转动，阻力可忽略不计. 一质量为 m 的人站在转台的边缘，人和转台原来都是静止的. 如果人沿转台的边缘绕行了一周，问：相对于地面来说，转台转过了多少角度？

解 以人和转台为一个系统. 对固定轴来说，系统没有受到外力矩的作用，因此角动量守恒. 已知开始时系统的角动量为零. 设在以后任一时刻 t，相对于地面，转台的角速度为 ω，人的角速度为 ω'. 转台和人对转轴的转动惯量分别为 $J=\frac{1}{2}MR^2$ 和 $J'=mR^2$. 由角动量守恒定律可得

$$J\omega+J'\omega'=0,$$

或者

$$\frac{1}{2}MR^2\omega+mR^2\omega'=0.$$

解得

$$\omega'=-\frac{M}{2m}\omega.$$

人相对于转台的角速度为

$$\omega''=\omega'-\omega=-\frac{M+2m}{2m}\omega.$$

设人在转台上转过一周的时间为 t，则有

$$\int_0^t\omega''\mathrm{d}t=-\frac{M+2m}{2m}\int_0^t\omega\mathrm{d}t=2\pi,$$

而 $\int_0^t\omega\mathrm{d}t$ 就是在时间 t 内转台转过的角度 φ，即

$$\varphi=\int_0^t\omega\mathrm{d}t=\frac{2\pi}{-\frac{M+2m}{2m}}=-\frac{4\pi m}{M+2m},$$

其中负号表示转台转动的方向与人沿转台的绕行方向相反.

4.6 定轴转动的动能定理

4.6.1 力矩对空间的累积效应 —— 力矩的功

当质点在外力作用下发生位移时，我们说力对质点做了功；当刚体在外力矩作用下绕定轴转动而发生角位移时，我们就说力矩对刚体做了功. 这就是力矩对空间的累积效应.

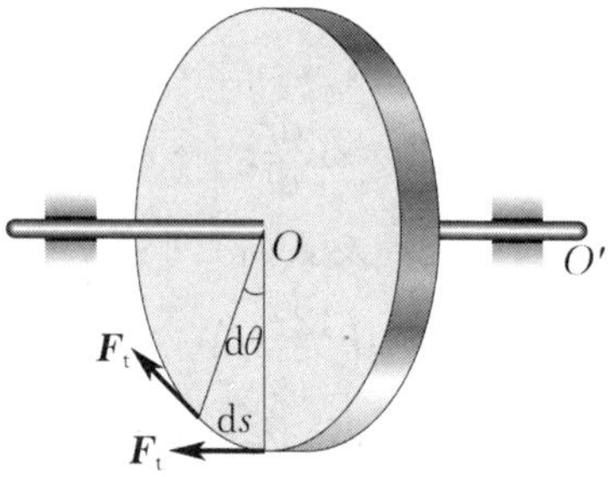

图 4-19　力矩做功

如图 4-19 所示，设刚体在切向力 $\boldsymbol{F}_t$ 的作用下，绕转轴 OO' 转过的角位移为 $\mathrm{d}\theta$，这时力 $\boldsymbol{F}_t$ 的作用点的位移大小为 $\mathrm{d}s=r\mathrm{d}\theta$. 根据功的定义，力 $\boldsymbol{F}_t$ 在这段位移内所做的功为

$$\mathrm{d}W=F_t\mathrm{d}s=F_tr\mathrm{d}\theta.$$

由于力 F_t 对转轴的力矩为 $M=F_tr$，因此

$$\mathrm{d}W=M\mathrm{d}\theta.$$

上式表明，力矩所做的元功等于力矩与角位移的乘积.

若力矩的大小和方向都不变，则当刚体在此力矩作用下转过角 θ 时，力矩所做的功为

$$W=\int_0^\theta\mathrm{d}W=M\int_0^\theta\mathrm{d}\theta=M\theta, \tag{4-19}$$

即恒力矩对绕定轴转动的刚体所做的功，等于力矩的大小与转过的角度 θ 的乘积. 如果作用在绕定轴转动的刚体上的力矩是变化的，那么变力矩所做的功为

$$W=\int M\mathrm{d}\theta. \tag{4-20}$$

应当指出，式(4-19)和式(4-20)中的 M 是作用在刚体上的所有外力的合力矩，故式(4-19)和式(4-20)应理解为合外力矩对刚体所做的功.

我们知道，力对质点做功的快慢是用单位时间内力对质点做功的多少来表示的. 同样，我们

用单位时间内力矩对刚体所做的功来表示力矩做功的快慢，并把它叫作力矩的功率，用 P 表示.

设刚体在恒力矩作用下绕定轴转动，在时间 $\mathrm{d}t$ 内转过 $\mathrm{d}\theta$ 角，则力矩的功率为

$$P = \frac{\mathrm{d}W}{\mathrm{d}t} = M\frac{\mathrm{d}\theta}{\mathrm{d}t} = M\omega, \tag{4-21}$$

即力矩的功率等于力矩与角速度的乘积. 当功率一定时，转速越低，力矩越大；反之，转速越高，力矩越小.

4.6.2　转动动能

刚体可看成由许多质元组成. 刚体的转动动能等于各质元动能的总和. 设刚体上各质元的质量与线速率分别为 $\Delta m_1, \Delta m_2, \cdots, \Delta m_i$ 和 $v_1, v_2, \cdots, v_i$，各质元到转轴的垂直距离分别为 $r_1, r_2, \cdots, r_i$. 当刚体以角速度 ω 绕定轴转动时，第 i 个质元的动能为

$$\frac{1}{2}\Delta m_i v_i^2 = \frac{1}{2}\Delta m_i r_i^2 \omega^2.$$

整个刚体的转动动能为

$$E_\mathrm{k} = \sum_i \frac{1}{2}\Delta m_i r_i^2 \omega^2 = \frac{1}{2}\Big(\sum_i \Delta m_i r_i^2\Big)\omega^2,$$

故

$$E_\mathrm{k} = \frac{1}{2}J\omega^2, \tag{4-22}$$

即刚体绕定轴转动的转动动能等于刚体的转动惯量与角速度二次方的乘积的一半. 这与质点的动能 $E_\mathrm{k} = \frac{1}{2}mv^2$ 在形式上完全相同.

4.6.3　刚体绕定轴转动的动能定理

设在合外力矩 M 的作用下，刚体绕定轴转过的角位移为 $\mathrm{d}\theta$，则合外力矩对刚体所做的元功为

$$\mathrm{d}W = M\mathrm{d}\theta.$$

根据转动定律 $M = J\alpha = J\frac{\mathrm{d}\omega}{\mathrm{d}t}$，上式也可以写成

$$\mathrm{d}W = M\mathrm{d}\theta = J\frac{\mathrm{d}\omega}{\mathrm{d}t}\mathrm{d}\theta = J\frac{\mathrm{d}\theta}{\mathrm{d}t}\mathrm{d}\omega = J\omega\mathrm{d}\omega.$$

如果式中的 J 为常量，那么在 Δt 时间内，由合外力矩对刚体做功，使得刚体的角速度从 ω_1 变到 ω_2，合外力矩对刚体所做的功为

$$W = \int \mathrm{d}W = J\int_{\omega_1}^{\omega_2} \omega\mathrm{d}\omega,$$

即

$$W = \frac{1}{2}J\omega_2^2 - \frac{1}{2}J\omega_1^2. \tag{4-23}$$

式(4-23)表明，合外力矩对绕定轴转动的刚体所做的功等于刚体转动动能的增量. 这就是**刚体绕定轴转动的动能定理**. 与一般质点系的动能定理相比较，刚体绕定轴转动的转动动能的增量只和外力矩所做的功(外力的功) 有关，而与内力矩所做的功无关. 这是因为刚体是一个特殊的质点系，各质点所受内力矩做的功的和恒等于零.

为了更好地理解刚体绕定轴转动的规律性，我们把质点运动与刚体绕定轴转动的一些重要

物理量和重要公式列于表 4 - 2.

表 4 - 2　质点运动与刚体绕定轴转动对照表

质点运动	刚体绕定轴转动
速度　$v=\frac{\mathrm{d}\boldsymbol{r}}{\mathrm{d}t}$	角速度　$\omega=\frac{\mathrm{d}\theta}{\mathrm{d}t}$
加速度　$\boldsymbol{a}=\frac{\mathrm{d}\boldsymbol{v}}{\mathrm{d}t}$	角加速度　$\alpha=\frac{\mathrm{d}\omega}{\mathrm{d}t}$
力　$\boldsymbol{F}$	力矩　$\boldsymbol{M}=\boldsymbol{r}\times\boldsymbol{F}$
质量　m	转动惯量　$J=\int r^2\,\mathrm{d}m$
动量　$\boldsymbol{p}=m\boldsymbol{v}$	角动量　$\boldsymbol{L}=J\boldsymbol{\omega}$

例 4 - 7

如图 4 - 20 所示，一长为 l、质量为 m' 的杆可绕支点 O 自由转动. 一质量为 m、速度为 $\boldsymbol{v}$ 的子弹射入与支点距离为 a 的杆内，使杆的偏转角为 30°，问子弹的初速度为多大？

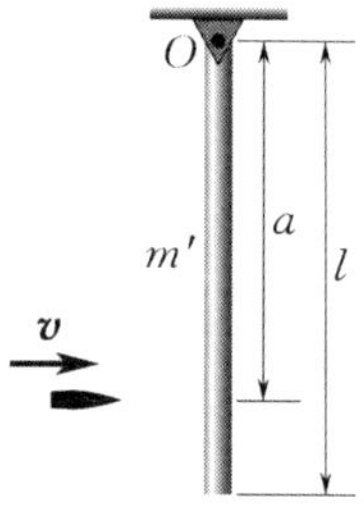

图 4 - 20

解　把子弹和杆看作一个系统，系统所受的外力有重力和支点 O 对细杆的约束力. 在子弹射入杆的极短时间里，重力和约束力均通过支点 O，因此，它们对支点 O 的力矩均为零，系统的角动量守恒. 于是有

$$mva=\left(\frac{1}{3}m'l^2+ma^2\right)\omega. \tag{1}$$

子弹射入杆后，杆在摆动过程中只有重力做功. 若以子弹、杆和地球为一个系统，则此系统的机械能守恒. 于是有

$$\frac{1}{2}\left(\frac{1}{3}m'l^2+ma^2\right)\omega^2 =mga(1-\cos 30^\circ)+m'g\frac{l}{2}(1-\cos 30^\circ). \tag{2}$$

解式(1) 和式(2)，得

$$v=\frac{1}{ma}\sqrt{\frac{g}{6}(2-\sqrt{3})(m'l+2ma)(m'l^2+3ma^2)}.$$

例 4 - 8

如图 4 - 21 所示，有一根长为 l、质量为 m 的均匀细棒，细棒的一端可绕通过 O 点并垂直于纸面的轴转动，细棒的另一端有一质量为 m 的小球. 开始时，细棒静止地处于水平位置 A. 当细棒转过角 θ 到达位置 B 时，细棒的角速度为多少？

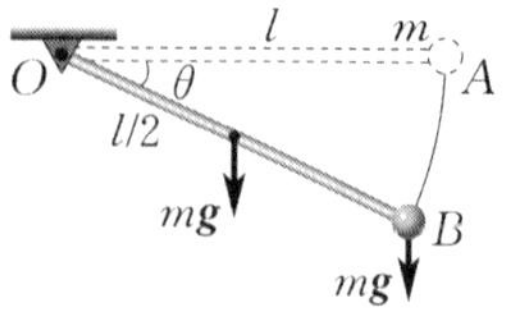

图 4 - 21

解　由题意可知，细棒和小球在转动过程中的形状是不改变的，即它们的转动惯量是一常量. 对通过 O 点的轴来说，它们的转动惯量应为细棒的转动惯量 J_1 与小球的转动惯量 J_2 之和，即

$$J=J_1+J_2=\frac{1}{3}ml^2+ml^2=\frac{4}{3}ml^2. \tag{1}$$

取连有小球的细棒和地球为一个系统，并取细棒在水平位置时的重力势能为零，略去转轴阻力矩做的功，即细棒在转动过程中机械能守恒，所以细棒和小球的转动动能和重力势能

之和为一常量. 于是有

$$E_{pB}+E_{kB}=E_{pA}+E_{kA}=0,\qquad(2)$$

其中 E_{pB} 和 E_{kB} 分别为

$$E_{pB}=-\left(mg\frac{l}{2}\sin\theta+mgl\sin\theta\right)$$

$$=-\frac{3}{2}mgl\sin\theta,$$

$$E_{kB}=\frac{1}{2}J\omega^2.$$

把以上两式代入式(2)，可得细棒转到位置 B 时的角速度为

$$\omega=\frac{3}{2}\sqrt{\frac{g\sin\theta}{l}}.$$

阅读材料

习题 4

4-1　有两个力作用在一个有固定转轴的刚体上,对此有以下几种说法:(1) 当这两个力都平行于转轴作用时,它们对转轴的合力矩一定是零;(2) 当这两个力都垂直于转轴作用时,它们对转轴的合力矩可能是零;(3) 当这两个力的合力为零时,它们对转轴的合力矩也一定是零;(4) 当这两个力对转轴的合力矩为零时,它们的合力也一定是零. 下列对上述说法判断正确的是(　　).

A. 只有(1) 是正确的

B. (1)(2) 是正确的

C. (1)(2)(3) 是正确的

D. (1)(2)(3)(4) 都是正确的

4-2　关于力矩有以下几种说法:(1) 对某个绕定轴转动的刚体而言,内力矩不会改变刚体的角加速度;(2) 一对作用力和反作用力对同一转轴的力矩之和必为零;(3) 质量相等、形状和大小不同的两个刚体,在相同力矩的作用下,它们的运动状态一定相同. 下列对上述说法判断正确的是(　　).

A. 只有(2) 是正确的

B. (1)(2) 是正确的

C. (2)(3) 是正确的

D. (1)(2)(3) 都是正确的

4-3　一均匀细棒 OA 可绕通过其一端 O 且与细棒垂直的水平固定光滑轴转动,如图 4-22 所示,今使细棒从水平位置由静止开始自由下落,在细棒摆到竖直位置的过程中,下述说法正确的是(　　).

A. 角速度从小到大,角加速度不变

B. 角速度从小到大,角加速度从小到大

C. 角速度从小到大,角加速度从大到小

D. 角速度不变,角加速度为零

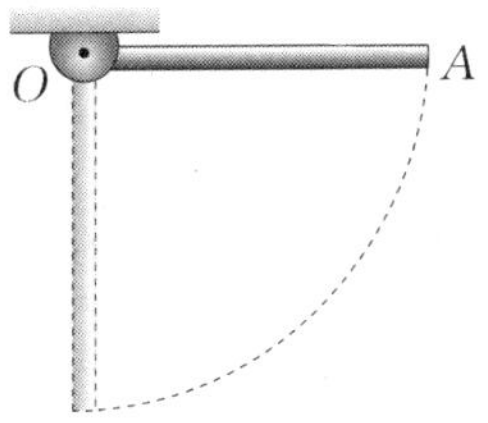

图 4-22

4-4　如图 4-23 所示,一圆盘绕通过盘心且垂直于盘面的水平轴转动,轴间摩擦不计. 射来两个质量相同、速度大小相同、速度方向相反并在一条直线上的子弹,它们同时射入圆盘并且留在圆盘内. 在子弹射入后的瞬间,对于圆盘和子弹系统的角动量 L,以及圆盘的角速度 ω,有(　　).

A. L 不变,ω 增大

B. 两者均不变

C. L 不变,ω 减小

D. 两者均不确定

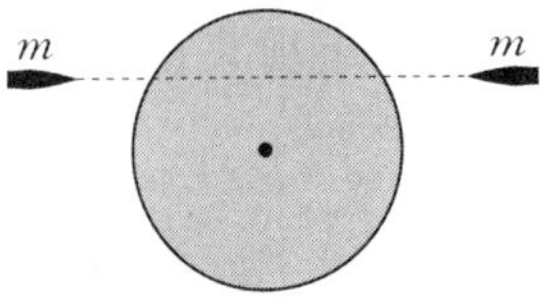

图 4-23

4-5　假设卫星环绕地球中心做椭圆运动,则在运动过程中,卫星对地球中心的(　　).

A. 角动量守恒,动能守恒

B. 角动量守恒,机械能守恒

C. 角动量不守恒,机械能守恒

D. 角动量不守恒，动量不守恒

E. 角动量守恒，动量守恒

4－6 几个力同时作用在一个具有光滑固定转轴的刚体上，如果这几个力的矢量和为零，那么此刚体(　　).

A. 必然不会转动

B. 转速必然不变

C. 转速必然改变

D. 转速可能不变，也可能改变

4－7 一圆盘绕通过其中心 O 且与盘面垂直的光滑固定轴以角速度 ω 转动，如图 4－24 所示. 若将两个大小相等、方向相反，但不在同一条直线上的力沿盘面同时作用到圆盘上，则圆盘的角速度 ω(　　).

A. 必然增大　　B. 必然减小

C. 不会改变　　D. 无法判断

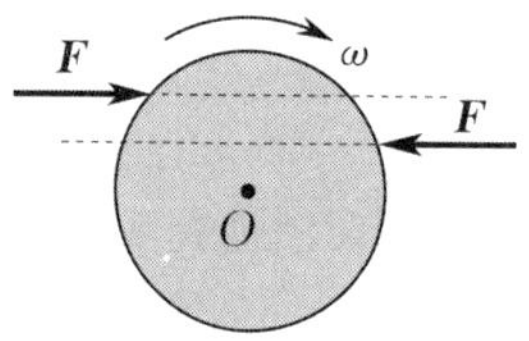

图 4－24

4－8 关于刚体对转轴的转动惯量，下列说法中正确的是(　　).

A. 只取决于刚体的质量，与质量的空间分布和转轴的位置无关

B. 取决于刚体的质量和质量的空间分布，与转轴的位置无关

C. 取决于刚体的质量、质量的空间分布和转轴的位置

D. 只取决于转轴的位置，与刚体的质量和质量的空间分布无关

4－9 一轻绳绕在有水平轴的定滑轮上，滑轮的转动惯量为 J，轻绳下端挂一物体. 物体所受重力为 $\boldsymbol{P}$，滑轮的角加速度为 α. 若将物体去掉，以与 $\boldsymbol{P}$ 相等的力直接向下拉绳子，则滑轮的角加速度 α 将(　　).

A. 不变　　B. 变小

C. 变大　　D. 无法判断

4－10 花样滑冰运动员绕通过自身的竖直轴转动，开始时两臂伸开，转动惯量为 J_0，角速度为 ω_0. 然后她将两臂收回，使转动惯量减小为 $\frac{1}{3}J_0$. 这时她转动的角速度变为(　　).

A. $\frac{1}{3}\omega_0$　　B. $\frac{1}{\sqrt{3}}\omega_0$

C. $\sqrt{3}\omega_0$　　D. $3\omega_0$

4－11 光滑的水平桌面上，有一长为 $2L$、质量为 m 的均匀细杆，可绕通过其中点 O 且垂直于杆的竖直光滑固定轴自由转动，其转动惯量为 $\frac{1}{3}mL^2$，起初杆静止. 桌面上有两个质量均为 m 的小球，各自在垂直于杆的方向上，正对着杆的一端，以相同速率 v 相向运动，如图 4－25 所示. 当两小球同时与杆的两个端点发生完全非弹性碰撞后，就与杆粘在一起转动，则这个系统碰撞后的转动角速度应为(　　).

A. $\frac{2v}{3L}$　　B. $\frac{4v}{5L}$

C. $\frac{6v}{7L}$　　D. $\frac{8v}{9L}$

E. $\frac{12v}{7L}$

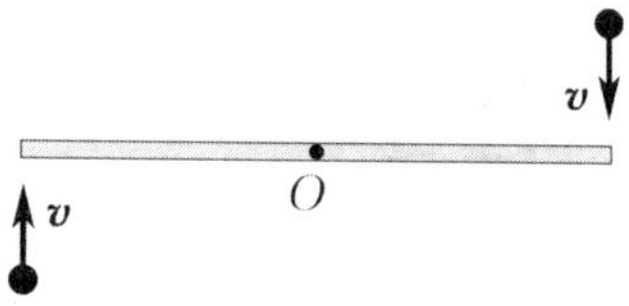

图 4－25

4－12 一水平圆盘可绕通过其中心的固定竖直轴转动，圆盘上站着一个人. 把人和圆盘作为一个系统，当此人在圆盘上随意走动时，忽略轴的摩擦，此系统(　　).

A. 动量守恒

B. 机械能守恒

C. 对转轴的角动量守恒

D. 动量、机械能和角动量都守恒

E. 动量、机械能和角动量都不守恒

4－13 质量为 m 的小孩站在半径为 R 的水平平台边缘. 平台可以绕通过其中心的竖直光滑固定轴自由转动，转动惯量为 J. 开始时平台和小孩均静止. 若小孩突然以相对于地面为 v 的速率在平台边缘沿逆时针方向走动，则此平台相对于地面旋转的角速度及旋转方向是(　　).

A. $\omega=\frac{mR^2}{J}\left(\frac{v}{R}\right)$，顺时针

B. $\omega=\frac{mR^2}{J}\left(\frac{v}{R}\right)$，逆时针

C. $\omega=\frac{mR^2}{J+mR^2}\left(\frac{v}{R}\right)$，顺时针

D. $\omega=\frac{mR^2}{J+mR^2}\left(\frac{v}{R}\right)$，逆时针

4－14 刚体角动量守恒的充要条件是(　　).

A. 刚体不受外力矩的作用

B. 刚体所受合外力矩为零

C. 刚体所受的合外力和合外力矩均为零

D. 刚体的转动惯量和角速度均保持不变

4 - 15　一汽车发动机曲轴的转速在 12 s 内由 $1.2\times10^3\ \mathrm{r\cdot min^{-1}}$ 均匀地增加到 $2.7\times10^3\ \mathrm{r\cdot min^{-1}}$. (1) 求曲轴转动的角加速度；(2) 在此时间内，曲轴转了多少圈？

4 - 16　一燃气涡轮机在试车时，燃气作用在涡轮上的力矩为 $2.03\times10^3\ \mathrm{N\cdot m}$，涡轮的转动惯量为 $25.00\ \mathrm{kg\cdot m^2}$. 试问当涡轮的转速由 $2.80\times10^3\ \mathrm{r\cdot min^{-1}}$ 增大到 $1.12\times10^4\ \mathrm{r\cdot min^{-1}}$，所经历的时间为多少？

4 - 17　水分子的形状如图 4 - 26 所示. 从光谱分析得知，水分子对 AA' 轴的转动惯量为 $J_{AA'}=1.93\times10^{-47}\ \mathrm{kg\cdot m^2}$，对 BB' 轴的转动惯量为 $J_{BB'}=1.14\times10^{-47}\ \mathrm{kg\cdot m^2}$. 试由此数据和各原子的质量求出氢原子和氧原子间的距离 d 和夹角 θ. 假设各原子都可按质点处理.

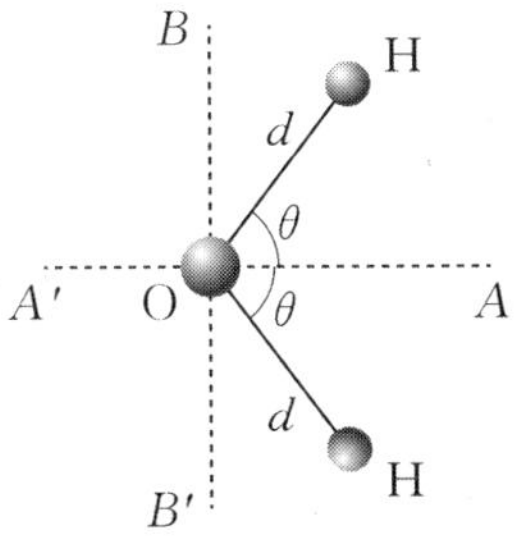

图 4 - 26

4 - 18　一飞轮由一直径为 30.0 cm、厚度为 2.0 cm 的圆盘和两个直径都为 10.0 cm、长为 8.0 cm 的共轴圆柱体组成. 设飞轮的密度为 $7.8\times10^3\ \mathrm{kg\cdot m^{-3}}$，求飞轮的转动惯量.

4 - 19　用落体观察法测定飞轮的转动惯量：将半径为 R 的飞轮放在 O 点上，如图 4 - 27 所示，然后在绕过飞轮的绳子的一端挂一质量为 m 的重物，重物以初速度为零开始下落，带动飞轮转动. 记下重物下落的距离 h 和时间 t，就可算出飞轮的转动惯量. 试写出它的计算式(设轴承间无摩擦).

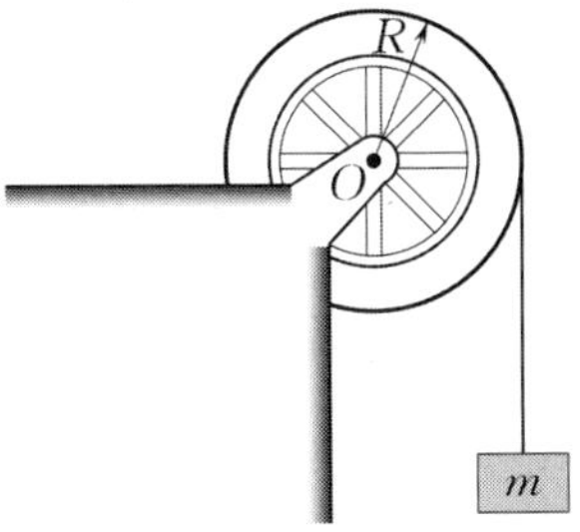

图 4 - 27

4 - 20　两物体 A，B 的质量分别为 m_1 和 m_2，它们分别悬挂在图 4 - 28 所示的组合轮两端. 设两轮的半径分别为 R 和 r，两轮的转动惯量分别为 J_1 和 J_2，轮与轴承之间、绳索与轮之间的摩擦力均略去不计，绳索的质量也略去不计，试求 A，B 两物体的加速度和绳索的张力.

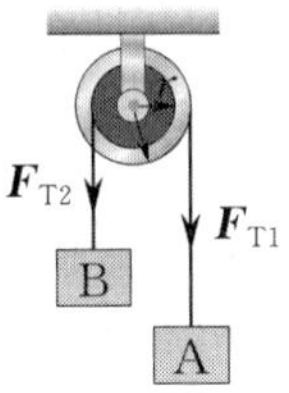

图 4 - 28

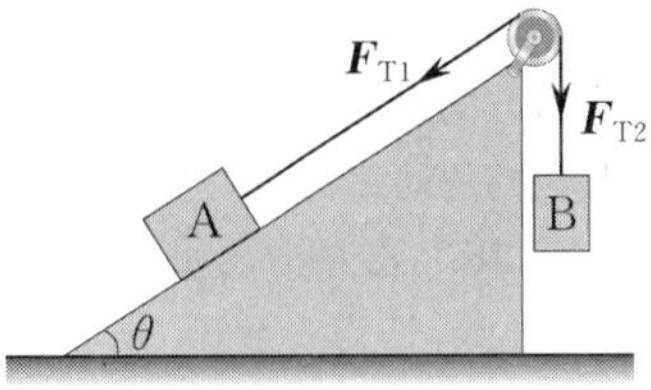

图 4 - 29

4 - 21　如图 4 - 29 所示，定滑轮的半径为 r，绕转轴的转动惯量为 J，滑轮两边分别悬挂质量为 m_1 和 m_2 的物体 A，B. A 置于倾角为 θ 的斜面上，它和斜面间的滑动摩擦系数为 μ. 若 B 向下做加速运动，求：(1) 其下落的加速度大小；(2) 滑轮两边绳索的张力(设绳索的质量及伸长均不计，绳索与滑轮之间无滑动，滑动轴光滑).

4 - 22　如图 4 - 30 所示，飞轮的质量为 60 kg，直径为 0.5 m，转速为 $1.0\times10^3\ \mathrm{r\cdot min^{-1}}$. 现用闸瓦制动，使其在 5.0 s 内停止转动，求制动力 $\boldsymbol{F}$ 的大小. 设闸瓦与飞轮之间的滑动摩擦系数为 $\mu=0.4$，飞轮的质量全部分布在轮缘上.

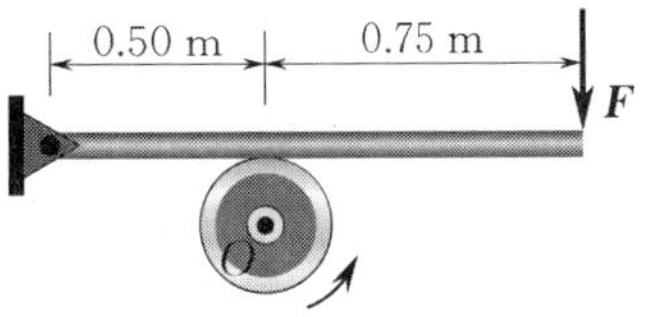

图 4 - 30

4 - 23　如图 4 - 31 所示，一通风机的转动部分以初角速度 ω_0 绕其轴转动，空气的阻力矩与角速度成正比，比例系数 c 为一常量. 若转动部分对其轴的转动惯量为 J，问：(1) 经过多少时间后其转动角速度减小为初角速度的一半？(2) 在此时间内共转了多少圈？

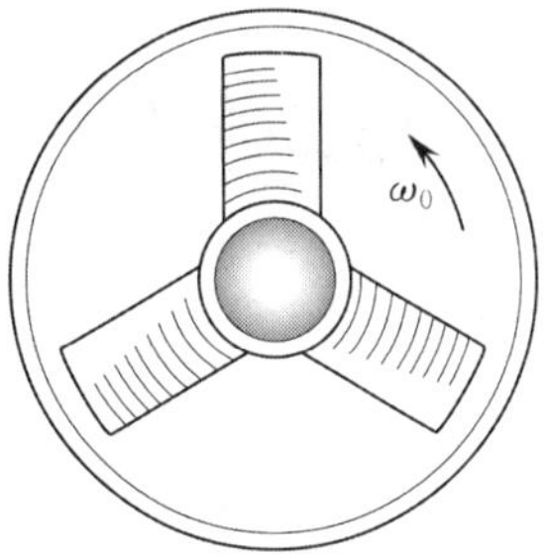

图 4 - 31

4 - 24　一电风扇在接通电源 5 s 后达到额定转速 $n_0=300\ \mathrm{r\cdot min^{-1}}$，在关闭电源 16 s 后停止转动. 已知电风扇的转动惯量为 $0.5\ \mathrm{kg\cdot m^2}$，设起动时的电磁力

矩 M 和各种阻力矩 M_f 均为常量，求起动时的电磁力矩 M.

4-25 一质量为 m'、半径为 R 的均匀圆盘绕通过其中心且与盘面垂直的水平轴以角速度 ω 转动. 若在某时刻，一质量为 m 的小碎块从圆盘边缘裂开且恰好沿垂直方向上抛，问：它可能达到的高度是多少？破裂后圆盘的角动量为多大？

4-26 在光滑的水平面上有一木杆，其质量为 $m_1 = 1$ kg，长为 $l = 40$ cm，可绕通过其中点并与之垂直的轴转动. 一质量为 $m_2 = 10$ g 的子弹，以 $v = 2\times10^2$ m·s^{-1} 的速度射入杆的一端，其方向与杆及轴正交. 若子弹陷入杆中，试求所得到的角速度.

4-27 一质量为 20 kg 的小孩，静止地站在一半径为 3 m、转动惯量为 450 kg·m^2 的水平转台边缘. 此转台可绕通过转台中心的竖直轴转动，转台与轴之间的摩擦不计. 如果此小孩相对于转台以 1 m·s^{-1} 的速率沿转台边缘行走，问转台的角速度为多大？

4-28 一转台绕通过其中心的竖直轴以角速度 $\omega_0 = \pi$ rad·s^{-1} 转动，转台对转轴的转动惯量为 $J_0 = 4\times10^{-3}$ kg·m^2. 今有砂粒以 $Q = 2t$（Q 的单位为 g·s^{-1}，t 的单位为 s）的流量竖直落至转台，并黏附于台面形成一圆环. 若圆环的半径为 $r = 0.1$ m，求砂粒下落 $t = 10$ s 时，转台的角速度.

4-29 为使运行中的飞船停止绕其中心轴的旋转，可在飞船的侧面对称地安装两个切向控制喷管，如图 4-32 所示，通过喷管高速喷射气体来制止旋转. 若飞船绕其中心轴的转动惯量为 $J = 2\times10^3$ kg·m^2，旋转的角速度为 $\omega = 0.2$ rad·s^{-1}，喷口与轴线之间的距离为 $r = 1.5$ m，气体以恒定的流量 $Q = 1$ kg·s^{-1} 和速率 $u = 50$ m·s^{-1} 从喷口喷出，问：为使该飞船停止旋转，应喷射气体多长时间？

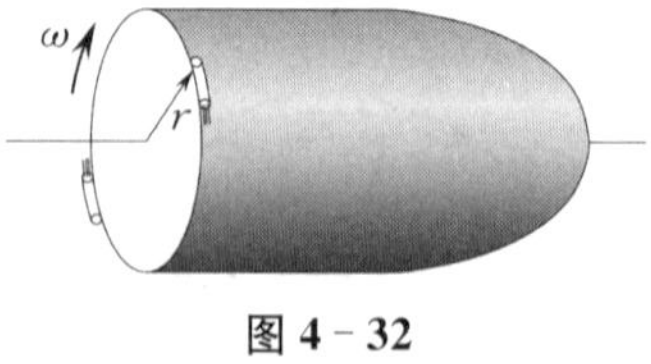

图 4-32

4-30 如图 4-33 所示，一长为 L、质量为 m 的均匀杆，可绕通过 O 点并垂直于纸面的轴转动. 令杆由水平位置静止摆下，在铅垂位置与质量为 $\frac{m}{2}$ 的物体发生完全非弹性碰撞，碰撞后物体沿滑动摩擦系数为 μ 的水平面滑动. 试求此物体滑过的距离.

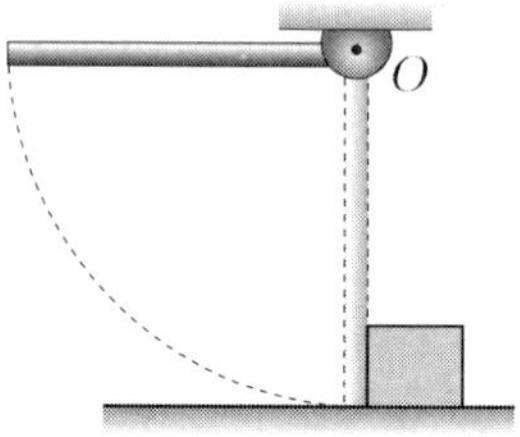

图 4-33

4-31 一位溜冰者伸开双臂以 1 r·s^{-1} 的转速绕身体中心轴转动，此时的转动惯量为 1.33 kg·m^2. 她收起双臂增加转速，此时的转动惯量变为 0.48 kg·m^2. 求：(1) 她收起双臂后的转速；(2) 她收起双臂前、后，绕身体中心轴的转动动能.

4-32 一质量为 m'、半径为 R 的转台，以角速度 ω_a 转动，转轴的摩擦略去不计. (1) 有一质量为 m 的蜘蛛垂直地落在转台边缘，此时，转台的角速度 ω_b 为多少？(2) 若蜘蛛随后慢慢地爬向转台中心，当它离转台中心的距离为 r 时，转台的角速度 ω_c 为多少？设蜘蛛下落前距离转台很近.

4-33 一质量为 1.12 kg、长为 1 m 的均匀细棒，支点在棒的上端点，开始时棒自由悬挂. 用 100 N 的力打击它的下端点，打击时间为 0.02 s. (1) 若打击前棒是静止的，求打击时其角动量的变化；(2) 求棒的最大偏转角.

4-34 我国于 1970 年 4 月 24 日发射的第一颗人造卫星，其近地点为 4.39×10^5 m，远地点为 2.38×10^6 m. 试计算该卫星在近地点和远地点的速率（设地球半径为 6.38×10^6 m）.

第5章

机 械 振 动

微课视频

振动是物体的一种很普遍的运动形式. 事实上，一切物体都具有振动的能力，而且许多物体正是以振动的形式存在于自然界的. 物体在一定位置附近所做的往复运动叫作机械振动，简称振动. 例如，心脏的跳动、钟摆的摆动、活塞的往复运动、固体中原子的振动等都是机械振动. 广义地说，振动是描述物体运动状态的参量，用以描述在其基准值附近做周期性变化的过程. 例如，交流电路中的电流在某一电流值附近做周期性的变化；光波、无线电波传播时，空间某点的电场强度和磁场强度随时间做周期性的变化等. 这些振动虽然在本质上和机械振动不同，但对它们的描述有着许多共同之处，所以机械振动的基本规律也是研究其他振动，以及波动、波动光学、无线电技术等的基础，在生产技术中有着广泛的应用.

振动是力学系统的一种富有特色的运动形式. 本章集中研究力学的机械振动，从而总结出有关振动的一些基本特点和基本规律.

5.1 简谐振动的描述

5.1.1 机械振动

物理系统中有几种常见的机械振动装置. 例如单摆，一质点悬挂在刚性轻线下端(线不会伸缩且质量可以忽略)，可在悬挂平面内左右往复摆动. 又如扭摆，关于中心轴对称的扁平圆盘悬挂在刚性轻线下端，悬线通过圆盘中心，圆盘在自身圆周平面内往复扭动. 还有常见的弹簧振子(质点与固定的一轻弹簧相连，弹簧的质量可以忽略)，可在光滑的水平面上沿弹簧伸缩方向往复运动.

这些物理系统的运动有两个明显的特点：一是周期性，物体的运动是在一定的空间范围内不断地重复着，每隔一个相等的时间间隔，物体就重复一次相同的运动过程；二是有一个平衡位置，物体的运动总是在一个特定位置附近来回往复地进行. 这个特定的位置就是平衡位置，振动物体处在平衡位置时，物体发生振动的合外力为零.

物体在平衡位置附近的往复运动称为**机械振动**.

要使一个系统做振动，必须具备两个条件：一是物体在偏离平衡位置时，必须受到一个使它回到平衡位置的作用力 —— 回复力，力的方向总是指向平衡位置，而在平衡位置时，此力为零；二是物体回到平衡位置时，虽然回复力为零，但是有一定的速度，物体依靠自身的惯性能越过平衡位置继续运动.

5.1.2 简谐振动

机械振动的形式是多种多样的，情况大多比较复杂. 简谐振动是最简单、最基本的振动. 研究表明,任何复杂的振动原则上都可以由若干个或无限多个不同的简谐振动合成而得到. 下面以弹簧振子为例,研究简谐振动的运动规律.

如图 5-1 所示,把轻弹簧(质量可以忽略不计)的左端固定,右端连一质量为 m 的物体,放置在光滑的水平面上. 当物体在位置 O 时,弹簧具有自然长度(见图 5-1(a)),此时物体在水平方向所受的合外力为零,位置 O 叫作平衡位置. 取平衡位置为坐标原点,水平向右为 x 轴正方向. 现将物体向右移到 B 点(见图 5-1(b)),此时,由于弹簧被拉长而使物体受到一个指向平衡位置的弹性力,撤去外力后,物体将会在弹性力的作用下向左运动. 抵达平衡位置时,物体所受的弹性力减小到零,但物体的惯性会使它继续向左运动,致使弹簧被压缩. 因弹簧被压缩而出现的弹性力将阻碍物体的运动,使物体的运动速度减小. 到达 C 点(见图 5-1(c))时,物体的运动速度减小到零. 此时物体又将在弹性力的作用下,从 C 点返回,向右运动. 这样,在弹性力作用下,物体将在平衡位置附近做往复运动. 质量可以忽略、刚度系数为 k 的弹簧(轻弹簧),一端固定,另一端系一个质量为 m 的物体(可视为质点),这一包含弹簧和物体的振动系统就叫作弹簧振子.

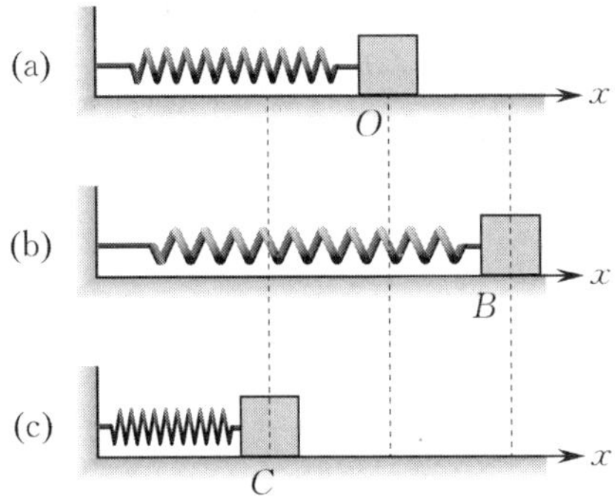

图 5-1　弹簧振子的振动

由胡克定律可知,物体所受到的弹性力 F,与物体相对于平衡位置的位移 x 成正比,弹性力的方向与位移的方向相反,始终指向平衡位置. 故此力常称为回复力. 于是有

$$F = -kx,$$

其中比例系数 k 为弹簧的刚度系数,它由弹簧本身的性质(材料、形状、长短、粗细等)决定,负号表示力与位移的方向相反. 根据牛顿第二定律,物体的加速度为

$$a = \frac{F}{m} = -\frac{k}{m}x. \tag{5-1}$$

对于一个给定的弹簧振子,k 与 m 都是常量,而且都是正值,它们的比值可用另外一个常量 ω 的二次方表示,即

$$\frac{k}{m} = \omega^2. \tag{5-2}$$

这样式(5-1)可以写成

$$a = -\omega^2 x. \tag{5-3}$$

式(5-3)说明,弹簧振子的加速度 a 与位移的大小 x 成正比,而其方向与位移的方向相反. 人们把具有这种特征的振动叫作**简谐振动**. 因此,弹簧振子又可以称作**线性谐振子**.

由于 $a = \frac{d^2x}{dt^2}$,式(5-3)可以写成

$$\frac{d^2x}{dt^2} + \omega^2 x = 0. \tag{5-4}$$

这就是简谐振动的运动微分方程，其解为

$$x = A\cos(\omega t + \varphi). \tag{5-5}$$

式(5-5)是**简谐振动的运动学方程**，简称简谐振动方程. 式(5-5)中的 A 和 φ 是积分常量，它们的物理意义将在下面讨论. 由此可知，当物体做简谐振动时，其位移是时间的余弦函数. 这也就是把运动方程具有式(5-3)、式(5-4)和式(5-5)形式的振动叫作简谐振动的原因.

分别求式(5-5)对时间的一阶、二阶导数，可得到做简谐振动的物体的速度 v 和加速度 a 分别为

$$v = \frac{dx}{dt} = -\omega A \sin(\omega t + \varphi), \tag{5-6}$$

$$a = \frac{d^2x}{dt^2} = -\omega^2 A\cos(\omega t + \varphi). \tag{5-7}$$

由式(5-5)、式(5-6)和式(5-7)可作出如图 5-2 所示的 $x-t$ 图、$v-t$ 图和 $a-t$ 图. 由图 5-2 可以看出，物体做简谐振动时，其位移、速度和加速度都做周期性变化.

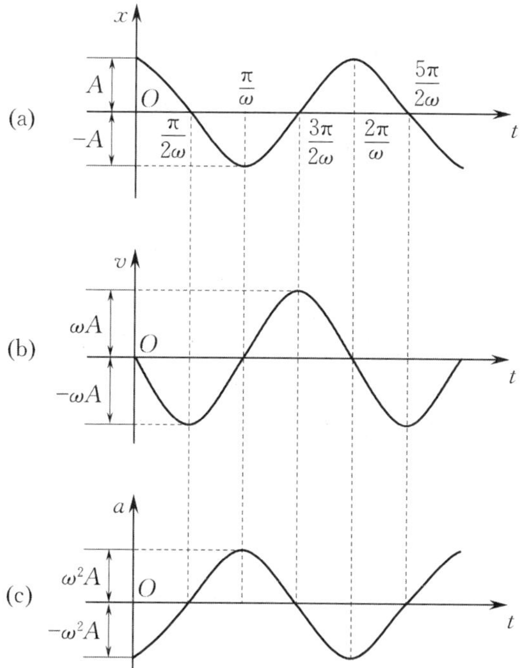

图 5-2　简谐振动图解($\varphi = 0$)

现在我们来讨论式(5-5)中描述简谐振动特征的物理量 A(振幅)、ω(角频率)、$\omega t + \varphi$(相位及初相位)及其相关概念，其中相位的概念尤为重要.

5.1.3　简谐振动的特征值

在简谐振动方程 $x = A\cos(\omega t + \varphi)$ 中，因为 $\cos(\omega t + \varphi)$ 的值在 $+1$ 和 -1 之间，所以物体的位移也在 $+A$ 和 $-A$ 之间. 我们把做简谐振动的物体离开平衡位置最大位移的绝对值 A 称作**振幅**. 振幅可以反映振动物体的能量大小.

物体做一次完全振动所经历的时间叫作振动的**周期**，用 T 表示，周期的单位为 s. 例如，在图 5-1 中，物体自位置 B 经 O 到达 C，然后再回到 B，所经历的时间就是一个周期. 因此，物体在任

意时刻 t 的位移和速度应与物体在时刻 $t+T$ 的位移和速度完全相同，于是有

$$x=A\cos(\omega t+\varphi)=A\cos[\omega(t+T)+\varphi]=A\cos(\omega t+\varphi+\omega T).$$

根据余弦函数的周期性，物体做一次完全振动应有 $\omega T=2\pi$，可得

$$T=\frac{2\pi}{\omega}. \tag{5-8}$$

对于弹簧振子，因为 $\omega=\sqrt{\frac{k}{m}}$，所以弹簧振子的周期为

$$T=2\pi\sqrt{\frac{m}{k}}. \tag{5-9}$$

单位时间内物体所做的完全振动的次数叫作**频率**，用 ν 表示. 在国际单位制中，频率的单位是赫[兹](Hz). 显然，频率与周期的关系为

$$\nu=\frac{1}{T}=\frac{\omega}{2\pi}. \tag{5-10}$$

由此还可知

$$\omega=2\pi\nu, \tag{5-11}$$

即 ω 等于物体在单位时间内所做的完全振动次数的 2π 倍. ω 叫作**角频率**(又称为**圆频率**). 在国际单位制中，角频率的单位是弧度每秒($\mathrm{rad\cdot s^{-1}}$). 对于弹簧振子，其频率为

$$\nu=\frac{1}{2\pi}\sqrt{\frac{k}{m}}. \tag{5-12}$$

可以看出，弹簧振子的角频率 $\omega=\sqrt{\frac{k}{m}}$，是由弹簧振子的质量 m 和刚度系数 k 所决定的，即周期和频率只和振动系统本身的物理性质有关. 这种只由振动系统本身的固有属性所决定的周期和频率，分别叫作振动的**固有周期**和**固有频率**.

周期和频率是反映物体周期性运动特征的物理量.

力学中，物体在某一时刻的运动状态可用位矢和速度来描述. 对振幅和角频率都已给定的简谐振动，它的运动状态可用“相位”这一物理量来决定. 由式(5-5)和式(5-6)可以看出，当振幅 A 和角频率 ω 一定时，振动物体在任一时刻相对于平衡位置的位移和速度都取决于物理量 $\omega t+\varphi$. 也就是说，$\omega t+\varphi$ 既决定了振动物体在任意时刻相对于平衡位置的位移，也决定了它在该时刻的速度. $\omega t+\varphi$ 的量值叫作振动的**相位**，它是决定简谐振动物体运动状态的物理量. 例如，图 5-1 中的弹簧振子，当相位 $\omega t_1+\varphi=\frac{\pi}{2}$ 时，$x=0$，$v=-\omega A$，即在 t_1 时刻，物体在平衡位置，并以速率 ωA 向左运动；而当相位 $\omega t_2+\varphi=\frac{3\pi}{2}$ 时，$x=0$，$v=\omega A$，即在 t_2 时刻，物体也在平衡位置，但以速率 ωA 向右运动. 可见，在 t_1 和 t_2 两时刻，由于振动的相位不同，物体的运动状态也不相同.

当 $t=0$ 时，相位 $\omega t+\varphi=\varphi$，故 φ 叫作**初相位**，简称**初相**. 它是决定振动物体在初始时刻(开始计时的起点)运动状态的物理量. 若 $\varphi=0$，则在 $t=0$ 时，由式(5-5)和式(5-6)可分别得出 $x_0=A$ 及 $v_0=0$. 这表示我们所选的计时起点是物体位于正最大位移，且速率为零的这一时刻. 相位体现了周期性特征，是反映物体运动状态的物理量. 这个量在振动合成和波的叠加中起重要作用.

5.1.4 振幅 A 和初相 φ 的确定

如前所述，简谐振动方程 $x=A\cos(\omega t+\varphi)$ 中的角频率 ω 是由振动系统本身的性质决定的.

那么，现在来说明在角频率已经确定的条件下，如果知道了 $t=0$ 时物体相对于平衡位置的位移 x_0 和速度 v_0，就可确定该振动的振幅 A 和初相 φ. 由式(5-5) 和式(5-6) 可得

$$x_0 = A\cos\varphi,$$
$$v_0 = -\omega A\sin\varphi.$$

由此可解得 A 和 φ，即

$$A=\sqrt{x_0^2+\frac{v_0^2}{\omega^2}}, \tag{5-13}$$

$$\tan\varphi=-\frac{v_0}{\omega x_0}, \tag{5-14}$$

其中 φ 所在象限可由 x_0 及 v_0 的正负号确定，通常约定：

$x_0>0, v_0<0, \varphi$ 在第一象限；

$x_0<0, v_0<0, \varphi$ 在第二象限；

$x_0<0, v_0>0, \varphi$ 在第三象限；

$x_0>0, v_0>0, \varphi$ 在第四象限.

物体在 $t=0$ 时的位移 x_0 和速度 v_0 叫作初始条件. 上述结果说明，对一定的弹簧振子(ω 为已知量)，它的振幅和初相是由初始条件决定的.

总之，对于给定的振动系统，周期(或频率) 由振动系统本身的性质决定，而振幅和初相则由初始条件决定.

例 5-1

如图 5-3 所示，摆线的一端固定在 A 点，另一端悬挂一体积很小、质量为 m 的重物，摆线的质量和伸长量可忽略不计. 当摆线静止地处于铅直位置时，重物在位置 O. 此时，作用在重物上的合外力为零，位置 O 即为平衡位置. 若把重物从平衡位置略微移开后放手，重物就在平衡位置附近做往复运动. 这一振动系统叫作单摆. 试求单摆做小角度振动时的周期.

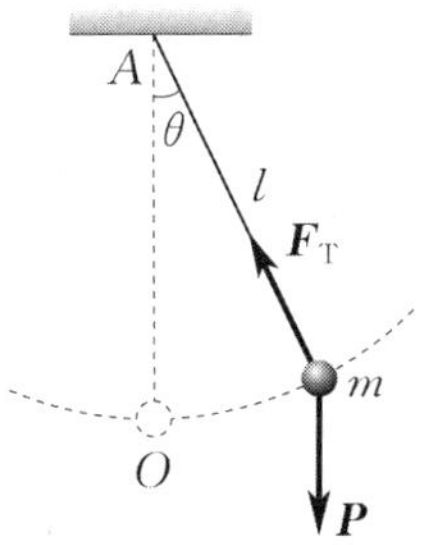

图 5-3　单摆

解　设在某一时刻，单摆的摆线偏离铅垂线的角位移为 θ(见图 5-3)，并规定：重物在平衡位置的右方时，θ 为正；在平衡位置的左方时，θ 为负. 若摆线长为 l，则重力 $\boldsymbol{P}$ 对 A 点的力矩为 $M=-mgl\sin\theta$. 负号表示力矩的方向与角位移的方向相反. 拉力 $\boldsymbol{F}_T$ 对该点的力矩为零. 当角位移 θ 很小(小于 5°) 时，$\sin\theta\approx\theta$，则重物所受的力矩为

$$M=-mgl\theta,$$

其中 M 与 θ 的关系恰似弹性力 F 与位移 x 的关系. 根据转动定律 $M=J\dfrac{\mathrm{d}^2\theta}{\mathrm{d}t^2}$，单摆的角加速度为

$$\frac{\mathrm{d}^2\theta}{\mathrm{d}t^2}=-\frac{mgl}{J}\theta,$$

其中 J 是重物对悬挂点 A 的转动惯量($J=ml^2$). 因此，上式可以写为

$$\frac{\mathrm{d}^2\theta}{\mathrm{d}t^2}+\frac{g}{l}\theta=0.$$

上式表明，在 θ 很小时，单摆的角加速度与角位移成正比，但方向相反. 这与式(5-4) 的形式相似. 可见单摆的振动具有简谐振动的特征，因而也是简谐振动.

把上式与式(5-4) 比较，可得单摆的角频率和周期分别为

$$\omega=\sqrt{\frac{g}{l}},\quad T=2\pi\sqrt{\frac{l}{g}}.$$

可见，单摆的周期取决于摆线长和该处的重力加速度. 因此，可通过测量单摆的周期来确定该处的重力加速度.

下面介绍一种在悬丝的扭动力矩作用下进行往复转动的扭摆，这个装置应用面很广.

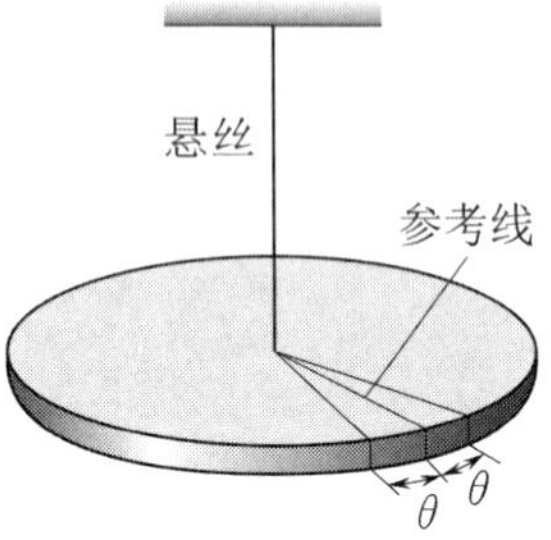

图 5-4　扭摆的示意图

如图 5-4 所示，一端固定且不可伸长的悬丝下端与一质量分布均匀的圆盘中心相连. 将圆盘从静止位置(其参考线在 $\theta=0$ 处) 转一个小角度 θ，然后释放，圆盘将在悬丝的扭动力矩(回复力矩) 作用下绕参考位置往复转动. 悬丝的回复力矩为

$$M=-\kappa\theta,$$

其中 κ 称为扭转系数. 对比线性谐振子的回复力 $F=-kx$ 可知，此时的圆盘一定是在参考线附近做最大角位移为 θ 的简谐振动. 这个装置称为**角简谐振子**，也称为**扭摆**.

与线性谐振子振动做简单的对比，线性谐振子中的刚度系数 k 相当于此处的扭转系数 κ；线性谐振子中的惯性量度是质量 m，此处的角简谐振子的惯性量度是转动惯量 J. 于是，用 κ 代替式(5-9) 中的 k，用 J 代替式(5-9) 中的 m，即可得出角简谐振子的周期为

$$T=2\pi\sqrt{\frac{J}{\kappa}}.\tag{5-15}$$

式(5-15) 也可以推广至无规则物体的小角度扭转.

例 5-2

图 5-5(a) 所示是一根细棒，其长度 L 为 12.4 cm，质量 m 为 135 g，由一条长金属悬丝挂起，悬丝与细棒的中点相连，测得角简谐振子的周期为 2.53 s. 另有一物体也由同样的长金属悬丝挂起，如图 5-5(b) 所示，测得角简谐振子的周期为 4.76 s，试问此物体的转动惯量是多少？

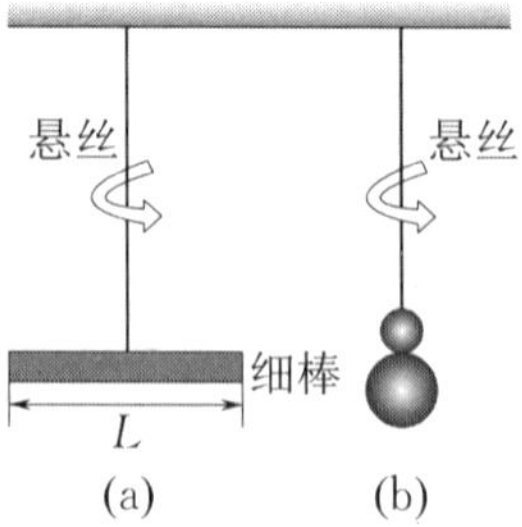

图 5-5

解　这是一道实际应用题，细棒的转动惯量很容易计算. 对细棒和此物体分别使用式(5-15) 即可消去长金属悬丝的扭转系数，从而得出待求的转动惯量.

因为

$$J_{细棒}=\frac{1}{12}mL^2\approx 1.73\times10^{-4}\ \mathrm{kg\cdot m^2},$$

$$T_{细棒}=2\pi\sqrt{\frac{J_{细棒}}{\kappa}},\quad T_{物体}=2\pi\sqrt{\frac{J_{物体}}{\kappa}},$$

所以

$$J_{物体}=J_{细棒}\frac{T_{物体}^2}{T_{细棒}^2}\approx 6.12\times10^{-4}\ \mathrm{kg\cdot m^2}.$$

5.1.5　旋转矢量法

本小节介绍简谐振动的旋转矢量法. 如图 5-6 所示，以坐标原点 O 为端点作一矢量 $\mathbf{A}$，使它的

模等于该振动的振幅 A，并使矢量 $\boldsymbol{A}$ 在 Oxy 平面内绕 O 点做逆时针匀角速度转动，其角速度与振动的角频率 ω 相等，这个矢量就叫作**旋转矢量**. 设在 $t=0$ 时，矢量 $\boldsymbol{A}$ 的矢端在位置 M_0，它与 x 轴的夹角为 φ；在 t 时刻，矢量 $\boldsymbol{A}$ 的矢端在位置 M. 在这一过程中，矢量 $\boldsymbol{A}$ 沿逆时针方向转过了角度 ωt，它与 x 轴的夹角为 $\omega t+\varphi$. 矢量 $\boldsymbol{A}$ 在 x 轴上的投影为 $x=A\cos(\omega t+\varphi)$. 与式(5-5)比较，它恰是沿 x 轴做简谐振动的物体在 t 时刻相对于平衡位置 O 的位移. 因此，旋转矢量 $\boldsymbol{A}$ 的矢端 M 在 x 轴上的投影点 P 的运动，可表示物体在 x 轴上的简谐振动. 矢量 $\boldsymbol{A}$ 以角速度 ω 旋转一周，相当于物体在 x 轴上做一次完全振动.

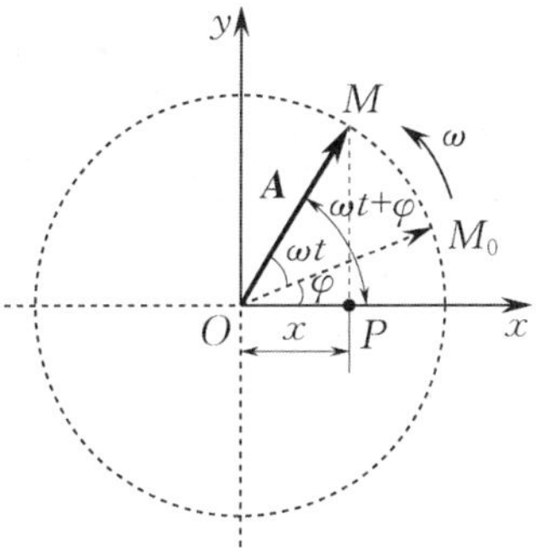

图 5-6　旋转矢量图

必须强调指出，旋转矢量本身并不做简谐振动，但该矢量以匀角速度转动是个周期性运动，这样就使该矢量的矢端在 x 轴上投影点的运动也具有周期性. 利用旋转矢量的矢端在 x 轴上的投影点的运动，可以形象地展示简谐振动的规律. 用旋转矢量的方法来处理诸如振动合成和求解相位(角)等问题，会很直观、便利.

下面我们就用这个方法来描绘某一简谐振动 $x=A\cos\left(\omega t+\frac{\pi}{4}\right)$ 的位移-时间(x-t)曲线. 如图 5-7 所示，若把旋转矢量图的 x 轴正方向画成竖直向上，则可在其右侧作出简谐振动的 x-t 曲线，这只需平行地画出 x 轴，并使 t 轴水平向右就行了. 在 $t=0$ 时，矢量 $\boldsymbol{A}$ 与 x 轴的夹角为初相 $\varphi=\frac{\pi}{4}$，矢端位于 a 点. 而 a 点在 x 轴上的投影点便是 x-t 曲线中的 a' 点，此时物体位于 $x=\frac{\sqrt{2}}{2}A$ 处，并开始朝 x 轴的负方向运动. 经过 $\frac{T}{8}$ 时间，矢量 $\boldsymbol{A}$ 转过 $\frac{\pi}{4}$ 角度，使相位 $\omega t+\varphi=\frac{\pi}{2}$，其矢端则位于 b 点. 而 b 点在 x 轴上的投影点便是 x-t 曲线中的 b' 点，此时物体位于平衡位置，并继续朝 x 轴的负方向运动…… 这样经过一个周期的时间，相位变化了 2π，一切又将重复进行下去. 可见，旋转矢量图不仅为我们提供了一幅直观而清晰的简谐振动图像，而且能使我们一目了然地弄清相位的概念和作用，对进一步研究振动问题十分有益.

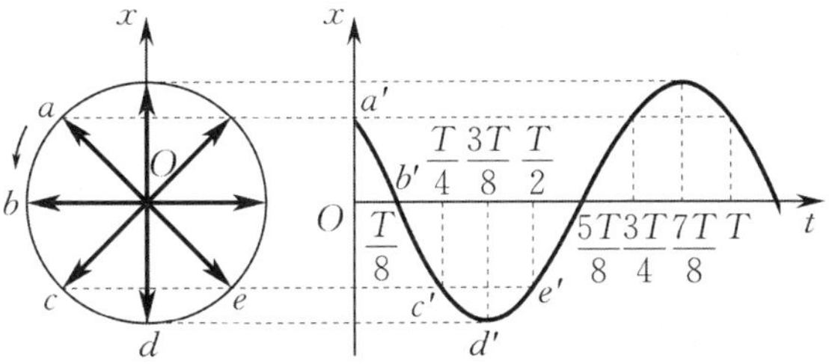

图 5-7　旋转矢量图及简谐振动的 x-t 曲线

利用旋转矢量还可以比较两个同频率简谐振动的“步调”. 设有下列两个简谐振动：

$$x_1=A_1\cos(\omega t+\varphi_1),$$
$$x_2=A_2\cos(\omega t+\varphi_2),$$

它们的相位之差叫作相位差，用 $\Delta\varphi$ 表示，即

$$\Delta\varphi=\varphi_2-\varphi_1. \tag{5-16}$$

也就是说，两个同频率的简谐振动在任意时刻的相位差都等于其初相差. 如果 $\Delta\varphi=\varphi_2-\varphi_1>0$ (见图 5-8(a))，我们就说 x_2 振动超前于 x_1 振动 $\Delta\varphi$，或者说 x_1 振动落后于 x_2 振动 $\Delta\varphi$. 另外，由于简谐振动具有连续性，为简便起见，常把 $|\Delta\varphi|$ 的值说成是小于或等于 π 的值.

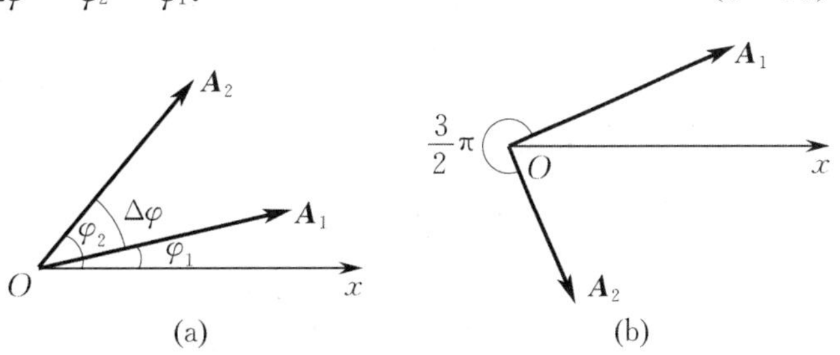

图 5-8　两个简谐振动的相位差

例如，当 $\Delta\varphi=\dfrac{3}{2}\pi$ 时(见图 5－8(b))，通常不说 x_2 振动超前于 x_1 振动$\dfrac{3\pi}{2}$，而说成 x_2 振动落后于 x_1 振动$\dfrac{\pi}{2}$，或说成 x_1 振动超前于 x_2 振动$\dfrac{\pi}{2}$.

如果 $\Delta\varphi=0$(或者 2π 的整数倍)，那么就说两个振动是同相的，即它们将同时到达正最大位移处，同时到达平衡位置，又同时到达负最大位移处，两个振动的“步调”完全一致. 如果 $\Delta\varphi=\pi$(或者 π 的奇数倍)，就说两个振动是反相的，即当它们中的一个到达正最大位移处时，另一个却到达负最大位移处，两个振动的“步调”完全相反. 同相和反相的旋转矢量图及 $x-t$ 曲线如图 5－9 所示.

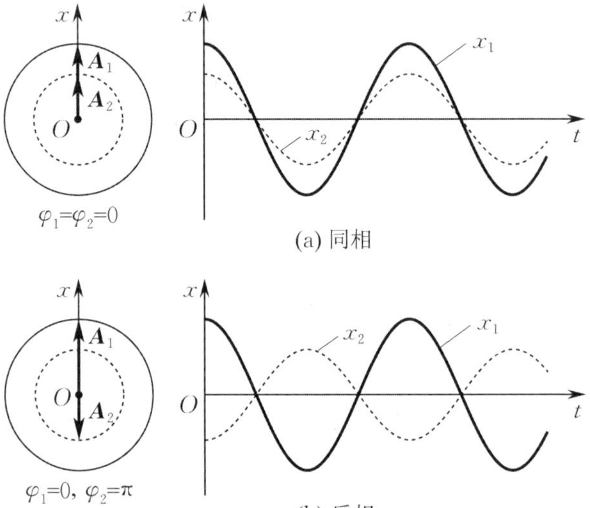

(a) 同相

(b) 反相

图 5－9　同相和反相的旋转矢量图及 $x-t$ 曲线

例 5－3

如图 5－1 所示，一轻弹簧的右端连着一物体，弹簧的刚度系数为 $k=0.72\ \mathrm{N\cdot m^{-1}}$，物体的质量为 $m=20$ g. 把物体从平衡位置向右拉到 $x=0.05$ m 处停下后释放. (1) 求简谐振动方程；(2) 求物体从初位置第一次运动到$\dfrac{A}{2}$处时的速度(A 为振幅)；(3) 如果物体在$x=0.05$ m 处时的速度不等于零，而是具有向右的初速度 $v_0=0.30\ \mathrm{m\cdot s^{-1}}$，求其运动方程.

解　(1) 要求物体的简谐振动方程，就需要确定角频率ω、振幅A和初相φ三个物理量.

角频率 $\omega=\sqrt{\dfrac{k}{m}}=6\ \mathrm{rad\cdot s^{-1}}$.

由初始条件 x_0 及 v_0 可知，$x_0=0.05$ m，$v_0=0$，由式(5－13)和式(5－14)得

振幅 $A=\sqrt{x_0^2+\dfrac{v_0^2}{\omega^2}}=x_0=0.05$ m，

初相 $\varphi=\arctan\left(-\dfrac{v_0}{\omega x_0}\right)$，即 $\varphi=0$ 或 $\varphi=\pi$.

根据已知条件作相应的旋转矢量图，如图 5－10(a) 所示，由图可得 $\varphi=0$.

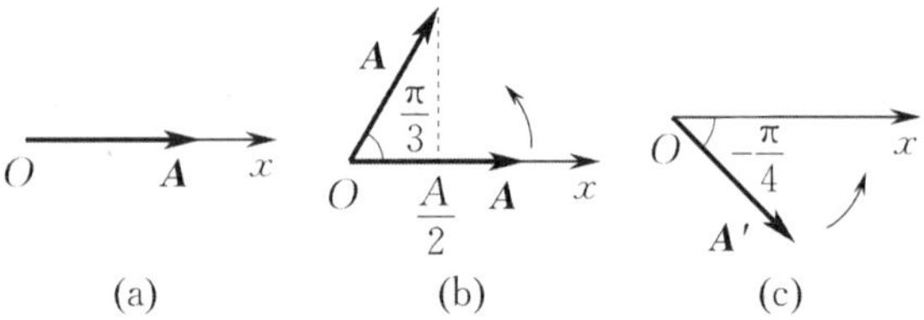

(a)　(b)　(c)

图 5－10

将 ω，A 和 φ 代入简谐振动方程 $x=A\cos(\omega t+\varphi)$，可得(下式中 x 的单位为 m，t 的单位为 s)

$$x=0.05\cos 6t.$$

(2) 要求 $x=\dfrac{A}{2}$ 处的速度，需先求出物体从初位置第一次运动到$\dfrac{A}{2}$处的相位. 因 $\varphi=0$，

由 $x = A\cos(\omega t + \varphi) = A\cos\omega t$ 得

$$\cos\omega t = \frac{x}{A} = \frac{1}{2},$$

所以 $\omega t = \frac{\pi}{3}$ 或 $\frac{5}{3}\pi$.

作相应的旋转矢量图，如图 5－10(b) 所示，由图可知，物体由初位置 $x = A$ 第一次运动到 $x = \frac{1}{2}A$ 时的相位为

$$\omega t = \frac{\pi}{3}.$$

将 A，ω 和 ωt 的值代入速度公式，可得

$$v = -A\omega\sin\omega t \approx -0.26\ \mathrm{m \cdot s^{-1}},$$

其中负号表示速度的方向沿 x 轴负方向.

(3) 因 $x_0 = 0.05$ m，$v_0 = 0.30\ \mathrm{m \cdot s^{-1}}$，故振幅和初相分别为

$$A' = \sqrt{x_0^2 + \frac{v_0^2}{\omega^2}} \approx 0.0707\ \mathrm{m},$$

$$\tan\varphi' = -\frac{v_0}{\omega x_0} = -1,\quad \varphi' = -\frac{\pi}{4}\ 或\ \frac{3}{4}\pi.$$

$t = 0$ 时，$x_0 > 0$，取 $\varphi' = -\frac{\pi}{4}$. 作相应的旋转矢量图，如图 5－10(c) 所示，则简谐振动方程为

$$x = 0.0707\cos\left(6t - \frac{\pi}{4}\right).$$

例 5－4

一物体沿轴做简谐振动，振幅为 0.12 m，周期为 2 s. $t = 0$ 时，位移为 0.06 m，且向 x 轴正方向运动.(1) 求物体的简谐振动方程；(2) 设 t_1 时刻为物体第一次运动到 $x = -0.06$ m 处，试求物体从 t_1 时刻运动到平衡位置所用的最短时间.

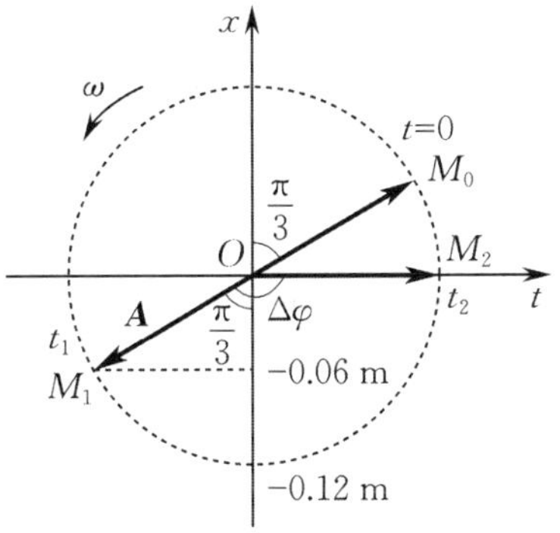

图 5－11

解　(1) 设物体的简谐振动方程为

$$x = A\cos(\omega t + \varphi).$$

由题意可知

$$A = 0.12\ \mathrm{m},$$

$$\omega = \frac{2\pi}{T} = \frac{2\pi}{2}\ \mathrm{rad \cdot s^{-1}} = \pi\ \mathrm{rad \cdot s^{-1}}.$$

用旋转矢量法求 φ. 根据题意，由图 5－11 可知 $\varphi = -\frac{\pi}{3}$，所以

$$x = 0.12\cos\left(\pi t - \frac{\pi}{3}\right).$$

(2) 用旋转矢量法求解.

由题意知，有如图 5－11 所示结果，M_1 为 t_1 时刻 $\boldsymbol{A}$ 的矢端的位置，M_2 为 t_2 时刻 $\boldsymbol{A}$ 的矢端的位置. 在 $t_2 - t_1$ 内，$\boldsymbol{A}$ 转过的角度为 $\angle M_1OM_2$，即

$$\Delta\varphi = \omega(t_2 - t_1) = \angle M_1OM_2 = \frac{\pi}{3} + \frac{\pi}{2} = \frac{5}{6}\pi.$$

所以

$$\Delta t = t_2 - t_1 = \frac{\frac{5\pi}{6}}{\pi}\ \mathrm{s} = \frac{5}{6}\ \mathrm{s}.$$

5.2　简谐振动的动力学方程

做简谐振动的质点，它的加速度和相对于平衡位置的位移有式(5－7) 所示的关系，即

$$a=\frac{d^2x}{dt^2}=-\omega^2x.$$

根据牛顿第二定律，质量为 m 的质点沿 x 方向做简谐振动，沿此方向所受的合外力就应该是

$$F=m\frac{d^2x}{dt^2}=-m\omega^2x.$$

由于对同一个简谐振动，m，ω 都是常量，因此可以说，一个简谐振动的质点所受的沿位移方向的合外力与它相对于平衡位置的位移成正比，但是反向. 这样的力称为**回复力**.

反过来，如果一个质点沿 x 方向运动，它受到的合外力 F 与它相对于平衡位置的位移 x 成正比，但是反向，即

$$F=-kx, \tag{5-17}$$

其中 k 为比例常量，那么由牛顿第二定律可得

$$F=m\frac{d^2x}{dt^2}=-kx \tag{5-18}$$

或

$$a=\frac{d^2x}{dt^2}=-\frac{k}{m}x. \tag{5-19}$$

微分方程的理论表明，这一微分方程的解一定取式(5-5)的形式，即

$$x=A\cos(\omega t+\varphi).$$

因此可以说，在式(5-17)所示的合外力作用下，质点一定做简谐振动. 这样，式(5-17)所表示的合外力就是质点做简谐振动的充要条件. 可以说，质点在与相对于平衡位置的位移成正比，但是反向的合外力作用下的运动就是简谐振动. 这可以作为简谐振动的动力学定义. 式(5-18)叫作简谐振动的**动力学方程**.

5.3 简谐振动的能量

仍以图 5-1 所示的弹簧振子为例来说明振动系统的能量. 设在某一时刻物体的速度为 v，则系统的动能为

$$E_k=\frac{1}{2}mv^2=\frac{1}{2}m\omega^2A^2\sin^2(\omega t+\varphi). \tag{5-20}$$

若该时刻物体的位移为 x，则系统的弹性势能为

$$E_p=\frac{1}{2}kx^2=\frac{1}{2}kA^2\cos^2(\omega t+\varphi). \tag{5-21}$$

由式(5-20)和式(5-21)可知，系统的动能和势能都随时间 t 做周期性变化. 当物体的位移最大时，势能达到最大值，但此时动能为零；当物体的位移为零时，势能为零，而动能却达到最大值. 系统的总能量为

$$E=E_k+E_p=\frac{1}{2}m\omega^2A^2\sin^2(\omega t+\varphi)+\frac{1}{2}kA^2\cos^2(\omega t+\varphi).$$

因为 $\omega^2=\frac{k}{m}$，所以

$$E=\frac{1}{2}m\omega^2A^2=\frac{1}{2}kA^2. \tag{5-22}$$

式(5－22)表明，弹簧振子做简谐振动的总能量与振幅的二次方成正比. 因为在简谐振动过程中，只有系统的保守内力(如弹性力)做功，其他非保守内力和外力均不做功，所以系统做简谐振动的总能量必然守恒，即系统的动能 E_k 与势能 E_p 不断地相互转换，总能量却保持恒定，如图 5－12 所示(设 $\varphi=0$).

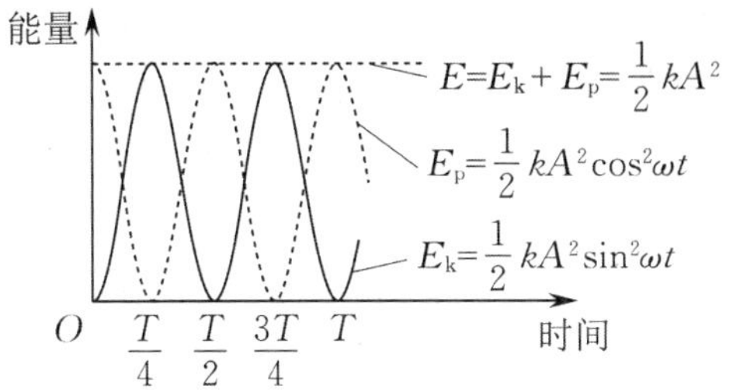

图 5－12　弹簧振子的能量和时间关系曲线($\varphi=0$)

由式(5－20)、式(5－21)和式(5－22)三式可得如下结论：

(1) 振动动能和振动势能均随时间做周期性变化，其数值在 $0\sim\frac{1}{2}kA^2$ 之间重复变化. 若振动的周期为 T，则动能和势能变化的周期为 $\frac{T}{2}$.

(2) 振动动能和振动势能的变化并不同步，动能最大时势能为零，势能最大时动能为零.

(3) 振动的总能量保持不变. 因为要使一个物体做简谐振动，它必须受到与位移成正比，但是反向的回复力作用，所以机械能守恒.

例 5－5

质量为 0.1 kg 的物体，以振幅 0.01 m 做简谐振动，其最大加速度为 $4\ \mathrm{m\cdot s^{-2}}$. 求：(1) 振动的周期；(2) 物体通过平衡位置时的动能；(3) 物体的总能量；(4) 物体在何处时动能和势能相等？

解　(1) 因 $a_{max}=A\omega^2$，故

$$\omega=\sqrt{\frac{a_{max}}{A}}=20\ \mathrm{rad\cdot s^{-1}},$$

因此

$$T=\frac{2\pi}{\omega}\approx 0.314\ \mathrm{s}.$$

(2) 因通过平衡位置时物体的速度最大，故

$$E_k=\frac{1}{2}mv_{max}^2=\frac{1}{2}m\omega^2A^2.$$

将已知数据代入上式，得 $E_k=2\times10^{-3}$ J.

(3) 通过平衡位置时，物体的总能量为

$$E=E_k=2\times10^{-3}\ \mathrm{J}.$$

(4) 当 $E_k=E_p$ 时，$E_p=1\times10^{-3}$ J. 由 $E_p=\frac{1}{2}kx^2=\frac{1}{2}m\omega^2x^2$ 得

$$x^2=\frac{2E_p}{m\omega^2}=0.5\times10^{-4}\ \mathrm{m^2},$$

即 $x\approx\pm0.707$ cm.

5.4　阻尼振动

前面讨论的一维简谐振动是在忽略摩擦和阻力等因素的情形下，完全没有能量损耗的一种振动. 但一个实际的振动系统或多或少存在摩擦和阻力，因此也就必然存在能量损耗. 阻力很复杂，影响振动的因素很多，甚至找不到它们的函数关系. 为方便讨论，这里仅考虑简谐振子受到的

阻力正比于速度时的简单情形.

设物体的运动阻力为

$$f = -hv = -h\frac{\mathrm{d}x}{\mathrm{d}t}, \tag{5-23}$$

其中 h 为阻力系数,它的大小由物体的形状、大小、表面状况,以及介质的性质决定.

质量为 m 的振动物体,在弹性力(或准弹性力)和上述阻力作用下运动时,运动方程为

$$m\frac{\mathrm{d}^2x}{\mathrm{d}t^2} = -kx - h\frac{\mathrm{d}x}{\mathrm{d}t}. \tag{5-24}$$

令 $\beta = \frac{h}{2m}$,称为阻尼因子;$\omega_0 = \sqrt{\frac{k}{m}}$,是不存在阻尼时简谐振动的角频率,称为振动系统的固有角频率. 因此,式(5-24)可以表示为

$$\frac{\mathrm{d}^2x}{\mathrm{d}t^2} + 2\beta\frac{\mathrm{d}x}{\mathrm{d}t} + \omega_0^2x = 0. \tag{5-25}$$

式(5-25)是常见的二次齐次微分方程,该方程的解为

$$x = A\mathrm{e}^{-\beta t}\cos(\omega t + \varphi), \tag{5-26}$$

其中 $\omega = \sqrt{\omega_0^2 - \beta^2}$.

考虑到阻尼因子 β 与角频率 ω_0 的量值,运动方程的解存在以下三种情形:

(1) 当 $\beta < \omega_0$ 时,属于欠阻尼情形. 此时物体运动方程解的形式为

$$x = A\mathrm{e}^{-\beta t}\cos(\omega t + \varphi),$$

其中 $A\mathrm{e}^{-\beta t}$ 为阻尼振动的振幅. 显然它随时间 t 做指数衰减. 因此,形式上,物体在平衡位置附近来回往复运动,但振幅随时间 t 不断衰减,越来越小,最后趋于零,如图 5-13 所示.

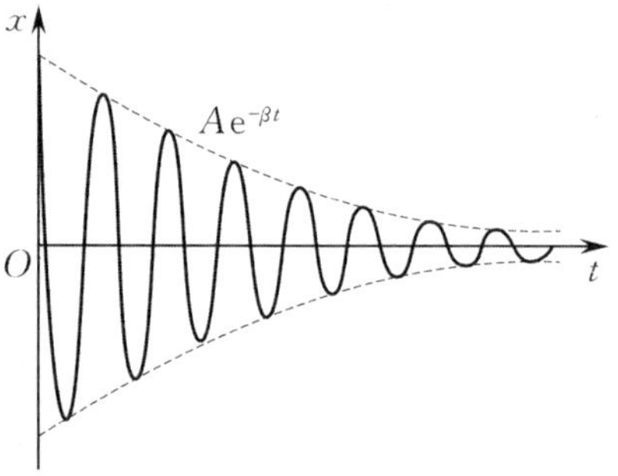

图 5-13　欠阻尼情形

物体在平衡位置附近来回往复一次的时间,习惯上称为阻尼振动的周期,$T = \frac{2\pi}{\omega} = \frac{2\pi}{\sqrt{\omega_0^2 - \beta^2}}$. 因此,它比无阻尼时的振动周期 $T_0 = \frac{2\pi}{\omega_0}$ 要大一些.

(2) 当 $\beta = \omega_0$ 时,属于临界阻尼情形. 此时角频率 $\omega = 0$,周期 $T \to \infty$,因此,振动的特征完全消失.

(3) 当 $\beta > \omega_0$ 时,属于过阻尼情形. 如图 5-14 所示,此时周期 T 为虚数,或者说已没有周期的概念. 虽然当 $t \to \infty$时,$x \to 0$,但同样没有丝毫振动的特征,而且从时间上看,物体逼近平衡位置比临界阻尼时逼近得更慢. 阻尼振动在日常生活中有许多应用,如果不希望振动系统在较长时间保持振动,那么可让阻尼因子 β 大一些. 例如,天平和电表中的指针不宜摆动过久,就应选取适当的阻尼.

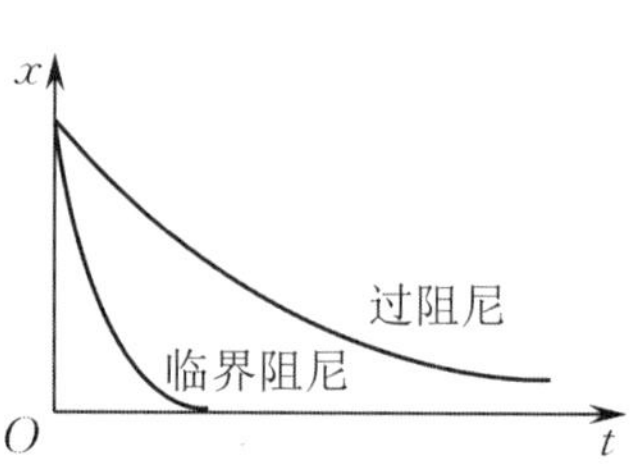

图 5-14　临界阻尼与过阻尼情形

5.5　受迫振动与共振

前面讨论的简谐振动和阻尼振动都称为自由振动,它们都只在振动开始时从外界获得一次能量,便开始振动. 简谐振动与阻尼振动的区别在于是否存在介质的阻尼作用,是否有能量损耗.

如果振动系统除受到阻尼作用外,还受到外界周期性的策动力作用,那么这种运动称为受迫

振动. 外界不断向振动系统输送能量，因而也就可能使振动越来越激烈，振幅越来越大，并出现共振现象.

5.5.1　受迫振动的运动方程及其解

设外界周期策动力 $F = F_0 \cos \Omega t$（Ω 称为策动力频率），则受迫振动方程为

$$m \frac{d^2 x}{dt^2} + h \frac{dx}{dt} + kx = F_0 \cos \Omega t. \tag{5-27}$$

当策动力作用时间足够长时，解得方程(5-27) 的解为

$$x = A\cos(\Omega t + \varphi_0). \tag{5-28}$$

可见，稳定的受迫振动的频率等于其策动力频率，其振幅和初相分别为

$$A = \frac{F_0/m}{\sqrt{(\omega_0^2 - \Omega^2)^2 + 4\beta^2\Omega^2}}, \tag{5-29}$$

$$\varphi_0 = \arctan\left(\frac{-2\beta\Omega}{\omega_0^2 - \Omega^2}\right), \tag{5-30}$$

其中 $\beta = \frac{h}{2m}$，$\omega_0 = \sqrt{\frac{k}{m}}$，$\omega_0$ 是不计阻尼时的角频率，又称为本征角频率. 这说明稳定的受迫振动的振幅与系统的初始条件无关.

5.5.2　共振现象

根据振幅 A 随 Ω 变化的函数关系式(5-29)，可以作出 A-Ω 曲线，如图 5-15 所示. 由图 5-15 可知，在 Ω_0 处，具有最大的振幅值 A_0，Ω_0 称为共振角频率，它可以通过求函数极值的方法得到，即由 $\frac{dA(\Omega)}{d\Omega} = 0$ 得到. 当 $A(\Omega)$ 具有极值时，有

$$\Omega = \Omega_0 = \sqrt{\omega_0^2 - 2\beta^2}. \tag{5-31}$$

当周期策动力的角频率 Ω 为 $\Omega_0 = \sqrt{\omega_0^2 - 2\beta^2}$ 时，系统就会发生**共振**，相应的共振振幅为

$$A_0 = \frac{F_0}{2m\beta\sqrt{\omega_0^2 - \beta^2}}. \tag{5-32}$$

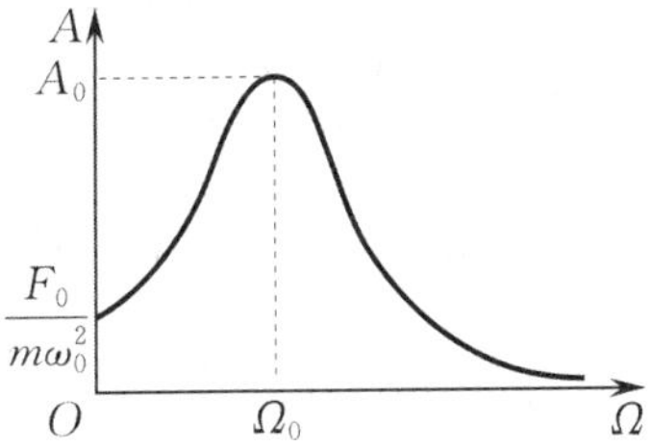

图 5-15　A-Ω 曲线

可见，阻尼因子 β 越小，共振振幅 A_0 就越大，即共振振幅峰值就越高，曲线越尖锐. 当阻尼很小，即 $\beta^2 \ll \omega_0^2$ 时，$A_0 = \frac{F_0}{2m\beta\sqrt{\omega_0^2 - \beta^2}} \approx \frac{F_0}{h\omega_0}$.

共振现象有许多应用，例如，收音机中利用"调谐" 改变接收回路的本征频率，以便与电台广播频率一致，达到共振的效果，从而接收到该电台相应频率的广播节目，称为电共振.

另一方面，共振又会在一些特定场合带来危害，这时则需要避免. 例如，维修工人爬云梯时，要注意用不规则的步调攀爬；建造桥梁时，要使其共振频率远大于或远小于车辆运行时给予的强迫力的频率.

5.6　同一直线上同频率的简谐振动的合成

若有两个同方向的简谐振动，它们的角频率都是 ω，振幅分别为 A_1 和 A_2，初相分别为 φ_1 和

φ_2，则它们的振动方程分别为

$$x_1 = A_1\cos(\omega t + \varphi_1),$$
$$x_2 = A_2\cos(\omega t + \varphi_2).$$

因为振动是同方向的，所以这两个简谐振动在任一时刻的合位移仍应在同一直线上，而且等于这两个分振动位移的代数和，即

$$x = x_1 + x_2.$$

合位移的大小 x 也可以用旋转矢量法求出. 如图 5-16 所示，两分振动的旋转矢量分别为 $\boldsymbol{A}_1$ 和 $\boldsymbol{A}_2$，开始时($t=0$)，它们与 x 轴的夹角分别为 φ_1 和 φ_2，在 x 轴上的投影分别为 x_1 和 x_2. 由平行四边形法则可得合矢量 $\boldsymbol{A}=\boldsymbol{A}_1+\boldsymbol{A}_2$. 因为 $\boldsymbol{A}_1$ 和 $\boldsymbol{A}_2$ 以相同的 ω 绕 O 点做逆时针旋转，它们的夹角 $\varphi_2-\varphi_1$ 在旋转过程中保持不变，所以合矢量 $\boldsymbol{A}$ 的大小也保持不变，并以相同的 ω 绕 O 点做逆时针旋转. 从图 5-16 可以看出，任一时刻合矢量 $\boldsymbol{A}$ 在 x 轴上的投影 $x=x_1+x_2$. 因此合矢量 $\boldsymbol{A}$ 即为合振动所对应的旋转矢量，而开始时合矢量 $\boldsymbol{A}$ 与 x 轴的夹角即为合振动的初相 φ. 由图 5-16 可得合位移 $x=A\cos(\omega t+\varphi)$.

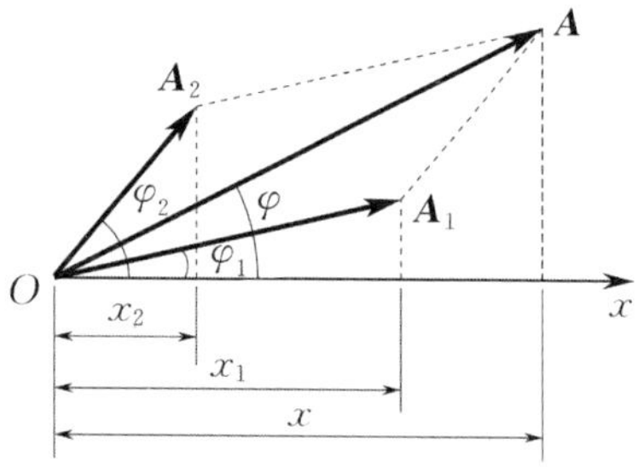

图 5-16　用旋转矢量法求振动的合成

这就表明，合振动仍是简谐振动，它的角频率与分振动的角频率相同，而其合振幅为

$$A=\sqrt{A_1^2+A_2^2+2A_1A_2\cos(\varphi_2-\varphi_1)}, \tag{5-33}$$

合振动的初相为

$$\varphi=\arctan\frac{A_1\sin\varphi_1+A_2\sin\varphi_2}{A_1\cos\varphi_1+A_2\cos\varphi_2}. \tag{5-34}$$

从式(5-33)可以看出，合振幅与两分振动的振幅，以及它们的相位差 $\varphi_2-\varphi_1$ 有关. 下面讨论两个特例：

(1) 若相位差 $\varphi_2-\varphi_1=2k\pi(k=0,\pm1,\pm2,\cdots)$，则

$$A=\sqrt{A_1^2+A_2^2+2A_1A_2}=A_1+A_2, \tag{5-35}$$

即当两分振动的相位相同或相位差为 2π 的整数倍时，合振幅等于两分振动的振幅之和，合成结果为相互加强.

(2) 若相位差 $\varphi_2-\varphi_1=(2k+1)\pi(k=0,\pm1,\pm2,\cdots)$，则

$$A=\sqrt{A_1^2+A_2^2-2A_1A_2}=|A_1-A_2|, \tag{5-36}$$

即当两分振动的相位相反或相位差为 π 的奇数倍时，合振幅等于两分振动的振幅之差的绝对值，合成结果为相互减弱.

在一般情形下，相位差 $\varphi_2-\varphi_1$ 可取任意值，合振幅在 $|A_1-A_2|$ 和 A_1+A_2 之间.

例 5-6

求振动 $x_1=5\cos\left(3t+\frac{\pi}{3}\right)$ 和 $x_2=7\cos\left(3t+\frac{4\pi}{3}\right)$ 的合振动方程.

解　要写出合振动方程，必须求出合振幅 A 和初相 φ.

由式(5-33)可得

$$A=\sqrt{A_1^2+A_2^2+2A_1A_2\cos(\varphi_2-\varphi_1)}$$
$$=\sqrt{5^2+7^2+2\times5\times7\times\cos\left(\frac{4\pi}{3}-\frac{\pi}{3}\right)}$$
$$=2.$$

由式(5-34)可得

$$\tan\varphi=\frac{A_1\sin\varphi_1+A_2\sin\varphi_2}{A_1\cos\varphi_1+A_2\cos\varphi_2}$$

$$= \frac{5\sin\frac{\pi}{3} + 7\sin\frac{4\pi}{3}}{5\cos\frac{\pi}{3} + 7\cos\frac{4\pi}{3}} = \sqrt{3},$$

所以 $\varphi = \frac{\pi}{3}$ 或 $\frac{4\pi}{3}$.

当 $t = 0$ 时，$x = x_1 + x_2 = -1 = 2\cos\varphi$，

即 $\varphi = \frac{4\pi}{3}$，则合振动方程为

$$x = 2\cos\left(3t + \frac{4\pi}{3}\right).$$

*5.7　同一直线上不同频率的简谐振动的合成

设两振动的振幅都为 A，初相为 φ，振动频率分别为 ω_1，ω_2，且 ω_1 和 ω_2 比较接近，则它们的振动方程分别为

$$x_1 = A\cos(\omega_1 t + \varphi), \quad x_2 = A\cos(\omega_2 t + \varphi).$$

用代数法求和，得

$$x = x_1 + x_2 = 2A\cos\left(\frac{\omega_1 - \omega_2}{2}t\right)\cos\left(\frac{\omega_1 + \omega_2}{2}t + \varphi\right)$$

$$= A'\cos\left(\frac{\omega_1 + \omega_2}{2}t + \varphi\right),$$

其中振幅 $A' = 2A\cos\left(\frac{\omega_1 - \omega_2}{2}t\right)$.

由上式可知，合成后的振动仍是简谐振动，其振动角频率为两分振动的角频率的平均值，振幅受时间 t 的调制，调制后的角频率为 $\frac{1}{2}|\omega_1 - \omega_2|$，其图形如图 5 - 17 所示.

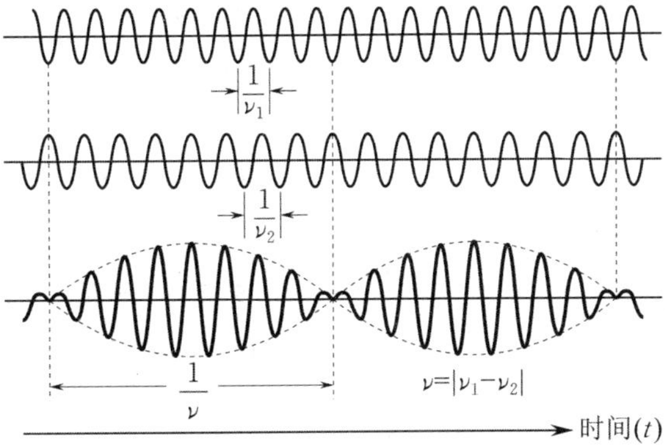

图 5 - 17　拍与拍频

使双簧管中存在频率差异的两簧片同时振动，可以听到有节奏的“拍”. 一般称其为“拍频”现象. 拍频的频率 $\nu = |\nu_1 - \nu_2|$.

拍频技术是无线电技术中用来处理宽频放大的常用方法之一. 在雷达测速中，电磁波的频率很高，多普勒效应中的频率变化较小，所以常用发射波与反射波的“拍频”计算目标物体的运行速度，如测卫星、飞机的运行速度. 在超声波的“声呐”技术中，也常用拍频技术测潜水艇的速度.

阅读材料

习题 5

5-1 一个质点做简谐振动，振幅为 A，在起始时刻质点的位移为 $-\frac{A}{2}$，且向 x 轴正方向运动，代表此简谐振动的旋转矢量为(　　).

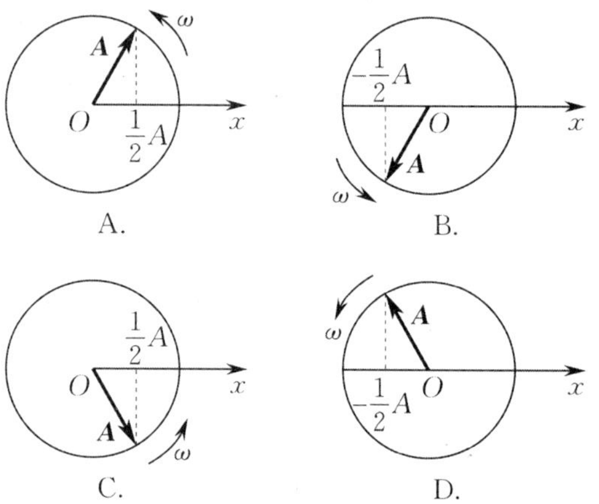

5-2 一简谐振动曲线如图 5-18 所示，则其振动周期是(　　).

A. 2.62 s　　B. 2.40 s

C. 2.18 s　　D. 2.00 s

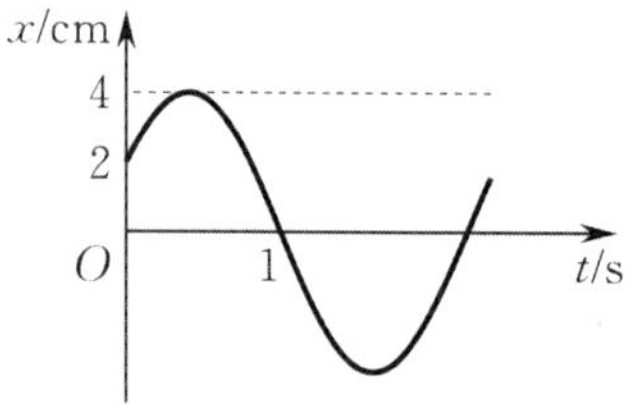

图 5-18

5-3 两个同周期简谐振动曲线如图 5-19 所示，x_1 的相位比 x_2 的相位(　　).

A. 落后 $\frac{\pi}{2}$　　B. 超前 $\frac{\pi}{2}$

C. 落后 π　　D. 超前 π

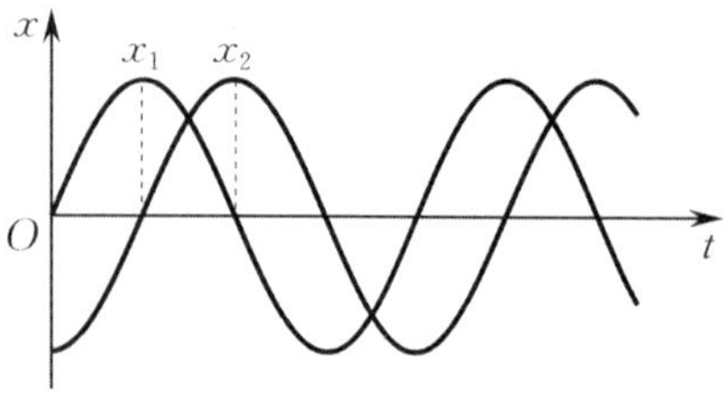

图 5-19

5-4 两个同振动方向、同频率、振幅均为 A 的简谐振动合成后，振幅仍为 A，则这两个简谐振动的相位差为(　　).

A. 60°　　B. 90°

C. 120°　　D. 180°

5-5 把单摆摆球从平衡位置向位移正方向拉开，使摆线与竖直方向成一微小角度 θ，然后由静止放手任其振动，从放手时开始计时. 若用余弦函数表示其运动方程，则该单摆振动的初相为(　　).

A. π　　B. $\frac{\pi}{2}$

C. 0　　D. θ

5-6 两个质点各自做简谐振动，它们的振幅相同、周期相同. 第一个质点的振动方程为 $x = A\cos(\omega t + \alpha)$. 当第一个质点从相对于其平衡位置的正位移处回到平衡位置时，第二个质点在最大正位移处，则第二个质点的振动方程为(　　).

A. $x_2 = A\cos\left(\omega t + \alpha + \frac{1}{2}\pi\right)$

B. $x_2 = A\cos\left(\omega t + \alpha - \frac{1}{2}\pi\right)$

C. $x_2 = A\cos\left(\omega t + \alpha - \frac{3}{2}\pi\right)$

D. $x_2 = A\cos(\omega t + \alpha + \pi)$

5-7 一质量为 m 的物体挂在刚度系数为 k 的轻弹簧下面，振动角频率为 ω. 若把此弹簧分割成两等份，将物体挂在分割后的一根弹簧上，则振动角频率是(　　).

A. 2ω　　B. $\sqrt{2}\omega$

C. $\frac{\omega}{\sqrt{2}}$　　D. $\frac{\omega}{2}$

5-8 一质点做简谐振动，其运动速度与时间的曲线如图 5-20 所示. 若质点的振动规律用余弦函数描述，则其初相应为(　　).

A. $\frac{\pi}{6}$　　B. $\frac{5\pi}{6}$

C. $-\frac{5\pi}{6}$　　D. $-\frac{\pi}{6}$

E. $-\frac{2\pi}{3}$

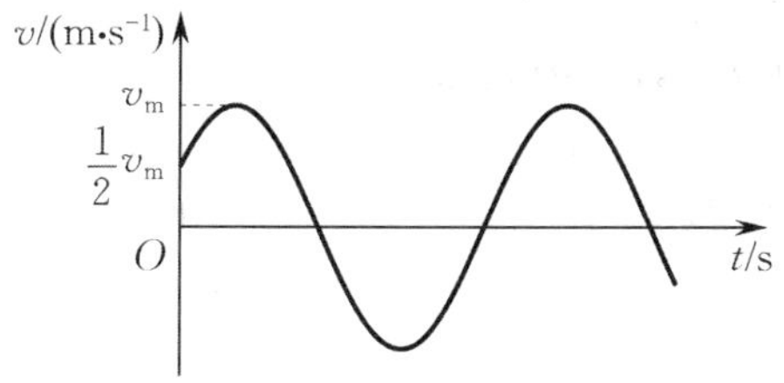

图 5-20

5-9 一个弹簧振子和一个单摆(只考虑小幅度摆动),在地面上的固有振动周期分别为 T_1 和 T_2. 将它们拿到月球上去,相应的周期分别为 T_1' 和 T_2',则有(　　).

A. $T_1'>T_1$ 且 $T_2'>T_2$
B. $T_1'<T_1$ 且 $T_2'<T_2$
C. $T_1'=T_1$ 且 $T_2'=T_2$
D. $T_1'=T_1$ 且 $T_2'>T_2$

5-10 一质点沿 x 轴做简谐振动,振动方程为 $x=4\times10^{-2}\cos\left(2\pi t+\frac{1}{3}\pi\right)$ (SI). 从 $t=0$ 时刻起,到质点位置在 $x=-2$ cm 处,且向 x 轴正方向运动的最短时间间隔为(　　)s.

A. $\frac{1}{8}$　　B. $\frac{1}{6}$
C. $\frac{1}{4}$　　D. $\frac{1}{3}$
E. $\frac{1}{2}$

5-11 一弹簧振子,其下端挂一质量为 m 的重物. 弹簧的刚度系数为 k,该振子做振幅为 A 的简谐振动. 当重物通过平衡位置且向规定的正方向运动时,开始计时,则其振动方程为(　　).

A. $x=A\cos\left(\sqrt{k/m}\,t+\frac{1}{2}\pi\right)$
B. $x=A\cos\left(\sqrt{k/m}\,t-\frac{1}{2}\pi\right)$
C. $x=A\cos\left(\sqrt{m/k}\,t+\frac{1}{2}\pi\right)$
D. $x=A\cos\left(\sqrt{m/k}\,t-\frac{1}{2}\pi\right)$
E. $x=A\cos\left(\sqrt{k/m}\,t\right)$

5-12 一质点在 x 轴上做简谐振动,振幅 $A=4$ cm,周期 $T=2$ s,取其平衡位置为坐标原点. 若 $t=0$ 时刻质点第一次通过 $x=-2$ cm 处,且向 x 轴负方向运动,则质点第二次通过 $x=-2$ cm 处的时刻为(　　)s.

A. 1　　B. $\frac{2}{3}$
C. $\frac{4}{3}$　　D. 2

5-13 一物体做简谐振动,振动方程为 $x=A\cos\left(\omega t+\frac{1}{4}\pi\right)$. 在 $t=\frac{T}{4}$(T 为周期)时刻,物体的加速度为(　　).

A. $-\frac{1}{2}\sqrt{2}A\omega^2$　　B. $\frac{1}{2}\sqrt{2}A\omega^2$
C. $-\frac{1}{2}\sqrt{3}A\omega^2$　　D. $\frac{1}{2}\sqrt{3}A\omega^2$

5-14 一质点做简谐振动,振动方程为 $x=A\cos(\omega t+\varphi)$,当时间 $t=\frac{T}{2}$(T 为周期)时,质点的速度为(　　).

A. $-A\omega\sin\varphi$　　B. $A\omega\sin\varphi$
C. $-A\omega\cos\varphi$　　D. $A\omega\cos\varphi$

5-15 简谐振动方程为

$$x=0.10\cos\left(20\pi t+\frac{\pi}{4}\right),$$

其中 x 的单位为 m,t 的单位为 s. 求:(1) 振幅、频率、角频率、周期和初相;(2) $t=2$ s 时的位移、速度和加速度.

5-16 一远洋货轮,质量为 m,浮在水面时其水平横截面积为 S. 设在水面附近货轮的水平横截面积近似相等,水的密度为 ρ,且不计水的黏滞阻力,证明货轮在水中做的振幅较小的竖直自由运动是简谐振动,并求振动周期.

5-17 如图5-21所示,两个轻弹簧的刚度系数分别为 k_1 和 k_2,质量为 m 的物体在光滑斜面上振动. (1) 证明其运动仍是简谐振动;(2) 求系统的振动频率.

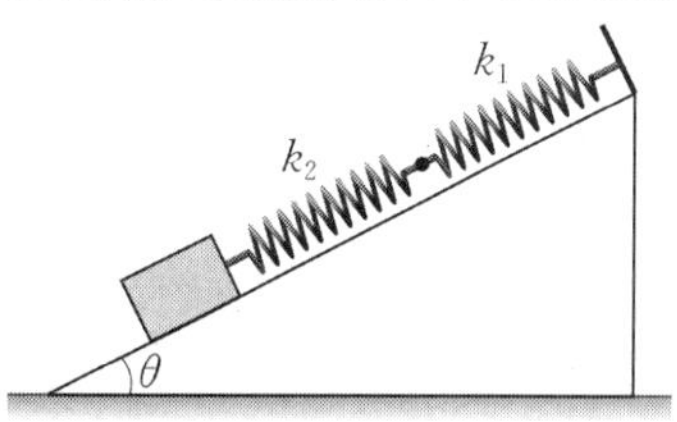

图 5-21

5-18 一放置在水平桌面上的弹簧振子,振幅为 $A=2.0\times10^{-2}$ m,周期为 $T=0.5$ s. 当 $t=0$ 时,(1) 物体在正方向的端点;(2) 物体在平衡位置,向负方向运动;(3) 物体在 $x=1.0\times10^{-2}$ m处,向负方向运动;(4) 物体在 $x=-1.0\times10^{-2}$ m 处,向正方向运动. 求以上各种情况的运动方程.

5-19 有一弹簧,当其下端挂一质量为 m 的物体时,伸长量为 9.8×10^{-2} m. 若使物体上下振动,且规定竖直向下为正方向. (1) 当 $t=0$ 时,物体在平衡位置上

方 8.0×10^{-2} m处，由静止开始向下运动，求运动方程；(2) 当 $t=0$ 时，物体在平衡位置，并以 $0.6\ \mathrm{m\cdot s^{-1}}$ 的速度向上运动，求运动方程.

5-20 某振动质点的 x-t 曲线如图 5-22 所示，试求：(1) 运动方程；(2) P 点对应的相位；(3) 到达 P 点相应位置所需的时间.

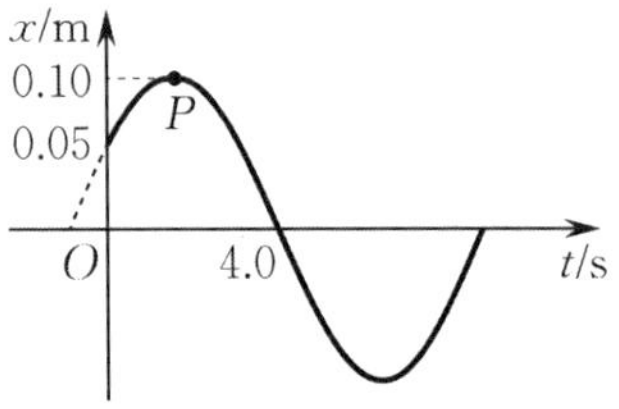

图 5-22

5-21 质量为 10 g的物体沿 x 轴做简谐振动，振幅为 10 cm，周期为 $T=4$ s，$t=0$ 时物体的位移为 $x_0=-5$ cm，且物体朝 x 轴负方向运动，求：(1) $t=1$ s时物体的位移；(2) $t=1$ s 时物体所受的力；(3) $t=0$ 之后，物体何时第一次到达 $x_0=-5$ cm处；(4) 第二次和第一次经过 $x_0=-5$ cm 处的时间间隔.

5-22 图 5-23 所示为一简谐振动质点的速度与时间的关系曲线，且振幅为 2 cm，求：(1) 振动周期；(2) 加速度的最大值；(3) 运动方程.

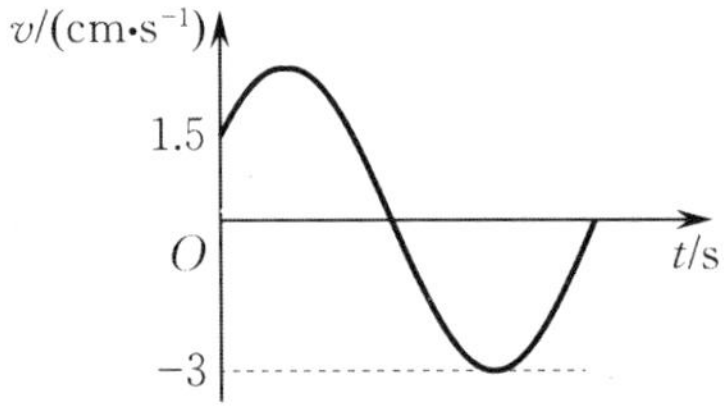

图 5-23

5-23 有一单摆，长为 1 m，最大摆角为 5°，如图 5-24 所示，(1) 求单摆的角频率和周期；(2) 设开始时摆角最大，试写出此单摆的运动方程；(3) 当摆角为 3° 时，角速度和摆球的线速度各是多少？

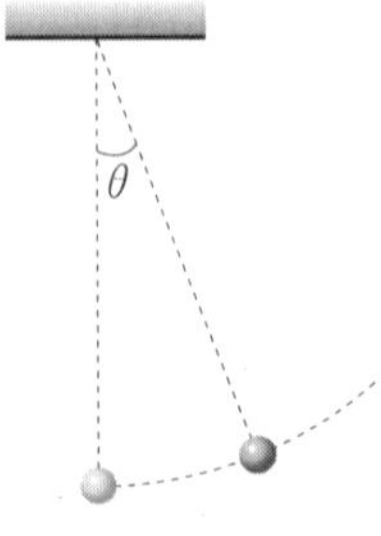

图 5-24

5-24 如图 5-25 所示，质量为 1×10^{-2} kg 的子弹，以 $500\ \mathrm{m\cdot s^{-1}}$ 的速度射入并嵌在木块中，同时使弹簧压缩从而做简谐振动. 设木块的质量为 4.99 kg，弹簧的刚度系数为 $8\times10^3\ \mathrm{N\cdot m^{-1}}$. 若以弹簧原长时物体所在处为坐标原点，向左为 x 轴正方向，求简谐振动方程.

图 5-25

5-25 如图 5-26 所示，一刚度系数为 k 的轻弹簧，其下挂有一质量为 m_1 的空盘. 现有一质量为 m_2 的物体从盘上方高为 h 处自由落到盘中，并和盘粘在一起振动，问：(1) 此时的振动周期与空盘做振动的周期有何不同？(2) 此时的振幅为多大？

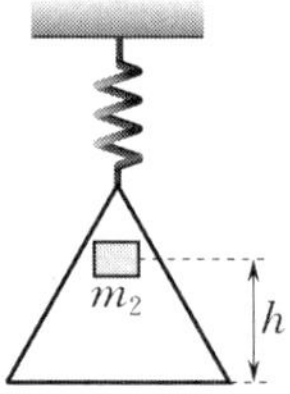

图 5-26

5-26 一质量为 0.1 kg 的物体，以振幅 1×10^{-2} m做简谐振动，其最大加速度为 $4\ \mathrm{m\cdot s^{-2}}$，(1) 求振动的周期；(2) 求物体通过平衡位置时的总能量与动能；(3) 物体在何处时，动能和势能相等？(4) 当物体的位移为振幅的一半时，动能、势能各占总能量的多少？

5-27 一刚度系数为 $k=312\ \mathrm{N\cdot m^{-1}}$ 的轻弹簧，一端固定，另一端连有一质量为 $m_0=0.3$ kg 的物体，放在光滑的水平面上，上面放一质量为 $m_1=0.2$ kg的物体，两物体间的最大静摩擦系数为 0.5，求两物体间无相对滑动时，系统振动的最大能量.

第6章

机　械　波

微课视频

在第 5 章讨论振动的基础上，本章将进一步研究振动在空间的传播过程 —— 波动. 振动状态的传播过程称为**波动**，简称**波**. 激起波动的振动系统称为**波源**. 机械振动经过一定的弹性介质而在空间的传播过程，称为**机械波**. 波动是一种常见的物质运动形式，例如，绳子上的波、空气中的声波和水面波等，它们都是机械振动在弹性介质中传播而形成的，这类波叫作机械波. 波动并不限于机械波，无线电波、光波等也是一种波动，这类波是交变电磁场在空间传播而形成的，称为电磁波. 机械波和电磁波在本质上是不同的，但是它们都具有波动的特征，即都具有一定的传播速度，且都伴随着能量的传播，都能产生干涉、反射、折射和衍射等现象，都有相似的数学表述形式.

6.1　行波

机械振动在弹性介质(固体、液体和气体) 内传播就形成了机械波，这是因为弹性介质内各质点之间有弹性力相互作用，介质中某一质点离开平衡位置，介质就发生了形变. 一方面，邻近质点将对该质点施加弹性回复力，使它回到平衡位置，并在平衡位置附近振动起来；另一方面，根据牛顿第三定律，这个质点也将对邻近质点施加弹性力，迫使邻近质点也在自己的平衡位置附近振动起来. 这样，当弹性介质中一部分质点发生振动时，由于各质点之间的弹性相互作用，振动就由近及远地传播开去，形成波动. 振动的传播称为**行波**. 按照质点振动方向和波的传播方向的关系，机械波可以分为横波和纵波. 这是波动的两种最基本的形式.

如图 6 - 1(a) 所示，用手握住一根绷紧的长绳，当手上下抖动时，绳子上各部分质点就依次上下振动起来，这种质点的振动方向与波的传播方向相互垂直的波，称为**横波**. 也就是说，横波在绳子中传播时，绳子各部分质点的振动方向与波的传播方向相互垂直. 对于这样的横波，将会看到在绳子上交替出现凸起的波峰和凹下的波谷，并且它们以一定的速度沿绳子传播，这就是横波的外形特征.

将一根水平放置的长弹簧的一端固定起来，用手去拍打弹簧的另一端，弹簧中各部分质点就依次左右振动起来，如图 6 - 1(b) 所示. 这种各质点的振动方向与波的传播方向相互平行的波，称为**纵波**. 换句话说，纵波在弹簧中传播时，弹簧上各部分质点的振动方向与波的传播方向相互平行. 纵波的外形特征是弹簧出现交替的“稀疏” 和“稠密” 区域，并且它们以一定的速度向外传播.

从图 6 - 1 还可以看出，无论是横波还是纵波，它们都只是振动状态(振动相位) 的传播，弹性介质中各质点仅在它们各自的平衡位置附近振动，并没有随振动的传播而流走. 通常把传播波的物质称为**介质**. 机械波必须依靠介质才能传播. 当横波在介质中传播时，介质内相邻质点间会出现剪切形变，由于只有固体在发生切变时才能产生切向应力，因此也只有固体才能传播横波. 当纵波在介质中传播时，介质内相邻质点间要发生压缩或拉伸，即发生体变(也称容变)，这些体变在气体、液体或固体中都可以出现，所以纵波能在各种介质中传播.

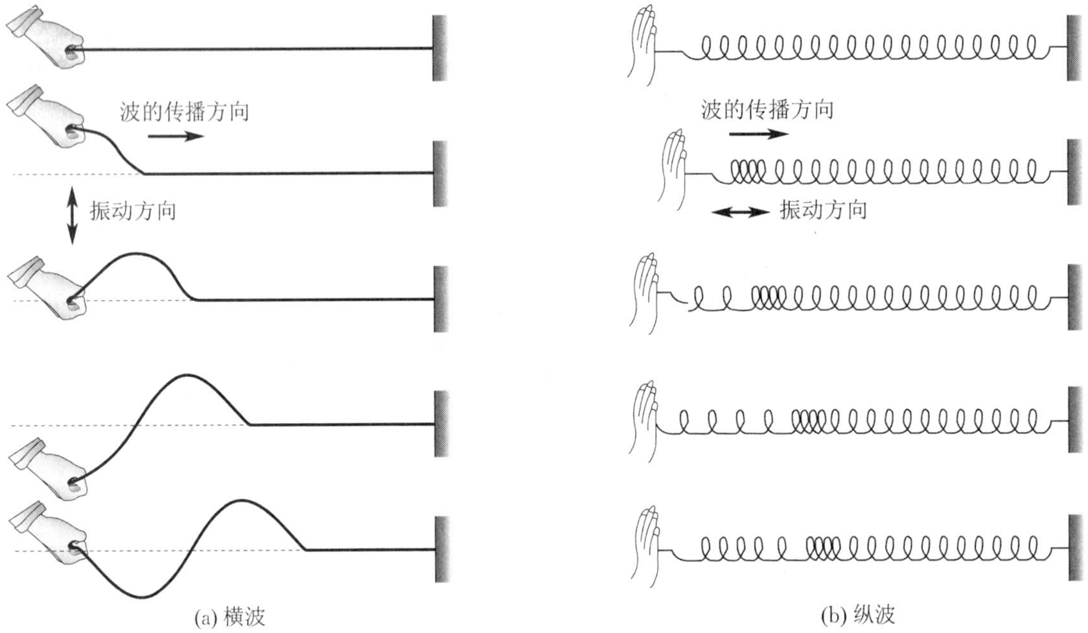

图 6－1　机械波的形成

我们平时所熟知的地震波就包含了纵波、横波和面波. 纵波是推进波，在地壳中的传播速度为 5.5～7.0 km/s，最先到达震中，又称为P波，它使地面发生上下振动，破坏性较弱. 横波是剪切波，在地壳中的传播速度为 3.2～4.0 km/s，第二个到达震中，又称为S波，它使地面发生前后、左右抖动，破坏性较强. 面波又称为 L 波，是由纵波与横波在地表相遇后激发产生的混合波，其波长大、振幅强，只能沿地表传播，是造成建筑物强烈破坏的主要因素.

波长、波的周期(或频率) 和波速都是描述波动的重要物理量. 沿波传播方向的两个相邻的、相位差为 2π 的振动质点之间的距离，即一个完整波形的长度，叫作**波长**，用 λ 表示. 显然，横波上相邻两个波峰之间或相邻两个波谷之间的距离，都是一个波长；纵波上相邻两个波密或相邻两个波疏对应点之间的距离，也是一个波长.

波的**周期**是波前进一个波长的距离所需要的时间，用 T 表示. 周期的倒数叫作波的**频率**，用 ν 表示，即 $\nu = T^{-1}$. 频率等于单位时间内波动所传播的完整波的数目. 因为波源做一次完全振动，波就前进一个波长的距离，所以波的周期(或频率) 等于波源的振动周期(或频率). 波的频率在数值上等于 1 s 内通过波线上任一点的完整波数.

波源的振动随着时间的延伸而逐渐传播到更远的质点，即介质中沿波传播方向的各个质点也就先后开始重复与波源相同的振动. 在波动过程中，某一振动状态(振动相位) 在单位时间内所传播的距离叫作**波速**，用 u 表示，也称为**相速**. 波速的大小取决于介质的性质，在不同的介质中，波速是不同的. 在标准状态下，声波在空气中传播的速度为 331 $\mathrm{m \cdot s^{-1}}$，而在氢气中传播的速度为 263 $\mathrm{m \cdot s^{-1}}$.

在一个周期内，波传播了一个波长的距离，故有

$$u = \frac{\lambda}{T} \tag{6-1}$$

或

$$u = \lambda\nu. \tag{6-2}$$

式(6-1)和式(6-2)具有普遍的意义，对各类波都适用. 必须指出，波速虽由介质决定，但波的频率是波源振动的频率，与介质无关. 因此，由式(6-1)或式(6-2)可知，同一频率的波，其波长将随介质的不同而不同.

例 6-1

在室温下，已知空气中的声速为 $u_1 = 340\ \mathrm{m \cdot s^{-1}}$，水中的声速为 $u_2 = 1\,450\ \mathrm{m \cdot s^{-1}}$，求频率分别为 200 Hz 和 2 000 Hz 的声波在空气中和水中的波长.

解 由式(6-2)可得

$$\lambda = \frac{u}{\nu}.$$

频率为 200 Hz 和 2 000 Hz 的声波在空气中的波长分别为

$$\lambda_1 = \frac{u_1}{\nu_1} = 1.7\ \mathrm{m},$$

$$\lambda_2 = \frac{u_1}{\nu_2} = 0.17\ \mathrm{m},$$

在水中的波长分别为

$$\lambda_1' = \frac{u_2}{\nu_1} = 7.25\ \mathrm{m},$$

$$\lambda_2' = \frac{u_2}{\nu_2} = 0.725\ \mathrm{m}.$$

可见，同一频率的声波，在水中的波长比在空气中的波长要长得多.

理论和实验都证明，固体内横波和纵波的传播速度 u 分别为

$$u_S = \sqrt{\frac{G}{\rho}} \quad (横波),$$

$$u_P = \sqrt{\frac{E}{\rho}} \quad (纵波),$$

其中 G,E 和 ρ 分别为固体的切变模量、弹性模量和密度. 在液体和气体中，纵波的传播速度为

$$u_P = \sqrt{\frac{K}{\rho}} \quad (纵波),$$

其中 K 为体积模量.

以上各式表明，机械波的波速取决于介质的性质，与振源无关.

表 6-1 给出了几种介质中的声速.

表 6-1 几种介质中的声速

介质	温度/℃	声速/($\mathrm{m \cdot s^{-1}}$)
空气(1.013×10^5 Pa)	0	331
空气(1.013×10^5 Pa)	20	343
氢气(1.013×10^5 Pa)	0	1 270
玻璃	0	5 500
花岗岩	0	3 950
冰	0	5 100
水	20	1 460
铝	20	5 100
黄铜	20	3 500

波源在弹性介质中振动时，振动波将向各个方向传播，形成波动. 为了便于讨论波的传播情况，我们引入波线、波面和波前的概念.

沿波的传播方向画一些带有箭头的线，叫作**波线**. 介质中各质点都在平衡位置附近振动，把不同波线上同一时刻相位相同的点所连成的曲面叫作**波面**或**同相面**. 在任一时刻，波面可以有任意多个，一般使相邻两个波面之间的距离等于一个波长，如图 6-2 所示. 在某一时刻，由波源最初振动状态传到的各点所连成的曲面叫作**波前**. 显然，波前是波面的特例，它是传到最前面的波面. 所以，在任一时刻只有一个波前. 波前是球面的波叫作球面波，波前是平面的波叫作平面波. 离波源很远的球面波的一小部分可近似看作平面波. 在各向同性的介质中，波线与波面垂直.

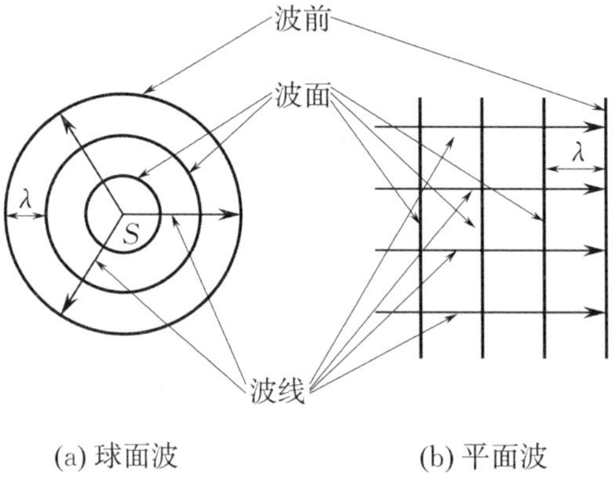

图 6-2　波线、波面与波前

6.2　简谐波

机械波是机械振动在弹性介质内的传播，它是弹性介质内大量质点参与的一种集体运动形式. 如果波沿 x 方向传播，那么，要描述它，就应该知道 x 处的质点在任意时刻 t 的位移 y，即应该知道 $y(x,t)$. 我们把这种描述波传播的函数 $y(x,t)$ 叫作**波动函数**，简称**波函数**.

普通波函数的表达式是比较复杂的. 现在我们只研究一种最简单、最基本的波，即在均匀、无吸收的介质中，波源和介质中各质点都做简谐振动所形成的波 —— **简谐波**. 理论分析表明，严格的简谐波只是一种理想化的模型，它不仅具有单一的频率和振幅，而且必须在空间和时间上都是无限延展的. 所以严格的简谐波是无法实现的，做简谐振动的波源在均匀、无吸收的介质中所形成的波只可近似地看作简谐波. 然而可以证明，任何非简谐的复杂波，都可以看作由若干个频率不同的简谐波叠加而成. 图 6-3 所示就是由频率和振幅各不相同的两个简谐波叠加成复杂波的情形. 因此，研究简谐波仍具有特别重要的意义. 简谐波可以是横波，也可以是纵波.

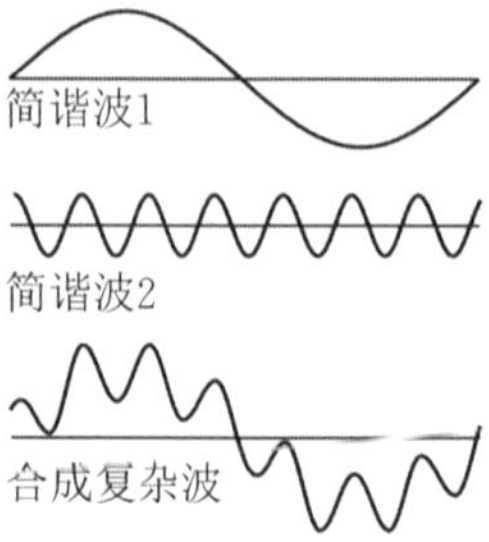

图 6-3　两个不同的简谐波叠加成复杂波

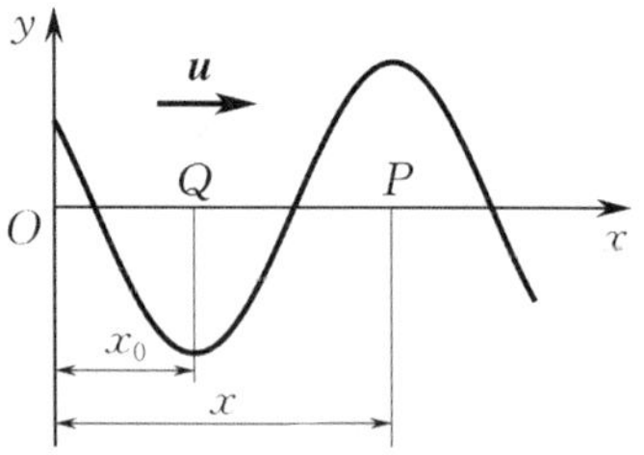

图 6-4　*t* 时刻的波形图

先来讨论沿 x 轴正方向传播的平面波. 如图6-4所示,在坐标原点 O 处有一质点做简谐振动,为方便计算,设其初相为零,故其运动方程为 $y_0 = A\cos\omega t$,其中 y_0 是质点在 t 时刻相对于平衡位置的位移,A 是振幅,ω 是角频率. 假定介质是均匀、无吸收的,那么各点的振幅将保持不变. 为了找出在 x 轴上所有质点在任一时刻的位移,可在 x 轴正方向任取一点 P,它距 O 点的距离为 x. 显然,当振动从 O 点传播到 P 点时,P 点将以相同的振幅和频率重复 O 点的振动. 但振动从 O 点传播到 P 点所需的时间为 $t_0 = \frac{x}{u}$(u 为波速). 这表明,若 O 点振动了 t 时间,则 P 点只振动了 $t - t_0 = t - \frac{x}{u}$ 的时间,即当 O 点的相位为 ωt 时,P 点的相位为 $\omega\left(t - \frac{x}{u}\right)$. 于是,$P$ 点在 t 时刻的位移为

$$y_P = A\cos\omega\left(t - \frac{x}{u}\right). \tag{6-3a}$$

由于 P 点不具有特殊性,因此式(6-3a)适用于表述 x 轴上所有质点的振动,从而可以描绘 x 轴上各质点位移随时间变化的整体图像. 因此,式(6-3a)即为沿 x 轴正方向传播的平面波的波函数,也常称为平面波的波动方程.

因为 $\omega = \frac{2\pi}{T} = 2\pi\nu$,$u = \lambda\nu = \frac{\lambda}{T}$,所以通常将式(6-3a)写成

$$y = A\cos 2\pi\left(\frac{t}{T} - \frac{x}{\lambda}\right). \tag{6-3b}$$

若取 $k = \frac{2\pi}{\lambda}$,k 叫作波数,则波函数又可以写成

$$y = A\cos(\omega t - kx). \tag{6-3c}$$

如果波沿 x 轴负方向传播,则 P 点的振动比 O 点早开始 $\frac{x}{u}$ 的时间. 也就是说,当 O 点的相位是 ωt 时,P 点的相位已是 $\omega\left(t + \frac{x}{u}\right)$. 所以 P 点在任一时刻的位移为

$$y = A\cos\omega\left(t + \frac{x}{u}\right). \tag{6-4a}$$

这就是沿 x 轴负方向传播的平面波的波函数. 同样,也可以写成以下两种常用的形式:

$$y = A\cos 2\pi\left(\frac{t}{T} + \frac{x}{\lambda}\right), \tag{6-4b}$$

$$y = A\cos(\omega t + kx). \tag{6-4c}$$

至此,不难将以上讨论推广到更普遍的情形. 若波沿 x 轴正方向传播,且距 O 点为 x_0 的 Q 点的振动规律为

$$y_Q = A\cos(\omega t + \varphi),$$

则该波的波函数为

$$y = A\cos\left[\omega\left(t - \frac{x - x_0}{u}\right) + \varphi\right]. \tag{6-5}$$

6.3 物体的弹性形变

机械波是在弹性介质内传播的. 为了说明机械波的动力学规律,先介绍一些有关物体的弹性形变的基本知识.

物体,包括固体、液体和气体,在受到外力作用时,其形状或体积都会发生或大或小的变化.这种变化统称为形变.在外力不太大且引起的形变也不太大的情况下,若去掉外力,物体的形状或体积仍能复原.这个外力的限度叫作**弹性限度**.在弹性限度内的形变叫作**弹性形变**,它和外力具有简单的关系.

由于外力施加的方式不同,形变可以有以下几种基本形式.

6.3.1 线变

一段固体棒,两端受到沿轴的、方向相反、大小相等的外力作用时,其长度会发生改变(称为**线变**),是伸长还是压缩,视两个力的方向而定.如图6-5所示,以F表示力的大小,S表示棒的横截面积,则$\frac{F}{S}$叫作**应力**.以l表示棒原来的长度,Δl表示外力$\boldsymbol{F}$作用下棒的长度变化,则相对变化$\frac{\Delta l}{l}$叫作**线应变**.实验证明,在弹性限度内,应力和线应变成正比.这一关系叫作**胡克定律**,其表达式为

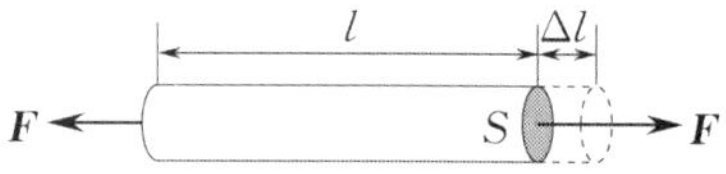

图6-5 线变

$$\frac{F}{S}=E\frac{\Delta l}{l}, \tag{6-6}$$

其中E为关于线变的比例常量,它随材料的不同而不同,叫作**杨氏模量**.将式(6-6)改写成

$$F=\frac{ES}{l}\Delta l=k\Delta l. \tag{6-7}$$

若外力不太大,则Δl较小,S基本不变,因而$\frac{ES}{l}$近似为一常量,可用k表示.式(6-7)就是常见的外力和棒的长度变化成正比的公式,k称为**刚度系数**.

材料发生线变时,具有弹性势能.类比弹簧的弹性势能公式,由式(6-7)可得其弹性势能为

$$W_{\mathrm{p}}=\frac{1}{2}k(\Delta l)^2=\frac{1}{2}\frac{ES}{l}(\Delta l)^2=\frac{1}{2}ESl\left(\frac{\Delta l}{l}\right)^2.$$

注意到$Sl=V$为材料的总体积,所以当材料发生线变时,单位体积内的弹性势能为

$$W_{\mathrm{p}}=\frac{1}{2}E\left(\frac{\Delta l}{l}\right)^2, \tag{6-8}$$

即等于杨氏模量和线应变的平方的乘积的一半.

在纵波形成时,介质中各质元都发生线变,各质元内都有如式(6-8)给出的弹性势能.

6.3.2 剪切形变

一块矩形材料,当它的两个侧面受到与侧面平行的、大小相等、方向相反的外力作用时,其形状就要发生改变,如图6-6中的虚线所示.这种形变称为**剪切形变**,也简称**剪切**.外力的大小F和施力面积S之比,称为**剪应力**.施力面积相互错开而引起的材料角度的变化$\varphi=\frac{\Delta d}{D}$,叫作**剪应变**.在弹性限度内,剪应力也和剪应变成正比,即

$$\frac{F}{S}=G\varphi=G\frac{\Delta d}{D}, \tag{6-9}$$

其中G称为**剪切模量**,它是由材料性质决定的常量.式(6-9)为用于剪切形变的胡克定律公式.

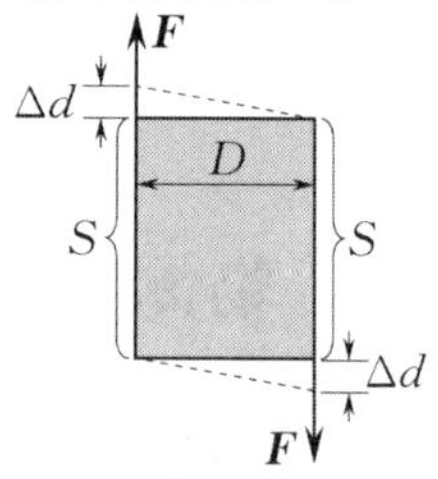

图6-6 剪切形变

材料发生剪切形变时,也具有弹性势能. 可以证明,材料发生剪切形变时,单位体积内的弹性势能等于剪切模量和剪应变平方的乘积的一半,即

$$W_{\mathrm{p}}=\frac{1}{2}G\varphi^{2}=\frac{1}{2}G\left(\frac{\Delta d}{D}\right)^{2}. \tag{6-10}$$

在横波形成时,介质中各质元都发生剪切形变,各质元内都有如式(6－10)给出的弹性势能.

6.3.3　体变

当一块物质周围的压强改变时,其体积也会发生改变,如图 6－7 所示. 以 Δp 表示压强的改变,以 $\frac{\Delta V}{V}$ 表示相应体积的相对变化,即**体应变**,则胡克定律可以表示为

$$\Delta p=-K\frac{\Delta V}{V}, \tag{6-11}$$

其中 K 称为**体积模量**,总取正数,它的大小随物质种类的不同而不同. 式(6－11)中的负号表示压强的增大总导致体积的缩小.

体积模量的倒数叫作**压缩率**,用 κ 表示,则有

$$\kappa=\frac{1}{K}=-\frac{1}{V}\frac{\Delta V}{\Delta p}. \tag{6-12}$$

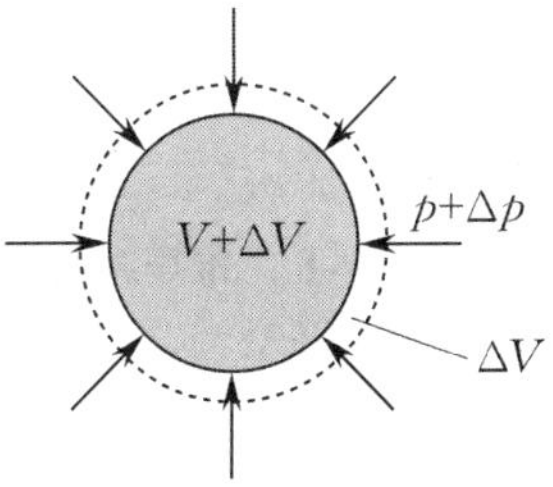

图 6－7　体变

可以证明,在发生体积压缩形变时,单位体积内的弹性势能也等于相应的弹性模量(K)与体应变$\left(\frac{\Delta V}{V}\right)$的平方的乘积的一半.

几种材料的弹性模量如表 6－2 所示.

表 6－2　几种材料的弹性模量

材料	杨氏模量 $E/(10^{11}\,\mathrm{N\cdot m^{-2}})$	剪切模量 $G/(10^{11}\,\mathrm{N\cdot m^{-2}})$	体积模量 $K/(10^{11}\,\mathrm{N\cdot m^{-2}})$
玻璃	0.55	0.23	0.37
铝	0.7	0.30	0.70
铜	1.1	0.42	1.4
铁	1.9	0.70	1.0
钢	2.0	0.84	1.6
水	—	—	0.02
酒精	—	—	0.009 1

6.4　弹性介质中的波速

弹性介质中的波速是靠介质中各质元间的弹性力作用而形成的,因此弹性越强的介质,在其中形成的波的传播速度就会越大. 或者说,介质的弹性模量越大,波的传播速度就越大. 另外,波的传播速度还与介质的密度有关. 密度越大的介质,其中各质元的质量就越大,其惯性就越大,前方的质元就越不容易被其后紧接的质元的弹力带动. 这必将延缓振动传播的速度. 因此,介质的密度越大,波的传播速度就越小. 下面以棒中的横波为例,推导波的速度与弹性介质的弹性模量及密度的定量关系.

如图 6-8 所示，取棒中横波形成时棒的任一长度为 Δx 的质元，用 S 表示棒的横截面积，则此质元的质量为 $\Delta m=\rho S\Delta x$，其中 ρ 为棒材的质量密度. 由于剪切形变，此质元将分别受到其前方和后方介质对它的剪应力. 其后方介质薄层 1 由于剪切形变而产生的对它的作用力为(根据式(6-9)，此处 $\Delta d=\mathrm{d}y, D=\mathrm{d}x$)

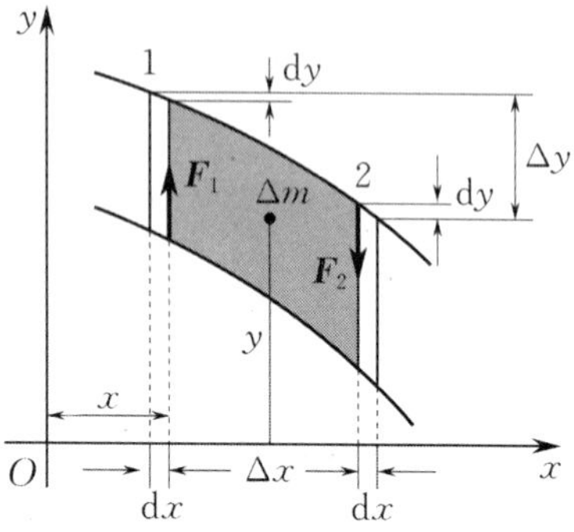

图 6-8　推导波的速度用图

$$F_1=SG\left(\frac{\partial y}{\partial x}\right)_x,$$

其前方介质薄层 2 对它的作用力为

$$F_2=SG\left(\frac{\partial y}{\partial x}\right)_{x+\Delta x}.$$

这一质元受到的合力为

$$\begin{aligned}F_2-F_1&=SG\left[\left(\frac{\partial y}{\partial x}\right)_{x+\Delta x}-\left(\frac{\partial y}{\partial x}\right)_x\right]=SG\frac{\mathrm{d}}{\mathrm{d}x}\left(\frac{\partial y}{\partial x}\right)\Delta x\\&=SG\frac{\partial^2 y}{\partial x^2}\Delta x.\end{aligned}\tag{6-13}$$

由于此合力的作用，此质元在 y 方向产生振动加速度 $\frac{\partial^2 y}{\partial t^2}$. 由牛顿第二定律可得，对此段质元，有

$$SG\left(\frac{\partial^2 y}{\partial x^2}\right)\Delta x=\rho S\Delta x\frac{\partial^2 y}{\partial t^2},\tag{6-14}$$

等式两边消去 $S\Delta x$，得

$$\frac{G}{\rho}\frac{\partial^2 y}{\partial x^2}=\frac{\partial^2 y}{\partial t^2}.\tag{6-15}$$

此二元二阶微分方程的解取波函数的形式. 如果用波函数(见式(6-3a))代替式(6-15)中的 y，分别对 x 和 t 求其二阶偏导数，即可得

$$u^2=\frac{G}{\rho}.$$

于是，弹性棒中横波的速度为

$$u=\sqrt{\frac{G}{\rho}}.\tag{6-16}$$

这和本节开始时的定性分析是相符的.

用类似的方法可以导出棒中纵波的速度为

$$u=\sqrt{\frac{E}{\rho}},\tag{6-17}$$

其中 E 为棒的杨氏模量.

由表 6-2 可以看出，同种材料的剪切模量 G 总小于其杨氏模量 E. 因此，在同一种介质中，横波的波速比纵波的波速要小些.

在固体中，既可以传播横波，又可以传播纵波. 在液体和气体中，由于不可能发生剪切形变，因此只能传播纵波. 液体和气体中的纵波波速由下式给出：

$$u=\sqrt{\frac{K}{\rho}},\tag{6-18}$$

其中 K 为介质的体积模量，ρ 为其密度.

至于一条细绳中的横波，其中的波速由下式决定：

$$u=\sqrt{\frac{F}{\rho_l}},\tag{6-19}$$

其中 F 为细绳中的张力，ρ_l 为其质量线密度，即单位长度的质量.

对于气体，可以由式(6-18) 导出其中纵波(声波) 的波速.

由状态方程 $p=\frac{\rho}{M}RT$ 和绝热过程方程 $pV^{\gamma}=C$ 可得

$$\frac{\mathrm{d}p}{\mathrm{d}V}=-\frac{\gamma p}{V}=-\frac{\gamma\rho RT}{MV}.$$

将式(6-11) 代入上式可得

$$K=\frac{\gamma\rho RT}{M},$$

再由式(6-18) 可知

$$u=\sqrt{\frac{K}{\rho}}=\sqrt{\frac{\gamma RT}{M}}. \tag{6-20}$$

可见，对同一种气体，其中纵波波速明显取决于其温度. 实际上，即使对于固体或液体，其中的波速也和温度有关，因为弹性和密度都与温度有关. 一些介质中的波速如表 6-3 所示.

表 6-3 一些介质中的波速 单位：$\mathrm{m\cdot s^{-1}}$

介质	棒中纵波	无限大介质中的纵波	无限大介质中的横波
硬玻璃	5 170	5 640	3 280
铝	5 000	6 420	3 040
铜	3 750	5 010	2 270
电解铁	5 120	5 950	3 240
低碳钢	5 200	5 960	3 235
海水(25 ℃)	—	1 531	—
蒸馏水(25 ℃)	—	1 497	—
酒精(25 ℃)	—	1 207	—
二氧化碳(气体，0 ℃)	—	259	—
空气(干燥，0 ℃)	—	331	—
氢气(0 ℃)	—	1 284	—

6.5 波的能量

波在弹性介质中传播时，介质的各质元由于运动而具有动能. 同时又由于产生了形变，所以还具有弹性势能. 这样，随同振动的传播就有机械能的传播，这就是波动过程的一个重要特征. 本节以棒内简谐横波为例，说明机械能传播的定量表达式. 为此先求任一质元的动能和弹性势能.

设介质的密度为 ρ，一质元的体积为 ΔV，其中心的平衡位置的坐标为 x. 当平面波

$$y=A\cos\omega\left(t-\frac{x}{u}\right)$$

在介质中传播时，此质元在 t 时刻的运动(振动) 速度为

$$v = \frac{\partial y}{\partial t} = -\omega A \sin \omega\left(t - \frac{x}{u}\right).$$

它在此时刻的振动动能为

$$\Delta W_k = \frac{1}{2}\rho \Delta V v^2 = \frac{1}{2}\rho \Delta V \omega^2 A^2 \sin^2 \omega\left(t - \frac{x}{u}\right). \tag{6-21}$$

此质元的应变为

$$\frac{\partial y}{\partial x} = -\frac{A\omega}{u}\sin \omega\left(t - \frac{x}{u}\right).$$

根据式(6-10)，它的弹性势能为

$$\Delta W_p = \frac{1}{2}G\left(\frac{\partial y}{\partial x}\right)^2 \Delta V = \frac{1}{2}\frac{G}{u^2}\omega^2 A^2 \sin^2 \omega\left(t - \frac{x}{u}\right)\Delta V.$$

由式(6-16)可知 $u^2 = \frac{G}{\rho}$，因而上式又可以写为

$$\Delta W_p = \frac{1}{2}\rho \omega^2 A^2 \Delta V \sin^2 \omega\left(t - \frac{x}{u}\right). \tag{6-22}$$

与式(6-21)相比较可知，在平面波中，每一质元的振动动能和弹性势能是随时间同相变化的. 质元经过其平衡位置时，具有最大的振动速度，即此时振动动能最大；同时其形变也最大，即此时弹性势能为最大，而且**在任意时刻，单个质元的振动动能与弹性势能都具有相同的数值**. 振动动能和弹性势能的这种关系是波动中质元不同于孤立的振动系统的一个重要特点.

将式(6-21)和式(6-22)相加，可得质元的总机械能为

$$\Delta W = \Delta W_k + \Delta W_p = \rho \omega^2 A^2 \Delta V \sin^2 \omega\left(t - \frac{x}{u}\right). \tag{6-23}$$

这个总能量随时间做周期性变化. 质元能量的这一变化特点是能量在传播时的表现.

波传播时，介质中单位体积内的能量叫作波的**能量密度**. 以 w 表示能量密度，则介质中 x 处在 t 时刻的能量密度为

$$w = \frac{\Delta W}{\Delta V} = \rho \omega^2 A^2 \sin^2 \omega\left(t - \frac{x}{u}\right). \tag{6-24}$$

在一周期内(或者一个波长范围内)能量密度的平均值叫作**平均能量密度**，以 $\overline{w}$ 表示. 由于正弦的平方在一周期内的平均值为$\frac{1}{2}$，所以有

$$\overline{w} = \frac{1}{2}\rho \omega^2 A^2 = 2\pi^2 \rho A^2 \nu^2. \tag{6-25}$$

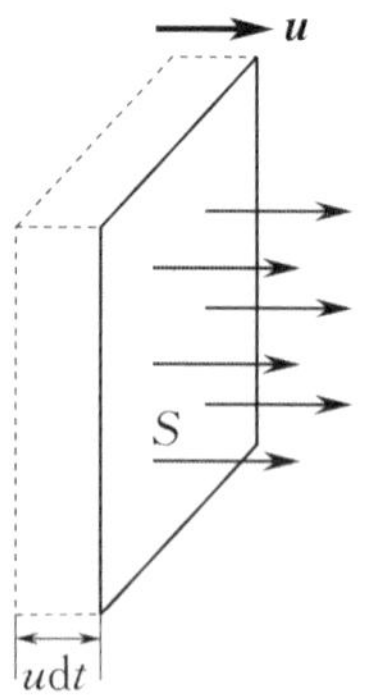

图 6-9　波的强度的计算

式(6-25)表明，平均能量密度和介质的密度、振幅的平方，以及频率的平方成正比. 这一公式虽然是由平面简谐波导出的，但对于各种平面波均适用.

对波动来说，更重要的是它传播能量的本领. 如图 6-9 所示，取垂直于波的传播方向的一个面积 S，在 $\mathrm{d}t$ 时间内通过此面积的能量就是此面积后方体积为 $uS\mathrm{d}t$ 的立方体内的能量，即 $\mathrm{d}W = wuS\mathrm{d}t$，代入式(6-24)中的 w 值，可得单位时间内通过面积 S 的能量为

$$P = \frac{wuS\mathrm{d}t}{\mathrm{d}t} = wuS = \rho u \omega^2 A^2 S \sin^2 \omega\left(t - \frac{x}{u}\right). \tag{6-26}$$

P 称为通过面积 S 的能流. 通过垂直于波的方向的单位面积的能流的时间平均值，称为**波的强度**，用 I 表示，即

$$I=\frac{\overline{P}}{S}=\overline{w}u.$$

再利用式(6-25)，可得

$$I=\frac{1}{2}\rho\omega^2A^2u. \tag{6-27}$$

因为波的强度和振幅有关，所以借助于式(6-27)和能量守恒概念可以研究波传播时振幅的变化.

设有一平面波在均匀介质中沿 x 方向行进，如图 6-10 所示，波中有同样的波线所限的两个横截面积 S_1 和 S_2. 假设介质不吸收波的能量，根据能量守恒定律，在一个周期 T 内通过横截面积 S_1 和 S_2 的能量应该相等. 以 I_1 表示 S_1 处的强度，以 I_2 表示 S_2 处的强度，则有

$$I_1S_1T=I_2S_2T.$$

利用式(6-27)，有

$$\frac{1}{2}\rho u\omega^2A_1^2S_1T=\frac{1}{2}\rho u\omega^2A_2^2S_2T. \tag{6-28}$$

对于平面波，$S_1=S_2$，因而有

$$A_1=A_2.$$

这就是说，在均匀的不吸收能量的介质中传播的平面波的振幅保持不变. 这一点我们在 6.2 节中介绍平面波的波函数时已经用到了.

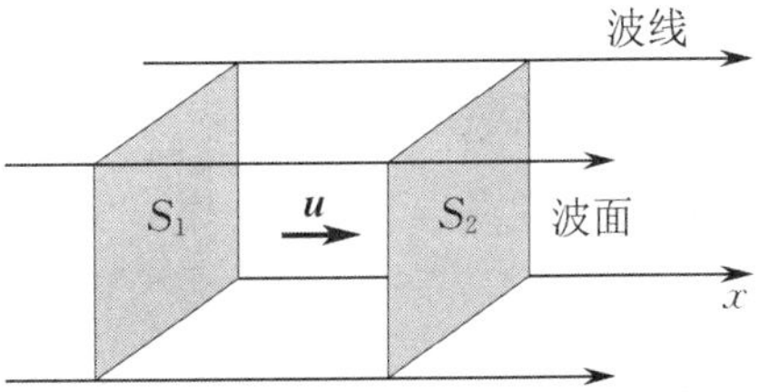

图 6-10　平面波中能量的传播

波面是球面的波叫作球面波. 如图 6-11 所示，球面波的波线沿着半径向外. 如果球面波在均匀、无吸收的介质中传播，那么振幅将随 r 改变. 设以点波源 O 为圆心画半径分别为 r_1 和 r_2 的两个球面，在介质不吸收波的能量的前提下，一个周期内通过这两个球面的能量应该相等. 这时式(6-28)仍然有效，不过 S_1 和 S_2 应分别用球面积 $4\pi r_1^2$ 和 $4\pi r_2^2$ 代替. 由此，对于球面波，应有

$$A_1^2r_1^2=A_2^2r_2^2$$

或

$$A_1r_1=A_2r_2, \tag{6-29}$$

即振幅与离点波源的距离成反比. 若以 A_1 表示离波源的距离为单位长度处的振幅，则在离波源任意距离 r 处的振幅为 $A=\frac{A_1}{r}$. 因为振动的相位随 r 的增加而落后的关系与平面波类似，所以球面简谐波的波函数为

$$y=\frac{A_1}{r}\cos\omega\left(t-\frac{r}{u}\right). \tag{6-30}$$

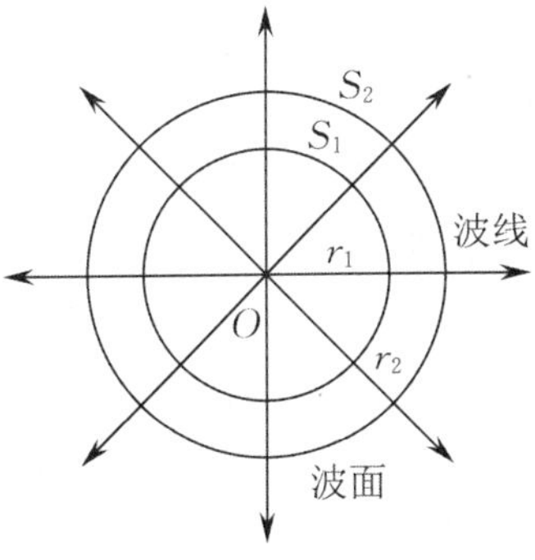

图 6-11　球面波中能量的传播

实际上，波在介质中传播时，介质总要吸收波的一部分能量. 即使是平面波，波的振幅也会减小，因而波的强度也要沿波的传播方向逐渐减小. 介质所吸收的能量通常转换成介质的内能或热. 这种现象称为**波的吸收**.

6.6　惠更斯原理

在波动中，波源的振动是通过介质中的质点依次传播出去的，因此每个质点都可看作新波源. 例如，在图 6－12 中，水面波传播时遇到一障碍物，当障碍物小孔的大小与波长相差不多时，就可以看到穿过小孔的波是圆形的，与原来波的形状无关. 这说明小孔可以看作新波源.

在总结这类现象的基础上，荷兰物理学家惠更斯(Huygens)于 1679 年首先提出，介质中波前上的各点，都可以看作发射子波的波源，其后任意时刻，这些子波的包迹就是新的波前. 这就是**惠更斯原理**. 对任何波动过程(机械波或电磁波)，不论其传播波动的介质是均匀的还是非均匀的，是各向同性的还是各向异性的，惠更斯原理都适用. 已知某一时刻波前的位置，就可以根据这一原理，用几何作图的方法，确定出下一时刻波前的位置，从而确定波传播的方向.

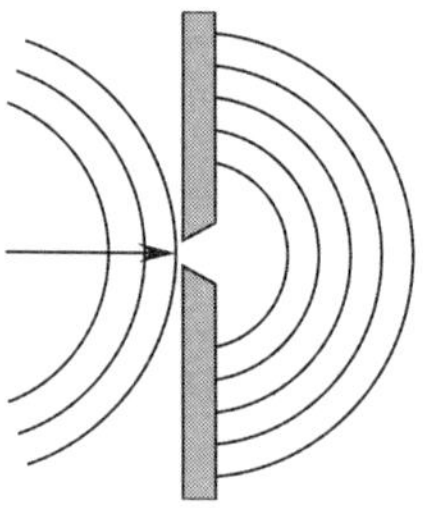

图 6－12　障碍物上的小孔形成新波源

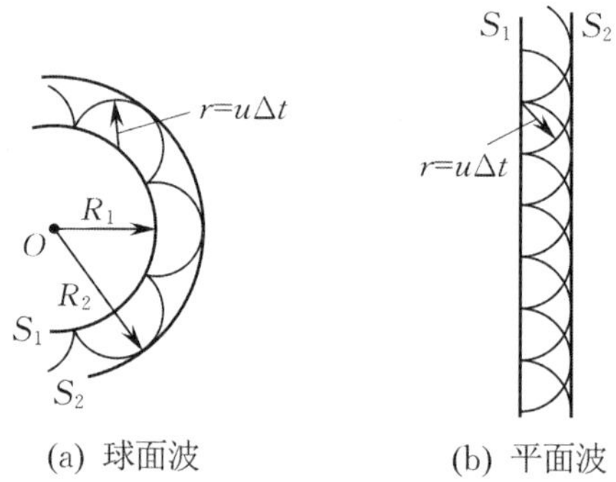

图 6－13　用惠更斯原理求波前

下面以球面波为例，说明惠更斯原理的应用. 如图 6－13(a) 所示，以 O 为中心的球面波以波速 u 在介质中传播，t 时刻的波前是半径为 R_1 的球面 S_1. 根据惠更斯原理，S_1 上的各点都可以看作子波波源. 以 $r=u\Delta t$ 为半径，画出许多半球形子波，那么，这些子波的包迹 S_2 即为 $t+\Delta t$ 时刻的新波前. 显然，S_2 是以 O 为中心，以 $R_2=R_1+u\Delta t$ 为半径的球面. 这样就可不断获得新的波前. 半径很大的球面波上的一部分波前，可以近似看作平面波的波前. 例如，从太阳发射的光波到达地面上时就可看作平面波. 用惠更斯原理同样可求得其波前(见图 6－13(b)).

用惠更斯原理能够定性地说明衍射现象. 当波在传播过程中遇到障碍物时，其传播方向发生改变，并能绕过障碍物的边缘继续向前传播，这种现象叫作波的衍射. 如图 6－14 所示，平面波到达一宽度与波长相近的缝时，缝上各点都可看作子波的波源. 作出这些子波的包迹，就得出新的波前. 显然，此时的波前与原来的波面略有不同. 靠近缝边缘处，波前弯曲，即波绕过了障碍物而继续传播. 图 6－15 是水波通过狭缝时所发生的衍射现象.

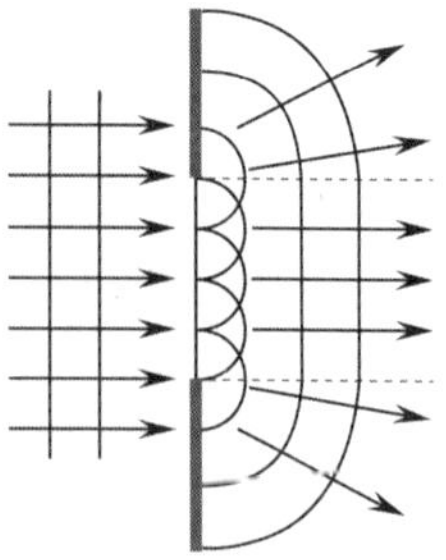

图 6－14　波的衍射

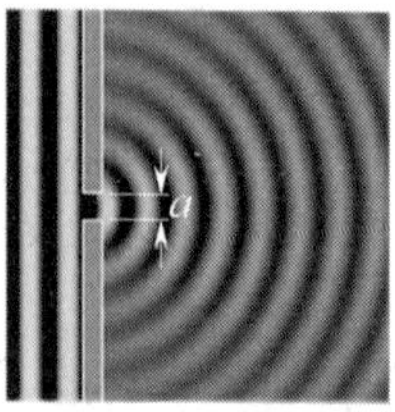

图 6－15　水波通过狭缝时所发生的衍射现象

衍射现象显著与否，和障碍物(缝、遮板等)的大小与波长之比有关. 障碍物的宽度远大于波长时，衍射现象不明显；障碍物的宽度与波长相近时，衍射现象比较明显；障碍物的宽度小于波长时，衍射现象更加明显. 在声学中，由于声音的波长与所碰到的障碍物的大小差不多，因此声波的衍射现象较显著，例如，在室内能够听到室外的声音，就是声波能够绕过窗(或门)缝的缘故.

机械波和电磁波都会产生衍射现象，衍射现象是波动的重要特征之一.

6.7 波的叠加 驻波

6.7.1 波的叠加原理

图 6-16 展示的是用计算机模拟制作的两列振动方向平行的波，在同一直线上相向传播时的情况. 在图 6-16(a) 中，它们的位移方向相同，而在图 6-16(b) 中，两波的位移方向相反.

可见在两波相遇处，各点的位移是两列波各自引起的位移之和；而在相遇之后，仍以各自原来的波形继续传播，就像没有相遇过一样. 例如，在日常生活中，听乐队演奏或几个人同时讲话时，我们仍能从综合音响中辨别出每种乐器或每个人的声音. 这表明，某种乐器或某个人发出的声波的特征并不因其他乐器或其他人同时发出的声波而受到影响. 可见，波的传播是独立进行的. 又如，在水面上有两列水波相遇时，或者几束灯光在空间相遇时，都有类似的情况发生. 通过对这些现象的观察和研究，可以总结出如下规律：

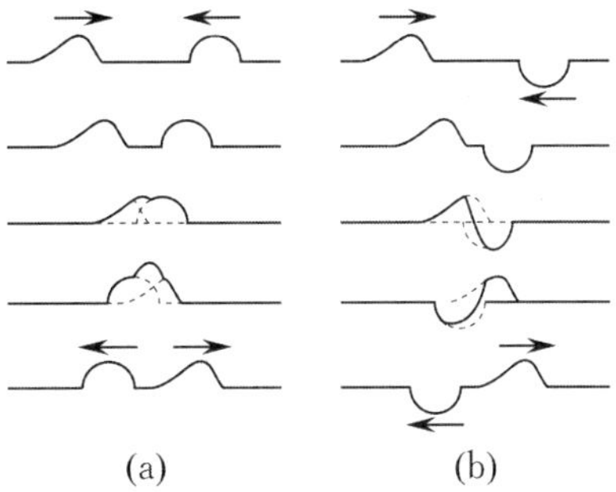

图 6-16 两列在同一直线上相向传播的波的叠加

(1) 几列波相遇之后，仍然保持它们各自原有的特征(频率、波长、振幅、振动方向等)不变，并按照原来的方向前进，好像没有相遇过一样.

(2) 在相遇区域内任一点的振动，是各列波单独存在时在该点所引起的位移的矢量和.

上述规律叫作**波的叠加原理**. 应该指出的是，叠加原理只对各向同性的线性介质适用.

6.7.2 驻波

几列波叠加可以产生许多独特的现象，驻波就是一个例子. 在同一介质中，两列频率、振动方向相同，而且振幅也相同的简谐波，在同一直线上沿相反方向传播时就叠加形成驻波.

设有两列简谐波，分别沿 x 轴正方向和负方向传播，它们的表达式分别为

$$y_1 = A\cos\left(\omega t - \frac{2\pi}{\lambda}x\right),$$

$$y_2 = A\cos\left(\omega t + \frac{2\pi}{\lambda}x\right),$$

其合成波为

$$y = y_1 + y_2 = A\cos\left(\omega t - \frac{2\pi}{\lambda}x\right) + A\cos\left(\omega t + \frac{2\pi}{\lambda}x\right).$$

利用三角关系可以求出

$$y = 2A\cos\frac{2\pi}{\lambda}x\cos\omega t. \tag{6-31}$$

式(6－31) 就是驻波的表达式，其中 $\cos\omega t$ 表示简谐振动，而 $\left|2A\cos\frac{2\pi}{\lambda}x\right|$ 就是该简谐振动的振幅. 这一函数不满足 $y(t+\Delta t, x+u\Delta t)=y(t,x)$，因此它不表示波形的传播，只表示各点都在做简谐振动. 各点的振动频率相同，就是原来的波的频率. 但各点的振幅随位置的不同而不同. 振幅最大的各点称为**波腹**，对应于使 $\left|\cos\frac{2\pi}{\lambda}x\right|=1$，即 $\frac{2\pi}{\lambda}x=k\pi(k=0,\pm1,\pm2,\cdots)$ 的各点. 因此波腹的位置为

$$x=k\frac{\lambda}{2}\quad(k=0,\pm1,\pm2,\cdots).$$

振幅为零的各点称为**波节**，对应于使 $\left|\cos\frac{2\pi}{\lambda}x\right|=0$，即 $\frac{2\pi}{\lambda}x=(2k+1)\frac{\pi}{2}(k=0,\pm1,\pm2,\cdots)$ 的各点. 因此波节的位置为

$$x=(2k+1)\frac{\lambda}{4}\quad(k=0,\pm1,\pm2,\cdots).$$

由以上两式可算出相邻的两个波节和相邻的两个波腹之间的距离 $\left(\text{都是}\frac{\lambda}{2}\right)$. 这一特征为我们提供了一种测定波长的方法，只要测出相邻两波节或两波腹之间的距离就可以确定原来两列波的波长 λ.

式(6－31) 中的振动因子虽为 $\cos\omega t$，但不能认为驻波中各点振动的相位都是相同的，因为系数 $2A\cos\frac{2\pi}{\lambda}x$ 在 x 值不同时是有正有负的. 把相邻两个波节之间的各点看作一段，则由余弦函数的规律可以知道，$\cos\frac{2\pi}{\lambda}x$ 的值在同一段内有相同的符号；而对于相邻两段内的两点，则符号相反. 这种符号的相同或相反就表明，在驻波中，**同一段上各点的振动同相（相位相同），而相邻两段中各点的振动反相（相位相反）**. 因此，驻波实际上就是分段振动的现象. 在驻波中，没有振动状态或相位的传播，也没有能量的传播，所以才称之为**驻波**.

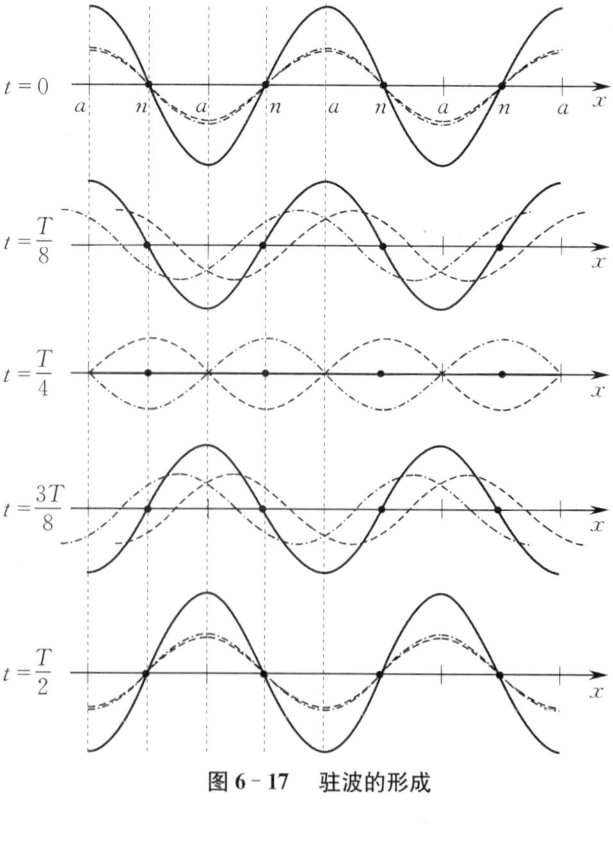

图 6－17　驻波的形成

图 6－17 画出了驻波形成的物理过程，其中点画线表示向右传播的波，虚线表示向左传播的波，粗线表示合振动. 图中各行依次表示 $t=0,\frac{T}{8},\frac{T}{4},\frac{3T}{8},\frac{T}{2}$ 时各质点的分位移和合位移. 从图中可以看出波腹(a)和波节(n) 的位置.

图 6－18 所示为用电动音叉在绳上产生驻波的示意图，其波腹和波节可以看得很清楚. 这一驻波是由音叉在 A 点引起的向右传

播的波和在 B 点反射后向左传播的波合成的结果. 改变拉紧绳的张力，就能改变波在绳上传播的速度. 当这一速度和音叉的频率正好使得绳长为**半波长的整数倍**时，在绳上就有驻波产生.

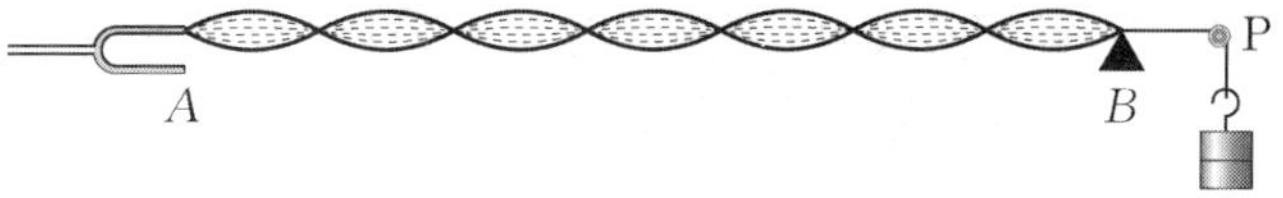

图 6-18　音叉在绳上产生驻波

值得注意的是，在这一实验中，在反射点 B 处绳是固定不动的，因而此处只能是波节. 这意味着反射波与入射波的相在此处正好相反，或者说，入射波在反射时的相位跃变为 π，相当于波程差为半个波长. 所以，这种入射波在反射时发生反相的现象也被称为**半波损失**. 若波在自由端反射，则没有相位跃变，形成的驻波在此端将出现波腹.

一般情况下，入射波在两种介质分界处反射时是否发生半波损失，与波的种类、两种介质的性质，以及入射角的大小有关. 当垂直入射时，它由介质的密度和波速的乘积 ρu 决定. 相对来讲，ρu 较大的介质称为**波密介质**，ρu 较小的介质称为**波疏介质**. 当波从波疏介质垂直入射到波密介质的界面上发生反射时，有半波损失，形成的驻波在界面处出现波节；反之，当波从波密介质垂直入射到波疏介质的界面上发生反射时，无半波损失，形成的驻波在界面处出现波腹.

在范围有限的介质内产生的驻波有许多重要的特征. 例如，将一根弦线的两端固定在相距 L 的两点间，当拨动弦线时，弦线中就产生往复传播的波，它们合成形成驻波. 但并不是所有波长的波都能形成驻波. 因为弦线的两个端点固定不动，所以这两点必须是波节. 因此驻波的波长必须满足下列条件：

$$L = n\frac{\lambda}{2} \quad (n = 1, 2, \cdots).$$

若以 λ_n 表示与某一 n 值对应的波长，则由上式可得允许波长为

$$\lambda_n = \frac{2L}{n} \quad (n = 1, 2, \cdots). \tag{6-32}$$

这就是说，能在弦线上形成驻波的波长值是不连续的. 或者，用现代物理的语言说，波长是“量子化”的. 由关系式 $\nu = \dfrac{u}{\lambda}$ 可知，频率也是量子化的，相应的允许频率为

$$\nu_n = n\frac{u}{2L} \quad (n = 1, 2, \cdots), \tag{6-33}$$

其中 $u = \sqrt{\dfrac{F}{\rho_l}}$ 为弦线中的波速. 式(6-33)中的频率叫作弦振动的**本征频率**，也就是由它发出的声波的频率，其中最低频率 ν_1 称为**基频**，其他较高频率 ν_2，ν_3，… 都是基频的整数倍，每一频率对应于一种可能的振动方式. 这种振动方式称为弦振动的**简正模式**. 图 6-19 中画出了频率为 ν_1，ν_2，ν_3 的三种简正模式.

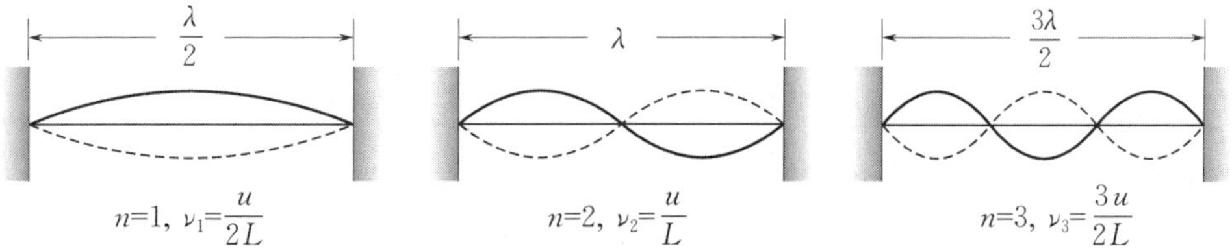

图 6-19　两端固定的弦线振动的三种简正模式

简正模式的频率称为系统的固有频率. 如上所述，一个驻波系统有多个固有频率. 这和弹簧振子只有一个固有频率不同.

当外界有一振动源以某一频率激起系统振动时，如果这一频率与系统的某个简正模式的频率相同(或相近)，就会激起强驻波. 这种现象称为驻波共振. 用电动音叉演示驻波时，观察到的就是驻波共振现象.

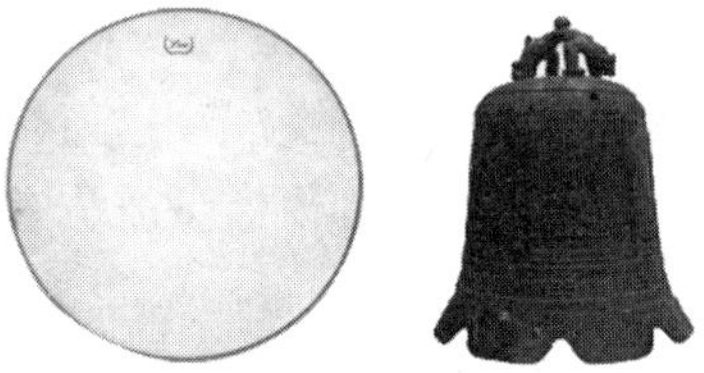
(a) 鼓皮　　(b) 钟

图 6－20　二维驻波系统

在驻波共振现象中，系统究竟按哪种模式振动，取决于初始条件. 一般情况下，一个驻波系统的振动，是它的各种简正模式的叠加. 弦乐器的发声就与驻波有关. 当拨动弦线使其振动时，弦线发出的声音中就包含各种频率. 管乐器中管内的空气柱及锣面、鼓皮、钟、铃等振动时，也都是驻波系统(见图 6－20)，它们振动时也同样各有其相应的简正模式和共振现象，但其简正模式要复杂得多. 它们形成的驻波分布在平面或曲面上，是二维驻波.

乐器振动发声时，其音调由基频决定，同时发出的谐频的频率和强度决定声音的音色.

*6.8　声波

在弹性介质中传播的频率在 20～20 000 Hz 范围内，能引起人的听觉的机械波，称为**声波**；频率低于 20 Hz 的叫作**次声波**；频率高于 20 000 Hz 的叫作**超声波**. 声波的能流密度叫作**声强**. 人们能够听见的声波不仅受到频率范围的限制，而且要求它处于一定的声强范围内. 声强太小，不能引起听觉；声强太大，只能使耳朵产生痛觉，也不能引起听觉. 能够引起人们听觉的声强范围是很大的，约为 $10^{-12} \sim 1\ \mathrm{W \cdot m^{-2}}$. 因此，为了比较介质中各点处声波的强弱，不是使用声强，而是使用两声强之比的以 10 为底的对数值，叫作声强级. 人们规定，声强 $I_0 = 10^{-12}\ \mathrm{W \cdot m^{-2}}$(相当于频率为 1 000 Hz 的声波能引起听觉的最弱的声强) 为测定声强的标准. 若某声波的声强为 I，则比值 $\dfrac{I}{I_0}$ 的对数叫作相应于 I 的声强级 L_I，即

$$L_I = \lg \frac{I}{I_0}. \tag{6-34}$$

L_I 的单位为贝尔(B)，通常采用贝尔的 1/10，即分贝(dB) 为单位. 所以有

$$L_I = 10\lg \frac{I}{I_0}\ \mathrm{dB}. \tag{6-35}$$

人耳感觉到的声音响度与声强级有一定关系，声强级越高，人耳感觉越响. 为了对声强级和响度有较具体的认识，表 6－4 给出了几种声音近似的声强、声强级和响度.

表 6－4　几种声音近似的声强、声强级和响度

声源	声强 /($\mathrm{W \cdot m^{-2}}$)	声强级 /dB	响度
引起痛觉的声音	1	120	
摇滚音乐会	10^{-1}	110	震耳
交通繁忙的街道	10^{-5}	70	响
通常的谈话	10^{-6}	60	正常
耳语	10^{-10}	20	轻
树叶沙沙声	10^{-11}	10	极轻
引起听觉的最弱声音	10^{-12}	0	

单个频率或者由少数几个谐频合成的声波，当强度不太大时，听起来是悦耳的乐音. 不同频率和不同强度的声波无规律地组合在一起，听起来便是噪声. 在城市中，噪声已成为污染环境的重要因素. 日常生活中的噪声，如汽车喇叭的鸣叫声、声强过高的音乐声、物件的撞击声，以及各种汽笛和机器发动机的嚣叫声，是严重损伤听力及影响人体健康的原因之一. 为此，减轻和消除噪声已成为目前保护环境所必须考虑的重要问题.

阅读材料

习题 6

6-1 在图 6-21 中，图(a) 表示 $t=0$ 时的简谐波的波形图，波沿 x 轴正方向传播，图(b) 为一质点的振动曲线，则图(a) 中所表示的 $x=0$ 处质点振动的初相与图(b) 中所表示的振动的初相分别为(　　).

A. 均为零　　B. 均为$\frac{\pi}{2}$

C. 均为 $-\frac{\pi}{2}$　　D. $\frac{\pi}{2}$ 与 $-\frac{\pi}{2}$

E. $-\frac{\pi}{2}$ 与$\frac{\pi}{2}$

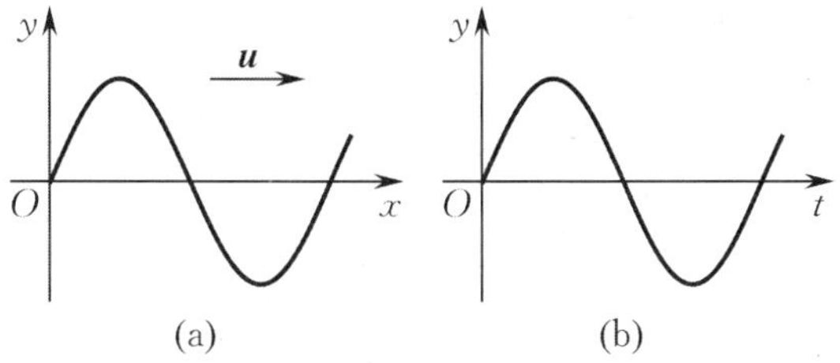

图 6-21

6-2 一横波以速度 $\boldsymbol{u}$ 沿 x 轴负方向传播，t 时刻的波形图如图 6-22 所示，则该时刻(　　).

A. A 点的相位为 π

B. B 点静止不动

C. C 点的相位为$\frac{3}{2}\pi$

D. D 点向上运动

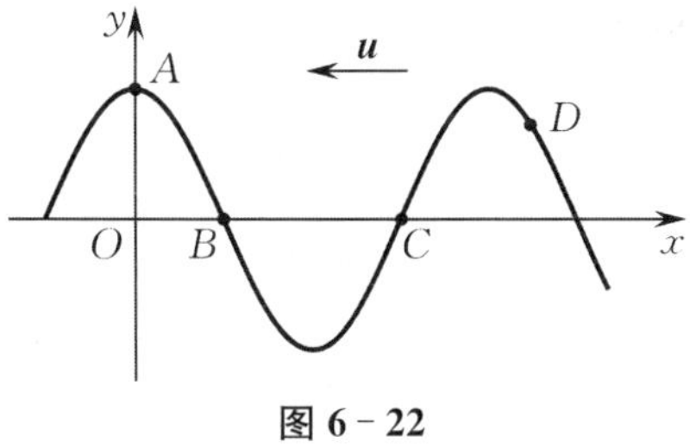

图 6-22

6-3 一平面波沿 x 轴负方向传播. 已知 $x=b$ 处质点的振动方程为 $y=A\cos(\omega t+\varphi_0)$，波速为 u，则波的表达式为(　　).

A. $y=A\cos\left(\omega t+\frac{b+x}{u}+\varphi_0\right)$

B. $y=A\cos\left[\omega\left(t-\frac{b+x}{u}\right)+\varphi_0\right]$

C. $y=A\cos\left[\omega\left(t+\frac{x-b}{u}\right)+\varphi_0\right]$

D. $y=A\cos\left[\omega\left(t+\frac{b-x}{u}\right)+\varphi_0\right]$

6-4 一平面波，波速为 $u=5\ \mathrm{m\cdot s^{-1}}$，$t=3\ \mathrm{s}$ 时的波形图如图 6-23 所示，则 $x=0$ 处质点的振动方程为(　　).

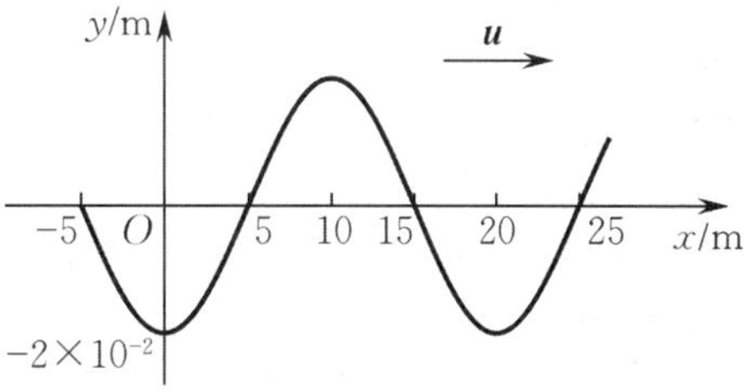

图 6-23

A. $y=2\times10^{-2}\cos\left(\frac{1}{2}\pi t-\frac{1}{2}\pi\right)$(SI)

B. $y=2\times10^{-2}\cos(\pi t+\pi)$(SI)

C. $y=2\times10^{-2}\cos\left(\frac{1}{2}\pi t+\frac{1}{2}\pi\right)$(SI)

D. $y=2\times10^{-2}\cos\left(\pi t-\frac{3}{2}\pi\right)$(SI)

6-5 一平面波在弹性介质中传播，某一时刻介质中某质元在负的最大位移处，则它的能量是(　　).

A. 动能为零，势能最大

B. 动能为零，势能为零

C. 动能最大，势能最大

D. 动能最大，势能为零

6－6 一平面波在弹性介质中传播，在介质质元从最大位移处回到平衡位置的过程中(　　).

A. 它的势能转换成动能

B. 它的动能转换成势能

C. 它从相邻的一段介质质元获得能量，其能量逐渐增大

D. 它把自己的能量传给相邻的一段介质质元，其能量逐渐减小

6－7 当一平面简谐波在弹性介质中传播时，下述结论中正确的是(　　).

A. 介质质元的振动动能增大时，其弹性势能减小，总机械能守恒

B. 介质质元的振动动能和弹性势能都做周期性变化，但二者的相位不相同

C. 介质质元的振动动能和弹性势能的相位在任一时刻都相同，但二者的数值不相等

D. 介质质元在其平衡位置处的弹性势能最大

6－8 一频率为 $\nu=1.25\times10^4$ Hz的平面波纵波沿细长的金属棒传播，棒的弹性模量为 $E=1.90\times10^{11}\ \mathrm{N\cdot m^{-2}}$，棒的密度为 $\rho=7.60\times10^3\ \mathrm{kg\cdot m^{-3}}$，求该纵波的波长.

6－9 一横波在沿绳子传播时的波动方程为 $y=0.2\cos(2.5\pi t-\pi x)$，其中 y 和 x 的单位为m，t 的单位为s. (1) 求波的振幅、波速、频率及波长；(2) 求绳上的质点振动时的最大速度；(3) 分别画出 $t=1$ s 和 $t=2$ s时的波形，并指出波峰和波谷. 画出 $x=1$ m处质点的振动曲线，并讨论其与波形图的不同.

6－10 波源做简谐振动，其运动方程为 $y=4\times10^{-3}\cos240\pi t$，其中 y 的单位为m，t 的单位为s，它所形成的波以 30 $\mathrm{m\cdot s^{-1}}$ 的速度沿一直线传播. (1) 求波的周期及波长；(2) 写出波动方程.

6－11 波源做简谐振动，周期为 0.02 s. 若该振动以 100 $\mathrm{m\cdot s^{-1}}$ 的速度沿直线传播，设 $t=0$ 时，波源处的质点经平衡位置向正方向运动，求：(1) 距波源分别为15 m和5 m两处，质点的运动方程和初相；(2) 距波源分别为 16 m 和 17 m 两处，质点间的相位差.

6－12 图 6－24 所示为平面波在 $t=0$ 时的波形图. 设此简谐波的频率为 250 Hz，且此时图中 P 点的运动方向向上，求：(1) 该波的波动方程；(2) 在距原点为 7.5 m 处质点的运动方程与 $t=0$ 时该点的振动速度.

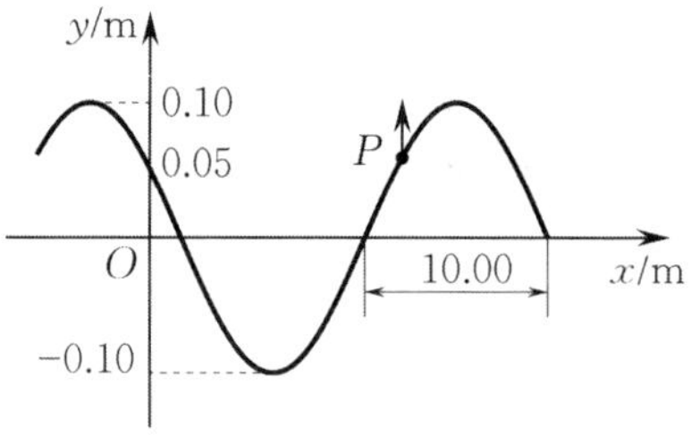

图 6－24

6－13 图 6－25 所示为一平面波在 $t=0$ 时刻的波形图，此简谐波以波速 $u=0.08\ \mathrm{m\cdot s^{-1}}$ 沿 x 轴正方向传播. 求：(1) 该波的波动方程；(2) P 点处质点的运动方程.

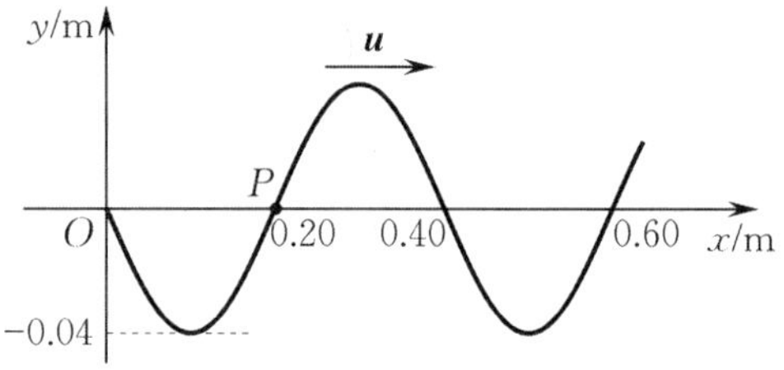

图 6－25

6－14 一平面波，波长为 12 m，沿 x 轴负方向传播. 图 6－26 所示为 $x=1$ m 处质点的振动曲线，求此波的波动方程.

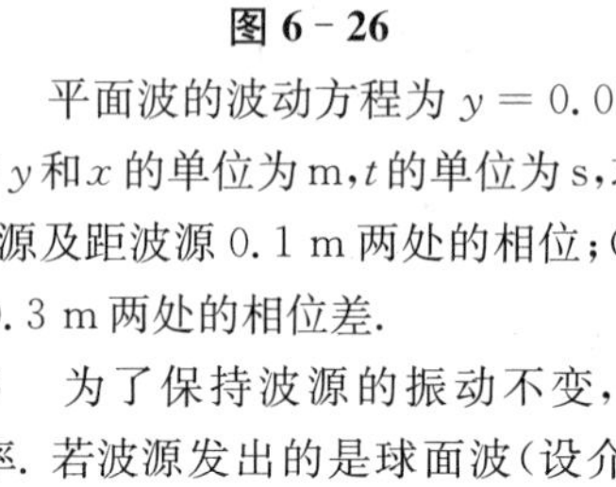

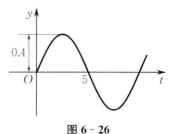

图 6－26

6－15 平面波的波动方程为 $y=0.08\cos(4\pi t-2\pi x)$，其中 y 和 x 的单位为m，t 的单位为s，求：(1) $t=2.1$ s 时波源及距波源 0.1 m 两处的相位；(2) 距波源 0.8 m 及 0.3 m 两处的相位差.

6－16 为了保持波源的振动不变，需要消耗 4 W 的功率. 若波源发出的是球面波(设介质不吸收波的能量)，求距波源 5 m 和 10 m 两处的能流密度.

第2篇

热　学

热学是热物理学的简称，是研究宏观物体热现象的理论，也就是研究物质的热运动，以及热运动与其他能量形式之间相互转化的客观规律. 它与力学一样，是物理学的一个重要组成部分，研究热现象规律有微观的统计物理学和宏观的热力学两种方法. 统计物理学方法是从宏观物体由大量微观粒子(原子、分子等) 所构成、粒子又不停地做热运动的观点出发，运用概率论研究大量微观粒子的热运动规律. 而热力学方法则从能量观点出发，不涉及物质的微观结构，以大量实验观测为基础来研究物质热现象的宏观基本规律及其应用. 统计物理学和热力学从不同的角度研究物质热运动规律，它们相辅相成. 统计物理学与热力学的理论，曾有力地推动了产业革命，热机、致冷机的发展，化学、化工、冶金工业、气象学的研究，以及原子核反应堆的设计等，都与这些理论有极其密切的关系.

第7章

气体动理论基础

微课视频

本章首先介绍平衡态、温度和状态方程，然后在气体的微观特征——大量分子的无规则运动基础上介绍平衡态统计理论的基本知识.

7.1 平衡态 温度与温标 理想气体状态方程

7.1.1 平衡态

在热力学中，所研究的对象是大量微观粒子(包括分子、原子等)组成的宏观物体，通常称之为热力学系统，简称系统. 系统以外的物体称为外界. 常根据所研究的系统与外界的相互作用及联系方式的不同，将系统分为孤立系统、封闭系统和开放系统.

(1) 孤立系统. 系统与外界既没有能量交换，也没有物质交换. 或者当系统与外界的能量交换远远小于系统本身的能量时，可近似看作孤立系统.

(2) 封闭系统. 系统与外界有能量交换，但没有物质交换，或几乎没有物质交换. 例如，地球与地球大气组成的系统可近似看作封闭系统.

(3) 开放系统. 系统与外界既有能量交换，又有物质交换. 例如，人体系统就是一个开放系统.

由大量微观粒子组成的热力学系统在一定条件下总是处于一定的状态，称为热力学状态. 热力学状态分为两类：平衡态和非平衡态. 所谓**平衡态**，是指在不受外界影响的条件下，系统的宏观性质不随时间改变的状态. 这里所说的不受外界影响是指系统与外界之间没有能量和物质交换. 例如，图 7-1 所示是一个绝热材料制成的封闭容器，用隔板将它分为 A，B 两部分，其中 A 部分盛有某种气体，B 部分为真空. 把隔板迅速抽开后，气体由 A 部分向 B 部分扩散. 在此过程中，容器内各处气体的密度、温度和压强都不相等，且随时间变化，但经过足够长的时间后，容器内的气体就会趋于均匀，密度、温度和压强将处处相等. 此后，如果没有外界影响，这种均匀一致的状态将继续保持，我们就称容器内的气体处于平衡态. 应当指出，平衡态是一个理想概念，容器内的气体总是会不可避免地与外界发生不同程度的能量和物质交换，所以严格不随时间变化的平衡态是不存在的. 然而，若气体状态的变化很微小，就可以把气体近似看作平衡态. 本章所讨论的气体状态，除特别声明外，都是指平衡态.

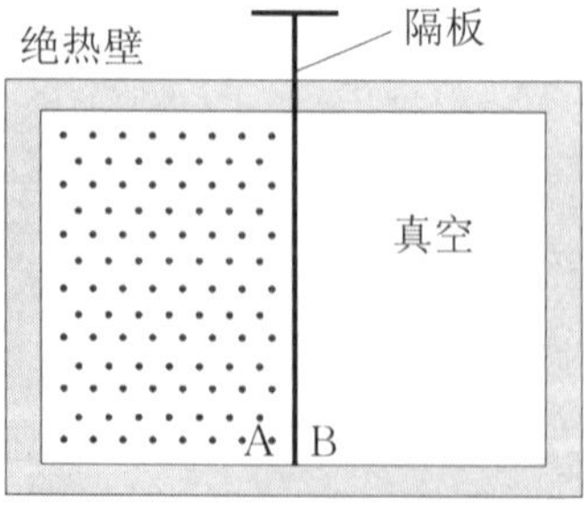

图 7-1 气体由非平衡态转变为平衡态

处于平衡态的系统，其状态可以用少数几个可直接测量的物理量进行描述. 例如，处于封闭气缸内的一定量的气体，其平衡态可用其体积、压强和温度进行描述. 这样的描述称为宏观描述，所用的物理量称为系统的宏观状态参量.

实际上,热力学系统都是由大量的微观粒子构成,通过对微观粒子运动状态的说明来描述系统的宏观状态,称为微观描述.由于构成热力学系统的微观粒子的数量巨大,并且在粒子间的相互作用和外界的相互作用下各粒子的运动极其复杂,因而不可能对粒子的运动进行逐个说明,只能采用统计的方法进行描述.用来描述单个粒子运动的物理量,如质量、速度和能量等,称为微观参量.在平衡态下,系统的宏观参量是描述单个粒子运动的微观参量的统计平均值.

7.1.2　温度与温标

温度是热力学的核心概念.日常生活中,常用温度来表示物体的冷热程度.但要分析和解决热力学问题,这种仅建立在主观感受基础上的概念是十分粗浅的.温度的完全定义需要以热力学第零定律为基础.

取两个原来各自处在一定平衡态的热力学系统,使它们发生热接触(两个系统能够相互传热的接触).一般情况下,热接触后两个系统的状态都要发生变化,并在经过一段时间后,停止变化,这表明两个系统各自处在新的平衡态,而且两个系统之间也达到了某种平衡.由于这种平衡是在两个系统热接触条件下实现的,所以称为**热平衡**.

若取三个系统 A,B 和 C,使 B 和 C 互相隔开,但 B 和 C 同时分别与 A 热接触.经过一段时间后,B 和 C 将分别与 A 达到热平衡.再将 B 和 C 热接触,则发现 B 和 C 的状态不发生变化,表明 B 和 C 也处于热平衡.以上事实表明,如果两个热力学系统同时与第三个热力学系统处于热平衡,则这两个热力学系统也必定处于热平衡.这就是**热力学第零定律**,也称为**热平衡定律**.

热力学第零定律为温度的科学定义提供了实验基础.该定律说明,处于热平衡的所有系统都具有一个共同的宏观性质,我们把表征这种性质的物理量称为**温度**.一切互为热平衡的系统都具有相同的温度,温度不同的物体,通过热接触可以达到热平衡.热力学第零定律也为温度计测量温度提供了理论根据.

要定量地确定温度的大小,必须给出温度的数值表示法 —— **温标**.首先,需选定一种物质作为测温物质.一般来说,任何物质的任何属性,只要它随冷热程度发生单调而显著的变化,都可用来计量温度.从这一意义上来理解,可以有各种各样的温标和温度计,这类温标被称为经验温标.建立一种经验温标需要包含以下三个要素:

(1) 选择测温物质,确定其测温属性.例如,水银的体积随温度变化,金属丝的电阻随温度变化.

(2) 选定固定点.例如,对于水银温度计,若选用摄氏温标,则把冰在 1 个标准大气压下的熔点定为 0 ℃,水在 1 个标准大气压下的沸点定为 100 ℃.

(3) 进行分度,即确定测温物质的测温属性的量值随温度变化的关系.例如,摄氏温标规定 0 ℃ 到 100 ℃ 之间等分为 100 小格,每一小格为 1 ℃.

显然,由不同测温物质或不同测温属性所确定的经验温标并不严格一致.

热力学温标是一种有重要理论和实际意义的温标,它是以理想气体为测温物质的.

为了便于研究,把严格遵守玻意耳定律、盖吕萨克定律、查理定律和阿伏伽德罗定律的气体称为理想气体.理想气体也是一种理想模型.

根据玻意耳定律,一定质量的理想气体的 pV 乘积只取决于温度,热力学温标就是据此定义的.若以 T 表示热力学温标指示的温度值,则此温度值与该温度下一定质量的理想气体的 pV 乘积成正比,即

$$pV \propto T. \tag{7-1}$$

这一定义给出了两个温度值之比，为了确定某一温度的数值，还需要规定一个特定温度的数值. 若以 T_3 表示水的三相点温度（水、冰和水蒸气共存而达到平衡时的温度），则

$$T_3 = 273.16\ \mathrm{K}, \tag{7-2}$$

其中 T 为热力学温度的符号，K 为热力学温标的温度单位的符号，该单位的名称为开[尔文].

以 p_3，V_3 表示一定质量的理想气体在水的三相点温度下的压强和体积，以 p，V 表示该气体在任意温度 T 时的压强和体积，根据式(7-1) 和式(7-2)，T 可以表示为

$$T = T_3\frac{pV}{p_3V_3} = 273.16\frac{pV}{p_3V_3}. \tag{7-3}$$

因此，只要测定了某状态的压强和体积，就可以确定与该状态相应的温度.

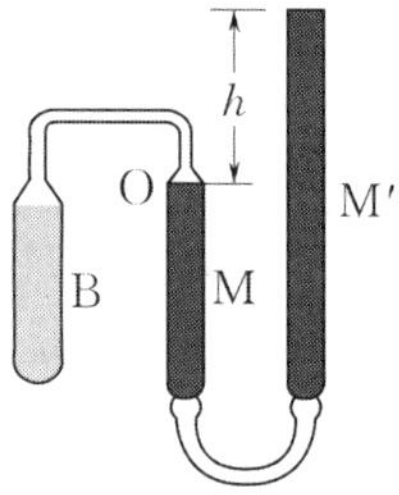

图 7-2　定容气体温度计

实际上，在测定温度时，一般方法是保持一定质量的气体的体积（或压强）不变而测定它的压强（或体积），这样的温度计称为定容（或定压）气体温度计. 图7-2是定容气体温度计的结构示意图. 在充气泡B内充有气体，通过毛细管和水银压强计的左臂 M 相连. 测量时将 B 与待测系统相接触. 上下移动压强计的右臂 M′，使不同温度下 M 中的水银面始终与指示针尖 O 处于同一水平位置，以保持 B 内气体的体积不变. 由气体实验定律可知，当待测温度不同时，气体的压强也不同，具体压强值可由当时的大气压强和水银压强计两臂（M 与 M′）中水银面的高度差 h 测出. 根据式(7-3) 可知，待测温度为

$$T = 273.16\frac{p}{p_3}. \tag{7-4}$$

由于实际仪器中充气泡内的气体并不是理想气体，因此，在利用式(7-4) 计算待测温度前，需对压强进行修正，并考虑由于容器体积、水银密度随温度变化而引起的误差.

在国际单位制中，热力学温度是七个基本物理量之一. 在工程上和日常生活中，常使用摄氏温标. 摄氏温标所确定的温度称为摄氏温度，用 t 表示，单位为摄氏度，符号为 ℃. 摄氏温度与热力学温度之间的换算关系为

$$t = T - 273.15 \quad 或 \quad T = 273.15 + t. \tag{7-5}$$

根据热力学理论，热力学温度的绝对零度是不可能达到的，这个结论是热力学第三定律.

7.1.3　理想气体状态方程

一定质量的理想气体在任意状态下的 $\dfrac{pV}{T}$ 值都相等，因此有

$$\frac{pV}{T} = \frac{p_0V_0}{T_0}, \tag{7-6}$$

其中 p_0，V_0，T_0 为标准状态下相应的状态参量值.

实验又指出，在一定的温度和压强下，气体的体积与它的质量 m 或物质的量 ν 成正比. 若以 V_{m0} 表示该气体在标准状态下的摩尔体积，则标准状态下，ν mol 该气体的体积为 $V_0 = \nu V_{m0}$，则式(7-6) 可以表示为

$$pV = \nu\frac{p_0V_{m0}}{T_0}T. \tag{7-7}$$

根据阿伏伽德罗定律，在相同的温度和压强下，1 mol 任何理想气体具有相同的体积. 因此，式(7-7) 中的 $\dfrac{p_0V_{m0}}{T_0}$ 的值是对任何理想气体都相同的常量，用 R 表示，称为普适气体常量. 由标准状

态下$T=273.15\ \mathrm{K}$,$p=1.013\times10^{5}\ \mathrm{Pa}$,$V_{\mathrm{m}}=22.4\times10^{-3}\ \mathrm{m}^{3}$ 可得$R=8.31\ \mathrm{J\cdot mol^{-1}\cdot K^{-1}}$. 式(7-7)可以写为

$$pV=\nu RT=\frac{m}{M}RT, \tag{7-8}$$

其中 m 为气体的质量,M 为气体的摩尔质量. 这就是**理想气体的状态方程**,表明理想气体在任一平衡态下各宏观量之间的关系. 实际气体在常温常压下都近似遵守这个状态方程,压强越低,近似程度越高. 由式(7-8)可以看出,在 p,V,T 这三个状态参量中,如果有两个状态参量已确定,则可利用状态方程求出第三个状态参量,气体的状态便能确定.

借助近代的实验仪器和实验方法,人们可以了解到气体、液体和固体这些物质是由大量分子组成的. 实验表明,1 mol 任何一种物质所含有的分子(或原子)数目均相同,这个数称为阿伏伽德罗常量,用符号 N_{A} 表示,有

$$N_{\mathrm{A}}=6.022\times10^{23}\ \mathrm{mol^{-1}}.$$

若用 N 表示体积为 V 的气体的分子总数,则有 $\nu=N/N_{\mathrm{A}}$. 现引入另一普适常量——玻尔兹曼常量 k,令

$$k=\frac{R}{N_{\mathrm{A}}}=1.38\times10^{-23}\ \mathrm{J\cdot K^{-1}}, \tag{7-9}$$

则理想气体状态方程又可以写为

$$pV=NkT \tag{7-10}$$

或

$$p=nkT, \tag{7-11}$$

其中 $n=\dfrac{N}{V}$ 为气体的分子数密度,用来表示单位体积内气体分子的个数.

7.2 理想气体压强的微观解释

7.2.1 理想气体的微观模型和统计假设

理想气体是一种最简单的气体. 从理想气体的宏观性质和气体动理论的基本观点来看,理想气体的微观模型具有如下特点:

(1) 气体分子本身线度与分子间平均距离相比可以忽略不计. 理想气体很稀薄,分子间的平均距离很大,分子可以看作质点.

(2) 除碰撞瞬间外,气体分子间,以及分子与容器壁间的相互作用力可忽略不计. 因此,在两次碰撞之间,分子的运动可以看作匀速直线运动.

(3) 气体分子间,以及分子与容器壁间的碰撞可以看作完全弹性碰撞,分子与容器壁间的碰撞只改变分子运动的方向,不改变它的速率,气体分子的动能不因与容器壁碰撞而有任何改变.

综上所述,理想气体可以看成由不停地做无规则运动的大量彼此间无相互作用的弹性质点所组成. 显然,这是一个理想模型,它只是真实气体在压强较小时的近似模型.

在含有大量分子的理想气体中,由于碰撞极为频繁,一个分子的运动状态是极为复杂的,难以预测,但是大量分子的整体却呈现出确定的规律性,即统计平均的效果. 当系统达到平衡态时,理想气体分子的统计假设为:系统内各处的分子数密度相同(粒子的这个分布特征与温度无关);

气体分子沿各个方向运动的概率都相等.大量分子的无规则运动使得没有哪个区域中的分子更密集一些,也没有哪个方向上运动的分子更多些或平均速度更大些.因此,分子速度在各个方向上的分量的各种平均值应该相等.例如,若以$\overline{v_x^2}$,$\overline{v_y^2}$,$\overline{v_z^2}$分别表示容器内N个分子速度的三个分量的平方的平均值,则有

$$\overline{v_x^2}=\overline{v_y^2}=\overline{v_z^2}, \tag{7-12}$$

其中

$$\overline{v_x^2}=\frac{v_{1x}^2+v_{2x}^2+\cdots+v_{Nx}^2}{N}=\frac{1}{N}\sum_{i=1}^{N}v_{ix}^2,$$

$\overline{v_y^2}$和$\overline{v_z^2}$与此类似.容易证明

$$\overline{v^2}=\overline{v_x^2}+\overline{v_y^2}+\overline{v_z^2},$$

所以有

$$\overline{v_x^2}=\overline{v_y^2}=\overline{v_z^2}=\frac{1}{3}\overline{v^2}. \tag{7-13}$$

以上假设都是统计性假设,只对大量分子整体才有意义.

7.2.2 理想气体的压强公式

经验表明,气体对容器壁的压强与容器的形状无关.为了计算方便,假设容器中的理想气体分子在不停地做无规则运动,必然要与容器壁发生碰撞,气体在宏观上对容器壁所产生的压强就是大量分子对容器壁不断碰撞的平均效果.根据牛顿力学的结论,质量相同的弹性钢球,在相对碰撞情况下,碰撞后两球交换速度;在斜碰情况下,朝任何方向的动量都保持不变.所以,在讨论分子对容器壁的碰撞时,一个分子带着动量趋向一壁,不论在途中碰撞多少次,总会在相同时间把这个动量传给这个壁,只不过不是由原来的那个分子,而是由另外的一个或n个分子"接力"传递.因此,气体分子间的碰撞可以忽略不计.

如图7-3所示,假设气体分子均匀分布在边长为L的正方体容器中,分子质量为m,分子总数N极大.若某个分子在x轴方向的速度分量为v_{ix},动量分量为mv_{ix},与容器壁A_1发生碰撞后的动量分量为$mv'_{ix}=-mv_{ix}$,y轴和z轴方向的运动状态不因这次碰撞而发生变化.碰撞前、后,分子动量的变化量为$2mv_{ix}$.根据牛顿第三定律,分子与容器壁碰撞一次对容器壁A_1的冲量应是$2mv_{ix}$,其方向垂直于容器壁,沿x轴正方向.该分子在A_1,A_2之间来回运动,相继碰撞A_1,A_2.连续两次与A_1碰撞的时间间隔就是往返一次的时间$\Delta t=\frac{2L}{v_{ix}}$.分子在单位时间内作用于$A_1$的冲量为$\frac{2mv_{ix}}{\Delta t}=\frac{mv_{ix}^2}{L}$.单位时间内容器内所有分子以不同速度与$A_1$碰撞,它们作用于$A_1$的总冲量即是容器中气体分子对$A_1$的作用力

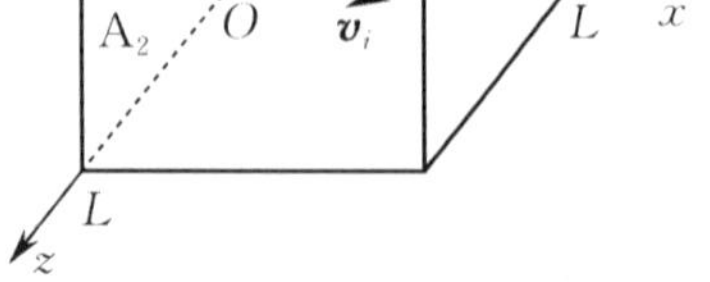

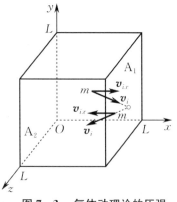

图7-3 气体动理论的压强公式的推导示意图

$$F=\frac{mv_{1x}^2}{L}+\frac{mv_{2x}^2}{L}+\cdots+\frac{mv_{ix}^2}{L}+\cdots+\frac{mv_{Nx}^2}{L}=\sum_{i=1}^{N}\frac{mv_{ix}^2}{L}.$$

利用平均值的定义知

$$F=\sum_{i=1}^{N}\frac{mv_{ix}^2}{L}=\frac{m}{L}N\,\overline{v_x^2}.$$

气体对容器壁A_1的压强p为单位面积上的作用力,即

$$p=\frac{F}{L^2}=\frac{N}{L^3}m\overline{v_x^2}=nm\overline{v_x^2}. \tag{7-14}$$

由式(7-14)可得理想气体压强公式为

$$p=\frac{1}{3}nm\overline{v^2}. \tag{7-15a}$$

若以$\bar{\varepsilon}_k$表示分子的平均平动动能，有$\bar{\varepsilon}_k=\frac{1}{2}m\overline{v^2}$，则式(7-15a)可以写作

$$p=\frac{2}{3}n\bar{\varepsilon}_k. \tag{7-15b}$$

式(7-15b)是气体动理论的基本公式之一. 该公式表明，气体作用于容器壁的压强正比于分子数密度 n 和分子的平均平动动能 $\bar{\varepsilon}_k$. 分子数密度越大，压强越大；分子的平均平动动能越大，压强也越大. 由推导过程可知，气体压强是一个统计平均量，对大量分子才有意义. 式(7-15b)中的压强是一个宏观量，可以由实验直接测得. 而微观量的统计平均值$\bar{\varepsilon}_k$和 n 都是不能直接测得的，所以该公式无法直接用实验来验证. 但是，由该公式出发，可以从微观角度合理地解释或推证许多气体实验定律. 这间接证明了该公式的正确性.

在式(7-15a)中，nm 为气体的密度，用 ρ 表示，故理想气体压强公式也可以写成

$$p=\frac{1}{3}\rho\overline{v^2}. \tag{7-16}$$

7.3　温度的微观解释

根据理想气体的状态方程和压强公式，可以得到气体的温度与分子的平均平动动能之间的定量关系，从而认识温度这一宏观量的微观本质.

将式(7-11)与式(7-15b)相比较，可得

$$\bar{\varepsilon}_k=\frac{3}{2}kT. \tag{7-17}$$

式(7-17)是理想气体分子的平均平动动能与温度的关系式，也是气体动理论的基本公式之一. 式(7-17)表明，处于平衡态的理想气体，其分子热运动的平均平动动能只与气体的温度有关，并与气体的热力学温度成正比. 式(7-17)从气体动理论的观点揭示了温度的微观本质，气体的温度越高，分子的平均平动动能越大，分子热运动的程度越激烈. 因此，气体的温度是气体内部大量分子无规则热运动激烈程度的宏观表现，如同压强一样，温度也具有统计意义，对单个分子谈论它的温度是没有意义的.

温度是描述热力学系统平衡态的一个物理量. 对处于非平衡态的系统，不能用温度来描述其状态，但如果系统各个微小局部和平衡态差别不大，则可用不同的温度来描述各个局部的状态.

需要指出的是，$\bar{\varepsilon}_k$是分子杂乱无章热运动的平均平动动能，它不包括整体定向运动动能.

将式(7-17)代入$\bar{\varepsilon}_k=\frac{1}{2}m\overline{v^2}$，可得

$$\frac{1}{2}m\overline{v^2}=\frac{3}{2}kT,$$

则

$$\sqrt{\overline{v^2}}=\sqrt{\frac{3kT}{m}}=\sqrt{\frac{3RT}{M}}. \tag{7-18}$$

我们把$\sqrt{\overline{v^2}}$称为气体分子的方均根速率，它是大量分子无规则热运动速率的一种统计平均值.

例 7-1

一容器内储有氧气，已知压强为 1.013×10^5 Pa，温度为 27 ℃，求：(1) 单位体积内的分子数；(2) 氧气的密度；(3) 氧分子的质量；(4) 氧分子的平均平动动能.

解 (1) 由 $p=nkT$ 可得，单位体积内的分子数为

$$n=\frac{p}{kT}=\frac{1.013\times10^5}{1.38\times10^{-23}\times300.15}\ \mathrm{m^{-3}}\approx2.45\times10^{25}\ \mathrm{m^{-3}}.$$

(2) 由理想气体状态方程可得，氧气的密度为

$$\rho=\frac{m}{V}=\frac{pM}{RT}=\frac{1.013\times10^5\times32\times10^{-3}}{8.31\times300.15}\ \mathrm{kg\cdot m^{-3}}\approx1.30\ \mathrm{kg\cdot m^{-3}}.$$

(3) 每个氧分子的质量为

$$m=\frac{\rho}{n}=\frac{1.30}{2.45\times10^{25}}\ \mathrm{kg}\approx5.31\times10^{-26}\ \mathrm{kg}.$$

(4) 氧分子的平均平动动能为

$$\bar{\varepsilon}_k=\frac{3}{2}kT=\frac{3}{2}\times1.38\times10^{-23}\times300.15\ \mathrm{J}\approx6.21\times10^{-21}\ \mathrm{J}.$$

例 7-2

试求在温度相同的条件下，分子质量不同的两种理想气体的方均根速率之比.

解 由式(7-18)

$$\sqrt{\overline{v^2}}=\sqrt{\frac{3kT}{m}}=\sqrt{\frac{3RT}{M}}$$

可得

$$\frac{\sqrt{\overline{v_1^2}}}{\sqrt{\overline{v_2^2}}}=\frac{\sqrt{\frac{3kT_1}{m_1}}}{\sqrt{\frac{3kT_2}{m_2}}}=\frac{\sqrt{\frac{3RT_1}{M_1}}}{\sqrt{\frac{3RT_2}{M_2}}}.$$

根据已知条件

$$T_1=T_2$$

可得

$$\frac{\sqrt{\overline{v_1^2}}}{\sqrt{\overline{v_2^2}}}=\sqrt{\frac{m_2}{m_1}}=\sqrt{\frac{M_2}{M_1}}.$$

因此，温度相同时，气体分子的方均根速率与分子质量 m 或摩尔质量 M 的平方根成反比.

7.4 自由度 能量均分定理 理想气体内能

在讨论气体压强时，一般把气体分子当作弹性质点，只考虑其质心的平动. 实际上气体分子不仅有大小，而且有内部结构. 当研究分子运动能量时，不仅要讨论分子质心的平动，还要讨论分子的转动和分子内原子间的振动. 一般来说，气体分子无规则运动的能量应该包括上述三种运动形式的能量. 研究分子运动能量的分配，必须分析分子的运动状态，为此，先引入物体运动自由度的概念.

7.4.1　自由度

自由度是指物体运动的自由程度，它是在确定物体在空间的位置时所需要的独立坐标数目. 决定物体空间位置的独立坐标数目越多，自由度就越大，运动就越复杂.

对由单原子分子组成的理想气体来说，分子本身的大小可以略去不计，故单原子分子可当成质点，略去其转动和振动能量，只考虑其平动动能. 确定一个在空间任意运动的质点的位置，需要三个独立坐标(如 x,y,z)，因此，单原子分子有 3 个自由度，这 3 个自由度都是平动自由度. 单原子分子的平均能量只含有平均平动动能，故单原子分子的平均能量为 $\frac{3}{2}kT$.

如果理想气体是由双原子分子组成，则分子的运动不仅有平动，还可能有转动和振动. 因此，双原子分子又分为两类：刚性双原子分子和非刚性双原子分子. 如图 7-4(a) 所示，若两原子 m_1 和 m_2 之间的距离在运动过程中不变或可近似认为不变，就如同两原子间有一根质量不计的刚性细杆相连，这种双原子分子叫作刚性双原子分子. 设 C 点为双原子分子的质心，并选择如图 7-4(b) 所示的坐标轴，则双原子分子的运动可看作质心 C 的平动，以及通过 C 点绕 y 轴和 z 轴的转动(双原子分子对 x 轴的转动惯量非常小，仅为绕另外两轴转动的转动惯量的 10^{-10}，因而可忽略). 故刚性双原子分子共有 5 个自由度：3 个平动自由度和 2 个转动自由度.

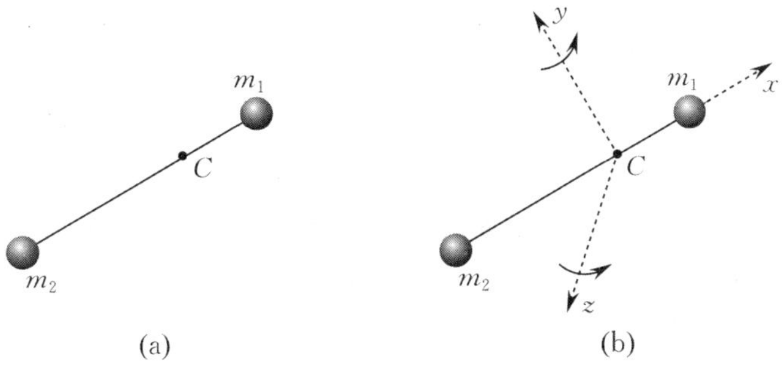

图 7-4　刚性双原子分子

若双原子分子内两个原子间的距离随时间改变，这时可认为两原子由一根质量不计的弹簧相连(见图 7-5)，这种双原子分子叫作非刚性双原子分子. 所以，非刚性双原子分子除 3 个平动自由度和 2 个转动自由度外，还有 1 个振动自由度，共有 6 个自由度.

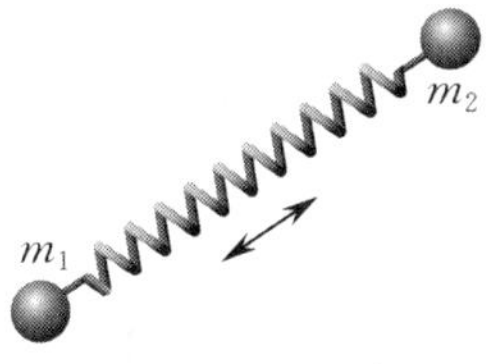

图 7-5　非刚性双原子分子

由 3 个及 3 个以上原子所构成的多原子分子，其自由度需要根据分子结构进行具体分析而定. 一般说来，由 n 个原子构成的分子最多有 $3n$ 个自由度，其中 3 个属于平动自由度，3 个属于转动自由度，其余 $3n-6$ 个属于振动自由度. 刚性多原子分子有 6 个自由度，即 3 个平动自由度和 3 个转动自由度.

7.4.2　能量均分定理

由式(7-12) 可知，气体在平衡态时，分子质心沿各个方向平动的概率均等，沿三个坐标轴方向的分运动彼此独立，其速度分量间的关系为

$$\overline{v_x^2}=\overline{v_y^2}=\overline{v_z^2}=\frac{1}{3}\overline{v^2}.$$

与三个平动自由度相对应,每个平动自由度的平均动能为

$$\frac{1}{2}m\overline{v_x^2}=\frac{1}{2}m\overline{v_y^2}=\frac{1}{2}m\overline{v_z^2}=\frac{1}{3}\left(\frac{1}{2}m\overline{v^2}\right)=\frac{1}{3}\left(\frac{3}{2}kT\right)=\frac{1}{2}kT.$$

分子运动的无规则性,不仅体现在平动上,还体现在运动形式上. 分子通过碰撞,使平动、转动和振动的能量相互转化. 假设各种运动自由度是无区别的,就都应分配到相同的动能. 因此,上述结论可以推广到转动和振动自由度. 可以得出:气体处于平衡态时,分子任何一个自由度上都具有相同的平均动能,其大小均为$\frac{1}{2}kT$.

分子运动的平均总动能为$\frac{1}{2}(t+r+s)kT$,其中t,r,s分别代表平动、转动和振动的自由度. 在温度恒定时,分子的平均总动能由它的自由度决定.

在力学中已经指出,简谐振动在一个周期内的平均动能和平均势能相等. 由于分子内原子间的微小振动可近似看作简谐振动,所以,每个振动自由度除具有$\frac{1}{2}kT$ 的平均动能外,还具有$\frac{1}{2}kT$的平均势能. 故气体分子的平均能量为

$$\bar{\varepsilon}=\frac{1}{2}(t+r+2s)kT=\frac{1}{2}ikT, \tag{7-19}$$

其中 $i=t+r+2s$,称为分子的自由度. 可以得到,气体处于平衡态时,分子任何一个自由度上都具有相同的平均能量,均为$\frac{1}{2}kT$. 这就是能量按自由度均分定理,简称**能量均分定理**.

能量均分定理是一个统计规律,只对大量分子的集合体成立. 在温度为 T 的平衡态下,对某个分子而言,在任意时刻,其能量可能很大也可能很小,而且各自由度上的动能也不一定相等. 但对大量分子来说,它们无规则运动的能量的统计平均值是一个确定的数值.

7.4.3 理想气体的内能

作为质点系的总体,气体在宏观上具有内能. 所有分子无规则运动的总动能与分子间的相互作用势能的总和构成气体内部能量,即气体的内能. 对理想气体,分子间的相互作用可略去不计,所以理想气体的内能只是气体内所有分子的动能和分子内原子间的势能之和.

已知 1 mol 理想气体的分子数为 N_A. 若该气体分子的自由度为 i,那么,1 mol 理想气体分子的平均能量之和,即 1 mol 理想气体的内能为

$$E=N_A\bar{\varepsilon}=N_A\,\frac{1}{2}ikT=\frac{i}{2}RT. \tag{7-20}$$

而 ν mol 理想气体的内能则为

$$E=\nu\,\frac{i}{2}RT=\frac{m}{M}\,\frac{i}{2}RT. \tag{7-21}$$

从式(7-21) 可以看出,理想气体的内能不仅与温度有关,而且还与分子的自由度有关. 对给定的理想气体,其内能仅是温度的单值函数,即 $E=E(T)$. 这是理想气体的一个重要性质. 当气体的温度改变 $\mathrm{d}T$ 时,其内能也相应变化 $\mathrm{d}E$,因此,有

$$\mathrm{d}E=\nu\,\frac{i}{2}R\mathrm{d}T=\frac{m}{M}\,\frac{i}{2}R\mathrm{d}T. \tag{7-22}$$

分子的自由度、平均能量和 1 mol 理想气体内能的理论值如表 7-1 所示.

表 7-1　分子的自由度、平均能量和 1 mol 理想气体内能的理论值

	单原子分子	双原子分子		三原子分子	
		刚性	非刚性	刚性	非刚性
分子的自由度(i)	3 $t=3$	5 $t=3, r=2$	7 $t=3, r=2, s=1$	6 $t=3, r=3$	12 $t=3, r=3, s=3$
分子的平均能量($\bar{\varepsilon}$)	$\frac{3}{2}kT$	$\frac{5}{2}kT$	$\frac{7}{2}kT$	$3kT$	$6kT$
1 mol 理想气体的内能(E)	$\frac{3}{2}RT$	$\frac{5}{2}RT$	$\frac{7}{2}RT$	$3RT$	$6RT$

例 7-3

室温下(—10～40 ℃)的氧气可看作理想气体，氧分子可看作刚性双原子分子，求：(1) 在 $T=300$ K 时，氧气的摩尔内能；(2) 在 $T=300$ K 时，10 kg 氧气的内能.

解　由题意可知，对氧气分子，$t=3, r=2, i=5$.

(1) 氧气的摩尔内能为

$$E=\frac{5}{2}RT=\frac{5}{2}\times 8.31\times 300\ \text{J}\cdot\text{mol}^{-1}=6\ 232.5\ \text{J}\cdot\text{mol}^{-1}.$$

(2) 10 kg 氧气的内能为

$$E=\nu\frac{5}{2}RT=\frac{m}{M}\frac{5}{2}RT=\frac{10}{32\times 10^{-3}}\times\frac{5}{2}\times 8.31\times 300\ \text{J}\approx 1.95\times 10^{6}\ \text{J}.$$

7.5　麦克斯韦速率分布律

由于气体分子的无规则运动和频繁碰撞，分子的运动速率不仅千差万别，而且瞬息万变. 但在平衡态下，对大量气体分子的整体而言，它们的速率却遵从一定的统计分布规律. 早在 1859 年，麦克斯韦(Maxwell)就从理论上推导出了处于平衡态的气体系统中分子按速率分布的统计规律. 而测定分子速率的工作直到 1920 年才由施特恩(Stern)首次进行. 后来有许多人对此实验做了改进，我国科学家葛正权也在这方面做出过重要贡献.

7.5.1　测定气体分子速率分布的实验

继施特恩之后，许多科学家对气体分子速率分布的实验装置进行了改进，图 7-6 是其中一种装置的示意图. 全部装置放在高真空的容器中，图中 A 是产生金属蒸气分子的气源，分子通过狭缝 S 后形成一条很窄的分子射线. B 和 C 是两个相距为 l 的共轴圆盘，盘上各开一个很窄的狭缝，两狭缝成一个约 2° 的夹角 θ. D 是一个接收分子的显示屏.

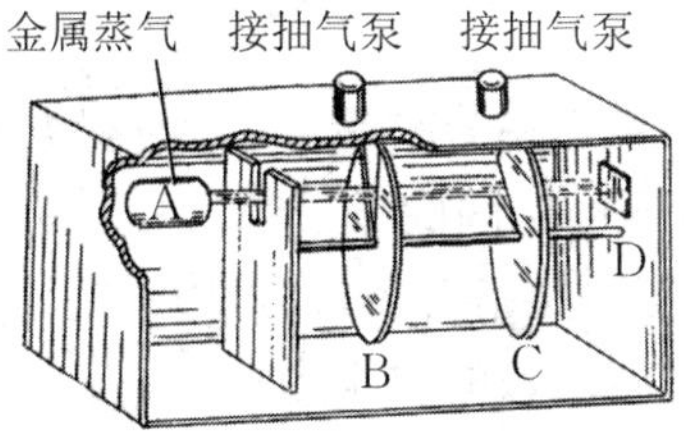

图 7-6　测定气体分子速率分布的实验装置

当 B，C 两圆盘以角速度 ω 转动时，圆盘每转一周，分子射线通过圆盘 B 一次. 由于分子射线中各分子的

速率不同，分子由B运动到C的时间也不一样，所以并非所有通过B的分子都能通过C射到显示屏D上. 只有分子速率 v 满足下列关系式的那些分子才能通过C射到D上，即

$$\frac{l}{v}=\frac{\theta}{\omega}\quad 或\quad v=\frac{\omega}{\theta}l.$$

可见，圆盘B与C起了速率选择器的作用. 当改变角速度 ω（或两圆盘间距离 l，两狭缝间夹角 θ）时，可以使不同速率的分子通过. 考虑到B和C的狭缝都具有一定的宽度，所以，实际上当 ω 一定时，能射到D上的只是分子射线中速率在 $v\sim v+\Delta v$ 区间内的分子.

实验指出，当圆盘以不同的角速度 $\omega_1,\omega_2,\cdots$ 转动时，从显示屏D上可测量出每次沉积的金属层的厚度，各次沉积的厚度对应于不同速率区间内的分子数. 比较这些厚度的比率，就可以知道在分子射线中，不同速率区间内的分子数与总分子数之比，即相对分子数 $\frac{\Delta N}{N}$. 这个比值也就是气体分子处于速率区间 $v\sim v+\Delta v$ 的概率.

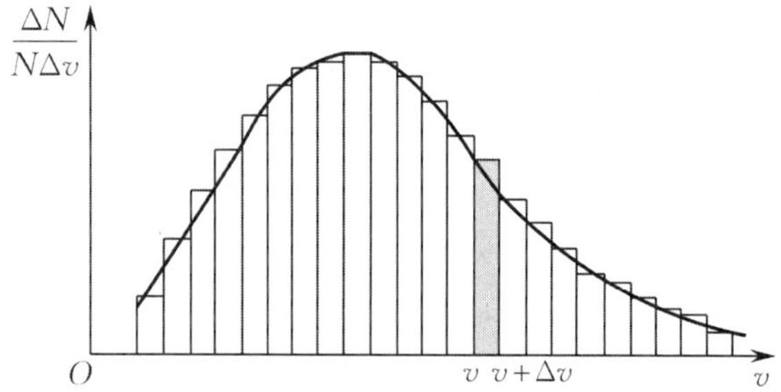

图 7-7　分子速率分布情况

图7-7是金属气体分子射线中分子速率分布的实验曲线. 其中一块块矩形面积表示分布在各速率区间内的相对分子数. 实验结果表明，分布在不同速率区间内的相对分子数是不相同的，但在实验条件不变的情况下，分布在给定速率区间内的相对分子数则是完全确定的. 尽管个别分子的速率具有偶然性，但从整体来说，大量分子的速率分布却遵从一定的规律，这个规律被称作分子速率分布规律.

7.5.2　麦克斯韦速率分布律

麦克斯韦根据平衡态下分子热运动具有各向同性的特点，运用概率的方法，导出了在平衡态下气体分子按速率的分布规律.

在平衡态下，由 N 个分子组成的气体系统中，分布在任意速率区间 $v\sim v+\Delta v$ 内的分子数 $\mathrm{d}N$ 所占比率为

$$\frac{\mathrm{d}N}{N}=4\pi\left(\frac{m}{2\pi kT}\right)^{\frac{3}{2}}v^2\mathrm{e}^{-\frac{mv^2}{2kT}}\mathrm{d}v,\tag{7-23}$$

其中 m 为气体分子的质量，T 为气体的温度. 式(7-23)称为**麦克斯韦速率分布律**，可以将其改写成

$$\frac{\mathrm{d}N}{N}=f(v)\mathrm{d}v,$$

其中

$$f(v)=4\pi\left(\frac{m}{2\pi kT}\right)^{\frac{3}{2}}v^2\mathrm{e}^{-\frac{mv^2}{2kT}},\tag{7-24}$$

称为**麦克斯韦速率分布函数**. 其物理意义为：气体分子速率处于 v 附近单位速率区间的分子数占总分子数的百分比，也叫作概率密度. 1859年，麦克斯韦首先从理论上导出在平衡态时，气体分子的速率分布函数的数学形式.

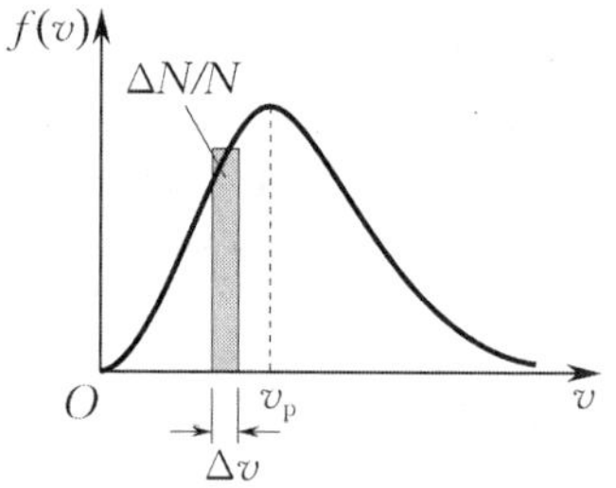

图 7-8　$f(v)$ 与 v 的关系曲线

图7-8是分布函数 $f(v)$ 与 v 的关系曲线，图中的矩形面积表

示在速率区间 $v \sim v+\Delta v$ 内的相对分子数，或分子处于此速率区间的概率. 速率区间取得越小，则矩形数目就越多，这无数个矩形面积的总和就越接近于分布曲线下的总面积. 分布曲线下的总面积表示速率分布在由零到无限大区间内的全部相对分子数的总和，也即分子具有各种速率的概率的总和，应当等于 100%. 麦克斯韦速率分布律是气体动理论的基本规律之一.

7.5.3　三种统计速率

分子的统计平均速率反映了系统热运动的宏观特性. 因此，求分子的各种统计速率是至关重要的. 这里讨论三种具有代表性的分子速率的统计平均值.

1. 最概然速率 v_p

从 $f(v)$ 与 v 的关系曲线中可以看到，分布函数 $f(v)$ 存在一个极大值，与 $f(v)$ 的极大值相对应的速率称为**最概然速率**，用 v_p 表示（见图 7-8）. 其物理意义是：气体在一定温度下，分布在最概然速率 v_p 附近单位速率间隔内的相对分子数最多. 也就是说，分子速率在 v_p 附近的概率最大. v_p 的数值可以由速率分布函数 $f(v)$ 对速率 v 的导数等于 0 求得，结果为

$$v_p = \sqrt{\frac{2kT}{m}} = \sqrt{\frac{2RT}{M}}. \tag{7-25}$$

当温度升高时，气体分子热运动加剧，其中速率较小的分子数减少，而速率较大的分子数则有所增加，分布曲线中的最高点向速率大的方向移动.

2. 平均速率 $\bar{v}$

若一定量气体的分子数为 N，则所有分子速率的算术平均值叫作**平均速率**，用 $\bar{v}$ 表示. 若取 $\mathrm{d}N$ 代表气体分子速率在 $v \sim v+\mathrm{d}v$ 区间内的分子数，按照算术平均值的计算方法，则有

$$\bar{v} = \frac{v_1\mathrm{d}N_1 + v_2\mathrm{d}N_2 + \cdots + v_n\mathrm{d}N_n}{N}.$$

由于分子速率可以在零至无穷大之间取值，故平均速率可由积分运算得到，即

$$\bar{v} = \frac{\int_0^\infty vNf(v)\mathrm{d}v}{N} = \int_0^\infty vf(v)\mathrm{d}v.$$

把式(7-24)代入上式，有

$$\bar{v} = 4\pi\left(\frac{m}{2\pi kT}\right)^{\frac{3}{2}}\int_0^\infty v^3\mathrm{e}^{-\frac{mv^2}{2kT}}\mathrm{d}v = \sqrt{\frac{8kT}{\pi m}} = \sqrt{\frac{8RT}{\pi M}}. \tag{7-26}$$

3. 方均根速率 $\sqrt{\overline{v^2}}$

大量分子无规则运动速率平方的平均值的平方根叫作方均根速率. 与求平均速率的方法类似，气体分子速率平方的平均值为

$$\overline{v^2} = \frac{\int_0^\infty v^2Nf(v)\mathrm{d}v}{N} = \int_0^\infty v^2f(v)\mathrm{d}v = \frac{3kT}{m} = \frac{3RT}{M}.$$

所以气体分子的方均根速率为

$$\sqrt{\overline{v^2}} = \sqrt{\frac{3kT}{m}} = \sqrt{\frac{3RT}{M}}. \tag{7-27}$$

这与由平均平动动能与温度关系式所得的式(7-18)是相同的.

至此,已得到三种统计速率 v_p,$\overline{v}$,$\sqrt{\overline{v^2}}$. 对于同一种气体,在温度相同的情况下,三种速率之间的关系是 $v_p < \overline{v} < \sqrt{\overline{v^2}}$. 三种速率都与$\sqrt{T}$成正比,与$\sqrt{m}$(或$\sqrt{M}$)成反比. 在室温下,它们一般为几百米每秒. 这三种速率的含义不同,因此各有不同的用处. 例如,在讨论气体压强和内能中计算分子的平均平动动能时,要用到方均根速率;在讨论速率的分布时,要用到最概然速率;在讨论分子的碰撞时,要用到平均速率.

以上三种速率都具有统计平均的意义,都反映了大量分子热运动的统计规律. 对给定的气体来说,它们只依赖于气体的温度.

例 7-4

计算在 27 ℃ 时,氢气分子和氧气分子的方均根速率$\sqrt{\overline{v^2}}$.

解 已知氢气和氧气的摩尔质量分别为 $M_{H_2} = 0.002\ \mathrm{kg \cdot mol^{-1}}$,$M_{O_2} = 0.032\ \mathrm{kg \cdot mol^{-1}}$,又知 $R = 8.31\ \mathrm{J \cdot K^{-1} \cdot mol^{-1}}$,$T = 300.15\ \mathrm{K}$. 将上述数据分别代入方均根速率公式

$$\sqrt{\overline{v^2}} = \sqrt{\frac{3RT}{M}},$$

可得氢气分子的方均根速率为

$$\sqrt{\overline{v^2}} = \sqrt{\frac{3RT}{M_{H_2}}} = \sqrt{\frac{3 \times 8.31 \times 300.15}{0.002}}\ \mathrm{m \cdot s^{-1}}$$

$$\approx 1.93 \times 10^3\ \mathrm{m \cdot s^{-1}},$$

氧气分子的方均根速率为

$$\sqrt{\overline{v^2}} = \sqrt{\frac{3RT}{M_{O_2}}}$$

$$= \sqrt{\frac{3 \times 8.31 \times 300.15}{0.032}}\ \mathrm{m \cdot s^{-1}}$$

$$\approx 484\ \mathrm{m \cdot s^{-1}}.$$

从以上数值可以看出,在常温下气体分子的方均根速率可达数百米每秒,这个值与气体中的声速具有相同的数量级.

例 7-5

试求处于平衡态的气体,其速率在区间 $v_p \sim 1.01v_p$ 内的分子数占总分子数的比率.

解 根据麦克斯韦速率分布律,速率在 $v_p \sim 1.01v_p$ 之间的分子数占总分子数的比率为

$$\frac{\Delta N_{v_p \sim 1.01v_p}}{N} = \int_{v_p}^{1.01v_p} f(v)\mathrm{d}v.$$

因为速率间隔 $\Delta v = 0.01v_p$ 比较小,可做近似计算,即

$$\frac{\Delta N_{v_p \sim 1.01v_p}}{N}$$

$$= \int_{v_p}^{1.01v_p} f(v)\mathrm{d}v \approx f(v_p) \times 0.01v_p$$

$$= 4\pi\left(\frac{m}{2\pi kT}\right)^{\frac{3}{2}} \cdot \frac{2kT}{m} \cdot \mathrm{e}^{-\frac{m}{2kT}\cdot\frac{2kT}{m}} \cdot 0.01\left(\frac{2kT}{m}\right)^{\frac{1}{2}}$$

$$\approx \frac{4}{\sqrt{\pi}} \times \frac{0.01}{\mathrm{e}} \approx 0.83\%.$$

7.6 气体分子的平均碰撞频率和平均自由程

分子间通过碰撞来实现动量、动能的交换,气体由非平衡态达到平衡态的过程,就是通过分子间的碰撞来实现的. 分子间的碰撞是气体动理论的重要内容之一.

如前所述，在室温下气体分子的平均速率约几百米每秒，这样气体中的一切过程好像应该在瞬间完成，但实际情况并非如此. 例如，两种气体放在一起，要经过较长时间才能混合均匀，说明气体的扩散过程是比较缓慢的. 又如，冬天点燃火炉后，屋子里不会马上变暖，说明气体的热传导过程是比较缓慢的. 克劳修斯(Clausius) 指出，扩散和热传导等过程缓慢的原因是气体分子在运动中不断与其他分子发生碰撞，致使分子运动的路径变得迂回曲折所造成的.

分子在连续两次碰撞之间自由通过的路程，叫作**自由程**. 由于分子的无规则运动和频繁碰撞，使得分子的自由程长短不一，似乎没有规律可循，但对大量分子而言，分子在连续两次碰撞之间所经过的路程的平均值，即**平均自由程**是一定的，用 $\bar{\lambda}$ 表示. 在单位时间内，每个分子与其他分子碰撞的平均次数叫作分子的**平均碰撞频率**，用 $\bar{z}$ 表示. 平均自由程 $\bar{\lambda}$ 与平均碰撞频率 $\bar{z}$ 之间存在着下列关系：

$$\bar{\lambda}=\frac{\bar{v}}{\bar{z}}, \tag{7-28}$$

其中 $\bar{v}$ 为分子的平均速率. 式(7-28) 表明，分子间的碰撞越频繁，即 $\bar{z}$ 越大，平均自由程 $\bar{\lambda}$ 越小.

为了确定 $\bar{z}$，跟踪一个以平均速率 $\bar{v}$ 运动的分子 A. 由于碰撞次数取决于分子间的相对运动，所以可以假设其余分子是静止不动的，并把分子看成直径为 d 的弹性小球，分子 A 与其他分子碰撞时，都是完全弹性碰撞，分子 A 以平均相对速率 $\bar{u}$ 运动. 如图 7-9 所示，在分子 A 的运动过程中，分子 A 的球心轨迹是一系列折线，凡是其他分子的球心距折线的距离小于 d(或等于 d) 的，都将和分子 A 发生碰撞. 如果以 1 s 内分子 A 的球心所经过的轨迹为轴，以 d 为半径作一圆柱体，球心在该圆柱体内的其他分子都会与 A 相碰，所以该圆柱体的横截面积 $\sigma=\pi d^2$ 叫作分子的碰撞截面. 相应的曲折圆柱体的体积为 $\bar{u}\sigma$. 如果气体的分子数密度为 n，则球心在此圆柱体内的分子数(1 s 内能与分子 A 相碰撞的分子数) 为 $n\sigma\bar{u}$. 因此，气体分子的平均碰撞频率为

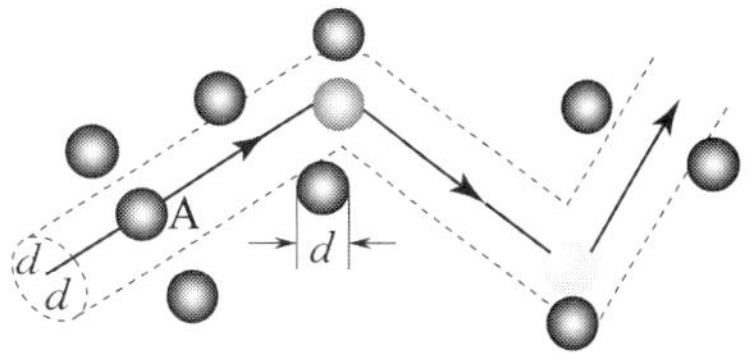

图 7-9　分子碰撞次数的计算

$$\bar{z}=n\sigma\bar{u}=n\pi d^2\bar{u}. \tag{7-29}$$

事实上，每个分子都在运动. 利用麦克斯韦速率分布律可以证明，平均相对速率 $\bar{u}$ 与平均速率 $\bar{v}$ 有下列关系：

$$\bar{u}=\sqrt{2}\bar{v}. \tag{7-30}$$

于是，式(7-29) 可以写为

$$\bar{z}=\sqrt{2}n\sigma\bar{v}=\sqrt{2}n\pi d^2\bar{v}. \tag{7-31}$$

式(7-31) 表明，气体分子的平均碰撞频率除与分子的平均速率 $\bar{v}$ 和分子数密度 n 成正比外，还与分子有效直径 d 的平方成正比. 可见，分子的大小对碰撞的频繁程度起着重要作用.

把式(7-31) 代入式(7-28)，得

$$\bar{\lambda}=\frac{1}{\sqrt{2}\sigma n}=\frac{1}{\sqrt{2}\pi d^2 n}. \tag{7-32a}$$

式(7-32a) 表明，平均自由程与分子碰撞截面 σ 和分子数密度 n 成反比，而与分子的平均速率 $\bar{v}$ 无关.

根据 $p=nkT$，式(7-32a) 还可以写成

$$\bar{\lambda}=\frac{kT}{\sqrt{2}\sigma p}=\frac{kT}{\sqrt{2}\pi d^2 p}. \tag{7-32b}$$

式(7-32b) 表明，当气体的温度一定时，平均自由程与压强成反比.

例 7-6

试估计下列两种情况下，空气分子的平均自由程：(1) 273 K，$p = 1.013\times10^{5}$ Pa 时；(2) 273 K，$p = 1.333\times10^{-3}$ Pa 时.

解 空气的成分绝大部分是氧气和氮气. 它们的有效直径d均在3.10×10^{-10} m附近. 把已知数据代入式(7-32b) 即可.

(1) 在 $T = 273$ K，$p = 1.013\times10^{5}$ Pa 时，有

$$\bar{\lambda} = \frac{kT}{\sqrt{2}\pi d^2 p} = \frac{1.38\times10^{-23}\times273}{\sqrt{2}\pi\times(3.10\times10^{-10})^2\times1.013\times10^{5}}\ \text{m} \approx 8.71\times10^{-8}\ \text{m}.$$

(2) 在 $T = 273$ K，$p = 1.333\times10^{-3}$ Pa 时，有

$$\bar{\lambda} = \frac{kT}{\sqrt{2}\pi d^2 p} = \frac{1.38\times10^{-23}\times273}{\sqrt{2}\pi\times(3.10\times10^{-10})^2\times1.333\times10^{-3}}\ \text{m} \approx 6.62\ \text{m}.$$

可见，分子的平均自由程很大，故在高真空($p = 1.33\times10^{-3}$ Pa)的情况下，分子间发生碰撞的概率是很小的.

阅读材料

习题 7

7-1 已知氢气与氧气的温度相同，下列说法中正确的是(　　).

A. 氧气分子的质量比氢气分子大，所以氧气的压强一定大于氢气的压强

B. 氧气分子的质量比氢气分子大，所以氧气的密度一定大于氢气的密度

C. 氧气分子的质量比氢气分子大，所以氢气分子的速率一定比氧气分子的速率大

D. 氧气分子的质量比氢气分子大，所以氢气分子的方均根速率一定比氧气分子的方均根速率大

7-2 两个相同的容器，一个盛氢气，一个盛氦气(均视为刚性分子理想气体)，开始时它们的压强和温度都相等，现将 6 J 热量传给氦气，使之升高到一定温度. 若使氢气也升高同样的温度，则应向氢气传递的热量为(　　).

A. 12 J　　B. 10 J　　C. 6 J　　D. 5 J

7-3 一容器内装有 N_1 个单原子理想气体分子和 N_2 个刚性双原子理想气体分子. 当该系统处在温度为 T 的平衡态时，其内能为(　　).

A. $(N_1+N_2)\left(\frac{3}{2}kT+\frac{5}{2}kT\right)$

B. $\frac{1}{2}(N_1+N_2)\left(\frac{3}{2}kT+\frac{5}{2}kT\right)$

C. $N_1\frac{3}{2}kT+N_2\frac{5}{2}kT$

D. $N_1\frac{5}{2}kT+N_2\frac{3}{2}kT$

7-4 麦克斯韦速率分布曲线如图 7-10 所示，图中 A，B 两部分面积相等，则该图表示(　　).

A. v_0 为最概然速率

B. v_0 为平均速率

C. v_0 为方均根速率

D. 速率大于和小于 v_0 的分子数各占一半

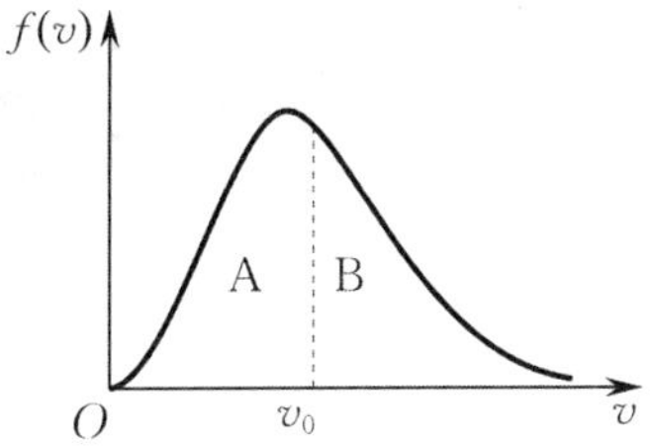

图 7-10

7-5　两种不同的理想气体，若它们的最概然速率相等，则它们的(　　).

A. 平均速率相等，方均根速率相等

B. 平均速率相等，方均根速率不相等

C. 平均速率不相等，方均根速率相等

D. 平均速率不相等，方均根速率不相等

7-6　速率分布函数 $f(v)$ 的物理意义为(　　).

A. 具有速率 v 的分子占总分子数的百分比

B. 速率分布在 v 附近的单位速率间隔中的分子数占总分子数的百分比

C. 具有速率 v 的分子数

D. 速率分布在 v 附近的单位速率间隔中的分子数

7-7　气缸内盛有一定量的氢气(可视为理想气体)，当温度不变而压强增大一倍时，氢气分子的平均碰撞频率 $\bar{z}$ 和平均自由程 $\bar{\lambda}$ 的变化情况是(　　).

A. $\bar{z}$ 和 $\bar{\lambda}$ 都增大一倍

B. $\bar{z}$ 和 $\bar{\lambda}$ 都减为原来的一半

C. $\bar{z}$ 增大一倍而 $\bar{\lambda}$ 减为原来的一半

D. $\bar{z}$ 减为原来的一半而 $\bar{\lambda}$ 增大一倍

7-8　一容器内储有某种理想气体，其分子的平均自由程为 $\overline{\lambda_0}$. 若气体的热力学温度降到原来的一半，但体积不变，分子有效直径不变，则此时的平均自由程为(　　).

A. $\sqrt{2}\,\overline{\lambda_0}$　　B. $\overline{\lambda_0}$　　C. $\dfrac{\overline{\lambda_0}}{\sqrt{2}}$　　D. $\dfrac{\overline{\lambda_0}}{2}$

7-9　氧气瓶的容积为 3.2×10^{-2} m^3，其中氧气的压强为 1.3×10^{7} Pa，氧气厂规定当压强降到 1.0×10^{6} Pa 时，就应重新充气，以免经常洗瓶. 某小型吹玻璃车间平均每天用去 0.4 m^3(在 1.01×10^{5} Pa 压强下)的氧气，问一瓶氧气能用多少天(设使用过程中温度不变)?

7-10　真空管的线度为 10^{-2} m，其中真空度为 1.33×10^{-3} Pa，设空气分子的有效直径为 3×10^{-10} m，求 27 ℃ 时气体的分子数密度、平均自由程和平均碰撞频率.

7-11　如图 7-11 所示，Ⅰ，Ⅱ 两条曲线是两种不同气体(氢气和氧气)在同一温度下的麦克斯韦速率分布曲线. 根据图中数据，求：(1) 氢气分子和氧气分子的最概然速率；(2) 两种气体所处的温度.

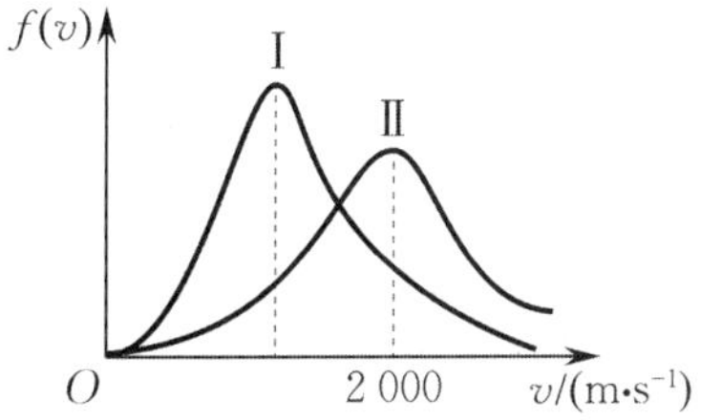

图 7-11

7-12　求温度为 127 ℃ 时的氢气分子的平均速率、方均根速率及最概然速率.

第8章

热力学基础

微课视频

本章首先从宏观上介绍热力学的基本概念:准静态过程、内能、状态方程和热力学第一定律及其应用等. 然后根据宏观热力学过程具有方向性这一性质,总结出热力学第二定律,给出其开尔文表述和克劳修斯表述. 最后介绍熵的概念和计算方法,以及熵增加原理.

8.1 准静态过程 功和热量 内能

8.1.1 准静态过程

当热力学系统处于平衡态时,如果不受外界影响,系统的各宏观状态参量将不随时间改变. 但是,如果系统与外界发生了相互作用(做功或传递热量),那么系统的平衡态就会被破坏而发生状态变化. 当一热力学系统的状态随时间改变时,就说系统经历了一个热力学过程(以下简称过程). 由于中间状态不同,热力学过程又分为非准静态过程和准静态过程.

设有一个系统开始时处于平衡态,经过一系列状态变化后到达另一个平衡态. 严格地说,在实际的热力学过程中,在始、末两平衡态之间所经历的每一个中间状态,常为非平衡态. 这种中间状态为非平衡态的过程称为**非准静态过程**. 但是,如果系统在始、末两平衡态之间所经历的中间状态都无限接近平衡态,那么任意时刻系统的状态都可以当作平衡态处理. 由一系列平衡态所组成的过程称为**准静态过程**. 下面的例子可近似当作准静态过程.

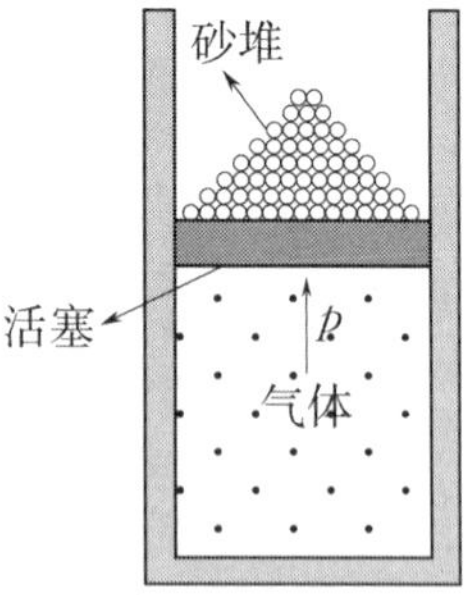

图 8-1 准静态过程

如图 8-1 所示,在带有活塞的容器内储有一定量的气体,活塞可沿容器壁滑动,在活塞上放置一些砂粒. 开始时,气体处于平衡态,其状态参量为 p,V,T. 然后将砂粒一颗一颗地缓慢拿走,最终气体的状态参量变为 p',V',T'. 这种十分缓慢平稳的状态变化过程可近似看作准静态过程. 而实际上,活塞的运动是不可能如此无限缓慢和平稳的. 因此,准静态过程是理想过程,是对实际过程的理想化、抽象化,在热力学的理论研究和对实际应用的指导中有着重要意义. 在本章中,如不特别指明,所讨论的过程都是准静态过程.

对于处于平衡态的一定质量的气体来说,它的状态可以用一组 p, V, T 值来表示. 状态参量 p,V,T 中只有两个是独立的,即给定了任意两个状态参量的数值,就确定了系统的一个平衡态. 因此,以 p 为纵坐标、V 为横坐标的 $p-V$ 图(或 $T-V$ 图、$p-T$ 图等)上,任意一点都对应系统的一个确定的平衡态. 当气体经历一准静态过程时,我们就可以在 $p-V$ 图上用一条相应的曲线来表示其准静态过程,如图 8-2 中 A 点和 B 点之间的连线. 非准静态过程不能用 $p-V$ 图上的曲线表示.

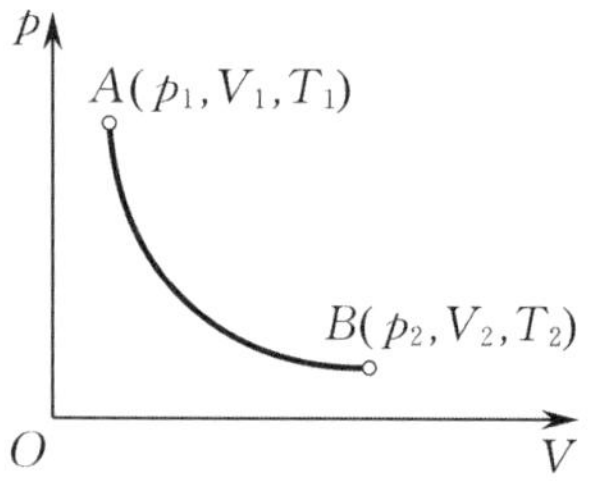

图 8-2 $p-V$ 图上一点代表气体的一个平衡态

8.1.2　准静态过程的功和热量

下面讨论系统在准静态过程中，由于其体积变化，对外界做功的情况. 如图 8－3(a) 所示，在一带活塞的气缸内盛有一定量的气体，气体的压强为 p，活塞的面积为 S，则作用在活塞上的力的大小为 $F=pS$. 当系统经历一微小的准静态过程使活塞移动一微小距离 $\mathrm{d}l$ 时，气体对外界所做的功为

$$\mathrm{d}W = F\mathrm{d}l = pS\mathrm{d}l = p\mathrm{d}V,$$

其中 $\mathrm{d}W$ 为元功. 故气体在由状态 A 变化到状态 B 的准静态过程中所做的功为

$$W = \int_{V_1}^{V_2} p\mathrm{d}V. \tag{8-1}$$

在 $p-V$ 图上，气体所做的功在数值上等于过程曲线下的面积. 当气体膨胀时，它对外界做正功；当气体被压缩时，它对外界做负功. 假定气体从状态 A 到状态 B 经历另一个路径，如图 8－3(b) 中的虚线所示，则气体所做的功是虚线下的面积. 状态变化过程不同，过程曲线下的面积不同，系统所做的功也就不同. 因此，系统所做的功不仅与系统的始、末状态有关，而且还与路径有关，功不是状态的单值函数，即功不是态函数，而是一个过程量.

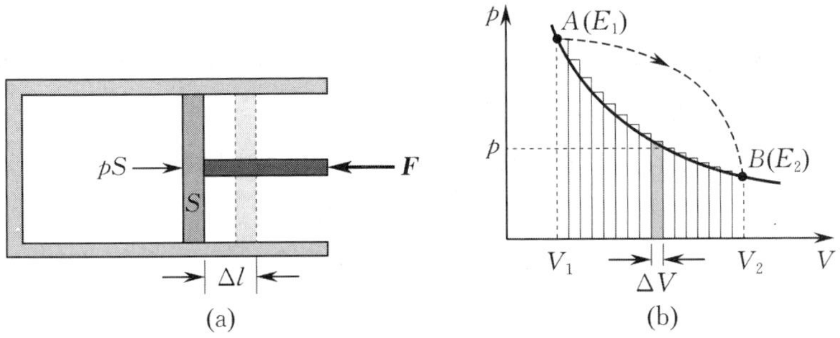

图 8－3　气体膨胀时所做的功

做功可以改变系统的状态，向系统传递能量也可以改变系统的状态. 例如，把一杯冷水放在电炉上加热，冷水因温度不断升高而改变状态. 这种改变系统状态的方式叫作传热，它是以系统与外界存在温度差为条件的. 我们把系统与外界之间由于存在温度差而传递的能量叫作热量，用 Q 表示. 在国际单位制中，热量 Q 的单位与能量和功的单位相同，均为焦[耳](J).

实验表明，在系统状态变化过程中所传递的热量不仅与始、末状态有关，而且与具体的过程有关，所以，热量与功一样都是与热力学过程有关的量，也是一个过程量.

8.1.3　内能

一般情况下，系统与外界之间的能量传递有传热和做功两种方式，且热量与功都是过程量. 然而，热力学的大量实验表明，对于既定的始状态和末状态，传递热量与做功的总和却与过程无关，而为一确定值，这一特点与力学中保守力做功的特点一致. 与力学中引入势能这一物理量类似，对于任何一个热力学系统，也可以引入一个只依赖于系统状态的物理量. 这个物理量表征系统处于该状态时所具有的内部能量，称为系统的**内能** E. 当气体的状态一定时，其内能也是一定的；而气体状态变化时，内能的增量 $\Delta E = E_2 - E_1 = Q + W'$ 只由始状态和末状态所决定，与过程

无关.

由 7.4.3 小节的内容可知,理想气体的内能仅是温度的函数,即 $E=E(T)$. 而对一般气体来说,其内能则是气体的温度和体积的函数,即 $E=E(T,V)$.

8.2 热力学第一定律

在一个热力学过程中,若开始时系统处于平衡态 1,其内能为 E_1,当它从外界吸收热量 Q 和外界对它做功 W' 后,系统处于平衡态 2,其内能变为 E_2,则由能量守恒定律,有

$$\Delta E=E_2-E_1=Q+W'.$$

若用 W 表示系统对外界所做的功,对于准静态过程,有 $W=-W'$,则上式可以写成

$$Q=W+E_2-E_1=W+\Delta E. \tag{8-2}$$

式(8-2)表明,系统从外界吸收的热量,一部分用于系统对外界做功,另一部分用于增加系统的内能,这就是**热力学第一定律**. 式(8-2)是热力学第一定律的数学表达式. 显然,热力学第一定律就是包括热现象在内的能量守恒定律.

在式(8-2)中,Q,W 和 ΔE 均为代数量. 我们规定:系统从外界吸收热量时,Q 为正值,系统向外界放出热量时,Q 为负值;系统对外界做功时,W 为正值,外界对系统做功时,W 为负值;系统内能增大时,ΔE 为正值,系统内能减小时,ΔE 为负值.

对于系统状态微小变化的过程,热力学第一定律的数学表达式为

$$\mathrm{d}Q=\mathrm{d}E+\mathrm{d}W. \tag{8-3}$$

如果系统进行的是准静态过程,那么由 $\mathrm{d}W=p\mathrm{d}V$ 可得

$$\mathrm{d}Q=\mathrm{d}E+p\mathrm{d}V. \tag{8-4}$$

热力学第一定律是由迈尔(Mayer)在 1842 年提出来的. 有不少人企图制造既不消耗系统的内能,又不需要外界向它传递热量,却能不断对外界做功的机器(称为第一类永动机). 显然,由于它违反了热力学第一定律而未能制成. 因此,热力学第一定律也可表述为:第一类永动机不可能实现.

8.3 理想气体的等值过程

热力学第一定律给出了热量、功和内能增量之间的定量关系,是一条普适定律,不论对气体、液体或固体系统都适用. 本节应用热力学第一定律讨论理想气体在几种等值过程中的功、热量和内能的变化.

8.3.1 等容过程 摩尔定容热容

在等容过程中,理想气体的体积始终保持不变,等容过程的方程为

$$V=\text{常量} \quad \text{或} \quad p/T=\text{常量}. \tag{8-5}$$

如图 8-4 所示，等容过程在 $p-V$ 图上是一条平行于 p 轴的直线段.

在等容过程中，由于气体的体积 V 是常量，气体不对外界做功，即

$$W=\int_{V_1}^{V_2} p\mathrm{d}V=0. \tag{8-6}$$

由热力学第一定律，有

$$\mathrm{d}Q_V=\mathrm{d}E, \tag{8-7}$$

对于有限的等容过程，有

$$Q_V=\Delta E=E_2-E_1. \tag{8-8}$$

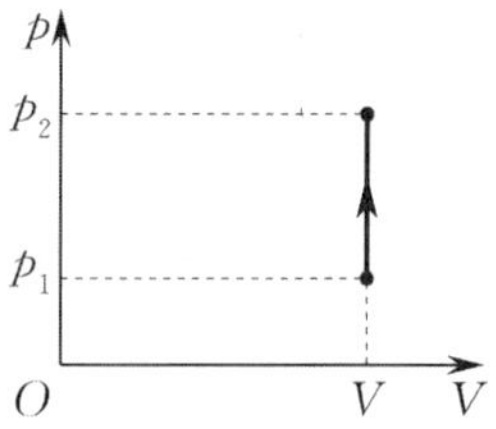

图 8-4 等容过程

式(8-8)表明，在等容过程中，气体吸收的热量全部用来增加气体的内能.

下面讨论理想气体的摩尔定容热容.

设有 1 mol 理想气体在等容过程中所吸收的热量为 $\mathrm{d}Q_V$，气体的温度升高 $\mathrm{d}T$，则气体的摩尔定容热容为

$$C_{V,\mathrm{m}}=\frac{\mathrm{d}Q_V}{\mathrm{d}T}. \tag{8-9}$$

摩尔定容热容的单位为焦[耳]每摩[尔]开[尔文]($\mathrm{J\cdot mol^{-1}\cdot K^{-1}}$).

对于物质的量为 ν、摩尔定容热容为 $C_{V,\mathrm{m}}$ 的理想气体，由式(8-7)和式(8-9)可得

$$\mathrm{d}E=\mathrm{d}Q_V=\nu C_{V,\mathrm{m}}\mathrm{d}T. \tag{8-10}$$

在等容过程中，当温度由 T_1 改变为 T_2 时，该气体所吸收的热量为

$$Q_V=\nu C_{V,\mathrm{m}}(T_2-T_1), \tag{8-11}$$

内能增量可以写成

$$\mathrm{d}E=\nu C_{V,\mathrm{m}}(T_2-T_1). \tag{8-12}$$

可见，对于摩尔定容热容恒定的理想气体，其内能增量仅与温度的增量有关. 因此，对于给定的理想气体，无论经历怎样的状态变化过程，只要温度的增量相同，其内能的增量就是一定的. 我们常用式(8-12)来计算理想气体内能的变化.

8.3.2 等压过程 摩尔定压热容

在等压过程中，理想气体的压强保持不变. 等压过程的方程为

$$p=\text{常量} \quad \text{或} \quad V/T=\text{常量}. \tag{8-13}$$

如图 8-5 所示，等压过程在 $p-V$ 图上是一条平行于 V 轴的直线段.

在等压过程中，系统对外界做的功为

$$\mathrm{d}W=p\mathrm{d}V, \tag{8-14}$$

$$W=\int_{V_1}^{V_2} p\mathrm{d}V=\nu R(T_2-T_1). \tag{8-15}$$

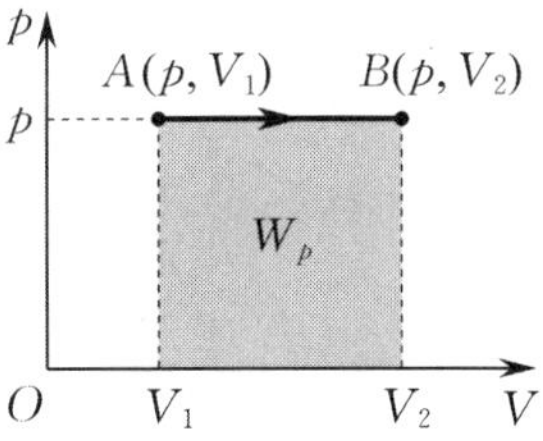

图 8-5 等压过程

若气体吸收的热量为 $\mathrm{d}Q_p$，根据热力学第一定律，有

$$\mathrm{d}Q_p=\mathrm{d}E+p\mathrm{d}V. \tag{8-16}$$

式(8-16)表明，在等压过程中，理想气体吸收的热量一部分用来增加气体的内能，另一部分用于气体对外界做功.

对于有限的等压过程，若气体吸收的热量为 Q_p，则有

$$Q_p=\Delta E+\int_{V_1}^{V_2} p\mathrm{d}V=\Delta E+p(V_2-V_1). \tag{8-17}$$

下面讨论理想气体的摩尔定压热容.

设有 1 mol 理想气体在等压过程中所吸收的热量为 dQ_p，气体的温度升高 dT，则气体的摩尔定压热容为

$$C_{p,m} = \frac{dQ_p}{dT}. \tag{8-18}$$

摩尔定压热容的单位与摩尔定容热容的单位相同.

由式(8 - 18) 可知，在等压过程中，ν mol 理想气体的温度有微小增量时所吸收的热量为

$$dQ_p = \nu C_{p,m} dT. \tag{8-19}$$

在等压过程中，对于物质的量为 ν、摩尔定压热容为 $C_{p,m}$ 的理想气体，当温度由 T_1 改变为 T_2 时，该气体所吸收的热量为

$$Q_p = \nu C_{p,m}(T_2 - T_1). \tag{8-20}$$

对于 1 mol 理想气体，根据式(8 - 16)，式(8 - 18) 亦可以写成

$$C_{p,m} = \frac{dE + p dV}{dT} = \frac{dE}{dT} + p\frac{dV}{dT}. \tag{8-21}$$

已知对 1 mol 理想气体，$\frac{dE}{dT} = C_{V,m}$，对 1 mol 理想气体状态方程 $pV = RT$ 两边取微分并考虑到等压过程中 $p =$ 常量，可得 $p dV = R dT$，所以式(8 - 21) 可以改写为

$$C_{p,m} - C_{V,m} = R. \tag{8-22}$$

式(8 - 22) 说明，理想气体的摩尔定压热容与摩尔定容热容之差为普适气体常量 R. 也就是说，在等压过程中，当 1 mol 理想气体的温度升高 1 K 时，要比其在等容过程中多吸收 8.31 J 的热量，以用于对外界做功.

在实际应用中，常用到 $C_{p,m}$ 与 $C_{V,m}$ 的比值，用 γ 表示，称之为摩尔热容比，即

$$\gamma = \frac{C_{p,m}}{C_{V,m}}. \tag{8-23}$$

表 8 - 1 给出了几种气体的摩尔热容的实验值.

表 8 - 1　几种气体的摩尔热容的实验值

气体		摩尔质量 $M/(kg \cdot mol^{-1})$	$C_{p,m}$	$C_{V,m}$	$C_{p,m} - C_{V,m}$	$\gamma = C_{p,m}/C_{V,m}$
单原子气体	氦(He)	4.003×10^{-3}	20.79	12.52	8.27	1.66
	氖(Ne)	20.18×10^{-3}	20.79	12.68	8.11	1.64
	氩(Ar)	39.95×10^{-3}	20.79	12.45	8.34	1.67
双原子气体	氢(H_2)	2.016×10^{-3}	28.82	20.44	8.38	1.41
	氮(N_2)	28.01×10^{-3}	29.12	20.80	8.32	1.40
	氧(O_2)	32.00×10^{-3}	29.37	20.98	8.39	1.40
	空气	28.97×10^{-3}	29.01	20.68	8.33	1.40
	一氧化碳(CO)	28.01×10^{-3}	29.04	20.74	8.30	1.40
多原子气体	二氧化碳(CO_2)	44.01×10^{-3}	36.62	28.17	8.45	1.30
	一氧化二氮(N_2O)	44.01×10^{-3}	36.90	28.39	8.51	1.31
	硫化氢(H_2S)	34.08×10^{-3}	36.12	27.36	8.76	1.32
	水蒸气(H_2O)	18.016×10^{-3}	36.21	27.82	8.39	1.30

注：① 实验条件为 1.013×10^5 Pa，25 ℃. ② $C_{p,m}$，$C_{V,m}$ 的单位均为 $J \cdot mol^{-1} \cdot K^{-1}$.

从表 8－1 可以看到，在通常温度及压强下的气体（可看作理想气体），无论是单原子气体、双原子气体，还是多原子气体，尽管它们的摩尔定压热容 $C_{p,\mathrm{m}}$ 和摩尔定容热容 $C_{V,\mathrm{m}}$ 的实验值并不相同，但两者的实验值之差与普适气体常量 R 的值还是比较接近的. 这从另一个侧面反映了热力学第一定律确实是包含热现象在内的能量守恒定律.

大量实验表明，对于单原子气体和双原子气体，常温下 $C_{p,\mathrm{m}}$，$C_{V,\mathrm{m}}$ 和 γ 的实验值与理论值相近. 这说明经典的热容理论近似地反映了客观事实，但是对多原子气体来说，实验值与理论值有较大差别，并且实验表明气体的摩尔热容还明显地随温度变化而变化. 这些事实都说明经典理论仍存在缺陷，根本原因在于，上述热容理论是建立在能量均分定理基础上的. 实际上，原子、分子等微观粒子的运动遵从量子力学规律，经典概念仅在一定限度内适用. 只有量子理论才能对气体热容做出完整的解释.

例 8－1

1 mol 理想气体经图 8－6 所示的两个不同过程（$1\to4\to2$）和（$1\to3\to2$）由状态“1”变到状态“2”. 图中 $p_2 = 2p_1$，$V_{\mathrm{m2}} = 2V_{\mathrm{m1}}$. 已知该气体的 $C_{V,\mathrm{m}} = \dfrac{3}{2}R$，初始温度为 T_1，求气体在这两个过程中从外界吸收的热量.

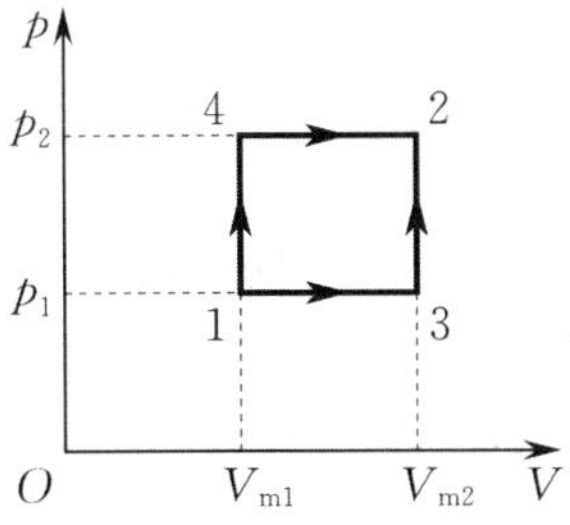

图 8－6

解　(1) 求状态“2”“3”“4”的温度.

$$p_1V_{\mathrm{m1}} = RT_1 \quad （状态“1”），$$
$$p_2V_{\mathrm{m2}} = RT_2 \quad （状态“2”）.$$

因为 $p_2 = 2p_1$，$V_{\mathrm{m2}} = 2V_{\mathrm{m1}}$，所以

$$T_2 = 4T_1.$$

再由

$$p_1V_{\mathrm{m2}} = RT_3 \quad （状态“3”），$$
$$p_2V_{\mathrm{m1}} = RT_4 \quad （状态“4”），$$

可得

$$T_3 = T_4 = 2T_1.$$

(2) 求状态“1”“2”的内能差.

$$\Delta E = E_2 - E_1 = \nu C_{V,\mathrm{m}}(T_2 - T_1)$$
$$= \frac{3}{2}R(4T_1 - T_1) = \frac{9}{2}RT_1.$$

(3) 求过程 $1\to4$，$4\to2$，$1\to3$，$3\to2$ 中做功的数值.

过程 $1\to4$：$W_1 = 0$.

过程 $4\to2$：

$$W_2 = \int_{V_{\mathrm{m1}}}^{V_{\mathrm{m2}}} p_2\,\mathrm{d}V = p_2(V_{\mathrm{m2}} - V_{\mathrm{m1}})$$
$$= R(T_2 - T_4) = R(4T_1 - 2T_1)$$
$$= 2RT_1.$$

过程 $1\to3$：

$$W_3 = R(T_3 - T_1) = R(2T_1 - T_1) = RT_1.$$

过程 $3\to2$：$W_4 = 0$.

(4) 在过程 $1\to4\to2$ 中，$W_{1\to4\to2} = W_1 + W_2 = 2RT_1$. 由

$$Q_{1\to4\to2} = \Delta E + W_{1\to4\to2},$$

得

$$Q_{1\to4\to2} = \frac{9}{2}RT_1 + 2RT_1 = \frac{13}{2}RT_1.$$

在过程 $1\to3\to2$ 中，$W_{1\to3\to2} = W_3 + W_4 = RT_1$. 由

$$Q_{1\to4\to2} = \Delta E + W_{1\to4\to2},$$

得

$$Q_{1\to3\to2} = \frac{9}{2}RT_1 + RT_1 = \frac{11}{2}RT_1.$$

8.3.3 等温过程

如果在整个过程中，系统的温度不变，则此过程叫作等温过程，其特征是 $\mathrm{d}T=0$. 可以通过使气体与恒温热源（温度为 T）接触，缓慢地改变气体的体积来实现等温过程. 对理想气体来说，等温过程的方程为

$$pV=\text{常量}. \tag{8-24}$$

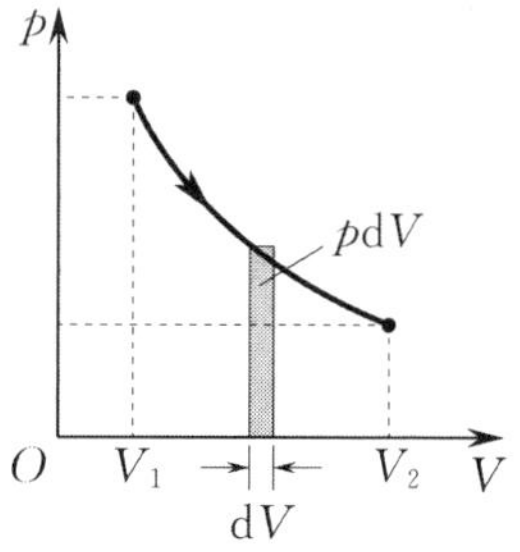

图 8-7 等温过程

所以，等温过程在 $p-V$ 图上是双曲线的一段，即等温线，如图 8-7 所示. 因为理想气体的内能只与温度有关，所以，在等温过程中理想气体的内能保持不变，即 $\mathrm{d}E=0$. 根据热力学第一定律，得

$$Q_T=W_T. \tag{8-25}$$

在等温过程中，系统从外界吸收的热量全部用于对外界做功. 系统对外界做的功为

$$W_T=\int_{V_1}^{V_2}p\mathrm{d}V=\nu RT\int_{V_1}^{V_2}\frac{\mathrm{d}V}{V}=\nu RT\ln\frac{V_2}{V_1}, \tag{8-26}$$

其数值等于图 8-7 中等温线下的面积.

8.4 绝热过程

绝热过程是热力学过程中的一个十分重要的过程. 在气体状态发生变化的过程中，如果与外界之间没有热量传递，这种过程叫作**绝热过程**. 实际上，绝对的绝热过程是没有的，但在有些过程的进行中，虽然系统与外界之间有热量传递，但所传递的热量很小，以致可忽略不计，这种过程就可近似看作绝热过程. 在工程上，蒸汽机气缸中蒸汽的膨胀，柴油机中受热气体的膨胀，压缩机中空气的压缩等，常常可近似看作绝热过程. 这些过程进行得很迅速，在过程进行时只有很少的热量通过容器壁进入或离开系统.

如图 8-8 所示，理想气体的绝热过程在 $p-V$ 图上的过程曲线，称为绝热线. 绝热过程的特征是 $\mathrm{d}Q=0$. 故由热力学第一定律，有

$$0=\mathrm{d}E+\mathrm{d}W_S.$$

由于理想气体的内能仅是温度的函数，故可得

$$0=\nu C_{V,\mathrm{m}}\mathrm{d}T+p\mathrm{d}V. \tag{8-27}$$

已知理想气体状态方程为 $pV=\nu RT$，对其取微分，有

$$p\mathrm{d}V+V\mathrm{d}p=\nu R\mathrm{d}T,$$

将之代入式(8-27)，可得

$$C_{V,\mathrm{m}}p\mathrm{d}V+C_{V,\mathrm{m}}V\mathrm{d}p=-Rp\mathrm{d}V.$$

将 $R=C_{p,\mathrm{m}}-C_{V,\mathrm{m}}$ 及 $\gamma=\dfrac{C_{p,\mathrm{m}}}{C_{V,\mathrm{m}}}$ 代入上式，得

$$\gamma\frac{\mathrm{d}V}{V}=-\frac{\mathrm{d}p}{p},$$

对上式积分，有

$$\gamma\ln V+\ln p=\text{常量},$$

得

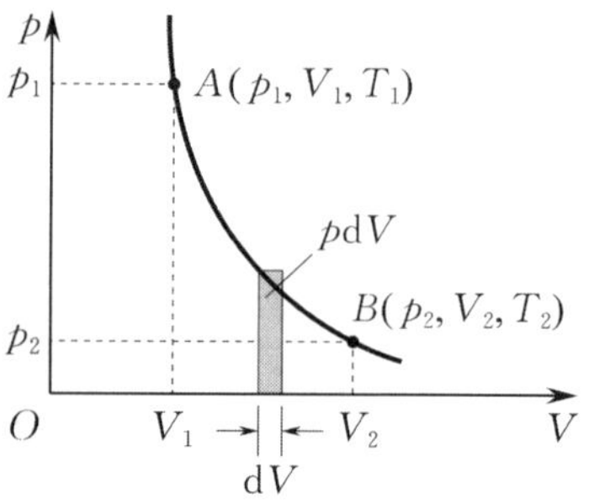

图 8-8 绝热过程

$$pV^{\gamma} = 常量. \tag{8-28a}$$

这就是理想气体绝热过程的 $p-V$ 函数关系.

将理想气体状态方程 $pV=\nu RT$ 代入式(8-28a),分别消去 p 或 V,可得

$$V^{\gamma-1}T = 常量, \tag{8-28b}$$

$$p^{\gamma-1}T^{-\gamma} = 常量. \tag{8-28c}$$

式(8-28a)、式(8-28b) 和式(8-28c) 统称为理想气体的绝热方程. 但各式中的常量各不相同.

由式(8-27) 可求得在有限过程中,理想气体绝热过程所做的功为

$$W_S = \int_{V_1}^{V_2} p\mathrm{d}V = -\nu C_{V,\mathrm{m}}\int_{T_1}^{T_2}\mathrm{d}T = -\nu C_{V,\mathrm{m}}(T_2-T_1). \tag{8-29a}$$

理想气体绝热过程所做功的表达式也可用状态参量来表示,即

$$W_S = \frac{p_1V_1-p_2V_2}{\gamma-1}. \tag{8-29b}$$

为了比较绝热线和等温线,根据式(8-28a) 和式(8-24),在 $p-V$ 图上画出这两个过程的过程曲线,如图 8-9 所示. 图中实线表示绝热线,虚线表示等温线. 两线交于图中的 A 点,显然绝热线比等温线陡. 这是由于等温线的斜率为

$$\left(\frac{\mathrm{d}p}{\mathrm{d}V}\right)_T = -\frac{p}{V},$$

而绝热线的斜率为

$$\left(\frac{\mathrm{d}p}{\mathrm{d}V}\right)_S = -\gamma\frac{p}{V}.$$

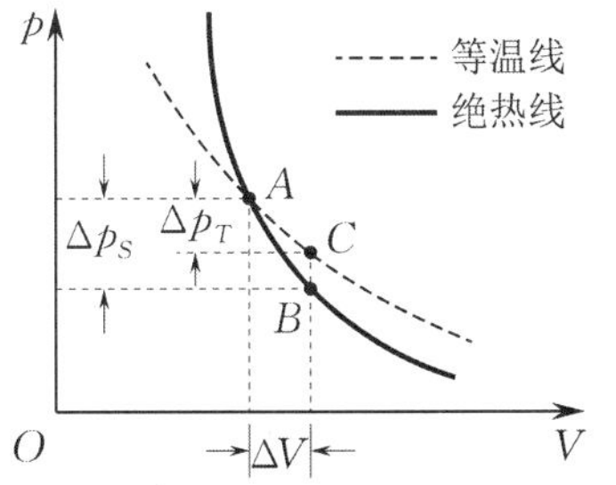

图 8-9　绝热线与等温线的比较

因为 $\gamma>1$,所以绝热线比等温线要陡. 这一点可以解释为:处于某一状态的气体,经等温过程或绝热过程膨胀相同的体积,在绝热过程中压强的降低量 Δp_S 要大于在等温过程中压强的降低量 Δp_T. 这是因为,在等温过程中,仅由气体密度的减小而引起压强的降低,而在绝热过程中,除气体密度减小外,温度降低也要引起压强的降低.

例 8-2

如图 8-10 所示,设有 5 mol 氢气,最初的压强为 1.013×10^5 Pa,温度为 20 ℃. 求:(1) 在下列过程中,把氢气压缩为原来体积的 $\frac{1}{10}$ 需要做的功,① 等温过程,② 绝热过程;(2) 分别经过这两个过程后,气体的压强.

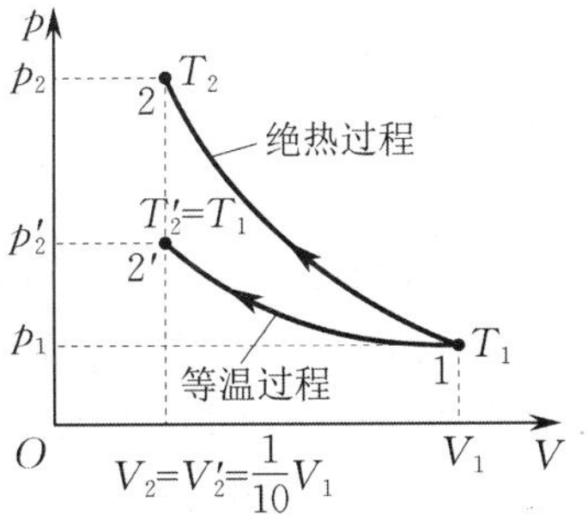

图 8-10

解　(1) ① 对等温过程,由式(8-26) 可得,氢气由状态"1"等温压缩到状态"2"所做的功为

$$W'_{12} = \nu RT\ln\frac{V'_2}{V_1}$$

$$= 5\times8.31\times293.15\ln\frac{1}{10}\ \mathrm{J}$$

$$\approx -2.8\times10^4\ \mathrm{J},$$

其中负号表示外界对气体做正功.

② 因为氢气是双原子气体,由表 8-1 可知其 $\gamma=1.41$. 所以对绝热过程,由式(8-28b),可求得状态"2"的温度为

$$T_2 = T_1\left(\frac{V_1}{V_2}\right)^{\gamma-1} = 293.15\times10^{0.41}\ \mathrm{K}\approx753.51\ \mathrm{K}.$$

因此由式(8-29a),氢气由状态"1"绝热压缩到状态"2"做的功为

$$W_{12}=-\nu C_{V,\mathrm{m}}(T_2-T_1).$$

由表 8-1 可查得，氢气的摩尔定容热容 $C_{V,\mathrm{m}}=20.44\ \mathrm{J\cdot mol^{-1}\cdot K^{-1}}$. 把已知数据代入上式，得

$$W_{12}=-5\times 20.44\times(753.51-293.15)\ \mathrm{J}\approx -4.70\times 10^4\ \mathrm{J},$$

其中负号表示外界对气体做正功.

(2) 分别求状态"2′"和状态"2"的压强.

对等温过程，有

$$p_2'=p_1\left(\frac{V_1}{V_2'}\right)=1.013\times 10^5\times 10\ \mathrm{Pa}=1.013\times 10^6\ \mathrm{Pa}.$$

对绝热过程，有

$$p_2=p_1\left(\frac{V_1}{V_2'}\right)^{\gamma}=1.013\times 10^5\times 10^{1.41}\ \mathrm{Pa}\approx 2.60\times 10^6\ \mathrm{Pa}.$$

例 8-3

把氮气放在一个有活塞的由绝热壁包围的气缸中. 开始时，氮气的压强为 50 个标准大气压，温度为 300 K；经急速膨胀后，其压强降至 1 个标准大气压，从而使氮气液化. 试问此时氮气的温度为多少？

解 把氮气视为理想气体，其液化过程可当作绝热过程. 由题意知，$p_1=50\times 1.013\times 10^5\ \mathrm{Pa}$，$T_1=300\ \mathrm{K}$，$p_2=1\times 1.013\times 10^5\ \mathrm{Pa}$，且氮气为双原子气体，由表 8-1 可查得其 $\gamma=1.40$. 所以按绝热方程式(8-28c) 可得

$$T_2=T_1\left(\frac{p_1}{p_2}\right)^{(\gamma-1)/-\gamma}=300\times 50^{(1.40-1)/-1.40}\ \mathrm{K}\approx 98.0\ \mathrm{K}.$$

这个值只是估计值. 因为在低温时氮气不能再视为理想气体，而且把氮气的膨胀过程视为绝热过程也只是近似的.

8.5 循环过程 卡诺循环

8.5.1 循环过程

在生产技术上，需要通过工作物质连续不断地将热转化为功. 例如，气体的等温过程和等压过程，可以将从热源吸收的热量转化为功，但这个过程不可能无限制地进行下去，因为最终当气体压强与外界压强相等，或温度与热源温度相同时，过程就要终止. 显然，要使热量连续不断地转化为功，必须使工作物质能从做功以后的状态回到初始状态，才能一次一次地重复下去，这就需要利用循环过程. 系统经过一系列状态变化过程以后又回到初始状态的过程，叫作**热力学循环过程**，简称**循环**. 它所包含的每一个中间过程称为分过程. 显然，只有循环过程才可以把热量连续不断地转化为功. 如果一个循环过程的所有分过程都是准静态过程，那么，这个循环就称为准静态循环. 准静态循环可以在 p-V 图上用一条闭合曲线表示，如图 8-11(a) 所示. 因为内能是系统状态的单值函数，所以系统经历一个循环过程之后，它的内能没有改变. 这是循环过程的重要特征.

如图 8-11(a) 所示，若气体在压缩过程中所经过的路径与在膨胀过程中所经过的路径不重合，那么，气体经历这样一个循环后就要做净功. 在图 8-11(b) 中，设有一定量的气体，先由初始状态 $A(p_A,V_A,T_A)$ 在较高温度的条件下，沿过程 AaB 吸收热量而膨胀到状态 $B(p_B,V_B,T_B)$，在此过程中，气体对外界所做的功为 W_a，等于 A，B 两点间过程曲线 AaB 下的面积. 然后再将气体由状态 B 在较低温度的条件下，沿过程 BbA 放出热量并压缩到初始状态 A，如图 8-11(c) 所示. 在压缩过程中，外界对气体所做的功为 W_b，等于 A，B 两点间过程曲线 BbA 下的面积. 按照图中所选

定的过程，W_b 的值小于 W_a 的值. 所以气体经历一个循环以后，既从高温热源吸热，又向低温热源放热并做功，而对外界所做的净功 W 应为

$$W = W_a - W_b.$$

显然，在 $p-V$ 图上，W 是由 AaB 和 BbA 两个过程组成的循环所包围的面积，如图 8－11(d) 所示. 所以，在任意一个循环过程中，系统所做的净功在数值上都等于 $p-V$ 图上所示循环所包围的面积.

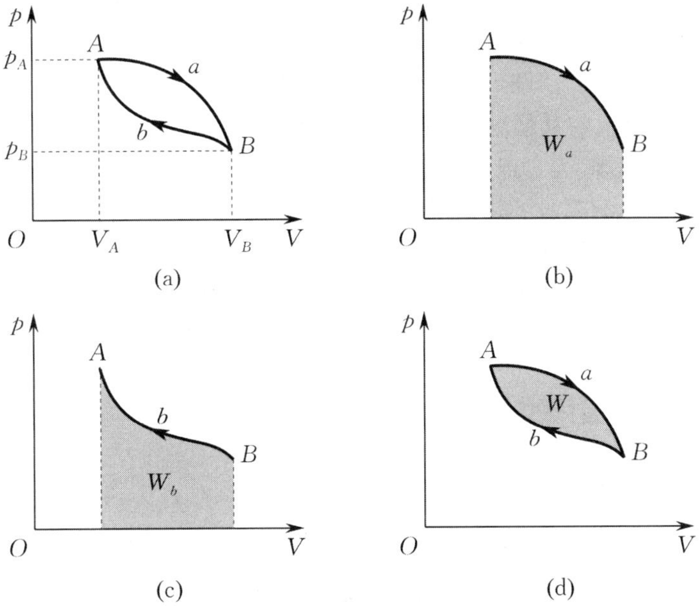

图 8－11　准静态循环过程及其所做的功

8.5.2　热机和致冷机

按过程进行的方向可把循环过程分为两类. 在 $p-V$ 图上按顺时针方向进行的循环过程叫作正循环，按逆时针方向进行的循环过程叫作逆循环. 工作物质做正循环的机器叫作**热机**(如蒸汽机、内燃机)，它是把热量持续地转变为功的机器. 工作物质做逆循环的机器叫作**致冷机**，它是利用外界做功使热量由低温处流入高温处，从而获得低温的机器.

如图 8－12 所示，一热机经过一个正循环后，由于它的内能不变化，因此，它从高温热源吸收的热量 Q_1 只有一部分用于对外界做功 W，另一部分则向低温热源放热 Q_2. 这就是说，在热机经历一个正循环后，吸收的热量只有一部分转变为功，即

$$W = Q_1 - Q_2.$$

通常把

$$\eta = \frac{W}{Q_1} = \frac{Q_1 - Q_2}{Q_1} = 1 - \frac{Q_2}{Q_1} \qquad (8-30)$$

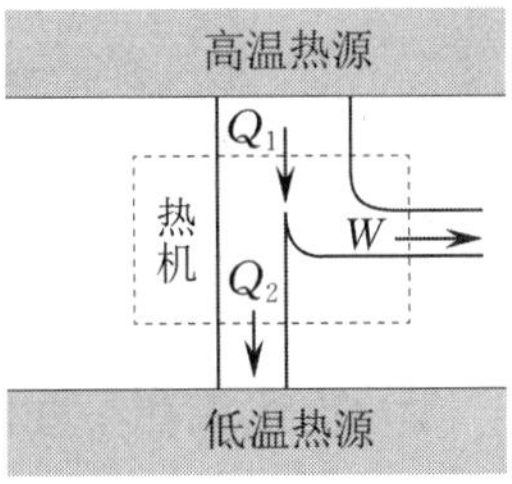

图 8－12　热机的示意图

称为热机效率或循环效率. 第一部实用的热机是蒸汽机，其示意图如图 8－13 所示，创制于十七世纪末，用于煤矿抽水. 目前蒸汽机主要用于发电厂. 除蒸汽机外，热机还有内燃机、喷气机等. 虽然它们在工作方式、效率上各不相同，但工作原理基本相同，都是不断地把热量转变为功.

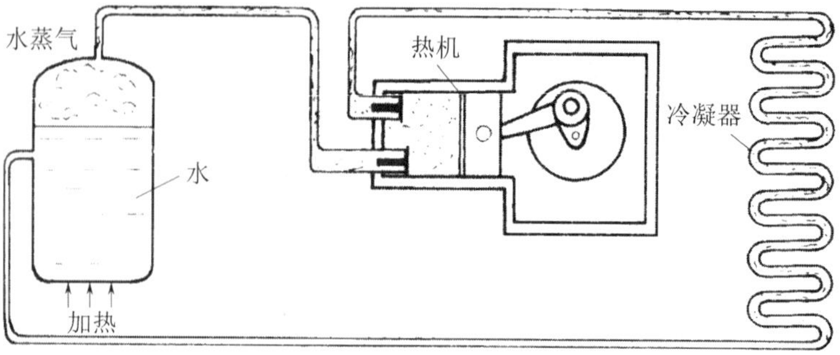

图 8－13　蒸汽机的示意图

图 8－14 是致冷机的示意图，它从低温热源吸收热量而膨胀，并在压缩过程中，把热量放出给高温热源. 为实现这一功能，外界必须对致冷机做功. 图中 Q_2 为致冷机从低温热源吸收的热量，W 为外界对它做的功，Q_1 为它在高温热源放出的热量. 于是当致冷机完成一个逆循环后，有 $W = Q_1 - Q_2$. 这就是说，致冷机经历一个逆循环后，由于外界持续对它做功，因此可把热量不断地由低温热源传递到高温热源. 这就是致冷机的工作原理. 通常把

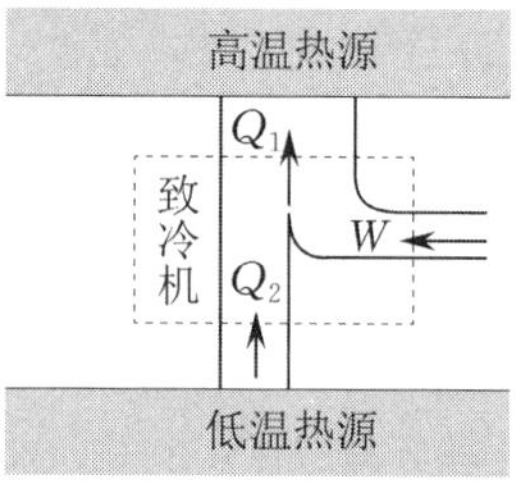

图 8－14　致冷机的示意图

$$e = \frac{Q_2}{W} = \frac{Q_2}{Q_1 - Q_2} \tag{8-31}$$

称为致冷机的致冷系数.

致冷机不仅可以用来降低温度，也可以用来升高温度. 例如，在夏天，以室内为低温热源，以室外为高温热源，通过致冷机达到降温的目的；在冬天，以室外为低温热源，以室内为高温热源，通过致冷机可使室内温度升高，以此为目的设计的致冷机通常称为热泵. 冷暖空调就是一机两用，夏天为致冷机，冬天为热泵.

冰箱的构造与工作原理：冰箱是生活中常见的致冷机，是保持恒定低温的一种致冷设备. 冰箱由压缩机、冷凝器、节流阀、蒸发器、冷库等部分组成（见图 8－15），采用较易液化的物质作为工作物质，如氨气. 冰箱工作时，氨气在压缩机内被压缩，压强增大、温度升高. 氨气进入冷凝器后会向冷却水（或周围空气）释放热量并凝结为液态氨. 接下来，液态氨经过节流阀，压强和温度都降低，再进入蒸发器，由于此处压强很低（压缩机的抽吸作用），液态氨全部蒸发为气态. 此过程需要从冷库吸热，使冷库的温度降低. 之后氨气被吸入压缩机进行下一个循环.

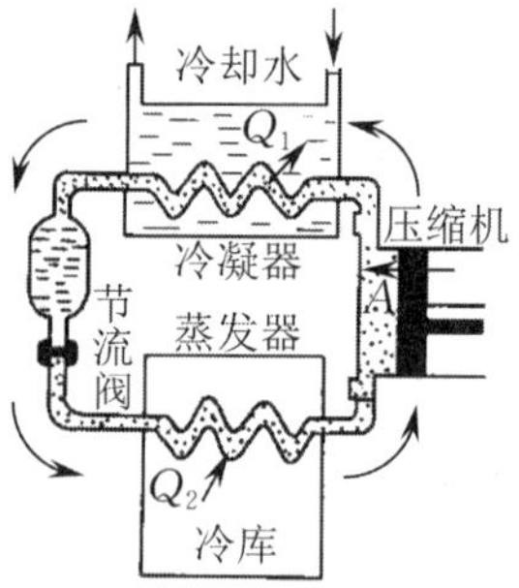

图 8－15　冰箱的示意图

8.5.3　卡诺循环

十八世纪末和十九世纪初，尽管蒸汽机已得到广泛应用，但其热机效率一直很低，一般只有 3% ～ 5%，95% 以上的热量没有得到利用，人们迫切要求进一步提高热机的效率. 热机效率有没有极限呢？为此，法国的年轻工程师卡诺（Carnot）于 1824 年提出一个在两热源之间工作的理想循环 —— 卡诺循环，找到了在给定两个热源温度的条件下，热机效率的理论极限值，并提出了著名的卡诺定理.

卡诺循环包括四个无摩擦的准静态过程，其中两个是等温过程，两个是绝热过程. 卡诺循环对工作物质是没有规定的，可以是气体（理想的或非理想的）、液体，也可以是固体. 为方便讨论，我们以理想气体为工作物质. 如图 8 - 16 所示，曲线 AB 和 CD 分别是温度为 T_1 和 T_2 的两条等温线，曲线 BC 和 DA 分别是两条绝热线. 若工作物质（理想气体）从 A 点出发，按顺时针方向沿封闭曲线 $ABCDA$ 进行循环，则这种正循环称为**卡诺正循环**，对应的热机称为**卡诺热机**.

根据热力学第一定律，卡诺循环中各个过程的内能变化、吸热和做功情况如下：

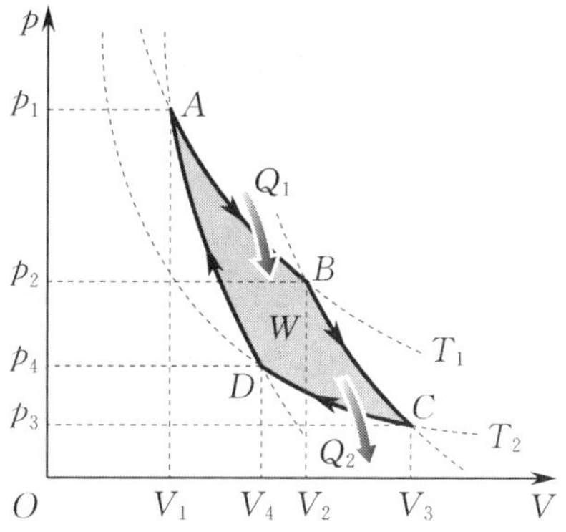

图 8 - 16　卡诺热机

（1）在 $A \to B$ 的等温膨胀过程中，气体内能不变，气体对外界做的功为 W_1，等于气体从温度为 T_1 的高温热源吸收的热量 Q_1，即

$$W_1 = Q_1 = \nu R T_1 \ln \frac{V_2}{V_1}. \tag{8-32}$$

（2）在 $B \to C$ 的绝热膨胀过程中，气体不吸收热量，对外界做的功为 W_2，等于气体减少的内能，即

$$W_2 = -\Delta E = E_B - E_C = \nu C_{V,\mathrm{m}}(T_1 - T_2).$$

（3）在 $C \to D$ 的等温压缩过程中，气体内能不变，外界对气体做的功为 $-W_3$，等于气体向温度为 T_2 的低温热源放出的热量 $-Q_2$，即

$$-W_3 = -Q_2 = \nu R T_2 \ln \frac{V_4}{V_3},$$

因此

$$Q_2 = \nu R T_2 \ln \frac{V_3}{V_4}. \tag{8-33}$$

（4）在 $D \to A$ 的绝热压缩过程中，气体不吸收热量，外界对气体做的功为 $-W_4$，等于气体增加的内能，即

$$-W_4 = \Delta E = E_A - E_D = \nu C_{V,\mathrm{m}}(T_1 - T_2).$$

由以上分析可得，理想气体经历一个卡诺循环后所做的净功为

$$W = W_1 + W_2 - W_3 - W_4 = Q_1 - Q_2.$$

净功 W 就是图 8 - 16 中的循环所包围的面积.

由理想气体绝热方程 $TV^{\gamma-1}=$ 常量，可得

$$V_2^{\gamma-1} T_1 = V_3^{\gamma-1} T_2 \quad 和 \quad V_1^{\gamma-1} T_1 = V_4^{\gamma-1} T_2,$$

将上述两式相除，得

$$\frac{V_2}{V_1} = \frac{V_3}{V_4},$$

将之代入式(8 - 32) 和式(8 - 33)，化简后有

$$\frac{Q_1}{T_1} = \frac{Q_2}{T_2},$$

将之代入热机效率公式(8 - 30)，可得卡诺热机的效率为

$$\eta = 1 - \frac{Q_2}{Q_1} = 1 - \frac{T_2}{T_1}. \tag{8-34}$$

由式(8 - 34) 可知，卡诺热机的效率与工作物质无关，只取决于两个热源的温度. 高温热源的温度越高，低温热源的温度越低，卡诺循环的效率越高.

在卡诺逆循环中，系统从状态 A 出发，沿图 8 - 16 中箭头所示的逆方向，即 $ADCBA$ 方向循环一周返回状态 A. 外界对系统做功 W，系统从低温热源吸收热量 Q_2，同时向高温热源放出热量

Q_1. 卡诺致冷机的工作示意图如图 8-14 所示. 根据致冷系数的表达式(8-31)可得卡诺致冷机的致冷系数为

$$e=\frac{Q_2}{Q_1-Q_2}=\frac{T_2}{T_1-T_2}. \tag{8-35}$$

式(8-35)说明,卡诺逆循环的致冷系数也只取决于高、低温热源的温度.

例 8-4

1 mol 理想气体经过如图 8-17 所示的循环,其中 $A\to B$ 是绝热压缩过程,$B\to C$ 是等容升压过程,$C\to D$ 是绝热膨胀过程,$D\to A$ 是等容降压过程,求此循环的效率.

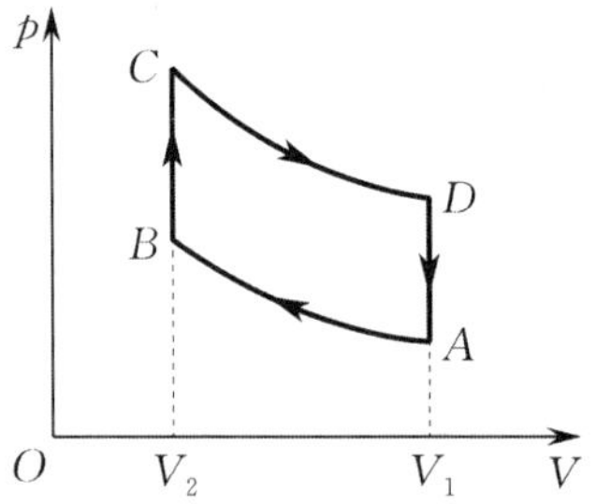

图 8-17

解 设气体状态为 A,B,C 和 D 时的温度分别为 T_A,T_B,T_C 和 T_D. 由绝热方程,有

$$\frac{T_B}{T_A}=\left(\frac{V_1}{V_2}\right)^{\gamma-1},\quad \frac{T_C}{T_D}=\left(\frac{V_1}{V_2}\right)^{\gamma-1},$$

从而有

$$\frac{T_B}{T_A}=\frac{T_C}{T_D},\quad \frac{T_B}{T_A}=\frac{T_C-T_B}{T_D-T_A}.$$

在 $B\to C$ 的等容升压过程中,气体吸收的热量为

$$Q_1=C_{V,\mathrm{m}}(T_C-T_B).$$

在 $D\to A$ 的等容降压过程中,气体放出的热量为

$$Q_2=C_{V,\mathrm{m}}(T_D-T_A).$$

故此循环过程的效率为

$$\eta=1-\frac{Q_2}{Q_1}=1-\frac{T_D-T_A}{T_C-T_B}$$
$$=1-\frac{T_A}{T_B}=1-\left(\frac{V_2}{V_1}\right)^{\gamma-1},$$

其中 $\frac{V_2}{V_1}=r$,叫作压缩比,则

$$\eta=1-r^{\gamma-1}.$$

例 8-4 中所述循环被称作奥托循环,是四冲程汽油机的工作循环.

例 8-5

一台冰箱放在室温的房间里,冰箱储物柜内的温度维持在 5 ℃. 现每天有 2.0×10^8 J 的热量自房间通过热传导的方式传入冰箱内. 若要使冰箱内保持 5 ℃ 的温度,外界每天需做多少功?其功率为多少?设在 5～20 ℃ 之间运转的致冷机(冰箱)的致冷系数是卡诺致冷机致冷系数的 55%.

解 设 e 为致冷机的致冷系数,$e_卡$ 为卡诺致冷机的致冷系数.

工作在 $T_1=20$ ℃ $=293.15$ K,$T_2=5$ ℃ $=278.15$ K 之间的卡诺致冷机的致冷系数为

$$e_卡=\frac{T_2}{T_1-T_2}=\frac{278.15}{293.15-278.15}\approx18.5.$$

于是有

$$e=18.5\times55\%\approx10.2.$$

又由致冷机的致冷系数的定义式

$$e=\frac{Q_2}{Q_1-Q_2}$$

可得

$$Q_1=\frac{e+1}{e}Q_2.$$

设自房间传入冰箱内的热量为 $Q'=2.0\times10^8$ J. 在热平衡时,$Q_2=Q'$. 于是,上式可写为

$$Q_1=\frac{e+1}{e}Q'=\frac{10.2+1}{10.2}\times2.0\times10^8\ \mathrm{J}$$

$$\approx 2.2\times 10^8\ \mathrm{J}.$$

所以，为保持冰箱在 5～20 ℃之间运转，每天需做的功为

$$W = Q_1 - Q_2 = Q_1 - Q'$$
$$= (2.2\times 10^8 - 2.0\times 10^8)\ \mathrm{J}$$
$$= 0.2\times 10^8\ \mathrm{J},$$

功率为

$$P = \frac{W}{t} = \frac{0.2\times 10^8}{24\times 60\times 60}\ \mathrm{W} \approx 231\ \mathrm{W}.$$

8.6　热力学第二定律的两种表述

热力学第一定律指出，一切热力学过程都必须遵守能量守恒定律. 那么满足热力学第一定律的过程是不是都能进行呢？大量事实表明，自然界中不是所有符合热力学第一定律的过程都能发生（如混合后的气体不能自动分离），自然界自发进行的过程是有方向性的. 人们在实践的基础上又发现了一条新的定律，即热力学第二定律.

8.6.1　热力学第二定律的开尔文表述

在十九世纪初，蒸汽机已在工业、航海等领域得到了广泛使用，并随着技术水平的提高，蒸汽机的效率也有所增加. 但热机效率有没有限制呢？历史上曾有人企图制造这样一种循环工作的热机，它只从单一热源吸收热量，并将吸收的热量全部用来做功而不向低温热源放出热量，因而它的效率可达 100%. 也就是说，利用从单一热源吸收的热量可以使循环工作的机器做功，而不引起外界的任何变化. 这种热机叫作第二类永动机. 第二类永动机并不违反热力学第一定律，因而对人们更具有欺骗性. 曾有人估计过，要是用这样的热机来吸收海水中的热量而做功，则只要使海水的温度下降 0.01 K，就能使全世界的机器开动许多年. 然而人们经过长期的实践认识到，第二类永动机是不可能实现的. 开尔文（Kelvin）在总结这类实践经验的基础上，于 1851 年提出，**不可能从单一热源吸收热量，使其完全变为功，而不产生其他任何影响.**

应当指出，热力学第二定律的开尔文表述指的是循环工作的热机，其中“单一热源”是指温度均匀且恒定不变的热源，“其他影响”是指除从单一热源吸热并把它用来做功以外的其他任何变化. 如果工作物质进行的不是循环过程，而是像等温膨胀这样的过程，那么是可以把从一个热源吸收的热量全部用来做功的. 但是这时产生了其他影响：气体的体积增大、压强减小等. 单一的等温膨胀过程并不是循环过程，要用它来持续做功是不现实的.

8.6.2　热力学第二定律的克劳修斯表述

此外，如果在一个孤立系统中，有一个温度为 T_1 的高温物体和一个温度为 T_2 的低温物体，那么经过一段时间后，整个系统将达到温度为 T 的热平衡状态. 这说明在孤立系统内，热量是由高温物体向低温物体传递的；不存在低温物体的温度越来越低，高温物体的温度越来越高，即不存在热量自发地由低温物体向高温物体传递的情况，虽然这一过程并不违反热力学第一定律. 要使热量由低温物体传递给高温物体，只有依靠外界对它做功才能实现（如致冷机）. 1850 年，克劳修斯将热力学第二定律表述为：**不可能把热量从低温物体传递给高温物体而不产生其他任何影响.**

和热力学第一定律一样，热力学第二定律不能从更普遍的定律推导出来，它是大量实验和经验的总结. 虽然我们不能直接去验证它的正确性，但可以从它所得出的推论与客观实际相符而得

到肯定.

热力学第二定律的克劳修斯表述和开尔文表述表明，在自然界中，热量的传递和热与功之间的转变都是有方向性的. 这个方向性就是：在一个孤立系统中，热量只能自发地从高温物体传递给低温物体，而不能自发地反向进行；在一个循环过程中，功能全部转变为热，而热不能全部转变为功. 自然界中还有不少事实反映出过程的进行是具有方向性的. 例如，两种气体混合后，只能自发地逐渐趋于均匀分布，而不能自发地反向进行.

热力学第二定律的开尔文表述和克劳修斯表述虽然说法不同，但它们所反映的热力学规律是完全等价的. 下面我们用反证法证明它们的等价性.

如图 8-18 所示，假设克劳修斯表述不成立，在温度为 T_1 的高温热源和温度为 T_2 的低温热源之间有一致冷机，可以将热量 Q_2 由低温热源自发地传递给高温热源，那么，我们可以利用另一遵从开尔文表述的热机从高温热源吸收热量 Q_1，对外界做功 W，并把热量 Q_2 传递给低温热源. 当这一过程完成时，低温热源放出和吸收的热量是相等的，即没有发生变化. 高温热源放出的热量大于吸收的热量，即放出的净热量为 $Q_1 - Q_2$，而热机对外界做的功 $W = Q_1 - Q_2$，高温热源放出的热量全部用来对外界做功. 也就是说，单一热源放出的热量全部用来对外界做功，而没有产生其他任何影响. 这显然是违反开尔文表述的. 所以，违反克劳修斯表述的系统，也必然违反开尔文表述；反之，同样有效.

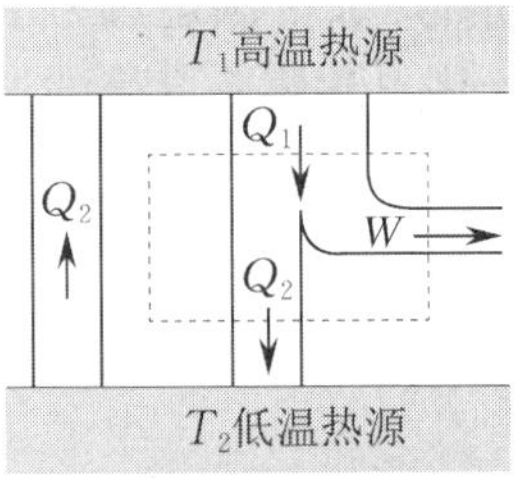

图 8-18　热力学第二定律的两种表述的等价性

8.6.3　可逆过程与不可逆过程

由热力学第二定律的克劳修斯表述可知，高温物体能自发地把热量传递给低温物体，而低温物体不可能自发地把热量传递给高温物体. 如果把热量由高温物体传递给低温物体作为正过程，而把热量由低温物体传递给高温物体作为逆过程，很显然，逆过程是不能自发进行的. 在不引起其他任何变化的条件下，不能使逆过程重复正过程的每一状态，或者虽然可以重复，但必然会引起其他变化，这样的过程叫作**不可逆过程**. 也就是说，如要把热量由低温物体传递给高温物体，外界必须要对它做功，而由于外界做功的结果，外界环境就要发生变化(如能量耗散等). 所以，在外界环境不发生变化的情况下，热量的传递过程是不可逆的. 事实上，热和功之间的转变也具有不可逆性. 例如，摩擦做功可以把功全部转变为热量，而热量却不能在不引起其他变化的情况下全部转变为功. 如果把功转变为热作为正过程，而把热转变为功作为逆过程，那么在不引起其他任何变化的情况下，热和功之间的转变也是不可逆的.

在系统状态变化的过程中，如果逆过程能重复正过程的每一状态，而且不引起其他变化，这样的过程叫作**可逆过程**. 只有当系统的状态变化过程是无限缓慢进行的准静态过程，而且在过程进行中没有能量耗散效应，这时系统所经历的过程才是可逆过程；否则，就是不可逆过程.

下面以汽缸内气体的膨胀过程为例说明什么样的过程才是可逆过程. 设气缸中有理想气体，当气缸中的活塞无限缓慢地运动时，气体在任意时刻的状态都近似地处于平衡态，故而气体状态变化的过程可看成准静态过程. 这时，如果能消除活塞与气缸壁间的摩擦力、气体间的黏滞力等引起的能量耗散，那么，正过程与逆过程中气体对外界所做的功可以完全抵消，在正、逆两过程终止时，外界环境也不发生任何变化. 总之，当活塞无限缓慢地运动，致使气体的状态变化过程可视为准静态过程，而系统又无能量耗散时，气体的状态变化过程才为可逆过程. 因此，总结起来就是，无耗散效应的准静态过程是可逆过程.

然而，活塞与气缸壁间总有摩擦，摩擦力做功的结果是要向外界放出热量，从而对外界产生不可消除的影响. 所以，有摩擦的过程是不可逆过程. 此外，实际上活塞的运动不可能无限缓慢，在正、逆过程中，不仅气体的状态不能重复，而且也不能实现准静态过程. 在这种情况下的过程是不可逆过程. 不可逆过程在自然界中是普遍存在的，而可逆过程则是理想的，是实际过程的近似. 本章所讨论的热力学过程除特别指明外，都视为可逆过程.

在自然界中，有关热力学过程的可逆性和不可逆性的讨论很多，必须给予正确的理解. 除前面讲过的热功转变、热传导外，像气体的扩散、水的汽化、固体的升华等都是不可逆过程. 生命科学里的生长与衰老也都是不可逆过程. 由于实际过程中的热现象是不可避免的，在自然界不可能存在可逆过程，所以，自然界中所发生的一切宏观过程都是不可逆过程，这就是热力学第二定律的实质.

通过对可逆过程和不可逆过程的讨论，我们对热力学第二定律应有进一步理解. 热力学第二定律与热力学第一定律一样都是热力学的基本定律. 热力学第二定律指明，一切涉及热现象的过程不仅必须满足能量守恒，而且具有方向性和局限性.

热力学第二定律适用于自然界中有限的宏观物质系统. 自然界中各种不可逆过程都是相互联系着的，由一个过程的不可逆性可以推证另一个过程的不可逆性. 因此，热力学第二定律可以有多种表述形式.

8.7　卡诺定理　熵

8.7.1　卡诺定理

在热力学第一定律和热力学第二定律建立之前，在分析蒸汽机和一般热机中决定热量转变为功的各种因素的基础上，1824 年卡诺提出，在温度为 T_1 的高温热源和温度为 T_2 的低温热源之间循环工作的机器，必须遵守以下两条结论(**卡诺定理**)：

(1) 在相同的高温热源和低温热源之间工作的任意工作物质的可逆机，都具有相同的效率.

(2) 工作在相同的高温热源和低温热源之间的一切不可逆机的效率都不可能大于可逆机的效率.

如果在可逆机中取一个以理想气体为工作物质的卡诺机，那么由卡诺定理中的结论(1) 可得

$$\eta = 1 - \frac{Q_2}{Q_1} = 1 - \frac{T_2}{T_1}. \tag{8-36}$$

同样，若以 η' 代表不可逆机的效率，则由卡诺定理中的结论(2) 可得

$$\eta' = 1 - \frac{Q_2}{Q_1} \leqslant 1 - \frac{T_2}{T_1}, \tag{8-37}$$

其中“$=$”适用于可逆机，“$<$”适用于不可逆机.

从卡诺定理可以知道，热机循环效率的最大限度就是卡诺循环效率. 卡诺定理对改善热机的性能提供了指导原则. 同时也意味着，提高热机效率是受到许多限制的. 所以人们在致力于提高热机效率的同时，也应当减少无谓的能量耗散.

8.7.2　熵　熵变的计算

热力学第二定律指出，自然界实际进行的与热现象有关的过程都是不可逆的，都是有方向和

限度的. 自然界中的每一个不可逆过程都有各自的关于过程进行方向和限度的标准. 为了用一个共同的标准来判断各种不可逆过程进行的方向和限度，克劳修斯找到热力学系统处于平衡态时存在的一个态函数——熵，由熵的特性可以判断过程进行的方向和限度. 用熵的变化可以把系统中实际过程进行的方向表示出来，这就是熵增加原理.

1. 熵

在一个可逆卡诺循环中，设高温热源和低温热源的温度分别为 T_1 和 T_2，系统吸收的热量为 Q_1，系统放出的热量为 Q_2. 为便于熵及熵增加原理的讨论，规定系统从外界吸热时 Q 为正值，系统放出热量时 Q 为负值. 由卡诺定理知，可逆卡诺热机的效率为

$$\frac{Q_1+Q_2}{Q_1}=\frac{T_1-T_2}{T_1},$$

因此可得

$$\frac{Q_1}{T_1}+\frac{Q_2}{T_2}=0,\tag{8-38}$$

其中$\frac{Q}{T}\left(\frac{Q_1}{T_1}\text{和}\frac{Q_2}{T_2}\right)$表示温度为 T 的可逆等温过程中吸收的热量与热源温度的比值，称为**热温比**. 式(8-38)表明，在可逆卡诺循环中，系统经历一个循环后，其热温比之和为零. 此结论虽是从研究可逆卡诺循环时得出的，但对任意可逆循环都适用，因而具有普遍性.

任意一个可逆循环都可以看作是系统与一系列热源进行热接触而完成的. 这一系列热源温度分别为 $T_1, T_2, T_3, \cdots, T_n$，系统从中吸收的热量分别为 $\mathrm{d}Q_1, \mathrm{d}Q_2, \mathrm{d}Q_3, \cdots, \mathrm{d}Q_n$. 可以证明，任意可逆循环的热温比之和

$$\sum_{i=1}^{n}\frac{\mathrm{d}Q_i}{T_i}=0.\tag{8-39}$$

当这一系列热源的数目无限多时，可用积分来替代求和，有

$$\oint\frac{\mathrm{d}Q}{T}=0.\tag{8-40}$$

式(8-40)表明，系统经历任意一可逆循环过程一周后，其热温比之和为零. 式(8-40)也称作**克劳修斯等式**.

在如图 8-19 所示的可逆循环中有两个状态 A 和 B. 这个可逆循环可以分为 Ac_1B 和 Bc_2A 两个可逆过程. 由式(8-40)，有

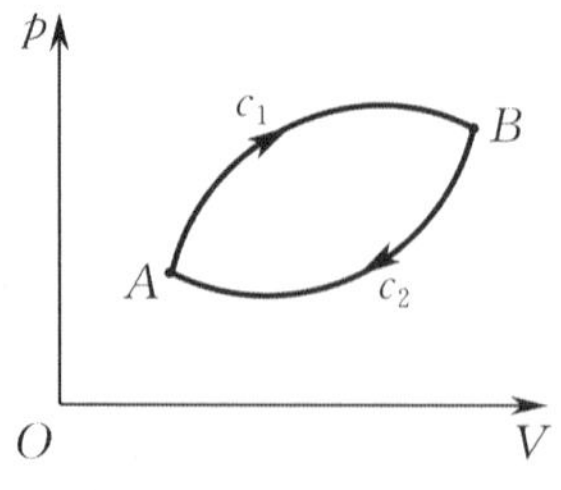

图 8-19 任意可逆循环

$$\oint\frac{\mathrm{d}Q}{T}=\int_{Ac_1B}\frac{\mathrm{d}Q}{T}+\int_{Bc_2A}\frac{\mathrm{d}Q}{T}=0.$$

由于上述每一过程都是可逆的，故正、逆过程热温比的值相等但反号，因此有

$$\int_{Bc_2A}\frac{\mathrm{d}Q}{T}=-\int_{Ac_2B}\frac{\mathrm{d}Q}{T}.$$

于是，有

$$\int_{Ac_1B}\frac{\mathrm{d}Q}{T}=\int_{Ac_2B}\frac{\mathrm{d}Q}{T}.\tag{8-41}$$

结果表明，系统从状态 A 到达状态 B，无论经历哪一个可逆过程，热温比的积分都是相等的. 这就是说，沿可逆过程的热温比的积分，只取决于始、末状态，而与过程无关. 这说明存在一个新的态函数，这个态函数在始、末两态 A, B 间的增量为一确定值，等于这两个平衡态之间任一可逆

过程的热温比的积分，而与怎样的具体过程无关. 这个态函数叫作**熵**，表示为 S. 熵的单位名称是焦[耳]每开[尔文]($J \cdot K^{-1}$). 它是克劳修斯于 1854 年提出并于 1865 年予以命名的. 于是，有

$$S_B - S_A = \underset{(\text{可逆过程})}{\int_A^B \frac{dQ}{T}}, \tag{8-42}$$

其中 S_A 和 S_B 分别表示系统在状态 A 和状态 B 的熵. 其物理意义是：在一个热力学过程中，系统从始态 A 变化到末态 B 时，系统熵的增量等于始态 A 和末态 B 之间任意一可逆过程热温比 $\left(\frac{dQ}{T}\right)$ 的积分.

若系统经无限小的可逆过程，则有

$$dS = \frac{dQ}{T}. \tag{8-43}$$

2. 熵变的计算

在热力学中，我们主要根据式(8-42)来计算两平衡态之间熵的变化. 计算时应注意：

(1) 熵是态函数，系统处于某给定状态时，其熵也就确定了. 如果系统从始态经一过程达到末态，始、末两态均为平衡态，那么，系统熵的变化也是确定的，与过程是否可逆无关. 因此，当始、末两态之间为一不可逆过程时，我们可以在两态间设计一个可逆过程，然后用式(8-42)进行计算.

(2) 若系统分为几个部分，则各部分熵变之和等于系统的熵变.

下面举例说明熵变的计算.

例 8-6

设有一个系统储有 1 kg 的水，系统与外界间无能量传递. 开始时，一部分水的质量为 0.30 kg，温度为 90 ℃，另一部分水的质量为 0.70 kg，温度为 20 ℃. 混合后，系统内水温达到平衡，试求水的熵变.

解　由于系统与外界间没有能量传递，因此可将其看作孤立系统. 水由温度不均匀达到均匀的过程，实际上是一个不可逆过程. 为计算混合前后水的熵变，设想混合前的两部分水均处于各自的平衡态；混合后的水亦处于平衡态，混合是在等压下进行的. 这样可假设水的混合过程为一可逆的等压过程. 于是我们可以利用式(8-42)来计算水的熵变.

设水温达到平衡时的温度为 T'，水的定压比热容为 $c_p = 4.18 \times 10^3\ J \cdot kg^{-1} \cdot K^{-1}$，热水的温度为 $T_1 \approx 363\ K$，冷水的温度为 $T_2 \approx 293\ K$，热水的质量为 $m_1 = 0.3\ kg$，冷水的质量为 $m_2 = 0.7\ kg$. 由能量守恒定律有

$$m_1 c_p (T_1 - T') = m_2 c_p (T' - T_2),$$

代入已知数据，可得系统达到平衡时的温度为

$$T' = 314\ K.$$

由式(8-42)可得热水的熵变为

$$\Delta S_1 = \int_{T_1}^{T'} \frac{dQ}{T} = m_1 c_p \int_{T_1}^{T'} \frac{dT}{T} = m_1 c_p \ln \frac{T'}{T_1}$$
$$= 0.30 \times 4.18 \times 10^3 \times \ln \frac{314}{363}\ J \cdot K^{-1}$$
$$\approx -182\ J \cdot K^{-1},$$

冷水的熵变为

$$\Delta S_2 = \int_{T_2}^{T'} \frac{dQ}{T} = m_2 c_p \int_{T_2}^{T'} \frac{dT}{T} = m_2 c_p \ln \frac{T'}{T_2}$$
$$= 0.70 \times 4.18 \times 10^3 \times \ln \frac{314}{293}\ J \cdot K^{-1}$$
$$= 203\ J \cdot K^{-1}.$$

而系统的熵变是这两部分水的熵变之和，即

$$\Delta S = \Delta S_1 + \Delta S_2$$
$$= (-182 + 203)\ J \cdot K^{-1}$$
$$= 21\ J \cdot K^{-1}.$$

从例 8－6 的计算结果可以看出，在热水与冷水混合的过程中，虽然热水的熵有所减少，但冷水的熵增加得更多，致使系统的总熵增加了. 由于系统与外界之间没有能量传递，所以上述计算结果也表明，在一个孤立系统中，在不同温度物质的混合过程中，系统的熵是增加的. 而不同温度物质的混合过程是一个不可逆过程.

例 8－7

如图 8－20 所示，容器壁是由绝热材料做成的，容器内有两个彼此接触的物体 A 和 B，温度分别为 T_A 和 T_B，且 $T_A > T_B$. 容器内物体 A 和 B 之间有热传递. 试求它们的熵变.

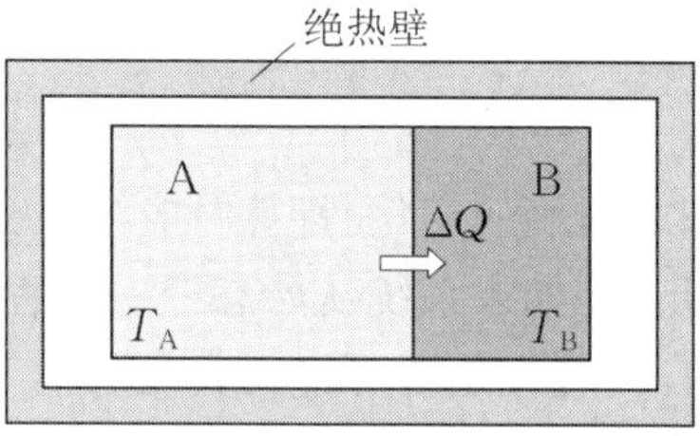

图 8－20

解 由于容器被绝热壁所包围，容器内的物体系统可视为孤立系统. 容器内物体 A 和 B 之间的热传导过程可看作孤立系统内进行的不可逆过程. 考虑到 $T_A > T_B$，有热量自物体 A 传递到物体 B. 设在微小时间 Δt 内，从 A 传递到 B 的热量为 ΔQ，并且是在可逆的等温过程中进行的. 那么，A 的熵变为

$$\Delta S_A = \frac{-\Delta Q}{T_A},$$

B 的熵变为

$$\Delta S_B = \frac{\Delta Q}{T_B}.$$

在这微小时间内，此孤立系统的熵变为

$$\Delta S = \Delta S_A + \Delta S_B = -\frac{\Delta Q}{T_A} + \frac{\Delta Q}{T_B}.$$

由于 $T_A > T_B$，所以

$$\Delta S > 0.$$

只要发生了自发的热量转移，在任意微小时间内，总有 $\Delta S > 0$. 因此，上述结果表明，在孤立系统中所进行的热传导过程，熵是增加的. 而热传导也是一个不可逆过程. 因此，结合例 8－6 和例 8－7，可得出结论：**在孤立系统中，不可逆过程的熵是增加的.**

3. 熵增加原理

自然界的不可逆过程有很多，如气体的扩散、热功转变等，都是不可逆过程. 我们用上述方法计算，都能得出熵要增加的结果. 因此，孤立系统内一切不可逆过程的熵都要增加，即

$$\Delta S > 0 \quad (\text{孤立系统内的不可逆过程}). \tag{8-44}$$

那么，在孤立系统中可逆过程的熵变又是怎样的呢？由于孤立系统与外界之间没有能量传递，孤立系统中发生的过程是绝热的，即 $dQ = 0$. 因此，由式(8－43) 可知，孤立系统中的可逆过程，其熵应该保持不变，即

$$\Delta S = 0 \quad (\text{孤立系统内的可逆过程}). \tag{8-45}$$

把式(8－44) 和式(8－45) 合并为一个式子，有

$$\Delta S \geqslant 0. \tag{8-46}$$

式(8－46) 适用于孤立系统内的任意过程，其中“>”号适用于不可逆过程，“=”号适用于可逆过程. 此式叫作**熵增加原理**. 它表明，孤立系统中的可逆过程，其熵不变；孤立系统中的不可逆过程，其熵将增加. 因此，孤立系统中的不可逆过程总是朝着熵增加的方向进行的，直到达到熵的最大值. 因此，用熵增加原理可判断过程进行的方向和限度.

应当强调指出，熵增加原理是有适用条件的，它只对孤立系统或绝热过程成立. 一般情况下，

熵有可能减少，例如，系统向外界放热会导致熵减少.

4. 熵增加原理与热力学第二定律

热力学第二定律的实质是指出一切与热现象有关的实际宏观过程都是不可逆的. 而熵增加原理是把热现象中不可逆过程进行的方向和限度用简明的数量关系表达出来了，尽管这种表达只限于孤立系统. 它们对宏观热现象进行的方向和限度的叙述是等价的.

例 8-8

1 kg，20 ℃ 的水，与 100 ℃ 的热源接触，使水温达到 100 ℃. (1) 求水的熵变；(2) 求热源的熵变；(3) 若把水和热源作为一个孤立系统，求系统的熵变. 这个过程是可逆的还是不可逆的（已知水的比热容为 $4.18\times10^3\ \mathrm{J\cdot kg^{-1}\cdot K^{-1}}$）？

解　(1) 为便于计算，设想在 20～100 ℃ 之间有一系列温差无限小的热源，使水逐一与之接触. 这样，水的吸热过程可近似视为可逆过程. 于是，水的熵变 ΔS_1 为

$$\Delta S_1=\int\frac{\mathrm{d}Q}{T}=\int_{T_1}^{T_2}\frac{mc\,\mathrm{d}T}{T}=mc\ln\frac{T_2}{T_1}$$

$$=1\times4.18\times10^3\times\ln\frac{373.15}{293.15}\ \mathrm{J\cdot K^{-1}}$$

$$\approx1.01\times10^3\ \mathrm{J\cdot K^{-1}}.$$

因此水的熵是增加的. 水温升高的过程是不可逆过程.

(2) 由于热源的温度是不改变的，故热源放出热量的过程可看成是在等温下进行的. 设想此过程进行得很缓慢，可将其视为可逆过程. 在该过程中，热源放出的热量 Q_2 与水吸收的热量 Q_1 在数值上相等. 所以有

$$Q_2=-Q_1=-mc(T_2-T_1)$$

$$=-1\times4.18\times10^3\times(373.15-293.15)\ \mathrm{J}$$

$$\approx-3.34\times10^5\ \mathrm{J}.$$

而热源的熵变为

$$\Delta S_2=\frac{Q_2}{T_2}=\frac{-3.34\times10^5}{373.15}\ \mathrm{J\cdot K^{-1}}$$

$$\approx-895\ \mathrm{J\cdot K^{-1}}.$$

因此热源的熵是减少的.

(3) 把热源和水作为一个大系统，此系统为一孤立系统. 它的熵变为热源的熵变与水的熵变之和，即

$$\Delta S=\Delta S_1+\Delta S_2$$

$$=(1.01\times10^3-895)\ \mathrm{J\cdot K^{-1}}$$

$$=115\ \mathrm{J\cdot K^{-1}}.$$

可见，在此孤立系统中，由于水从热源中吸收热量，致使孤立系统的熵有所增加，因此这个过程是不可逆过程.

例 8-9

在图 8-21 所示的体积为 V_2 的容器内有 1 mol 理想气体，容器由绝热材料制成. 有一隔板将容器分为 A 和 B 两部分，A 的体积为 V_1. 开始时，理想气体充满 A，B 内为真空. 抽去隔板，使理想气体充满整个容器，求此过程中的熵变.

解　被绝热壁所包围的理想气体可视为孤立系统. 抽去隔板后，气体向真空区扩散. 这一过程是在绝热条件下进行的，而且气体与外界又没有接触，即气体自由扩散并不对外界做功，因而气体的内能没有改变，使气体的温度保持恒定. 这显然是个不可逆过程.

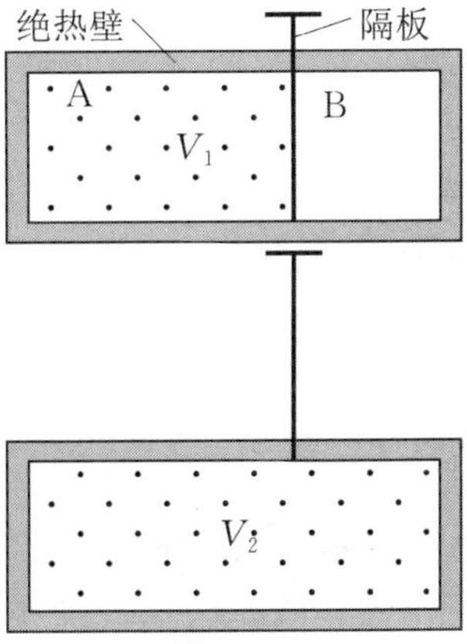

图 8-21

由此可见，气体是从始态(V_1，T) 变为末态(V_2，T) 的. 这样，我们可设想气体从始态变至末态是在可逆的等温过程下进行的. 所以

$$dQ = dW = pdV.$$

故熵变为

$$\Delta S = \int \frac{dQ}{T} = \int \frac{pdV}{T} = R\int_{V_1}^{V_2} \frac{dV}{V} = R\ln\frac{V_2}{V_1}.$$

因为 $V_2 > V_1$，所以理想气体在自由膨胀过程中熵是增加的，是一个不可逆过程.

例 8-10

设有 1 mol 理想气体，其状态参量由 p_1，V_1，T_1 变到 p_2，V_2，T_2，求此过程中理想气体的熵变.

解 $\Delta S = \int \frac{dQ}{T}.$

由热力学第一定律，上式可以写成

$$\Delta S = \int \frac{dE + pdV}{T} = \int_{T_1}^{T_2} \frac{C_{V,m}dT}{T} + \int_{V_1}^{V_2} \frac{RdV}{V}$$
$$= C_{V,m}\ln\frac{T_2}{T_1} + R\ln\frac{V_2}{V_1}.$$

由此可得理想气体在等温过程中的熵变为

$$\Delta S_T = R\ln\frac{V_2}{V_1},$$

理想气体在等容过程中的熵变为

$$\Delta S_V = C_{V,m}\ln\frac{T_2}{T_1}.$$

理想气体在等压过程中，有$\frac{V_2}{V_1} = \frac{T_2}{T_1}$，故理想气体在等压过程中的熵变为

$$\Delta S_p = C_{V,m}\ln\frac{T_2}{T_1} + R\ln\frac{V_2}{V_1}$$
$$= (C_{V,m} + R)\ln\frac{T_2}{T_1} = C_{p,m}\ln\frac{T_2}{T_1}.$$

阅读材料

习题 8

8-1 关于可逆过程和不可逆过程有以下几种说法：

(1) 可逆过程一定是准静态过程；

(2) 准静态过程一定是可逆过程；

(3) 不可逆过程发生后一定找不到另一个过程使系统和外界同时复原.

以上说法中正确的是(　　).

A. (1)(2)(3)　　B. (1)(2)

C. (2)(3)　　D. (1)(3)

8-2 热力学第一定律表明(　　).

A. 系统对外界做的功不可能大于系统从外界吸收的热量

B. 系统内能的增量等于系统从外界吸收的热量

C. 不可能存在这样的循环过程，在此循环过程中，外界对系统做的功不等于系统传给外界的热量

D. 热机的效率不可能等于 1

8-3 如图 8-22 所示，一定量的理想气体，其状态在 V-T 图上沿着一条直线从平衡态 a 改变到平衡态 b，(　　).

A. 这是一个等压过程

B. 这是一个升压过程

C. 这是一个降压过程

D. 数据不足，不能判断这是哪种过程

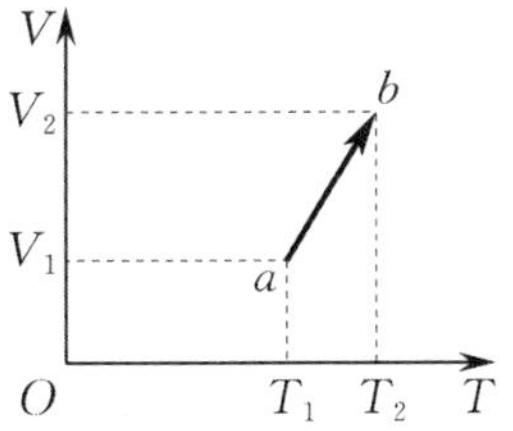

图 8-22

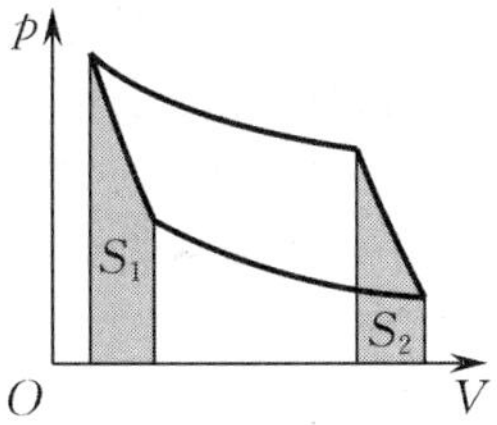

图 8-23

8-4　如图 8-23 所示，以理想气体为工作物质的卡诺循环过程的两条绝热线下的面积大小分别为 S_1 和 S_2，则两者的大小关系为(　　).

A. $S_1 > S_2$　　B. $S_1 < S_2$

C. $S_1 = S_2$　　D. 无法确定

8-5　根据热力学第二定律，可知(　　).

A. 自然界中的一切自发过程都是不可逆的

B. 不可逆过程就是不能向相反方向进行的过程

C. 热量可以从高温物体传递给低温物体，但不能从低温物体传递给高温物体

D. 任何过程总是沿熵增加的方向进行

8-6　"理想气体和单一热源接触做等温膨胀时，吸收的热量全部用来对外界做功". 对此说法，有以下几种评论，正确的是(　　).

A. 不违反热力学第一定律，但违反热力学第二定律

B. 不违反热力学第二定律，但违反热力学第一定律

C. 不违反热力学第一定律，也不违反热力学第二定律

D. 违反热力学第一定律，也违反热力学第二定律

8-7　某理想气体分别进行如图 8-24 所示的两个卡诺循环：Ⅰ($abcda$) 和 Ⅱ($a'b'c'd'a'$)，且这两个循环曲线所围的面积相等. 设循环 Ⅰ 的效率为 η，每次循环在高温热源处吸收的热量为 Q，循环 Ⅱ 的效率为 η'，每次循环在高温热源处吸收的热量为 Q'，则有(　　).

A. $\eta < \eta', Q < Q'$　　B. $\eta < \eta', Q > Q'$

C. $\eta > \eta', Q < Q'$　　D. $\eta > \eta', Q > Q'$

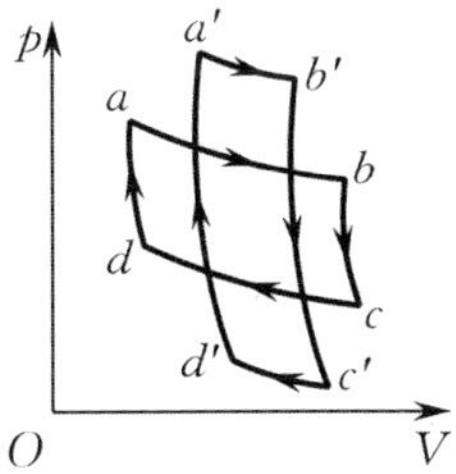

图 8-24

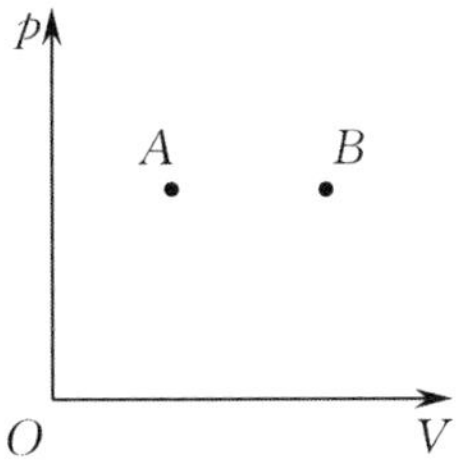

图 8-25

8-8　如图 8-25 所示，一定量的理想气体，由平衡态 A 变到平衡态 B($p_A = p_B$)，则无论经过的是什么过程，系统必然(　　).

A. 对外界做正功　　B. 内能增加

C. 从外界吸热　　D. 向外界放热

8-9　一定量的空气，吸收了 1.71×10^3 J 的热量，并保持在 1.0×10^5 Pa 下膨胀，体积从 1.0×10^{-2} m^3 增加到 1.5×10^{-2} m^3，问空气对外界做了多少功？它的内能改变了多少？

8-10　1 mol 单原子分子理想气体从 300 K 加热到 350 K. (1) 体积不变；(2) 压强不变. 问在这两种过程中各吸收了多少热量？增加了多少内能？对外界做了多少功？

8-11　空气由压强为 1.52×10^5 Pa，体积为 5.0×10^{-3} m^3 的状态，等温膨胀到压强为 1.01×10^5 Pa 的状态，然后再等压压缩到原来的体积，试计算空气所做的功.

8-12　1 mol 氢气在温度为 300 K，体积为 0.025 m^3 的状态下，分别经过以下几个过程：(1) 等压膨胀；(2) 等温膨胀；(3) 绝热膨胀. 气体体积都变为原来的两倍. 试分别计算这三个过程中氢气对外界做的功，以及从外界吸收的热量.

8-13　如图 8-26 所示，使 1 mol 氧气：(1) 由状态 A 等温变到状态 B；(2) 由状态 A 等容变到状态 C，再由状态 C 等压变到状态 B. 试分别计算这两个过程中氧气所做的功和吸收的热量.

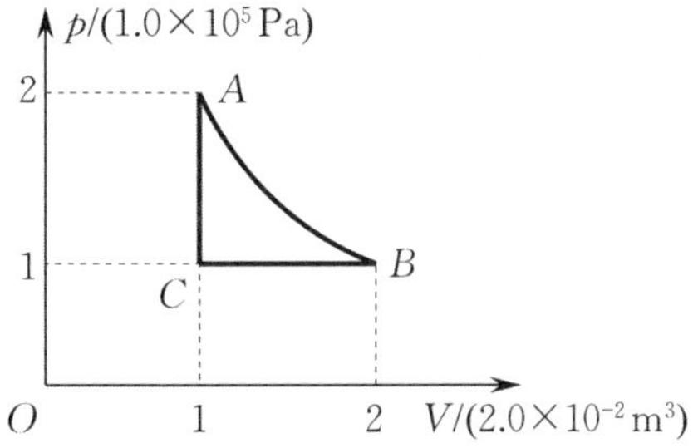

图 8-26

8-14　如图 8-27 所示，0.32 kg 的氧气做循环 $ABCDA$. 设 $V_2 = 2V_1$，$T_1 = 300$ K，$T_2 = 200$ K，求循环效率(已知氧气的摩尔定容热容的实验值为 $C_{V,m} = 21.1$ J·mol^{-1}·K^{-1}).

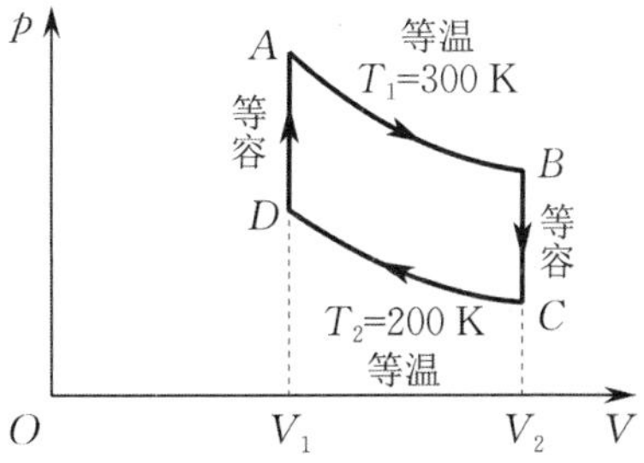

图 8-27

8－15 一卡诺热机的低温热源温度为 7 ℃，热机效率为 40%. 若要将其热机效率提高到 50%，求高温热源的温度需提高多少？

8－16 在夏季，假定室外温度恒为 37 ℃，启动空调使室内温度始终保持在 17 ℃. 如果每天有 2.51×10^8 J 的热量通过热传导等方式自室外流入室内，问空调一天耗电多少（设该空调致冷机的致冷系数为同条件下的卡诺致冷机致冷系数的 60%）？

8－17 一定量的氦气（可视为理想气体），原来的压强为 $p_1=1$ atm，温度为 $T_1=300$ K，若经过一绝热过程，使其压强增加到 $p_2=32$ atm（玻尔兹曼常量 $k=1.38\times 10^{-23}\ \mathrm{J\cdot K^{-1}}$，$1\ \mathrm{atm}=1.013\times 10^5$ Pa)，求：

（1）末态时气体的温度 T_2；

（2）末态时气体的分子数密度 n.

8－18 将 2 mol 理想气体装入体积为 5 L 的绝热容器中，让气体再自由膨胀进入另一真空绝热容器，此时体积为 20 L，求该过程中的熵变.

8－19 把 0 ℃，0.5 kg 的冰块加热到全部溶化成 0 ℃ 的水，问：

（1）水的熵变如何？

（2）若热源是温度为 20 ℃ 的庞大物体，那么热源的熵变是多少？

（3）水和热源的总熵变为多少？是增加还是减少（水的溶解热为 $\lambda=334\ \mathrm{J\cdot g^{-1}}$）？

第3篇

电　磁　学

电磁学是物理学的一个分支，它是研究电磁现象的规律及其应用的学科.在我国，公元前四世纪至公元前三世纪，战国时期《韩非子》中的“司南”(一种天然磁石做成的指向工具)和《吕氏春秋》中的“慈石召铁”是电磁现象最早的记载.公元一世纪王充所著《论衡》一书中记有“顿牟掇芥，磁石引针”字句(顿牟即琥珀，掇芥即吸拾轻小物体).我国还是最早发明指南针的国家.然而，人类对电磁现象的系统研究却是近两百年的事.在这一历史过程中，有偶然的机遇，也有有目的的探索；有精巧的实验技术，也有大胆的理论独创；有天才的物理模型设想，也有严密的数学方法应用.最后形成的麦克斯韦电磁场方程组是“完整的”，它使人类对宏观电磁现象的认识达到了一个新的高度.现在，电磁学已成为许多物理理论和应用学科的基础，电工学与无线电电子学就是以电磁学为基础发展起来的.

对电磁现象的研究，使人类对物质世界的认识更加深入.电磁相互作用是物质之间四种基本相互作用之一.在研究物质的微观结构时，必须了解电磁力的作用.

本篇主要研究电磁场的规律，以及物质的电磁性质.首先介绍静电场的基本性质及规律，其次介绍导体与电介质存在时对静电场的影响，再次介绍稳恒电流激发稳恒磁场的规律和性质，最后介绍电磁感应现象及电磁场理论——麦克斯韦方程组.

第9章

静　电　场

微课视频

一般来说，运动电荷将同时激发电场和磁场，电场和磁场是相互关联的. 但是，当所研究的电荷相对于某参考系静止时，电荷在该参考系中仅激发电场，这个电场就是本章所要讨论的静电场. 它是电荷周围空间存在的一种特殊形态的物质，其基本特征是对置于其中的电荷有力的作用. 本章的内容是电学的基础，主要包括：静电场的两个基本定律 —— 电荷守恒定律和库仑定律，描述静电场的两个基本物理量 —— 电场强度和电势，静电场的两个基本定理 —— 高斯定理和环路定理.

9.1　电荷

电荷的概念是从物理带电的现象中产生的. 众所周知，用丝绸摩擦过的玻璃棒和用毛皮摩擦过的硬橡胶棒等都能吸引轻小物体. 这表明它们在摩擦后进入一种特别的状态，处于这种状态的物体叫作带电体，并说它们带有电荷. 这种用摩擦的方法使物体带电，叫作摩擦起电.

物体或微观粒子所带的电荷只有正电荷和负电荷两种. 用丝绸摩擦过的玻璃棒所带的电荷叫作**正电荷**，用毛皮摩擦过的硬橡胶棒所带的电荷叫作**负电荷**. 电荷的正、负本来是相对的，把两种电荷中的哪一种叫作“正”，哪一种叫作“负”，是带有一定任意性的，把电子的电荷符号记作“负”是定义的结果.

大量实验证明，在一个与外界没有电荷交换的系统内，正、负电荷的代数和在任何物理过程中始终保持不变，这叫作**电荷守恒定律**. 电荷守恒定律就像能量守恒定律、动量守恒定律和角动量守恒定律那样，也是自然界的基本守恒定律之一. 无论是在宏观领域里，还是在原子、原子核和粒子范围内，电荷守恒定律都是成立的.

电荷的另一个重要特性是它的“量子性”，即任何带电体的电荷都是某一基本单位的整数倍，这种电量只能取分立的、不连续的量值的性质，称为电荷的量子化. 这个基本单位就是一个电子所带的电荷，叫作**基本电荷**，记作 e，$e = 1.602\,176\,634 \times 10^{-19}$ C. e 如此之小，以致电荷的量子性在研究宏观现象的绝大多数实验中并未表现出来，所以通常在研究宏观现象时可认为带电体的电荷是连续分布的，并认为电荷的变化也是连续的. 近代物理从理论上预言，有一种电量为 $\pm\frac{1}{3}e$ 或 $\pm\frac{2}{3}e$ 的基本粒子(称为层子或夸克) 存在，然而尚未在实验中发现单独存在的夸克.

9.2　库仑定律

观察表明，两个静止的带电体之间的作用力(静电力) 除与电量及相对位置有关外，还依赖于带电体的大小、形状及电荷的分布情况，要用实验直接测定所有这些因素对静电力的影响是困难的. 但是，如果带电体的线度比带电体之间的距离小得多，那么静电力就基本上只取决于它们的电量和距离，问题就会大为简化. 满足这个条件的带电体叫作点电荷. 点电荷的概念类似于力学中质点的概念. 带电体能否被看作点电荷，不仅取决于其自身的大小，还取决于它们之间的距离. 例如，两个半径为 1 cm 的带电球，当两个球心的距离为 100 m 时，就可被看作点电荷；当两个球心的距离为 3 cm 时，再看作点电荷就会带来很大的误差. 但是，究竟带电体的线度比距离小多少才能被看作点电荷，却没有一个绝对的标准，它取决于讨论问题时所要求的精确程度. 带电体一旦被看作点电荷，就可用一个几何点来标志它的位置，两个点电荷的距离就是标志它们的位置的两个几何点之间的距离.

真空中两个静止点电荷之间的相互作用力的大小与这两个点电荷所带电量 q_1 和 q_2 的乘积成正比，与它们之间的距离 r 的平方成反比. 作用力的方向沿两个点电荷的连线，同号电荷相互排斥，异号电荷相互吸引. 这就是**库仑定律**. 它是 1785 年法国物理学家库仑(Coulomb) 在扭秤实验的基础上提出的. 库仑定律是静电学最基本的实验定律，它奠定了静电学的基础.

静止点电荷间的相互作用力又称为**库仑力**，其大小可以表示为

$$F = k\frac{q_1 q_2}{r^2}, \tag{9-1}$$

其中 k 为比例系数，依赖于各量单位的选取. 在国际单位制中，$k = \frac{1}{4\pi\varepsilon_0}$，$\varepsilon_0$ 叫作真空电容率. 一般计算时，其值为

$$\varepsilon_0 = 8.85 \times 10^{-12}\ \mathrm{C^2 \cdot N^{-1} \cdot m^2} = 8.85 \times 10^{-12}\ \mathrm{F \cdot m^{-1}}.$$

库仑定律的矢量表达式为

$$\boldsymbol{F} = \frac{1}{4\pi\varepsilon_0}\frac{q_1 q_2}{r^2}\boldsymbol{e}_r, \tag{9-2}$$

其中 $\boldsymbol{e}_r$ 是点电荷 q_1 指向点电荷 q_2 的单位矢量.

库仑定律讨论的是两个点电荷之间的静电力. 当空间同时存在几个点电荷时，它们共同作用在某一点电荷的静电力等于其他各点电荷单独存在时作用在该点电荷上的静电力的矢量和. 这就是**静电力的叠加原理**.

9.3 电场强度

9.3.1 静电场

库仑定律只给出了两点电荷间相互作用的规律，并没有指出这种相互作用是如何传递的. 为了回答这一问题，引入电场的概念 —— 任何电荷在其周围都能激发电场，电荷间的相互作用都是通过电场来传递的，这种相互作用可以表示为

$$\text{电荷} \leftrightarrows \text{电场} \leftrightarrows \text{电荷}.$$

近代物理学的理论和实验证明，场的观点是正确的. 场与实物一样具有能量、质量和动量，场和实物是物质存在的两种不同形式，场是一种特殊形态的物质. 场和实物的最明显区别在于：场的分布范围非常广泛，具有分散性，且几个场可以同时占有同一空间. 而实物则集中在有限范围内，具有集中性.

相对于观察者静止的电荷所激发的电场叫作**静电场**. 静电场对外表现如下：

(1) 处于静电场中的任何带电体都受到静电场所作用的电场力.

(2) 当带电体在静电场中运动时，电场力将对带电体做功.

下面引入两个描述电场性质的物理量 —— **电场强度**和**电势**来研究静电场的性质.

9.3.2 电场强度

为了研究电场中各点的性质，可以用一个点电荷 q_0 做实验，这个电荷叫作**试探电荷**. 试探电荷应满足两个条件：(1) 它的线度必须足够小，这样才能方便地研究电场中各点的性质；(2) 它所带的电荷量应足够小，使得它被放入电场后不会影响原有电场的分布.

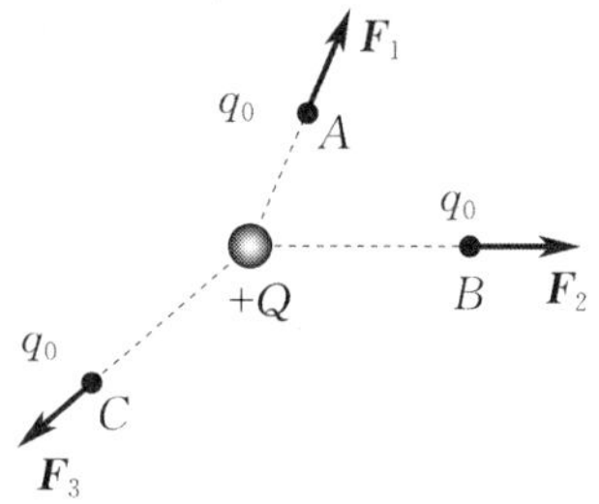

图 9-1 试探电荷在电场中不同位置受电场力的情况

如图 9-1 所示，讨论静止电荷 Q 在周围空间激发的静电场. 我们把在电场中所要研究的点叫作**场点**. 先后将试探电荷 q_0 放入电场中的 A,B,C 三个不同位置. 实验发现，试探电荷 q_0 在电场中不同位置处所受到的电场力 $\boldsymbol{F}$ 的大小和方向均不相同. 就电场中的某一点而言，试探电荷 q_0 在该处所受的电场力 $\boldsymbol{F}$ 只与 q_0 的大小有关；但 $\boldsymbol{F}$ 与 q_0 之比是只与场点有关而与 q_0 无关的矢量. 我们把该矢量称为**电场强度**，简称**场强**，用 $\boldsymbol{E}$ 表示，即

$$\boldsymbol{E}=\frac{\boldsymbol{F}}{q_0}. \tag{9-3}$$

式(9-3)为电场强度的定义式. 它表明，场强是描述电场中某点性质的矢量，其大小等于单位试探电荷在该点所受电场力的大小，其方向与正试探电荷在该点所受电场力的方向相同. 在场中任意指定一点，就有一个确定的场强 $\boldsymbol{E}$；对同一场中的不同点，$\boldsymbol{E}$ 一般不同. 这种与场点一一对应的物理量叫作点函数，即点的坐标的函数. 点函数又可按物理量是标量还是矢量而分为标量点函数和矢量点函数两种. 场强是矢量点函数，可记作 $\boldsymbol{E}(x,y,z)$. 对于点函数，应该主要关心它与坐标的函数关系，"求某一带电体激发的电场" 就是指求出场强与坐标的函数关系 $\boldsymbol{E}(x,y,z)$. 各点场强的大小和方向都相同的电场叫作**均匀电场(匀强电场)**.

在国际单位制中，电场强度 $\boldsymbol{E}$ 的单位为牛[顿] 每库[仑]($\mathrm{N\cdot C^{-1}}$)，也可以写成伏[特] 每米($\mathrm{V\cdot m^{-1}}$).

由式(9-3) 可知，当静电场中的场强 $\boldsymbol{E}$ 已知时，便可以求得位于该点的电量为 q 的任一点电荷所受到的电场力为

$$\boldsymbol{F}=q\boldsymbol{E}.$$

9.3.3 电场强度的计算

先计算点电荷激发的场强. 设空间一点电荷 q，求距离此点电荷为 r 的 P 点的场强. 根据场强的定义，我们将试探电荷 q_0 放到 P 点. 由库仑定律可知，作用在 q_0 上的电场力为

$$\boldsymbol{F}=\frac{1}{4\pi\varepsilon_0}\frac{qq_0}{r^2}\boldsymbol{e}_r, \tag{9-4}$$

其中 $\boldsymbol{e}_r$ 是 P 点相对于点电荷 q 的单位矢量.

根据场强的定义式，P 点的场强为

$$\boldsymbol{E}=\frac{\boldsymbol{F}}{q_0}=\frac{1}{4\pi\varepsilon_0}\frac{q}{r^2}\boldsymbol{e}_r. \tag{9-5}$$

式(9-5) 表明，电场中任一场点的场强与场点到点电荷 q 的距离的平方成反比，场强的方向

则沿场点与点电荷 q 的连线. 当 $q>0$ 时,$\boldsymbol{E}$ 与 $\boldsymbol{e}_r$ 同向,场强背离点电荷 q;当 $q<0$ 时,$\boldsymbol{E}$ 与 $\boldsymbol{e}_r$ 反向,场强指向点电荷 q.

设空间存在 n 个点电荷 $q_1,q_2,\cdots,q_n$,现求任意一点 P 的场强. 我们仍将试探电荷 q_0 放到 P 点,根据力的叠加原理,作用于 q_0 的电场力应该等于各个点电荷分别作用于 q_0 的电场力的矢量和,即

$$\boldsymbol{F}=\boldsymbol{F}_1+\boldsymbol{F}_2+\cdots+\boldsymbol{F}_n. \tag{9-6}$$

由场强的定义可知,P 点的场强应表示为

$$\boldsymbol{E}=\frac{\boldsymbol{F}}{q_0}=\frac{\boldsymbol{F}_1}{q_0}+\frac{\boldsymbol{F}_2}{q_0}+\cdots+\frac{\boldsymbol{F}_n}{q_0}=\boldsymbol{E}_1+\boldsymbol{E}_2+\cdots+\boldsymbol{E}_n. \tag{9-7}$$

这表明,P 点的场强等于各个点电荷单独在 P 点产生的场强的矢量和. 电场的这种性质称为**电场强度的叠加原理**. 于是 P 点的场强可具体表示为

$$\boldsymbol{E}=\sum_{i=1}^{n}\boldsymbol{E}_i=\frac{1}{4\pi\varepsilon_0}\sum_{i=1}^{n}\frac{q_i}{r_i^2}\boldsymbol{e}_{ri}, \tag{9-8}$$

其中 $\boldsymbol{e}_{ri}$ 是 P 点相对于第 i 个点电荷的单位矢量.

根据电场强度的叠加原理,可以计算电荷连续分布的电荷系的场强.

如图 9-2 所示,有一体积为 V,电荷连续分布的带电体,现在来计算 P 点的场强. 首先,我们在带电体上取一电荷元 $\mathrm{d}q$,其线度相对于带电体可视为无限小,从而可将 $\mathrm{d}q$ 作为一个点电荷对待. 于是 $\mathrm{d}q$ 在 P 点的场强为

$$\mathrm{d}\boldsymbol{E}=\frac{1}{4\pi\varepsilon_0}\frac{\mathrm{d}q}{r^2}\boldsymbol{e}_r, \tag{9-9}$$

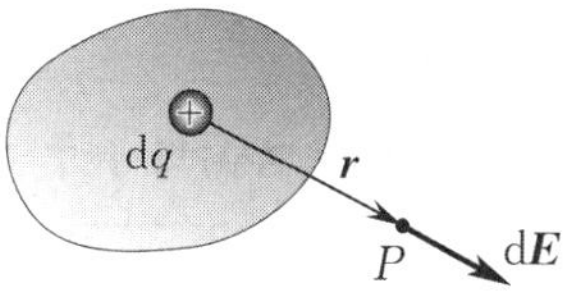

图 9-2 带电体的电场强度

其中 $\boldsymbol{e}_r$ 为由 $\mathrm{d}q$ 指向 P 点的单位矢量.

其次,取各电荷元对 P 点处的场强,并求矢量积分. 于是,电荷系在 P 点的场强为

$$\boldsymbol{E}=\int_V\mathrm{d}\boldsymbol{E}=\int_V\frac{1}{4\pi\varepsilon_0}\frac{\mathrm{d}q}{r^2}\boldsymbol{e}_r. \tag{9-10}$$

若 $\mathrm{d}V$ 为电荷元 $\mathrm{d}q$ 的体积元,ρ 为其电荷体密度,则 $\mathrm{d}q=\rho\mathrm{d}V$. 于是,式(9-10)亦可以写成

$$\boldsymbol{E}=\int_V\mathrm{d}\boldsymbol{E}=\int_V\frac{1}{4\pi\varepsilon_0}\frac{\rho\mathrm{d}V}{r^2}\boldsymbol{e}_r.$$

同样,对于电荷连续分布的线带电体和面带电体来说,电荷元 $\mathrm{d}q$ 分别为 $\mathrm{d}q=\lambda\mathrm{d}l$ 和 $\mathrm{d}q=\sigma\mathrm{d}S$,其中 λ 为电荷线密度,σ 为电荷面密度,则可得它们在 P 点的场强分别为

$$\boldsymbol{E}=\int_l\frac{1}{4\pi\varepsilon_0}\frac{\lambda\mathrm{d}l}{r^2}\boldsymbol{e}_r,$$

$$\boldsymbol{E}=\int_S\frac{1}{4\pi\varepsilon_0}\frac{\sigma\mathrm{d}S}{r^2}\boldsymbol{e}_r.$$

有了这些积分,就能够求出由面电荷、线电荷、球壳电荷或任一特殊分布的电荷所产生的场强.

例 9-1

求电偶极子中垂线上任一点的场强.

解 两个等量异号点电荷组成的系统称为电偶极子. 如图 9-3 所示,当电偶极子中垂线上任一点 P 到电偶极子中心的距离 r 远大于点电荷 $+q$ 和 $-q$ 之间的距离 l 时,求 P 点处的场强.

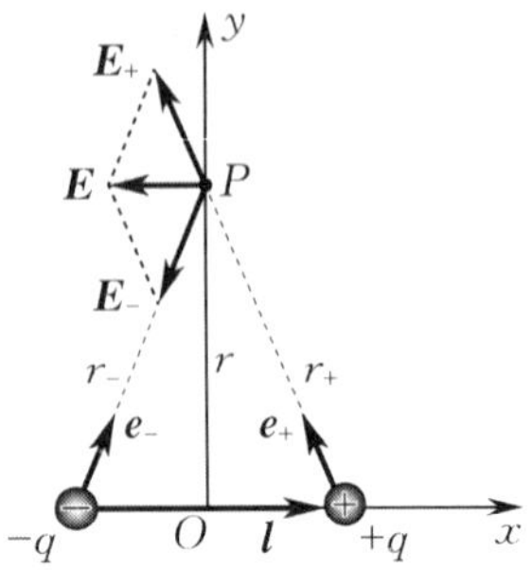

图 9-3　电偶极子的电场

设 $+q$ 和 $-q$ 到电偶极子中垂线上任一点 P 处的位矢分别为 $\boldsymbol{r}_+$ 和 $\boldsymbol{r}_-$，而 $r_+=r_-$. 由式(9-5)可知，$+q$ 和 $-q$ 在 P 点处的场强 $\boldsymbol{E}_+$ 和 $\boldsymbol{E}_-$ 分别为

$$\boldsymbol{E}_+=\frac{q\boldsymbol{r}_+}{4\pi\varepsilon_0 r_+^3},$$

$$\boldsymbol{E}_-=\frac{-q\boldsymbol{r}_-}{4\pi\varepsilon_0 r_-^3}.$$

以 r 表示电偶极子中心到 P 点的距离，则

$$r_+=r_-=\sqrt{r^2+\frac{l^2}{4}}=r\sqrt{1+\frac{l^2}{4r^2}}.$$

在距电偶极子甚远，即当 $r\gg l$ 时，取一级近似，有 $r_+=r_-=r$，而 P 点的总场强为

$$\boldsymbol{E}=\boldsymbol{E}_++\boldsymbol{E}_-=\frac{q}{4\pi\varepsilon_0 r^3}(\boldsymbol{r}_+-\boldsymbol{r}_-).$$

由于 $\boldsymbol{r}_+-\boldsymbol{r}_-=-\boldsymbol{l}$，所以上式可化为

$$\boldsymbol{E}=\frac{-q\boldsymbol{l}}{4\pi\varepsilon_0 r^3},$$

其中 $q\boldsymbol{l}$ 反映电偶极子本身的特征，叫作**电偶极子的电偶极矩**. 以 $\boldsymbol{p}$ 表示电偶极矩，则 $\boldsymbol{p}=q\boldsymbol{l}$. 这样上述结果又可以写成

$$\boldsymbol{E}=\frac{-\boldsymbol{p}}{4\pi\varepsilon_0 r^3}.$$

这个结果表明，电偶极子中垂线上距离电偶极子中心较远处，各点的场强与电偶极子的电偶极矩成正比，与该点离电偶极子中心的距离的三次方成反比；其方向与电偶极矩的方向相反.

例 9-2

如图 9-4 所示，正电荷 q 均匀分布在半径为 R 的圆环上. 计算通过环心 O 且垂直于圆环平面的轴线上任一点 P 处的场强.

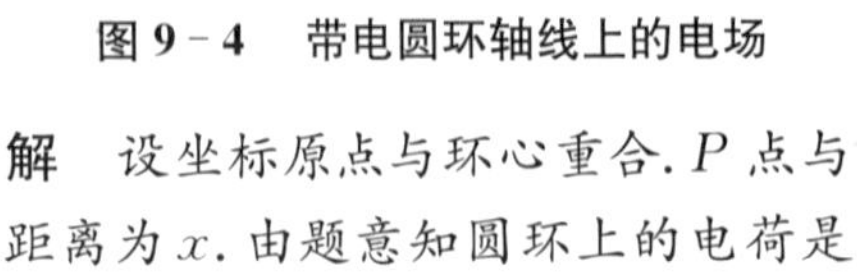

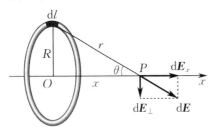

图 9-4　带电圆环轴线上的电场

解　设坐标原点与环心重合. P 点与环心 O 的距离为 x. 由题意知圆环上的电荷是均匀分布的，故其电荷线密度为 $\lambda=\frac{q}{2\pi R}$. 在圆环上取一线元 $\mathrm{d}l$，其电荷元为 $\mathrm{d}q=\lambda\mathrm{d}l$. 此电荷元在 P 点处产生的场强大小为

$$\mathrm{d}E=\frac{1}{4\pi\varepsilon_0}\frac{\lambda\mathrm{d}l}{r^2}.$$

由于电荷分布的对称性，圆环上各电荷元在对 P 点处产生的场强 $\mathrm{d}\boldsymbol{E}$ 的分布也具有对称性，且它们在垂直于 x 轴方向上的分量 $\mathrm{d}\boldsymbol{E}_\perp$ 将相互抵消，即 $\int\mathrm{d}\boldsymbol{E}_\perp=0$；而各电荷元在 P 点处的场强沿 x 轴的分量 $\mathrm{d}\boldsymbol{E}_x$ 都具有相同的方向，且 $\mathrm{d}E_x=\mathrm{d}E\cos\theta$. 故 P 点处的场强大小为

$$E=\int_l\mathrm{d}E_x=\int_l\mathrm{d}E\cos\theta=\int_l\frac{\lambda\,\mathrm{d}l}{4\pi\varepsilon_0 r^2}\cdot\frac{x}{r}$$

$$=\frac{\lambda x}{4\pi\varepsilon_0 r^3}\int_0^{2\pi R}\mathrm{d}l,$$

其中 $r=(x^2+R^2)^{1/2}$，$\lambda=\frac{q}{2\pi R}$，于是有

$$E=\frac{qx}{4\pi\varepsilon_0(x^2+R^2)^{3/2}}.$$

上式表明，均匀带电圆环对轴线上任意点处的场强是该点与环心 O 的距离 x 的函数，即 $E=E(x)$. 下面对几个特殊点处的情况做一些讨论.

(1) 若 $x\gg R$，则 $(x^2+R^2)^{3/2}\approx x^3$. 这时有

$$E\approx\frac{1}{4\pi\varepsilon_0}\frac{q}{x^2},$$

即在远离圆环的地方，可把带电圆环看成点电荷.

(2) 若 $x\approx 0$，则 $E\approx 0$. 这表明环心处的场强为零.

(3) 由 $\dfrac{\mathrm{d}E}{\mathrm{d}x}=0$ 可求得场强极大的位置. 由

$$\frac{\mathrm{d}}{\mathrm{d}x}\left[\frac{1}{4\pi\varepsilon_0}\frac{qx}{(x^2+R^2)^{3/2}}\right]=0$$

得

$$x=\pm\frac{\sqrt{2}}{2}R.$$

这表明，圆环轴线上具有最大场强的位置，位于原点 O 两侧的 $+\dfrac{\sqrt{2}}{2}R$ 和 $-\dfrac{\sqrt{2}}{2}R$ 处. 图 9-5 是带电圆环轴线上的 E-x 分布图线.

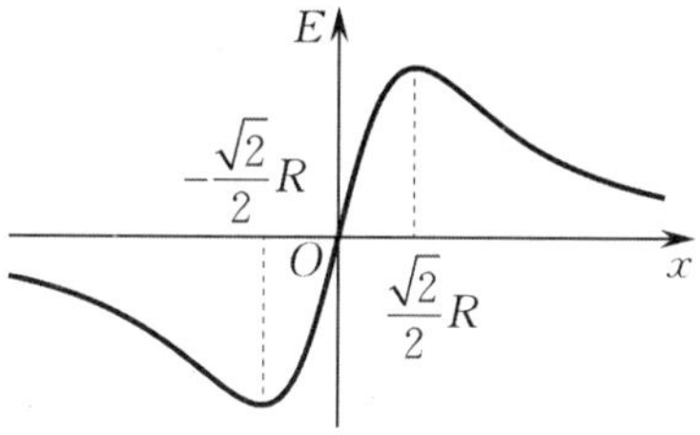

图 9-5 带电圆环轴线上的 E-x 分布图线

9.4 电通量 高斯定理

9.4.1 电场线

电场中每一点的场强 $\boldsymbol{E}$ 都有一定的方向，为了形象地描述电场在空间的分布情况，我们在电场中描绘一系列曲线，规定曲线上每点的切线方向与该点的场强 $\boldsymbol{E}$ 的方向一致；在与场强垂直的单位面积上，穿过曲线的条数与该处场强 $\boldsymbol{E}$ 的大小成正比，即曲线分布稠密的地方场强大，曲线分布稀疏的地方场强小. 这些曲线称为**电场线**. 图 9-6 画出了几种典型电场的电场线分布.

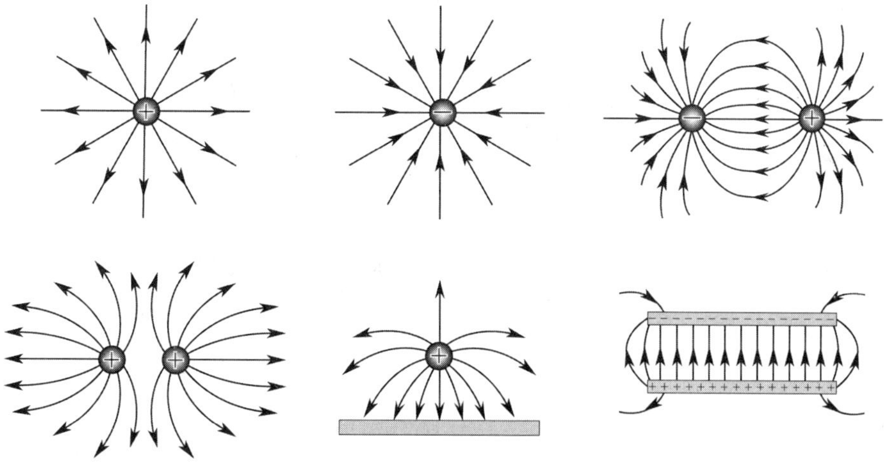

图 9-6 几种典型电场的电场线分布

静电场的电场线有如下性质：

(1) 电场线总是始于正电荷，终止于负电荷，不形成闭合曲线，也不中断.

(2) 任何两条电场线都不能相交. 这是因为电场中每一点处的电场强度只能有一个确定的方向.

9.4.2 电通量

我们规定，在与场强垂直的单位面积上穿过的电场线条数与该处场强的大小成正比. 因此，如果垂直于场强的面积为 S，穿过的电场线条数为 Φ_e，那么

$$E = k\frac{\Phi_e}{S}. \tag{9-11a}$$

若选择比例系数 k 为 1，则有

$$E = \frac{\Phi_e}{S}. \tag{9-11b}$$

如图 9-7(a) 所示，如果在场强为 $\boldsymbol{E}$ 的均匀电场中，平面 S 与场强 $\boldsymbol{E}$ 垂直，那么根据式(9-11b)，穿过平面 S 的电场线条数为

$$\Phi_e = ES. \tag{9-12}$$

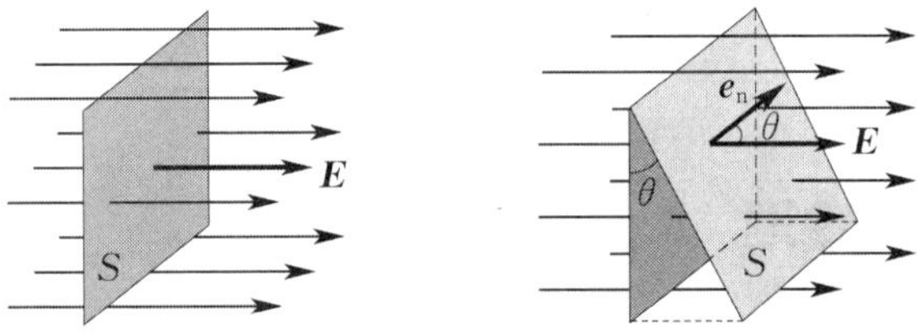

(a) 平面与场强垂直　　(b) 平面与场强不垂直

图 9-7　通过平面的电场线

如图 9-7(b) 所示，如果在场强为 $\boldsymbol{E}$ 的均匀电场中，平面 S 与场强 $\boldsymbol{E}$ 不垂直，其法向单位矢量 $\boldsymbol{e}_n$ 与场强 $\boldsymbol{E}$ 的夹角为 θ，从图中可以看出 $S_0 = S\cos\theta$，那么，穿过平面 S 的电场线条数为

$$\Phi_e = ES\cos\theta, \tag{9-13}$$

写成矢量式，为

$$\Phi_e = \boldsymbol{E}\cdot\boldsymbol{S}. \tag{9-14}$$

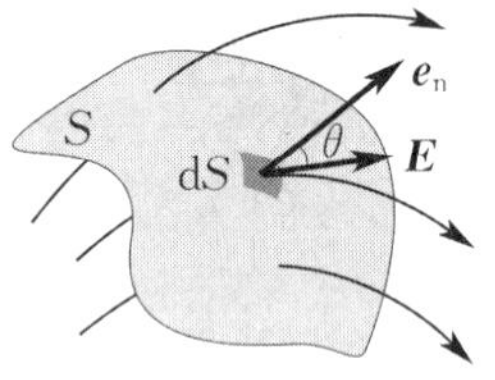

图 9-8　通过任意曲面的非均匀电场的电场线

如图 9-8 所示，在非均匀电场中有一任意曲面 S. 为了求得穿过曲面 S 的电场线条数，把曲面 S 划分成许多面积元 $\mathrm{d}S$，穿过面积元 $\mathrm{d}S$ 的电场线条数可以表示为

$$\mathrm{d}\Phi_e = E\mathrm{d}S\cos\theta = \boldsymbol{E}\cdot\mathrm{d}\boldsymbol{S}, \tag{9-15}$$

其中矢量 $\mathrm{d}\boldsymbol{S}$ 的大小等于面积元 $\mathrm{d}S$，方向与面积元 $\mathrm{d}S$ 的法向单位矢量 $\boldsymbol{e}_n$ 的方向一致. 因此，穿过整个曲面 S 的电场线条数为

$$\Phi_e = \int_S \boldsymbol{E}\cdot\mathrm{d}\boldsymbol{S}, \tag{9-16}$$

其中积分沿着整个曲面 S 进行.

我们把式(9-16) 作为**电通量**的定义式. 通过任意曲面 S 的电通量定义为：曲面 S 上任意一点的电场强度 $\boldsymbol{E}$ 与该点处面积元 $\mathrm{d}\boldsymbol{S}$ 的向量积在整个曲面上的代数和.

对于一闭合曲面 S 而言，通过它的电通量按上面的定义可以表示为

$$\Phi_e = \oint_S \boldsymbol{E}\cdot\mathrm{d}\boldsymbol{S}, \tag{9-17}$$

其中 $\oint_S$ 表示积分沿闭合曲面 S 进行. 在计算时必然涉及在曲面各部分的法线 $\boldsymbol{n}$ 的方向，因为在闭

合曲面上任意一点的法线 $\boldsymbol{n}$ 可以指向闭合曲面的内部，也可以指向闭合曲面的外部. 我们规定，法线 $\boldsymbol{n}$ 的方向为垂直曲面并指向闭合曲面的外部. 这样，通过曲面上各面积元的电通量就可能有正、负之分. 如果电场线由里向外穿出，则电通量为正；如果电场线由外向里穿进，则电通量为负.

9.4.3 高斯定理

既然电场是由电荷所激发的，那么，通过电场空间某一给定闭合曲面的电通量与激发电场的场源电荷必有确定的关系. 高斯(Gauss) 通过运算论证了这个关系. 我们先讨论最简单的情况.

(1) 点电荷 q 在半径为 r 的球面内，并且 q 处于球心.

如图 9-9 所示，在该球面上任意一点处，$\boldsymbol{E}$ 和 $\mathrm{d}\boldsymbol{S}$ 的方向一致，都沿着半径向外，通过整个球面的电通量应为

$$\oint_S \boldsymbol{E}\cdot\mathrm{d}\boldsymbol{S}=\oint_S \frac{1}{4\pi\varepsilon_0}\frac{q}{r^2}\mathrm{d}S=\frac{1}{4\pi\varepsilon_0}\frac{q}{r^2}\oint_S\mathrm{d}S=\frac{q}{4\pi\varepsilon_0 r^2}4\pi r^2,$$

即

$$\Phi_\mathrm{e}=\oint_S \boldsymbol{E}\cdot\mathrm{d}\boldsymbol{S}=\frac{q}{\varepsilon_0}. \tag{9-18}$$

可见，通过球面的电通量等于球面所包围的电荷 q 除以真空电容率. 于是，从电场线的观点看来，若 q 为正电荷，从 $+q$ 穿出球面的电场线条数为$\dfrac{q}{\varepsilon_0}$；若 q 为负电荷，则穿入球面并汇集于 $-q$ 的电场线条数为$\dfrac{q}{\varepsilon_0}$.

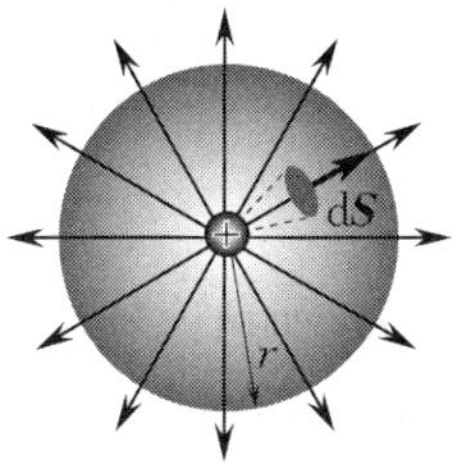

图 9-9 点电荷处于球面内的球心处

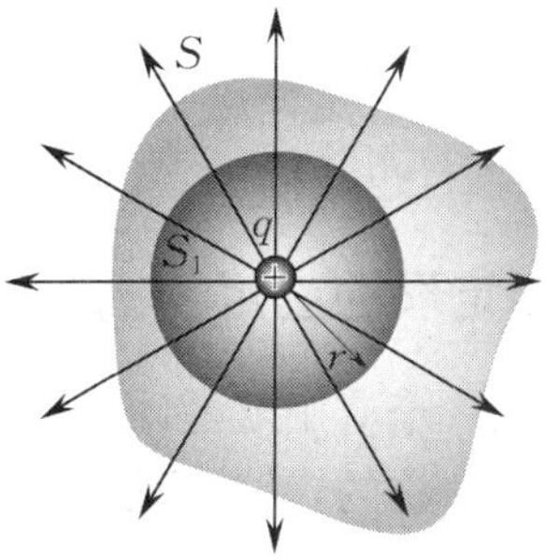

图 9-10 点电荷处于任意闭合曲面内

(2) 点电荷 q 在任意闭合曲面 S 内.

如图 9-10 所示，以 q 为中心作球面 S_1，根据上面的讨论，穿过球面 S_1 的电场线条数为$\dfrac{q}{\varepsilon_0}$，由于电场线不会中断，穿过球面 S_1 的电场线必然穿过任意闭合曲面 S，因此穿过任意闭合曲面 S 的电场线条数，即电通量也为$\dfrac{q}{\varepsilon_0}$，即

$$\Phi_\mathrm{e}=\oint_S \boldsymbol{E}\cdot\mathrm{d}\boldsymbol{S}=\frac{q}{\varepsilon_0}.$$

(3) 点电荷 q 在任意闭合曲面 S 外.

如图 9-11 所示，由于电场线不会在没有电荷的地方中断，而一直延伸到无限远，所以由 q 发出的电场线，凡是穿入闭合曲面 S 的，必定又从 S 穿出，穿入和穿出的数值相等，符号相反，即通过闭合曲面 S 的电通量必定等于零.

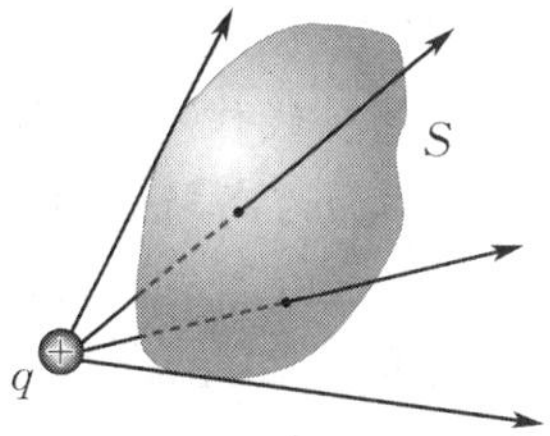

图 9-11 点电荷处于任意闭合曲面外

(4) 多个点电荷 $q_1, q_2, \cdots, q_n$ 在任意闭合曲面 S 内.

根据电通量的定义和电场强度的叠加原理,通过闭合曲面的电通量可以表示为

$$\Phi_e = \oint_S \boldsymbol{E} \cdot d\boldsymbol{S} = \oint_S \left(\sum_{i=1}^{n} \boldsymbol{E}_i\right) \cdot d\boldsymbol{S}$$

$$= \sum_{i=1}^{n} \left(\oint_S \boldsymbol{E}_i \cdot d\boldsymbol{S}\right) = \sum_{i=1}^{n} \frac{q_i}{\varepsilon_0} = \frac{\sum_{i=1}^{n} q_i}{\varepsilon_0}. \tag{9-19a}$$

如果任意闭合曲面 S 包围了一个任意的带电体,那么可以把带电体划分成很多无限小的体积元 dV,体积元所带的电荷 $dq = \rho dV$ 可看作点电荷. 与式(9-19a)一样,通过闭合曲面 S 的电通量可以表示为

$$\Phi_e = \oint_S \boldsymbol{E} \cdot d\boldsymbol{S} = \frac{\int_V \rho dV}{\varepsilon_0}, \tag{9-19b}$$

其中的体积分应对闭合曲面 S 所包围的带电体进行.

式(9-19a)和式(9-19b)表明,**在真空静电场中,穿过任意闭合曲面的电通量等于闭合曲面所包围的所有电荷的代数和除以** ε_0. 这就是**真空中静电场的高斯定理**. 在高斯定理中,常把所选取的闭合曲面称作高斯面. 所以穿过任意高斯面的电通量只与高斯面所包围的电荷量有关,而与高斯面的形状无关,也与电荷的分布情况无关.

应该指出,虽然高斯定理是在库仑定律的基础上得出的,但是,库仑定律从电荷间的相互作用反映静电场的性质,高斯定理则从场和场源电荷间的关系反映静电场的性质. 从场的研究方面来看,高斯定理比库仑定律更基本,应用范围更广泛. 库仑定律只适用于静电场,而高斯定理不但适用于静电场,而且也适用于变化电场.

9.4.4 高斯定理的应用

高斯定理的一个应用就是计算带电体周围电场的场强. 例如,所研究的电场是均匀电场,或者电场的分布是对称的,就为我们选取合适的闭合曲面(高斯面)提供了条件,从而使面积分变得简单易算. 所以分析电场的对称性是应用高斯定理求场强的关键. 下面举例说明如何应用高斯定理来计算对称分布电场的场强.

例 9-3

设有一无限大的均匀带电平面,电荷面密度为 σ,求其空间任一点处的场强.

解 根据对称性分布,可以确定电场线和带电平面垂直,而且方向自平面向外,如图 9-12 所示. 为此,取与 P 点对称的 P_0 点,以 PP_0 为轴线作一细长圆柱体,以圆柱体形成的闭合曲面为高斯面,它与带电平面的交面为 S. 由对称性分析可知,在 P,P_0 两点处的场强大小相等,方向相反. 设场强的大小为 E,则通过高斯面的电通量为

$$\Phi = \oint_S \boldsymbol{E} \cdot d\boldsymbol{S} = \Phi_{S_1} + \Phi_{S_2} + \Phi_{侧面}$$

$$= ES + ES + 0 = \frac{\sigma S}{\varepsilon_0}.$$

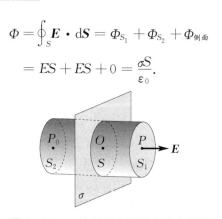

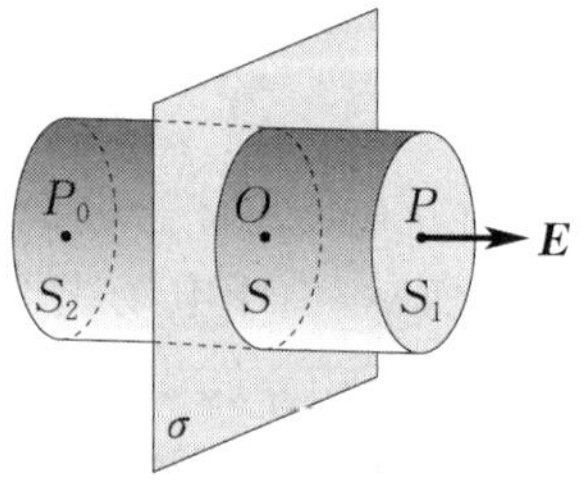

图 9-12 一个无限大的均匀带电平面

故场强 $\boldsymbol{E}$ 的大小为

$$E=\frac{\sigma}{2\varepsilon_0}.$$

上式表明，无限大均匀带电平面的场强 $\boldsymbol{E}$ 与场点到平面的距离无关，而且 $\boldsymbol{E}$ 的方向与带电平面垂直. 无限大均匀带电平面的电场为均匀电场.

利用上述结果，可求得两带等量异号电荷的无限大平行平面之间的场强. 设两个无限大平行平面 A 和 B 的电荷面密度分别为 $+\sigma$ 和 $-\sigma$. 它们所建立的场强分别为 $\boldsymbol{E}_{\mathrm{A}}$ 和 $\boldsymbol{E}_{\mathrm{B}}$，大小均为 $\frac{\sigma}{2\varepsilon_0}$；而它们的方向，在两个平面之间是相同的，在两个平面之外则是相反的，如图 9－13(a) 所示. 由电场强度的叠加原理可得两个无限大均匀带电平行平面之外的场强为零，如图 9－13(b) 所示. 而两个无限大均匀带电平行平面之间的场强的大小为

$$E=\frac{\sigma}{\varepsilon_0}.$$

场强的方向由带正电的平面指向带负电的平面. 由上述结果可以看出，两个无限大均匀带电平行平面之间的电场是均匀电场.

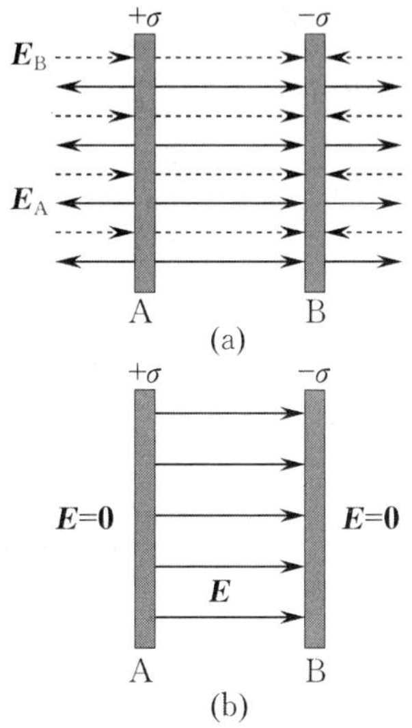

图 9－13　两个无限大平行平面的电场

例 9－4

设有一无限长均匀带电直线，电荷线密度为 λ，求距带电直线为 r 处的场强.

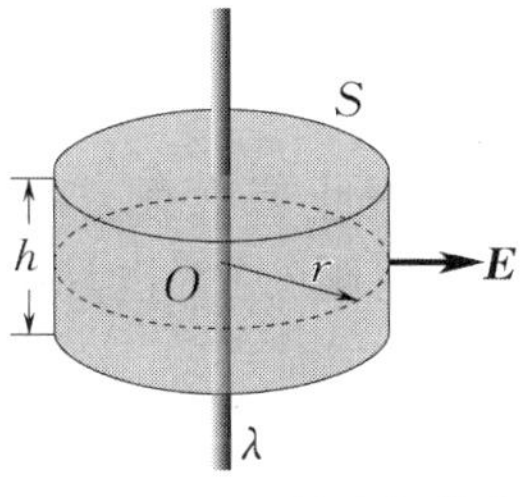

图 9－14　一无限长均匀带电直线

解　由于带电直线无限长，且电荷分布是均匀的，所以其电场 $\boldsymbol{E}$ 沿垂直于该直线的位矢方向，而且在距直线等距离处各点的 $\boldsymbol{E}$ 的大小相等. 也就是说，无限长均匀带电直线的电场是轴对称的. 如图 9－14 所示，取以直线为轴线的正圆柱面为高斯面，它的高度为 h，底面半径为 r. 由于 $\boldsymbol{E}$ 与上、下底面的法线垂直，所以通过圆柱的两个底面的电通量为零，而通过圆柱侧面的电通量为 $E2\pi rh$，且此高斯面所包围的电荷为 λh. 根据高斯定理，有

$$E2\pi rh=\frac{\lambda h}{\varepsilon_0},$$

由此可得

$$E=\frac{\lambda}{2\pi\varepsilon_0 r}.$$

可见，无限长均匀带电直线外一点的场强，与该点距带电直线的垂直距离 r 成反比，与电荷线密度 λ 成正比.

例 9－5

求均匀带电球壳在空间各点产生的场强.

解　以球心到场点的距离为半径作一球面，如图 9－15 所示，则通过此球面的电通量为

$$\Phi_{\mathrm{e}}=\oint_S \boldsymbol{E}\cdot\mathrm{d}\boldsymbol{S}=\oint_S E\mathrm{d}S=4\pi r^2 E.$$

根据高斯定理，有

$$\Phi_e = \frac{q}{\varepsilon_0}.$$

当场点在球壳外时，$q = Q$，则

$$E = \frac{Q}{4\pi\varepsilon_0 r^2}.$$

当场点在球壳内时，$q = 0$，则

$$E = 0.$$

结果表明，均匀带电球壳外的场强分布与球面上的电荷都集中在球心时所形成的点电荷的场强分布一样.

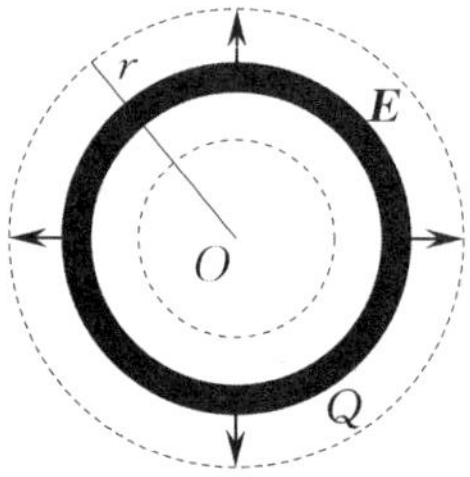

图 9-15　均匀带电球壳

例 9-6

设有一半径为 R、均匀带电 Q 的球体，求球体内部和外部任意点的场强.

解　以球心到场点的距离为半径作一球面，则通过此球面的电通量为

$$\Phi_e = \oint_S \boldsymbol{E} \cdot d\boldsymbol{S} = \oint_S E dS = 4\pi r^2 E.$$

根据高斯定理，通过球面的电通量为球面内包围的电荷，即

$$\Phi_e = \frac{q}{\varepsilon_0}.$$

当场点在球壳外时，$q = Q$，则

$$E = \frac{Q}{4\pi\varepsilon_0 r^2}.$$

当场点在球壳内时，$q = Q \cdot \frac{r^3}{R^3}$，则

$$E = \frac{Qr}{4\pi\varepsilon_0 R^3}.$$

该式的推导由读者自行完成.

9.5　电场力的功　电势

在牛顿力学中，我们曾经论证了保守力对质点做功只与起始和终止位置有关，而与路径无关这一重要特性，并由此引入了势能的概念. 那么电场力的情况又如何呢？是否也具有保守力做功的特性而可引入电势能的概念呢？

9.5.1　电场力的功

如图 9-16 所示，在正点电荷 q 的电场中，试探电荷 q_0 由 a 点沿任意路径到达 b 点，电场力对试探电荷 q_0 做功. 在路径上任一 c 点处，取位移元 $d\boldsymbol{l}$，从原点 O 到 c 点的位矢为 $\boldsymbol{r}$. 电场力对 q_0 做的元功为

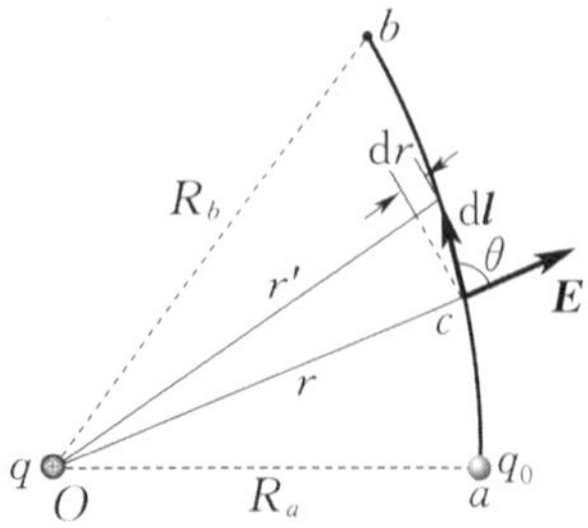

图 9-16　正点电荷电场保守性示意图

$$dW = q_0 \boldsymbol{E} \cdot d\boldsymbol{l} = q_0 E dl \cos\theta, \tag{9-20}$$

其中 θ 是电场 $\boldsymbol{E}$ 与位移 $d\boldsymbol{l}$ 的夹角. 由图 9-16 可知，$dl\cos\theta = r' - r = dr$，所以试探电荷 q_0 从 a 点移动到 b 点的过程中，电场力所做的功为

$$W = \int_l q_0 \boldsymbol{E} \cdot d\boldsymbol{l} = \frac{q_0}{4\pi\varepsilon_0}\int_l \frac{q}{r^2} dl\cos\theta = \frac{q_0}{4\pi\varepsilon_0}\int_{R_a}^{R_b} \frac{q}{r^2} dr = \frac{q_0}{4\pi\varepsilon_0}\left(\frac{q}{R_a} - \frac{q}{R_b}\right), \tag{9-21}$$

其中 R_a 和 R_b 分别为试探电荷移动时的起点和终点距点电荷 q 的距

离. 式(9 - 21) 表明,在点电荷 q 的非均匀电场中,电场力对试探电荷 q_0 所做的功只与其移动路径的起始和终止位置有关,与所经历的具体路径无关.

上述结论可以推广到任意带电体产生的电场. 任意带电体都可看成由许多点电荷组成的点电荷系. 由电场强度的叠加原理可知,点电荷系的场强 $\boldsymbol{E}$ 为各点电荷场强的叠加,即 $\boldsymbol{E}=\boldsymbol{E}_1+\boldsymbol{E}_2+\cdots+\boldsymbol{E}_n$. 因此任意点电荷系的电场力对试探电荷 q_0 所做的功,等于组成此点电荷系的各点电荷的电场力所做功的代数和,即

$$W=q_0\int_l \boldsymbol{E}\cdot \mathrm{d}\boldsymbol{l}=q_0\int_l \boldsymbol{E}_1\cdot \mathrm{d}\boldsymbol{l}+q_0\int_l \boldsymbol{E}_2\cdot \mathrm{d}\boldsymbol{l}+\cdots+q_0\int_l \boldsymbol{E}_n\cdot \mathrm{d}\boldsymbol{l}, \tag{9-22}$$

其中每一项都与路径无关,所以它们的代数和也必然与路径无关. 由此得出结论:一试探电荷 q_0 在静电场中从一点沿任意路径运动到另一点,电场力对它所做的功仅与试探电荷 q_0 及路径的起始和终止位置有关,而与具体路径无关. 因此,电场力是保守力,静电场是保守场.

9.5.2 静电场的环路定理

静电场中电场力做功与路径无关的特点,还可以用另一形式来表述. 由式(9 - 22) 可知,试探电荷 q_0 从任意一点出发,沿任意闭合路径 l 运动一周又回到该点,电场力所做功必定等于零,即

$$\oint_l q_0\boldsymbol{E}\cdot \mathrm{d}\boldsymbol{l}=0. \tag{9-23}$$

于是,有

$$\oint_l \boldsymbol{E}\cdot \mathrm{d}\boldsymbol{l}=0. \tag{9-24}$$

式(9 - 24) 表示,**在静电场中,电场强度沿任意闭合路径的环路积分等于零**. 静电场的这一特性,称为**静电场的环路定理**.

用静电场的环路定理可以证明电场线不会闭合. 用反证法来证明. 设有一条电场线构成闭合曲线. 沿这一曲线计算积分 $\oint_l \boldsymbol{E}\cdot \mathrm{d}\boldsymbol{l}$ 时,因为每点的切线方向($\mathrm{d}\boldsymbol{l}$ 方向)与场强方向相同,即 $\boldsymbol{E}\cdot \mathrm{d}\boldsymbol{l}>0$,故 $\oint_l \boldsymbol{E}\cdot \mathrm{d}\boldsymbol{l}>0$,与环路定理矛盾. 可见电场线不能构成闭合曲线.

9.5.3 电势 电势差

静电场的保守性意味着,对静电场来说,存在着一个由电场中各点的位置所决定的标量函数,此函数在 a,b 两点的数值之差等于场强从 a 点到 b 点沿任意路径的线积分,也就等于从 a 点到 b 点移动单位正电荷时电场力所做的功. 这个函数叫作电场的**电势**(或势函数). 以 U_a 和 U_b 分别表示 a,b 两点的电势,有下述定义式:

$$U_{ab}=U_a-U_b=\int_a^b \boldsymbol{E}\cdot \mathrm{d}\boldsymbol{l}. \tag{9-25}$$

U_{ab} 叫作 a,b 两点间的**电势差**,也叫作这两点间的**电压**. 由于静电场的保守性,在一定的静电场中,对于给定的两点 a 和 b,其电势差具有完全确定的值.

利用电势差可以方便地计算点电荷在静电场中运动时,电场力做的功. 显然,一个点电荷 q_0 从静电场中的 a 点移动到 b 点时,电场力做的功为

$$W_{ab}=q_0\int_a^b \boldsymbol{E}\cdot \mathrm{d}\boldsymbol{l}=q_0(U_a-U_b). \tag{9-26}$$

式(9-25) 只能给出静电场中任意两点的电势差,而不能确定任一点的电势值. 为了给出静电场中各点的电势值,需要预先选定一个参考位置,并指定它的电势为零. 这一参考位置叫作电势

零点. 以 P_0 点表示电势零点，由式(9－25) 可得静电场中任意一点 P 的电势为

$$U_P = \int_P^{P_0} \boldsymbol{E} \cdot \mathrm{d}\boldsymbol{l}. \tag{9-27}$$

P 点的电势也就等于将单位正电荷自 P 点沿任意路径移动到电势零点时，电场力所做的功. 电势零点选定后，电场中所有各点的电势值就由式(9－27) 唯一地确定了. 由此确定的电势是空间坐标的标量函数，即 $U = U(x, y, z)$.

电势零点的选择视计算方便而定. 当电荷只分布在有限区域时，电势零点通常选在无限远处. 这时式(9－27) 可以写成

$$U_P = \int_P^{\infty} \boldsymbol{E} \cdot \mathrm{d}\boldsymbol{l}. \tag{9-28}$$

在实际问题中，也常常选择地球的电势为零电势.

由式(9－27) 可以看出，电场中各点电势的大小与电势零点的选择有关，相对于不同的电势零点，电场中同一点的电势会有不同的值. 因此，在具体说明各点的电势值时，必须事先明确电势零点在何处.

电势和电势差都是标量，具有相同的单位. 在国际单位制中，电势的单位是伏[特](V).

9.5.4 电势的计算

1. 点电荷电场的电势

在点电荷电场中，点电荷的场强为

$$\boldsymbol{E} = \frac{q}{4\pi\varepsilon_0 r^3}\boldsymbol{r},$$

则与点电荷相距为 r 处的电势为

$$U = \int_r^{\infty} \boldsymbol{E} \cdot \mathrm{d}\boldsymbol{r} = \int_r^{\infty} \frac{q}{4\pi\varepsilon_0 r^2}\mathrm{d}r,$$

得

$$U = \frac{q}{4\pi\varepsilon_0 r}. \tag{9-29}$$

根据 q 的正负情况，电势 U 可正可负. 若取无限远处为电势零点，在正电荷的电场中，各点电势均为正值，离电荷越远的点，电势越低；在负电荷的电场中，各点电势均为负值，离电荷越远的点，电势越高.

2. 电势的叠加原理

如果真空中有一点电荷系，由电场强度的叠加原理可以知道，点电荷系产生的电场中某点的场强 $\boldsymbol{E}$ 等于各个点电荷独立存在时在该点产生的场强的矢量和，即

$$\boldsymbol{E} = \boldsymbol{E}_1 + \boldsymbol{E}_2 + \cdots + \boldsymbol{E}_n.$$

于是，根据电势的定义式(9－28)，可得点电荷系电场中某点 a 的电势为

$$U_a = \int_a^{\infty} \boldsymbol{E} \cdot \mathrm{d}\boldsymbol{l} = \int_a^{\infty} \boldsymbol{E}_1 \cdot \mathrm{d}\boldsymbol{l} + \int_a^{\infty} \boldsymbol{E}_2 \cdot \mathrm{d}\boldsymbol{l} + \cdots + \int_a^{\infty} \boldsymbol{E}_n \cdot \mathrm{d}\boldsymbol{l} = U_1 + U_2 + \cdots + U_n, \tag{9-30}$$

其中 $U_1, U_2, \cdots, U_n$ 分别为点电荷 $q_1, q_2, \cdots, q_n$ 独立激发的电场中 a 点的电势. 由点电荷电势的计算式(9－29) 知，a 点的电势为

$$U_a = \sum_{i=1}^{n} \frac{1}{4\pi\varepsilon_0} \frac{q_i}{r_i}. \tag{9-31}$$

式(9－31) 表明，点电荷系所激发的电场中某点的电势等于各点电荷单独存在时在该点建立的电势的代数和. 这一结论叫作静电场的**电势叠加原理**.

对于电荷连续分布的有限大小带电体的电场，可把它看成无限多个电荷元 $\mathrm{d}q$ 产生的电场. 把每一个电荷元看成点电荷，并取无限远处为电势零点，那么，总电场的电势就等于无限多个电荷元电场的电势之和，即

$$U = \int_V \mathrm{d}U = \frac{1}{4\pi\varepsilon_0}\int_V \frac{\mathrm{d}q}{r}, \tag{9-32}$$

其中 r 是电荷元 $\mathrm{d}q$ 到场点的距离，V 是电荷连续分布的带电体的体积.

例 9－7

求均匀带电球面的电场中的电势分布. 球面半径为 R，总带电量为 q.

解　以无限远处为电势零点. 由于在球面处直到无限远处场强的分布都和电荷集中到球心处的一个点电荷的场强分布一样，因此，球面外任意一点的电势应与式(9－29) 相同，即

$$U = \frac{q}{4\pi\varepsilon_0 r} \quad (r \geqslant R).$$

对于球面内($r < R$) 任意一点，由于球面内、外场强的分布不同，定义式(9－28) 的积分应分为两段，即

$$U = \int_r^\infty \boldsymbol{E}\cdot\mathrm{d}\boldsymbol{r} = \int_r^R \boldsymbol{E}_{内}\cdot\mathrm{d}\boldsymbol{r} + \int_R^\infty \boldsymbol{E}_{外}\cdot\mathrm{d}\boldsymbol{r}.$$

因为球面内各点场强为零，球面外的场强为

$$\boldsymbol{E} = \frac{q}{4\pi\varepsilon_0 r^3}\boldsymbol{r},$$

所以球面内任意一点的电势为

$$U = \int_R^\infty \boldsymbol{E}\cdot\mathrm{d}\boldsymbol{r} = \int_R^\infty \frac{q}{4\pi\varepsilon_0 r^2}\mathrm{d}r$$

$$= \frac{q}{4\pi\varepsilon_0 R} \quad (r \leqslant R).$$

这说明，均匀带电球面内各点电势相等，都等于球面上各点的电势. 可以看出，在球面($r = R$) 处，场强不连续，而电势是连续的.

例 9－8

一半径为 R 的均匀带电细圆环，所带总电量为 q，求在圆环轴线上任意一点 P 的电势.

解　在图 9－17(a) 中以 x 表示从环心到 P 点的距离，以 $\mathrm{d}q$ 表示在圆环上的任一电荷元. 由式(9－32) 可得 P 点的电势为

$$U = \frac{1}{4\pi\varepsilon_0}\int \frac{\mathrm{d}q}{r} = \frac{1}{4\pi\varepsilon_0 r}\int \mathrm{d}q$$

$$= \frac{q}{4\pi\varepsilon_0 r} = \frac{q}{4\pi\varepsilon_0\sqrt{R^2+x^2}}.$$

由此可得圆环轴线的电势分布曲线，如图 9－17(b) 所示.

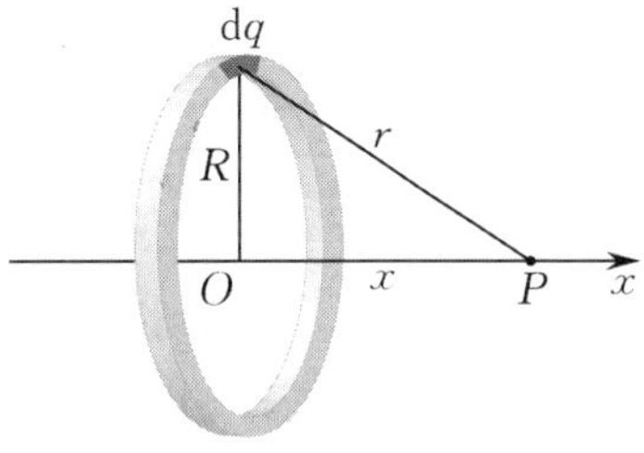

(a) 均匀带电细圆环

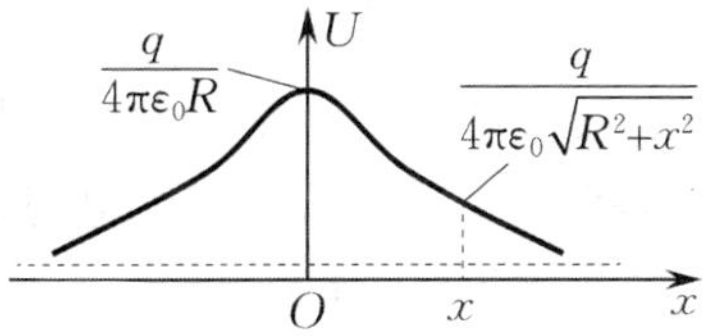

(b) 相应的 U-x 图像

图 9－17　均匀带电细圆环及其 U－x 图像

9.6 电场强度与电势的关系

9.6.1 等势面

一般来说，静电场中各点的电势是逐点变化的，但总有某些电势相等的点. 电场中电势相等的点所构成的面，叫作**等势面**. 电荷 q 沿等势面运动时，电场力不对电荷做功，即 $q\boldsymbol{E}\cdot \mathrm{d}\boldsymbol{l}=0$. 由于 q，$\boldsymbol{E}$ 和 $\mathrm{d}\boldsymbol{l}$ 均不为零，故该式成立的条件是：场强 $\boldsymbol{E}$ 必须与 $\mathrm{d}\boldsymbol{l}$ 垂直，即某点的场强 $\boldsymbol{E}$ 与通过该点的等势面垂直. 由于电场线的切线方向与场强 $\boldsymbol{E}$ 的方向一致，所以电场线处处与等势面垂直.

为了使等势面能反应电场的强弱，我们规定：电场中任意两个相邻等势面之间的电势差都相等. 因此，与电场线类似，场强较强的区域，等势面较密；场强较弱的区域，等势面较疏.

等势面是研究电场的一种有用的方法. 通过测绘带电体周围电场的等势面，可推知电场的分布情况.

图 9－18 给出了几种常见电场的等势面和电场线.

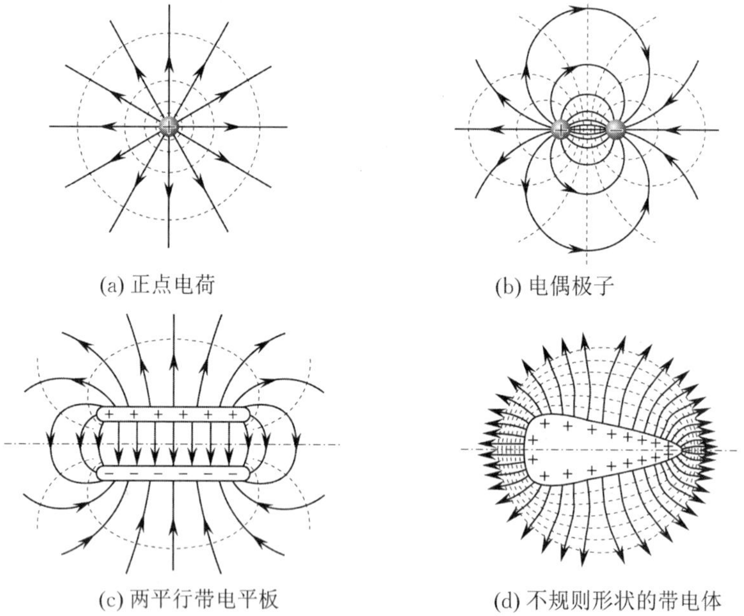

(a) 正点电荷　　(b) 电偶极子　　(c) 两平行带电平板　　(d) 不规则形状的带电体

图 9－18　几种常见电场的等势面和电场线(图中虚线表示等势面，实线表示电场线)

9.6.2 场强与电势的微分关系

由电势与场强的积分关系可以导出它们的微分关系. 如图 9－19 所示，设在电场中有两个靠得很近的等势面 Ⅰ 和 Ⅱ，它们的电势分别为 U 和 $U+\Delta U$. 在两个等势面上分别取 A 点和 B 点，这两点非常靠近，间距为 Δl. 因此，它们之间的场强 $\boldsymbol{E}$ 可以认为是不变的. 设 $\Delta\boldsymbol{l}$ 与 $\boldsymbol{E}$ 之间的夹角为 θ，则由式(9－26) 可得，将单位正电荷由 A 点移动到 B 点，电场力所做的功为

$$-(U_B-U_A)=\boldsymbol{E}\cdot\Delta\boldsymbol{l}=E\Delta l\cos\theta.$$

因为 $-(U_B-U_A)=-\Delta U$，场强 $\boldsymbol{E}$ 在 $\Delta\boldsymbol{l}$ 上的分量为 $E\cos\theta=E_l$，所以有

$$-\Delta U = E_l \Delta l$$

或

$$E_l = -\frac{\Delta U}{\Delta l}, \qquad (9-33)$$

其中$\frac{\Delta U}{\Delta l}$为电势沿 $\Delta \boldsymbol{l}$ 方向上的变化率.

当 $U_B < U_A$ 时,因 Δl 恒为正,$\frac{\Delta U}{\Delta l} < 0$,$E_l > 0$,说明此时场强方向是由 A 指向 B 的;当$U_B > U_A$ 时,$\frac{\Delta U}{\Delta l} > 0$,$E_l < 0$,说明此时场强方向是由 B 指向 A 的. 可见,场强是指向电势减小的方向的.

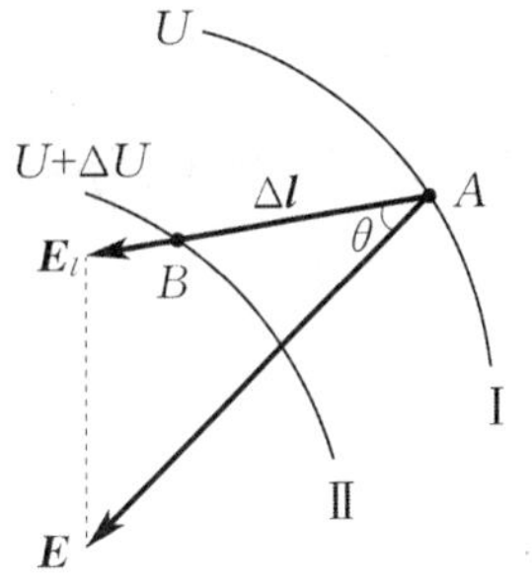

图 9-19　电势与场强的关系

严格地说,以上推导只在 $B \to A$ 的极限情况下成立,故式(9-33) 应写成

$$E_l = -\lim_{B \to A} \frac{\Delta U}{\Delta l} = -\frac{\partial U}{\partial l}, \qquad (9-34)$$

其中$\frac{\partial U}{\partial l}$就是标量点函数 $U(x, y, z)$ 沿着 $\Delta \boldsymbol{l}$ 方向的方向导数.

式(9-34)就是电势与场强的微分关系. 电势U是标量,其计算往往比场强$\boldsymbol{E}$方便,所以,在实际计算时,一般可根据电荷分布先求 U,再求场强 $\boldsymbol{E}$,只需做微分运算. 当然,如果实际情况是求场强 $\boldsymbol{E}$ 更方便,那么也可由 $\boldsymbol{E}$ 求 U,只需做积分运算.

例 9-9

用场强与电势的关系,求均匀带电细圆环轴线上一点 P 的场强.

解　在例 9-8 中,我们已求得在 x 轴上 P 点的电势为

$$U = \frac{q}{4\pi\varepsilon_0 \sqrt{x^2 + R^2}},$$

其中 R 为圆环的半径. 由式(9-34) 可得,P 点的场强为

$$\begin{aligned} E = E_x &= -\frac{\partial U}{\partial x} \\ &= -\frac{\partial}{\partial x}\left[\frac{q}{4\pi\varepsilon_0 (x^2 + R^2)^{1/2}}\right] \\ &= \frac{qx}{4\pi\varepsilon_0 (x^2 + R^2)^{3/2}}. \end{aligned}$$

9.6.3　电势能

由于静电场是保守场,在静电场中移动电荷,电场力做功与路径无关. 类比力学中保守力场的势能概念,我们在静电场中引入**电势能**的概念,认为电荷在静电场中的一定位置上具有一定的电势能. 电荷 q_0 在静电场中移动时,它的电势能的减少就等于电场力所做的功. 若以 E_{P1} 和 E_{P2} 分别表示电荷 q_0 在静电场中 P_1 点和 P_2 点时具有的电势能,则有

$$W_{12} = E_{P1} - E_{P2} = -(E_{P2} - E_{P1})$$

或

$$q_0 \int_{P_1}^{P_2} \boldsymbol{E} \cdot d\boldsymbol{l} = E_{P1} - E_{P2} = -(E_{P2} - E_{P1}). \qquad (9-35)$$

与其他形式的势能一样,电势能也是相对量. 要决定电荷在电场中某一点处电势能的值,必须先选择一个电势能为零的参考点. 电势能零点的选取是任意的. 在式(9-35) 中,若选择 q_0 在 P_2 点处的电势能为零,即 $E_{P2} = 0$,则有

$$E_{P1}=q_0\int_{P_1}^{P_2}\boldsymbol{E}\cdot\mathrm{d}\boldsymbol{l}.$$

在实际应用中，为了方便，常把电势能零点选在无穷远处，即 $E_\infty=0$，则 q_0 在 P_1 点的电势能为

$$E_{P1}=q_0\int_{P_1}^{\infty}\boldsymbol{E}\cdot\mathrm{d}\boldsymbol{l}. \tag{9-36}$$

这表明，当选取无穷远处为电势能零点时，电荷 q_0 在电场中某点处的电势能，在数值上等于把 q_0 由该点移到无穷远处时电场力所做的功.

阅读材料

习题 9

9-1 下列说法中正确的是(　　).

A. 闭合曲面上各点场强都为零时，曲面内一定没有电荷

B. 闭合曲面上各点场强都为零时，曲面内电荷的代数和必定为零

C. 通过闭合曲面的电通量为零时，曲面上各点的场强必定为零

D. 通过闭合曲面的电通量不为零时，曲面上任意一点的场强都不可能为零

9-2 下列说法中正确的是(　　).

A. 场强为零的点，电势也一定为零

B. 场强不为零的点，电势也一定不为零

C. 电势为零的点，场强也一定为零

D. 电势在某一区域内为常量，则场强在该区域内必定为零

9-3 根据场强定义式 $\boldsymbol{E}=\dfrac{\boldsymbol{F}}{q_0}$，下列说法中正确的是(　　).

A. 电场中某点处的场强就是该点处单位正电荷所受的力

B. 从定义式中明显看出，场强反比于单位正电荷

C. 使用定义式进行计算时，q_0 必须是正电荷

D. 场强的方向可能与力的方向相反

9-4 一点电荷 q 位于一立方体中心，通过立方体每个面的电通量为(　　).

A. $\dfrac{q}{4\varepsilon_0}$　　B. $\dfrac{q}{6\varepsilon_0}$

C. $\dfrac{q}{8\varepsilon_0}$　　D. $\dfrac{q}{16\varepsilon_0}$

9-5 两块相距为 d、电荷面密度为 σ 的无限大均匀带正电平板，两平板中间的场强大小为(　　).

A. 0　　B. $\dfrac{\sigma}{\varepsilon_0}$

C. $\dfrac{2\sigma}{\varepsilon_0}$　　D. $\dfrac{\sigma}{d}$

9-6 用电势的定义直接说明：在正(或负)点电荷电场中，各点电势为正(或负)值，且离点电荷越远，电势越低(或高).

9-7 两个电量都是 $+q$ 的点电荷，相距 $2a$，连线的中点为 O，今在它们连线的垂直平分线上放另一点电荷 q'，q' 与 O 点相距 r.

(1) 求 q' 所受的力；

(2) q' 放在哪一点时，所受的力最大？

(3) 若 q' 在所放的位置上从静止释放，任其自己运动，问 q' 将如何运动？试分别讨论 q' 与 q 同号或异号两种情况.

9-8 电场强度大小为 E 的均匀电场与半径为 R 的半球面的轴线平行，计算通过此半球面的电通量.

9-9 半径为 a 的无限长直圆桶面上均匀带电，沿轴线单位长度的电量为 λ，求场强分布.

9-10 两个无限大的平行平面均匀带电，电荷的面密度分别为 σ_1 和 σ_2，求各处的场强分布.

9-11 半径为 R 的圆面上均匀带电，电荷的面密度为 σ_e.

(1) 求轴线上离圆心的坐标为 x 处的场强；

(2) 当 $x \ll R$ 时，结果如何？

(3) 当 $x \gg R$ 时，结果如何？

9-12　在较为粗糙的中子模型中，中子由带正电荷的内核与带负电荷的外壳组成. 假设正电荷电量为 $\frac{2e}{3}$，且均匀分布在半径为 0.50×10^{-15} m 的球内；而负电荷电量为 $-\frac{2e}{3}$，分布在内、外半径分别为 0.50×10^{-15} m 和 1.0×10^{-15} m 的同心球壳内(见图 9-20). 求在与中心距离分别为 1.0×10^{-15} m，0.75×10^{-15} m，0.50×10^{-15} m 和 0.25×10^{-15} m 处场强的大小和方向.

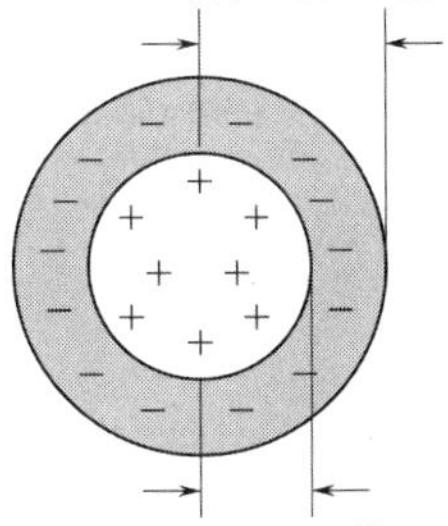

图 9-20

9-13　如图 9-21 所示，场强分量 $E_x = bx^{\frac{1}{2}}$，$E_y = E_z = 0$，其中 $b = 800\ \text{N}\cdot\text{C}^{-1}$. 设 $a = 10$ cm，求：

(1) 通过立方体的电通量；

(2) 立方体的总电荷.

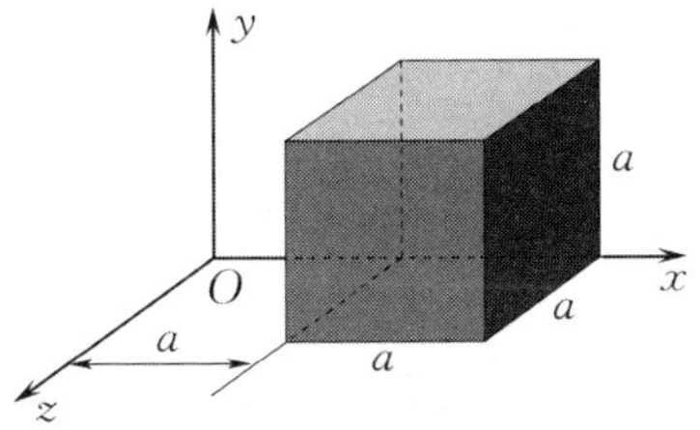

图 9-21

9-14　地球表面上方，场强方向向下，场强大小可能随高度改变. 设在地球表面上方 100 m 高处，场强为 $150\ \text{N}\cdot\text{C}^{-1}$；在 300 m 高处，场强为 $100\ \text{N}\cdot\text{C}^{-1}$. 试由高斯定理求出这两个高度之间的平均电荷体密度，以及多余的或缺少的电子数密度.

9-15　根据汤姆孙模型，氦原子由一团均匀的正电荷云和其中的两个电子构成. 设正电荷云是半径为 0.05 nm 的球，总电量为 $2e$，两个电子处于关于球心对称的位置，求两个电子的平衡距离.

9-16　如图 9-22 所示，两均匀带电的同心球面，半径分别为 R_1，R_2，两球的带电量分别为 Q_1，Q_2，求Ⅰ，Ⅱ，Ⅲ 三个区域内的场强分布和电势分布，并画出电场分布曲线和电势分布曲线.

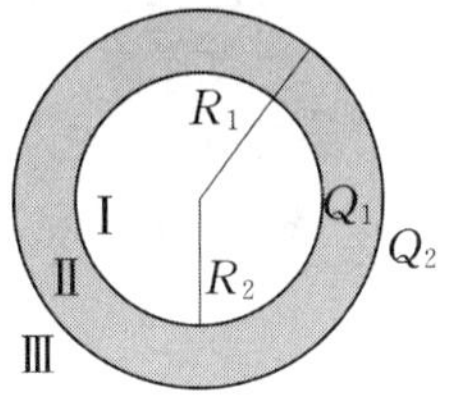

图 9-22

9-17　一对无限长的共轴直圆桶，半径分别为 R_1，R_2，桶面上都均匀带电. 沿轴线单位长度的电量分别为 λ_1 和 λ_2.

(1) 求各区域内的场强分布；

(2) 若 $\lambda_1 = -\lambda_2$，求此时各区域内的场强分布；

(3) 按情形(2) 求两桶间的电势差和电势分布.

9-18　半径为 R 的无限长直圆柱体内均匀带电，电荷体密度为 ρ.

(1) 求场强分布；

(2) 以轴线为电势零点，求电势分布.

9-19　一边长为 a 的正三角形，三个顶点上各放一个电量分别为 q，$-q$ 和 $-2q$ 的点电荷，求此正三角形重心上的电势. 将一电量为 Q 的点电荷从无限远处移到其重心上，外力要做多少功？

9-20　一计数管中有一直径为 2 cm 的金属长圆筒，在圆筒的轴线处装有一根直径为 1.27×10^{-5} m 的细金属丝. 设金属丝与圆筒的电势差为 1×10^3 V，求：

(1) 金属丝表面的场强大小；

(2) 圆筒内表面的场强大小.

9-21　一次闪电的放电电压大约是 1.0×10^9 V，而被中和的电量约是 30 C.

(1) 求一次放电所释放的能量；

(2) 某小学每天消耗电能 20 kW · h，那么一次放电所释放的电能能让该小学用多长时间？

9-22　电荷面密度分别为 $+\sigma$ 和 $-\sigma$ 的两块无限大均匀带电平行平板放置于真空中，如图 9-23 所示. 取坐标原点 O 为电势零点，求空间各点的电势分布，并画出电势随位置坐标 x 变化的关系曲线.

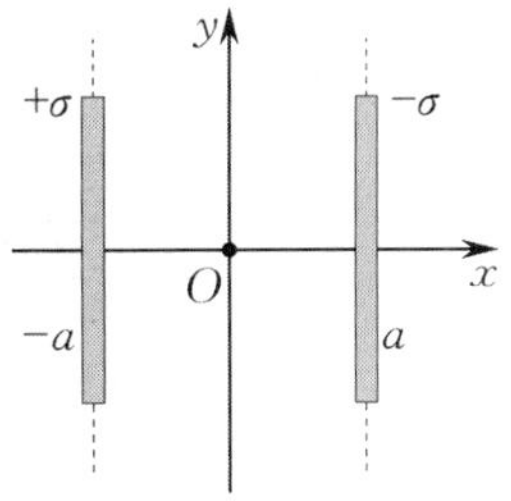

图 9-23

9-23 如图 9-24 所示，真空中有一半径为 R，带电量为 Q 的均匀带电球体，求其所在空间的场强分布.

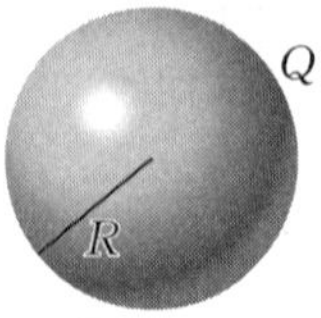

图 9-24

9-24 设在半径为 R 的球体内，其电荷对称分布，电荷体密度为

$$\begin{cases}\rho = kr & (0 \leqslant r \leqslant R), \\ \rho = 0 & (r > R),\end{cases}$$

其中 k 为一常量. 利用高斯定理求系统的电场分布.

第10章

静电场中的导体与电介质

微课视频

在第 9 章中,我们讨论了真空中的静电场.实际上,在静电场中总有导体或电介质存在.处于静电场中的导体,内部的自由电荷会因受到电场力的作用而重新分布,进而影响周围电场的分布情况.处于静电场中的电介质,内部的电荷虽不能自由运动,但在外电场作用下会产生位移或取向极化,同样会影响周围电场的分布情况.

本章主要内容有导体的静电平衡条件、静电场中导体的电学性质、电介质的极化现象和相对电容率 ε_r 的物理意义、有电介质时的高斯定理、电容器及其连接、电场的能量等.最后还将介绍静电的一些应用.

10.1 静电场中的导体

本节讨论在静电场中有金属导体存在时的各种问题.在讨论之前,有必要对几个有关金属导体的术语给出明确的意义.

(1) 带电导体:总电量不为零的导体叫作带电导体.若总电量为正,则说明该导体带正电;若总电量为负,则说明该导体带负电.

(2) 中性导体:总电量为零的导体叫作中性导体.

(3) 孤立导体:与其他物体距离足够远的导体叫作孤立导体.这里的"足够远"是指其他物体的电荷在该导体上激发的场强小到可以忽略.

10.1.1 静电平衡条件

在金属导体内,存在大量自由电子.在不受外电场作用时,自由电子做无规则的热运动,不发生宏观的电量迁移,因而整个金属导体的宏观部分都呈中性状态.当把一个不带电的金属导体放入静电场中,金属导体中的自由电子在外电场的作用下做宏观定向运动,改变了导体上的电荷分布,使导体处于带电状态,这就是**静电感应现象**.由静电感应现象所产生的电荷,称为**感应电荷**.

感应电荷必然在空间激发电场,这个电场与原来的电场相叠加,因而改变了空间各处的电场分布.在导体内部,若场强 $\boldsymbol{E}$ 不为零,导体内部自由电子的定向运动就不会停止,感应电荷就持续增加.直到导体内部场强 $\boldsymbol{E}=\boldsymbol{0}$,自由电子的定向运动才停止.这时,我们称导体处于**静电平衡状态**.由此我们得到导体静电平衡的必要条件为**导体内部的场强处处为零**.

从导体内部场强处处为零出发,可以推出导体在静电平衡时有如下几个性质.

(1) 导体是等势体,导体表面是等势面.

在导体中任取两点 A 和 B,因为导体内部场强处处为零,所以场强从 A 点到 B 点的线积分为零,即

$$U_A-U_B=\int_A^B \boldsymbol{E}\cdot \mathrm{d}\boldsymbol{l}=0.$$

因此 A,B 两点电势相等. 可见,静电平衡时的导体是等势体,其表面是等势面.

(2) 导体内部没有净电荷,电荷只能分布在导体表面.

因为静电平衡时,导体内部场强为零,所以通过导体内部任意高斯面的电通量也为零,此高斯面内所包围的电荷的代数和必然为零.

但是上述证明不适用于导体表面,因为围绕导体表面上一点所作的闭合曲面再小,也总有一部分在导体外部,而导体外部的场强可以不为零.

(3) 在导体外,紧靠导体表面的点的场强方向与导体表面垂直,场强大小与导体表面对应点的电荷面密度成正比.

静电平衡时,导体表面是等势面. 由电场线与等势面垂直可知,导体表面附近的场强与表面垂直.

在导体外紧靠表面处任取一点 P,在 P 点邻近的导体表面取一面积元 ΔS. 当 ΔS 足够小时,可近似认为其电荷均匀分布. 设电荷面密度为 σ,面积元 ΔS 上的电荷量为 $\Delta q=\sigma\Delta S$. 过 P 点作一以 ΔS 为底面积的扁圆柱形高斯面,下底面在导体内部(见图 10-1). 因为导体内部场强为零,所以通过其下底面的电通量为零. 注意到导体表面附近场强与表面垂直,可知侧面的电通量也为零. 因而圆柱形高斯面的电通量等于上底面的电通量. 根据高斯定理,有

$$\oint_S \boldsymbol{E}\cdot \mathrm{d}\boldsymbol{S}=\frac{\sum\limits_i q_i}{\varepsilon_0},$$

即

$$E\Delta S=\frac{\sigma\Delta S}{\varepsilon_0}.$$

故

$$E=\frac{\sigma}{\varepsilon_0}. \tag{10-1}$$

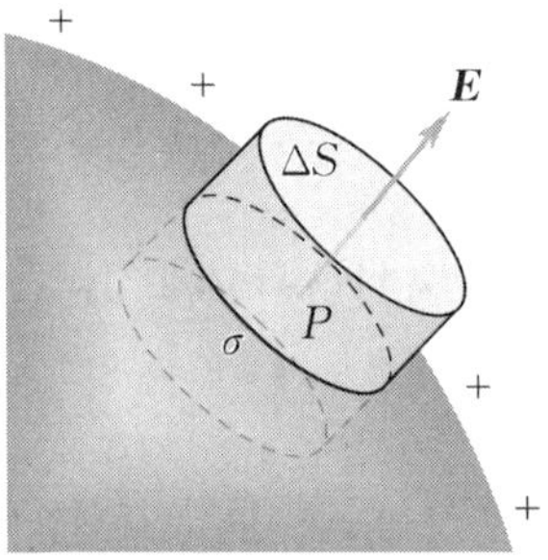

图 10-1　带电导体表面

式(10-1)说明,导体表面附近的场强与表面上对应点的电荷面密度成正比. 理解这一结论时必须注意,$\boldsymbol{E}$ 是空间中所有带电体共同贡献的结果.

至于静电平衡时导体表面上的电荷是如何分布的,这是一个比较复杂的定量问题. 因为电荷在导体表面的分布不但与导体自身形状有关,而且还与外界条件有关. 只有孤立导体的电荷分布才能只由自身的形状和电量决定. 实验表明,在孤立导体表面,向外突出的地方(曲率为正且较大)电荷面密度较大;比较平坦的地方电荷面密度较小;向里凹的地方(曲率为负)电荷面密度更小.

带电导体尖端附近的电场特别强,尖端附近的空气可能被电离成导体而出现尖端放电现象. 夜间看到高压电线周围笼罩着一层绿色的电晕,就是一种微弱的尖端放电现象. 这种尖端放电会浪费大量电能,因此,许多高压设备中的导体元件,其表面都尽量光滑,避免带有尖棱. 避雷针则是利用尖端放电原理来防止雷击破坏建筑物的设施,但避雷针必须严格接地,否则会适得其反.

10.1.2　静电屏蔽

1. 导体壳内空间的静电场

(1) 导体壳内无带电体的情况.

当导体壳内没有其他带电体时，在静电平衡条件下，导体壳内表面上没有电荷，电荷只分布在导体壳外表面上，壳内空间各点场强为零. 我们可以用反证法证明. 设导体壳内有一点 P 的场强不为零，就可以通过它作一条电场线，这条电场线既不能在无电荷处中断，又不能穿过导体，就只能起于导体壳内壁某点的正电荷而终止于另一点的负电荷，如图 10－2 所示. 这两点既然在电场线上，电势就不能相等，这就与导体是等势体的结论矛盾. 可见导体壳内表面没有电荷分布，壳内空间的场强为零.

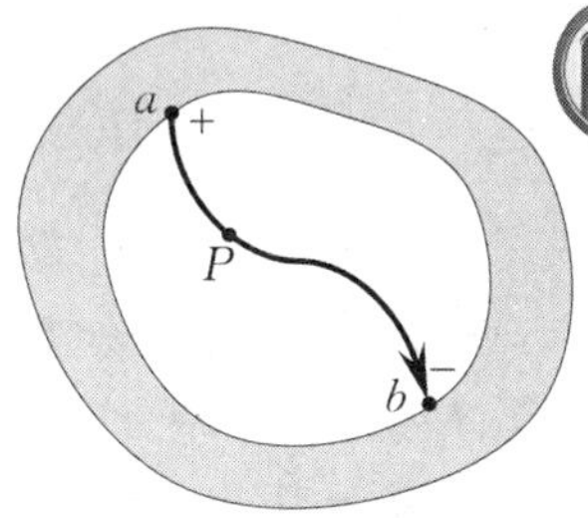

图 10－2　电荷分布在导体壳的外表面

(2) 导体壳内有带电体的情况.

当导体壳内有其他带电体时，导体壳内空间将因带电体的存在而出现电场，壳内表面也会出现电荷分布. 同时，导体壳外表面相应地出现与内表面异号的电荷. 可以证明，导体壳外带电体的电荷对壳内电场没有影响(这一结论在电动力学中会有简洁而严格的证明). 如果将导体壳接地，就可以消除导体壳外表面上的电荷，这样导体壳内的带电体的电场对导体外就不会产生任何影响了. 但应注意，导体壳接地不能保证导体壳外表面的电荷面密度在任何情况下都为零. 当导体壳外有带电体时，接地的导体壳外表面上仍可能有电荷.

2. 静电屏蔽

综上所述，在静电平衡条件下，导体壳(不论接地与否)内部电场不受壳外电荷的影响；接地导体壳外部电场也不受壳内电荷的影响. 这种现象称为**静电屏蔽**.

在实际工作中，静电屏蔽有重要的应用. 一些电子仪器常采用金属外壳，使内部电路不受外界电场的干扰；高压设备周围的金属网也是起静电屏蔽作用的，使高压带电体不影响外界.

3. 有导体存在的静电场场强和电势的计算

在计算有导体存在时的静电场分布时，首先要根据静电平衡条件和电荷守恒定律确定导体上新的电荷分布，然后由新的电荷分布求电场的分布.

例 10－1

如图 10－3 所示，有一外半径 $R_1 = 10$ cm，内半径 $R_2 = 7$ cm 的金属球壳，在球壳中放一半径 $R_3 = 5$ cm 的同心金属球. 若使球壳和球均带有 $q = 10^{-8}$ C 的正电荷，问：球壳和球上的电荷如何分布？球心电势为多少？

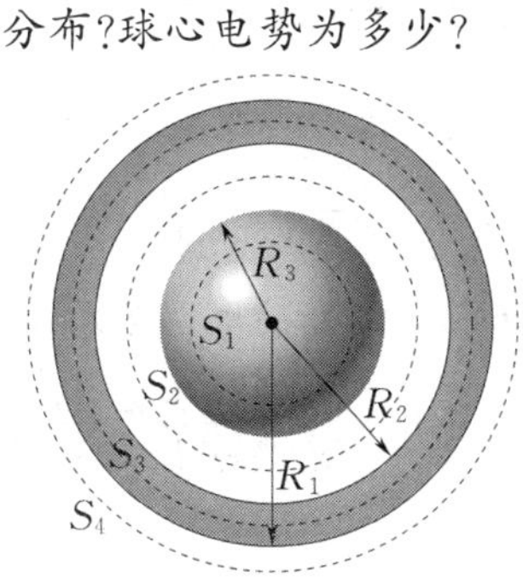

图 10－3

解　为了计算球心的电势，必须计算各点处的场强. 由于在所讨论的范围内，电场具有球对称性，因此可用高斯定理计算各点的场强.

先从球内开始. 取以 $r < R_3$ 为半径的球面 S_1 为高斯面，则由导体的静电平衡条件可知，球内的场强为

$$E_1 = 0 \quad (r < R_3). \tag{1}$$

在球与球壳之间，作以 $R_3 < r < R_2$ 为半径的球面 S_2 为高斯面，在此高斯面内的电荷仅是半径为 R_3 的球上的电荷 $+q$. 由高斯定理有

$$\oint_S \boldsymbol{E}_2 \cdot \mathrm{d}\boldsymbol{S} = E_2 4\pi r^2 = \frac{q}{\varepsilon_0},$$

则球与球壳间的场强为

$$E_2=\frac{1}{4\pi\varepsilon_0}\frac{q}{r^2}\quad(R_3<r<R_2).\qquad(2)$$

而对于以 $R_2<r<R_1$ 为半径的球面 S_3 上的各点，由静电平衡条件知其场强应为零，即

$$E_3=0\quad(R_2<r<R_1).\qquad(3)$$

由高斯定理可知，球面 S_3 内所包含电荷的代数和为 $\sum q=0$. 已知球的电荷为 $+q$，且分布于球的表面，所以球壳内表面上的电荷必为 $-q$. 这样，球壳外表面上的电荷应为 $+2q$.

再在球壳外取以 $r>R_1$ 为半径的球面 S_4 为高斯面，在此高斯面内所包含的电荷为 $\sum q=q-q+2q=2q$. 所以由高斯定理可得 $r>R_1$ 处的场强为

$$E_4=\frac{1}{4\pi\varepsilon_0}\frac{2q}{r^2}\quad(r>R_1).\qquad(4)$$

由电势的定义式(9-28)可得球心 O 的电势为

$$U_O=\int_0^\infty \boldsymbol{E}\cdot d\boldsymbol{l}=\int_0^{R_3}\boldsymbol{E}_1\cdot d\boldsymbol{l}+\int_{R_3}^{R_2}\boldsymbol{E}_2\cdot d\boldsymbol{l}+\int_{R_2}^{R_1}\boldsymbol{E}_3\cdot d\boldsymbol{l}+\int_{R_1}^{\infty}\boldsymbol{E}_4\cdot d\boldsymbol{l}.$$

把式(1)、式(2)、式(3)和式(4)代入上式，可得

$$U_O=0+\int_{R_3}^{R_2}\frac{1}{4\pi\varepsilon_0}\frac{q}{r^2}dr+0+\int_{R_1}^{\infty}\frac{1}{4\pi\varepsilon_0}\frac{2q}{r^2}\cdot dr=\frac{q}{4\pi\varepsilon_0}\left(\frac{1}{R_3}-\frac{1}{R_2}+\frac{2}{R_1}\right).$$

将已知数据代入上式，有

$$U_O=9\times10^9\times10^{-8}\times\left(\frac{1}{0.05}-\frac{1}{0.07}+\frac{2}{0.1}\right)\text{V}=2.31\times10^3\ \text{V}.$$

若用细导线把球壳和球连接起来，求电荷分布情况及球心的电势.

将球壳和球用细导线连接起来，两者将变成等势体，由静电平衡条件可知，导体内部没有电荷，电荷只分布在球壳外表面. 若电荷量为 $+2q$，导体内($r<R_1$)各点场强为零，即

$$E_5=0\quad(r<R_1).\qquad(5)$$

同样，由高斯定理可求得球壳外场强为

$$E_6=\frac{1}{4\pi\varepsilon_0}\frac{2q}{r^2}\quad(r>R_1).\qquad(6)$$

因此球心 O 的电势为

$$U_O=\int_0^\infty \boldsymbol{E}\cdot d\boldsymbol{l}=\int_0^{R_1}\boldsymbol{E}_5\cdot d\boldsymbol{l}+\int_{R_1}^{\infty}\boldsymbol{E}_6\cdot d\boldsymbol{l}=\frac{2q}{4\pi\varepsilon_0 R_1}.$$

例 10-2

如图 10-4 所示，在一个接地的导体球附近有一个电量为 q 的点电荷. 已知球的半径为 R，点电荷到球心的距离为 l，求导体球表面感应电荷的总电量 q'.

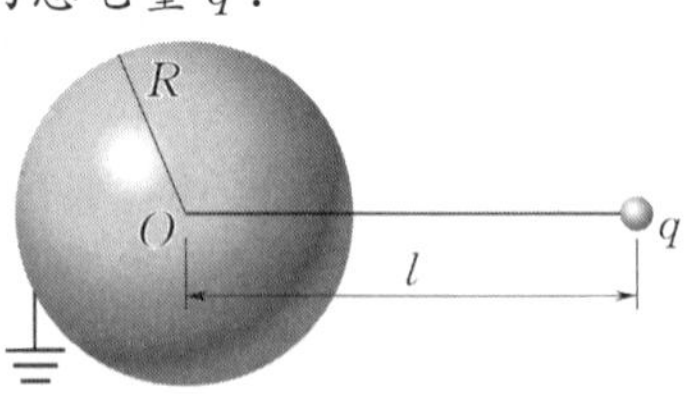

图 10-4 接地的导体球

解 因为接地导体球的电势为零，所以球心 O 处的电势为零. 而球心 O 处的电势由点电荷 q 和球面上的感应电荷 q' 共同决定.

点电荷 q 在球心处产生的电场的电势为

$$U_{O1}=\frac{q}{4\pi\varepsilon_0 l}.$$

设导体球表面感应电荷的电荷面密度为 σ，在导体球表面取一微小面积元 dS，则面积元带电量为 $dq=\sigma dS$. 面积元可视作点电荷，在球心处产生的电场的电势为 $dU=\frac{\sigma dS}{4\pi\varepsilon_0 R}$，则感应电荷在球心处产生的电场的电势为

$$U_{O2}=\oint_S\frac{\sigma dS}{4\pi\varepsilon_0 R}=\frac{1}{4\pi\varepsilon_0 R}\oint_S\sigma dS=\frac{q'}{4\pi\varepsilon_0 R}.$$

又因为球心 O 处的电势为零，所以有

$$U=U_{O1}+U_{O2}=\frac{q}{4\pi\varepsilon_0 l}+\frac{q'}{4\pi\varepsilon_0 R}=0.$$

因此可得

$$q' = -\frac{R}{l}q.$$

由此说明，导体球接地并不能保证导体球外表面的电荷密度在任何情况下都为零. 当导体球外有带电体时，接地的导体球外表面仍可能有电荷.

10.2　静电场中的电介质

电介质就是通常所说的绝缘体，实际上并没有完全绝缘的材料. 这里只讨论理想的电介质. 理想的电介质内部没有可以自由移动的电荷，因而完全不能导电. 但把电介质放到电场中，它也要受电场的影响，发生电极化现象. 处于电极化状态的电介质也会影响原有电场的分布. 本节讨论所涉及的电介质只限于各向同性的材料.

10.2.1　电介质的极化

在电介质内没有可以自由移动的电荷，但是在外电场作用下，电介质内的正、负电荷仍可做微观的相对移动，使电介质内部或表面出现带电现象. 这种电介质在外电场作用下出现的带电现象称为**电介质的极化**. 电介质极化所出现的电荷称为**极化电荷**或**束缚电荷**.

电介质可以分成两类. 在电介质中，每个分子内的正、负电荷的"重心"在没有外电场时彼此重合，因此与分子等效的电偶极子的电偶极矩(简称分子的电偶极矩)为零. 这样的分子叫作无极分子. 例如，He，H_2，N_2，CH_4 等气体分子都属于无极分子. 相应地，这一类电介质叫作无极分子电介质. 另一类电介质中，每个分子的正、负电荷"重心"在没有外电场时不重合，因此电偶极矩不为零. 这样的分子叫作有极分子，这一类电介质叫作有极分子电介质. 例如，SO_2，H_2S，NH_3 和有机酸等分子都属于有极分子.

电偶极子的电偶极矩用 $\boldsymbol{p}$ 表示，$\boldsymbol{p} = q\boldsymbol{l}$，其中 $\boldsymbol{l}$ 是电偶极子中从 $-q$ 到 $+q$ 的一个矢量，其大小等于两者的距离 l.

在外电场的作用下，无论是无极分子还是有极分子都会发生极化. 极化分为位移极化和取向极化两种.

1. 无极分子的位移极化

无极分子在外电场 $\boldsymbol{E}$ 的作用下，正、负电荷的"重心"向相反方向产生一个微小的位移(见图 10－5)，两个"重心"不再重合，于是分子的电偶极矩不再为零，其方向与场强 $\boldsymbol{E}$ 一致，因此在电介质的表面将出现正、负极化电荷. 分子在外电场作用下的这种极化叫作**位移极化**.

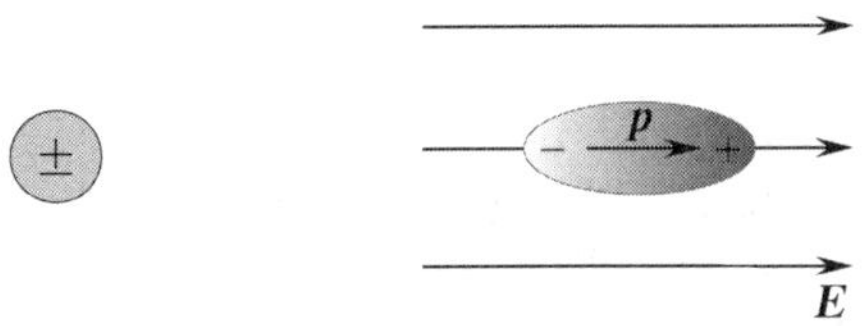

(a) 无外电场时　　(b) 有外电场时

图 10－5　无极分子的位移极化

2. 有极分子的取向极化

在没有外电场时,有极分子电介质内部各个有极分子的电偶极矩的方向是杂乱无章的,对外不显电性. 当外电场 $\boldsymbol{E}$ 存在时,每个电偶极子都将因受到力偶矩而转向,这个力偶矩试图使每个电偶极子的电偶极矩转到与场强一致的方向(见图 10－6). 然而,由于分子热运动,各分子的电偶极矩并不能十分整齐地按照外电场的方向排列. 显然,外电场越强,各个电偶极矩转向外电场方向的程度越大. 这种由于电偶极矩转向外电场方向而造成的极化叫作**取向极化**.

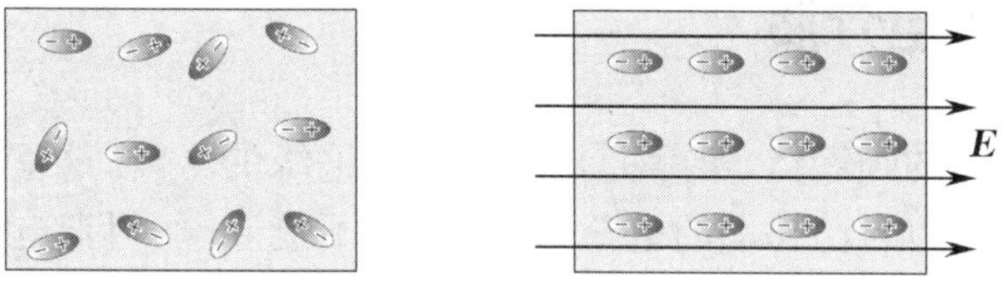

(a) 无外电场时　　(b) 有外电场时

图 10－6　有极分子的取向极化

10. 2. 2　极化强度

为了定量地描述电介质极化的程度,有必要引入极化强度这样一个物理量. 在电介质中任取一无限小体积 ΔV(宏观上是一个点),在没有外电场时,电介质未被极化,此小体积中所有分子的电偶极矩 $\boldsymbol{p}$ 的矢量和为零,即 $\sum_{i=1}^{n} \boldsymbol{p}_i = \boldsymbol{0}$. 当外电场存在时,电介质将被极化,此小体积中所有分子的电偶极矩 $\boldsymbol{p}$ 的矢量和将不为零,即 $\sum_{i=1}^{n} \boldsymbol{p}_i \neq \boldsymbol{0}$. 外电场越强,所有分子电偶极矩的矢量和越大. 因此,我们用单位体积内所有分子电偶极矩的矢量和来表示电介质的极化程度,即

$$\boldsymbol{P} = \frac{\sum_{i=1}^{n} \boldsymbol{p}_i}{\Delta V}, \tag{10-2}$$

其中 $\boldsymbol{P}$ 称为**极化强度**. 在国际单位制中,极化强度的单位是库[仑]每平方米($C \cdot m^{-2}$).

极化既然是由电场引起的,极化强度就应与场强有关. 实验表明,在各向同性介质中,每一点的极化强度 $\boldsymbol{P}$ 与该点场强 $\boldsymbol{E}$ 成正比,且方向相同,即

$$\boldsymbol{P} = \alpha \boldsymbol{E},$$

其中 α 是一个正数,取决于电介质的性质. 在国际单位制中,常把 α 写成

$$\alpha = \varepsilon_0 \chi.$$

于是,$\boldsymbol{P}$ 与 $\boldsymbol{E}$ 的关系为

$$\boldsymbol{P} = \varepsilon_0 \chi \boldsymbol{E}. \tag{10-3}$$

因为 ε_0 是一个常量,所以 χ 与 α 一样,取决于电介质的性质,叫作电介质的**极化率**.

10. 2. 3　极化电荷与极化强度的关系

由于极化而出现的宏观电荷叫作**极化电荷**. 为明确起见,一般把不是由极化引起的宏观电荷叫作**自由电荷**.

1. 极化电荷体密度与极化强度的关系

在电介质中任取一小体积 ΔV，用电偶极子代替电介质内部的中性分子. 显然，只有被边界 S 截为两段的电偶极子才对极化电荷 q' 有贡献，如图 10-7(a) 所示. 在 S 上取一个面积元 $\mathrm{d}S$，$\mathrm{d}S$ 很小，可以认为面积元上各点的 $\boldsymbol{P}$ 相同，且与 $\mathrm{d}S$ 的法向单位矢量 $\boldsymbol{e}_\mathrm{n}$ 之间的夹角为 θ（见图 10-7(b)）. 在 $\mathrm{d}S$ 附近取一以 $\mathrm{d}S$ 为底面积的体积元 $\mathrm{d}V$，使 $\mathrm{d}V$ 的高为 $l\,|\cos\theta|$（l 为电偶极子正、负电荷之间的距离），则 $\mathrm{d}V=l\,|\cos\theta|\,\mathrm{d}S$. 设电介质单位体积内的分子数为 n，则体积元 $\mathrm{d}V$ 内对极化电荷有贡献的电偶极子数为 $nl\,|\cos\theta|\,\mathrm{d}S$，所贡献的电量为

$$\mathrm{d}q'=-qnl\cos\theta\mathrm{d}S. \tag{10-4}$$

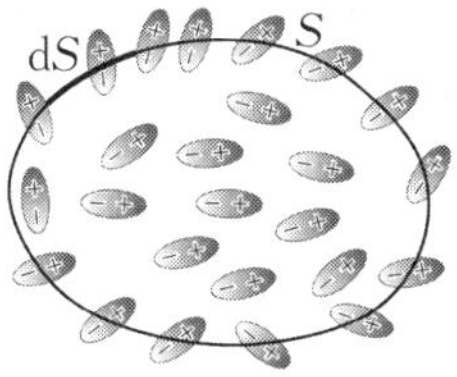

(a) 被S所截的电偶极子

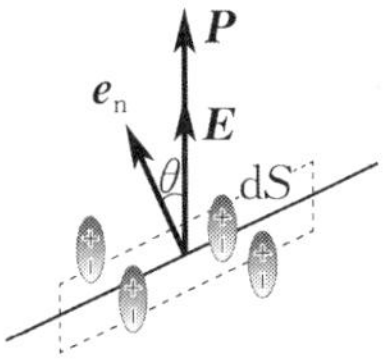

(b) dS附近的放大图

图 10-7 电介质

当 θ 为锐角时，被截的电偶极子把负电荷留在 ΔV 内，$\mathrm{d}q'$ 应小于零，此时 $\cos\theta>0$，而 $q,n,\mathrm{d}S$ 都为正数，故式(10-4) 中加一负号以保证 $\mathrm{d}q'<0$；当 θ 为钝角时，电偶极子把正电荷留在 ΔV 内，$\mathrm{d}q'$ 应大于零，这时 $\cos\theta<0$，故式(10-4) 中的负号正好保证 $\mathrm{d}q'>0$.

式(10-4) 中的 ql 是每个分子的电偶极矩的大小，$qn\boldsymbol{l}$ 就是单位体积内分子的电偶极矩的矢量和，即极化强度 $\boldsymbol{P}$. 故

$$\mathrm{d}q'=-P\cos\theta\mathrm{d}S=-\boldsymbol{P}\cdot\mathrm{d}\boldsymbol{S}. \tag{10-5}$$

对 ΔV 的整个边界曲面进行积分，就得到 ΔV 内的极化电荷总量为

$$q'=-\oint_S\boldsymbol{P}\cdot\mathrm{d}\boldsymbol{S}. \tag{10-6}$$

将上式等号两边同除以 ΔV，便得到该点的极化电荷体密度与极化强度的关系式为

$$\rho'=-\frac{\oint_S\boldsymbol{P}\cdot\mathrm{d}\boldsymbol{S}}{\Delta V}. \tag{10-7}$$

这里需要注意，当电介质均匀极化时，电介质内部各点的极化电荷体密度为零.

2. 极化电荷面密度与极化强度的关系

在介质 1 和介质 2 的交界面 S 上任取一个面积元 ΔS，作一如图 10-8(a) 所示的“薄层”，其两底分别为 ΔS_1 和 ΔS_2，其高 h 远小于底面周长. “薄层”电偶极子的放大示意如图 10-8(b) 所示，同样，只有被薄层表面截断的电偶极子才对极化电荷 q' 有贡献. 因 h 远小于底面周长，故侧面贡献可以忽略. 于是，近似有

$$\Delta q'=\Delta q_1'+\Delta q_2',$$

其中 $\Delta q_1'$ 和 $\Delta q_2'$ 分别为上、下底面的贡献.

由式(10-5) 可知

$$\Delta q_1'=-\boldsymbol{P}_1\cdot\Delta\boldsymbol{S}_1,\quad \Delta q_2'=-\boldsymbol{P}_2\cdot\Delta\boldsymbol{S}_2,$$

其中 $\boldsymbol{P}_1$ 和 $\boldsymbol{P}_2$ 分别为 ΔS_1 和 ΔS_2 上的极化强度. 以 ΔS 表示 $\Delta\boldsymbol{S}_1$ 和 $\Delta\boldsymbol{S}_2$ 的面积，$\boldsymbol{e}_{\mathrm{n}1}$ 和 $\boldsymbol{e}_{\mathrm{n}2}$ 分别表

示 $\Delta \boldsymbol{S}_1$ 和 $\Delta \boldsymbol{S}_2$ 的法向单位矢量，$\boldsymbol{e}_{n1}$ 与面积元 ΔS 的法向单位矢量 $\boldsymbol{e}_n$ 同向. 因为所取的是一“薄层”，有 $\boldsymbol{e}_{n1} = -\boldsymbol{e}_{n2} = \boldsymbol{e}_n$，所以

$$\begin{aligned}\Delta q' &= \Delta q'_1 + \Delta q'_2 = -\boldsymbol{P}_1 \cdot \boldsymbol{e}_{n1} \Delta S - \boldsymbol{P}_2 \cdot \boldsymbol{e}_{n2} \Delta S \\ &= -\boldsymbol{P}_1 \cdot \boldsymbol{e}_{n1} \Delta S + \boldsymbol{P}_2 \cdot \boldsymbol{e}_{n1} \Delta S = (\boldsymbol{P}_2 - \boldsymbol{P}_1) \cdot \boldsymbol{e}_n \Delta S.\end{aligned} \tag{10-8}$$

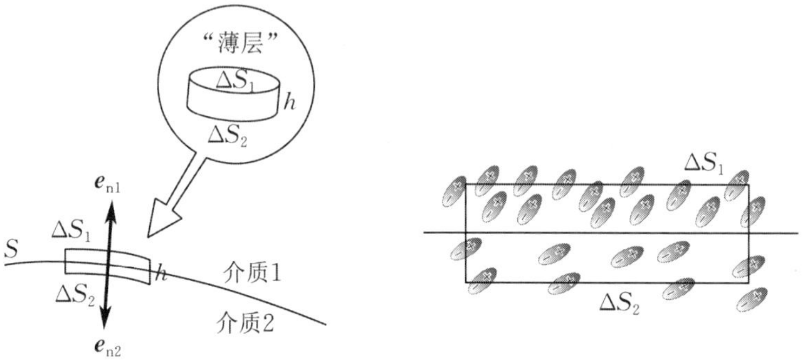

(a) 截面S上的“薄层”　　(b)“薄层”电偶极子放大示意图

图 10-8　介质 1 和介质 2 的交界面

当场点与薄层的距离远大于薄层厚度 h 时，可以认为极化电荷 $\Delta q'$ 集中在面积元 ΔS 上，其电荷面密度为

$$\sigma' = \frac{\Delta q'}{\Delta S} = (\boldsymbol{P}_2 - \boldsymbol{P}_1) \cdot \boldsymbol{e}_n. \tag{10-9}$$

当介质 2 是电介质，而介质 1 是真空或金属导体时，$\boldsymbol{P}_1 = \boldsymbol{0}$，故

$$\sigma' = \boldsymbol{P}_2 \cdot \boldsymbol{e}_n. \tag{10-10}$$

注意 $\boldsymbol{e}_n$ 的方向是从电介质指向真空或金属导体.

10.3　电位移　有电介质时的高斯定理

我们在第 9 章讨论了真空中静电场的高斯定理. 当静电场中存在电介质时，电介质极化产生的极化电荷也要激发电场，影响原有电场，反过来又使极化情况发生变化. 如此相互影响，最后达到平衡. 达到平衡时，空间每点的场强 $\boldsymbol{E}$ 包括自由电荷产生的电场 $\boldsymbol{E}_0$ 和极化电荷产生的附加电场 $\boldsymbol{E}'$.

静电场中有电介质时，只要把自由电荷和极化电荷同时考虑在内，高斯定理仍然成立，即有

$$\oint_S \boldsymbol{E} \cdot \mathrm{d}\boldsymbol{S} = \frac{1}{\varepsilon_0}(q_0 + q'), \tag{10-11}$$

其中 q_0 和 q' 分别为闭合曲面 S 内的自由电荷和极化电荷. 把式(10-6)代入式(10-11)，得

$$\oint_S \boldsymbol{E} \cdot \mathrm{d}\boldsymbol{S} = \frac{1}{\varepsilon_0}\left(q_0 - \oint_S \boldsymbol{P} \cdot \mathrm{d}\boldsymbol{S}\right),$$

整理可得

$$\oint_S (\varepsilon_0 \boldsymbol{E} + \boldsymbol{P}) \cdot \mathrm{d}\boldsymbol{S} = q_0. \tag{10-12}$$

这里我们定义**电位移矢量**

$$\boldsymbol{D} = \varepsilon_0 \boldsymbol{E} + \boldsymbol{P}, \tag{10-13}$$

将之代入式(10-12)，得

$$\oint_S \boldsymbol{D} \cdot \mathrm{d}\boldsymbol{S} = q_0. \tag{10-14}$$

式(10-14)就是有电介质存在时的高斯定理:**在静电场中通过任意闭合曲面的电位移通量等于该闭合曲面内自由电荷的代数和.**

式(10-13)给出了 $\boldsymbol{D}$,$\boldsymbol{E}$,$\boldsymbol{P}$ 三个矢量的关系,对于任何电介质都适用. 因为 $\boldsymbol{P}$ 和 $\boldsymbol{E}$ 之间有如下关系:

$$\boldsymbol{P} = \varepsilon_0 \chi \boldsymbol{E},$$

所以有

$$\boldsymbol{D} = \varepsilon_0 \boldsymbol{E} + \boldsymbol{P} = \varepsilon_0 \boldsymbol{E} + \varepsilon_0 \chi \boldsymbol{E} = \varepsilon_0 (1+\chi) \boldsymbol{E}. \tag{10-15}$$

因为我们本节所讨论的电介质都是各向同性材料,所以由式(10-15)可知,电介质中任一点的 $\boldsymbol{D}$ 与该点的 $\boldsymbol{E}$ 方向相同,大小成正比,比例系数 $\varepsilon_0(1+\chi)$ 只与该点的电介质性质有关,叫作电介质的电容率,记作 ε,即

$$\varepsilon = \varepsilon_0 (1+\chi). \tag{10-16}$$

电介质的电容率 ε 与真空电容率 ε_0 之比叫作该电介质的相对电容率,记作 ε_r,即

$$\varepsilon_r = \frac{\varepsilon}{\varepsilon_0} = 1 + \chi. \tag{10-17}$$

相对电容率 ε_r 是无量纲的纯数. 因为真空的 $\chi = 0$,而任何电介质的 $\chi > 0$,所以对于任何电介质,都有 $\varepsilon > \varepsilon_0$ 或 $\varepsilon_r > 1$.

把式(10-16)、式(10-17)代入式(10-15),得

$$\boldsymbol{D} = \varepsilon \boldsymbol{E} = \varepsilon_0 \varepsilon_r \boldsymbol{E}. \tag{10-18}$$

这是描述电介质中同一点处 $\boldsymbol{D}$ 与 $\boldsymbol{E}$ 之间关系的重要关系式.

例 10-3

两平行带电平板之间充以 1 和 2 两层电介质,如图 10-9 所示. 这两层电介质的相对电容率分别为 ε_1 与 ε_2,厚度分别是 d_1 与 d_2,且 $d_1 + d_2 = d$,d 为两平行带电平板之间的距离. 设平板上的电荷面密度为 $\pm\sigma$,求每层电介质中的场强.

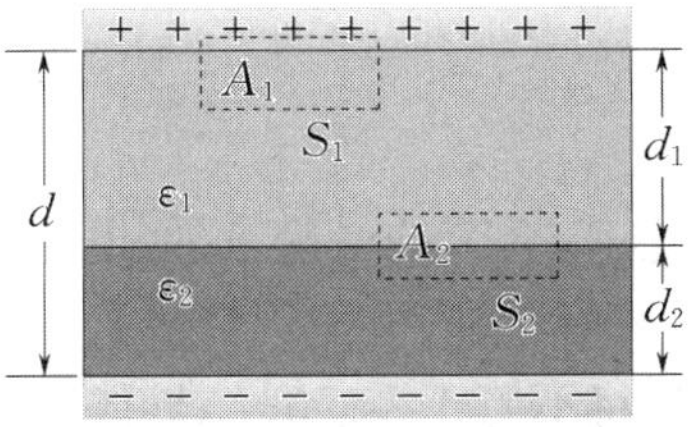

图 10-9　两平行带电平板

解　由本节的讨论可知,电位移通量只与自由电荷的分布有关,而与极化电荷无关. 在本题中自由电荷的分布为已知条件,而且具有面对称的性质,因此可以用有电介质时的高斯定理分别求出两层电介质中的电位移矢量,再由 $\boldsymbol{D}$ 与 $\boldsymbol{E}$ 的关系求出 $\boldsymbol{E}$.

假设在电介质 1 与正极板间取一方柱形闭合面作为高斯面,使上底面在金属极板内,下底面在电介质 1 内,见图中的 S_1. 考虑到在导体极板内场强 $\boldsymbol{E} = \boldsymbol{0}$,故 $\boldsymbol{D} = \boldsymbol{0}$;在闭合面 S_1 的侧面上,电位移矢量 $\boldsymbol{D}$ 的方向垂直于侧面的法线方向,故没有电位移线进出此侧面;底面 A_1 上通过的电位移通量为 $D_1 A_1$,由高斯定理得

$$D_1 A_1 = \sigma A_1,$$

即

$$D_1 = \sigma.$$

所以

$$E_1 = \frac{D_1}{\varepsilon_1 \varepsilon_0} = \frac{\sigma}{\varepsilon_0 \varepsilon_1}.$$

同理，在两层电介质的界面处取高斯面 S_2，得

$$D_1A_2 - D_2A_2 = 0,$$

即

$$D_1 = D_2,$$

$$E_2 = \frac{D_2}{\varepsilon_2\varepsilon_0} = \frac{\sigma}{\varepsilon_0\varepsilon_2}.$$

$\boldsymbol{E}_1$，$\boldsymbol{E}_2$ 的方向都是垂直向下的.

例 10－4

把一块相对电容率 $\varepsilon_r = 3$ 的电介质放在板间距 $d = 1$ mm 的两平行带电平板之间. 放入之前，两板的电势差是 1 000 V. 若放入电介质后，两平板上的电荷面密度保持不变，试求两平板间电介质内的场强 $\boldsymbol{E}$，极化强度 $\boldsymbol{P}$，平板和电介质的电荷面密度，电介质内的电位移矢量 $\boldsymbol{D}$.

解 在真空中，两无限大均匀带电且电荷面密度分别 $+\sigma$ 和 $-\sigma$ 的平行平板之间的场强大小为 $E_0 = \dfrac{\sigma}{\varepsilon_0}$. 另外，实验测得，若维持两平行平板上的电荷面密度不变，在两板之间充满各向同性的电介质，则两平板间的场强大小 E 是两平板间为真空时场强大小 E_0 的 $\dfrac{1}{\varepsilon_r}$，即

$$E = \frac{E_0}{\varepsilon_r}.$$

放入电介质前，两平板间的场强大小为

$$E_0 = \frac{U}{d} = 10^3 \text{ kV} \cdot \text{m}^{-1}.$$

放入电介质后，电介质中的场强大小为

$$E = \frac{E_0}{\varepsilon_r} \approx 3.33 \times 10^2 \text{ kV} \cdot \text{m}^{-1}.$$

由式(10－3) 和式(10－17) 知，电介质的极化强度大小为

$$P = (\varepsilon_r - 1)\varepsilon_0 E \approx 5.89 \times 10^{-6} \text{ C} \cdot \text{m}^{-2}.$$

无论两平板间是否放入电介质，两平板间自由电荷面密度的值均为

$$\sigma_0 = \varepsilon_0 E_0 \approx 8.85 \times 10^{-6} \text{ C} \cdot \text{m}^{-2}.$$

由式(10－10) 知，电介质中极化电荷面密度为

$$\sigma' = P = 5.89 \times 10^{-6} \text{ C} \cdot \text{m}^{-2}.$$

由式(10－18) 知，电介质中的电位移矢量大小为

$$D = \varepsilon_0\varepsilon_r E = \varepsilon_0 E_0 = \sigma_0 = 8.85 \times 10^{-6} \text{ C} \cdot \text{m}^{-2}.$$

10.4 电容器及其电容

电容是电学中一个重要的物理量，它反映了导体的容电能力. 本节首先讨论孤立导体的电容，然后讨论常见电容器及其电容，最后讨论电容器的连接.

10.4.1 孤立导体的电容

设有一孤立导体，当它所带电荷量为 q 时，电势为 U. 根据 10.3 节的讨论，这些电荷应以不同的电荷面密度分布在导体表面各处. 如果导体所带电荷增加一倍，这些电荷仍将按第一次的分布方式分布在导体表面各处，因为如果不是这样，导体内的场强将不等于零. 这样，导体表面各处的电荷面密度将增加一倍，因而导体所产生的场强也增加一倍. 这时，如果把单位正电荷从导体上移至无限远处，电场力所做的功，即导体的电势也增加一倍，变为 $2U$. 由此类推，可得到如下结论：对于任何一个不受外界影响的孤立导体来说，导体所带的电荷 q 和它对应的电势 U 的比值为一常量. 这个常量称为**孤立导体的电容** C，有

$$C=\frac{q}{U}. \tag{10-19}$$

例如，一半径为 R 的孤立导体球所带电荷量为 q，则其电势为 $U=\frac{q}{4\pi\varepsilon_0 R}$，因此根据式(10-19)，可知该导体球的电容为

$$C=\frac{q}{U}=4\pi\varepsilon_0 R. \tag{10-20}$$

可见，导体的电容与导体的形状、大小有关.

在国际单位制中，电容的单位为法[拉](F)，它的定义是：导体所带的电荷量为 1 C，若它的电势为 1 V，则该导体的电容为 1 F. 在实际应用中，由于法拉这一单位很大，因此常用微法(μF) 或皮法(pF) 等较小的单位表示. 它们与 F 的换算关系为

$$1\ \mu\mathrm{F}=10^{-6}\ \mathrm{F},$$
$$1\ \mathrm{pF}=10^{-12}\ \mathrm{F}.$$

10.4.2　常见电容器及其电容

孤立导体在实际应用中很少遇见. 为了储存电荷和电能，可以把两个导体组成一个系统，使得由一个导体发出的全部电场线几乎都终止在另一个导体上，即两个导体上的电荷等量异号. 我们把这样一对导体所组成的体系称为**电容器**，两个导体称为电容器的极板，将电容器的电容定义为

$$C=\frac{Q}{U_A-U_B}=\frac{Q}{U_{AB}}, \tag{10-21}$$

其中 A,B 表示电容器的两极板，Q 是一个极板所带的电荷量，U_A-U_B 是两极板间的电势差.

下面讨论几种常见电容器的电容.

1. 平行板电容器的电容

设有两平行金属板，每板的面积为 S，两板间的距离为 d，板面的线度远大于两极板内表面之间的距离(这时边缘效应可略去不计). 这两块平行金属板组成一平行板电容器，令两板分别带等量异号电荷 $+q$ 和 $-q$(见图 10-10)，则两极板间为均匀电场，其场强大小为

$$E=\frac{\sigma}{\varepsilon_0},$$

其中 $\sigma=\frac{q}{S}$ 为极板上的电荷面密度.

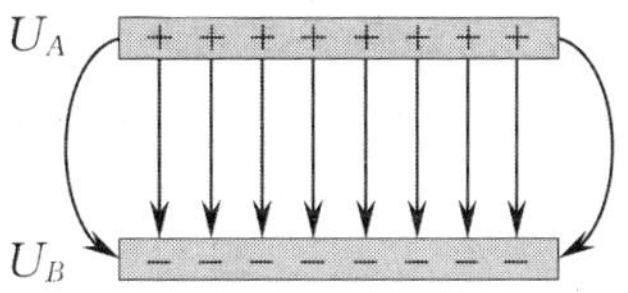

图 10-10　平行板电容器

两极板的电势差为

$$U_{AB}=\int_A^B \boldsymbol{E}\cdot \mathrm{d}\boldsymbol{l}=Ed=\frac{qd}{\varepsilon_0 S}.$$

根据式(10-21)，平行板电容器的电容为

$$C=\frac{q}{U_{AB}}=\frac{\varepsilon_0 S}{d}. \tag{10-22}$$

2. 圆柱形电容器的电容

圆柱形电容器由两个同轴的圆柱面极板组成. 设两圆柱面的半径分别为 R_A 和 R_B，长度为 l，且 $l\gg(R_A-R_B)$(这时圆柱面两端的边缘效应可略去不计). 若内、外圆柱面分别带有电荷 $+q$ 和 $-q$，则两圆柱面之间的场强沿半径方向，且具有轴对称性，场强的大小和单独由内圆柱面所产生

的场强一样. 利用高斯定理,可以求得两圆柱面间的场强大小为

$$E=\frac{\lambda}{2\pi\varepsilon_0 r},$$

其中 λ 是内圆柱面单位长度所带的电量. 两圆柱面间的电压为

$$U_{AB}=\int_A^B \boldsymbol{E}\cdot d\boldsymbol{l}=\int_{R_A}^{R_B}\frac{\lambda}{2\pi\varepsilon_0 r}dr=\frac{\lambda}{2\pi\varepsilon_0}\ln\frac{R_B}{R_A}.$$

因为内圆柱面上的总电量为 $q=\lambda l$,所以圆柱形电容器的电容为

$$C=\frac{q}{U_{AB}}=\frac{2\pi\varepsilon_0 l}{\ln\frac{R_B}{R_A}}. \tag{10-23}$$

3. 球形电容器的电容

球形电容器是由两个同心金属导体球壳组成的. 设两同心金属导体球壳的半径分别为 R_A 和 $R_B(R_B>R_A)$,内球壳带电量为 $+q$,外球壳带电量为 $-q$. 内、外球壳之间的电势差为 U. 由高斯定理,可以求得两球壳之间任一点 P 的场强大小为

$$E=\frac{q}{4\pi\varepsilon_0 r^2}\quad (R_A<r<R_B).$$

所以,两球壳之间的电势差为

$$U=\int_l \boldsymbol{E}\cdot d\boldsymbol{l}=\frac{q}{4\pi\varepsilon_0}\int_{R_A}^{R_B}\frac{dr}{r^2}=\frac{q}{4\pi\varepsilon_0}\left(\frac{R_B-R_A}{R_A R_B}\right),$$

故球形电容器的电容为

$$C=\frac{q}{U}=\frac{4\pi\varepsilon_0 R_A R_B}{R_B-R_A}. \tag{10-24}$$

式(10-22)、式(10-23) 和式(10-24) 表明,电容器的电容只与电容器的结构、形状有关,与电容器是否带电无关.

例 10-5

在平行板电容器中充满电容率为 ε 的均匀电介质. 已知两金属极板内壁自由电荷的电荷面密度分别为 $+\sigma$ 及 $-\sigma$,面积均为 S,两极板间的距离为 d,求此时平行板电容器的电容.

解 首先应该明确,在充有电介质时,电容的定义仍是自由电荷的电量与两极板间的电势差之比.

由对称性可知,电介质中的 $\boldsymbol{E}$ 及 $\boldsymbol{D}$ 都与极板垂直. 在一极板附近作一底面平行于极板的圆柱形高斯面,其一底面 S_1 在极板内,另一底面 S_2 在电介质中. 由有电介质存在的高斯定理得

$$DS_2=\sigma S_2,$$

故

$$D=\sigma.$$

由式(10-18) 可知电介质中的场强大小为

$$E=\frac{D}{\varepsilon}=\frac{\sigma}{\varepsilon}.$$

而电容器内电场为均匀电场,故两极板间的电势差为

$$U=Ed=\frac{\sigma}{\varepsilon}d.$$

一个极板上的自由电荷电量为 $q=\sigma S$. 故充有电介质的平行板电容器的电容为

$$C=\frac{q}{U}=\frac{\varepsilon S}{d}.$$

而无电介质时,平行板电容器的电容为

$$C_0=\frac{\varepsilon_0 S}{d}.$$

于是有

$$C=\frac{\varepsilon}{\varepsilon_0}C_0=\varepsilon_r C_0.$$

可见，充入电介质后，平行板电容器的电容增加至原来的 ε_r 倍. 因此，电容器的电容还与两极板间充入的电介质有关.

10.4.3　电容器的连接

在电容器的实际应用中，常常需要把若干个电容器以某种方式适当地连接起来加以使用. 几个电容器连接后，它们所带的总电量和两端的电势差之比 $\frac{q}{U}$，称为它们的**等效电容**. 电容器连接的基本方式有两种：并联和串联.

电容器并联时(见图 10－11)，总电量 q 等于每个电容器的电量之和，即

$$q=q_1+q_2+\cdots+q_n,$$

故并联等效电容为

$$C=\frac{q}{U}=\frac{q_1}{U}+\frac{q_2}{U}+\cdots+\frac{q_n}{U}=C_1+C_2+\cdots+C_n. \tag{10-25}$$

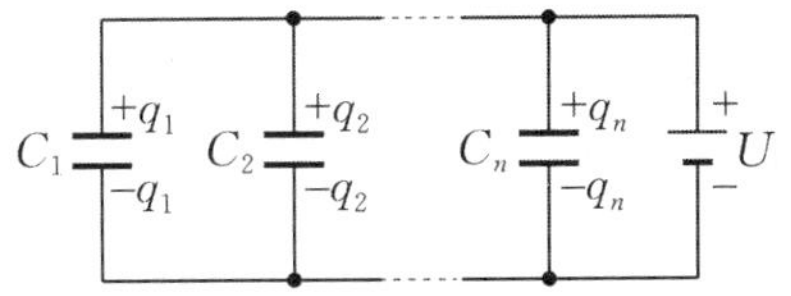

图 10－11　电容器的并联

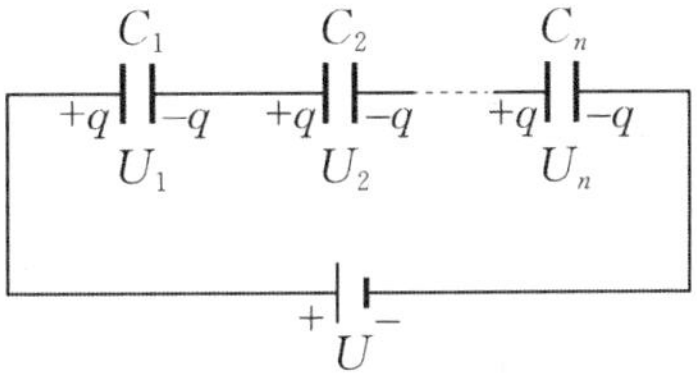

图 10－12　电容器的串联

这说明，**当几个电容器并联时，其等效电容等于每个电容器的电容之和**. 并联时，每个电容器两极板间的电势差和单独使用时一样，其耐压能力不变，但总的电容增加了. 耐压能力是指电容器承受外加电压不被击穿的能力.

电容器串联时(见图 10－12)，假设第一个电容器的左极板由电源正极获得 $+q$ 的电量，其右极板上因感应而带 $-q$ 的电量. 于是第二个电容器左极板带 $+q$ 的电量，右极板带 $-q$ 的电量，依此类推. 串联时每个电容器都带相同的电量 q，而总电压为各个电容器上的电压之和，故串联等效电容为

$$C=\frac{q}{U}=\frac{q}{U_1+U_2+\cdots+U_n}=\frac{1}{\frac{U_1}{q}+\frac{U_2}{q}+\cdots+\frac{U_n}{q}}=\frac{1}{\frac{1}{C_1}+\frac{1}{C_2}+\cdots+\frac{1}{C_n}},$$

即

$$\frac{1}{C}=\frac{1}{C_1}+\frac{1}{C_2}+\cdots+\frac{1}{C_n}. \tag{10-26}$$

这说明，**当几个电容器串联时，其等效电容的倒数等于每个电容器电容的倒数之和**. 串联时，总电压分配在各电容器上，因而电容器的耐压能力增加了，但总的电容减小了.

10.5　电场的能量

将带电的电容器极板用金属导线连接起来，在导线中将有瞬时放电电流产生，同时放出热量，甚至可以看到火花或听到噼噼啪啪的放电声音. 这表明带电电容器具有一定的能量. 那么，这

能量是怎么来的呢?电容器充电过程等同于不断把正电荷从负极板移到正极板的过程.在这一迁移电荷的过程中,外界必须不断做功,外界能源所做的功就转变成了电容器储存的电能.

下面来研究带电电容器的静电能.可以设想电容器的充电过程是无数次把电量 $\mathrm{d}q$ 从电容器的一极板移到另一极板的过程.设在某时刻 t,两极板上的电荷分别为 $+q$ 和 $-q$,则两极板间的电势差为 $U=\frac{q}{C}$.若再把电量 $\mathrm{d}q$ 从负极板移到正极板,则电场力所做的功为

$$\mathrm{d}W=U\mathrm{d}q=\frac{q}{C}\mathrm{d}q.$$

所以在电容器上的电荷由 0 到 Q 的整个过程中,电场力所做的总功为

$$W=\int_0^Q\frac{q}{C}\mathrm{d}q=\frac{Q^2}{2C}.$$

这个功的数值就等于电容器充电至 Q 时的电能 W_e,有

$$W_e=\frac{Q^2}{2C}. \tag{10-27}$$

利用 $C=\frac{Q}{U}$,可把式(10-27)表示成下列两种不同的形式:

$$W_e=\frac{1}{2}QU, \tag{10-28}$$

$$W_e=\frac{1}{2}CU^2. \tag{10-29}$$

不论电容器内有无电介质,以上讨论均成立.

那么,带电电容器的电能存在于哪里呢?从上面的公式来看,能量与电荷有关,好像能量存在于电荷内.但理论和实验表明,能量存在于场中才是符合客观事实的.

下面以平行板电容器为例进行讨论.

平行板电容器极板间的场强大小为

$$E=\frac{E_0}{\varepsilon_r}=\frac{\sigma}{\varepsilon_0\varepsilon_r}=\frac{Q}{\varepsilon S},$$

其中 $\varepsilon=\varepsilon_0\varepsilon_r$.

注意到 $U=Ed$,$C=\frac{\varepsilon S}{d}$.把它们代入式(10-29),可得

$$W_e=\frac{1}{2}\varepsilon E^2Sd=\frac{1}{2}\varepsilon E^2V, \tag{10-30}$$

其中 V 表示平行板电容器两极板间的体积,即电场所占有空间的体积.由此可见,能量与表征电场性质的场强 E 有关,而且正比于电场所占有空间的体积.这表明,能量存在于整个场中,或者说,场具有能量.

由于能量存在于电场中,又与场强有关,并且一般情况下,场中各点的场强是逐点变化的,因此有必要引入能量密度的概念来描写能量在电场中的分布情况.电场中单位体积所具有的能量称为**电场能量密度**.由于平行板电容器中为均匀电场,能量均匀分布在整个场中,所以其电场能量密度为

$$w_e=\frac{W_e}{V}=\frac{1}{2}\varepsilon E^2=\frac{DE}{2} \tag{10-31}$$

或

$$w_e = \frac{\boldsymbol{D} \cdot \boldsymbol{E}}{2}. \tag{10-32}$$

上述结果虽从均匀电场导出，但可以证明它是普遍适用的. 对于非均匀电场或各向异性电介质中电场的总能量，可以对式(10－32) 积分求得.

各向同性电介质中非均匀电场的能量为

$$W_e = \int_V \frac{1}{2}\varepsilon E^2 \mathrm{d}V,$$

而各向异性电介质中电场的能量应该利用式(10－32) 来求，即

$$W_e = \int_V \frac{\boldsymbol{D} \cdot \boldsymbol{E}}{2} \mathrm{d}V.$$

物质和能量是不可分割的，能量是物质的固有属性之一. 电场具有能量，说明电场是一种物质.

例 10－6

如图 10－13 所示，球形电容器两球壳的内、外半径分别为 R_1 和 R_2，所带电荷为 Q. 若在两球壳间充以电容率为 ε 的电介质，问此电容器储存的能量为多少？

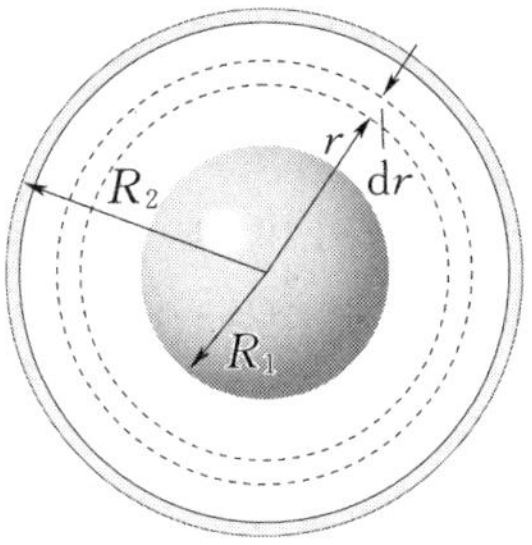

图 10－13　球形电容器

解　若球形电容器极板上的电荷是均匀分布的，则球壳间电场是关于球心对称分布的. 由高斯定理可求得球壳间场强大小为

$$E = \frac{Q}{4\pi\varepsilon r^2} \quad (R_1 < r < R_2),$$

故球壳内的电场能量密度为

$$w_e = \frac{1}{2}\varepsilon E^2 = \frac{Q^2}{32\pi^2 \varepsilon r^4}.$$

取半径为 r、厚度为 $\mathrm{d}r$ 的球壳，其体积元为 $\mathrm{d}V = 4\pi r^2 \mathrm{d}r$. 所以，在此体积元内电场的能量为

$$\mathrm{d}W_e = w_e \mathrm{d}V = \frac{Q^2}{8\pi\varepsilon r^2}\mathrm{d}r.$$

电场的总能量为

$$W_e = \int \mathrm{d}W_e = \frac{Q^2}{8\pi\varepsilon}\int_{R_1}^{R_2} \frac{\mathrm{d}r}{r^2} = \frac{Q^2}{8\pi\varepsilon}\left(\frac{1}{R_1} - \frac{1}{R_2}\right)$$

$$= \frac{1}{2} \frac{Q^2}{4\pi\varepsilon \dfrac{R_1 R_2}{R_2 - R_1}}.$$

此外，已知球形电容器的电容为

$$C = 4\pi\varepsilon \frac{R_1 R_2}{R_2 - R_1},$$

所以，由电容器所储电能的公式

$$W_e = \frac{Q^2}{2C}$$

也能得到相同的结果.

如果 $R_2 \to \infty$，此带电系统即为一半径为 R_1、电荷为 Q 的孤立球形导体. 由上述结果可知，它激发的电场所储的能量为

$$W_e = \frac{Q^2}{8\pi\varepsilon R_1}.$$

阅读材料

习题 10

10－1 将一个带正电的带电体 A 从远处移到一个不带电的导体 B 附近，导体 B 的电势将(　　).

A. 升高　　　　B. 降低

C. 不会发生变化　　　　D. 无法确定

10－2 将一带负电的物体 M 靠近一不带电的导体 N，在 N 的左端感应出正电荷，右端感应出负电荷，若将导体 N 的左端接地，如图 10－14 所示，则(　　).

A. N 上的负电荷入地

B. N 上的正电荷入地

C. N 上的所有电荷入地

D. N 上的所有感应电荷入地

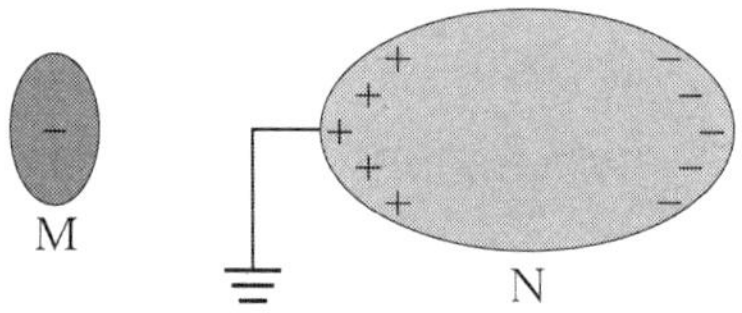

图 10－14

10－3 根据电介质中的高斯定理，在电介质中电位移矢量沿任意一个闭合曲面的积分等于这个曲面所包围自由电荷的代数和，下列推论正确的是(　　).

A. 若电位移矢量沿任意一个闭合曲面的积分等于零，曲面内一定没有自由电荷

B. 若电位移矢量沿任意一个闭合曲面的积分等于零，曲面内电荷的代数和一定等于零

C. 若电位移矢量沿任意一个闭合曲面的积分不等于零，曲面内一定有极化电荷

D. 电介质中的高斯定理表明，电位移矢量仅仅与自由电荷的分布有关

E. 电介质中的电位移矢量与自由电荷和极化电荷的分布有关

10－4 对于各向同性的均匀电介质，下列概念正确的是(　　).

A. 电介质中某点处的场强一定等于没有电介质时该点处场强的$\frac{1}{\varepsilon_r}$

B. 电介质充满整个电场时，电介质中某点处的场强一定等于没有电介质时该点处场强的$\frac{1}{\varepsilon_r}$

C. 电介质中某点处的场强一定等于没有电介质时该点处场强的 ε_r 倍

D. 电介质充满整个电场且自由电荷的分布不发生变化时，电介质中某点处的场强一定等于没有电介质时该点处场强的$\frac{1}{\varepsilon_r}$

10－5 半径为 $R_1 = 1.0$ cm 的导体球，带有电荷 $q = 1.0\times10^{10}$ C，球外有一个内、外半径分别为 $R_2 = 3.0$ cm，$R_3 = 4.0$ cm 的同心导体球壳，球壳上带有电荷 $Q = 11\times10^{10}$ C，如图 10－15 所示，问：

(1) 球和球壳的电势 U_1 和 U_2 是多少？

(2) 用导线把球和球壳连接在一起后，U_1 和 U_2 分别是多少？

(3) 若球壳的外表面接地，U_1 和 U_2 分别是多少？

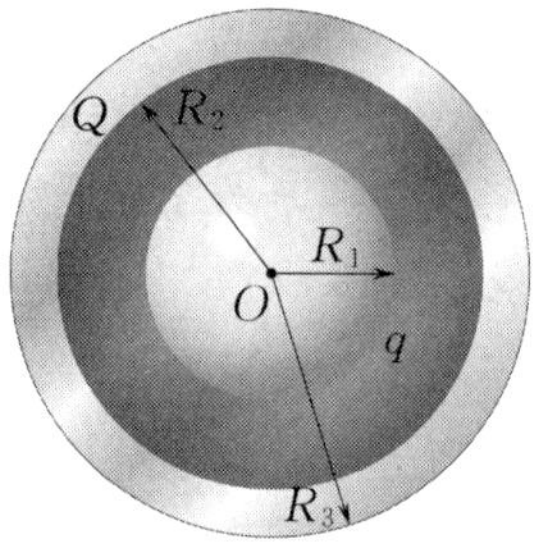

图 10－15

10－6 如图 10－16 所示，有三块互相平行的导体板，外面的两块板用导线连接，原来不带电，中间一块板上所带的总电荷密度为 1.3×10^{-5} C·m^{-2}，求每块板的两个表面的电荷面密度(忽略边缘效应).

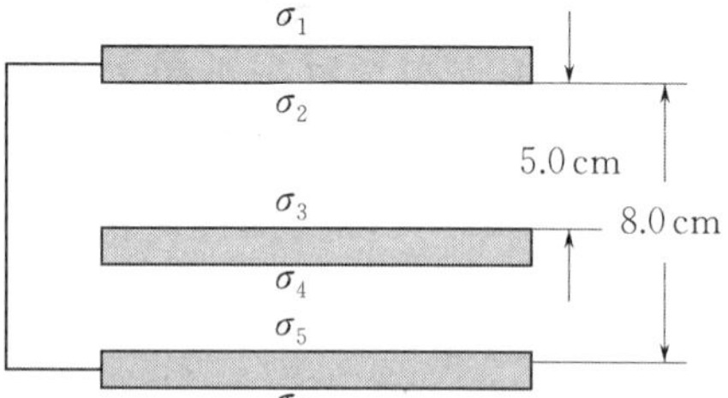

图 10－16

10－7 平行板电容器的面积为 3×10^{-2} m^2，两极板相距 3 mm，若在两极板间平行地插入相对电容率为 2，厚度为 1 mm 的电介质，求电容器的电容.

10－8 (1) 平行板电容器的面积为 5.0×10^{-3} m^2，两极板相距 1 mm，电势差为 100 V，求电场能量.

(2) 在两极板间注入相对电容率为 2 的矿物油，若保持电量不变，电场能量改变多少？

(3) 若电势差保持不变，电场能量改变多少？

10－9 一球形电容器，内、外球壳之间只部分充

以电容率为 ε 的电介质,如图 10 - 17 所示.

(1) 若内球与外球壳内表面上的电荷分别为 $+Q$ 与 $-Q$,求系统的场强、电位移矢量及电势的分布;

(2) 求该电容器的电容.

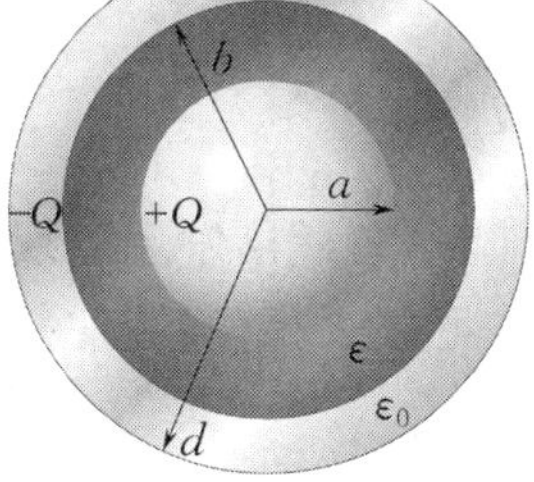

图 10 - 17

10 - 10 一平行板电容器内有两层电介质,其相对电容率分别为 ε_1,ε_2,厚度分别为 $d_1 = 2.0$ mm,$d_2 = 3.0$ mm,极板面积为 5.0×10^{-3} m^2,两极板间的电势差为 $U_0 = 200$ V.

(1) 求每层电介质中的能量密度;

(2) 求每层电介质中的能量;

(3) 用下列方式计算电容器的总能量:① 用两层电介质中的能量之和计算,② 用电容器的能量公式计算.

10 - 11 平行板电容器两极板间的距离为 d,保持极板上的电荷不变,把相对电容率为 ε_r、厚度为 $\delta(\delta < d)$ 的玻璃板插入两极板间,求无玻璃板时和插入玻璃板后两极板间电势差的比.

10 - 12 有一个平行板电容器,充电后极板上的电荷面密度为 $\sigma_0 = 4.5 \times 10^{-5}$ C · m^{-2}. 将两极板与电源断开,然后再把相对电容率为 $\varepsilon_r = 2.0$ 的电介质插入两极板之间,求此时电介质中的 D,E 和 P.

10 - 13 空气的击穿场强(强到足以使电介质失去其介电性能成为导体的场强)为 3×10^3 kV · m^{-1}. 当一个平行板电容器两极板间是空气而电势差为 50 kV 时,每平方米面积的最大电容是多少?

10 - 14 为了测量电介质材料的相对电容率,将一块厚度为 1.5 cm 的平板材料慢慢地插进一两极板距离为 2.0 cm 的平行板电容器中. 在插入过程中,电容器的电荷保持不变. 插入之后,两极板间的电势差减小为原来的 60%,问电介质的相对电容率是多大?

10 - 15 空气的击穿场强为 3 kV · mm^{-1},试问空气中半径分别为 1.0 cm,1.0 mm,0.1 mm 的长直导线上单位长度最多各能带多少电荷?

10 - 16 如图 10 - 18 所示,在 A 点和 B 点之间有 5 个电容器. (1) 求 A,B 两点之间的等效电容;(2) 若 A,B 两点之间的电势差为 12 V,求 U_{AC},U_{CD} 和 U_{DB}.

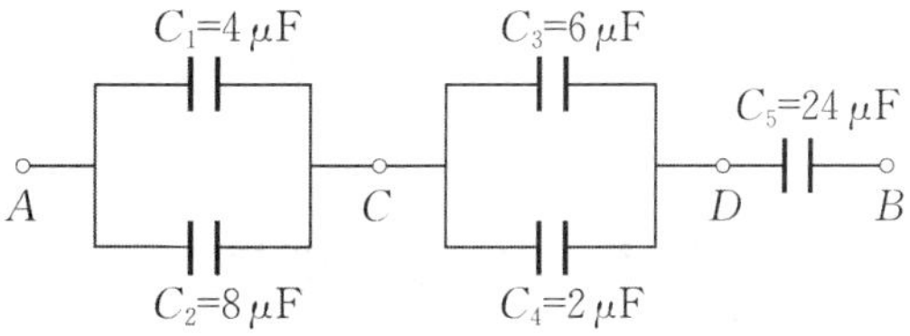

图 10 - 18

10 - 17 如图 10 - 19 所示,真空中有一半径为 R、带电量为 Q 的均匀带电球面,求其所储存的电能(利用高斯定理).

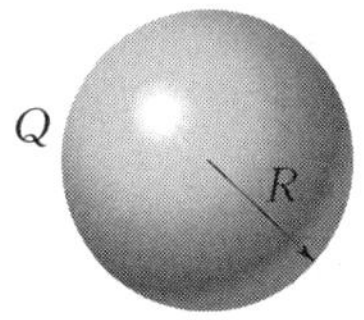

图 10 - 19

第11章

稳 恒 磁 场

微课视频

人们很早就发现了磁现象并将其用于航海等领域.我国是世界上最早发现磁现象的国家之一,十一世纪末,宋代科学家沈括在《梦溪笔谈》中第一次明确地记载了指南针.沈括还是世界上最早发现地磁偏角的人,比欧洲科学家早约400年.

1820年,丹麦科学家奥斯特(Oersted)发现了电流的磁效应,载流长直导线会使与其平行放置的磁针发生转动,转到与其垂直的方向.两根通电流的导线之间就存在磁相互作用,它们之间的作用是通过磁场来传递的.

奥斯特实验表明,电和磁之间存在某种联系.

11.1　磁场　磁感应强度

11.1.1　磁力与磁感应强度

磁场通常会随时间变化,不随时间变化的磁场称为**稳恒磁场**,也称**静磁场**.本章主要讨论稳恒磁场.

安培(Ampère)在实验中发现,两根载有相同方向电流的平行导线可以互相吸引,而两根载有相反方向电流的平行导线则会互相排斥.这种相互作用与静止的电荷无关,只取决于电流,即只取决于导线中的电荷运动.在两根导线间插入一个大的金属板,这种作用力并不会受到影响.这种电荷运动所引起的力称为**磁力**,磁力是运动电荷之间相互作用的表现.

我们知道,静止电荷间的相互作用是通过电场来传递的.与此相似,电流间、电流与磁铁之间的相互作用也是通过场来传递的,这种场称为磁场.磁场也是一种特殊物质,它存在于运动电荷周围,并且对其他运动电荷有磁力作用,但是对静止电荷没有磁力作用.因此,运动电荷与运动电荷之间、电流与电流之间、电流(或运动电荷)与磁铁之间的相互作用,都是它们中任意一个所激发的磁场对另一个磁场施加作用力的结果.

对于电场,我们用电场强度$\boldsymbol{E}$来描述该处的电场,并用单位静止试探电荷q_0所受的力来定义电场强度的大小与方向.与此相似,我们将从磁场对运动电荷的作用力,引出磁感应强度$\boldsymbol{B}$来定量地描述磁场.从实验中可以发现,电荷在磁场中运动时,磁场对其作用力(磁场力)不仅与电荷的正、负有关,而且还与电荷运动速度的大小和方向有密切关系.依此,定义磁感应强度$\boldsymbol{B}$的方向和大小如下:

(1) 正电荷$+q$以速度$\boldsymbol{v}$经过磁场中某点,若它不受磁场力作用($\boldsymbol{F}=\boldsymbol{0}$),我们规定此时正电荷的速度方向为磁感应强度$\boldsymbol{B}$的方向(见图11-1(a)).这个方向与将小磁针置于此处时,小磁针N极的指向是一致的.

(2) 当正电荷经过磁场中某点的速度$\boldsymbol{v}$的方向与磁感应强度$\boldsymbol{B}$的方向垂直时(见图11-1(b)),

它所受的磁场力最大，为 $F_{\perp}$，且 $F_{\perp}$ 与乘积 qv 成正比. 显然，若电荷经过此处的速度不同，则 $\boldsymbol{F}_{\perp}$ 的值也不同；然而，对磁场中某一定点来说，比值 $\dfrac{F_{\perp}}{qv}$ 却是一定的. 这种比值在磁场中不同位置处有不同的量值，它如实地反映了磁场的空间分布. 我们把这个比值规定为磁场中某点的磁感应强度 $\boldsymbol{B}$ 的大小，即

$$B=\frac{F_{\perp}}{qv}. \tag{11-1}$$

在图 11-1(a) 中，电荷的运动方向与磁场方向一致，电荷所受的磁场力为零. 在图 11-1(b) 中，电荷的运动方向与磁场方向垂直，电荷所受的磁场力最大. 图 11-1 说明，运动电荷在磁场中受的磁场力与电荷的正负及相对于磁场的运动方向有关. 与用 $E=\dfrac{F}{q_0}$ 来描述电场的强弱类似，我们用 $B=\dfrac{F_{\perp}}{qv}$ 来描述磁场的强弱. 从图 11-1(b) 还可以看出，对以速度 $\boldsymbol{v}$ 运动的负电荷来说，其所受磁场力的方向与正电荷所受磁场力的方向相反，大小相等.

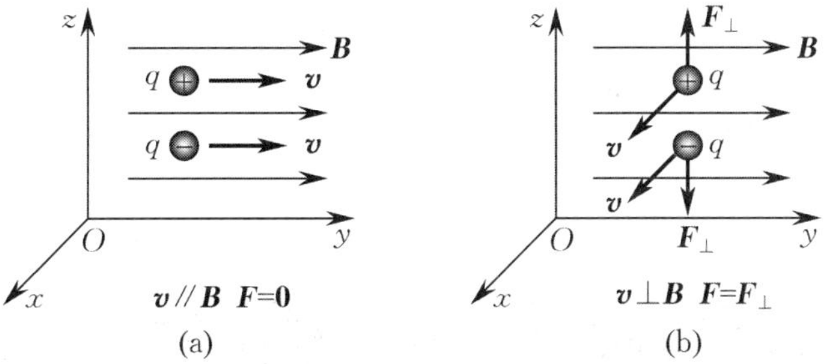

图 11-1　运动电荷在磁场中受的磁场力与电荷的正负及运动方向有关

由上述讨论可以知道，磁场力 $\boldsymbol{F}$ 既与运动电荷的速度 $\boldsymbol{v}$ 垂直，又与磁感应强度 $\boldsymbol{B}$ 垂直，且遵从右手定则，故它们间的矢量关系式可以写成

$$\boldsymbol{F}=q\boldsymbol{v}\times\boldsymbol{B}. \tag{11-2}$$

如 $\boldsymbol{v}$ 与 $\boldsymbol{B}$ 之间的夹角为 θ，那么 $\boldsymbol{F}$ 的大小为 $F=qvB\sin\theta$. 显然，当 $\theta=0$ 或 π，即 $\boldsymbol{v}\parallel\boldsymbol{B}$ 时，$\boldsymbol{F}=\boldsymbol{0}$；当 $\theta=\dfrac{\pi}{2}$，即 $\boldsymbol{v}\perp\boldsymbol{B}$ 时，$\boldsymbol{F}=\boldsymbol{F}_{\perp}$. 这与实验结果都是一致的. 最后还需指出，对正电荷来说，$\boldsymbol{F}$ 的方向与 $\boldsymbol{v}\times\boldsymbol{B}$ 的方向相同；对负电荷来说，$\boldsymbol{F}$ 则与 $\boldsymbol{v}\times\boldsymbol{B}$ 的方向相反.

在国际单位制中，磁感应强度的单位是特[斯拉](T)，

$$1\ \mathrm{T}=1\ \mathrm{N}\cdot\mathrm{A}^{-1}\cdot\mathrm{m}^{-1}.$$

如果磁场中某一区域内各点的**磁感应强度** $\boldsymbol{B}$ 都相同，即该区域内各点 $\boldsymbol{B}$ 的方向一致、大小相等，那么，该区域内的磁场就叫作均匀磁场. 不符合上述情况的磁场就是非均匀磁场. 下面将讨论的长直密绕螺线管内中部的磁场，就是一种常见的均匀磁场.

11.1.2　磁通量

在静电学中我们曾用电场线来形象地描述电场，与此相似，可以在磁场中画一些从 N 极指向 S 极的曲线，使曲线上任一点的切线方向都与该点的磁场方向一致，这些曲线即为**磁场线**. 给定磁场中的某一点，则该点处的磁感应强度 $\boldsymbol{B}$ 的大小和方向都是确定的. 磁场线上每一点的切线方向就是该点的磁感应强度 $\boldsymbol{B}$ 的方向，而磁场线的疏密程度则表示该点的磁感应强度 $\boldsymbol{B}$ 的大小. 和电

场线一样，磁场线也是人为画出来的，并非磁场中真的有这种线存在. 磁场中的磁场线可借助小磁针或铁屑显示出来. 如果在垂直于载流长直导线的玻璃板上放上一些磁针或撒上一些铁屑，它们在磁场中会形成如图 11－2(a) 和图 11－2(b) 所示的分布图样. 由载流长直导线的磁场线图形可以看出，磁场线的回转方向和电流之间的关系遵从右手螺旋定则，即用右手握住导线，使大拇指伸直并指向电流方向，这时其他四指弯曲的方向，就是磁场线的回转方向(见图 11－2(c)).

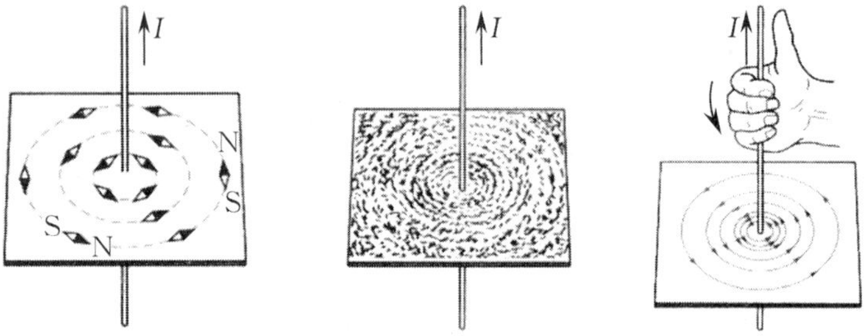

(a) (b) (c)

图 11－2 载流长直导线的磁场线图形

图 11－3 所示是圆形电流和载流长直螺线管的磁场线图形，它们的磁场线方向也可由右手螺旋定则来确定. 不过这时要用右手握住螺线管(或圆形电流)，使四指弯曲的方向沿着电流方向，而伸直大拇指的指向就是螺线管内(或圆形电流中心处) 磁场线的方向.

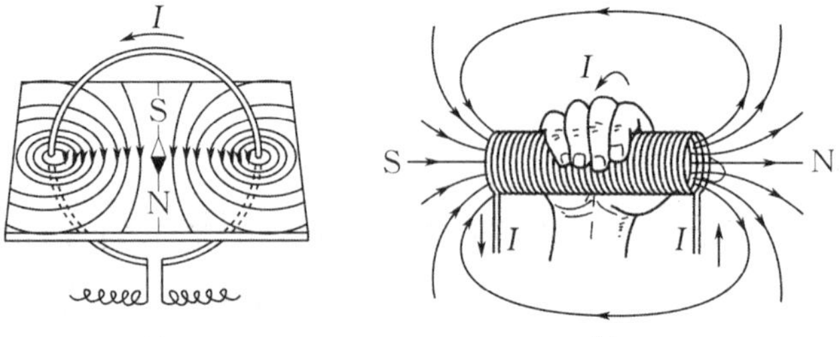

(a) (b)

图 11－3 圆形电流和载流长直螺线管的磁场线图形

从上述几种典型的载流导线的磁场线图形可以看出，磁场线具有如下特性：

(1) 由于磁场中某点的磁场方向是确定的，所以磁场中的磁场线不会相交. 磁场线的这一特性和电场线是一样的.

(2) 载流导线周围的磁场线都是围绕电流的闭合曲线，没有起点，也没有终点. 磁场线的这个特性和静电场中的电场线不同，静电场中的电场线起始于正电荷，终止于负电荷.

为了使磁场线不仅能描述磁场的方向，而且还能定量描述磁场的大小，和静电场中引入电通量相似，我们引入磁通量的概念. 通过磁场中某一曲面的磁场线条数叫作通过此曲面的**磁通量**，用符号 Φ_m 表示.

如图 11－4(a) 所示，在磁感应强度为 $\boldsymbol{B}$ 的均匀磁场中，取一面积矢量 $\boldsymbol{S}$，其大小为 S，其方向用它的单位法线矢量 $\boldsymbol{e}_n$ 来表示，有 $\boldsymbol{S}=S\boldsymbol{e}_n$，在图中 $\boldsymbol{e}_n$ 与 $\boldsymbol{B}$ 之间的夹角为 θ. 按照磁通量的定义，通过面 S 的磁通量为

$$\Phi_m = BS\cos\theta. \tag{11－3a}$$

用矢量来表示，上式为

$$\Phi_m = \boldsymbol{B}\cdot\boldsymbol{S} = \boldsymbol{B}\cdot S\boldsymbol{e}_n. \tag{11－3b}$$

在非均匀磁场中,通过任意曲面的磁通量是怎样计算的呢?

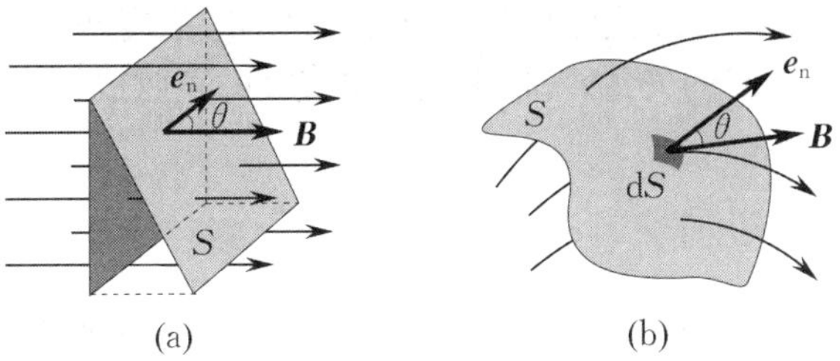

图 11-4　磁通量

在如图 11-4(b) 所示的曲面上取一面积元矢量 d$\boldsymbol{S}$,它所在处的磁感应强度 $\boldsymbol{B}$ 与法向单位矢量 $\boldsymbol{e}_n$ 之间的夹角为 θ,则通过面积元 d$\boldsymbol{S}$ 的磁通量为

$$d\Phi_m = B dS\cos\theta = \boldsymbol{B}\cdot d\boldsymbol{S}.$$

而通过某一有限曲面的磁通量 Φ_m 就等于通过这些面积元 d$\boldsymbol{S}$ 上的磁通量 dΦ_m 的总和,即

$$\Phi_m = \int_S d\Phi_m = \int_S B\cos\theta dS = \int_S \boldsymbol{B}\cdot d\boldsymbol{S}. \tag{11-4}$$

在国际单位制中,磁通量的单位是韦[伯](Wb),

$$1\ \text{Wb} = 1\ \text{T}\cdot\text{m}^2.$$

11.1.3　磁场的高斯定理

对于闭合曲面来说,人们规定其正单位法线矢量 $\boldsymbol{e}_n$ 的方向垂直于曲面向外. 依照这个规定,当磁场线从曲面内穿出时 $\left(\theta<\frac{\pi}{2},\cos\theta>0\right)$,磁通量是正的;而当磁场线从曲面外穿入时 $\left(\theta>\frac{\pi}{2},\cos\theta<0\right)$,磁通量是负的. 由于磁场线是闭合的,因此对任一闭合曲面来说,有多少条磁场线穿入闭合曲面,就一定有多少条磁场线穿出闭合曲面. 也就是说,通过任意闭合曲面的磁通量必等于零,即

$$\oint_S B\cos\theta dS = 0$$

或

$$\oint_S \boldsymbol{B}\cdot d\boldsymbol{S} = 0. \tag{11-5}$$

式(11-5)称为**磁场的高斯定理**,它再一次表明,磁场与静电场不同,两者有着本质上的区别. 因为磁场线永远是闭合的,说明磁场与静电场是两类不同性质的场.

11.2　毕奥-萨伐尔定律

在讨论任意带电体产生的场强 $\boldsymbol{E}$ 时,我们曾把带电体分成许多个电荷元 dq,求出每个电荷元在该点产生的场强 d$\boldsymbol{E}$,再求出所有电荷元在该点产生的 d$\boldsymbol{E}$ 的叠加,即为此带电体在该点产生的场强 $\boldsymbol{E}$. 与此相似,对于载流导线来说,我们也可以把一载流导线分成许多个电流元 Id$\boldsymbol{l}$. 这样,载流导线在磁场中某点所激发的磁感应强度 $\boldsymbol{B}$,就是由该导线的所有电流元在该点所激发的 d$\boldsymbol{B}$ 的叠加. 用这种方法我们就可以求出任意形状的电流所产生的磁场了. 下面我们来讨论电流元 Id$\boldsymbol{l}$

与它所激发的磁感应强度 d$\boldsymbol{B}$ 之间的关系.

载流导线上有一电流元 $I\mathrm{d}\boldsymbol{l}$，在真空中某点 P 处的磁感应强度 d$\boldsymbol{B}$ 的大小与电流元 $I\mathrm{d}\boldsymbol{l}$ 的大小成正比，与电流元 $I\mathrm{d}\boldsymbol{l}$ 指向 P 点的矢量 $\boldsymbol{r}$ 和 $I\mathrm{d}\boldsymbol{l}$ 间的夹角 θ 的正弦成正比，并与电流元到 P 点的距离 r 的二次方成反比，即

$$\mathrm{d}B=\frac{\mu_0}{4\pi}\frac{I\mathrm{d}l\sin\theta}{r^2}, \tag{11-6}$$

其中 μ_0 称为真空磁导率. 在国际单位制中，$\mu_0=4\pi\times10^{-7}\ \mathrm{N\cdot A^{-1}}$. 磁感应强度 $\boldsymbol{B}$ 的方向垂直于 d$\boldsymbol{l}$ 和 $\boldsymbol{r}$ 所组成的平面，并沿矢积 $\mathrm{d}\boldsymbol{l}\times\boldsymbol{r}$ 的方向，即由 $I\mathrm{d}\boldsymbol{l}$ 经小于 180° 的角转向 $\boldsymbol{r}$ 时的右螺旋前进方向.

若用矢量式表示，则有

$$\mathrm{d}\boldsymbol{B}=\frac{\mu_0}{4\pi}\frac{I\mathrm{d}\boldsymbol{l}\times\boldsymbol{e}_r}{r^2}, \tag{11-7}$$

其中 $\boldsymbol{e}_r$ 为沿矢量 $\boldsymbol{r}$ 的单位矢量. 式(11－7) 就是毕奥-萨伐尔定律. 由于 $\boldsymbol{e}_r=\dfrac{\boldsymbol{r}}{r}$，故毕奥-萨伐尔定律也可以写成

$$\mathrm{d}\boldsymbol{B}=\frac{\mu_0}{4\pi}\frac{I\mathrm{d}\boldsymbol{l}\times\boldsymbol{r}}{r^3}. \tag{11-8}$$

这样，任意载流导线在 P 点处的磁感应强度 $\boldsymbol{B}$ 可以由式(11－8) 求得，即

$$\boldsymbol{B}=\int\mathrm{d}\boldsymbol{B}=\int\frac{\mu_0}{4\pi}\frac{I\mathrm{d}\boldsymbol{l}\times\boldsymbol{e}_r}{r^2}.$$

毕奥-萨伐尔定律是根据大量实验事实进行理论分析得出的结果，在实验方面我们无法得到独立的电流元，所以它不能由实验直接证明. 然而根据这个定律得出的结果都很好地和实验事实相符合，也就间接地证明了这个定律的正确性.

例 11－1

在真空中有一通有电流 I 的长直导线 CD，试求此长直导线附近任意一点 P 处的磁感应强度 $\boldsymbol{B}$. 已知 P 点与长直导线的垂直距离为 r_0.

解 选取如图 11－5 所示的坐标系，其中 y 轴通过 P 点，z 轴沿载流长直导线 CD. 在载流长直导线上取一电流元 $I\mathrm{d}z$，根据毕奥-萨伐尔定律，此电流元在 P 点所激起的磁感应强度 d$\boldsymbol{B}$ 的大小为

$$\mathrm{d}B=\frac{\mu_0}{4\pi}\frac{I\mathrm{d}z\sin\theta}{r^2},$$

其中 θ 为电流元 $I\mathrm{d}z$ 与矢量 $\boldsymbol{r}$ 之间的夹角. d$\boldsymbol{B}$ 的方向垂直于 $I\mathrm{d}z$ 与 $\boldsymbol{r}$ 所组成的平面(Oyz 平面)，沿 x 轴负方向. 从图 11－5 可以看出，长直导线上各个电流元的 d$\boldsymbol{B}$ 的方向都相同. 因此 P 点的磁感应强度大小就等于各个电流元的磁感应强度之和，用积分表示，有

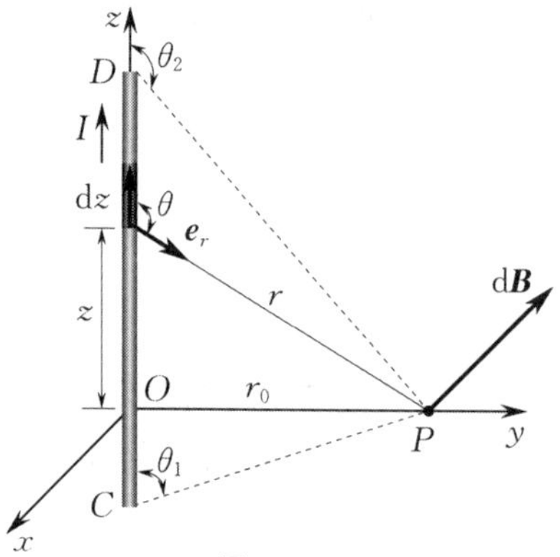

图 11－5

$$B=\int\mathrm{d}B=\frac{\mu_0}{4\pi}\int_{CD}\frac{I\mathrm{d}z\sin\theta}{r^2}.$$

从图 11－5 可以看出，z，r 和 θ 之间有如下关系：

$$z=-r_0\cot\theta,\quad r=\frac{r_0}{\sin\theta}.$$

于是，$dz = \dfrac{r_0 d\theta}{\sin^2\theta}$. 因此磁感应强度的大小为

$$B = \frac{\mu_0 I}{4\pi r_0}\int_{\theta_1}^{\theta_2}\sin\theta d\theta,$$

其中 θ_1 和 θ_2 分别是载流长直导线的起始点 C 和终止点 D 处电流流向与该处到 P 点的矢量 $\boldsymbol{r}$ 间的夹角. 对上式积分得

$$B = \frac{\mu_0 I}{4\pi r_0}(\cos\theta_1 - \cos\theta_2),$$

其方向沿 x 轴负方向.

若载流长直导线可视为"无限长"直导线，那么，可近似取 $\theta_1 = 0$，$\theta_2 = \pi$. 将之代入上式，可得

$$B = \frac{\mu_0 I}{2\pi r_0}.$$

这就是"无限长"载流长直导线附近的磁感应强度. 它表明，其磁感应强度与电流 I 成正比，与场点到导线的垂直距离成反比. 可见，上述结论与毕奥(Biot)和萨伐尔(Savart)早期的实验结果是一致的.

11.3　安培环路定理

在计算静电场时，我们曾引入环路定理(场强 $\boldsymbol{E}$ 沿任意闭合回路的积分等于零，即 $\oint_l \boldsymbol{E}\cdot d\boldsymbol{l} = 0$，表示静电场是保守力场). 那么，磁场中的磁感应强度 $\boldsymbol{B}$ 沿任意闭合回路的积分 $\oint_l \boldsymbol{B}\cdot d\boldsymbol{l}$ 等于多少?

首先我们研究真空中一无限长载流直导线的磁场. 取一与载流直导线垂直的平面，并以该平面与导线的交点 O 为圆心，在平面上作一半径为 R 的圆周 l. 由例 11-1 的结论可知，在该圆周上任意一点的磁感应强度 $\boldsymbol{B}$ 的大小为 $B = \dfrac{\mu_0 I}{2\pi R}$. 若选定圆周的绕向为逆时针方向，则圆周上每一点处 $\boldsymbol{B}$ 的方向与线元 $d\boldsymbol{l}$ 的方向相同，即 $\boldsymbol{B}$ 与 $d\boldsymbol{l}$ 之间的夹角 $\theta = 0$. 这样，沿着上述圆周的积分为

$$\oint_l \boldsymbol{B}\cdot d\boldsymbol{l} = \oint_l B\cos\theta dl = \frac{\mu_0 I}{2\pi R}\oint_l dl. \qquad (11-9)$$

因为式(11-9)右端的积分值为圆周的周长 $2\pi R$，所以

$$\oint_l \boldsymbol{B}\cdot d\boldsymbol{l} = \mu_0 I. \qquad (11-10)$$

式(11-10)表明，在真空中的稳恒磁场中，磁感应强度 $\boldsymbol{B}$ 沿闭合回路的线积分等于此闭合回路所包围的电流与真空磁导率的乘积. $\boldsymbol{B}$ 沿闭合回路的线积分又叫作 $\boldsymbol{B}$ 的环流.

若电流流向与积分回路 l 的绕行方向符合右手螺旋定则，则电流取正值，若绕行方向不变，电流反向，则电流取负值，即

$$\oint_l \boldsymbol{B}\cdot d\boldsymbol{l} = -\mu_0 I = \mu_0(-I). \qquad (11-11)$$

如果闭合回路包围的电流不止一个，那么式(11-11)可以写成

$$\oint_l \boldsymbol{B}\cdot d\boldsymbol{l} = \mu_0\sum_{i=1}^{n} I_i. \qquad (11-12)$$

在真空中的稳恒磁场中，磁感应强度 $\boldsymbol{B}$ 沿任意闭合回路的积分，等于 μ_0 与该闭合回路所包围的各电流代数和的积. 这就是**真空中磁场的环路定理**，也称**安培环路定理**. 它是电流与磁场之间的基本规律之一. 在式(11-12)中，若电流流向与积分回路的绕行方向符合右手螺旋定则，则电流取正值；反之，电流取负值.

由此可以看出，不管闭合回路外的电流如何分布，只要闭合回路中没有包围电流，或者所包围电流的代数和等于零，就有 $\oint_l \boldsymbol{B} \cdot \mathrm{d}\boldsymbol{l} = 0$. 但是，应当注意，$\boldsymbol{B}$ 的环流为零一般并不意味着闭合回路上各点的磁感应强度都为零.

由安培环路定理还可以看出，由于磁场中 $\boldsymbol{B}$ 的环流一般不等于零，因此恒定磁场的基本性质与静电场是不同的. 静电场是保守场，磁场是涡旋场.

用静电场中的高斯定理可以求得电荷对称分布时的电场强度. 同样，我们可以应用稳恒磁场中的安培环路定理来求某些具有对称性分布电流所产生磁场的磁感应强度. 把真空中稳恒磁场的安培环路定理和真空中静电场的高斯定理对照列出，就不难明白这一点.

稳恒磁场的安培环路定理为

$$\oint_l \boldsymbol{B} \cdot \mathrm{d}\boldsymbol{l} = \mu_0 \sum_{i=1}^{n} I_i.$$

静电场的高斯定理为

$$\oint_S \boldsymbol{E} \cdot \mathrm{d}\boldsymbol{S} = \sum_{i=1}^{n} \frac{q_i}{\varepsilon_0}.$$

例 11-2

有一载流螺绕环，环内为真空，环上均匀密绕 N 匝线圈，线圈中的电流为 I. 由于环上的线圈绕得很密集，环外的磁场很微弱，可以略去不计，磁场几乎全部集中在螺绕环内. 此时，呈对称分布的电流使磁场也具有对称性，导致环内的磁场线形成同心圆，且同一圆周上各点的磁感应强度 $\boldsymbol{B}$ 的大小相等，方向沿圆周的切向.

基于螺绕环磁场分布的特点，以螺绕环的中心为圆心，作半径为 r 的圆形闭合回路(其圆周各部分在环管内). 显然，闭合路径上各点的磁感应强度的方向都和闭合路径相切，各点处 $\boldsymbol{B}$ 的值都相等. 根据安培环路定理，有

$$\oint_l \boldsymbol{B} \cdot \mathrm{d}\boldsymbol{l} = B2\pi r = \mu_0 NI,$$

因此可得

$$B = \frac{\mu_0 NI}{2\pi r}.$$

从上式可以看出，螺绕环内的横截面处，各点的磁感应强度是不同的. 如果 L 表示螺绕环中心线所在的圆形闭合路径的长度，那么，圆环中心线上一点处的磁感应强度的大小为

$$B = \mu_0 \frac{NI}{L} = \mu_0 nI,$$

其中 n 为单位长度内线圈的匝数. 当螺绕环中心线的直径比线圈的直径大得多，即 $2r \gg d$ 时，环内的磁场可以近似看成是均匀的，环内任意点的磁感应强度均可用上式表示.

11.4 安培力与洛伦兹力

11.4.1 安培力

关于磁场对载流导线作用力的基本定律是安培从实验结果中总结得到的，其内容如下：放在磁场中某点处的电流元 $I\mathrm{d}\boldsymbol{l}$，将受到磁场力 $\mathrm{d}\boldsymbol{F}$，它由矢量表达式 $\mathrm{d}\boldsymbol{F} = I\mathrm{d}\boldsymbol{l} \times \boldsymbol{B}$ 来确定. 这个规律叫作**安培定律**. 磁场对电流元作用的力，通常叫作**安培力**. 安培力的方向可以通过右手定则判定：右

手四指由 $Id\boldsymbol{l}$ 经小于 180° 的角弯向 $\boldsymbol{B}$,这时大拇指的指向就是安培力的方向,如图 11-6 所示.

若用矢量式表示安培定律,则有

$$\mathrm{d}\boldsymbol{F} = I\mathrm{d}\boldsymbol{l} \times \boldsymbol{B}. \tag{11-13}$$

显然,安培力 $\mathrm{d}\boldsymbol{F}$ 垂直于 $I\mathrm{d}\boldsymbol{l}$ 和 $\boldsymbol{B}$ 所组成的平面,且 $\mathrm{d}\boldsymbol{F}$ 的方向与矢积 $I\mathrm{d}\boldsymbol{l} \times \boldsymbol{B}$ 的方向一致.

有限长载流导线所受的安培力等于各电流元所受安培力的矢量叠加,即

$$\boldsymbol{F} = \int \mathrm{d}\boldsymbol{F} = \int I\mathrm{d}\boldsymbol{l} \times \boldsymbol{B}. \tag{11-14}$$

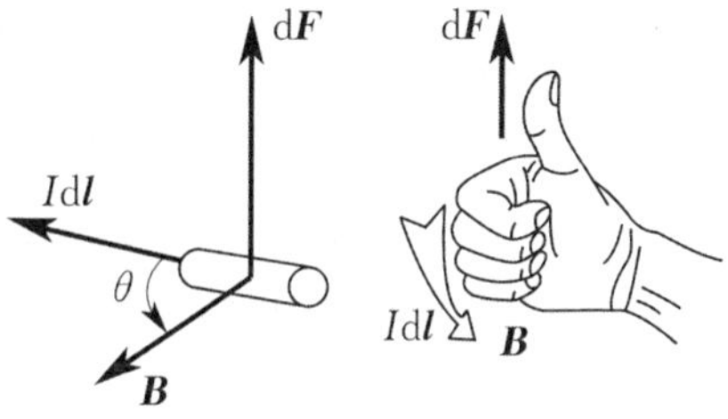

图 11-6　右手定则

式(11-14)说明,安培力是作用在整个载流导线上,而不是集中作用于一点上的.

在均匀磁场 $\boldsymbol{B}$ 中,一长度为 l 的载流直导线,其电流的方向与磁感应强度方向之间的夹角为 θ. 因为各电流元所受安培力的方向是一致的,所以该载流直导线所受安培力的大小为

$$F = \int_0^l BI\sin\theta \mathrm{d}l = BIl\sin\theta. \tag{11-15}$$

也就是说,安培力在数值上等于电流元的大小、电流元所在处的磁感应强度 $\boldsymbol{B}$ 的大小,以及电流元 $I\mathrm{d}\boldsymbol{l}$ 与磁感应强度 $\boldsymbol{B}$ 的夹角的正弦之乘积.

例 11-3

如图 11-7 所示,一通有电流的闭合回路放在磁感应强度为 $\boldsymbol{B}$ 的均匀磁场中,回路的平面与磁感应强度 $\boldsymbol{B}$ 垂直. 此回路由直导线 AB 和半径为 r 的圆弧导线 BCA 组成. 若回路的电流为 I,其流向为顺时针方向,问磁场作用于整个回路的安培力为多少?

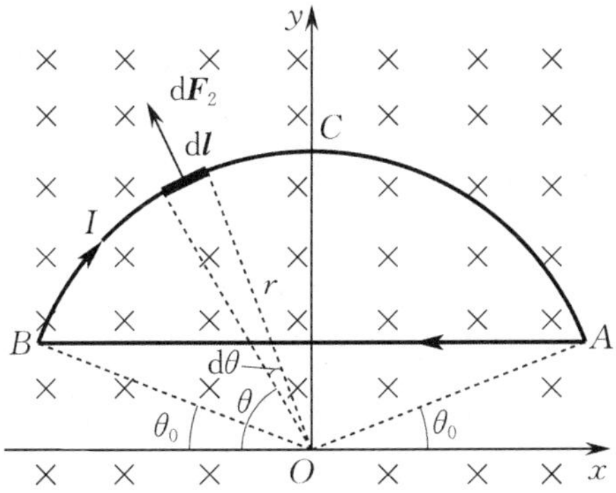

图 11-7

解　整个回路所受的安培力为直导线 AB 和圆弧导线 BCA 所受的安培力的矢量和. 由式(11-15)可知,作用在直导线 AB 上的安培力 $\boldsymbol{F}_1$ 的大小为

$$F_1 = BI\,\overline{AB},$$

$\boldsymbol{F}_1$ 的方向沿 y 轴负方向.

在圆弧导线 BCA 上取一线元 $\mathrm{d}\boldsymbol{l}$,由式(11-13)可知,作用在此线元上的安培力 $\mathrm{d}\boldsymbol{F}_2$ 为

$$\mathrm{d}\boldsymbol{F}_2 = I\mathrm{d}\boldsymbol{l} \times \boldsymbol{B}.$$

$\mathrm{d}\boldsymbol{F}_2$ 的方向为矢积 $\mathrm{d}\boldsymbol{l} \times \boldsymbol{B}$ 的方向(见图 11-7),$\mathrm{d}\boldsymbol{F}_2$ 的大小为

$$\mathrm{d}F_2 = BI\mathrm{d}l.$$

考虑到圆弧导线 BCA 上各线元所受的安培力均在 Oxy 平面内,故可将 BCA 上各线元所受的安培力分解成水平和铅直两个分量 $\mathrm{d}\boldsymbol{F}_{2x}$ 和 $\mathrm{d}\boldsymbol{F}_{2y}$.

从对称性可知,圆弧上所有线元沿 x 轴方向受力的总和为零,即 $\boldsymbol{F}_{2x} = \int \mathrm{d}\boldsymbol{F}_{2x} = \boldsymbol{0}$;而沿 y 轴方向所有的分力均沿 y 轴正方向. 于是,圆弧上所有线元的合力 $\boldsymbol{F}_2$ 的大小为

$$F_2 = F_{2y} = \int \mathrm{d}F_{2y} = \int \mathrm{d}F_2\sin\theta = \int BI\mathrm{d}l\sin\theta,$$

其中 θ 为 $\mathrm{d}\boldsymbol{F}_2$ 与 x 轴间的夹角,从图中可以看出 $\mathrm{d}l = r\mathrm{d}\theta$,此处 r 为圆弧的半径. 于是上式可以写成

$$F_2 = BIr\int \sin\theta \mathrm{d}\theta.$$

从图 11-7 中还可以看出,θ 的上、下限分别在圆弧的一个端点 B 处,即 $\theta = \theta_0$,以及圆弧

的另一个端点A处，即$\theta=\pi-\theta_0$. 因此，上式可以写为

$$
\begin{aligned}
F_2 &= BIr\int_{\theta_0}^{\pi-\theta_0}\sin\theta\mathrm{d}\theta \\
&= BIr[\cos\theta_0-\cos(\pi-\theta_0)] \\
&= 2BIr\cos\theta_0.
\end{aligned}
$$

又因为 $2r\cos\theta_0=\overline{AB}$，于是上式可以写为

$$F_2 = BI\,\overline{AB},$$

$\boldsymbol{F}_2$ 的方向沿 y 轴正方向.

从上述计算结果可以看出，载流直导线 AB 与载流圆弧导线 BCA 在磁场中所受的安培力 $\boldsymbol{F}_1$ 和 $\boldsymbol{F}_2$ 大小相等，方向相反，即 $\boldsymbol{F}_2=-\boldsymbol{F}_1$. 也就是说该闭合回路所受的安培力之和为零. 这表明，在均匀磁场中，若载流导线闭合回路的平面与磁感应强度垂直，则此闭合回路的整体所受安培力为零(注意此时回路上每一部分都受安培力作用，而使回路被绷紧了). 可以证明，上述结论不仅对图中所示的闭合回路是正确的，而且对其他形状的闭合回路也是正确的.

例 11 - 4

如图 11 - 8 所示，在 Oxy 平面上有一根形状不规则的载流导线，电流为 I. 磁感应强度为 $\boldsymbol{B}$ 的均匀磁场与 Oxy 平面垂直，求作用在此导线上的安培力.

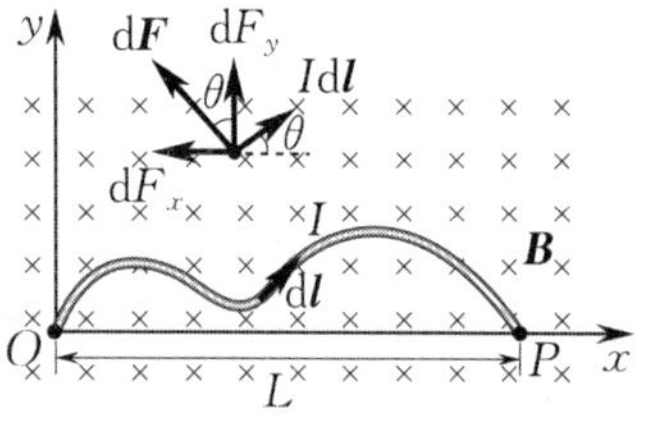

图 11 - 8

解 取如图 11 - 8 所示的坐标系，导线一端在原点 O，另一端在 x 轴的 P 点上，$OP=L$，取电流元 $I\mathrm{d}\boldsymbol{l}$，它所受的力为 $\mathrm{d}\boldsymbol{F}=I\mathrm{d}\boldsymbol{l}\times\boldsymbol{B}$，此力沿 x 轴和 y 轴的分量分别为

$$\mathrm{d}F_x=-\mathrm{d}F\sin\theta=-BI\mathrm{d}l\sin\theta$$

和

$$\mathrm{d}F_y=\mathrm{d}F\cos\theta=BI\mathrm{d}l\cos\theta.$$

而 $\mathrm{d}l\sin\theta=\mathrm{d}y$，$\mathrm{d}l\cos\theta=\mathrm{d}x$，故上两式可分别写为

$$\mathrm{d}F_x=-BI\mathrm{d}y$$

和

$$\mathrm{d}F_y=BI\mathrm{d}x.$$

由于载流导线是放在均匀磁场中的，因此，整个载流导线所受的安培力 $\boldsymbol{F}$ 沿 x 轴和 y 轴的分量分别为

$$F_x=\int\mathrm{d}F_x=BI\int\mathrm{d}y=0,$$

$$F_y=\int\mathrm{d}F_y=BI\int_0^L\mathrm{d}x=BIL.$$

于是，载流导线所受的安培力为

$$F=F_y=BIL.$$

由上述结果可以看出，在均匀磁场中，任意形状的平面载流导线所受的安培力等于与其起点和终点相同的载流直导线所受的安培力. 另外，若导线的起点与终点重合在一起，即载流导线构成一闭合回路，则起点与终点之间的连线长 L 为零. 由上式可知，此闭合回路所受的安培力为零. 这也就是例 11 - 3 的结果.

例 11 - 5

利用式(11 - 15)，计算如图 11 - 9 所示的矩形载流线圈在均匀磁场中所受的磁力矩.

解 设在磁感应强度为 $\boldsymbol{B}$ 的均匀磁场中，有一矩形平面载流线圈 $MNOP$，它的边长分别为 l_1 和 l_2，电流为 I，流向为 $M\rightarrow N\rightarrow O\rightarrow P\rightarrow M$. 设线圈平面的法向单位矢量 $\boldsymbol{e}_n$ 的方向与磁感应强度 $\boldsymbol{B}$ 的方向之间的夹角为 θ，即线圈平面与 $\boldsymbol{B}$ 之间的夹角为 $\varphi\left(\varphi+\theta=\dfrac{\pi}{2}\right)$，并且 MN 边及 OP 边均与 $\boldsymbol{B}$ 垂直.

利用式(11-15) 可以求得磁场对导线 NO 段和 PM 段作用力的大小分别为

$$F_4 = BIl_1 \sin\varphi,$$
$$F_3 = BIl_1 \sin(\pi - \varphi) = BIl_1 \sin\varphi. \quad (11-16)$$

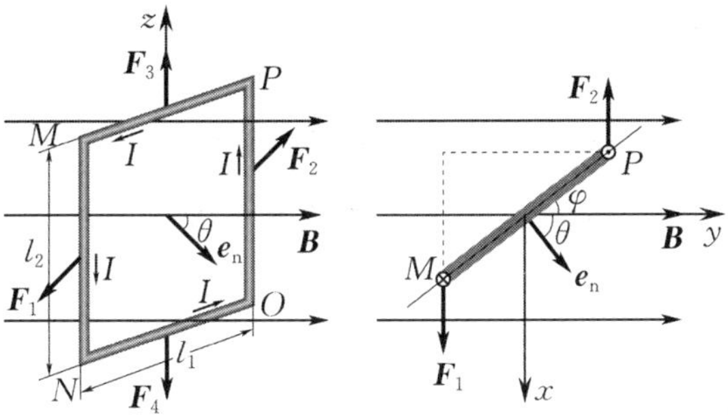

图 11－9

F_3 和 F_4 这两个力大小相等，方向相反，并且在同一直线上，所以对整个线圈来讲，F_3 与 F_4 的合力及合力矩都为零.

而导线 MN 段和 OP 段所受安培力的大小则分别为

$$F_1 = BIl_2, \quad F_2 = BIl_2.$$

这两个力大小相等，方向相反，但不在同一直线上，它们的合力虽为零，但会对线圈产生磁力矩 $M = F_1 l_1 \cos\varphi$. 由于 $\varphi = \frac{\pi}{2} - \theta$，$\cos\varphi = \sin\theta$，因此

$$M = F_1 l_1 \sin\varphi = BIl_2 l_1 \sin\theta,$$

或

$$M = BIS\sin\theta,$$

其中 S 为矩形线圈的面积. 因为角 θ 是 $\boldsymbol{e}_n$ 与磁感应强度 $\boldsymbol{B}$ 之间的夹角，所以上式可以用矢量表示为

$$\boldsymbol{M} = IS\boldsymbol{e}_n \times \boldsymbol{B} = \boldsymbol{m} \times \boldsymbol{B}, \quad (11-17)$$

其中 $\boldsymbol{m} = IS\boldsymbol{e}_n$，为线圈的磁矩.

如果线圈不只一匝，而是 N 匝，那么线圈所受的磁力矩应为

$$\boldsymbol{M} = NIS\boldsymbol{e}_n \times \boldsymbol{B}. \quad (11-18)$$

下面讨论几种情况：

(1) 当载流线圈的 $\boldsymbol{e}_n$ 方向与磁感应强度 $\boldsymbol{B}$ 的方向相同($\theta = 0$)，即磁通量为正方向极大时，$M = 0$，磁力矩为零. 此时线圈处于平衡状态；

(2) 当载流线圈的 $\boldsymbol{e}_n$ 方向与磁感应强度 $\boldsymbol{B}$ 的方向垂直($\theta = 90°$)，即磁通量为零时，$M = NBIS$，磁力矩最大；

(3) 当载流线圈的 $\boldsymbol{e}_n$ 方向与磁感应强度 $\boldsymbol{B}$ 的方向相反($\theta = 180°$) 时，$M = 0$，磁力矩为零. 不过，在这种情况下，只要线圈稍稍偏过一个微小的角度，它就会在磁力矩的作用下离开这个位置，而稳定在 $\theta = 0$ 时的平衡状态. 所以常把 $\theta = 180°$ 时线圈的状态叫作不稳定平衡状态，而把 $\theta = 0$ 时线圈的状态叫作稳定平衡状态. 总之，磁场对载流线圈作用的磁力矩，总是要使线圈转到它的 $\boldsymbol{e}_n$ 方向与磁场方向相一致的稳定平衡位置.

应当指出，式(11－17) 虽然是从矩形线圈推导出来的，但它对任意形状的平面线圈都是适用的.

例 11－6

如图 11－10(a) 所示，一半径为 0.20 m、电流为 20 A，可绕 y 轴旋转的圆形载流线圈放在均匀磁场中. 磁感应强度 $\boldsymbol{B}$ 的大小为 0.08 T，方向沿 x 轴正方向，问：线圈受力情况怎样？线圈受的磁力矩为多少？

解　把圆形载流线圈分为 PKJ 和 JQP 两部分. 由例 11－3 可知，半圆 PKJ 所受的力 $\boldsymbol{F}_1$ 的大小为

$$F_1 = -BI(2R) = -0.64\ \text{N},$$

即 $\boldsymbol{F}_1$ 的方向沿 z 轴负方向，垂直纸面向里. 作用在半圆 JQP 上的力 $\boldsymbol{F}_2$ 的大小为

$$F_2 = BI(2R) = 0.64\ \text{N},$$

即 $\boldsymbol{F}_2$ 的方向沿 z 轴正方向，垂直纸面向外. 因此，作用在圆形载流线圈上的合力为零. 虽然作用在线圈上的合力为零，但合力矩并不为零. 如图 11－10(b) 所示，按照磁力矩的定义，对 y 轴而

言,作用在电流元 $I\mathrm{d}\boldsymbol{l}$ 上的磁力矩 $\mathrm{d}\boldsymbol{M}$ 的大小为

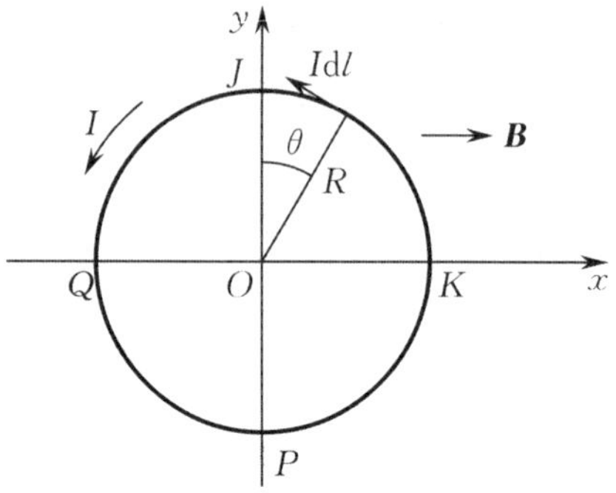

(a)

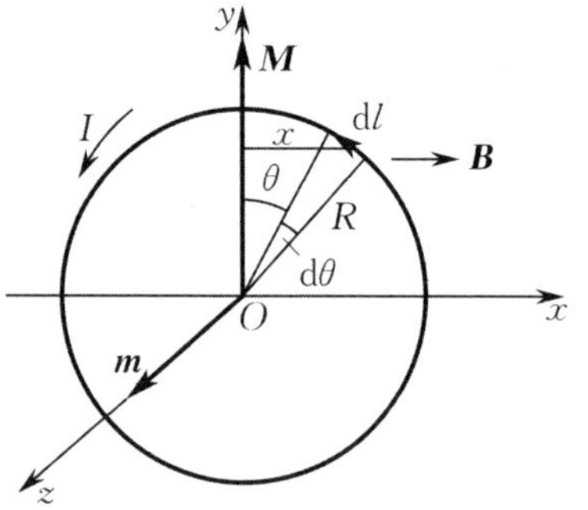

(b)

图 11－10

$$\mathrm{d}M = x\mathrm{d}F = xI\,\mathrm{d}lB\sin\theta.$$

由图 11－10(b) 可以看出，$x = R\sin\theta$，$\mathrm{d}l = R\mathrm{d}\theta$，因此上式可以改写为

$$\mathrm{d}M = IBR^2\sin^2\theta\mathrm{d}\theta.$$

于是,作用在整个线圈上的磁力矩 $\boldsymbol{M}$ 的大小为

$$M = IBR^2\int_0^{2\pi}\sin^2\theta\mathrm{d}\theta = IB\pi R^2$$

$$= 0.20\ \mathrm{N\cdot m},$$

磁力矩 $\boldsymbol{M}$ 的方向沿 y 轴正方向.

上述结果如用式(11－17)是很容易得到的.可以看出,此线圈的磁矩 $\boldsymbol{m}$ 的大小为

$$m = IS = I\pi R^2,$$

所以,由

$$\boldsymbol{M} = \boldsymbol{m}\times\boldsymbol{B}$$

可得磁力矩的大小为

$$M = IB\pi R^2.$$

这与上面的结果是一致的.

下面讨论平行载流导线间的相互作用力.设有两根平行长直导线(导线直径 $\ll d$),它们之间的距离为 d,分别通有电流 I_1 和 I_2,求每根导线单位长度线段受另一导线所通电流的磁场的作用力.通有电流 I_1 的导线在通有电流 I_2 的导线处所产生的磁场为

$$B_1 = \frac{\mu_0 I_1}{2\pi d}, \tag{11-19}$$

通有电流 I_2 的导线,其单位长度线段所受到的安培力为

$$F_2 = B_1 I_2 = \frac{\mu_0 I_1 I_2}{2\pi d}. \tag{11-20}$$

同理,通有电流 I_1 的导线,其单位长度线段所受到的安培力为

$$F_1 = B_2 I_1 = \frac{\mu_0 I_1 I_2}{2\pi d}. \tag{11-21}$$

当电流 I_1 和 I_2 方向相同时,两导线相吸;方向相反时,两导线相斥.

在国际单位制中,电流的单位为安[培](A).当基本电荷 e 以单位 C,即 A·s 表示时,取其固定数值 $1.602\ 176\ 634\times10^{-19}$ 来定义安[培],其中秒用 $\Delta\nu_{\mathrm{Cs}}$ 定义.(基本电荷 $e\approx1.6\times10^{-19}$ C.)

下面我们进一步讨论:相互平行且相距为 d 的两根长直导线沿长度方向运动时所形成的电流之间的相互作用力,并比较它们之间的磁场力与电场力的大小.

两根长直导线(1 和 2)分别以速度 $\boldsymbol{v}_1$ 和 $\boldsymbol{v}_2$ 平行匀速运动,它们的电荷线密度分别为 λ_1 和 λ_2.每根导线上的电流分别为 $\lambda_1 v_1$ 和 $\lambda_2 v_2$.由式(11－20)可得,这两根导线单位长度线段之间相互作用的磁场力大小为

$$F_m = \frac{\mu_0 \lambda_1 v_1 \lambda_2 v_2}{2\pi d}. \tag{11-22}$$

为了求出两根长直导线之间的电场力，可先由高斯定理求得导线1在导线2处产生的场强大小为

$$E_1 = \frac{\lambda_1}{2\pi\varepsilon_0 d}, \tag{11-23}$$

因此，由库仑定律可知，导线2单位长度电荷所受到的电场力大小为

$$F_e = E_1 \lambda_2 = \frac{\lambda_1 \lambda_2}{2\pi\varepsilon_0 d}. \tag{11-24}$$

故

$$\frac{F_m}{F_e} = \varepsilon_0 \mu_0 v_1 v_2 = \frac{v_1 v_2}{c^2}, \tag{11-25}$$

其中 $\varepsilon_0 \mu_0 = \frac{1}{c^2}$（$c$ 为光速）.

下面通过一个典型的例子来估计$\frac{F_m}{F_e}$的大小. 设两根平行的载电流分别为 I_1 和 I_2 的静止铜导线，导线中的正电荷几乎是不动的，而自由电子做定向运动，它们的漂移速度约为 10^{-4} m/s，则

$$\frac{F_m}{F_e} = \frac{v^2}{c^2} \approx 10^{-25}. \tag{11-26}$$

也就是说，这两根导线中的运动电子之间的磁场力与它们之间的电场力之比均为 10^{-25}. 磁场力比电场力小得多. 那为什么在这种情况下实验中总是观察到磁场力而发现不了电场力呢？这是因为在铜导线中实际有两种电荷，每根导线中各自的正、负电荷在周围产生的电场相互抵消，所以其中一段导线中的运动电子就不受另一段导线中电荷的电场力，因而磁场力就显现出来了. 在没有相反电荷抵消电场力的情况下，磁场力相对较小. 原子内部电荷的相互作用就是这样. 在原子内部电场力起主要作用，而磁场力不过是一种小的“二级”效应.

11.4.2 洛伦兹力

电流元在磁场中要受安培力的作用，而电流是由带电粒子的定向运动所形成的，带电粒子在磁场中运动时也会受磁场力的作用. 因此，研究运动电荷在磁场中的受力情况，实质上就是研究电流元在磁场中所受安培力的微观形式.

任一电流元 $I\mathrm{d}\boldsymbol{l}$ 在磁感应强度为 $\boldsymbol{B}$ 的磁场中所受安培力的大小为 $\mathrm{d}f = BI\,\mathrm{d}l\sin\theta$，电流为 $I = qnvS$，其中 q 为每个运动电荷的电量，n 为电流元中单位体积内定向运动的电荷数目，v 为每个电荷定向运动的速率（假定都一样），S 为电流元的横截面积，则

$$\mathrm{d}f = qnvSB\,\mathrm{d}l\sin\theta. \tag{11-27}$$

因为电流元内有 $\mathrm{d}N = nS\mathrm{d}l$ 个运动电荷，所以每个电荷在磁场中受到的磁场力的大小为

$$f = \frac{\mathrm{d}f}{\mathrm{d}N} = qvB\sin\theta, \tag{11-28}$$

其中 θ 为电荷速度 $\boldsymbol{v}$ 和磁感应强度 $\boldsymbol{B}$ 之间的夹角. $\boldsymbol{f}$ 的方向垂直于 $\boldsymbol{v}$ 与 $\boldsymbol{B}$ 所决定的平面，其指向与 $q\boldsymbol{v}$ 和 $\boldsymbol{B}$ 的方向成右手螺旋关系，即右手四指由 $q\boldsymbol{v}$ 的方向（$q>0$ 时，为 $\boldsymbol{v}$ 的方向；$q<0$ 时，为 $\boldsymbol{v}$ 的反方向）经小于 π 的角转向 $\boldsymbol{B}$ 的方向时大拇指所指的方向. 也就是说，$\boldsymbol{f}$ 的方向为矢积 $q\boldsymbol{v}\times\boldsymbol{B}$ 的方向. 所以其矢量表达式为

$$\boldsymbol{f} = q\boldsymbol{v}\times\boldsymbol{B}. \tag{11-29}$$

这就是**洛伦兹力**——磁场对运动电荷的作用力的公式. 图 11-11 所示为正电荷所受洛伦兹力的方向. 对于负电荷,所受洛伦兹力的方向与之相反.

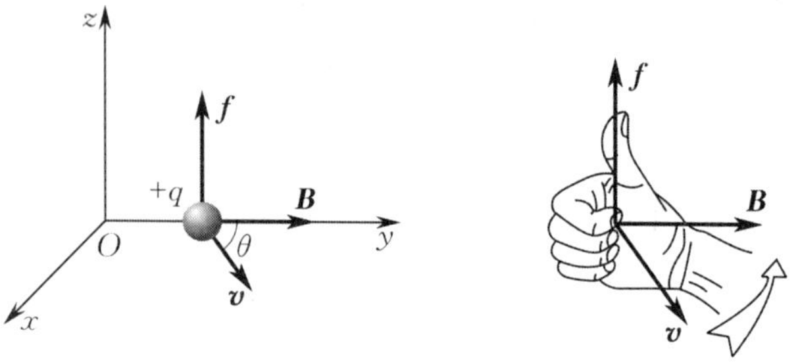

图 11-11　正电荷所受洛伦兹力的方向

由洛伦兹力的公式可知,洛伦兹力总是和带电粒子的速度相垂直. 这说明磁场力只能使带电粒子的运动方向偏转,而不会改变其速度的大小. 因此,洛伦兹力对带电粒子所做的功恒等于零,这是洛伦兹力的一个重要特征.

下面讨论带电粒子在均匀磁场中的运动. 设有一均匀磁场,磁感应强度为 $\boldsymbol{B}$,一电荷量为 q、质量为 m 的粒子,以初速度 $\boldsymbol{v}_0$ 进入磁场运动. 分三种情况讨论如下.

(1) 如果 $\boldsymbol{v}_0$ 与 $\boldsymbol{B}$ 的方向平行,由洛伦兹力的公式可知,此时作用于带电粒子的洛伦兹力等于零,因此带电粒子不受磁场的影响,进入磁场后仍做匀速直线运动.

(2) 如果 $\boldsymbol{v}_0$ 与 $\boldsymbol{B}$ 的方向垂直,这时 $\boldsymbol{f}$ 的大小为

$$f = qv_0B, \tag{11-30}$$

方向垂直于 $\boldsymbol{v}_0$ 及 $\boldsymbol{B}$. 所以带电粒子速度的大小不变,只改变方向. 带电粒子在此力作用下将做匀速圆周运动,而洛伦兹力起着向心力的作用. 因此

$$qv_0B = m\frac{v_0^2}{R}, \tag{11-31}$$

故

$$R = \frac{mv_0}{qB}, \tag{11-32}$$

其中 R 是粒子的圆形轨迹半径.

从式(11-32)可以看出,对于荷质比$\left(\frac{q}{m}\right)$一定的带电粒子,其轨迹半径与带电粒子的运动速度成正比,而与磁感应强度成反比. 速度越小,或磁感应强度越大,轨迹弯曲得越厉害.

带电粒子运动一周所需的时间(周期)为

$$T = \frac{2\pi R}{v_0} = \frac{2\pi m}{qB}. \tag{11-33}$$

可见此圆周运动的周期与带电粒子的运动速度无关.

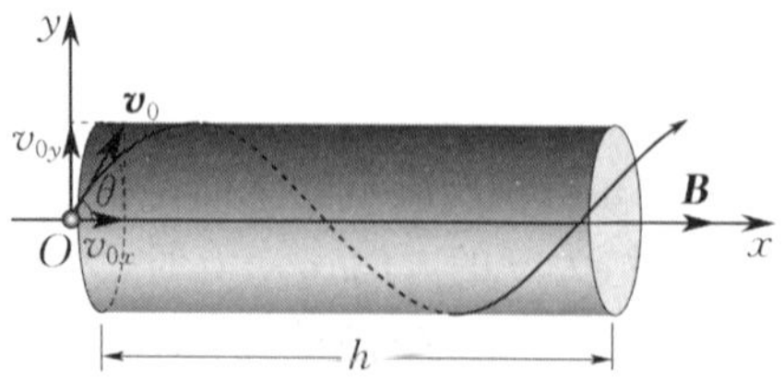

图 11-12　带电粒子的螺旋运动

(3) 如果 $\boldsymbol{v}_0$ 与 $\boldsymbol{B}$ 的方向成 θ 角,如图 11-12 所示. 粒子速度垂直于磁场方向的分量为 $v_{0y} = v_0\sin\theta$,所受的洛伦兹力将使带电粒子在垂直于磁场的平面内运动,该运动是以 v_{0y} 为速率的匀速圆周运动,其轨迹半径为

$$R = \frac{mv_{0y}}{qB} = \frac{mv_0\sin\theta}{qB}. \tag{11-34}$$

同时,带电粒子平行于 $\boldsymbol{B}$ 的速度分量 v_{0x} 不受磁场的

影响，所以粒子在平行于磁场方向上的分运动是匀速直线运动. 带电粒子的两个分运动合成一螺旋运动，即合运动的轨迹是一螺旋线，螺旋线的半径即式中的 R，旋转一周的时间是

$$T=\frac{2\pi R}{v_0\sin\theta}=\frac{2\pi m}{qB}, \tag{11-35}$$

螺旋线的螺距(带电粒子在螺旋线上每旋转一周，沿磁场方向所前进的距离 h) 为

$$h=v_{0x}T=v_{0x}\frac{2\pi R}{v_{0y}}=\frac{2\pi mv_0\cos\theta}{qB}. \tag{11-36}$$

式(11-36)表明，h 只和平行于磁场的速度分量大小 v_{0x} 有关，而和垂直于磁场的速度分量大小 v_{0y} 无关. 这一点是磁聚焦等现象的理论依据.

如果在空间既有电场又有磁场，那么带电粒子还要受到电场力的作用. 这时，带有电荷量 q 的粒子在静电场 $\boldsymbol{E}$ 和磁场 $\boldsymbol{B}$ 中以速度 $\boldsymbol{v}$ 运动时所受的合力为

$$\boldsymbol{f}=q\boldsymbol{E}+q\boldsymbol{v}\times\boldsymbol{B}. \tag{11-37}$$

当带电粒子的速率 v 远小于光速 c 时，根据牛顿第二定律，带电粒子的运动方程(设重力可以忽略不计) 为

$$q\boldsymbol{E}+q\boldsymbol{v}\times\boldsymbol{B}=m\boldsymbol{a}, \tag{11-38}$$

其中 m 为带电粒子的质量，$\boldsymbol{a}$ 为粒子的加速度. 在一般情况下，求解这一方程是比较复杂的. 但在实际应用中，我们经常遇到利用电场和磁场来控制带电粒子运动的例子，所使用的电场和磁场都具有某种对称性，这就使求解方程简便得多.

11.5 介质中的磁场

能够影响磁场的物质称为磁介质. 磁性是物质的基本属性之一，各种物质都具有不同程度的磁性，所以它们都是磁介质. 大多数物质的磁性很弱，只有少数物质的磁性比较显著.

电介质放入电场中会发生极化，同时产生附加电场. 与此相似，磁介质放入磁场中也会产生附加磁场，使原来的磁场发生变化. 这种现象称为磁介质的磁化.

磁介质对磁场的影响远比电介质对电场的影响要复杂得多. 不同磁介质在磁场中的表现是很不相同的. 假设在真空中某点的磁感应强度为 $\boldsymbol{B}_0$，放入磁介质后，因磁介质被磁化而产生的附加磁感应强度为 $\boldsymbol{B}'$，那么该点的磁感应强度 $\boldsymbol{B}$ 应为这两个磁感应强度的矢量和，即

$$\boldsymbol{B}=\boldsymbol{B}_0+\boldsymbol{B}'. \tag{11-39}$$

实验表明，附加磁感应强度 $\boldsymbol{B}'$ 的方向和大小随磁介质而异. 根据 $\boldsymbol{B}'$ 的不同，可以将磁介质分成三类.

有一类磁介质，$\boldsymbol{B}'$ 的方向与 $\boldsymbol{B}_0$ 的方向相同，使得 $B>B_0$，这类磁介质叫作**顺磁质**，如铝、氧、锰等；还有一类磁介质，$\boldsymbol{B}'$ 的方向与 $\boldsymbol{B}_0$ 的方向相反，使得 $B<B_0$，这类磁介质叫作**抗磁质**，如铜、铋、氢等. 但无论是顺磁质还是抗磁质，$\boldsymbol{B}'$ 的大小都比 $\boldsymbol{B}_0$ 的大小要小得多(约几万分之一或几十万分之一)，它对原来磁场的影响极为微弱. 所以，顺磁质和抗磁质统称为弱磁性物质. 另外有一类磁介质，它的附加磁感应强度 $\boldsymbol{B}'$ 的方向与 $\boldsymbol{B}_0$ 的方向相同，但 $\boldsymbol{B}'$ 的大小比 $\boldsymbol{B}_0$ 的大小大很多(可达 $10^2\sim10^4$ 倍)，即 $B\gg B_0$，并且 $\boldsymbol{B}'$ 不是常量. 这类磁介质能显著地增强磁场，称为强磁性物质. 我们把这类磁介质叫作**铁磁质**，如铁、镍、钴及其合金等.

根据安培的分子电流学说，在物质的分子中，每个电子都绕原子核做转动，从而有轨道磁矩；

此外，电子本身还有自旋，因而还会具有自旋磁矩. 一个分子内所有电子全部磁矩的矢量和，称为分子的固有磁矩，简称分子磁矩，用 $\boldsymbol{m}$ 表示. 分子磁矩还可用一个等效的圆电流 I 来表示.

在没有外磁场作用时，顺磁质中各分子磁矩 $\boldsymbol{m}$ 的取向是无规则的，因而在顺磁质中任一体积元内，所有分子磁矩的矢量和为零，即对外不显磁性. 当顺磁质处在外磁场中时，在磁力矩作用下，各分子磁矩的取向都具有转到与外磁场方向相同的趋势，就产生了沿外磁场方向的附加磁场. 所以，在顺磁质中因磁化而出现的附加磁感应强度 $\boldsymbol{B}'$ 与外磁场的磁感应强度 $\boldsymbol{B}_0$ 的方向相同.

对抗磁质来说，在没有外磁场作用时，所有分子磁矩的矢量和也为零，所以对外也不显磁性. 但在外磁场作用下，分子中每个电子的绕原子核转动和自旋运动都将发生变化，从而产生附加磁矩 $\Delta\boldsymbol{m}$，且附加磁矩 $\Delta\boldsymbol{m}$ 的方向与 $\boldsymbol{B}_0$ 的方向相反. 所以，在抗磁质中因磁化而出现的附加磁感应强度 $\boldsymbol{B}'$ 与外磁场的磁感应强度 $\boldsymbol{B}_0$ 的方向相反.

在静电场中，我们用极化强度来描述电介质极化的程度. 与此相似，我们也可以用磁化强度来描述磁介质的磁化程度. 从上面的讨论可以看到，磁介质的磁化，就其本质来说，或是在外磁场作用下分子磁矩的取向发生了变化，或是在外磁场作用下产生了附加磁矩(前者也可归结为产生附加磁矩). 因此，我们可以用磁介质中单位体积内分子的合磁矩来表示介质的磁化情况，叫作**磁化强度**，用 $\boldsymbol{M}$ 表示. 在均匀磁介质中取体积元 ΔV，在此体积内分子磁矩的矢量和为 $\sum\boldsymbol{m}$，那么磁化强度为

$$\boldsymbol{M}=\frac{\sum\boldsymbol{m}}{\Delta V}. \tag{11-40}$$

在国际单位制中，磁化强度的单位为安[培] 每米($\mathrm{A\cdot m^{-1}}$).

在磁介质内部各处的分子电流总是方向相反，相互抵消，只在边缘上形成近似环形的电流，这个电流称作磁化电流. 在通常情况下，磁介质中任意一点的磁感应强度 $\boldsymbol{B}$ 应该等于外磁场产生的磁感应强度 $\boldsymbol{B}_0$ 与磁化电流在此处产生的附加磁感应强度 $\boldsymbol{B}'$ 的矢量和，即

$$\boldsymbol{B}=\boldsymbol{B}_0+\boldsymbol{B}'.$$

如图 11－13(a) 所示，设在单位长度内有 n 匝线圈的无限长直螺线管内充满各向同性的均匀磁介质，线圈内的电流为 I，电流 I 在螺线管内激发的磁感应强度为$\boldsymbol{B}_0$(大小为 $B_0=\mu nI$). 而磁介质在磁场 $\boldsymbol{B}_0$ 中被磁化，从而使磁介质内的分子磁矩在磁场 $\boldsymbol{B}_0$ 的作用下做有规则的排列.

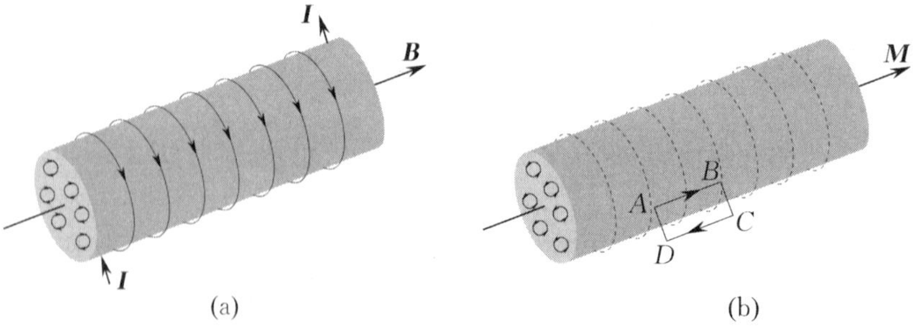

图 11－13　磁介质中的安培环路

设圆柱形磁介质表面上沿柱体母线方向单位长度内的磁化电流为 $\boldsymbol{I}_s$，那么，在长为 L、横截面积为 S 的磁介质内，由于被磁化而具有的磁矩为 $\sum\boldsymbol{m}=\boldsymbol{I}_sLS$. 于是由磁化强度的定义可得

$$\boldsymbol{I}_s=\boldsymbol{M}\times\boldsymbol{n}_0,$$

其中 $\boldsymbol{n}_0$ 为磁介质表面外法线方向的单位矢量. 由此可知，磁化强度$\boldsymbol{M}$在量值上等于单位长度上的

磁化电流.

若在如图 11 - 13(b) 所示的圆柱形磁介质边缘处选取 $ABCDA$ 矩形环路,其中$\overline{AB}$ 为单位长度,则磁化强度 $\boldsymbol{M}$ 沿此环路的积分为

$$\oint_l \boldsymbol{M} \cdot \mathrm{d}\boldsymbol{l} = M\overline{AB} = I_s. \tag{11-41}$$

此外,对 $ABCDA$ 矩形环路来说,由安培环路定理有

$$\oint_l \boldsymbol{B} \cdot \mathrm{d}\boldsymbol{l} = \mu_0 \sum I_i,$$

其中 $\sum I_i$ 应为传导电流 $\sum I$ 与磁化电流 I_s 之和,故上式可以写成

$$\oint_l \boldsymbol{B} \cdot \mathrm{d}\boldsymbol{l} = \mu_0 \sum I + \mu_0 I_s,$$

所以可得

$$\oint_l \boldsymbol{B} \cdot \mathrm{d}\boldsymbol{l} = \mu_0 \sum I + \mu_0 \oint_l \boldsymbol{M} \cdot \mathrm{d}\boldsymbol{l},$$

或写成

$$\oint_l \left(\frac{\boldsymbol{B}}{\mu_0} - \boldsymbol{M}\right) \cdot \mathrm{d}\boldsymbol{l} = \sum I.$$

引进辅助量 $\boldsymbol{H}$,且令

$$\boldsymbol{H} = \frac{\boldsymbol{B}}{\mu_0} - \boldsymbol{M}, \tag{11-42}$$

$\boldsymbol{H}$ 称为**磁场强度**,于是得

$$\oint_l \boldsymbol{H} \cdot \mathrm{d}\boldsymbol{l} = \sum I. \tag{11-43}$$

这就是有磁介质时的安培环路定理. 它说明,**磁场强度沿任意闭合回路的线积分,等于该回路所包围的传导电流的代数和**. 可见,磁场中磁感应强度的环流与磁介质有关,而磁场强度的环流则只与传导电流有关. 所以,引入磁场强度 $\boldsymbol{H}$ 这个物理量后,我们就能够比较方便地处理磁介质中的磁场问题.

在国际单位制中,磁场强度的单位是安[培] 每米($\mathrm{A \cdot m^{-1}}$).

在磁介质中,满足 $\boldsymbol{M} \propto \boldsymbol{H}$ 的磁介质称为线性磁介质. 于是有

$$\boldsymbol{M} = \kappa \boldsymbol{H},$$

其中 κ 叫作磁介质的磁化率,它取决于磁介质的性质. 将上式代入式(11 - 42),有

$$\boldsymbol{H} = \frac{\boldsymbol{B}}{\mu_0} - \boldsymbol{M} = \frac{\boldsymbol{B}}{\mu_0} - \kappa \boldsymbol{H}$$

或

$$\boldsymbol{B} = \mu_0 (1 + \kappa) \boldsymbol{H}.$$

可令 $\mu_\mathrm{r} = 1 + \kappa$,并称 μ_r 为磁介质的相对磁导率,则上式可以写为

$$\boldsymbol{B} = \mu_0 \mu_\mathrm{r} \boldsymbol{H}. \tag{11-44a}$$

令 $\mu = \mu_0 \mu_\mathrm{r}$,并称 μ 为磁导率,上式即为

$$\boldsymbol{B} = \mu \boldsymbol{H}. \tag{11-44b}$$

阅读材料

习题 11

11－1 两根长度相同的细导线分别密绕在半径为 R 和 r 的两个长直圆筒上，形成两个螺线管，两个螺线管的长度相同，$R=2r$，螺线管通过的电流均为 I，则螺线管中的磁感应强度大小 B_R 和 B_r 满足(　　).

A. $B_R=2B_r$　　B. $B_R=B_r$

C. $2B_R=B_r$　　D. $B_R=4B_r$

11－2 如图 11－14 所示，一个半径为 r 的半球面放在均匀磁场中，通过半球面的磁通量为(　　).

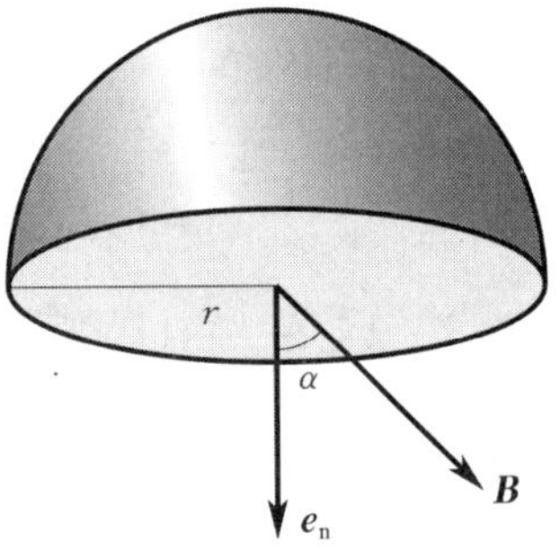

图 11－14

A. $2\pi r^2 B$　　B. $\pi r^2 B$

C. $2\pi r^2 B\cos\alpha$　　D. $\pi r^2 B\cos\alpha$

11－3 下列说法正确的是(　　).

A. 闭合回路上各点磁感应强度都为零时，回路内一定没有电流穿过

B. 闭合回路上各点磁感应强度都为零时，回路内穿过电流的代数和必定为零

C. 磁感应强度沿闭合回路的积分为零时，回路上各点的磁感应强度必定为零

D. 磁感应强度沿闭合回路的积分不为零时，回路上任意一点的磁感应强度都不可能为零

11－4 有两个同轴导体圆柱面，它们的长度均为 20 m，内圆柱面的半径为 3 mm，外圆柱面的半径为 9 mm，若两圆柱面之间有 10 μA 电流沿径向流过，求通过半径为 6 mm 的圆柱面上的电流密度.

11－5 已知地球北极地磁场磁感应强度 $\boldsymbol{B}$ 的大小为 6×10^{-5} T. 设想此地磁场是由地球赤道上一圆电流所激发的，问：此电流有多大？流向如何？

11－6 如图 11－15 所示，有两根导线沿半径方向接到铁环上的 a，b 两点，并与很远处的电源相接，求环心 O 处的磁感应强度.

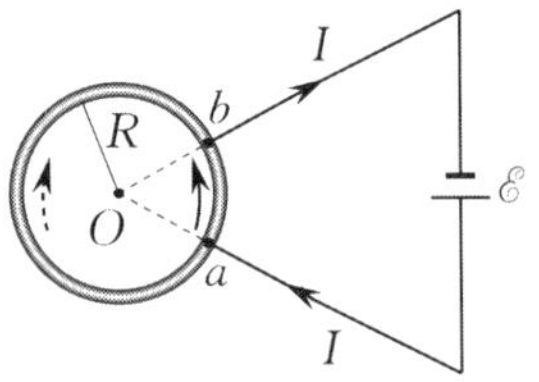

图 11－15

11－7 图 11－16 所示为几种载流导线在平面内的分布方式，电流均为 I，问它们在 O 点处产生的磁感应强度各为多少？

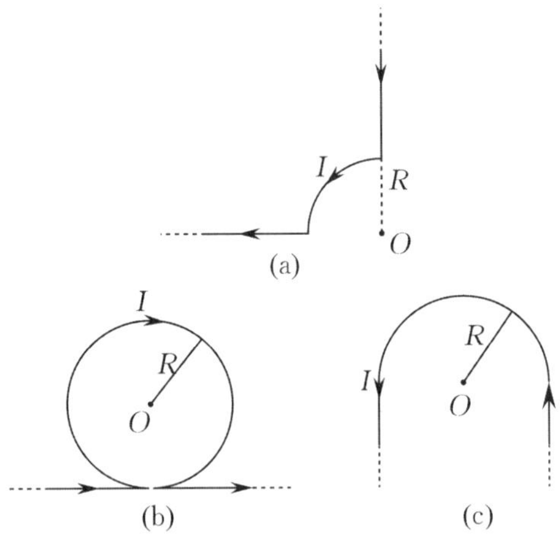

图 11－16

11－8 已知半径为 R 的裸铜线允许通过电流 I 而不致导线过热，电流在导线横截面上均匀分布，求：(1) 导线内、外磁感应强度的分布；(2) 导线表面的磁感应强度.

11－9 有一同轴电缆，其尺寸如图 11－17 所示. 两导体中的电流均为 I，但电流的流向相反，导体的磁性可不考虑. 试计算以下各处的磁感应强度：(1) $r<R_1$；(2) $R_1<r<R_2$；(3) $R_2<r<R_3$；(4) $r>R_3$. 并画出 $B-r$ 曲线.

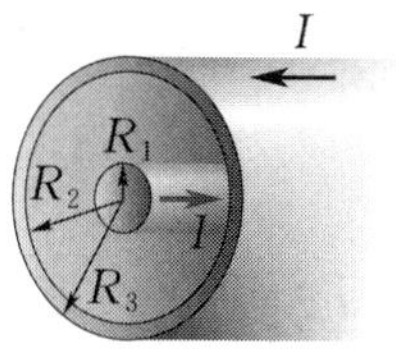

图 11 - 17

11 - 10　设电流均匀流过无限大导电平面，其电流面密度为 $\boldsymbol{j}$，求导电平面两侧的磁感应强度.

11 - 11　设有两无限大平行载流平面，它们的电流面密度均为 $\boldsymbol{j}$，电流流向相反. 求：(1) 两载流平面之间的磁感应强度；(2) 两载流平面之外的磁感应强度.

11 - 12　一无限长载流圆柱体，半径为 R，通有电流 I，设电流 I 均匀分布在整个横截面上. 圆柱体的磁导率为 μ，圆柱体外为真空，求圆柱体内外各区域的磁场强度和磁感应强度.

第12章

电磁场与麦克斯韦方程组

微课视频

前面我们研究了电流产生的磁场,说明电可以产生磁.那么磁能否产生电呢?在1820年奥斯特发现电流的磁现象之后不久,英国实验物理学家法拉第就在1824年提出了“磁能否产生电”的想法.数年后,法拉第在实验中发现了电磁感应现象.

电磁感应现象的发现,进一步揭示了自然界中电现象和磁现象之间的联系,推动了电磁学理论的发展,奠定了现代电工学的基础,并且还标志着新的技术革命和工业革命即将到来,使现代电力工业、电工和电子技术得以建立和发展.

本章的主要内容有在电磁感应现象的基础上讨论电磁感应定律,以及动生电动势和感生电动势,介绍自感和互感等基本概念,并给出麦克斯韦方程组的积分和微分形式.

12.1 电磁感应定律

12.1.1 法拉第电磁感应定律

电磁感应定律是建立在电磁感应现象的实验基础上的,因此,我们首先来讨论法拉第电磁感应实验.

1831年,法拉第发现,当穿过闭合线圈的磁通量发生变化时,闭合线圈中有感应电流产生.此后,他又做了一系列实验,用不同的方式证实电磁感应现象的存在及其规律.下面选取两个表明电磁感应现象的实验,并说明产生这一现象的条件.

(1) 如图12-1所示,线圈A和B绕在一环形铁芯上,线圈B与电开关S和电源相接,线圈A接有电流计.在电开关S闭合和断开的瞬时,与线圈A连接的电流计的指针将发生偏转,但两种情况(闭合和断开开关)下电流的流向相反.

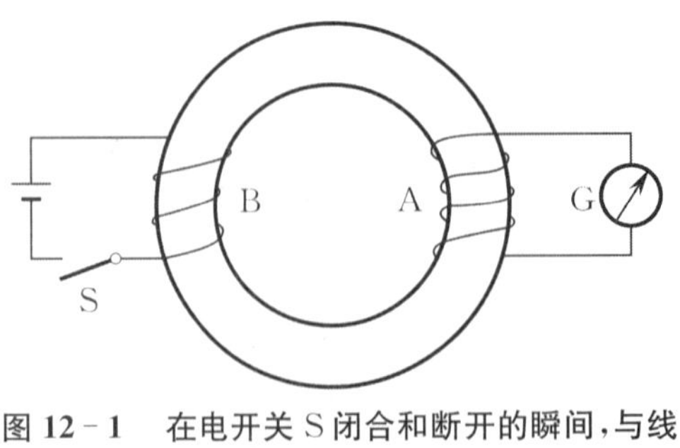

图12-1　在电开关S闭合和断开的瞬间,与线圈A连接的电流计的指针发生偏转

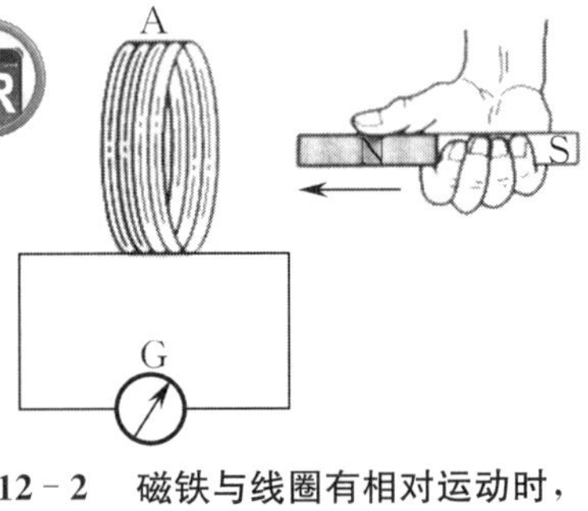

图12-2　磁铁与线圈有相对运动时,电流计的指针发生偏转

(2) 取一如图12-2所示的线圈A,把它的两端和一电流计G连成一闭合回路.将一磁铁插入线圈或从线圈中抽出,或者磁铁不动,线圈向着(或背离)磁铁运动,即两者发生相对运动时,电流

计的指针都将发生偏转,且电流计指针的偏转方向与两者的相对运动情况有关.

此外,法拉第还做了一些诸如闭合线圈在磁场中转动、闭合回路中某一段导线在磁场中运动等一系列实验,也都发现回路中有感应电流产生.

分析上述实验过程可以看出,以上各种情况都使穿过闭合回路的磁通量发生了变化,无论是使闭合回路(或称探测线圈)保持不动,而使闭合回路(或探测线圈)中的磁场发生变化;或者是使磁场保持不变,而使闭合回路(或探测线圈)在磁场中运动,都可以在闭合回路(或探测线圈)中引起电流.

显然,感应电流的产生,是因为回路中产生了感应电动势.而磁通量的变化是引发电磁感应现象的必要条件.于是,可以得出如下结论:当穿过一个闭合导体回路所围面积的磁通量发生变化时,不管这种变化是由于什么原因所引起的,回路中都会产生电流.这种现象叫作电磁感应现象.回路中所出现的电流叫作感应电流.这种在回路中由于磁通量的变化而引起的电动势,叫作感应电动势.法拉第在实验中还发现,感应电动势的大小与磁通量变化的快慢有关,磁通量变化越快,感应电动势就越大.

通过对以上实验过程的分析,可以总结出法拉第电磁感应定律:**当穿过闭合回路所围面积的磁通量发生变化时,回路中将产生感应电动势,并且感应电动势等于磁通量对时间变化率的负值**,即

$$\mathscr{E}_{\mathrm{i}}=-\frac{\mathrm{d}\Phi_{\mathrm{m}}}{\mathrm{d}t}. \tag{12-1a}$$

在国际单位制中,$\mathscr{E}_{\mathrm{i}}$ 的单位为伏[特](V),Φ_{m} 的单位为韦[伯](Wb),t 的单位为秒(s).

应当指出,式(12-1a)中的 Φ_{m} 是穿过回路所围面积的磁通量.如果回路由 N 匝串联线圈组成,而穿过每匝线圈的磁通量都等于 Φ_{m},则通过 N 匝串联线圈的**磁链** $\Psi=N\Phi_{\mathrm{m}}$.因此,电磁感应定律可以写成

$$\mathscr{E}_{\mathrm{i}}=-\frac{\mathrm{d}\Psi}{\mathrm{d}t}=-N\frac{\mathrm{d}\Phi_{\mathrm{m}}}{\mathrm{d}t}. \tag{12-1b}$$

如果闭合回路的电阻为 R,根据闭合回路的欧姆定律 $\mathscr{E}_{\mathrm{i}}=IR$,回路中的感应电流应为

$$I_{\mathrm{i}}=-\frac{1}{R}\frac{\mathrm{d}\Phi_{\mathrm{m}}}{\mathrm{d}t}. \tag{12-2}$$

利用式(12-2),以及 $I=\frac{\mathrm{d}q}{\mathrm{d}t}$,可计算出在时间间隔 $\Delta t=t_2-t_1$ 内,由于电磁感应,流过回路的感应电荷.设在时刻 t_1 穿过回路所围面积的磁通量为 Φ_{m1},在时刻 t_2 穿过回路所围面积的磁通量为 Φ_{m2},则在 Δt 时间内,通过回路的感应电荷为

$$q=\left|\int_{t_1}^{t_2}I\mathrm{d}t\right|=\left|-\frac{1}{R}\int_{\Phi_{\mathrm{m1}}}^{\Phi_{\mathrm{m2}}}\mathrm{d}\Phi_{\mathrm{m}}\right|=\left|\frac{1}{R}(\Phi_{\mathrm{m1}}-\Phi_{\mathrm{m2}})\right|. \tag{12-3}$$

比较式(12-2)和式(12-3)可以看出,感应电流与回路中磁通量随时间的变化率有关,变化率越大,感应电流越强;但感应电荷只与回路中磁通量的变化量有关,而与磁通量随时间的变化率无关.

12.1.2 楞次定律

关于电动势的方向问题,1834 年,物理学家楞次(Lenz)在法拉第实验资料的基础上通过实验总结出如下规律:**感应电流产生的磁通量总是会阻碍引起该感应电流的磁通量变化.**

这里所谓阻碍磁通量的变化是指：当磁通量增大时，感应电流产生的磁通量与原来的磁通量方向相反（阻碍它增大）；当磁通量减小时，感应电流产生的磁通量与原来的磁通量方向相同（阻碍它减小），因此常被简单地总结为“增反减同”.

如图 12－3(a) 所示，当磁铁插入线圈时，穿过线圈的磁通量增大，按照楞次定律，感应电流产生的磁通量应与原磁通量反向，根据右手定则可知，感应电流的方向如导线中的箭头所示. 反之，当磁铁拔出线圈时，穿过线圈的磁通量减小，感应电流的方向如图 12－3(b) 所示.

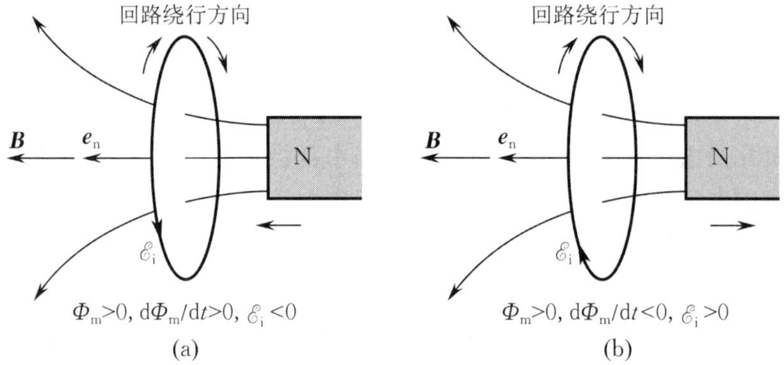

图 12－3　楞次定律

楞次定律也可以用另一种表达方式来表述：**感应电流的方向总是使感应电流产生的效果反抗引起感应电流的原因.**

同样以图 12－3(a) 所示实验为例，当磁铁向左插入线圈时，已知感应电流如图所示，这时线圈也相当于一个磁铁，N 级向右，与磁铁的 N 极相对，两个同性磁极互相排斥，其效果是反抗磁铁插入. 而在图 12－3(b) 所示的实验中，当磁铁拔出线圈时，感应电流使线圈的 S 极出现在右端，它与磁铁的 N 极互相吸引，其效果是阻碍磁铁拔出. 在并不要求具体确定感应电流方向，只需判明感应电流引起的效果的问题上，使用楞次定律的第二种表述更为方便.

楞次定律可认为是能量守恒定律在电磁现象上的反映. 为了理解这点，我们从功和能的角度重新分析图 12－3(a) 所示实验. 一方面，当磁铁插入线圈时要受到一个斥力，为使磁铁匀速插入线圈（强调匀速是使其动能不变，否则分析时还得考虑其动能变化），必须借用外力克服这个斥力做功；另一方面，感应电流流过线圈时要放出热量，这个热量正是外力的功转化而来的. 可见，楞次定律符合能量守恒和转化这一普遍规律. 设想若感应电流的方向与楞次定律的结论相反，图 12－3(a) 中的线圈右端就相当于 S 极，它与向左插入的磁铁左端的 N 极相吸，磁铁在这个吸引力的作用下将加速向左运动（无须其他任何外力），线圈的感应电流越来越大，线圈与磁铁的吸引力也越来越强. 如此循环，一方面是磁铁的动能不断增加，另一方面是感应电流放出越来越多的热量，而这一过程中却没有任何外力做功，这显然是违反能量守恒定律的. 可见，能量守恒定律要求感应电动势的方向符合楞次定律.

式(12－1) 中的“－”号就是楞次定律的反映. 由式(12－1a) 判断感应电动势方向的具体步骤是：先规定回路绕行的正方向，然后按右手定则确定回路所包围面积的法线 $\boldsymbol{n}$ 的正方向，即右手四指弯曲方向沿绕行正方向，伸直拇指的方向就是 $\boldsymbol{n}$ 的正方向. 当磁感应强度 $\boldsymbol{B}$ 与 $\boldsymbol{n}$ 的夹角小于 $90°$ 时，穿过回路的磁通量 Φ_m 为正；反之，则为负. 再根据 Φ_m 的变化情况，确定 $d\Phi_m$ 的正负. 而 $\frac{d\Phi_m}{dt}$ 的正负与 $d\Phi_m$ 的正负相同（因为 dt 总是正的）. 最后，若 $\frac{d\Phi_m}{dt}>0$，则由式(12－1a) 可得 $\mathscr{E}_i<0$，即感

应电动势 $\mathscr{E}_i$ 的方向与所规定的回路绕行正方向相反；若$\frac{d\Phi_m}{dt}<0$，则 $\mathscr{E}_i>0$，即感应电动势 $\mathscr{E}_i$ 的方向与所规定的回路绕行正方向一致. 例如，在图 12－4(a) 和图 12－4(b) 中，取逆时针方向(俯视) 为回路绕行正方向，则按右手定则，回路的法线正方向 $\boldsymbol{n}$ 垂直回路平面向上，故穿过回路的 $\Phi_m>0$. 在图 12－4(a) 中，N 极朝向回路运动，穿过回路的 Φ_m 增加，$\frac{d\Phi_m}{dt}>0$，根据式(12－1a) 得 $\mathscr{E}_i<0$，因此 $\mathscr{E}_i$ 的方向与所规定的回路绕行正方向相反，为顺时针方向；在图 12－4(b) 中，N 极背向回路运动，$\frac{d\Phi_m}{dt}<0$，根据式(12－1a) 得 $\mathscr{E}_i>0$，因此 $\mathscr{E}_i$ 的方向与所规定的回路绕行正方向相同，为逆时针方向.

应注意，感应电动势的方向仅由磁通量的变化情况决定，与如何选取回路绕行的正方向无关. 例如，在图 12－4(c) 和图 12－4(d) 中，选取了顺时针方向为回路绕行的正方向，则该回路的法线正方向 $\boldsymbol{n}$ 垂直回路平面向下，这时，通过以上分析步骤，仍可得出与图 12－4(a) 和图 12－4(b) 方向相同的结果.

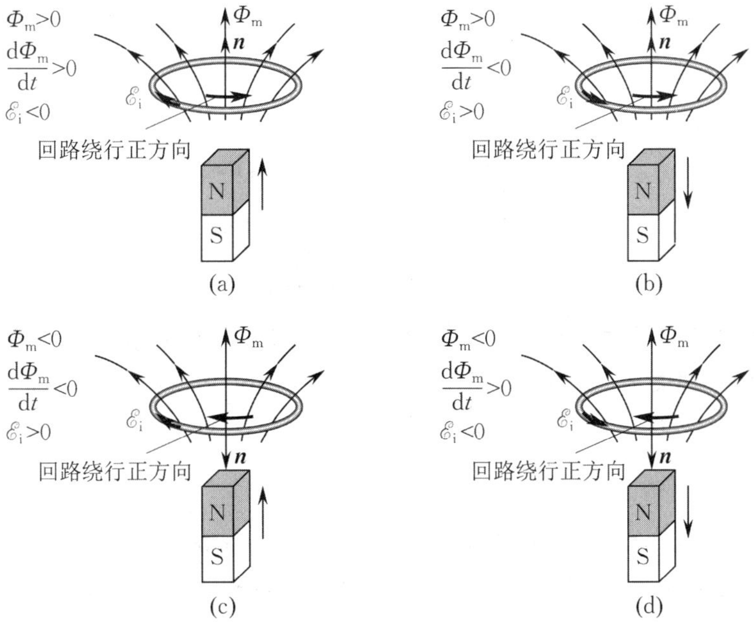

图 12－4　感应电动势的方向

12.2　动生电动势与感生电动势

12.2.1　动生电动势

在电磁感应现象中我们发现，只要穿过闭合回路的磁通量发生变化，回路中就会有感应电动势. 而穿过回路所围面积 S 的磁通量是由磁感应强度、回路面积的大小，以及面积在磁场中的取向等三个因素决定的，因此，只要这三个因素中的任一因素发生变化，都会使磁通量发生变化，从而产生感应电动势.

我们将回路所围面积发生变化或面积取向发生变化(通常是由于回路的形状和位置的变动或导体在磁场中的运动) 引起的感应电动势称为**动生电动势**；将磁感应强度变化所引起的感应电

动势称为**感生电动势**. 下面具体讨论这两种电动势.

以直导线为例讨论导体在磁场中运动所产生的感应电动势. 如图 12-5 所示，在磁感应强度为 $\boldsymbol{B}$ 的均匀磁场中，有一段长为 l 的导线 OP 以速度 $\boldsymbol{v}$ 向右运动，且 $\boldsymbol{v}$ 与 $\boldsymbol{B}$ 垂直. 导线内每个自由电子都受到洛伦兹力 $\boldsymbol{F}_\mathrm{m}$ 的作用，因此有

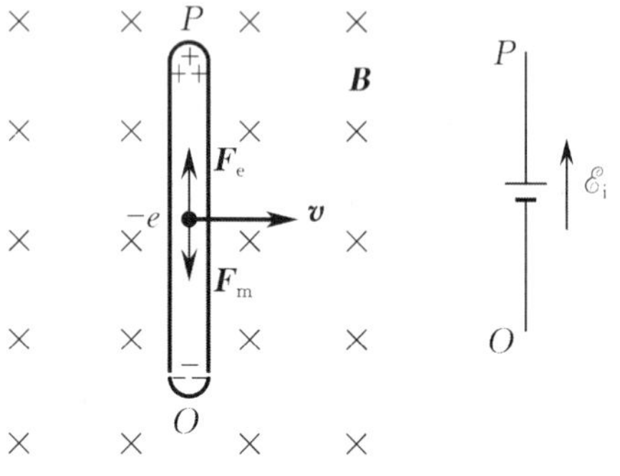

图 12-5　动生电动势

$$\boldsymbol{F}_\mathrm{m} = (-e)\boldsymbol{v} \times \boldsymbol{B},$$

其中 $-e$ 为电子的电荷，$\boldsymbol{F}_\mathrm{m}$ 的方向与 $\boldsymbol{v} \times \boldsymbol{B}$ 的方向相反，即由 P 指向 O. 它使导线内的电子沿导线由 P 向 O 移动，O 端积累了负电荷，P 端则积累了正电荷，从而在导线内建立起静电场. 当作用在电子上的电场力 $\boldsymbol{F}_\mathrm{e}$ 与洛伦兹力 $\boldsymbol{F}_\mathrm{m}$ 相平衡($\boldsymbol{F}_\mathrm{e} + \boldsymbol{F}_\mathrm{m} = \boldsymbol{0}$) 时，$O$，$P$ 两端间便有稳定的电势差. 由于洛伦兹力呈非静电力，所以，如果以 $\boldsymbol{E}_\mathrm{k}$ 表示非静电力的电场强度，则有

$$\boldsymbol{E}_\mathrm{k} = \frac{\boldsymbol{F}_\mathrm{m}}{-e} = \boldsymbol{v} \times \boldsymbol{B}.$$

$\boldsymbol{E}_\mathrm{k}$ 与 $\boldsymbol{F}_\mathrm{m}$ 的方向相反，而与 $\boldsymbol{v} \times \boldsymbol{B}$ 的方向相同. 因此可得，在磁场中运动的导线 OP 所产生的动生电动势为

$$\mathscr{E}_\mathrm{i} = \int_{OP} \boldsymbol{E}_\mathrm{k} \cdot \mathrm{d}\boldsymbol{l} = \int_{OP} (\boldsymbol{v} \times \boldsymbol{B}) \cdot \mathrm{d}\boldsymbol{l}. \tag{12-4}$$

考虑到 $\boldsymbol{v}$ 与 $\boldsymbol{B}$ 垂直，且矢积 $\boldsymbol{v} \times \boldsymbol{B}$ 的方向与 $\mathrm{d}\boldsymbol{l}$ 的方向相同，以及 $\boldsymbol{v}$ 与 $\boldsymbol{B}$ 均为常矢量，故有

$$\mathscr{E}_\mathrm{i} = \int_0^l vB\,\mathrm{d}l = vBl. \tag{12-5}$$

导线 OP 上的动生电动势的方向是由 O 指向 P(见图 12-5). 应当注意，此式只能用来计算在均匀磁场中直导线以恒定速度垂直磁场运动时所产生的动生电动势. 对任意形状的导线在非均匀磁场中运动所产生的动生电动势，则要由式(12-4) 来进行计算.

例 12-1

一根长度为 L 的铜棒，在磁感应强度为 $\boldsymbol{B}$ 的均匀磁场中，以角速度 ω 在与磁场方向垂直的平面上绕棒的一端 O 做匀速转动，如图 12-6 所示，试求在铜棒两端的感应电动势.

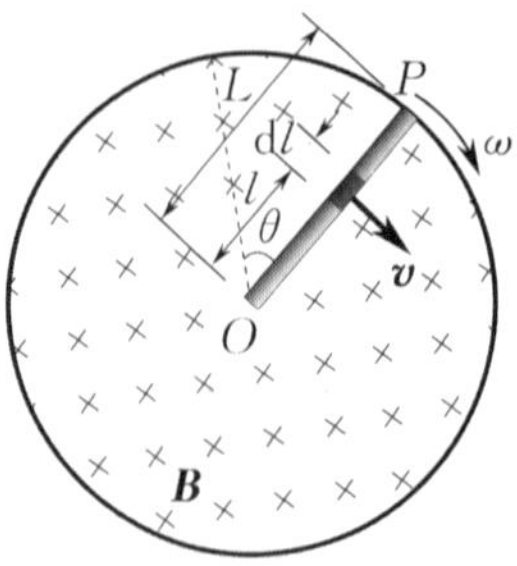

图 12-6

解　在铜棒上取一段极小的线元 $\mathrm{d}\boldsymbol{l}$，其速度为 $\boldsymbol{v}$，并且 $\boldsymbol{v}$，$\boldsymbol{B}$，$\mathrm{d}\boldsymbol{l}$ 互相垂直(见图 12-6). 于是，由式(12-4) 得 $\mathrm{d}\boldsymbol{l}$ 两端的动生电动势为

$$\mathrm{d}\mathscr{E}_\mathrm{i} = (\boldsymbol{v} \times \boldsymbol{B}) \cdot \mathrm{d}\boldsymbol{l} = Bv\mathrm{d}l = Bl\omega\mathrm{d}l.$$

于是铜棒两端的动生电动势为各线元的动生电动势之和，即

$$\mathscr{E}_\mathrm{i} = \int_l \mathrm{d}\mathscr{E}_\mathrm{i} = \int_0^L B\omega l\,\mathrm{d}l = \frac{1}{2}B\omega L^2.$$

动生电动势的方向由 O 指向 P，O 端带负电，P 端带正电.

12.2.2 感生电动势

在电磁感应实验中，我们发现，把一闭合导体回路放置在变化的磁场中时，穿过此闭合回路的磁通量会发生变化，从而在回路中产生感应电流. 显然，引起穿过闭合导体回路的磁通量发生变化的电场不可能是静电场. 于是麦克斯韦在分析了一些电磁感应现象以后，提出了如下假设：变化的磁场在其周围空间要激发一种电场，这个电场叫作感生电场，用符号 $\boldsymbol{E}_{\mathrm{k}}$ 表示. 感生电场与静电场一样都对电荷有力的作用. 正是由于感生电场的存在，才会在闭合回路中产生感生电动势. 由电动势的定义可得，感生电动势等于感生电场 $\boldsymbol{E}_{\mathrm{k}}$ 沿任意闭合回路的线积分，即

$$\mathscr{E}_{\mathrm{i}} = \oint_l \boldsymbol{E}_{\mathrm{k}} \cdot \mathrm{d}\boldsymbol{l} = -\frac{\mathrm{d}\Phi_{\mathrm{m}}}{\mathrm{d}t}. \tag{12-6}$$

必须指出，由麦克斯韦感生电场的假设而得到的感生电动势的表达式，不仅适用于由导体所构成的闭合回路，而且无论在介质或真空中，是否有导体，全都是适用的. 也就是说，只要穿过空间内某一闭合回路所围面积的磁通量发生变化，那么此闭合回路上的感生电动势总是等于感生电场 $\boldsymbol{E}_{\mathrm{k}}$ 沿该闭合回路的环流.

感生电场是变化的磁场在其周围空间激发的电场，感生电场又称涡旋电场. 涡旋电场与库仑电场的相同之处是：它们都是一种客观存在的物质，且对电荷都有作用力. 与库仑电场的不同之处在于：涡旋电场不是由电荷激发的，而是由变化的磁场激发的，描述涡旋电场的电场线是闭合的，它不是保守力场，而库仑电场是保守力场.

12.3 自感和互感

当回路中通有电流，且电流发生变化时，通过回路的磁通量也会发生变化. 我们已经知道，不论以什么方式，只要能使穿过闭合回路的磁通量发生变化，就会产生电磁感应现象，闭合回路中就会有感应电动势出现. 下面我们做具体分析.

假设在通有电流 I_1 的闭合回路 1 附近，另有一个通有电流 I_2 的闭合回路 2. 回路 1 中电流 I_1 的变化在回路 1 自身中引起的感应电动势，称为**自感电动势**，用符号 $\mathscr{E}_L$ 表示；而回路 2 中电流 I_2 的变化也会在回路 1 中引起感应电动势，称为**互感电动势**，用符号 $\mathscr{E}_{12}$ 表示. 下面分别讨论这两种感应电动势.

12.3.1 自感

假设任意一个通有电流 I 的闭合回路，根据毕奥-萨伐尔定律，此电流在空间任意一点产生的磁感应强度都与 I 成正比，因此，穿过回路本身所围面积的磁通量也与 I 成正比，即

$$\Phi_{\mathrm{m}} = LI, \tag{12-7a}$$

其中 L 为比例系数，称为**回路的自感系数**，简称**自感**. 自感 L 只与回路的形状、大小和周围介质的磁导率有关. 由式(12 - 7a) 可以看出，如果 I 为单位电流，则 $L = \Phi_{\mathrm{m}}$.

假设回路由 N 匝线圈构成，则穿过回路的磁通量为

$$N\Phi_{\mathrm{m}} = LI. \tag{12-7b}$$

根据电磁感应定律，由式(12 - 7a) 可求得自感电动势为

$$\mathscr{E}_L = -\frac{\mathrm{d}\Phi_{\mathrm{m}}}{\mathrm{d}t} = -\left(L\frac{\mathrm{d}I}{\mathrm{d}t} + I\frac{\mathrm{d}L}{\mathrm{d}t}\right).$$

如果回路的形状、大小和周围介质的磁导率都不随时间变化，则 L 为一常量，故 $\frac{dL}{dt}=0$，因而

$$\mathscr{E}_L=-L\frac{dI}{dt}. \tag{12-8}$$

从式(12-7)和式(12-8)可以看出，自感的意义可以有以下两种解释：

(1) 某回路的自感，在数值上等于当回路中的电流为一个单位时，穿过此回路所围面积的磁通量.

(2) 某回路的自感，在数值上等于当回路中的电流随时间的变化率为一个单位时，在回路中所引起的自感电动势的绝对值.

通常，自感由实验测定，只在某些简单的情形下才可由其定义计算出来. 在国际单位制中，自感的单位是亨[利](H).

在工程技术和日常生活中，自感现象的应用是很广泛的，如无线电技术和电工中常用的扼流圈，日光灯上用的镇流器等就是实例. 但是在有些情况下，自感现象会带来危害，必须采取措施予以减弱或消除. 例如，在有较大自感的电网中，当电路突然断开时，由于自感而产生很大的自感电动势，在电网的电闸开关瞬间形成一较高的电压，常常大到使空气间隙被"击穿"而导电，产生电弧，对电网有损坏作用. 又如，电机和强力电磁铁，在电路中都相当于自感很大的线圈. 因此，在断开电路的瞬间，会在电路中出现暂态的过大电流，造成事故. 为了减小这种危险，一般都是先增加电阻使电流减小，然后再断开电路. 所以，大电流电力系统中的开关，都附加有"灭弧"的装置.

例 12-2

有一长直密绕载流螺线管，长度为 l，横截面积为 S，线圈的总匝数为 N，管中均匀磁介质的磁导率为 μ，试求其自感.

解 对于长直螺线管，当有电流 I 通过时，可以把管内的磁场近似看作是均匀的，其磁感应强度的大小为

$$B=\mu nI,$$

其中 n 为单位长度上线圈的匝数，$\boldsymbol{B}$ 的方向可看成与螺线管的轴线平行. 因此，穿过螺线管每一匝线圈的磁通量 Φ_m 都等于

$$\Phi_m=BS=\mu nIS,$$

而穿过螺线管的磁链为

$$\Psi=N\Phi_m=\mu NnSI=\mu n^2 lSI.$$

由 $\Psi=LI$ 得

$$L=\mu n^2 V,$$

其中 V 为长直螺线管的体积. 可见，要获得较大自感的螺线管，通常采用较细导线制成的绕组，以增加单位长度上的匝数 n；并选取较大磁导率 μ 的磁介质放置在螺线管内，以增加其自感. 从这个例题中可以明显看出螺线管的自感值只与其自身性质有关.

前文曾讨论过，自感效应在电路接通与断开时将影响电路中电流的变化. 现在我们对含有自感的电路中电流变化的规律进行定量分析，这是一种暂态过程.

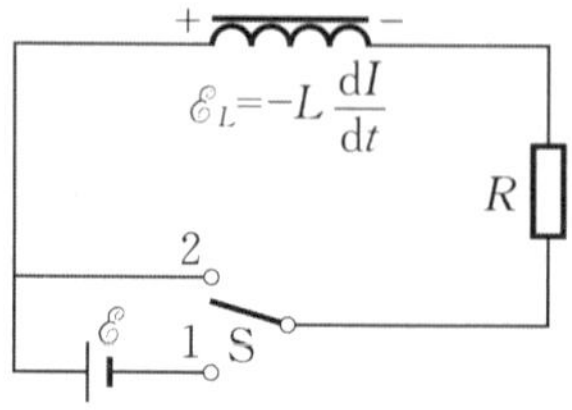

图 12-7　RL 电路

设在如图 12-7 所示的电路中，电源的电动势为 $\mathscr{E}$，电阻为 R，线圈的自感为 L，闭合开关为 S.

首先来讨论电流增长时的情况. 当开关 S 放到 1 的位置时，电路中的电流开始由零逐步增大，线圈中的自感电动势 $\mathscr{E}_L$ 的方向将与电路中电流增长的方向相反，即

$$\mathscr{E}_L=-L\frac{dI}{dt}.$$

由闭合电路的欧姆定律，有

$$\mathscr{E}+\mathscr{E}_L=RI,$$

即

$$\mathscr{E}-L\frac{\mathrm{d}I}{\mathrm{d}t}=RI.$$

上式也可以写成

$$\frac{\mathrm{d}I}{I-\frac{\mathscr{E}}{R}}=-\frac{R}{L}\mathrm{d}t.$$

考虑到 $t=0$ 时，$I=0$，对上式两端积分后，可得

$$\ln\frac{I-\frac{\mathscr{E}}{R}}{-\frac{\mathscr{E}}{R}}=-\frac{R}{L}t,$$

上式也可以写成

$$I=\frac{\mathscr{E}}{R}\left(1-\mathrm{e}^{-\frac{R}{L}t}\right), \tag{12-9}$$

其中 $\mathrm{e}^{-\frac{R}{L}t}$ 随时间的增加而呈指数衰减. 当 $t\to\infty$ 时，$I=\frac{\mathscr{E}}{R}$，此时电流达到稳定值. 当 $t=\tau=\frac{L}{R}$ 时，$I\approx\frac{0.63\mathscr{E}}{R}$，$\tau$ 叫作 RL 电路的时间常量或**弛豫时间**. 这就是说，$t=\tau$ 时，电流可达到稳定值的 63%. 从式(12-9) 可以看出，当 $t=3\tau$ 时，$\left(1-\mathrm{e}^{-\frac{R}{L}t}\right)\approx0.95$；当 $t=5\tau$ 时，$\left(1-\mathrm{e}^{-\frac{R}{L}t}\right)\approx0.993$. 因此，我们可以认为 $t=(3\sim5)\tau$ 时，RL 电路中的电流已达到稳定值. 显然，时间常量 τ 与 R 和 L 有关，R 越小，L 越大，达到电流稳定值所需的时间越长，电流增长得越慢. 图 12-8 所示为 RL 电路在不同 τ 情形下的电流增长曲线.

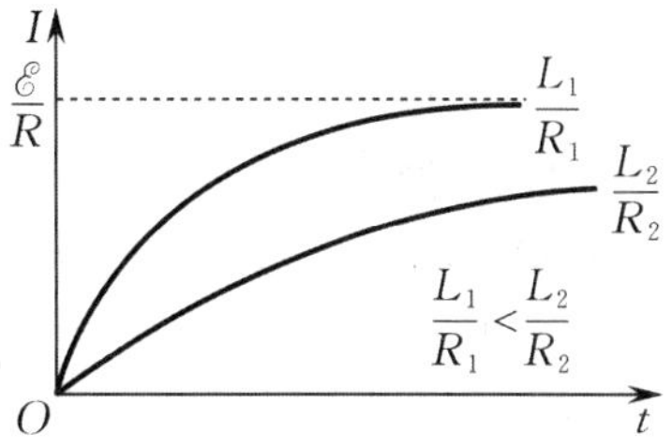

图 12-8　RL 电路的电流增长曲线

下面讨论在 RL 电路中电流衰减的情况. 当电路中的电流达到稳定值 $\frac{\mathscr{E}}{R}$ 后，如果将开关 S 迅速放到位置 2，这时电路中仅有自感电动势 $\mathscr{E}_L$，按照欧姆定律，有

$$\mathscr{E}_L=RI,$$

即

$$-L\frac{\mathrm{d}I}{\mathrm{d}t}=RI.$$

可得

$$\frac{\mathrm{d}I}{I}=-\frac{R}{L}\mathrm{d}t.$$

对上式两端积分，并利用初始条件：当 $t=0$ 时，$I=\frac{\mathscr{E}}{R}$，得

$$I=\frac{\mathscr{E}}{R}\mathrm{e}^{-\frac{R}{L}t}. \tag{12-10}$$

式(12-10) 表明，电路中的电流不会突然减小到零，而是逐渐衰减到零. 这是因为，自感电动

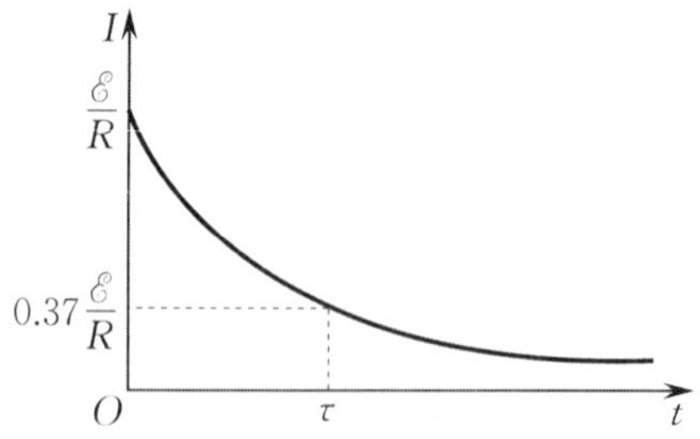

图 12-9　RL 电路中的电流衰减曲线

势会反抗电路中电流的减小；电阻越小，自感越大，电流衰减得越慢. 当时间 t 等于时间常量 τ 时 $\left(t=\tau=\frac{L}{R}\right)$，电流将衰减为起始电流的 $\frac{1}{\mathrm{e}}$，即 $I\approx\frac{0.37\mathscr{E}}{R}$. 从式(12-10)可以看出，当 $t=3\tau$ 时，$\mathrm{e}^{-\frac{R}{L}t}\approx 0.05$；当 $t=5\tau$ 时，$\mathrm{e}^{-\frac{R}{L}t}\approx 0.007$. 因此，在 $t=(3\sim5)\tau$ 时，可认为 RL 电路中的电流已衰减到零. 图 12-9 所示为 RL 电路中电流衰减时的电流与时间的关系曲线.

12.3.2　互感

假设有两个相邻的线圈 1 和 2，如图 12-10 所示放置，当其他条件不变，其中一个线圈的电流发生变化时，在另一个线圈中就会引起互感电动势. 这两个回路通常称为互感耦合回路.

设线圈 1 中的电流 I_1 所激发的磁场穿过线圈 2 的磁通量为 Φ_{m21}，根据毕奥-萨伐尔定律，在空间的任意一点，电流 I_1 产生的磁感应强度都与 I_1 成正比，因此，电流 I_1 所激发的磁场穿过线圈 2 的磁通量也必然与 I_1 成正比，所以有

$$\Phi_{m21}=M_{21}I_1,$$

其中 M_{21} 是比例系数.

同理，线圈 2 中的电流 I_2 所激发的磁场穿过线圈 1 的磁通量为 Φ_{m12}，它与 I_2 成正比，所以有

$$\Phi_{m12}=M_{12}I_2,$$

其中 M_{12} 是比例系数.

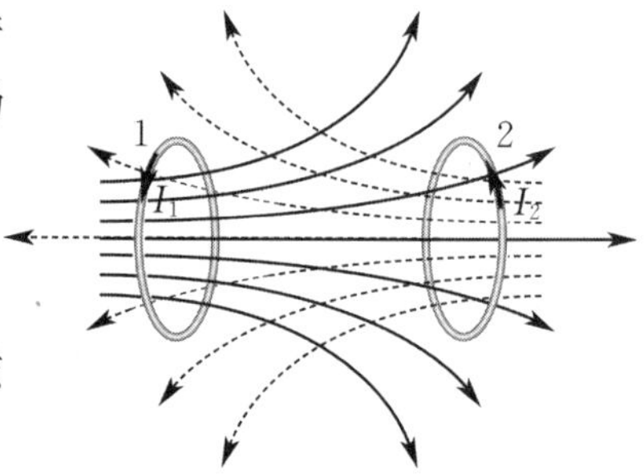

图 12-10　互感

实验表明，M_{21} 和 M_{12} 只与两个线圈的形状、大小、匝数、相对位置，以及周围磁介质的磁导率有关，称作两线圈的**互感**. 当这些条件都保持不变时，M_{21} 和 M_{12} 是相等的，即 $M_{21}=M_{12}=M$，则上述两式可以简化为

$$\Phi_{m21}=MI_1,\quad \Phi_{m12}=MI_2. \tag{12-11}$$

由此可以看出，两个线圈的互感 M 在数值上相等. 如果线圈 1 中的电流 I_1 发生变化，那么根据电磁感应定律，在线圈 2 中引起的互感电动势为

$$\mathscr{E}_{21}=-\frac{\mathrm{d}\Phi_{m21}}{\mathrm{d}t}=-M\frac{\mathrm{d}I_1}{\mathrm{d}t}. \tag{12-12a}$$

同理，当线圈 2 中的电流 I_2 发生变化时，在线圈 1 中引起的互感电动势为

$$\mathscr{E}_{12}=-\frac{\mathrm{d}\Phi_{m12}}{\mathrm{d}t}=-M\frac{\mathrm{d}I_2}{\mathrm{d}t}. \tag{12-12b}$$

由上面的分析可以看出，互感 M 是描述两个回路互感能力的物理量. 它在数值上等于：

(1) 当其中一个线圈中的电流为一单位电流时，它所产生的穿过另一个线圈所围面积的磁通量；

(2) 当其中一个线圈中的电流随时间的变化率为一个单位时，在另一个线圈中所引起的互感电动势.

在国际单位制中，互感的单位为亨[利](H).

式(12-12a)和式(12-12b)中的负号表示，在一个线圈中所引起的互感电动势要反抗另一个

线圈中电流的变化所引起的磁通量变化.

利用互感现象可以把交变的电信号或电能由一个电路转移到另一个电路,而无须把这两个电路连接起来.这种转移能量的方法在电工、无线电技术中得到广泛应用.当然,互感现象有时也需予以避免,以免产生有害干扰.为此,常采用磁屏蔽的方法将某些器件保护起来.

互感通常用实验方法测定,只是对于一些比较简单的情况,才能用计算的方法求得.

例 12-3

如图 12-11(a) 所示,在磁导率为 μ 的均匀无限大的磁介质中,有一无限长直导线,其与一宽和长分别为 b 和 l 的矩形线圈处在同一平面内,长直导线与矩形线圈的一侧平行,且相距为 d,求它们的互感.若将长直导线与矩形线圈按如图 12-11(b) 所示放置,它们的互感又为多少?

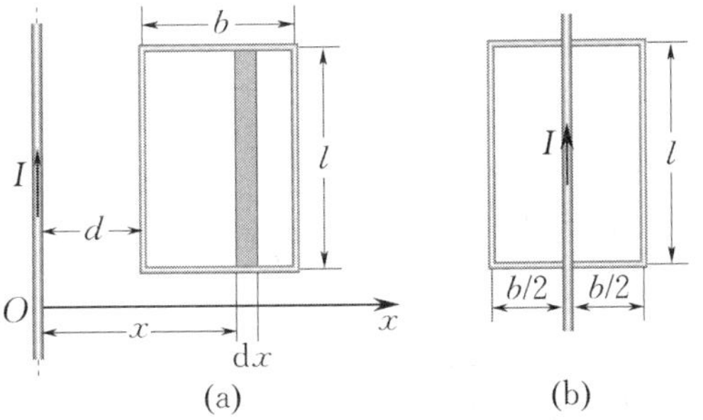

图 12-11

解　对图 12-11(a) 来说,设在无限长直导线中通以恒定电流 I,则在距长直导线垂直距离为 x 处的磁感应强度大小为

$$B = \frac{\mu I}{2\pi x}.$$

于是,穿过矩形线圈的磁通量为

$$\Phi_m = \int_S \boldsymbol{B} \cdot d\boldsymbol{S} = \int_d^{d+b} \frac{\mu I}{2\pi x} l\,dx = \frac{\mu I l}{2\pi} \ln \frac{d+b}{d},$$

则它们的互感为

$$M = \frac{\Phi_m}{I} = \frac{\mu l}{2\pi} \ln \frac{d+b}{d}.$$

对图 12-11(b) 来说,若仍设无限长直导线中的电流为 I,则由无限长直导线所激发的磁场的对称性可知,穿过矩形线圈的磁通量为零,即 $\Phi_m = 0$.所以它们的互感为零,即

$$M = 0.$$

由上述结果可以看出,无限长直导线与矩形线圈的互感,不仅与它们的形状、大小、磁介质的磁导率有关,还与它们的相对位置有关,这正是我们在定义互感时所曾指出的.

12.4　磁场的能量及能量密度

12.4.1　磁场的能量

如图 12-7 所示,当开关 S 由位置 1 放到位置 2 时,电源已经不再向电阻(灯泡)供给能量,但它突然亮了一下,所消耗的能量从哪里来?由于使灯泡闪亮的电流是线圈中的自感电动势产生的电流,而该电流随着线圈中的磁场的消失而逐渐消失,所以可认为闪亮的能量是原来储存在通有电流的线圈中的,或者说是储存在线圈内部的磁场中的,因此,这种能量叫作磁能.自感为 L 的线圈中通有电流 I 时所储存的磁能应该等于电流消失时自感电动势所做的功.这个功可按如下思路计算:以 $I\mathrm{d}t$ 表示在断路后某一时间 $\mathrm{d}t$ 内通过灯泡的电量,则在这段时间内自感电动势做的功为

$$\mathrm{d}A = \mathscr{E}_L I\,\mathrm{d}t = -L\frac{\mathrm{d}I}{\mathrm{d}t}I\,\mathrm{d}t = -LI\,\mathrm{d}I.$$

当电流由起始值减小到零时,自感电动势所做的总功就是

$$A=\int \mathrm{d}A=\int -LI\,\mathrm{d}I=\frac{1}{2}LI^2.$$

因此,具有自感 L 的线圈通有电流 I 时所具有的磁能就是

$$W_\mathrm{m}=\frac{1}{2}LI^2. \tag{12-13}$$

这就是自感磁能公式.

12.4.2 磁场的能量密度

对于磁场的能量,也可以引入能量密度的概念.下面我们用特例导出磁场能量密度公式.

一个螺绕环,设环的横截面积为 S,环管轴线形成的圆周的半径为 R,单位长度上的匝数为 n,环中充满相对磁导率为 μ_r 的磁介质,设螺绕环通有电流 I,由于螺绕环内磁感应强度的大小为 $B=\mu_0\mu_\mathrm{r}nI$,螺绕环管内的磁链为

$$\Psi=N\Phi_\mathrm{m}=2\pi RnBS=2\pi\mu_0\mu_\mathrm{r}n^2RSI.$$

由自感的定义,得此螺绕环的自感为

$$L=\frac{\Psi}{I}=2\pi\mu_0\mu_\mathrm{r}n^2RS=\mu_0\mu_\mathrm{r}n^2V=\mu n^2V,$$

其中 $V=2\pi RS$.

将上式代入式(12-13),可得通有电流 I 的螺绕环的磁场能量是

$$W_\mathrm{m}=\frac{1}{2}LI^2=\frac{1}{2}\mu n^2VI^2.$$

由于螺绕环管内的磁感应强度的大小为 $B=\mu nI$,所以上式可以写成

$$W_\mathrm{m}=\frac{B^2}{2\mu}V.$$

由于螺绕环的磁场集中于螺绕环管内,其体积是 V,并且螺绕环管内的磁场基本上是均匀的,所以螺绕环管内的磁场能量密度为

$$w_\mathrm{m}=\frac{B^2}{2\mu}. \tag{12-14}$$

利用磁场强度 $H=\dfrac{B}{\mu}$,此式还可以写成

$$w_\mathrm{m}=\frac{1}{2}BH. \tag{12-15}$$

此式虽然是从一个特例中推出的,但是对磁场普遍有效.利用它可以求得某一磁场所储存的总能量为

$$W_\mathrm{m}=\int_V w_\mathrm{m}\,\mathrm{d}V=\int_V \frac{1}{2}BH\,\mathrm{d}V.$$

此式的积分应遍及整个有磁场分布的空间.

例 12-4

求两个相互邻近的电流回路的磁场能量,这两个回路的电流分别是 I_1 和 I_2.

解 两个电路如图 12-12 所示.为了求出此系统在所示状态时的磁能,设想 I_1 和 I_2 是按下述步骤建立的.

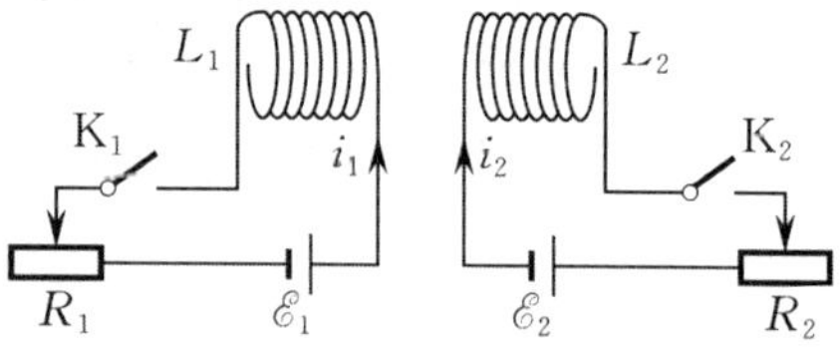

图 12-12 两个载流线圈的磁场能量

(1) 合上开关 K_1，使 i_1 从零增大到 I_1. 这一过程中由于自感 L_1 的存在，由电源 $\mathscr{E}_1$ 做功而储存到磁场中的能量为

$$W_1=\frac{1}{2}L_1I_1^2.$$

(2) 合上开关 K_2，调节 R_1，使 I_1 保持不变，这时 i_2 由零增大到 I_2. 这一过程中由于自感 L_2 的存在，由电源 $\mathscr{E}_2$ 做功而储存到磁场中的能量为

$$W_2=\frac{1}{2}L_2I_2^2.$$

还要注意到，当 i_2 增大时，在回路 1 中会产生互感电动势 $\mathscr{E}_{12}$. 由式(12-12b) 得

$$\mathscr{E}_{12}=-M_{12}\frac{\mathrm{d}i_2}{\mathrm{d}t}.$$

要保持电流 I_1 不变，电源 $\mathscr{E}_1$ 还必须反抗此电动势做功. 这样由于互感的存在，由电源 $\mathscr{E}_1$ 做功而储存到磁场中的能量为

$$\begin{aligned}W_{12}&=-\int\mathscr{E}_{12}I_1\mathrm{d}t=\int M_{12}I_1\frac{\mathrm{d}i_2}{\mathrm{d}t}\mathrm{d}t\\&=\int_0^{I_2}M_{12}I_1\mathrm{d}i_2=M_{12}I_1I_2.\end{aligned}$$

经过上述两个步骤后，系统达到电流分别是 I_1 和 I_2 的状态，这时储存到磁场中的总能量为

$$\begin{aligned}W_m&=W_1+W_2+W_{12}\\&=\frac{1}{2}L_1I_1^2+\frac{1}{2}L_2I_2^2+M_{12}I_1I_2.\end{aligned}$$

如果我们先合上 K_2，再合上 K_1，仍按上述推理，则可得到储存到磁场中的总能量为

$$W'_m=\frac{1}{2}L_1I_1^2+\frac{1}{2}L_2I_2^2+M_{21}I_1I_2.$$

由于这两种通电方式下的最后状态相同，即两个电路中分别通有电流 I_1 和 I_2，那么能量应该和达到此状态的过程无关，也就是应有 $W_m=W'_m$. 由此得

$$M_{12}=M_{21},$$

即回路 1 对回路 2 的互感等于回路 2 对回路 1 的互感. 用 M 来表示此互感，则最后储存的磁场中的总能量为

$$W_m=\frac{1}{2}L_1I_1^2+\frac{1}{2}L_2I_2^2+MI_1I_2.$$

12.5　麦克斯韦方程组的积分形式和微分形式

12.5.1　麦克斯韦方程组

英国物理学家麦克斯韦在总结前人成果的基础上，大胆地提出了涡旋电场和位移电流的假设，建立了经典电磁场理论. 该理论预言了以光速传播的电磁波的存在，提出了光是一种电磁波的思想，彻底推翻了电和磁的“超距作用”观点，从而使电、磁、光三者得以统一. 20 多年后，德国物理学家赫兹(Hertz) 从实验上证实了电磁波的存在，证明了光是一种电磁波的预言，为人类利用电磁波奠定了基础.

法拉第电磁感应定律揭示了变化的磁场可以产生电动势的规律. 那么，它的深层次原因是什么?其中的非静电力又是什么?当时的实验已经证明:感应电动势与导体的种类、性质及形状完全无关. 这说明感应电动势是由变化的磁场本身引起的. 既然任意形状、任意金属材料的静止闭合线圈内的电子在变化磁场中都受到一个非库仑力的电动势的作用，那么可以推测:即使不存在导体回路，此感应电动势仍然存在，如果在变化的磁场中放一个静止电荷，该电荷将会受到一个感应电动势的作用. 由此，麦克斯韦提出了变化磁场在其周围空间激发一种感应电场(或涡旋电场)的假设，这种涡旋电场对电荷有力的作用. 麦克斯韦的这一假设已得到实验的证实.

1861 年,麦克斯韦在《论物理力线》一文中详细分析了电容器充、放电的实验过程,认为变化的电场也是一种电流,并称之为位移电流. 在产生磁场这一过程中,这种位移电流与一般电流产生的效果相同. 也就是说,随时间变化的电场(位移电流) 会产生交变磁场. 至此,麦克斯韦的交变电磁场转换理论有了完整、严谨的体系,它深刻地揭示了电场与磁场之间的相互联系.

变化的磁场激发涡旋电场,变化的涡旋电场又反过来激发磁场. 1865 年,麦克斯韦的学术生涯达到了顶峰,他在《电磁场动力学理论》一文中率先把电与磁统一起来,明确地提出了电磁场的概念,建立了普遍的电磁场动力学方程组,即麦克斯韦方程组. 麦克斯韦对电磁现象的实验规律所做的创造性的总结和发展,除提出涡旋电场和位移电流假说外,还假设了电学的高斯定理和磁学的高斯定理在非稳定条件下仍成立,这样就得到了普遍情况下电磁场必须满足的方程组:

$$\oint_S \boldsymbol{D} \cdot \mathrm{d}\boldsymbol{S} = q,$$

$$\oint_l \boldsymbol{E} \cdot \mathrm{d}\boldsymbol{l} = -\int_S \frac{\partial \boldsymbol{B}}{\partial t} \cdot \mathrm{d}\boldsymbol{S},$$

$$\oint_S \boldsymbol{B} \cdot \mathrm{d}\boldsymbol{S} = 0,$$

$$\oint_l \boldsymbol{H} \cdot \mathrm{d}\boldsymbol{l} = I_0 + \int_S \frac{\partial \boldsymbol{D}}{\partial t} \cdot \mathrm{d}\boldsymbol{S} = \int_S \left(\boldsymbol{j} + \frac{\partial \boldsymbol{D}}{\partial t}\right) \cdot \mathrm{d}\boldsymbol{S}, \tag{12-16}$$

其中 $\boldsymbol{E}$ 为电场强度,$\boldsymbol{B}$ 为磁感应强度,$\boldsymbol{D}$ 为电位移矢量,$\boldsymbol{H}$ 为磁场强度,ρ 为电荷密度,$\boldsymbol{j}$ 为电流密度,I_0为传导电流. 麦克斯韦方程组的微分形式为

$$\begin{cases} \nabla \cdot \boldsymbol{D} = \rho, \\ \nabla \cdot \boldsymbol{B} = 0, \\ \nabla \times \boldsymbol{E} = -\dfrac{\partial \boldsymbol{B}}{\partial t}, \\ \nabla \times \boldsymbol{H} = \boldsymbol{j} + \dfrac{\partial \boldsymbol{D}}{\partial t}. \end{cases} \tag{12-17}$$

12.5.2 麦克斯韦方程组与电磁波

麦克斯韦对上述微分方程组进行了严谨的数学推导,得出了电磁波传播的波动方程:

$$\begin{cases} \nabla^2 \boldsymbol{E} = \dfrac{1}{u^2} \dfrac{\partial^2 \boldsymbol{E}}{\partial t^2}, \\ \nabla^2 \boldsymbol{B} = \dfrac{1}{u^2} \dfrac{\partial^2 \boldsymbol{B}}{\partial t^2}, \end{cases} \tag{12-18}$$

其中 u 为波速. 电场 $\boldsymbol{E}$ 和磁场 $\boldsymbol{B}$ 的运动均满足波动方程,麦克斯韦以此预言了电磁波的存在,并指出电磁波是一种横波. 麦克斯韦又将真空情形下的电磁波的波速 u 与当时所测得的光速 c 相比较,发现两者完全一致,即 $u = c$. 于是,他得出重要结论:光与电磁波具有相同的性质,光是按电磁规律传播着的电磁扰动. 后来人们才发现:形式如此简洁的几行公式已经包含了所有的经典电磁规律,它揭示了一切经典电磁现象的深刻本质.

阅读材料

习题 12

12-1　一根无限长直导线载有电流 I，一矩形线圈与该导线处于同一平面内，且沿垂直于载流导线方向以恒定速率远离导线，则（　　）.

A. 线圈中无感应电流

B. 线圈中的感应电流为顺时针方向

C. 线圈中的感应电流为逆时针方向

D. 线圈中的感应电流方向无法确定

12-2　将两个形状完全相同的铜环和木环静止放置在交变磁场中，并假设通过两环面的磁通量随时间的变化率相等，不计自感时，则（　　）.

A. 铜环中有感应电流，木环中无感应电流

B. 铜环中有感应电流，木环中也有感应电流

C. 铜环中感应电场强度大，木环中感应电场强度小

D. 铜环中感应电场强度小，木环中感应电场强度大

12-3　有两个线圈 1 和 2，线圈 1 对线圈 2 的互感为 M_{21}，而线圈 2 对线圈 1 的互感为 M_{12}，若它们分别流过 i_1 和 i_2 的变化电流，且 $\left|\frac{di_1}{dt}\right| < \left|\frac{di_2}{dt}\right|$，并设由 i_2 变化在线圈 1 中产生的互感电动势为 $\mathscr{E}_{12}$，由 i_1 变化在线圈 2 中产生的互感电动势为 $\mathscr{E}_{21}$，则下列论断正确的是（　　）.

A. $M_{12} = M_{21}, \mathscr{E}_{12} = \mathscr{E}_{21}$

B. $M_{12} \neq M_{21}, \mathscr{E}_{21} \neq \mathscr{E}_{12}$

C. $M_{12} = M_{21}, \mathscr{E}_{21} > \mathscr{E}_{12}$

D. $M_{12} = M_{21}, \mathscr{E}_{21} < \mathscr{E}_{12}$

12-4　下列概念正确的是（　　）.

A. 感应电场也是保守场

B. 感应电场的电场线是一组闭合曲线

C. $\Phi_m = LI$，因而线圈的自感与回路的电流成反比

D. $\Phi_m = LI$，回路的磁通量越大，回路的自感也一定越大

12-5　平均半径为 12 cm 的 4×10^3 匝线圈，在磁场强度为 5×10^{-4} T 的地磁场中每秒旋转 30 周，线圈中可产生的最大感应电动势为多大？如何旋转，以及旋转到什么状态时，才能有最大感应电动势？

12-6　一铁芯上绕有 100 匝线圈. 已知铁芯中的磁通量与时间的关系为 $\Phi_m = 8\times10^{-5}\sin 100\pi t$，其中 Φ_m 的单位为 Wb，t 的单位为 s. 求在 $t = 1\times10^{-2}$ s 时，线圈中的感应电动势.

12-7　如图 12-13 所示，一长直导线通有交变电流 $i = I_0 \sin \omega t$，在它旁边有一长方形线圈 $ABCD$，长为 l，宽为 b，且线圈和导线在同一平面内，求回路中的感应电动势.

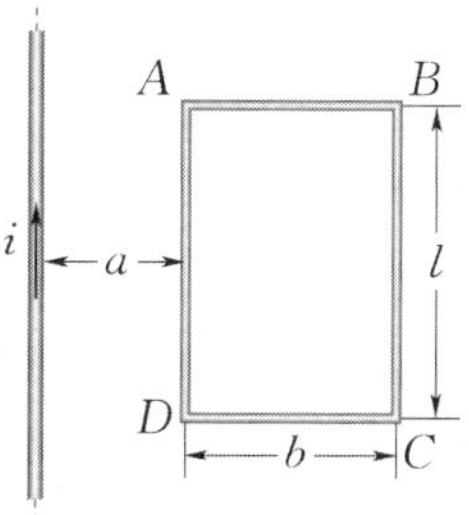

图 12-13

12-8　有一测量磁感应强度的线圈，其横截面积为 $S = 4\ cm^2$，匝数为 $N = 160$ 匝，电阻为 $R = 50\ \Omega$. 线圈与一内阻为 $R_i = 30\ \Omega$ 的冲击电流计相连，若开始时线圈的平面与均匀磁场的磁感应强度 $\boldsymbol{B}$ 相垂直，然后线圈的平面很快转到与 $\boldsymbol{B}$ 的方向平行. 此时从冲击电流计中测得电荷值 $q = 4\times10^{-5}$ C. 问此均匀磁场的磁感应强度 $\boldsymbol{B}$ 的值为多少？

12-9　长度为 L 的铜棒，以距端点 r 处为支点，并以角速度 ω 绕通过支点且垂直于铜棒的轴转动，设磁感应强度为 $\boldsymbol{B}$ 的均匀磁场与轴平行，求铜棒两端的电势差.

12-10　如图 12-14 所示，一金属杆 AB 以匀速度 $v = 2.0\ m\cdot s^{-1}$ 平行于一长直导线移动，此导线通有电流 $I = 40.0$ A. 问：此杆中的感应电动势为多大？杆的哪一端电势较高？

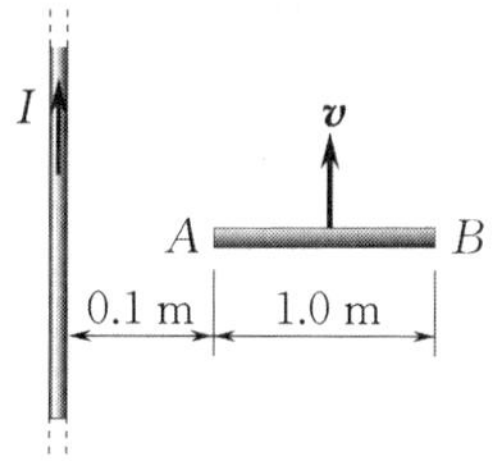

图 12-14

12-11　有两根半径均为 a 的平行长直导线，它们的中心距离为 d，试求一对长为 l 的导线的自感（导线内部的磁通量可略去不计）.

12-12　如图 12-15 所示，在一圆柱形纸筒上绕有两组相同的线圈 AB 和 $A'B'$，每个线圈的自感均为 L，求：

(1) A 和 A' 相接时，B 和 B' 间的自感 L_1；

(2) A' 和 B 相接时，A 和 B' 间的自感 L_2.

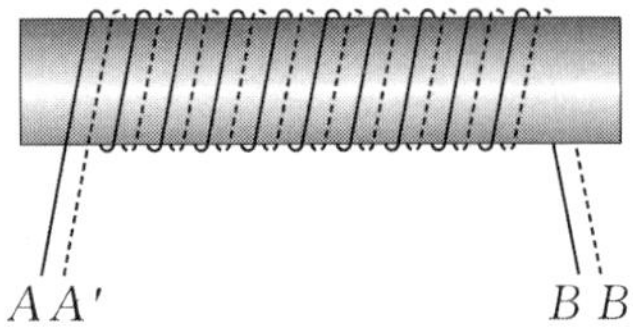

图 12-15

12-13 用超导线圈中拥有持续大电流的磁场储存能量.要储存 1 kW·h的能量，利用 1 T的磁场，需要多大体积的磁场？若利用线圈中的 500 A 的电流储存上述能量，则该线圈的自感应为多大？

12-14 如图 12-16 所示，一面积为 4 cm^2，共 50 匝的小圆形线圈 A，放在半径为 20 cm，共 100 匝的大圆形线圈 B的正中央，此两线圈同心且同平面. 设线圈 A 内各点的磁感应强度相同. 求：(1) 两线圈的互感；(2) 当线圈 B 中电流的变化率为 $-50\ A \cdot s^{-1}$ 时，线圈 A 中的感应电动势的大小和方向.

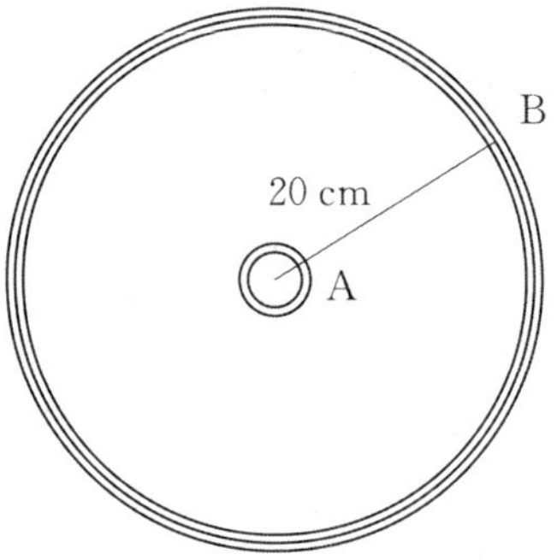

图 12-16

12-15 一长直铜导线的横截面半径为 5.5 mm，通有 20 A 的电流. 求导线外贴近表面处的电场能量密度和磁场能量密度各为多少(已知铜的电阻率为 $1.69\times 10^{-8}\ \Omega \cdot m$)？

第4篇

光　学

光学是物理学的重要分支学科，主要研究光的本性，包括光的发射、传播和吸收的规律，涉及光和物质的相互作用，以及光在科学研究和技术中的各种应用．光学是一门古老而又年轻，且极具生命力的物理学科，它历史悠久、内容丰富．人类对光的研究至少已有两千多年的历史．甚至是在真正意义的物理学诞生之前，人们就已经根据所积累的经验和实践知识对光的现象进行了研究和利用．

公元前五世纪到公元十六世纪（约两千年的时间）为经典光学的萌芽时期．在这一时期，人们对于光的直线传播、反射与折射，以及光的色散等表面现象有了直观的了解，发明了平面镜、透镜等简单的光学仪器．我国先秦时期的墨子对小孔成像等方面的研究，以及希腊人阿基米德（Archimedes）用凹面镜反射阳光使入侵的罗马舰队起火的传说就发生在这个时期．

从十七世纪开始，光学进入了一个较快的发展阶段．十七世纪中叶，建立了以光的直线传播定律、光的反射和折射定律为基础的几何光学．随着几何光学的发展，到十七世纪下半叶，光的本质问题成了研究和争论的焦点．存在两种不同的学说：微粒学说和波动学说．一方面，以牛顿为代表的微粒学说认为，光是由一个个粒子组成的，是光源发射出来的一种速度极快的微粒流．微粒学说能够解释光的直线传播特性，以及光的反射、折射等定律．另一方面，与牛顿同时代的荷兰物理学家惠更斯在《论光》一书中完整的提出了波动学说，认为光是以波的形式存在和传播的，遵循波动的规律．惠更斯还引入了波和波面的概念，提出了著名的惠更斯原理，并定量解释了反射和折射定律．但由于牛顿在当时科学界的权威性，以及早期的波动学说缺乏数学基础，还很不完善，在随后的百余年间占统治地位的是微粒学说．

十九世纪初，英国人托马斯·杨（T. Young）提出光的干涉原理，正确地解释了薄膜的彩色条纹．法国人菲涅耳（Fresnel）系统地用光的波动学说和干涉原理研究了光通过障碍物和小孔时所产生的衍射图样，并对光的直线传播现象做出了满意的解释. 马吕斯(Malus)对光的偏振现象做了进一步的研究，确认光具有偏振性. 关于光在水和空气中的速度问题，直到 1850 年，才分别由傅科(Foucault) 和菲佐(Fizeau) 解决，他们各自用自己的实验测出了光在水中的速度比在空气中的要小，波动学说取得了决定性的胜利，至此，支持微粒学说的人就少了. 在十九世纪中期，麦克斯韦和赫兹找到了光和电磁波之间的关系，奠定了光的电磁理论的基础. 这样，波动学说逐渐占据了主导地位.

十九世纪末期和二十世纪初期，人们通过对黑体辐射、光电效应和康普顿效应的研究，又无可怀疑地证实了光的量子性，形成了一种具有崭新内涵的微粒学说. 面对都有坚实实验基础的波动学说和微粒学说，人们对光的本质的认识又向前迈进了一大步，即承认光具有波粒二象性. 由于光具有波粒二象性，所以对光的全面描述需运用量子力学的理论. 根据光的量子性，从微观过程上研究光与物质相互作用的学科叫作量子光学. 量子理论和相对论的提出，标志着现代物理学的建立，光学是经典物理向现代物理发展和过渡的纽带和桥梁.

二十世纪六十年代，激光的发现使光学的发展又获得了新的活力，激光技术与相关学科相结合，光全息技术、光信息处理技术、光纤技术等的飞速发展，非线性光学、傅里叶光学等现代光学分支逐渐形成，带动了物理学及相关学科的不断发展. 今天，光学在应用技术方面的发展已成为一个国家国民经济建设和军事国防建设中的重要环节，成为衡量国家先进程度的主要指标之一. 有些科学家还预言，二十一世纪的科学技术将以“光电子学”和“光子学”为主要支柱. 可见光学在今后发展中的重要地位.

光学通常分为几何光学和物理光学，物理光学又分为波动光学和量子光学两个分支. 在本书中，主要介绍几何光学和波动光学的原理及应用.

第13章

几 何 光 学

几何光学是以光的直线传播性质为基础,研究光在透明介质中的传播问题的光学.尽管经典电磁理论和实验证明了光是电磁波,但当光遇到的障碍物的线度比光波波长大得多时,波的衍射现象就很不显著了.在这种情况下,光可视为沿直线传播.这时,所研究的光学的内容就称为几何光学.几何光学得出的结果通常是波动光学在某些条件下的近似或极限.

13.1 几何光学的基本概念

几何光学研究光在介质中的传播和在不同介质的界面处反射、折射的问题,目的是处理光的成像,是一种唯象的理论,它不涉及光的物理本质,而只是把光的现象用“光线”这一非常简单的模型来处理研究光线的反射、折射,以及沿直线的传播现象.

一个光源S的发光,用波动的概念来讲,是它向周围发出球面电磁波;用光线的概念来讲,就是它向四周均匀地发出光线.如图13-1所示,人眼之所以能看到这一光源,用波动的概念来讲,是由于它发出的光的波阵面的一小部分进入了瞳孔;用光线的概念来讲,是因为它发出的一束包含物理信息的锥形光束进入了瞳孔.

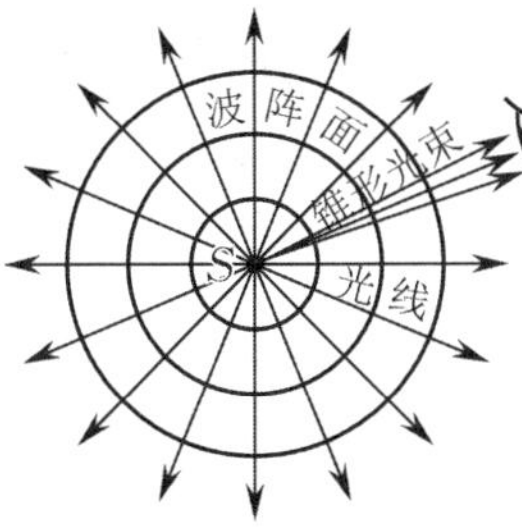

图13-1 点光源向外发射光线

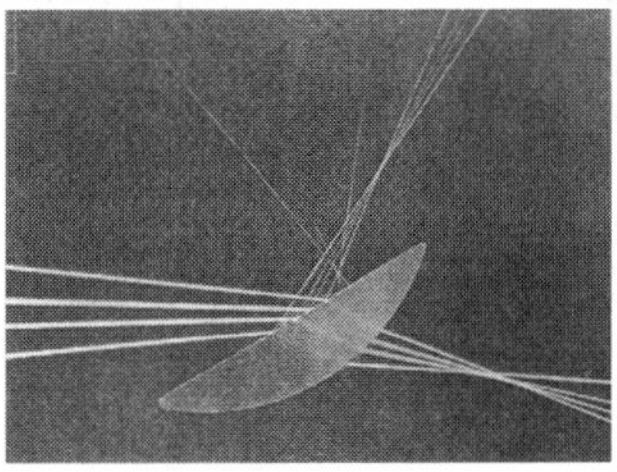

图13-2 激光光束在玻璃表面改变方向

光线可以表示光的传播路径和方向,它是描述光的传播的一个抽象的概念.我们常说的“一条光线”,更准确的说法是一束光线,其实际的物理意义是一条光的通路.一条光线,只有当我们迎着它,使它射入我们的瞳孔时,我们才能感知它,从一条光线的侧面是看不见该光线的(注意,在我们的周围到处都存在着电磁波,也就是说到处都存在着沿各个方向传播的光线).通常在生活中和实验室真实看到的光线,如射入室内的太阳光线、大型室外庆典或实验室的激光光线(见图13-2),都是在光的传播路径上的透明介质的分子对光散射的结果.光线通过透明介质(如空气或玻璃)时,光波中的电磁振动会激起介质分子中的电子振动,振动着的电子随即向四周发射电磁波,形成散射光.当透明介质的密度足够大(如空气中的尘粒或雾气足够浓)时,散射光就可能足够强.散射光进入我们的瞳孔才使我们看到“光线”.实际上,这时看到的“光线”不过是被光照亮了的一条介质中的通道.

我们能看到各色各样的不透明物体,如艳丽的花朵、拍岸的巨浪、白纸上的黑字和疾驰的汽车等，无一不是由于这些物体表面的分子对入射光散射的结果. 在来自各个方向的光线的照射下，不透明物体表面上的各点就都成了散射光的发射源（也有一部分入射光能被物质吸收）. 和自行发光的光源相似，这些点光源所发的光线进入我们的瞳孔，使我们看到了整个物体的图像.

13.2 几何光学三定律

1. 光的直线传播定律

在均匀介质中，光沿直线传播.

光学中的“均匀”介质是指折射率 n 处处相等的介质.

2. 光的独立传播定律

光在传播过程中与其他光束相遇时，各光束不受影响，不改变传播方向，各自独立传播.

3. 光的反射定律和折射定律

在均匀介质中，光沿直线传播，但在遇到两种不同折射率的介质的分界面时，光线的传播方向会发生改变. 一部分光返回原介质传播，称为**反射光**；另一部分光进入另一种介质传播，称为**折射光**，如图 13-3 所示.

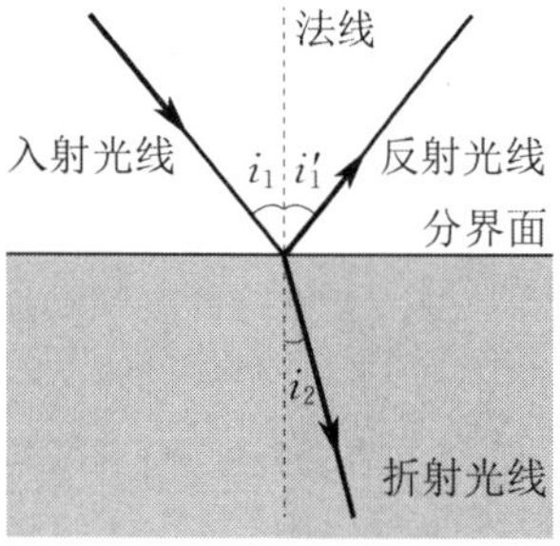

图 13-3　光的反射和折射

实验发现，一般来说，对两种均匀介质而言，反射光线、折射光线都在由分界面法线与入射光线构成的入射面内，且与入射光线分处法线的两侧. 图 13-3 中的 i_1, i'_1, i_2 分别是入射角、反射角和折射角. 应当指出，反射和折射现象及其规律与分界面的形状无关，这里在图中画的是平面分界面，为的是易于画出其法线.

实验发现，当光从一种均匀介质入射到另一种均匀介质表面时，反射角等于入射角，即

$$i_1 = i'_1. \tag{13-1}$$

这就是**光的反射定律**.

实验还发现，当光从均匀介质 1 入射到均匀介质 2 时，入射角正弦与折射角正弦之比是一个与介质性质和波长有关的常数，即

$$\frac{\sin i_1}{\sin i_2} = n_{12}, \tag{13-2}$$

其中常数 n_{12} 称为介质 2 相对于介质 1 的相对折射率. 式(13-2) 是**光的折射定律的数学表达式**. 人们把任一介质相对于真空的折射率称为该介质的绝对折射率，简称折射率，记作 n_1（或 n_2）. 实验表明，任一介质中的光速与真空中的光速的关系为 $v_1 = \dfrac{c}{n_1}\left(\text{或 } v_2 = \dfrac{c}{n_2}\right)$. 因此，有

$$n_{12} = \frac{n_2}{n_1}. \tag{13-3}$$

于是，式(13-3) 又可以写为

$$n_1 \sin i_1 = n_2 \sin i_2. \tag{13-4}$$

折射率与介质性质、入射光的波长有关，通常由实验测定. 表 13-1 是几种常用介质对钠光

(λ =589.3 nm) 的折射率. 两种介质相比，把折射率较大的介质称为光密介质，折射率较小的介质称为光疏介质.

表 13 - 1　几种常用介质对钠光的折射率

介质	折射率
空气	1.000 29
水	1.333
普通玻璃	1.468
冕牌玻璃	1.516
火石玻璃	1.603
重火石玻璃	1.755

如图 13 - 4 所示，当光从光密介质(n_1) 入射到光疏介质(n_2)，其入射角 i_1 达到或超过临界角 $i_c = \arcsin\left(\frac{n_2}{n_1}\right)$时，不会产生折射光，而是全部被反射回原介质. 该现象称为**光的全反射**. 全反射的应用很广，如光纤通信、内窥镜、双筒望远镜等.

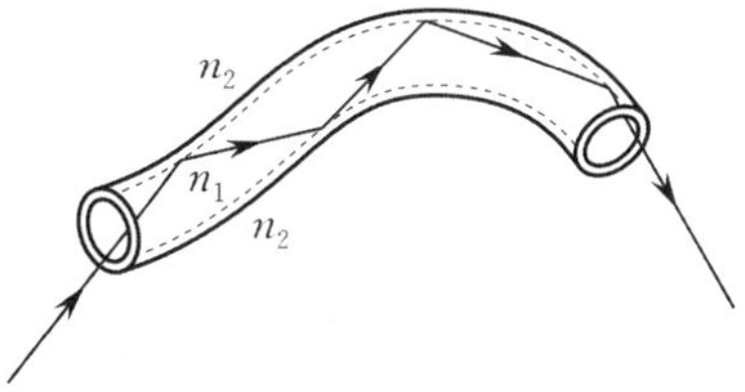

图 13 - 4　光的全反射

13.3　费马原理

前面所述几何光学的定律都是由实验结果总结而来的，人们试图找出它们的内在联系，用一个更本质的规律来概括和描述它们. 正如我们前面所指出的那样，几何光学不涉及光的物理本质，无法从基本的物理模型推导出上述定律. 但是，从一个更加广义的数学原理对它们进行概括还是可行的，这就是**费马原理**.

费马(Fermat) 最初是根据经济原则提出这一原理的，他指出：**光在两点间传播时将沿着所需时间最短的路径传播**.

首先引入光程的概念.

在均匀介质中，光程 L 为光在介质中通过的几何路径 r 与所经过的介质折射率 n 的乘积，即

$$L = nr. \tag{13 - 5}$$

光程的物理意义是：光在某种介质中传播的光程可以理解为相同时间内光在真空中传播的实际路径的长度.

费马原理指出，两点间光的实际路径，是光程取极值的路径. 这个极值可能是极大值，极小值或恒定值.

由费马原理可推导几何光学三定律中的直线传播定律、反射定律和折射定律.

(1) 直线传播定律.

在各向同性介质中，光在任意两点之间沿直线传播的光程最短，此时光程取极小值. 光的直线传播定律是显然推论.

(2) 反射定律.

如图 13－5 所示，取与 P 点镜像对称的 P' 点，从 Q 点到 P 点任一可能路径 $QM'P$ 的长度都与 $QM'P'$ 相等. 显然，直线 QMP' 是其中最短的一根，即“极小值”. 由对称性可知，$i_3 = i_2 = i_1$. 这就是光的反射定律.

(3) 折射定律.

如图 13－6 所示，Σ 面是折射面，Σ 上方介质的折射率为 n_1，Σ 下方介质的折射率为 n_2. 作 $QQ' \perp \Sigma$，$PP' \perp \Sigma$，因 QQ' 与 PP' 平行，故而共面，我们称此平面为 Π.

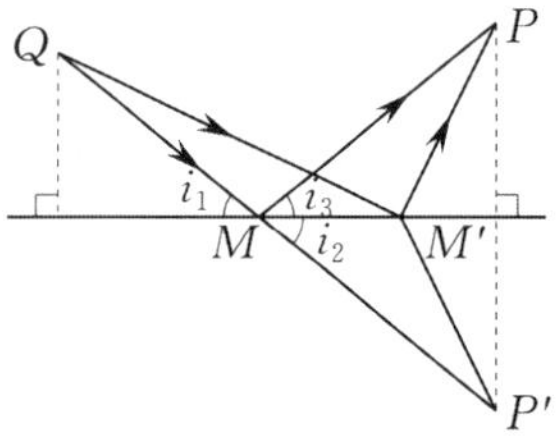

图 13－5　由费马原理推导反射定律

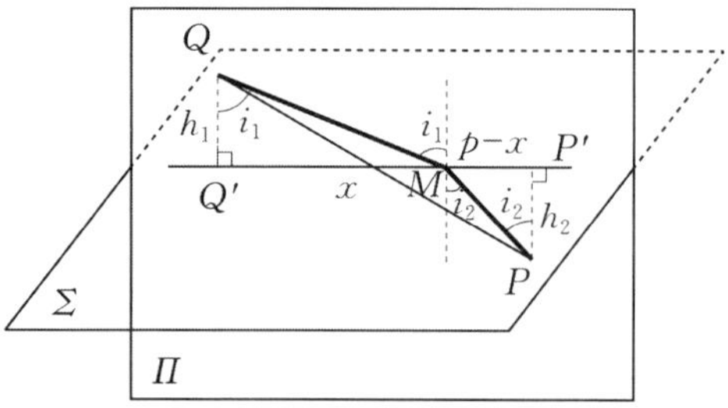

图 13－6　由费马原理推导折射定律

在 Π 平面内寻找光程最短的路径. 令 $\overline{QQ'} = h_1$，$\overline{PP'} = h_2$，$\overline{Q'P'} = p$，$\overline{Q'M} = x$，则路径 QMP 的光程为

$$L = n_1\,\overline{QM} + n_2\,\overline{MP} = n_1\sqrt{h_1^2 + x^2} + n_2\sqrt{h_2^2 + (p - x)^2},$$

对上式取微分得

$$\frac{\mathrm{d}L}{\mathrm{d}x} = \frac{n_1 x}{\sqrt{h_1^2 + x^2}} - \frac{n_2(p - x)}{\sqrt{h_2^2 + (p - x)^2}}.$$

由光程极小条件

$$\frac{\mathrm{d}L}{\mathrm{d}x} = 0,$$

即

$$\frac{n_1 x}{\sqrt{h_1^2 + x^2}} = \frac{n_2(p - x)}{\sqrt{h_2^2 + (p - x)^2}},$$

得

$$n_1 \sin i_1 = n_2 \sin i_2.$$

这就是光的折射定律.

13.4　球面反射与折射

13.4.1　球面镜反射成像

(1) **球面镜的焦距.** 球面镜的反射仍遵从反射定律，法线是球面的半径. 一束近主轴的平行光线经凹面镜反射后将会聚于主轴上的一点 F(见图 13－7)，F 点就称为凹面镜的焦点. 一束近主轴的平行光线经凸面镜反射后将发散，发散光线反向延长可会聚于主轴上的一点 F(见图 13－8)，F 点就称为凸面镜的虚焦点. 焦点或虚焦点到镜面顶点 O 之间的距离叫作球面镜的焦距 f. 可以证明，球面镜的焦距 f 等于球面半径 R 的一半，即

$$f=\frac{R}{2}. \tag{13-6}$$

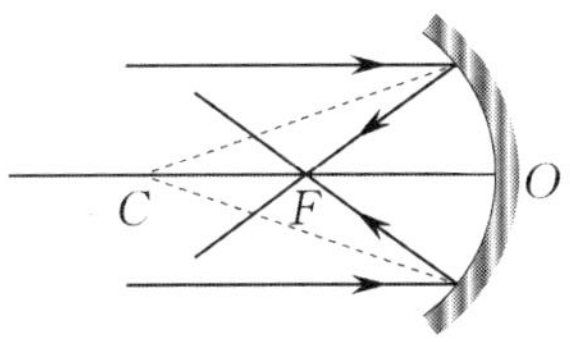

图 13-7　凹面镜

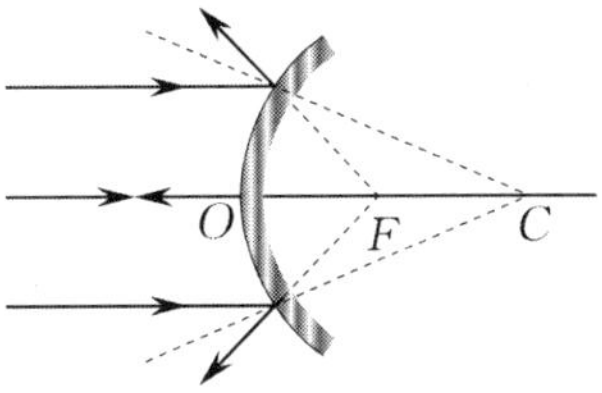

图 13-8　凸面镜

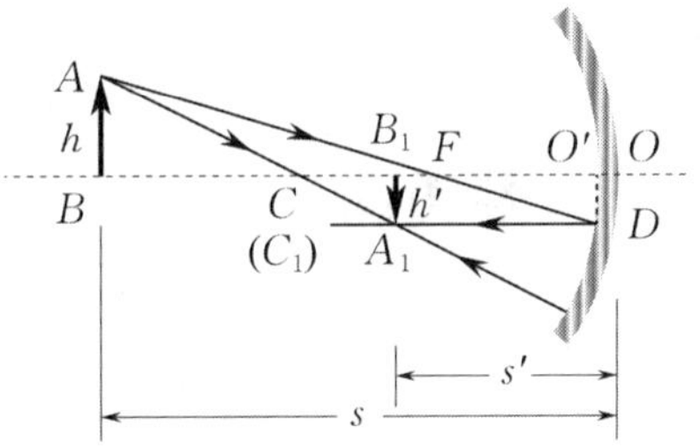

图 13-9　球面镜反射成像示意图

(2) **球面镜成像公式.** 根据反射定律可以推导出球面镜的成像公式. 下面以凹面镜为例来推导. 如图 13-9 所示，物体 AB 经凹面镜成像为 A_1B_1，图中 s 为物距，s' 为像距. 由于 $\triangle ABC \backsim \triangle A_1B_1C_1$，故

$$\frac{s-2f}{2f-s'}=\frac{AB}{A_1B_1},$$

又由于 $\triangle ABF \backsim \triangle DO'F$ (作 DO' 垂直 BO 于 O')，故

$$\frac{s-f}{f}=\frac{AB}{DO'}=\frac{AB}{A_1B_1}.$$

因此，$\dfrac{s-2f}{2f-s'}=\dfrac{s-f}{f}$，整理后得出

$$\frac{1}{s}+\frac{1}{s'}=\frac{1}{f}. \tag{13-7}$$

式(13-7) 是球面镜反射的成像公式. 它适用于凹面镜成像和凸面镜成像，各量的符号遵循“实正虚负”的原则. 凸面镜的焦点是虚的，因此焦距为负值. 在成像中，像长 h' 和物长 h 之比为成像放大率，用 V 表示，即

$$V=\frac{h'}{h}=\left|\frac{s'}{s}\right|. \tag{13-8}$$

由成像公式和放大率关系式可以讨论球面镜成像情况.

13.4.2　球面镜折射成像

如图 13-10 所示，如果球面左、右方的折射率分别为 n_1 和 n，S' 为 S 的像. 傍轴近似条件(物点射向镜面的光线与主光轴的夹角很小) 下，角度 i 和 r 均很小，因此有

$$\frac{\sin i}{\sin r}\approx\frac{i}{r}=\frac{n}{n_1}. \tag{13-9}$$

将 $i=\theta+\alpha$，$r=\theta-\beta$ 代入式(13-9)，则有

$$\frac{\theta+\alpha}{\theta-\beta}=\frac{n}{n_1}. \tag{13-10}$$

对傍轴光线来说，α,θ,β 同样很小，所以有

$$\alpha\approx\frac{x}{s},\quad \theta\approx\frac{x}{R},\quad \beta\approx\frac{x}{s'}.$$

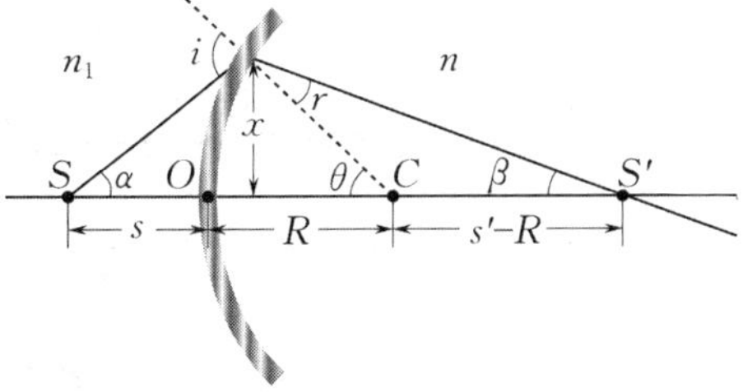

图 13-10　球面镜折射成像示意图

将之代入式(13-10) 后整理，得

$$\frac{n-n_1}{R}=\frac{n_1}{s}+\frac{n}{s'}. \tag{13-11}$$

式(13－11)是球面镜折射的成像公式,式中 s,s' 的符号同样遵循"实正虚负"的原则;对于 R,当球心 C 在出射光一侧(凸面朝向入射光)时为正,当球心 C 在入射光一侧(凹面朝向入射光)时为负.

13.5 薄透镜

在大多数情况中,折射表面都不止一个,例如,眼镜的透镜就有两个折射面,光从空气进入玻璃,然后又由玻璃进入空气.在显微镜、望远镜,以及照相机等光学器件中,折射面的数目通常在两个以上.如图13－11(b)所示,透镜是由两个曲率半径分别为 r_1 和 r_2 的球面组成,通常透镜用玻璃或树脂制成,其折射率记作 n_L,透镜前、后介质的折射率分别记作 n_o 和 n_i.当透镜的厚度 d 远小于两折射面的曲率半径时,该透镜称为**薄透镜**.中间厚、两边薄的透镜叫作凸透镜;中间薄、两边厚的透镜叫作凹透镜.

13.5.1 薄透镜成像公式

为了研究薄透镜成像,我们先看位于薄凸透镜光轴上焦点外的一个发光点 A 发出的光线通过薄凸透镜成像的情况.如图13－11(a)所示,任选一条由 A 点发出的傍轴光线 AP 入射到凸透镜表面上的 P 点,此处的法线是半径 C_1P,光线的入射角为 θ_1,折射角为 θ_2.设想该表面右侧充满透镜介质(折射率为 n_L),则折射光线为 PA_1.由图13－11(a)知,$\beta=\theta_2+\gamma\approx\frac{n_1}{n_L}\theta_1+\gamma$,又 $\theta_1=\alpha+\beta$,消去两式中的 θ_1,可得

$$(n_L-n_1)\beta=n_1\alpha+n_L\gamma.$$

对傍轴光线,有 $\beta\approx\frac{l}{r_1}$,$\alpha\approx\frac{l}{s}$,$\gamma\approx\frac{l}{s_1}$($l$ 为 P 点到光轴的距离),将之代入上式,可得

$$\frac{n_L-n_1}{r_1}=\frac{n_1}{s}+\frac{n_L}{s_1}. \qquad (13-12)$$

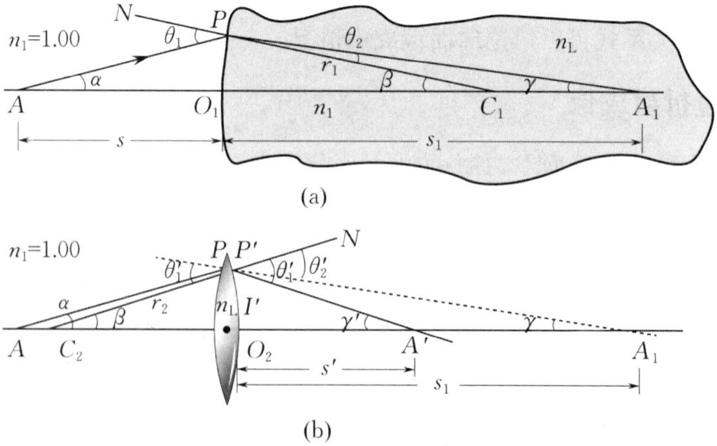

图13－11 光轴上 A 点发出的光线经薄透镜成像的示意图

再来看光线 PA_1 被第二个球面折射的情况.如图13－11(b)所示,同理可得

$$\frac{n_1-n_L}{r_2}=\frac{n_L}{s_1}-\frac{n_1}{s'}. \qquad (13-13)$$

对于薄透镜,可认为 O_1 和 O_2 点重合为光心 O,而图13－11(a)和图13－11(b)中的 s_1 可看作

同一段距离. 这样，两式相减，消去$\frac{n_L}{s_1}$项，可得

$$n_1\left(\frac{1}{s}+\frac{1}{s'}\right)=(n_L-n_1)\left(\frac{1}{r_1}+\frac{1}{r_2}\right),$$

因为 $n_1=1$，所以有

$$\frac{1}{s}+\frac{1}{s'}=(n_L-1)\left(\frac{1}{r_1}+\frac{1}{r_2}\right).$$

我们定义

$$\frac{1}{f}=(n_L-1)\left(\frac{1}{r_1}+\frac{1}{r_2}\right),$$

其中 f 为薄透镜的焦距，则

$$\frac{1}{s}+\frac{1}{s'}=\frac{1}{f}. \tag{13-14}$$

在上述推导过程中，光线 AP 是任意选取的，所以所有由发光点 A 发出的傍轴光线都应该满足式(13-14). 在物体不是一个发光点的情况下，它上面的各发光点发出的各条傍轴光线也都满足式(13-14). 这就是说，A 点发出的所有傍轴光线经过凸透镜后将相交于 A' 点而形成 A 的像，s 和 s' 分别是物距和像距，都是沿光轴方向的距离. 式(13-14) 称为**薄透镜成像公式**. 因此，可以利用式(13-14) 求物体的像的位置. 在使用薄透镜成像公式时，要注意正、负号的规则：以薄透镜光心(薄透镜中心) 为分界点，入射光线方向为正方向，如果入射光线自左向右，那么当物点、像点、焦点和薄透镜两面的曲率中心在光心右侧时，物距、像距、焦距和曲率半径均为正；反之，在光心左侧时，则为负. 例如，凸透镜的焦距 $f>0$，凹透镜的焦距 $f<0$. 根据符号规则还可以界定出凸、凹透镜的类型. 设物(入射光线) 在左侧，则各种形状的透镜可归纳为表 13-2.

表 13-2　各种形状的透镜

凸透镜(会聚)				
凹凸透镜	平凸透镜	双凸透镜	平凸透镜	凹凸透镜
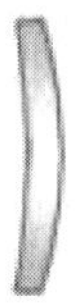			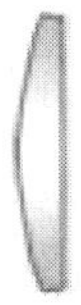	
$r_1<0, r_2<0$ $\|r_1\|>\|r_2\|$	$r_1=\infty$ $r_2<0$	$r_1>0$, $r_2<0$	$r_1>0$ $r_2=\infty$	$r_1>0, r_2>0$ $r_1<r_2$
凹透镜(发散)				
凸凹透镜	平凹透镜	双凹透镜	平凹透镜	凸凹透镜

$r_1<0, r_2<0$ $\|r_1\|<\|r_2\|$	$r_2=\infty$ $r_1<0$	$r_1<0, r_2>0$	$r_2>0$ $r_1=\infty$	$r_1>0, r_2>0$ $r_1>r_2$

从表 13 - 2 可以看出，对凸透镜，像方焦点在折射区，物方焦点在入射区；凹透镜相对于凸透镜而言，其焦点要对换位置. 图 13 - 12 是凹、凸透镜的成像图.

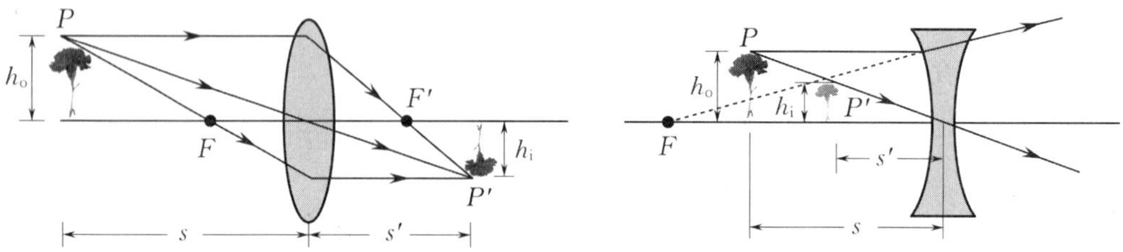

图 13 - 12　凹、凸透镜的成像图

图中列出了三条特殊光线：平行于主光轴的入射光线，该光线通过透镜后过像方焦点；过光心的入射光线，该光线通过透镜后方向不变；过物方焦点的入射光线，该光线通过透镜后平行于主光轴. 在具体作图确定像位置时，往往用其中两条光线就行了.

放大率是光学成像中的一个基本问题. 对于透镜成像来说，人们最关心的是主截面内垂直于主光轴的放大率V. 物点成像放大率的定义是：设物点P关于透镜的像点为P'（见图13-12），则放大率为

$$V = \frac{h_i}{h_o}, \tag{13-15}$$

其中物点、像点在光轴上方，h_o 和 h_i 取正，反之取负. V为正，表示正立的像；V为负，表示倒立的像. 绝对值 $|V| > 1$，表示放大的像；$|V| < 1$，表示缩小的像. 以图 13 - 12 中的凸透镜为例，物点在光轴上方，则 $h_o > 0$；像点在光轴下方，则 $h_i > 0$，于是 $V < 0$，是倒立的像. 又 $|V| = \left|\frac{h_i}{h_o}\right| = \left|\frac{s'}{s}\right| < 1$，是缩小的像. 综合起来就是成倒立缩小的像.

13. 5. 2　薄透镜成像特性

由式(13 - 14) 可以绘出空气中的凸、凹透镜的 s-s' 曲线，如图 13 - 13 所示，可以以此了解成像的特性.

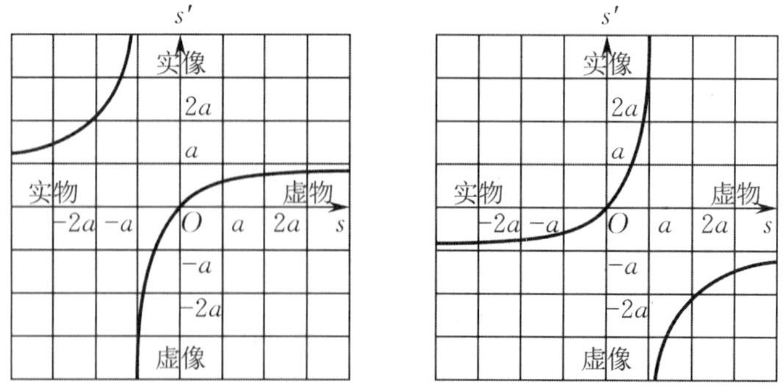

(a) 凸透镜 $f'=a>0$　　(b) 凹透镜 $f'=-a$

图 13 - 13　凸、凹透镜的 s-s' 曲线

由图 13 - 13 可以清楚地看到物像距离关系和像的特性. 例如在凸透镜中，当物距 $s = -2a = -2f'$ 时，像距 $s' = 2a = 2f'$，物像等高；当 $s < -a$ 时，所成像为实像；当 $-a < s < 0$ 时，所成像为虚像.

13.5.3 薄透镜的放大率

使用单球面折射横向放大率公式连续计算两次，可得薄透镜的放大率为

$$V=\frac{n_o s'}{n_i s}, \tag{13-16}$$

若取 $n_o=n_i=1$ 时，

$$V=\frac{s'}{s}, \tag{13-17}$$

放大率的正负，以及 $|V|$ 大于、等于和小于 1 的含义，与单球面相同.

13.6 人眼

人眼最重要的部分是眼球. 如图 13-14 所示，它的最基本的光学单元——晶状体就是一个透镜，其前、后方充满了透明液体. 外界光线通过角膜进入瞳孔，经晶状体折射后，在眼球后方的视网膜上生成实像. 视网膜由感光细胞构成，这些细胞分两类：一类是锥状细胞，大约有 700 万个，大都分布在视网膜上正对瞳孔的中央部分；另一类是柱状细胞，大约有 1 亿个，一直分布在视网膜的边缘部位. 相比于锥状细胞，柱状细胞分辨颜色的能力较差，但对光的敏感性要大得多，昏暗情况下，主要靠它们来看见物体. 这些感光细胞个个都由视神经连接大脑. 视网膜上成像时，不同的感光细胞受到不同的光刺激，这些光刺激经视神经传向大脑，使人产生视觉.

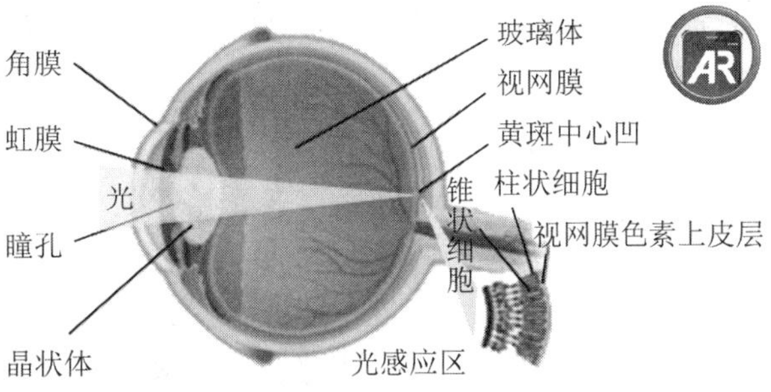

图 13-14 人眼

在视网膜上，神经纤维进入眼球的位置没有感光细胞，光线照在上面不能产生视觉. 这一点叫作**盲点**，两眼各有一个盲点，盲点的存在可用下述方法证实. 闭上你的右眼，只用左眼来注视图 13-15 中的黑斑，然后前后变动书页到眼睛的距离. 你会发现书页距离眼睛 20 cm 左右时，你就完全看不见黑叉了. 如果你闭上左眼，只用右眼注视图 13-15 中的黑叉，也可以发现书页在相同距离时，黑斑消失了. 黑叉或黑斑的消失就是因为它们的像分别落在左眼和右眼的盲点上了.

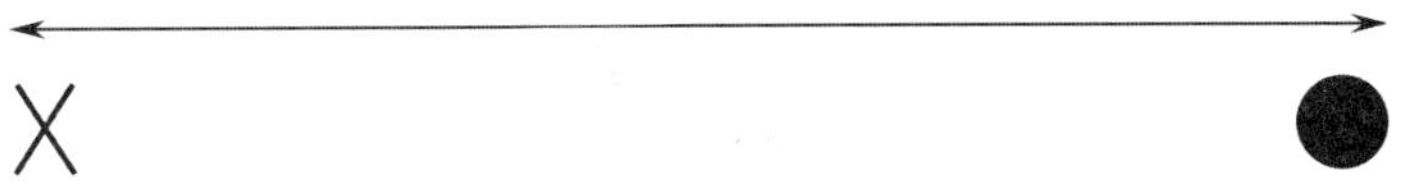
图 13-15 证实盲点存在的用图

人一生下来眼球的结构就基本定型了，即从晶状体到视网膜的距离（像距）就固定了. 那么，人是如何做到远处和近处（物距不同）的物体都能看清楚的呢？因为晶状体并非坚固的硬块，而是由多层极薄的密度不同的角质体组成的，它透明而富有弹性. 它的表面曲率可以由周围环绕的睫状肌的伸缩而改变. 当睫状肌紧缩时，晶状体周边受到压缩，其前、后两面更为凸起，曲率增大，晶状体的焦距变短. 当睫状肌放松时，晶状体前、后两面变得更加平坦，曲率减小，晶状体的焦距变长. 所以晶状体实际上是由睫状肌控制其焦距的变焦透镜，使得远、近物体都能在视网膜上成像.

很多学生不注意爱护眼睛，老是把书放在离眼睛太近处阅读，或者常在光线不足的地方读

书. 这样，睫状肌长期处于紧缩状态，晶状体长期受到挤压而“疲劳”，以致只能保持较大凸起的形状而不能恢复正常的扁平状态，其“远点”，即能看清楚的最远距离，比正常人更近，这就是近视眼的成因. 近视眼的晶状体焦距过短，远处物体成像在视网膜前，因而看不清楚，如图 13－16(a) 所示. 矫正这种眼睛的缺陷就要用凹透镜，使入射光线发散一些以抵消晶状体过高的屈光本领. 这样，远处物体也能成像在视网膜上，如图 13－16(b) 所示.

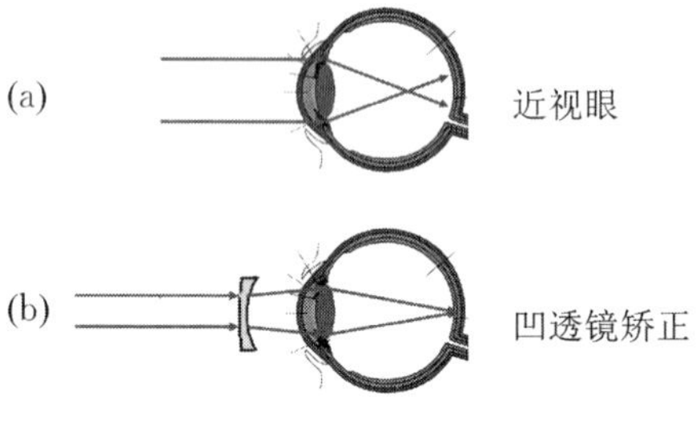

图 13－16　眼睛的缺陷及其矫正(一)

老年人体力衰减，肌肉包括睫状肌都变得松弛. 由于睫状肌不能收缩得足够紧，晶状体凸起不够，焦距不能变得足够短，近处物体就会成像在视网膜后，因而看不清楚，如图 13－17(a) 所示，就成了远视眼. 矫正这种眼睛的缺陷就要用凸透镜，使入射光线先会聚一些以补充晶状体过低的屈光本领. 这样，近处物体也能成像在视网膜上了，如图 13－17(b) 所示.

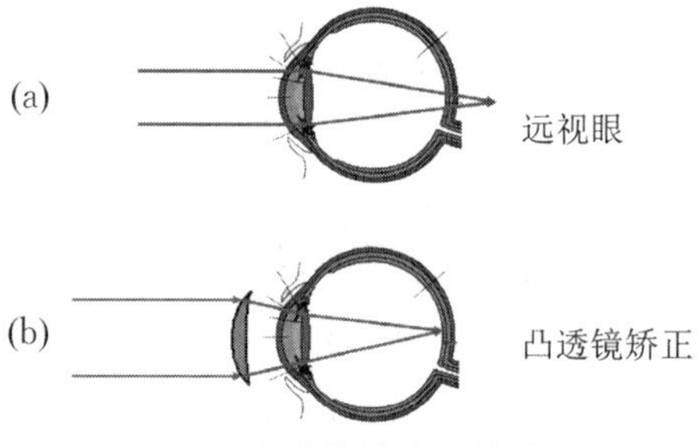

图 13－17　眼睛的缺陷及其矫正(二)

图 13－18　检验散光用图

散光眼也是晶状体的形状出了毛病，它已不是对称的球状突起，而是有的地方呈圆柱状或其他形状，这样，眼睛就会看不清某个方向的物体了. 闭上一只眼睛，用另一只眼注视图 13－18 中各条辐射线靠中心的那一端. 如果看到有些线不太清楚而且颜色比其他浅，就说明这只眼有散光的缺陷了. 矫正散光比矫正近视或远视要困难得多.

阅读材料

习题 13

13－1　如图 13－19 所示，一束白光以较大的入射角入射到三棱镜的一个侧面，从另一个侧面出射，在屏上形成从红到紫的彩色光带. 当入射角逐渐减小时，(　　).

A. 红光最先消失　　　　B. 红光和紫光同时消失

C. 紫光最先消失　　　　D. 红光和紫光都不消失

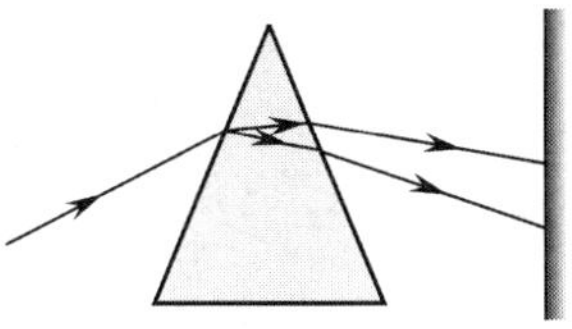

图 13 - 19

13 - 2　一束复色光由空气射向一块平行平面玻璃砖，经折射分成两束单色光 a，b. 已知 a 光的频率小于 b 光的频率. 图 13 - 20 中哪个光路图可能是正确的？(　　)

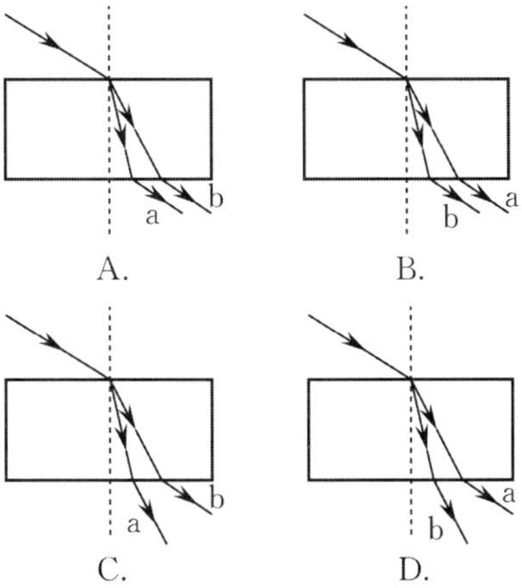

图 13 - 20

13 - 3　光导纤维在信息传递方面有很多应用，利用光导纤维进行光纤通信所依据的原理是(　　).

A. 光的折射　　　　B. 光的全反射

C. 光的干涉　　　　D. 光的色散

13 - 4　光线由某种介质射向与空气的分界面，当入射角大于 45° 时折射光线消失，由此可断定这种介质的折射率是(　　).

A. $n=\frac{\sqrt{2}}{2}$　　　　B. $n=\sqrt{2}$

C. $n=\frac{1}{2}$　　　　D. $n=2$

13 - 5　现在高速公路上的标志牌都用"回归反光膜"制成，夜间行车时，它能把车灯射出的光逆向返回，标志牌上的字特别醒目. 这种"回归反光膜"是用球体反射元件制成的，如图 13 - 21 所示，反光膜内均匀分布着直径为 10 μm 的玻璃珠，所用玻璃的折射率为 $\sqrt{3}$，为使入射的车灯光线经玻璃珠折射 → 反射 → 再折射后恰好和入射光线平行，那么第一次入射的入射角应是(　　).

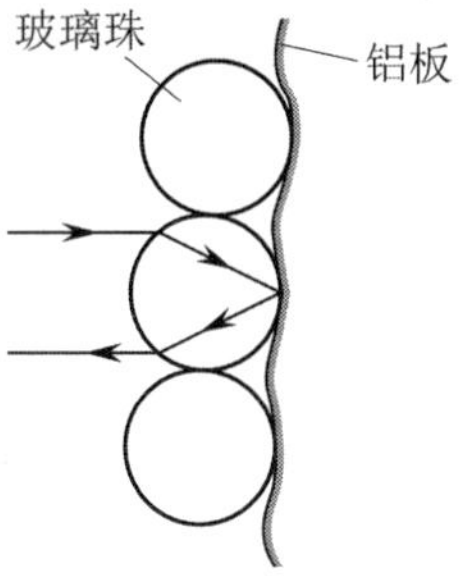

图 13 - 21

A. 15°　　　　B. 30°

C. 45°　　　　D. 60°

13 - 6　某透镜用 $n=1.5$ 的玻璃制成，它在空气中的焦距为 10.0 cm，那么它在水中的焦距为多少$\left(\text{水的折射率为}\frac{4}{3}\right)$？

13 - 7　一凸透镜的焦距为 10.0 cm，已知物距分别为(1) 30.0 cm；(2) 5.0 cm，试计算这两种情况下的放大率，并确定成像性质.

13 - 8　已知焦距为 5 cm 的凸透镜前放一物体，要使该物体所成虚像位于 25 cm 与无穷远之间，物体应放在什么范围？

13 - 9　如图 13 - 22 所示，L_1，L_2 分别为凸透镜和凹透镜，前方放一物体，移动屏幕到 L_2 后 20 cm 的 S_2 处可接到像. 现将凹透镜 L_2 撤去，将屏幕前移 5 cm 至 S_1 处，重新接收到像，求凹透镜 L_2 的焦距.

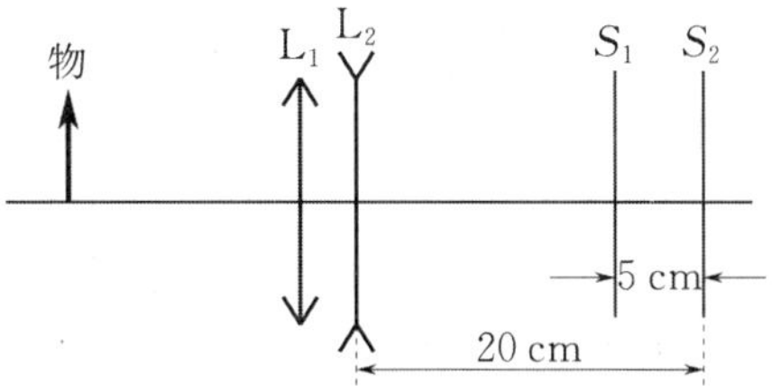

图 13 - 22

13 - 10　一光源与屏之间的距离为 1.6 m，用焦距为 30 cm 的凸透镜插在两者之间，凸透镜应放在什么位置，才能使光源成像于屏上？

13 - 11　证明：光线相继经过几个平行分界面的多层介质时，出射光线的方向只与两边的折射率有关，与中间各层介质无关.

第14章

波 动 光 学

微课视频

波动光学是以研究光的波动性质为基础，研究光的传播及其规律的问题，以及光和物质相互作用的光学分支. 它研究光的干涉、衍射和偏振，以及光在各向异性的介质中传播时所表现出的现象. 我们知道波的干涉和衍射现象是各种波动的基本特征. 而光是电磁波，在一定条件下，光波会产生干涉和衍射现象. 波动光学的基础就是经典动力学的麦克斯韦方程组. 本章学习波动光学的光的干涉、衍射和偏振等现象，以及相应的规律和应用.

14.1 光的干涉

14.1.1 光源的发光原理及光的相干性

1. 光源的发光原理及发光特点

(1) 光波.

精确实验表明，光在真空中的传播速率等于电磁波在真空中的传播速率. 光与电磁波在两种不同介质的分界面上都发生反射和折射，光与电磁波都能产生波动特有的干涉和衍射现象，都具有横波的特性. 以上事实，以及用电磁波理论研究光学现象的结果都说明光是电磁波. 电磁波的波长范围很广，可见光只占很窄的一部分.

电磁波由两个互相垂直的振动电场强度 $\boldsymbol{E}$ 和磁场强度 $\boldsymbol{H}$ 来表征，而 $\boldsymbol{E}$ 和 $\boldsymbol{H}$ 都与电磁波的传播方向相垂直. 在光波中，产生感光作用的是电场强度 $\boldsymbol{E}$. 所以，我们把光波中的电场强度 $\boldsymbol{E}$ 称为光矢量(或光振动).

可见光在真空中的波长为 $400 \sim 700$ nm. 不同波长(或频率)的光给人眼以不同颜色的观感. 各种波长的可见光相互混合后变为白光，白光是复色光. 只具有单一频率的光称为单色光.

光在真空中的传播速率为

$$c = \sqrt{\frac{1}{\varepsilon_0 \mu_0}},$$

光在折射率为 n 的介质中的传播速率为

$$u = \frac{c}{n} = \sqrt{\frac{1}{\varepsilon \mu}}.$$

可知光在介质中的传播速率小于在真空中的传播速率.

无论在真空中还是在介质中，光的频率 ν 都不变，且 $c = \nu\lambda_0$，$u = \nu\lambda_n$，于是可得 $\lambda_n = \frac{\lambda_0}{n}$. 可知光在折射率为 n 的介质中的波长是真空中波长的 $\frac{1}{n}$.

(2) 光源.

发光体称为光源. 根据光的激发方法进行分类,可以分为热光源和冷光源两种. 利用热能激发的光源称为热光源,如白炽灯;利用化学能、电能或光能激发的光源称为冷光源,例如,磷的发光就是化学发光;稀薄气体在通电时发出的辉光就是常见的电致发光;某些物质,如碱土金属的氧化物和硫化物等,在可见光或紫外线照射下被激发而发光,称为光致发光,如日光灯管中,气体放电产生的紫外线引起壁管上的荧光粉发光.

2. 光的干涉及相干性

两束光在相遇的交叠区域的光强不是两束光的强度之和,而是发生了光强的重新分布并产生明暗条纹,这一现象就称为**光的干涉**. 干涉现象是波动的基本特征之一. 在自然界及日常生活中,两光相遇是经常发生的,但干涉现象却并不多见. 究其原因是因为必须满足下述的一系列条件才可能发生干涉,这些条件称为**相干条件**,它们是:

(1) 两束光的频率必须相同,这是两波相干的基本条件;

(2) 两束光的相位差必须稳定;

(3) 两束光在相遇点的振动方向大致相同,并且振幅相差不大,否则干涉条纹中明暗对比度太小,难以观察到.

若两束光的光矢量满足相干条件,则它们是相干光,相应的光源叫作相干光源.

各种光源的激发方法不同,辐射机理也不相同. 这里仅对热光源的发光机理略加讨论. 在热光源中,分子或原子中大量电子在热能的激发下,从基态跃迁到激发态,在它们从激发态返回基态或低激发态的过程中,都辐射电磁波,如图 14-1 所示. 各个电子的激发和辐射参差不齐,而且彼此之间没有联系. 因此在同一时刻,各个电子所发出的光波的频率、振动方向和相位各不相同. 另外,分子或原子的发光是间歇的,一个分子或一个原子在发出一列光波后,总要间歇一段时间才会发出另一列光波. 图 14-2 是一个波列的示意图,这是一段长度有限的、振动方向一定的、振幅不变或缓慢变化的振动的传播. 光波的频率由跃迁的两能级的差值决定,单个原子单次发光所经历的时间 τ 是很短的,约为 10^{-5} s. 一个波列的长度为 $c\tau$(c 为光速).

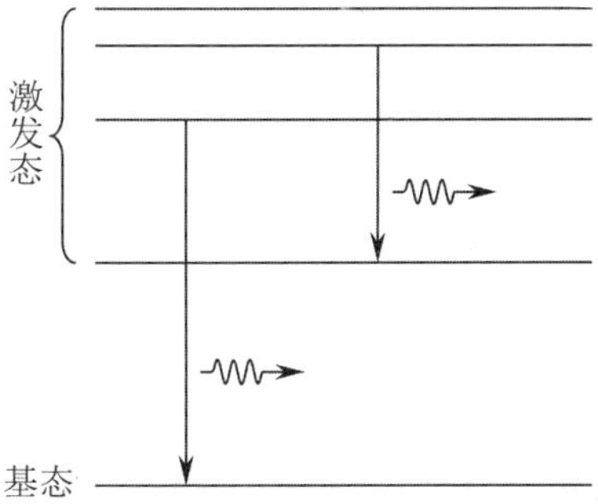

图 14-1　原子能级及发光跃迁

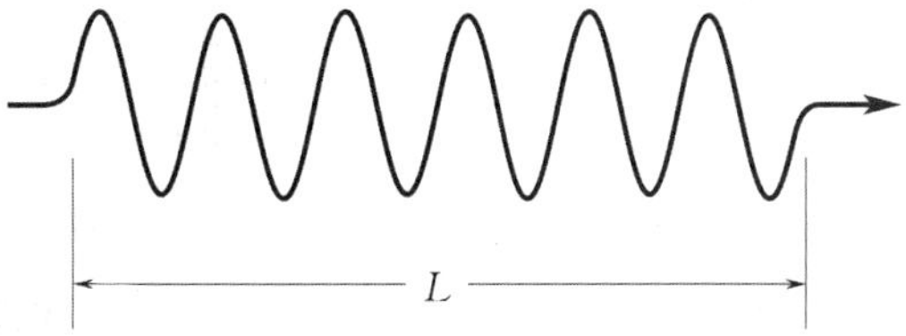

图 14-2　一个波列

在热光源内,有许多原子在发光,且各个原子的发光是独立的、随机的,因而不同原子在同一时刻所发出的光在频率、振动方向和相位上各不相同. 即使同一个原子,在不同时刻发出的光在频率、振动方向和相位上也是各不相同的. 因此,两个普通的独立光源所发出的光,甚至同一发光体的不同部分所发出的光都是不相干的.

机械波或无线电波的波源可以连续振动,发出连续不断的正弦波,相干条件比较容易满足,因此观察这些波的干涉现象就比较方便. 而对于光波，情况就变得不一样了. 即使是两个发光频率完全相同的钠光灯，在光线都能到达的区域也不会出现光强的明暗分布，相干光一般是很难获得的，这要从光源的发光机理去理解. 由于两个独立的光源或者同一光源不同部分所发出的光都是不相干的，这些光在相遇区域的合成光强都是原来两个光强的简单相加，没有发生干涉.

那么如何来获得相干光呢?一种方法是将一普通光源上同一点发出的光，利用反射或折射等方法将它“一分为二”. 这时每一个波列都分成了频率相同、振动方向相同且相位差恒定的两部分，当它们沿两条不同的路径传播并相遇时，就能产生干涉现象.

如图 14－3 所示，A，B 分别为一油膜的两个表面，入射光 I 中某一个波列 W 在界面 A 上反射形成波列 W_1，在界面 B 上反射形成波列 W_2. W_1 和 W_2 的频率相同、振动方向相同，相位差(由两列波经过的波程差来决定) 一定. 对于入射光 I 中的其他波列，按同样的道理来分析，也必然具备同样的性质，因此在界面 A，B 上形成的两束反射光 I_1 和 I_2 是相干光.

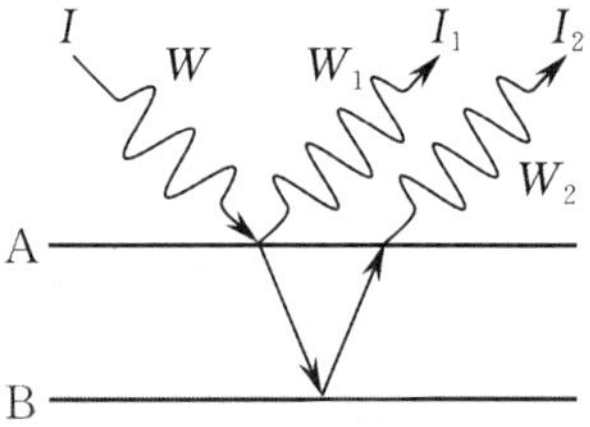

图 14－3　一个波列被分成两个相干波列

图 14－4　竖直肥皂膜上的干涉条纹

上面这种获得相干光的方法叫作**振幅分割法**，其原理是利用反射、折射把波面上某处的振幅分成两部分，再使它们相遇从而产生干涉现象. 在日常生活中看到的油膜、肥皂膜所呈现的彩色，就是该方法的一个实例. 如果用单色光照射在竖直肥皂膜上(见图 14－4)，在肥皂膜表面可以看到由于干涉形成的明暗相间的横条纹. 此外，在照相机镜头表面常可以看到紫红色，也是因为其表面的一层薄膜造成了光线干涉的缘故.

如果用激光器作为光源，由于激光有良好的相干性和较高的亮度，从而可方便地演示光的干涉现象. 图 14－5 是激光干涉实验的示意图，图中通过 A，B 两个狭缝的激光是相干光，它们相遇时会相互干涉，在远处屏幕 P 上会产生明暗相间的干涉条纹.

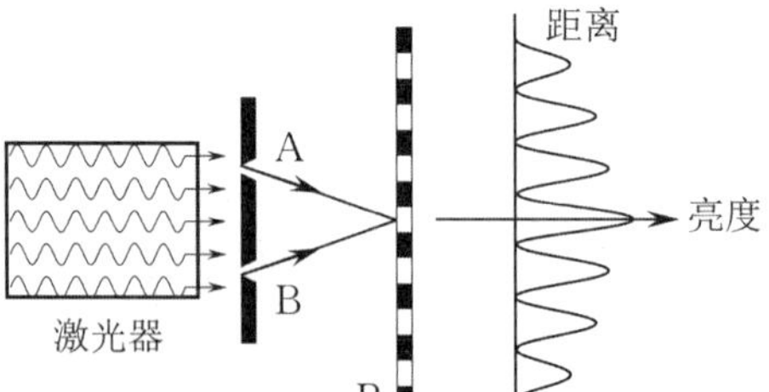

图 14－5　激光束干涉实验

除振幅分割法外，还有一种用分光束获得相干光的方法，称为**波面分割法**. 就是在光源发出的光的某一波面上，取出两部分面积元作为相干光源的方法. 下面介绍的杨氏双缝干涉实验，就是用波面分割法来获得相干光的.

综上所述，产生相干光源的方法主要有两种：其一是波面分割法 —— 杨氏双缝，例如菲涅耳双镜、洛埃镜等，其原理是将一束光分成两束，等于将一个波面一分为二；其二是振幅分割法 —— 薄膜，包括劈尖和牛顿环，其原理是将一束光分为反射光和折射光，然后由这两束光叠加.

14.1.2　杨氏双缝干涉

1. 杨氏双缝干涉实验装置

1801 年，托马斯·杨最早利用普通光源成功得到两列相干的光波，并且以明确的形式确立了光波叠加原理，首次通过实验肯定了光的波动性，并用光的波动性解释了干涉现象. 这一实验实际上就是用波面分割法获得相干光的. 杨氏双缝干涉实验原理如图 14－6 所示.

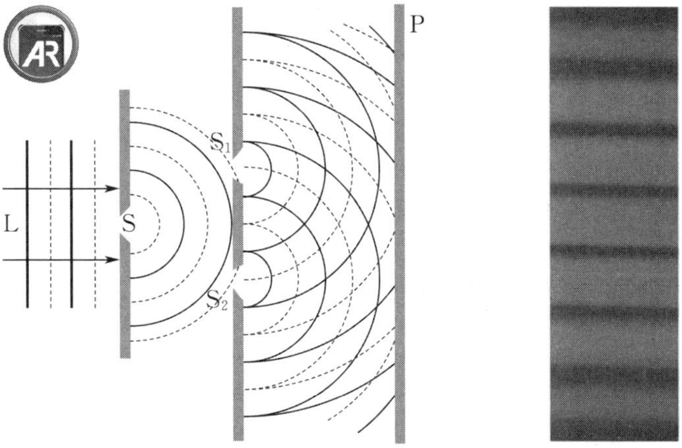

(a) 双缝干涉　　(b) 双缝干涉条纹

图 14－6　杨氏双缝干涉实验原理图

由光源 L 发出的光照射到单缝 S 上，使 S 成为本实验的光源. 使 S 照射两个相距很近的狭缝 S_1 和 S_2，且 S_1，S_2 与 S 之间的距离相等. 经过 S_1 和 S_2 的光是由同一光源 S 形成的，满足振动方向相同、频率相同和相位差恒定(图 14－6 中的相位差为零）的相干条件，故 S_1 和 S_2 为相干光源. 这样，由 S_1 和 S_2 发出的光在空间相遇，将产生干涉现象. 若在离 S_1 和 S_2 较远距离处放一屏幕 P，则屏幕上将出现明、暗相间的干涉条纹.

2. 定量分析杨氏双缝干涉条纹的形成

如图 14－7 所示，设 S_1 和 S_2 间的距离为 d，双缝所在的平面与屏幕 P 平行，两者之间的垂直距离为 d'. 在屏幕上任取一点 B，它与 S_1 和 S_2 的距离分别是 r_1 和 r_2，若 O_1 为 S_1 和 S_2 的中点，O 与 O_1 正对，B 点与 O 点的距离为 x. 为能获得明显的干涉条纹，一般要求双缝到屏幕间的垂直距离远大于双缝间的距离，即 $d' \gg d$. 这时，由 S_1 和 S_2 发出的光到达屏幕上 B 点的几何路程差为

$$\Delta r = r_2 - r_1 \approx d\sin\theta. \tag{14-1}$$

此处 θ 也是 O_1O 和 O_1B 所形成的角，如图 14－7 所示.

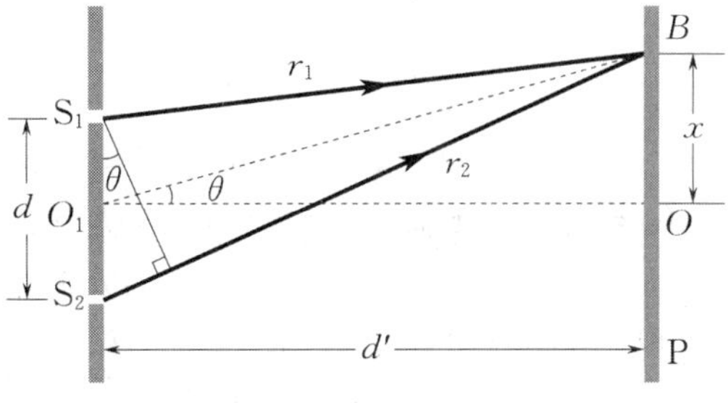

图 14－7　杨氏双缝干涉实验的条纹计算

当 Δr 满足

$$d\sin\theta = \pm k\lambda \quad (k = 0,1,2,\cdots) \tag{14-2}$$

时，B 点处为一明纹中心. 式(14－2) 中的正负号表明干涉条纹在 O 点两边是对称分布的. 对于 O 点，$\theta = 0$，$\Delta r = 0$，$k = 0$，因此 O 点处也为一明纹中心. 此明纹被称为中央明纹.

在 O 点两侧，与 $k = 1,2,\cdots$ 相对应的 x_k 处，Δr 分别为 $\pm\lambda$，$\pm 2\lambda$，…. 这些明纹分别叫作第 1 级明纹、第 2 级明纹 …… 它们对称地分布在中央明纹两侧.

因为 $d' \gg d$，所以可近似认为 $\sin\theta = \frac{x}{d'}$. 于是，式(14－2) 的干涉加强条件可以改写为

$$d\frac{x}{d'} = \pm k\lambda \quad (k = 0,1,2,\cdots),$$

即在屏幕上

$$x = \pm k\frac{d'\lambda}{d} \quad (k = 0,1,2,\cdots) \tag{14-3}$$

的各处，都是明纹中心. 当 B 点处满足

$$\Delta r = d\frac{x}{d'} = \pm(2k+1)\frac{\lambda}{2} \quad (k = 0,1,2,\cdots),$$

即

$$x = \pm\frac{d'}{d}(2k+1)\frac{\lambda}{2} \quad (k = 0,1,2,\cdots) \tag{14-4}$$

时，两束光相互减弱，则此处就为暗纹中心. 这样，与 $k = 0,1,2,\cdots$ 相对应的 $x = \pm\frac{d'}{2d}\lambda$，$\pm\frac{3d'}{2d}\lambda$，$\pm\frac{5d'}{2d}\lambda$，… 处均为暗纹中心. 若 B 点与 O 点的距离 x 既不满足式(14－3)，也不满足式(14－4)，则 B 点处既不是最明，也不是最暗. 一般而言，可认为两个相邻暗纹中心之间的距离为一条明纹的宽度.

综上所述，在干涉区域内，我们可以从屏幕上看到，在中央明纹两侧，对称地分布着明、暗相间的干涉条纹. 这些干涉条纹基本上是一条条与缝形状相同的直线. 如果已知 d，d'，λ，那么可根据式(14－3) 或式(14－4) 算出相邻明纹或暗纹(明纹或暗纹中心) 间的距离为

$$\Delta x = x_{k+1} - x_k = \frac{d'}{d}\lambda,$$

即明、暗干涉条纹是等距离分布的. 若已知 d，d'，并测出 Δx，则可以由上式算出单色光的波长 λ，并且还可以看到，若 d，d' 的值一定时，相邻明纹之间的距离 Δx 与入射光的波长 λ 呈正比，即波长越小，条纹间的间距越小. 如果用普通白光作为平行光来进行杨氏双缝干涉实验，那么屏幕上的干涉条纹除中央明纹中心是白色外，其余各级明纹将略有分离并显彩色. 白光干涉条纹的这一特点提供了判断中央明纹位置的方法，在干涉测量中经常用到.

例 14－1

在杨氏双缝干涉实验中，用波长为 $\lambda = 589.3\ \text{nm}$ 的钠灯作光源，屏幕距双缝的距离为 $d' = 800\ \text{mm}$，问：

(1) 当双缝间距为 1 mm 时，两相邻明纹中心间距是多少？

(2) 假设双缝间距为 10 mm，两相邻明纹中心间距又是多少？

解 (1) 当 $d = 1\ \text{mm}$ 时，相邻明纹间距为

$$\Delta x = \frac{d'}{d}\lambda = \frac{800}{1} \times 589.3 \times 10^{-6}\ \text{mm}$$

≈ 0.47 mm.

(2) 若 $d = 10$ mm，则

$$\Delta x = \frac{d'}{d}\lambda = \frac{800}{10} \times 589.3 \times 10^{-6}\ \text{mm}$$

≈ 0.047 mm.

事实上，0.047 mm 的间距用肉眼是难以观察到的. 所以，在通常的双缝干涉实验中，双缝间距不能太大.

例 14-2

以单色光照射到相距为 0.2 mm 的双缝上，双缝与屏幕的垂直距离为 1 m.

(1) 从第 1 级明纹到同侧的第 4 级明纹间的距离为 7.5 mm，求单色光的波长；

(2) 若入射光的波长为 600 nm，则中央明纹中心距离最近的暗纹中心的距离是多少？

解 (1) 根据双缝干涉明纹中心的条件

$$x_k = \pm k\frac{d'\lambda}{d} \quad (k = 0, 1, 2, \cdots),$$

将 $k = 1$ 和 $k = 4$ 代入上式，得

$$\Delta x_{14} = x_4 - x_1 = 3\frac{d'}{d}\lambda,$$

于是有

$$\lambda = \frac{d}{d'}\frac{\Delta x_{14}}{3}.$$

将已知条件 $d = 0.2$ mm，$\Delta x_{14} = 7.5$ mm，$d' = 1\,000$ mm 代入上式，得

$$\lambda = \frac{0.2 \times 7.5}{1\,000 \times 3}\ \text{nm} = 500\ \text{nm}.$$

在历史上，一些光的波长就是利用双缝干涉实验测得的.

(2) 中央明纹与最近的暗纹中心的距离应等于半个条纹间距，所以，所求距离为

$$\Delta x' = \frac{1}{2}\frac{d'}{d}\lambda = \frac{1}{2} \times \frac{1\,000}{0.2} \times 6 \times 10^{-4}\ \text{mm} = 1.5\ \text{mm}.$$

在双缝干涉实验中，若逐渐增加光源狭缝 S 的宽度，则屏幕 P 上的条纹就会变得逐渐模糊起来，最后干涉条纹完全消失. 这是因为 S 内所包含的各小部分 S′，S″ 等(见图 14-8) 不是相干光源；它们互不相干，且 S′ 发出的光与 S″ 发出的光通过双缝到达 B 点的几何路程差并不相等，即 S′，S″ 发出的光将各自满足不同的干涉条件. 例如，当 S′ 发出的光经过双缝后恰在 B 点形成干涉极大的光强时，S″ 发出的光可能在 B 点形成干涉较小的光强.

由于 S′，S″ 是非相干光源，它们在 B 点形成的合光强只是上述结果的简单相加，即非相干叠加. 故不会出现"亮 + 亮 = 暗"的干涉叠加结果. 可见，狭缝 S 越宽，所包含的非相干光源越多. 结果是最亮和最暗的光强差别缩小，从而造成干涉条纹的模糊甚至消失. 只有当狭缝 S 较窄时，才能获得较清晰的干涉条纹. 这一特性称为光场的空间相干性.

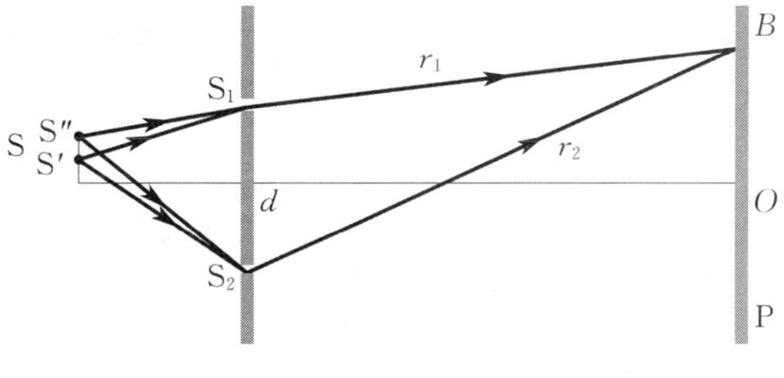

图 14-8 空间相干性

对于激光光源来说，不存在空间相干性的问题. 因为激光光源输出光波的各部分都是相干的，这是激光光源所具有的优越性.

14.1.3 光程差

上面所讨论的都是两束相干光在同一种介质中传播的情形，对于这样的情形，只要计算出两

相干光到达相遇点时的几何路程差 Δr，就可根据 $\Delta\varphi=\frac{2\pi}{\lambda}\Delta r$ 确定两相干光的相位差 $\Delta\varphi$. 当两束光分别通过不同介质时，由于同一频率的光在不同介质中的波长不同，这时的相位差就不仅仅由几何路程决定. 为此，也要利用光程这一概念.

设有一频率为 ν 的单色光，它在真空中的波长为 λ，传播速度为 c. 当它在折射率为 n 的介质中传播时，传播速度变为 $u=\frac{c}{n}$，波长变为 $\lambda_n=\frac{u}{\nu}=\frac{c}{n\nu}=\frac{\lambda}{n}$. 波传播一个波长的距离，相位变化 2π. 若光波在该介质中传播的几何路程为 r，则相位变化为

$$\Delta\varphi=2\pi\frac{r}{\lambda_n}=2\pi\frac{nr}{\lambda}. \tag{14-5}$$

两相干光分别通过不同的介质(折射率分别为 n_1 和 n_2) 在空间某点相遇时(设两束相干光的几何路程分别为 r_1,r_2)，所产生的干涉情况与两者的**光程差** $n_2r_2-n_1r_1$(用符号 Δ 表示) 有关.

从同一点光源发出的两相干光，它们的光程差 Δ 与相位差 $\Delta\varphi$ 的关系为

$$\Delta\varphi=2\pi\frac{\Delta}{\lambda}. \tag{14-6}$$

当

$$\Delta=\pm k\lambda \quad (k=0,1,2,\cdots) \tag{14-7}$$

时，有 $\Delta\varphi=\pm 2k\pi$，干涉加强；当

$$\Delta=\pm(2k+1)\frac{\lambda}{2} \quad (k=0,1,2,\cdots) \tag{14-8}$$

时，$\Delta\varphi=\pm(2k+1)\pi$，干涉减弱.

透镜是否会引起附加的光程差呢?平行光束通过透镜后，将会聚于焦平面上的一点. 由于平行光束波面上各点(见图 14-9 中的 A,B,C,D,E 各点) 的相位相同，而到达焦平面后的相位仍然相同，因而干涉加强. 虽然光线从这些点到 F 点的几何路程并不相等，但是它们的光程相等. 这个事实还可以这样来理解：如图 14-9(a) 所示，虽然光线 CcF 比光线 AaF 经过的几何路程短，但是光线 AaF 在透镜中经过的路程比光线 CcF 短，因此折算成光程时，光线 AaF 的光程就与光线 CcF 的光程相等. 对于斜入射的平行光，会聚于焦平面上的 F' 点. 通过类似的讨论可知，光线 AaF'，BbF'，… 的光程都相等(见图 14-9(b)). 因此，使用透镜并不引起附加的光程差.

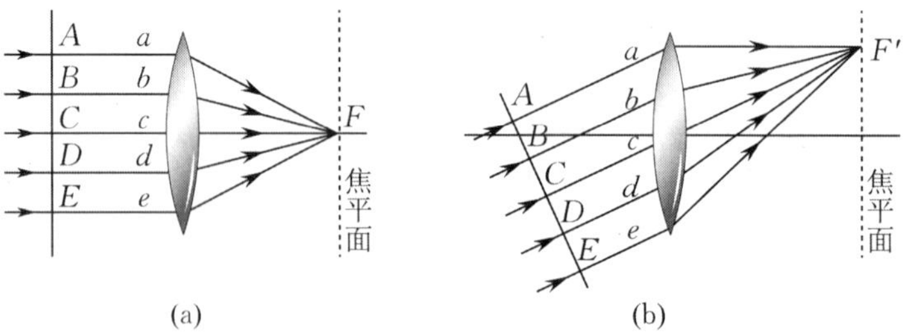

图 14-9　平行光束通过透镜的光程

14.1.4　薄膜干涉(一)—— 等倾条纹

在介绍薄膜干涉之前，需要先简单介绍"半波损失" 的概念. 若光从光疏介质进入光密介质，则在其分界面发生反射，反射光在离开反射点时的电场振动方向与入射光到达入射点时的电场振动方向相反，即反射光相对于入射光有相位跃变 π. 这种现象叫作**半波损失**. 半波损失对于光波

来说，相当于波多走（或少走）了$\frac{\lambda}{2}$的路程．反之，若光从光密介质进入光疏介质，则反射光并不会发生半波损失．另外，折射光的振动方向相对于入射光的振动方向，永远不会发生半波损失．在光的干涉现象中，半波损失是一个不得不考虑的问题．

根据半波损失原理，如图 14－10 所示，薄膜上、下两个界面反射的物理性质是不同的，上、下两个界面反射光的光场，除有几何路径光程差的贡献外，可能还有$\frac{\lambda}{2}$的附加光程差．其中，反射光束 1，2 之间有半波损失；反射光束 2，3，… 之间无半波损失；透射光束 1′，2′，… 之间无半波损失．

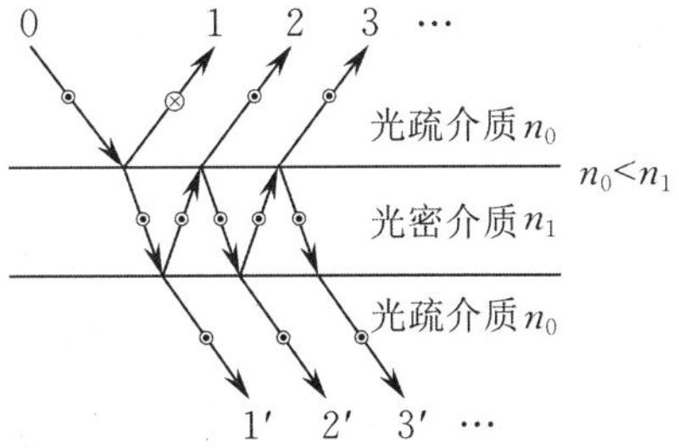

图 14－10　薄膜上、下两个界面的反射和折射

油膜、肥皂膜等薄膜上发生的干涉现象，统称为薄膜干涉．研究薄膜干涉时，首先要找到相应的薄膜，如浮在水面上的油膜或光盘表面的镀膜、两玻璃片之间的空气膜等．这些薄膜的厚度不能太厚，往往要与所用光线的波长相差不大，才会有明显的干涉现象．下面用光程差来讨论薄膜干涉．如图 14－11 所示，在折射率为 n_1 的均匀介质中，有一折射率为 n_2 的薄膜，$n_2>n_1$，M_1 和 M_2 分别为薄膜的上、下两互相平行的界面．假设从单色光源 S 上发出的光线 1 以入射角 i 投射到界面 M_1 上，一部分由 A 点反射（见图 14－11 中的光线 2），另一部分进入薄膜，然后在界面 M_2 上反射，再经过界面 M_1 折射出来（见图 14－11 中的光线 3）．光线 2，3 是两条平行光线，经透镜 L 会聚于屏幕 P．又由于光线 2，3 是同一入射光的两部分，经过了不同的路径后有恒定的相位差，因此它们是相干光．

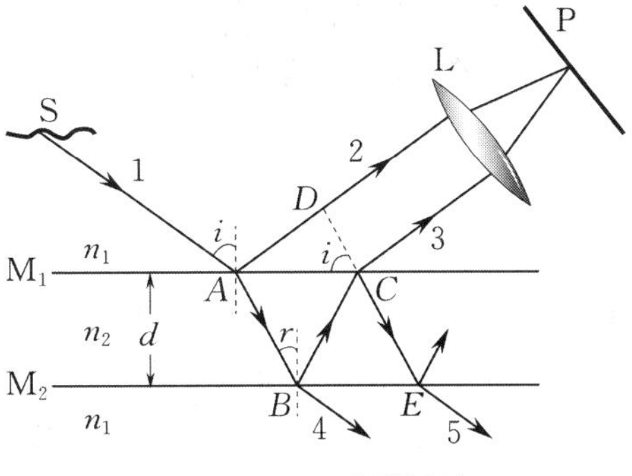

图 14－11　薄膜干涉

接下来计算光线 2 和光线 3 的光程差．设 $CD\perp AD$，CD 为平行光的波面，则 CP 和 DP 的光程相等．此外，由图 14－11 可知，光线 3 在折射率为 n_2 的介质中的光程为 $n_2(AB+BC)$；光线 2 在折射率为 n_1 的介质中的光程为 n_1AD，则它们的光程差为

$$\Delta'=n_2(AB+BC)-n_1AD. \tag{14-9}$$

设薄膜的厚度为 d，由图 14－11 可知

$$AB=BC=\frac{d}{\cos r},$$

$$AD = AC\sin i = 2d\tan r\sin i.$$

把以上两式代入式(14-9),得

$$\Delta' = \frac{2d}{\cos r}(n_2 - n_1\sin r\sin i).$$

根据折射定律 $n_1\sin i = n_2\sin r$,上式可以写成

$$\Delta' = \frac{2d}{\cos r}n_2(1-\sin^2 r) = 2n_2 d\cos r, \tag{14-10}$$

或

$$\Delta' = 2n_2 d\sqrt{1-\sin^2 r} = 2d\sqrt{n_2^2 - n_1^2\sin^2 i}. \tag{14-11}$$

此外,由于两介质的折射率不同,还必须考虑光在两界面反射时有相位跃变 π,还需附加光程差 $\pm\frac{\lambda}{2}$. 若取附加光程差为 $+\frac{\lambda}{2}$,则两反射光的总光程差为

$$\Delta_r = 2d\sqrt{n_2^2 - n_1^2\sin^2 i} + \frac{\lambda}{2}. \tag{14-12}$$

于是,干涉条件为

$$\Delta_r = 2d\sqrt{n_2^2 - n_1^2\sin^2 i} + \frac{\lambda}{2} = \begin{cases} k\lambda \quad (k=1,2,\cdots), & \text{加强}, \\ (2k+1)\frac{\lambda}{2} \quad (k=0,1,2,\cdots), & \text{减弱}. \end{cases} \tag{14-13}$$

当光垂直入射($i=0$)时,

$$\Delta_r = 2n_2 d + \frac{\lambda}{2} = \begin{cases} k\lambda \quad (k=1,2,\cdots), & \text{加强}, \\ (2k+1)\frac{\lambda}{2} \quad (k=0,1,2,\cdots), & \text{减弱}. \end{cases} \tag{14-14}$$

透射光也有干涉现象. 在图 14-11 中,不难看出,光线到达 B 点时,一部分直接经界面 M_2 折射而出(见图 14-11 中的光线 4),还有一部分经过 B 点和 C 点两次反射后在 E 点折射而出(见图 14-11 中的光线 5). 两透射光之间没有因反射而增加光程差,因此,两透射光线 4,5 的总光程差为

$$\Delta_t = 2d\sqrt{n_2^2 - n_1^2\sin^2 i}.$$

与式(14-12) 相比较可知,Δ_t 与 Δ_r 相差 $\frac{\lambda}{2}$,即当反射光的干涉相互加强时,透射光的干涉相互减弱. 这是符合能量守恒定律要求的.

例 14-3

一油轮漏出的油(折射率为 $n_1 = 1.20$) 污染了某海域,在海水(折射率为 $n_2 = 1.30$) 表面形成一层油污薄膜.

(1) 如果太阳正位于该海域的上空,一直升机的驾驶员从机上向正下方观察,他所正对的油层厚度为 460 nm,则他观察到的油层将呈什么颜色?

(2) 如果一潜水员潜入该海域水下,并向正上方观察,观察到的油层又将呈现什么颜色?

解 这是一个薄膜干涉的问题. 太阳垂直照射在海面上,驾驶员和潜水员所看到的分别是反射光的干涉结果和透射光的干涉结果.

(1) 由于油层的折射率 n_1 小于海水的折射率 n_2,但大于空气的折射率,所以在油层上、下表面反射的太阳光均发生相位跃变 π. 两反射光之间的光程差为

$$\Delta_r = 2n_1 d.$$

当 $\Delta_r = k\lambda$,即 $\lambda = \frac{2n_1 d}{k}(k=1,2,\cdots)$ 时,反射光的干涉加强,形成明纹. 把 $n_1 = 1.20$,$d = 460$ nm 代入,可得干涉加强的光波波长为

$$k=1,\quad \lambda_1=2n_1d=1\ 104\ \text{nm};$$
$$k=2,\quad \lambda_2=n_1d=552\ \text{nm};$$
$$k=3,\quad \lambda_3=\frac{2}{3}n_1d=368\ \text{nm}.$$

其中波长 $\lambda_2=552$ nm 的绿光在可见光范围内,而 λ_1 和 λ_3 则分别在红外线和紫外线的波长范围内,所以,驾驶员看到的油层将呈现绿色.

(2) 此题中透射光的光程差为

$$\Delta_t=2n_1d+\frac{\lambda}{2}.$$

令 $\Delta_t=k\lambda(k=1,2,\cdots)$,得

$$k=1,\quad \lambda_1=\frac{2n_1d}{1-\dfrac{1}{2}}=2\ 208\ \text{nm};$$
$$k=2,\quad \lambda_2=\frac{2n_1d}{2-\dfrac{1}{2}}=736\ \text{nm};$$
$$k=3,\quad \lambda_3=\frac{2n_1d}{3-\dfrac{1}{2}}=441.6\ \text{nm};$$
$$k=4,\quad \lambda_4=\frac{2n_1d}{4-\dfrac{1}{2}}\approx 315.4\ \text{nm}.$$

其中 $\lambda_2=736$ nm 的红光和 $\lambda_3=446.1$ nm 的紫光在可见光范围内,而 λ_1 是红外线,λ_4 是紫外线.所以,潜水员看到的油层将呈现紫红色.

利用薄膜干涉不仅可以测定波长或薄膜的厚度,还可提高或降低光学器件的透射率.光在两介质分界面上的反射将减少透射光的强度.例如,照相机镜头后的其他光学元件常采用透镜组合.对于一个具有四个"玻璃-空气"界面的透镜组合,由于反射而损失的光能约为入射光的20%.随着界面数目的增加,损失的光能还要增多.为了减少因反射而损失的光能,常在透镜表面上镀一层薄膜.如图14-12所示,在玻璃表面上镀一层厚度为 d 的氟化镁(MgF_2)薄膜,它的折射率为 $n_2=1.38$,比玻璃的折射率小,比空气的折射率大,所以在氟化镁薄膜的上、下两界面的反射光2和3都具有相位跃变π,从而没有附加光程差.所以发射光2,3的光程差 $\Delta=2n_2d$.若氟化镁的厚度 d 为0.10 μm,则对应的光程差

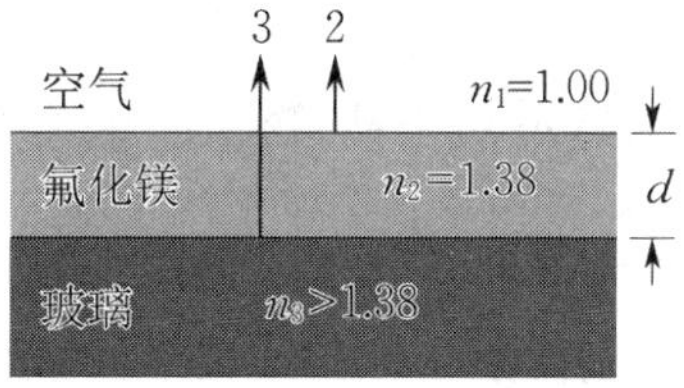

图 14-12 增透膜示意图

$$\begin{aligned}\Delta&=2n_2d=2\times1.38\times0.10\ \mu\text{m}\\&=0.276\ \mu\text{m}=276\ \text{nm}\end{aligned}$$

为552 nm的一半.所以波长为552 nm的绿光在薄膜的两界面上反射时,由于干涉减弱而使反射光减少.根据能量守恒定律,反射光减少了,透射光就增强了.这种能减少反射光强度而增加透射光强度的薄膜,称为**增透膜**.一般照相机的镜头呈现出紫红色,就是镀有这种增透膜的缘故.

有些光学器件则需要减少其透射率,以增加反射光的强度.利用薄膜干涉也可制成增反膜(或高反射膜),在图14-12中,改用硫化锌(ZnS,折射率为2.40)薄膜,则有 $n_1<n_2>n_3$,保持薄膜仍产生半个波长(或半个波长的奇数倍)的光程差,但这时仅薄膜上界面的反射光2有相位跃变,反射光由于干涉而增强.由能量守恒定律可知,反射光增强了,透射光就将减弱,这就是增反膜的原理.有些抗强光的保护镜或太阳镜呈现出金亮的光泽,就是镀有一层硫化锌增反膜使黄色反射光增强了的缘故.

14.1.5 薄膜干涉(二)—— 等厚条纹

前面介绍了平行光束入射在厚度均匀的薄膜上产生的干涉现象.下面介绍在厚薄不均的薄膜上产生的干涉现象.实验室中能观察到这种干涉现象的常见装置是劈尖和牛顿环.

1. 劈尖

设有一折射率为 n 的玻璃平板构成的空气劈尖，劈尖两平面的交线称为棱边（它为直线）. 当玻璃为标准平面时，在平行于棱边的直线上，劈尖的厚度是相等的.

当平行单色光垂直入射这样的劈尖时（$i=0$），在劈尖（$n=1$）的上、下两表面所引起的反射光线将形成相干光.

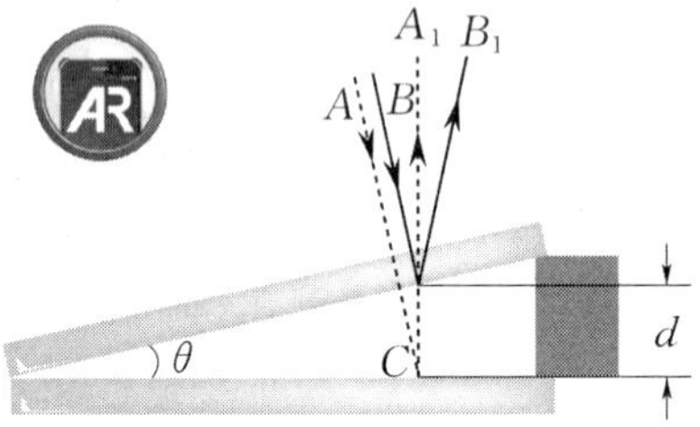

图 14－13　劈尖的干涉

如图 14－13 所示，由于从劈尖的上表面反射的反射光没有半波损失，而从劈尖的下表面反射的反射光有半波损失，劈尖在 C 点处的厚度为 d. 当光线垂直入射到劈尖的上表面时，由于劈尖顶角很小，因此可认为光线在上、下两表面近似垂直入射.

在劈尖上、下表面反射的两光线之间的光程差为

$$\Delta = 2nd + \frac{\lambda}{2}, \tag{14-15}$$

其中 n 为空气夹层的折射率. 由干涉条件可知

$$\Delta = 2nd + \frac{\lambda}{2} = \begin{cases} k\lambda \quad (k=1,2,\cdots), & \text{明纹}, \\ (2k+1)\dfrac{\lambda}{2} \quad (k=0,1,2,\cdots), & \text{暗纹}. \end{cases} \tag{14-16}$$

第 k 级干涉明纹对应的空气夹层的厚度为

$$d_k = \left(k - \frac{1}{2}\right)\frac{\lambda}{2n}.$$

第 k' 级干涉暗纹对应的空气夹层的厚度为

$$d_{k'} = k'\frac{\lambda}{2n}.$$

劈尖的干涉条纹为平行于劈尖棱边的直线条纹，其中厚度相等处对应同一条干涉条纹，所以这些干涉条纹称为**等厚干涉条纹**. 观察劈尖干涉的实验装置如图 14－14 所示.

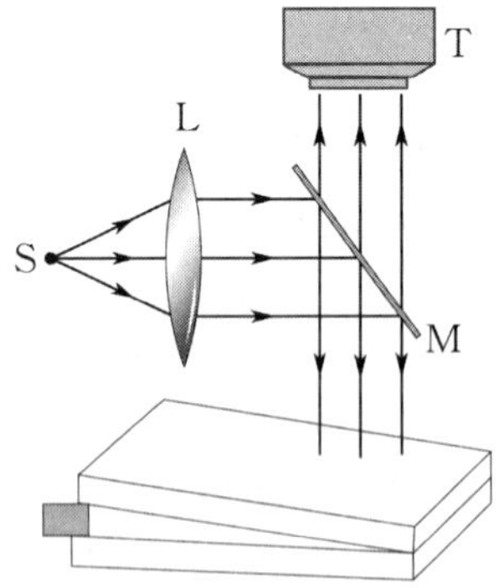

图 14－14　劈尖干涉观察简图

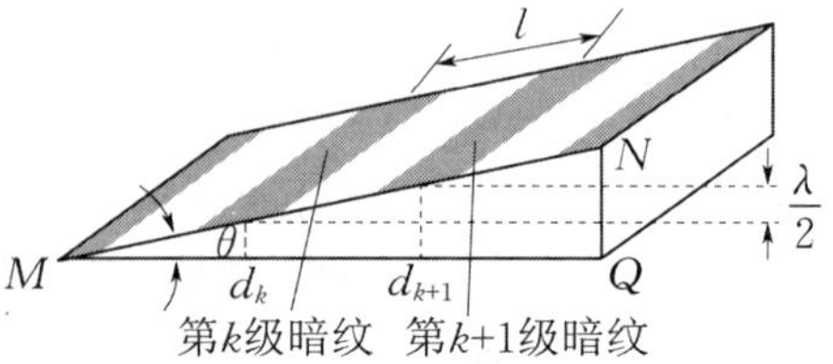

图 14－15　等厚干涉条纹

如图 14－15 所示，任何两条相邻明纹所对应的空气膜厚度之差为

$$\Delta d = d_{k+1} - d_k = \left(k+1-\frac{1}{2}\right)\frac{\lambda}{2n} - \left(k-\frac{1}{2}\right)\frac{\lambda}{2n} = \frac{\lambda}{2n}. \tag{14-17}$$

同样，可得到两条相邻暗纹对应的空气膜的厚度之差为 $\Delta d = \dfrac{\lambda}{2n}$. 显然，干涉条纹是等间距

的，而相邻的干涉条纹之间的距离为 $l=\dfrac{\lambda}{2n\sin\theta}$，而且 θ 越小，l 越大，干涉条纹越疏；θ 越大，干涉条纹越密. 如果劈尖的顶角 θ 相当大，干涉条纹就可能密得无法分开，乃至人眼无法分辨，浑然不觉干涉现象的存在. 因此，干涉条纹只能在劈尖处很窄的区域存在.

由式(14－17)可知，空气劈尖的折射率为 $n=1$. 如果已知劈尖的顶角，那么测出干涉条纹的间距 l，就可以测出单色光的波长. 反过来，如果单色光的波长是已知的，那么就可以测出微小的角度. 工程技术上也常常利用这个原理来测定细丝的直径或薄片的厚度.

2. 牛顿环

在光学元件加工过程中，经常需要对球面光学元件表面的面形与标准球面样板的面形进行对比，进而判断球面光学元件的加工是否满足加工要求. 但为了问题的简化，我们只研究将一球面元件放在一平板玻璃上的情况，如图 14－16 所示.

当球面元件放在平面元件上之后，在球面和平面之间，便形成了一层空气劈尖，当光线垂直射向空气劈尖，并在劈尖的上、下表面反射，从而使反射光在劈尖上表面处相遇，就形成干涉图样. 其干涉图样是以 O 点为圆心的、不等间隔的、明暗相间的、同心圆环状的干涉条纹. 这些干涉条纹称为**牛顿环**.

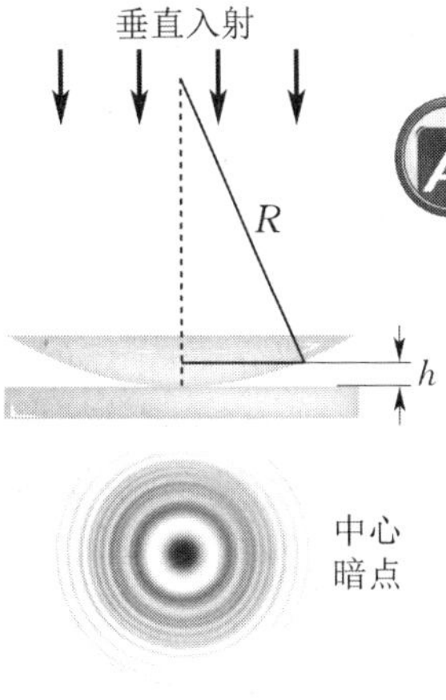

图 14－16　牛顿环干涉示意图

根据前面劈尖干涉的知识不难得出，牛顿环干涉的光程差为

$$\Delta=2nh+\frac{\lambda}{2}.$$

此时产生干涉明纹、暗纹的条件是

$$\Delta=2nh+\frac{\lambda}{2}=\begin{cases}k\lambda\quad(k=0,1,2,\cdots), & \text{明纹},\\(2k+1)\dfrac{\lambda}{2}\quad(k=0,1,2,\cdots), & \text{暗纹}.\end{cases}\tag{14-18}$$

而劈尖的高度 h 可用球面的半径 R 和形成的牛顿环干涉图样的半径 r 来表示，有

$$r^2=R^2-(R-h)^2=2Rh-h^2,$$

由于 $R\geqslant h$，因此可忽略 h^2 项，从而得

$$h=\frac{r^2}{2R}.\tag{14-19}$$

将式(14－18)代入式(14－19)，可得

$$r_k=\begin{cases}\sqrt{\left(k+\dfrac{1}{2}\right)\dfrac{R\lambda}{n}}\quad(k=0,1,2,\cdots), & \text{明纹},\\\sqrt{\dfrac{kR\lambda}{n}}\quad(k=0,1,2,\cdots), & \text{暗纹},\end{cases}\tag{14-20}$$

则有 $r_1:r_2:r_3=\sqrt{1}:\sqrt{2}:\sqrt{3}$. 第 k 级暗纹与相邻的第 $k+1$ 级暗纹之间的间隔为

$$\Delta r_k=\frac{\mathrm{d}r_k}{\mathrm{d}k}=\frac{1}{2}\sqrt{\frac{R\lambda}{nk}}=\frac{1}{2}\frac{R\lambda}{\sqrt{nkR\lambda}}=\frac{R\lambda}{2nr_k}\quad(k=0,1,2,\cdots).\tag{14-21}$$

显然，随着干涉级次的增加，条纹之间的间隔逐渐变小. 因此，牛顿环是一系列越靠外侧越密集的、不等间距的、明暗相间的干涉条纹.

14.1.6　迈克耳孙干涉仪

1881年，迈克耳孙(Michelson)为了研究光速问题，精心设计了一种干涉装置，后人称之为迈克耳孙干涉仪. 迈克耳孙干涉仪在历史上曾起到了很重要的作用，例如，用干涉仪对以太"飘移"进行研究，为相对论的建立提供了实验基础. 现代科技中有许多干涉仪都是从它衍生发展而来的，例如，用来检验光学元件和光学系统的特外曼干涉仪、测量气体或液体的折射率的瑞利干涉仪、研究高速气体特征的马赫-曾德尔干涉仪和测量星体视直径和双星角距离的天体干涉仪等，基本上都是以迈克耳孙干涉仪为原型，根据不同用途，添加装置和元件设计而成的. 特别是随着科学技术的发展，有了相干性好的光源，灵敏度高的接收器，再用计算机处理结果，使这种古老的干涉仪器产生了新的生命力. 所以，了解它的基本结构和原理有重要的意义.

迈克耳孙干涉仪的光路及基本结构如图14-17所示. 在图14-17中，M_1，M_2 是两块平面反射镜，分别置于相互垂直的两平台顶部；G_1，G_2 是两块平板玻璃，在 G_1 朝着E的一面上镀有一层半透明薄膜，使照在 G_1 上的光，一半反射，一半透射. G_1，G_2 与 M_1，M_2 成45°角. M_2 是固定的，它的方位可由螺钉 V_2 调节；M_1 由螺旋测微计 V_1 控制，可做微小的水平移动. 来自面光源S的光，经过透镜L后，平行射向 G_1，一部分被 G_1 反射后射向 M_1，经 M_1 反射后再穿过 G_1 向E处传播(见图14-17中的光线1)；另一部分则透过 G_1 及 G_2，射向 M_2，经 M_2 反射后再穿过 G_2，经 G_1 反射后也向E处传播(见图14-17中的光线2). 显然，到达E处的光线1和光线2是相干光. G_2 的作用是使光线1和光线2都能三次穿过厚薄相同的平板玻璃，从而避免光线1和光线2间出现额外的光程差，因此，G_2 也叫作补偿玻璃.

考虑了补偿玻璃的作用，可以画出如图14-18所示的迈克耳孙干涉仪的原理图.

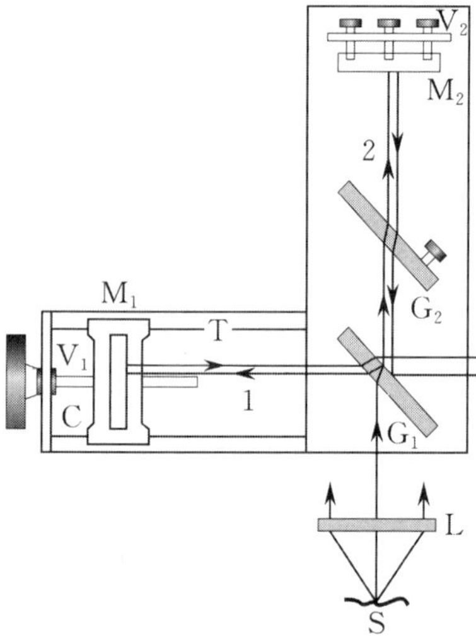

图14-17　迈克耳孙干涉仪的结构图

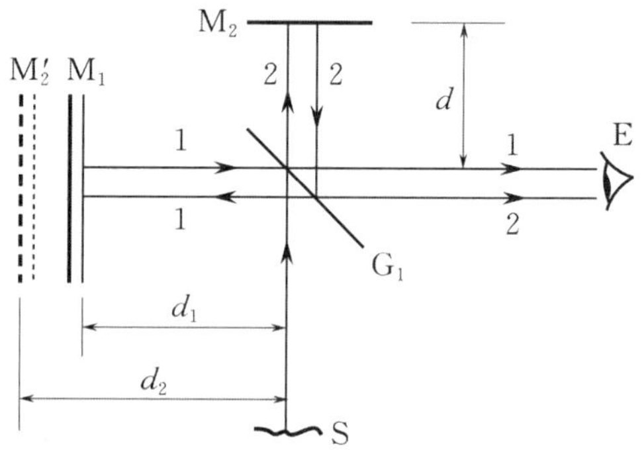

图14-18　迈克耳孙干涉仪的原理图

从 M_2 上反射的光，可以看成是从虚像 M_2' 处发出来的. 这样，相干光1，2的光程差，主要由 G_1 到 M_1 和 M_2' 的距离 d_1 与 d_2 的差所决定. 通常 M_1 与 M_2 并不严格垂直，那么，M_2' 与 M_1 也不严格平行，它们之间的空气薄层就形成一个劈尖. 这时，观察到的干涉条纹是等间距的等厚干涉条纹. 若入射光的波长为 λ，则每当 M_1 向前或向后移动 $\dfrac{\lambda}{2}$ 的距离时，就可看到干涉条纹平移过一条. 所以测出视场中平移过的干涉条纹数目 Δn，就可以得出 M_1 移动的距离为

$$\Delta d = \Delta n \frac{\lambda}{2}. \tag{14-22}$$

若已知光源的波长，利用上式可以测定长度；若已知长度，则可用上式来测定光的波长. 迈克耳孙曾用自己的干涉仪于 1892 年测定了镉的红色谱线的波长. 在 $t = 15$ ℃ 的干燥空气中，$p = 1.013 \times 10^5$ Pa 时测得镉的红色谱线的波长为 $\lambda = 643.846\ 96$ nm.

在图 14－18 中，若 M_1 和 M_2 严格垂直，则 M_2' 与 M_1 也严格平行，它们之间的空气薄层厚度一样，这时观察到的干涉条纹是圆环形的等倾条纹. 移动 M_1（改变薄层厚度）时，环形条纹也跟着变动.

例 14－4

在迈克耳孙干涉仪的两臂中，分别插入一长为 $l = 10.0$ cm 的玻璃管，其中一个抽成真空，另一个则储有压强为 1.013×10^5 Pa 的空气，用以测量空气的折射率 n. 设所用光波波长为 546 nm，实验时，向真空玻璃管中逐渐充入空气，直至压强达到 1.013×10^5 Pa 为止. 在此过程中，观察到 107.2 条干涉条纹的移动，试求空气的折射率 n.

解 设玻璃管充入空气前，两相干光之间的光程差为 Δ_1，充入空气后，两相干光之间的光程差为 Δ_2. 根据题意，有

$$\Delta_1 - \Delta_2 = 2(n-1)l.$$

干涉条纹每移动一条，相应的光程变化一个波长，因此

$$2(n-1)l = 107.2\lambda.$$

这样就可以求得空气的折射率为

$$n = 1 + \frac{107.2\lambda}{2l} = 1 + \frac{107.2 \times 546 \times 10^{-7}}{2 \times 10} \approx 1.000\ 29.$$

从例 14－4 中，我们可以看出：迈克耳孙干涉仪可以用来精密测量与长度、折射率有关的物理量的微小变化.

14.2 光的衍射

14.2.1 光的衍射和惠更斯-菲涅耳原理

1. 光的衍射现象

除干涉现象外，衍射也是波的另一个重要特征. 波的衍射是指波在其传播路径上遇到障碍物而偏离直线传播的现象，即波可以绕过障碍物的边缘弯曲地向障碍物后面传播过去. 所以衍射又称为绕射.

波的衍射现象在日常生活中是非常常见的，例如，湖面上的水波纹能绕到障碍物的背后，房间里的说话声能透过门窗等缝隙传到室外、墙后. 又如，山区里的人们能接收到广播电视信号，也是电磁波能绕过山峰等障碍物传播的结果. 光是电磁波，也会产生衍射现象. 当光在其传播路径上遇到障碍物时，如果能够绕过障碍物进入障碍物背后的几何阴影区内，并使光强重新分布，产生明暗相间的条纹，这种现象称为**光的衍射现象**. 图 14－19 所示分别为光遇到小圆屏、剃须刀片、狭缝时在屏上出现的衍射条纹.

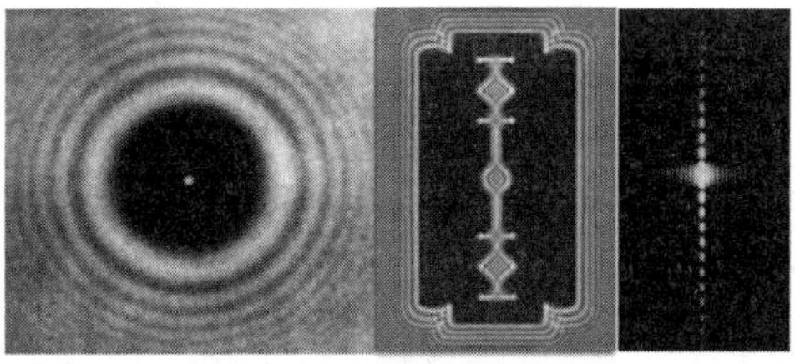

图 14－19 衍射图样

2. 惠更斯-菲涅耳原理

利用惠更斯原理，可以定性地解释波的衍射现象，但无法对各种衍射图样中的明暗条纹及其光强分布进行定量分析. 1816 年，法国青年物理学家菲涅耳吸取了惠更斯原理中的子波概念，用子波相干叠加的理论处理光的衍射问题，发展成为惠更斯-菲涅耳原理. 该原理可以表述如下：波面 S 上的各面积元，可看作新的波源，向空间发射球面子波，这些子波是相干的. 波场中任一点的振动，是各子波在该点相干叠加的结果. 根据这个原理，若已知波源发出的波在瞬时的波面 S，就可以计算波动传播到空间某点 P 所引起的振动. P 点的振动可以由 S 面上所有面积元所发出的子波在该点叠加后的合振幅来表示.

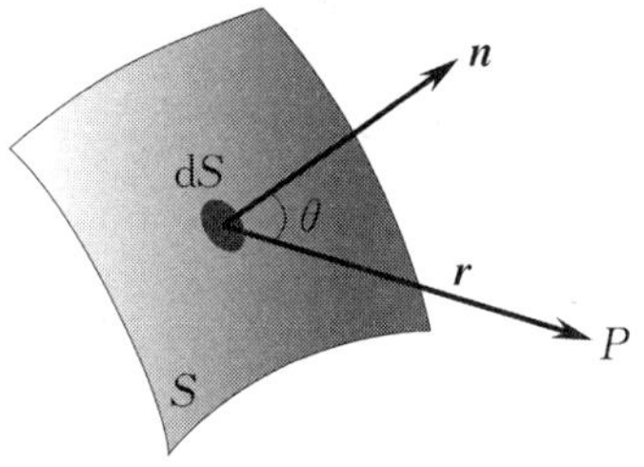

图 14-20 球面子波的相干叠加

在图 14-20 中，dS 为某波面 S 上的任一面积元，是发出球面子波的子波源，空间任一点 P 的光振动取决于波面 S 上所有面积元发出的子波在该点相互干涉的总效应. 根据惠更斯-菲涅耳原理而发展起来的衍射理论可以对此给出定量的描述：球面子波在 P 点的振幅正比于面积元的面积 dS，反比于面积元到 P 点的距离大小 r，与 $\boldsymbol{r}$ 和 $d\boldsymbol{S}$ 的法向矢量 $\boldsymbol{n}$ 之间的夹角 θ 有关. θ 越大，球面子波在 P 点处的振幅越小，当 $\theta \geqslant \frac{\pi}{2}$ 时，振幅为零. 至于 P 点处光振动的相位，则仍由 dS 到 P 点的光程确定. P 点处的光矢量 $\boldsymbol{E}$ 的大小应由下述积分决定，即

$$E = C\int \frac{K(\theta)}{r}\cos\left[2\pi\left(\frac{t}{T}-\frac{r}{\lambda}\right)\right]dS, \tag{14-23}$$

其中 C 是比例系数，$K(\theta)$ 是随 θ 增大而减小的倾斜因子，T 和 λ 分别是光波的周期和波长. 式(14-23)的积分一般比较复杂，只对少数简单情况有解析解. 目前可利用计算机进行数值运算求解.

3. 菲涅耳衍射和夫琅禾费衍射

按照光源、障碍物和观察屏三者的位置，可把衍射分为两类：一类是障碍物到光源和观察屏的距离都是有限远（或者其中之一为有限远），这时出现的衍射称为**菲涅耳衍射**，又称为**近场衍射**，如图 14-21(a) 所示. 另一类是障碍物到光源和观察屏的距离都是无限远，这时光源发出的光到达障碍物时是平行光，通过障碍物的衍射光，到达观察屏时也是平行光，这类衍射称为**夫琅禾费衍射**，又称为**远场衍射**. 夫琅禾费衍射是菲涅耳衍射的极限情况，可通过如图 14-21(b) 所示的装置来实现. 把光源 S 放在透镜 L′ 的前焦点上，这时照在障碍物上的光是平行光，屏幕 P 放在透镜 L 的后焦平面上，这样就把无限远处的衍射图样通过 L 的后焦平面上呈现出来，便于观察和测量.

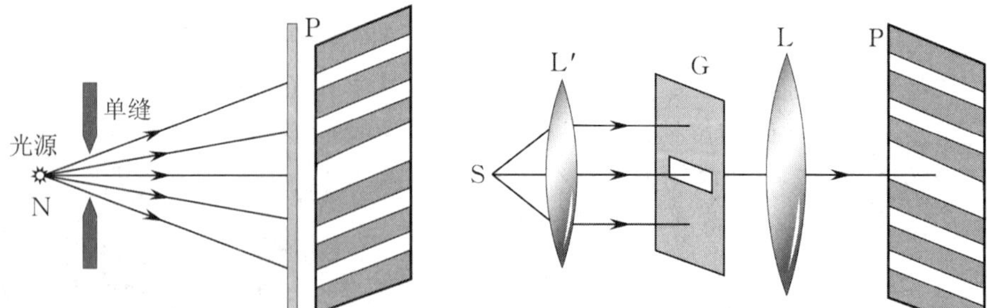

(a) 菲涅耳衍射图　　(b) 夫琅禾费衍射图

图 14-21 菲涅耳衍射与夫琅禾费衍射

在上述两类衍射中，由于夫琅禾费衍射的应用价值相对较大，而且这种衍射在理论上比较简单，所以，在本书中只讨论夫琅禾费衍射.

14.2.2　单缝夫琅禾费衍射

如图 14－22(a) 所示，当一束平行光垂直照射宽度可与光的波长相比拟的狭缝时，会绕过狭缝的边缘向阴影区衍射，衍射光再经透镜 L 会聚到后焦平面处的屏幕 P 上，形成衍射条纹. 这种条纹叫作单缝衍射条纹，如图 14－22(b) 所示. 分析这种条纹形成的原因，不仅有助于理解夫琅禾费衍射的规律，而且也是理解其他一些衍射现象的基础.

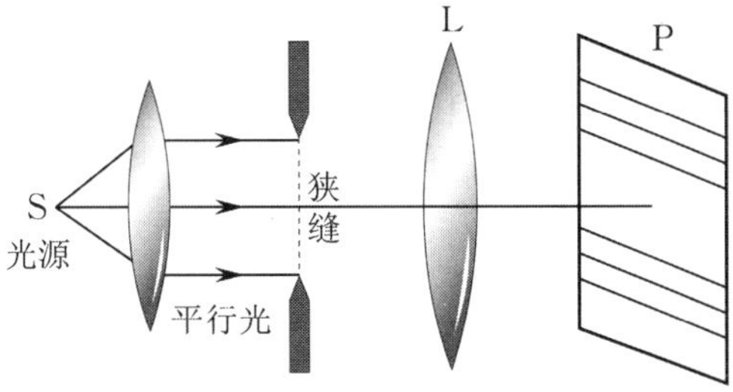

(a) 单缝衍射实验装置示意图

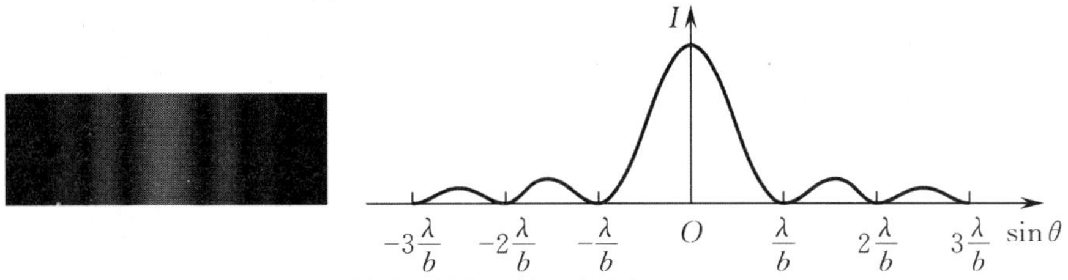

(b) 单缝衍射条纹的强度分布

图 14－22　单缝衍射

图 14－23 所示是单缝衍射的原理，AB 为单缝的横截面，宽度为 b. 根据惠更斯-菲涅耳原理，波面 AB 上的各点都是相干的子光源.

先考虑沿入射方向传播的各子波射线(见图 14－23 中的光束 ①)，它们被透镜 L 会聚于焦点 O，由于 AB 是同相面的，而通过透镜到达 O 点的各光线的光程又相等，所以它们到达 O 点时仍保持相同的相位而互相加强. 这样，在正对狭缝中心的 O 点处将是一条明纹的中心，这条明纹叫作中央明纹.

下面来讨论与入射方向成 θ 角的各子波射线(见图 14－23 中的光束 ②)，θ 叫作衍射角. 平行光束 ② 被透镜 L 会聚于屏幕上的 Q 点，但要注意，光束 ② 中各子波到达 Q 点的光程并不相等，所以它们在 Q 点的相位也不相同. 显然，由垂直于各子波射线的面 BC 上的各点到达 Q 点的光程都相等. 换句话说，从面 AB 发出的各子波射线在 Q 点的相位差就对应于从面 AB 到面 BC 的光程差. 由图 14－23 可以看出，A 点发出的子波射线比 B 点发出的子波射线多走了 $AC = b\sin\theta$ 的光程，这是各子波射线沿 θ 角方向的最大光程差. 如何从上面的分析中获得各子波在 Q 点处叠加的结果呢?这里我们采用菲涅耳提出的半波带法. 其构思之精妙在于无须复杂的数学推导，便能得知衍射条纹分布的概貌.

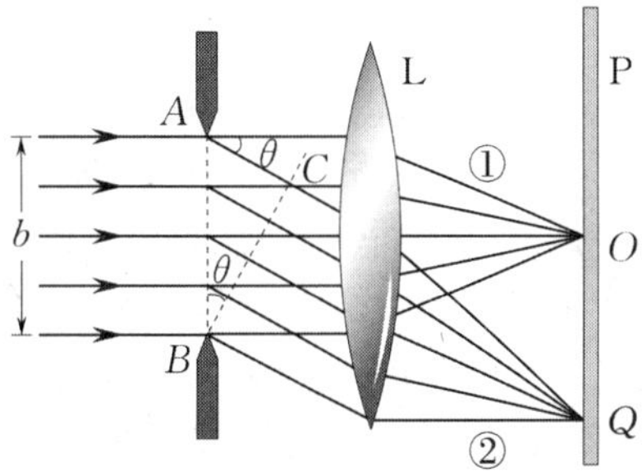

图 14－23　单缝衍射原理示意图

设 AC 恰好等于入射单色光半波长的整数倍，即

$$b\sin\theta = \pm k\frac{\lambda}{2} \quad (k=1,2,\cdots). \tag{14-24}$$

这相当于把 AC 分成 k 等份. 作彼此相距 $\frac{\lambda}{2}$ 的平行于 BC 的平面，这些平面把波面 AB 切割成了 k 个波带. 图 14-24(a) 表示在 $k=4$ 时，波面 AB 被分成 AA_1，A_1A_2，A_2A_3 和 A_3B 四个面积相等的波带. 可以近似认为，所有波带发出的子波的强度都是相等的，且相邻两个波带上的对应点（如 AA_1 与 A_1A_2 的中点）所发出的子波射线到达 Q 点处的光程差均为 $\frac{\lambda}{2}$. 这就是把这种波带叫作半波带的缘由. 于是，相邻两半波带的各子波将两两成对地在 Q 点处相互干涉抵消. 依此类推，偶数个半波带相互干涉的总效果是使 Q 点处呈现为干涉相消. 所以，对于某确定的衍射角 θ，若 AC 恰好等于半波长的偶数倍，即单缝上的波面 AB 恰好能分成偶数个半波带，则在屏幕上对应点处将呈现为暗纹中心.

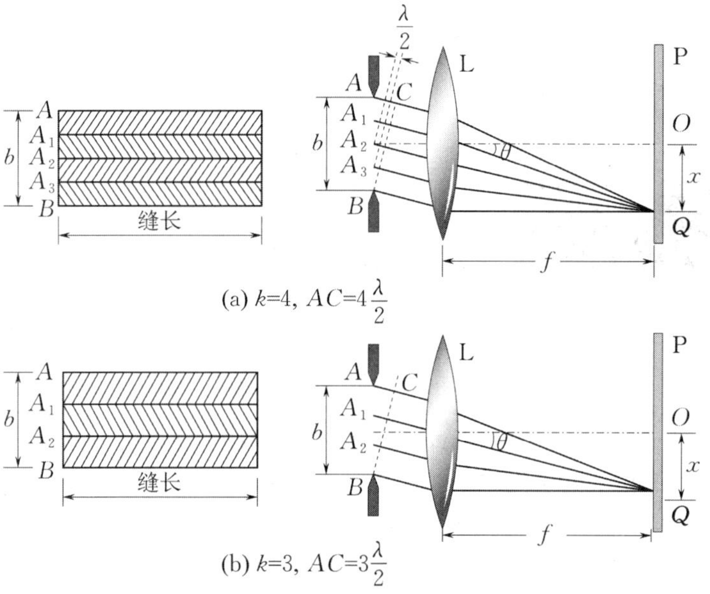

(a) $k=4$, $AC=4\frac{\lambda}{2}$

(b) $k=3$, $AC=3\frac{\lambda}{2}$

图 14-24　单缝的菲涅耳半波带

若 $k=3$，如图 14-24(b) 所示，波面 AB 可分成三个半波带. 此时，两个相邻半波带（AA_1 与 A_1A_2）上各对应点的子波，相互干涉抵消. 只剩下一个半波带（A_2B）上的子波到达 Q 点处时没有被抵消，因此 Q 点将是明纹中心. 依次类推，$k=5$ 时，可以分为五个半波带，其中四个相邻半波带两两干涉抵消，只剩下一个半波带的子波没有被抵消，因此也将出现明纹. 但是对同一缝宽而言，$k=5$ 时每个半波带的面积要小于 $k=3$ 时每个半波带的面积，因此半波带越多，每个半波带的子波数越少，而且此时衍射角 θ 也越大，子波的振幅就越小，所以明纹的亮度越小，而且都比中央明纹的亮度小很多. 若对应于某个 θ 角，AB 不能分成整数个半波带，则屏幕上的对应点将介于明暗之间.

上述诸结论可用数学公式表述如下：

暗纹：
$$b\sin\theta = \pm 2k\frac{\lambda}{2} = \pm k\lambda \quad (k=1,2,\cdots), \tag{14-25}$$

明纹：
$$b\sin\theta = \pm(2k+1)\frac{\lambda}{2} \quad (k=1,2,\cdots). \tag{14-26}$$

当式(14－25)中的衍射角 θ 适合时，Q 点处为暗纹(中心)，对应 $k=1,2,\cdots$ 的条纹分别叫作第 1 级暗纹、第 2 级暗纹……式(14－25)中的正、负号表示条纹对称分布于中央明纹的两侧. 显然，两侧第 1 级暗纹之间的距离，即为中央明纹的宽度. 而当式(14－26)中的衍射角 θ 适合时，Q 点处为明纹(中心)，对应 $k=1,2,\cdots$ 的条纹分别叫作第 1 级明纹、第 2 级明纹……

应当指出，式(14－25)和式(14－26)均不包括 $k=0$ 的情形. 因为对式(14－25)来说，$k=0$ 对应着 $\theta=0$，但这是中央明纹的中心，不符合该式的含义. 而对式(14－26)来说，$k=0$ 虽对应于一个半波带形成的亮点，但仍处在中央明纹的范围内，仅是中央明纹的一个组成部分，呈现不出单独的明纹. 另外，上述两式与杨氏干涉条纹的条件，在形式上正好相反，切勿混淆.

总之，单缝衍射条纹是在中央明纹两侧对称分布着明、暗纹的一组衍射图样. 由于明纹的亮度随 k 的增大而下降，明、暗纹的区别越来越不明显，所以一般只能看到中央明纹附近的若干条明、暗纹.

由图 14－24 的几何关系可求出条纹的宽度. 通常衍射角很小，$\sin\theta\approx\tan\theta$. 于是条纹在屏幕上距中心 O 的距离为

$$x=f\tan\theta.$$

第 1 级暗纹距中心 O 的距离为

$$x_1=f\tan\theta_1=\frac{\lambda}{b}f,$$

所以中央明纹的宽度为

$$\Delta x_0=2x_1=\frac{2\lambda f}{b}. \tag{14-27}$$

其他任意两相邻暗纹之间的距离(其他明纹的宽度)为

$$\Delta x=\theta_{k+1}f-\theta_k f=\left[\frac{(k+1)\lambda}{b}-\frac{k\lambda}{b}\right]f=\frac{\lambda f}{b}. \tag{14-28}$$

可见，其他所有明纹均有同样的宽度，而中央明纹的宽度是其他明纹宽度的两倍，这和杨氏干涉图样中条纹呈等宽、等亮的分布明显不同. 单缝衍射图样的中央明纹宽且较亮，两侧的明纹则窄而较暗. 若已知缝宽 b，焦距 f，又测出 Δx_0 或 Δx，就可用单缝衍射来测定光波的波长.

从以上诸式可以看出，当单缝宽度 b 很小时，图样较宽，光的衍射效应明显. 当 b 变大时，条纹相应变得狭窄而密集；当单缝宽度很大($b\gg\lambda$)时，各级衍射条纹都收缩于中央明纹附近而分辨不清，只能观察到一条明纹，它就是透过单缝的平行光在透镜的焦平面上所成的像，这时光可看成是完全沿直线传播的. 此外，当单缝宽度 b 一定时，入射光的波长越长，衍射角就越大. 因此，若以白光入射，单缝衍射图样的中央明纹将是白色的，但其两侧则依次呈现为一系列由紫到红的彩色条纹.

单缝衍射的规律在实际生活中有较多应用. 例如，运用单缝衍射测量物体之间的微小间隔和位移，或者用于测量细微物体的线度等.

例 14－5

一单缝，缝宽 $b=0.1$ mm，缝后放有一焦距为 50 cm 的会聚透镜，用波长 $\lambda=546.1$ nm 的平行光垂直照射单缝，试求位于透镜焦平面处的屏幕上的中央明纹的宽度和中央明纹两侧任意两相邻暗纹之间的距离. 将单缝位置做上下小距离移动，屏幕上衍射条纹将有何变化?

解　中央明纹的宽度为

$$\Delta x_0=\frac{2\lambda f}{b}=\frac{2\times546.1\times50}{0.1}\ \text{mm}=5.46\ \text{mm}.$$

其他任意两相邻暗纹之间的距离为

$$\Delta x=\frac{\lambda f}{b}=\frac{546.1\times50}{0.1}\ \text{mm}=2.73\ \text{mm}.$$

若将单缝位置做上下小距离移动，由于平行光垂直照射到会聚透镜上时，总是会聚在透镜焦平面的中央，而透镜的上下位置没有变化，故屏幕上衍射条纹的位置和形状均无改变.

例 14－6

如图 14－25 所示，一雷达位于路边 15 m 处. 它的波束与公路成 15°. 假如发射天线的输出口宽度 $b=0.1$ m，发射的微波波长是 18 mm，则在它监视范围内的公路长度大约是多少？

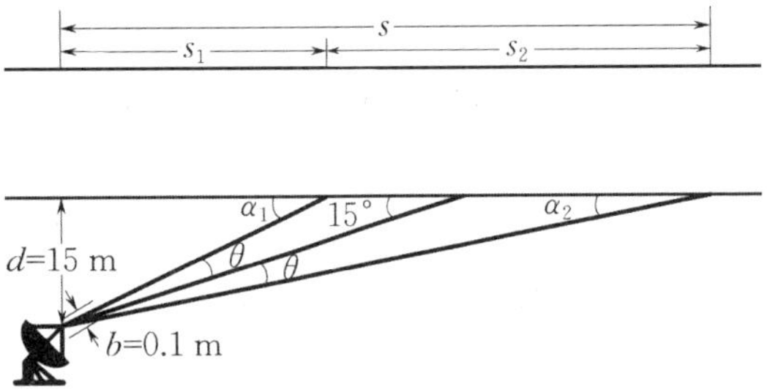

图 14－25

解 现将雷达天线的输出口看成发出衍射波的单缝，则衍射波的能量主要集中在中央明纹的范围内，由此即可大致估算出雷达在公路上的监视范围. 考虑到雷达距离公路较远，故可按夫琅禾费衍射做近似计算. 根据单缝衍射暗纹条件，有

$$b\sin\theta=\lambda.$$

此 θ 即对应于第 1 级暗纹的衍射角. 于是解得

$$\theta=\arcsin\frac{\lambda}{b}=\arcsin\frac{18\times10^{-3}}{0.10}=10.37°.$$

监视范围内的公路长度为

$$\begin{aligned}s_2=s-s_1&=d(\cot\alpha_2-\cot\alpha_1)\\&=d[\cot(15°-\theta)-\cot(15°+\theta)]\\&=15\times(\cot 4.64°-\cot 25.37°)\text{m}\\&\approx 153\ \text{m}.\end{aligned}$$

此例使我们又一次看到，处理电磁波传播中的干涉或者衍射问题也可以像对待可见光一样. 这已成为现代科技领域中广为应用的理念.

*14.2.3 光学仪器的分辨本领

将单缝衍射中的狭缝换成小圆孔，同样也能产生光的衍射现象，不过此时屏幕上的衍射图样不再是一些明暗相间的直条纹，而是一些明暗相间的同心圆环，这种衍射称为夫琅禾费圆孔衍射. 由于大多数光学仪器的通光孔都是圆形的，并且是对平行光或近似于平行光成像，所以了解夫琅禾费圆孔衍射具有实际意义.

圆孔衍射实验原理图及衍射图样分别如图 14－26 和图 14－27 所示. 在圆孔衍射图样中，第 1 圈暗环所包围的中心亮斑最亮. 这个中心亮斑称为艾里斑. 若艾里斑的直径为 d，透镜的焦距为 f，圆孔直径为 D，单色光波长为 λ，则由理论计算可得，在满足夫琅禾费圆孔衍射条件时，艾里斑对透镜光心的张角 2θ（见图 14－28）与圆孔直径 D、单色光波长 λ 有如下关系：

$$2\theta=\frac{d}{f}=2.44\frac{\lambda}{D}. \tag{14-29}$$

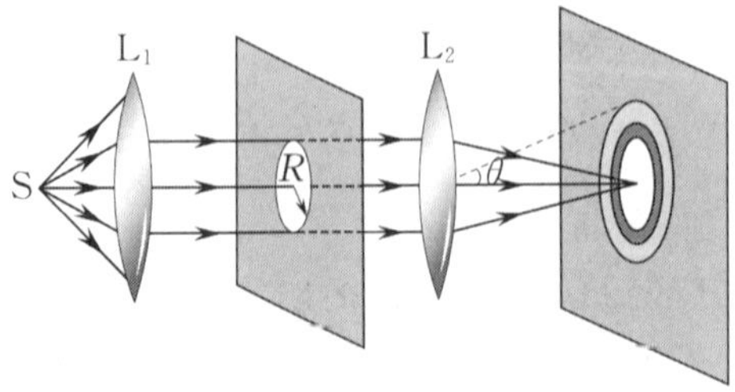

图 14－26 圆孔衍射实验原理图

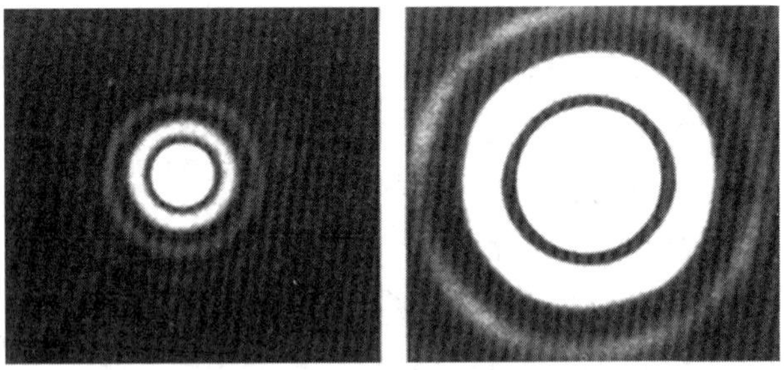

(a) 普通光源 (b) 氦氖激光光源

图 14－27 圆孔衍射图样

光学仪器中的透镜、光阑等都相当于一个透光的小圆孔. 从几何光学的观点来说,物体通过光学仪器成像时,每一物点都有一对应的像点. 但由于光的衍射,像点已不是一个几何点,而是一个有一定大小的艾里斑. 因此对相距很近的两个物点,其相对应的两个艾里斑会互相重叠,导致无法分辨出两个物点的像. 可见,由于光的衍射现象,光学仪器的分辨能力受到了限制.

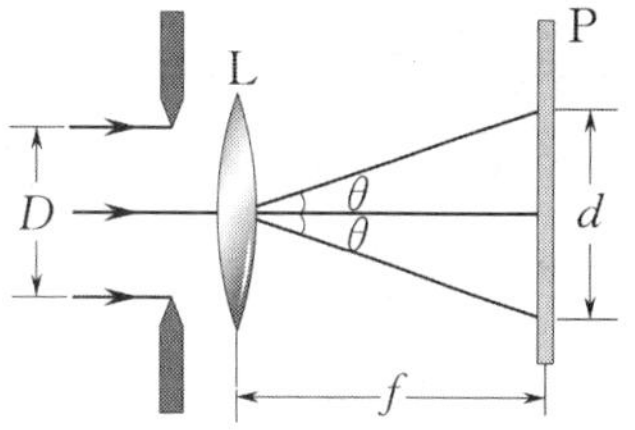

图 14-28 艾里斑

下面以透镜为例,说明光学仪器的分辨能力与哪些因素有关.

在图 14-29(a) 中,两点光源 S_1 和 S_2 相距较远,两个艾里斑中心的距离大于艾里斑的半径$\left(\dfrac{d}{2}\right)$. 这时,两个衍射图样虽然部分重叠,但重叠部分的光强较艾里斑中心处的光强要小. 因此,两物点的像是能够分辨的.

在图 14-29(c) 中,两点光源 S_1 和 S_2 相距很近,两个艾里斑中心的距离小于艾里斑的半径. 这时,两个衍射图样重叠而混为一体,两物点的像就不能被分辨出来.

在图 14-29(b) 中,两点光源 S_1 和 S_2 的距离恰好使两个艾里斑中心的距离等于艾里斑的半径,即 S_1 的艾里斑的中心正好和 S_2 的艾里斑的边缘相重叠,S_2 的艾里斑的中心也正好和 S_1 的艾里斑的边缘相重叠. 这时,两衍射图样重叠部分的中心处的光强约为单个衍射图样的中央最大光强的 80%. 通常把这种情形作为两物点刚好能被人眼或光学仪器所分辨的临界情形. 这一判定能否分辨的准则叫作瑞利判据,而这一临界情况下两个物点 S_1 和 S_2 对透镜光心的张角 θ_0 叫作最小分辨角. 由式(14-29) 可得

$$\theta_0 = \frac{1.22\lambda}{D}. \tag{14-30}$$

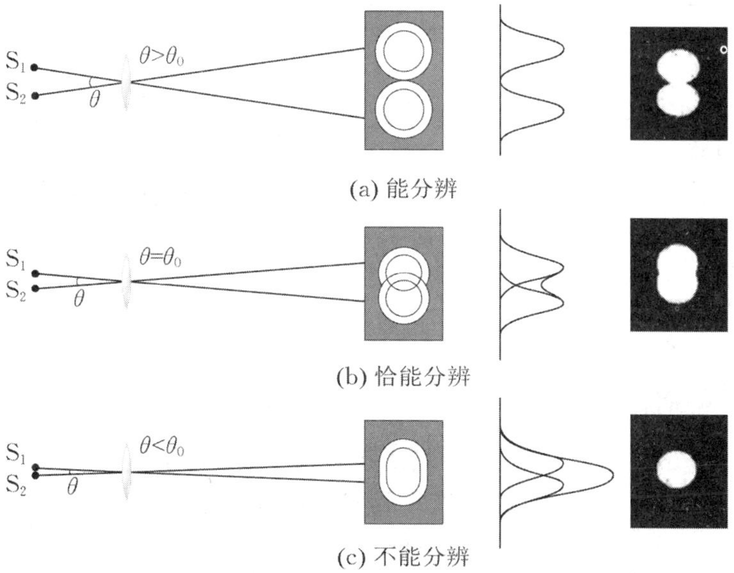

(a) 能分辨

(b) 恰能分辨

(c) 不能分辨

图 14-29 光学仪器的分辨本领

在光学中,光学仪器的最小分辨角的倒数$\dfrac{1}{\theta_0}$叫作分辨本领. 由式(14-30) 可以看出,最小分辨角 θ_0 与波长 λ 成正比,与透光孔径 D 成反比. 因此,分辨本领与波长成反比,入射光波长越小,分辨本领越大;同时,分辨本领又与仪器的透光孔径 D 成正比,D 越大,分辨本领也越大. 在天文观察上,采用直径很大的透镜就是为了提高望远镜的分辨本领.

由近代物理知识可知,电子也有波动性,与运动电子(如电子显微镜中的电子束) 相应的物质波波长比可见光的波长要小三四个数量级. 所以,电子显微镜的分辨本领要比普通光学显微镜的分辨本领大数千倍.

应当注意,上述讨论是指在非相干光照射时的情形,图 14-29 中两衍射图样的叠加是非相干叠加;否则,就应考虑它们的干涉效应,且式(14-30) 也不再适用了.

例 14 - 7

设人眼在正常亮度下的瞳孔直径约为 3 mm，而在可见光中，人眼对波长为 550 nm 的光波感应最灵敏，问：

(1) 人眼的最小分辨角有多大？

(2) 若物体放在距人眼 25 cm(明视距离)处，则两物点间距为多大时才能被分辨？

解 (1) 由于通常情况下人眼所观察的物体的距离远大于瞳孔直径，故可以近似应用夫琅禾费衍射的结果进行分析，由式(14-30)知，人眼的最小分辨角为

$$\theta_0 = \frac{1.22\lambda}{D} = 1.22 \times 5.5 \times 10^{-7}/(3 \times 10^{-3})\ \text{rad} \approx 2.2 \times 10^{-4}\ \text{rad}.$$

(2) 设两物点间的距离为 d，它们与人眼的距离为 $l = 25$ cm，此时恰好能够被分辨. 这时，人眼的最小分辨角为 $\theta_0 = \dfrac{d}{l}$，所以

$$d = l\theta_0 = 25 \times 2.2 \times 10^{-4}\ \text{cm} = 0.055\ \text{mm}.$$

两物点间的距离大于 0.055 mm 时才能被分辨.

例 14 - 8

毫米波雷达发出的波束比常用的雷达波束窄，这使得毫米波雷达不易受到反雷达导弹的袭击.

(1) 有一毫米波雷达，其圆形天线直径为 55 cm，发射频率为 220 GHz 的毫米波，试计算其波束的角宽度；

(2) 将此结果与普通船用雷达发射的波束的角宽度进行比较. 设船用雷达波长为 1.57 cm，圆形天线直径为 2.33 m.

解 (1) 雷达发射的波是由圆形天线发射出去的，可以看成圆孔的衍射波，其能量主要集中在艾里斑的范围内，故雷达波束的角宽度就是艾里斑的角宽度.

频率为 220 GHz 的雷达波的波长为

$$\lambda_1 = \frac{c}{\nu} = \frac{3 \times 10^{8}}{220 \times 10^{9}}\ \text{m} \approx 1.36 \times 10^{-3}\ \text{m}.$$

艾里斑的角宽度为

$$\theta_1 = 2.44\frac{\lambda_1}{D_1} = \frac{2.44 \times 1.36 \times 10^{-3}}{55 \times 10^{-2}}\ \text{rad} \approx 0.006\ 03\ \text{rad}.$$

(2) 同理，可算出船用雷达波束的角宽度为

$$\theta_2 = 2.44\frac{\lambda_2}{D_2} = 2.44 \times \frac{1.57 \times 10^{-2}}{2.33}\ \text{rad} \approx 0.016\ 4\ \text{rad}.$$

对比可见，尽管毫米波雷达天线的直径较小，但其发射的波束的角宽度仍然小于船用雷达波束的角宽度，原因就是毫米波的波长较短.

另外，大气对雷达波有吸收作用，且吸收量随波长的不同而不同. 对于频率为 220 GHz 的毫米波，大气的吸收较少，故毫米波雷达常选用这一频率为发射频率.

*14.2.4 细丝和细粒的衍射

光不只通过细缝和小孔时会产生衍射现象，可以观察到衍射条纹，当光射向不透明的细丝或细粒时，也会产生衍射现象，在细丝或细粒后面也会观察到衍射条纹. 图 14-30 所示为单色光越过一微小不透明圆片时产生的衍射图样，其中心的小亮点称作阿拉戈斑，又称泊松亮斑. 实际上，同样线度的细缝或小孔与细丝或细粒产生的衍射图样是一样的. 下面用叠加原理来证明这一点.

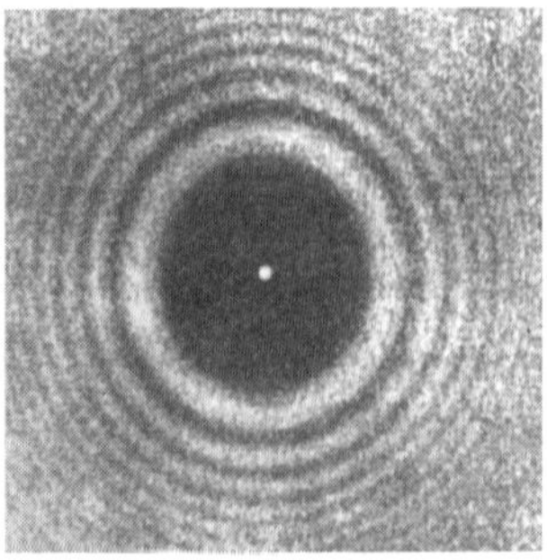

图 14-30 不透光小圆片产生的衍射图样

如图 14-31(a) 所示，使一束平行光垂直射向遮光板 G，在遮光板上有一圆洞，其直径为 a. 图 14-31(b) 所示为两个透光屏，直径也为 a，正好能嵌入遮光板 G 上的圆洞中. 屏 A 上有十字透光缝，屏 B 上有十字丝，正好能填满屏 A 上的十字透光缝. 这样的两个屏称为互补屏. 根据惠更斯-菲涅耳原理可知，当屏 A 嵌入遮光板上的圆洞时，其后屏 H 上各点的振幅应是十字透光缝上各子波波源所发出的子波在各点的振幅之和. 以 E_1 表示此振幅分布. 同理，当屏 B 嵌入遮光板上的圆洞时，其后屏 H 上各点的振幅应是四象限透光平面(十字丝除外)上各子波波源在各点的振幅之和. 以 E_2 表示此振幅分布. 若将圆洞全部敞开，屏 H 上的振幅分布就相当于十字透光缝和透光四象限同时密合相接时二者所分别产生的振幅分布之和. 以 E_0 表示圆洞全部敞开

时屏 H 上的振幅分布，则应有

$$E_0 = E_1 + E_2. \tag{14-31}$$

式(14－31)表明，两个互补透光屏所产生的振幅分布之和等于全透屏所产生的振幅分布. 这一结论叫作**巴比涅原理**.

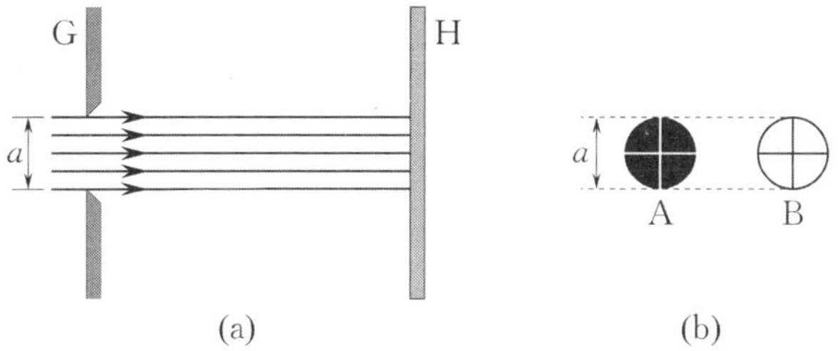

图 14－31　巴比涅原理实验示意图

在 $a \gg \lambda\left(\dfrac{a}{\lambda}\text{ 约在 }10^3 \sim 10\text{ 之间}\right)$时，屏 H 上的几何阴影部分(衍射区)的总光强为零，即 $E_0 = 0$，此时

$$E_1 = -E_2. \tag{14-32}$$

由于光强和振幅的平方成正比，因此又可得

$$I_1 = I_2, \tag{14-33}$$

即两个互补的透光屏所产生的衍射光强分布相同，具有相同的衍射图样.

细丝和细缝互补，它们自然就产生相同的衍射图样. 图 14－32(a) 和图 14－32(b) 是一对互补的透光屏，图 14－32(a) 有星形透光孔，图 14－32(b) 有星形遮光图样，图 14－32(c) 和图 14－32(d) 分别是与二者对应的衍射图样，看起来是完全一样的，只是在图 14－32(d) 的中心有较强的亮光，这是因为图 14－32(b) 中屏的绝大部分是透光的. 图 14－32(d) 中的中心亮区就是垂直通过此屏而几乎没有衍射光形成的广大透光区.

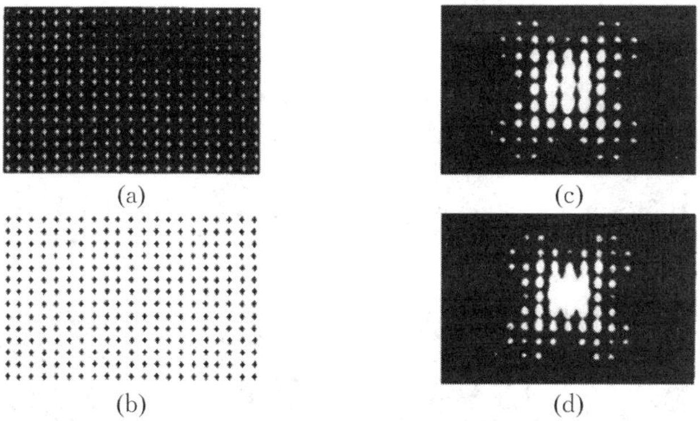

图 14－32　说明巴比涅原理的图

14.2.5　光栅衍射

在单缝衍射中，若缝较宽，明纹亮度虽较强，但相邻明纹的间隔很窄而不易分辨；若缝很窄，虽然条纹间隔较宽，但明纹的亮度显著减小. 在这两种情况下，都很难精确地测定条纹宽度，所以用单缝衍射很难精确地测定光波波长. 那么，我们是否可以使获得的明纹本身既亮又窄，且相邻明纹分得更开呢?利用衍射光栅可以获得这样的衍射条纹.

1. 光栅

任何具有空间周期性结构的衍射屏都称为光栅，光栅能周期性地分割波面. 光栅通常分为两类，一类是透射光栅，另一类是反射光栅. 透射光栅是在一块透明板上，刻上一系列平行的、等宽等距的直刻痕. 刻痕处相当于毛玻璃，不易透光，而两刻痕之间可以透光，相当于一个狭缝. 这样平行排列在一起的许多等距离、等宽度的狭缝，构成了透射光栅，如图 14－33(a) 所示. 反射光栅则是在光洁度很高的金属表面上刻划斜的平行等间距刻痕，斜面能反射光，如图 14－33(b) 所示.

图 14－34 所示为透射式平面衍射光栅实验的示意图. 设不透光部分的宽度为 b'，透光部分的宽度为 b，则 $b+b'$ 为相邻两缝之间的距离，叫作光栅常量. 实际的光栅，通常在 1 cm 内刻划有成千上万条平行等间距的透光狭缝. 例如，在 1 cm 内刻有 1 000 条狭缝，其光栅常量为 $b+b'=1\times10^{-5}$ m.

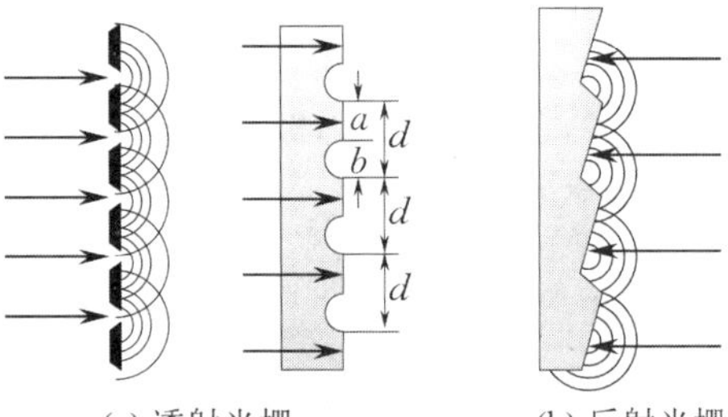

(a) 透射光栅　　(b) 反射光栅

图 14－33　光栅

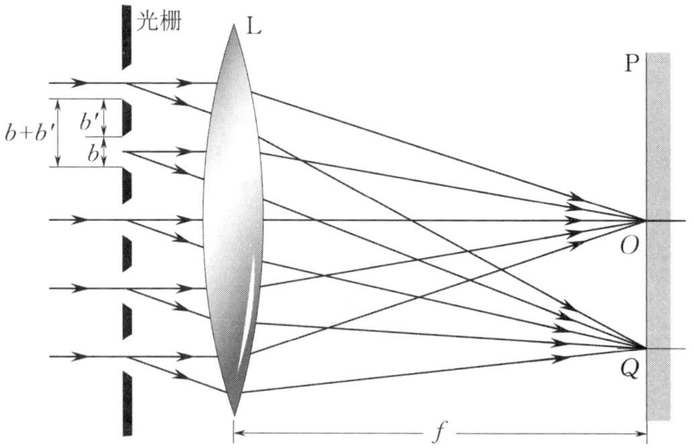

图 14－34　透射式平面衍射光栅实验的示意图

当一束平行单色光照射到光栅上时，每一条狭缝都要产生衍射，而缝与缝之间透过的光又要发生干涉. 用透镜 L 把光束会聚到屏幕上，就会呈现出如图 14－35 所示的多缝衍射条纹. 由于每一条狭缝产生的衍射极大的位置相同，所以随着狭缝的增多，明纹的亮度将增大. 实验表明，缝数增加时，明纹也变细了.

图 14－35　多缝衍射条纹

2. 光栅衍射条纹的形成

由于普通光栅相当于由许多狭缝并排组成，当平行光入射光栅时，每条缝都会产生夫琅禾费单缝衍射，而缝与缝之间的透射光在观察屏上相遇时还会产生干涉，因此，光栅衍射产生的衍射图样是各单缝的夫琅禾费衍射光束之间干涉的综合结果.

下面简单讨论一下,在屏幕上某处出现光栅衍射明纹所应满足的条件. 在图 14 - 36 中,选取任意两相邻狭缝来分析. 设这两相邻狭缝发出沿衍射角 θ 方向的光,被透镜会聚于 Q 点. 若它们的光程差 $(b+b')\sin\theta$ 恰好是入射光波长 λ 的整数倍,则这两条光线为干涉加强. 显然,其他任意两相邻狭缝沿 θ 方向的光程差也等于 λ 的整数倍,它们的干涉效果也都是相互加强的. 所以总体来看,光栅衍射明纹的条件是衍射角 θ 必须满足下列关系式:

$$(b+b')\sin\theta=\pm k\lambda \quad (k=0,1,2,\cdots). \tag{14-34}$$

式(14 - 34) 通常称为光栅方程. 式(14 - 34) 中,对应于 $k=0$ 的条纹叫作中央明纹;对应于 $k=1,2,\cdots$ 的明纹分别叫作第 1 级明纹、第 2 级明纹 …… 正、负号表示各级明纹对称分布在中央明纹两侧. 图 14 - 37 所示为光栅衍射条纹的光强分布示意图,图中的横坐标由式(14 - 34) 确定.

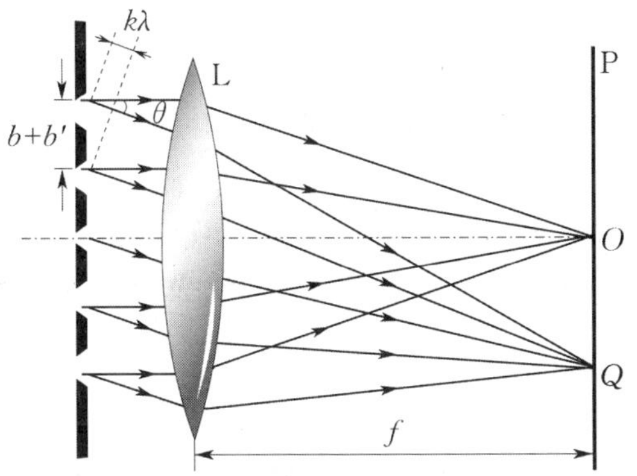

图 14 - 36　光栅衍射明纹的形成

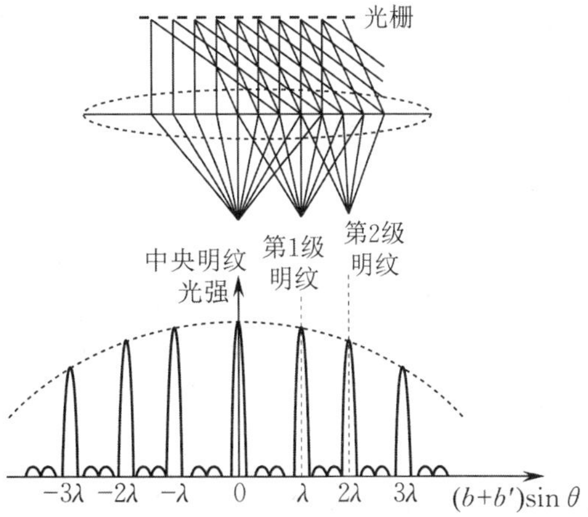

图 14 - 37　光栅衍射条纹的光强分布示意图

可以证明,光栅中狭缝条数越多,明纹就越亮越窄;光栅常量越小,明纹也越窄,明纹间相隔得越远. 若 θ_1 和 θ_2 分别为第 1 级明纹和第 2 级明纹的衍射角,则

$$\sin\theta_1=\frac{\lambda}{b+b'},$$

$$\sin\theta_2=\frac{2\lambda}{b+b'}.$$

可见,当以单色光垂直照射光栅时,光栅常量 $b+b'$ 越小,$\theta_2-\theta_1$ 越大,屏幕上明纹间的间隔也越大.

下面我们对图 14 - 37 所示光栅衍射条纹光强分布的详细情况做进一步说明.

3. 暗纹和次明纹

如果光栅上各条狭缝在衍射角 θ 方向上的衍射光相互干涉后完全相消,那么就会出现光栅衍射的暗纹. 假设 N 个狭缝的光矢量分别为 $\boldsymbol{E}_1,\boldsymbol{E}_2,\boldsymbol{E}_3,\cdots,\boldsymbol{E}_N$,而这 N 个矢量叠加后完全相消,意味着它们恰好组成如图 14 - 38 所示的闭合图形. 已知两个相邻狭缝的光矢量间的相位差为

$$\Delta\varphi=\frac{2\pi}{\lambda}(b+b')\sin\theta, \tag{14-35}$$

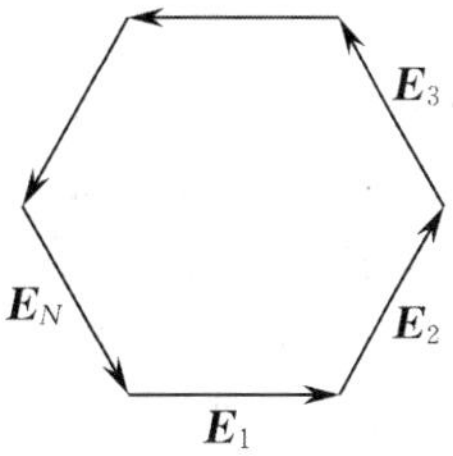

图 14 - 38

而 N 个矢量构成闭合图形时,有

$$N\Delta\varphi = \pm 2k'\pi \quad (k' = 1,2,\cdots(\text{但不包含 } N,2N,\cdots)), \tag{14-36}$$

于是,就得到光栅衍射暗纹的条件为

$$(b+b')\sin\theta = \pm \frac{k'}{N}\lambda \quad (k' = 1,2,\cdots(\text{但不包含 } N,2N,\cdots)), \tag{14-37}$$

其中 k' 不能为 N 的整数倍,因为这是式(14-34)给出的光栅方程中的衍射明纹的情形.

根据以上分析,式(14-37)所给出的结论表示,相邻两明纹之间有 $N-1$ 个暗纹,明纹的宽度由它邻近的两个暗纹的中心位置决定,N 越大,明纹宽度越窄. 而在两暗纹之间又必定有一明纹,故而在式(14-37)规定的两相邻明纹之间,还有 $N-2$ 个明纹存在. 理论计算表明,这 $N-2$ 个明纹的光强远小于式(14-34)给出的明纹的光强. 因此,通常把式(14-34)给出的明纹称为**主明纹**,而把这 $N-2$ 个强度很弱的明纹称为**次明纹**. 事实上,若 N 足够大,光栅衍射的暗纹和次明纹已连成一片,在两个相邻的主明纹之间形成了微亮的暗背景,所以在图 14-35(f) 中,由于 N 很大,呈现的只是又亮又细的各级主明纹(称为这个波长的光的光谱线).

4. 缺级现象和缺级条件

光栅衍射条纹是由 N 个狭缝的衍射光相互干涉形成的. 也就是说,在某个衍射角 θ 的方向上,首先必须有每个缝的衍射光,然后 N 条衍射光才能产生干涉效应. 换言之,即使 θ 满足了光栅方程,使干涉结果为一主明纹,但若该 θ 恰又符合单缝衍射的暗纹条件(见式(14-37)),那么,结果就只会是暗纹了,这是因为,在此方向上根本就没有衍射光射来,这种现象称为**缺级**. 所以在缺级处,有

$$(b+b')\sin\theta = \pm k\lambda \quad (k = 0,1,2,\cdots), \tag{14-38}$$

$$b\sin\theta = \pm k'\lambda \quad (k' = 1,2,\cdots). \tag{14-39}$$

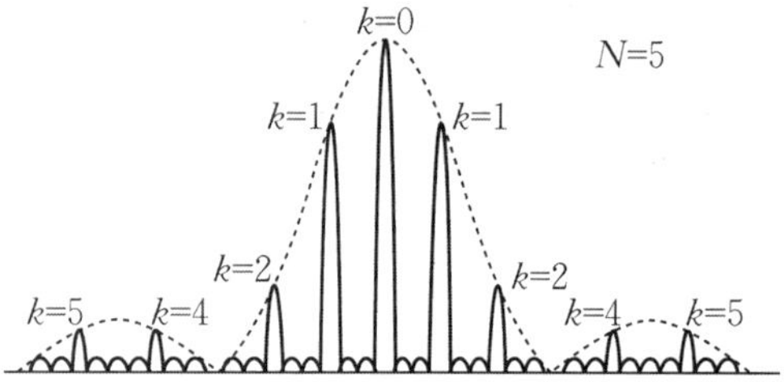

图 14-39 光栅的缺级现象

由式(14-38)和式(14-39)可得

$$\frac{b+b'}{b} = \frac{k}{k'}. \tag{14-40}$$

由式(14-40)可知,当光栅常量 $b+b'$ 与缝宽 b 构成整数比时,就会发生缺级现象. 例如,若 $b+b'$ 与 b 之比为 3∶1,则在 k 与 k' 之比为 3∶1 的位置处就会出现缺级,即在 $k=3,6,9,\cdots$ 这些主明纹应该出现的地方,实际都观察不到明纹,如图 14-39 所示.

*14.2.6 衍射光谱

光栅是近代物理实验中的一种重要的光学元件,当用单色光入射时,在观察屏上可以得到明亮且尖锐的衍射条纹,如图 14-35 所示. 由图 14-35 可见,光栅的狭缝数目越多,屏幕上得到的明纹越亮且越尖锐,并且相互分离得越开. 由于实际使用的光栅狭缝数一般都很大,所以每个明纹都是一条非常细的亮线,即主极大. 于是利用光栅方程式就可以很精确地测定入射光波的波长. 如果入射光是包含不同波长的复色光,由光栅方程(14-34)可知,不同波长的光除在零级条纹处重合以外,在其他各级条纹处的位置是不重合的,并按波长由短到长的次序自中央向外侧依次分开排列. 每一干涉级次都有这样一组谱线. 在较高级次时,各级谱线可能相互重叠. 光栅衍射产生的这种按波长排列的谱线称为**衍射光谱**. 以白光的衍射光谱为例,其中央明纹中心是白色的,边缘伴有彩色,两侧的各级明纹是由紫到红的彩色光谱,并在第 2 级光谱和第 3 级光谱处发生重叠. 级数越高,重叠情况越复杂,如图 14-40 所示.

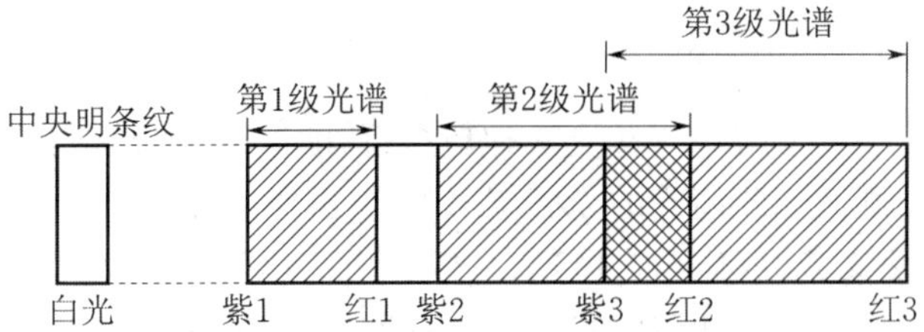

图 14-40 衍射光谱

由于各种物质都有它们自己特定对应的光谱，测定其衍射光谱中谱线的波长及相对强度，可以确定该物质的成分和含量. 测定物质中原子或分子的光谱，可以揭示原子和分子的内部结构和运动规律. 这种分析方法称为光谱分析，它是现代物理学研究的重要手段，在工程技术等领域有着广泛应用.

例 14-9

用白光垂直照射在每厘米刻有 6 500 条狭缝的平面光栅上，求第 3 级光谱的张角.

解 白光是由紫光($\lambda_1 = 400$ nm) 和红光($\lambda_2 = 760$ nm) 之间的各色光组成的，已知光栅常量为

$$b + b' = \frac{1}{6\,500}\ \text{cm}^{-1}.$$

设第 3 级($k = 3$) 紫光和红光的衍射角分别为 θ_1 和 θ_2，可得

$$\sin\theta_1 = \frac{k\lambda_1}{b+b'} = 3 \times 4 \times 10^{-5} \times 6\,500 = 0.78,$$

因此

$$\theta_1 \approx 51.26°,$$

且

$$\sin\theta_2 = \frac{k\lambda_2}{b+b'} = 3 \times 7.6 \times 10^{-5} \times 6\,500 \approx 1.48.$$

这说明不存在第 3 级红光明纹，即第 3 级光谱只能出现一部分光谱. 这一部分光谱的张角是 $\Delta\theta \approx 90.00° - 51.26° = 38.74°$. 设第 3 级光谱所能出现的最大波长为 λ'(其对应的衍射角为 $\theta' = 90°$)，所以

$$\lambda' = \frac{(b+b')\sin\theta}{k} = \frac{(b+b')\sin 90°}{k} = \frac{b+b'}{3} = \frac{1}{6\,500 \times 3}\ \text{cm} \approx 5.13 \times 10^{-5}\ \text{cm} = 513\ \text{nm}(\text{绿光}),$$

即第 3 级光谱只能出现紫、蓝、青、绿等色光，波长比 513 nm 长的黄、橙、红等色光则看不见.

14.2.7 X 射线衍射

X 射线(X 光) 是德国物理学家伦琴(Röntgen) 在 1895 年发现的，X 射线在本质上和可见光一样，都是电磁波，其波长范围为 $0.1 \sim 10^{-2}$ Å (1 Å = 0.1 nm). 产生 X 射线的机器称为 X 光机，其核心是 X 射线管，其结构如图 14-41 所示，在抽空的玻璃管中装有阴极 K 和阳极 A，阴极由 $\mathscr{E}_1$ 供电，使之发出电子流，这些电子流在高压电源 $\mathscr{E}_2$ 的强电场作用下高速撞击阳极(金属钯)，从而产生 X 射线. 阳极中有冷却液，以带走电子撞击所产生的热量. 实验表明，X 射线在磁场或电场中仍沿直线前进，X 射线是不带电的粒子流.

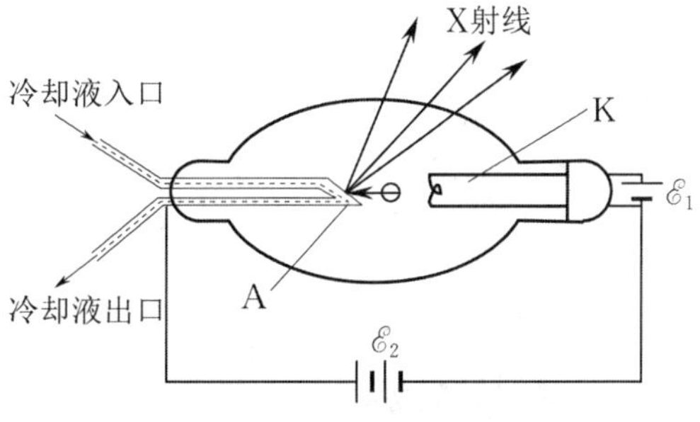

图 14-41 X 射线管的结构示意图

由光栅衍射条件可知，$(b+b')\sin\theta = k\lambda$，$\sin\theta = \dfrac{k\lambda}{b+b'}$. 为方便观察衍射条纹，$\theta$不能很小，$k$又不能太大，太大了光强太弱，这就要求 $b+b'$ 与 λ 比较接近，即这种光栅的光栅常量要接近入射光的波长. 在 X 光的波长范围内制作如此精确的光栅实属不易，因为晶体的原子间距也只有 3 ～ 5 nm.

1912 年，德国物理学家劳厄(Laue) 想到，晶体是由一组规则排列的微粒组成的，它也许会构成一种适合 X 射线使用的天然三维衍射光栅. 劳厄的实验装置如图 14 - 42(a) 所示，一束穿过铅板 PP′ 上小孔的 X 射线(波长连续分布)，投射在薄片晶体 C 上，在照相底片 E 上发现一些确定的方向上有很强的 X 射线束. 劳厄认为，由于 X 射线照射晶体时，组成晶体的每一个微粒相当于一个子波发射中心(称为散射中心)，晶体中许多规则排列的散射中心所发出的 X 射线会发生叠加形成干涉，使得沿某些方向的光束加强. 图 14 - 42(b) 所示是 X 射线通过氯化钠(NaCl) 晶体后投射到照相底片上形成的斑点，称为劳厄斑点. 对这些劳厄斑点的位置与强度仔细研究，就可推断出晶体中的原子排列.

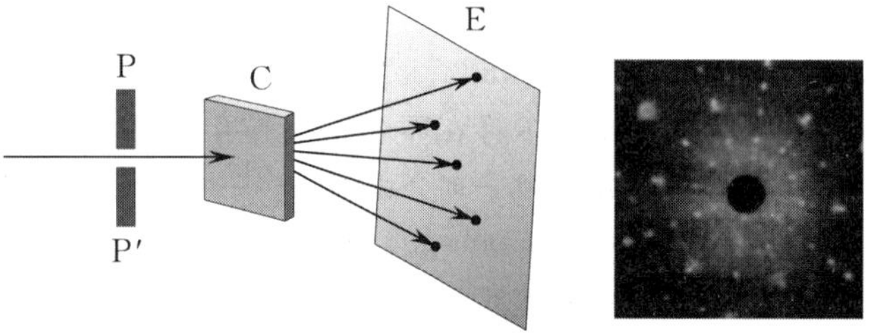

(a) 劳厄的实验装置　　(b) 劳厄斑点

图 14 - 42　劳厄的实验装置和劳厄斑点

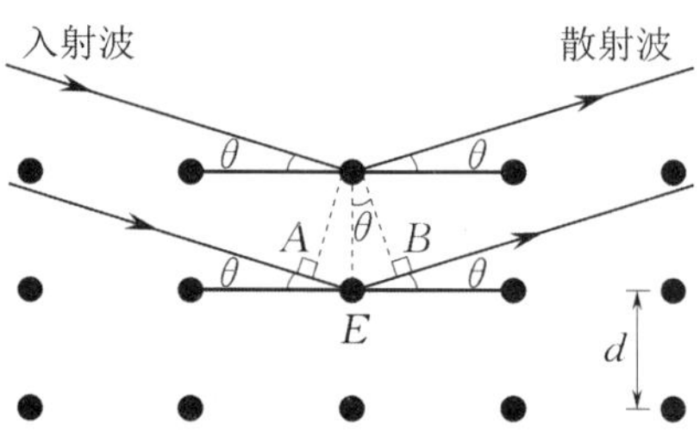

图 14 - 43　布拉格散射

1913 年，布拉格父子(H. Bragg 和 L. Bragg) 提出了一种解释 X 射线衍射的理论，并做了定量计算. 他们把晶体看成是由一系列彼此互相平行的原子层所组成的. 如图 14 - 43 所示，小圆点表示晶体点阵中的原子(或离子) 位置，当 X 射线照射到晶体上时，向各方向发出子波. 也就是说，入射波被原子散射. 从各平行层上散射的 X 射线只要满足一定条件就能相互加强，形成衍射斑，这些原子即为子波波源. 在图 14 - 43 中，设两原子平面层的间距为 d，则由两相邻平面反射的散射波的光程差为 $2d\sin\theta$，这里 θ 是 X 射线入射方向与原子层平面之间的夹角，称为**掠射角**. 所以，两散射波干涉加强的条件为

$$2d\sin\theta = k\lambda \quad (k = 0, 1, 2, \cdots). \tag{14-41}$$

此时的掠射角称为布拉格角，式(14 - 41) 称为**布拉格公式**. 由此式可测出 X 射线的波长 λ 或晶面间隔 d.

应该指出，同一块晶体的空间点阵，从不同方向看去，可以看到不同取向的晶面. X 射线入射晶体时，对于不同取向的晶面，其掠射角 θ 不同，晶面间距 d 也不同. 但只要满足式(14 - 41)，就都能在相应方向获得干涉加强的 X 射线. 布拉格公式是 X 射线衍射的基本规律，此规律已广泛应用于岩石、矿物成分的分析，研究晶体的结构，测定材料的性能等方面.

14.3　光的偏振

光的干涉和衍射现象说明光具有波动性，而光的偏振现象则进一步说明光是横波.

早在 1669 年，丹麦的巴多林(Bartholin) 就发现了方解石(又称冰洲石) 的双折射现象. 约过了一个半世纪之后，法国物理学家马吕斯才重新注意到方解石的双折射现象，他对着强烈的太阳光转动方解石，发现有时只见一个像，有时却会出现两个像. 由于受光的微粒学说的影响，马吕斯无法对这种现象做出正确的解释.

随着对光干涉和光衍射现象研究的不断深入，光的波动学说得到确立. 但横波与纵波都有干涉和衍射现象，光究竟是横渡还是纵波仍然无法确定. 1864 年，英国物理学家麦克斯韦的电磁场理论进一步证明光是一种电磁波. 由于电磁波中电场强度矢量的振动与磁场强度矢量的振动始终保持在各自的平面内，大小同步变化，而且均与传播方向垂直，所以光波(电磁波) 是横波，图 14 - 44 所示为光矢量结构示意图.

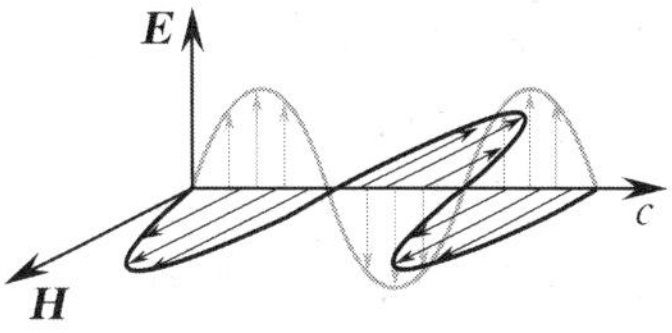

图 14 - 44　光矢量结构示意图

另外在光波中，场强 $\boldsymbol{E}$ 在诱发人眼视觉、乳胶感光的光化学反应及光电接收器的光电转换等方面都比磁场强度 $\boldsymbol{H}$ 所起的作用大得多. 因此我们采用场强 $\boldsymbol{E}$ 的传播来代表光波，并称为光振动矢量，简称光矢量.

由于光波是横波，所以光波列的光矢量振动方向始终与光的传播方向垂直，而且始终维持在某一个平面内，即光波的振动方向相对于光的传播方向具有不对称性，这种光振动方向相对于波的传播方向的不对称性称为**光的偏振性**. 由此可见，光的横波特性是光具有偏振性的根源.

14. 3. 1　光的偏振状态

虽然光波列具有偏振性，但自然界中的普通光束并没有表现出偏振性. 这是由于人们日常接触到的光波不是前面所说的那样简单的光波列. 普通光源在任一时刻都有无数个原子、分子在随机地发出一个个光波列，这无限多个光波列的相位、振幅和振动方向都是杂乱无序的，但从统计平均的观点来看，在垂直于光的传播方向的平面内，光矢量可取任何方向的振动，没有哪一个方向比其他方向更占优势，即没有偏振性.

要让这种完全杂乱振动的自然光波产生偏振光是很容易的，可以通过光在某些物质上的反射、折射、散射、透射和双折射等过程，将光波中沿某些方向的振动削弱或者完全吸收. 这样处理过的光波在不同振动方向上的振幅不再相等，就具有了偏振性. 光波根据其偏振性可以分为以下几种.

1. 线偏振光

光波经过某些物质反射、折射或吸收后，可能只剩下某一方向的光振动，则这种光矢量只沿某一固定方向振动的光称为**线偏振光**，又称**完全偏振光**. 线偏振光的振动方向与传播方向组成的平面称为振动面，如图 14 - 45(a) 所示. 线偏振光的振动面是固定不动的，所以线偏振光也叫作平面偏振光. 图 14 - 45(b) 所示是光振动方向在纸面内的线偏振光，图 14 - 45(c) 所示是光振动方向垂直于纸面的线偏振光.

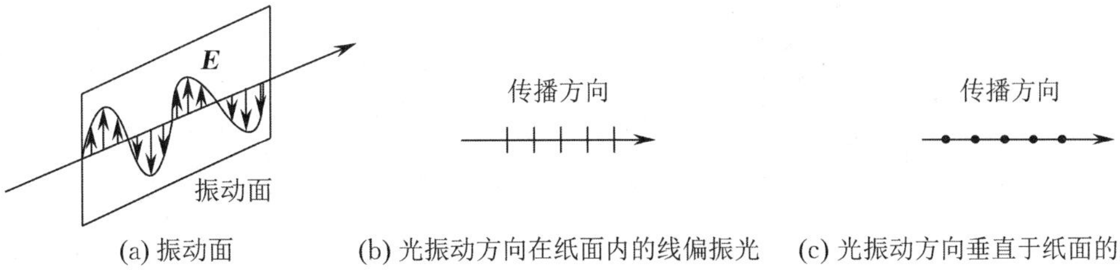

(a) 振动面　(b) 光振动方向在纸面内的线偏振光　(c) 光振动方向垂直于纸面的线偏振光

图 14 - 45　线偏振光

2. 自然光

在垂直于光传播方向的任一横截面内，光矢量可取任何方向的振动，没有哪个方向比其他方向更占优势，即在所有可能的方向上，光矢量的振幅都相等，这样的光称为**自然光**，如图 14 - 46(a) 所示. 由于自然光中没有哪个方向上的光矢量占有优势，故自然光可以用两束等振幅的、振动方向互相垂直的、无固定相位关系的线偏振光来表示，如图 14 - 46(b) 所示. 这样的两束线偏振光具有相等的强度，即 $I_x = I_y$. 又因为自然光强度 $I_0 = I_x + I_y$，故有

$$I_x = I_y = \frac{I_0}{2}.$$

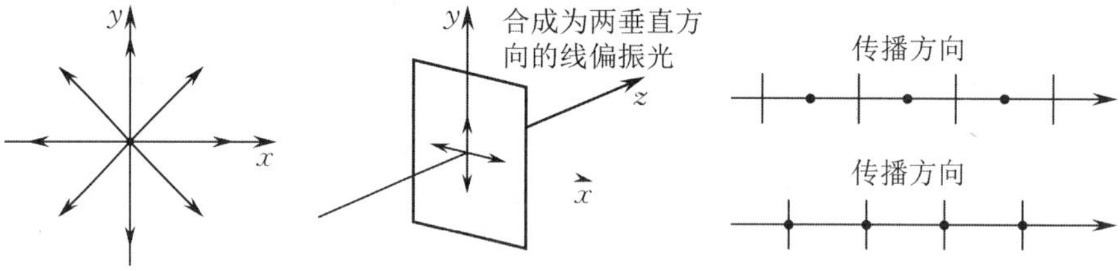

(a)　　(b)　　(c)

图 14 - 46　自然光

通常用图 14 - 46(c) 来表示自然光，点表示垂直于纸面的光振动，短线表示在纸面内的光振动. 点和短线交替均匀画出，表示这两个方向的振动强度相同.

3. 部分偏振光

部分偏振光是一种偏振状态介于线偏振光和自然光之间的偏振光. 如果在垂直于光的传播方向的平面内，光矢量可取任何一个方向的振动，但沿不同方向的振幅不同，如某一方向上的振动最强，则与该方向垂直的方向上的振动就最弱，这种光称为**部分偏振光**，通常用图 14 - 47 表示. 这种偏振光常用数目不等的点和短线来表示其偏振状态. 在图 14 - 47 中，上图表示在纸面内的振动强于垂直于纸面振动的部分偏振光，下图表示垂直于纸面的振动强于在纸面内振动的部分偏振光.

图 14 - 47　部分偏振光

4. 椭圆偏振光和圆偏振光

如果在垂直于光的传播方向的平面内，光矢量按一定的频率旋转(左旋或右旋)，当光矢量端点的轨迹是圆时，这种光称为**圆偏振光**，如图 14 - 48(a) 所示. 当光矢量端点的轨迹是椭圆时，这种光称为**椭圆偏振光**，如图 14 - 48(b) 所示. 根据振动合成规律，椭圆偏振光和圆偏振光都可以看成两个相互垂直的、频率相同的、相位差恒定的线偏振光的合成. 圆偏振光是椭圆偏振光的一种特例.

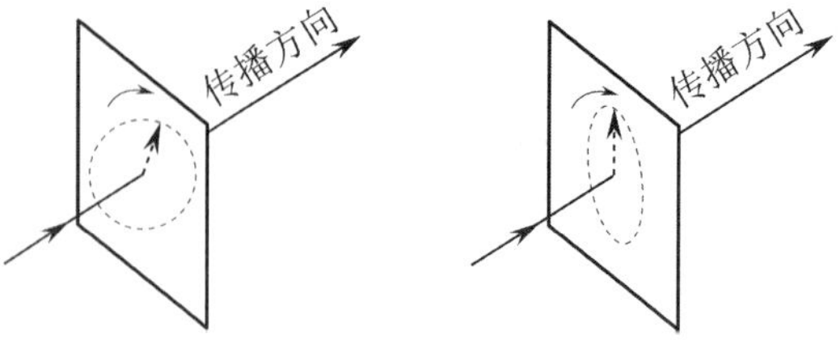

(a) 圆偏振光　　(b) 椭圆偏振光

图 14 - 48　圆偏振光和椭圆偏振光

14.3.2　线偏振光和马吕斯定律

1. 线偏光的获得与检验

从自然光中获得线偏振光的器件叫作线偏振器,实验室中最常用的线偏振器是偏振片. 偏振片是一种人造的透明薄片. 某些物质(如硫酸碘奎宁晶体)对某一方向的光振动有强烈的吸收作用,而对与这个方向垂直的光振动则吸收得很少. 把这种物质蒸镀在透明薄片上,就成了偏振片. 这样的偏振片基本上只允许振动面在某一特定方向的偏振光通过,我们通常用记号"↕"表示偏振片允许通过的光振动方向,这个方向称为偏振化方向. 让自然光垂直通过这样的偏振片,透射光就是与偏振化方向相同的线偏振光,如图 14-49 所示. 用于获取偏振光的偏振片常称为**起偏器**.

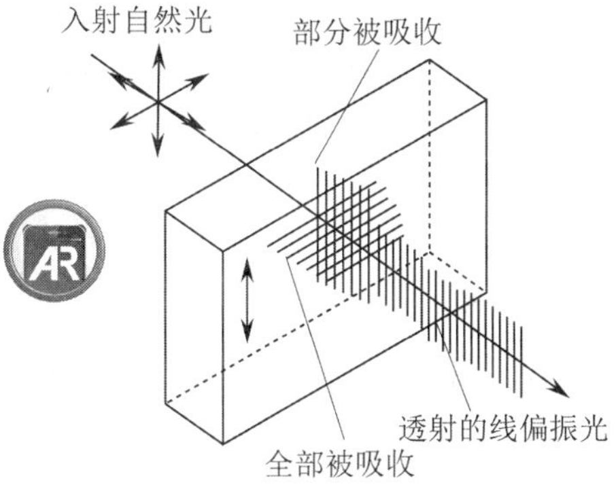

图 14-49　起偏器

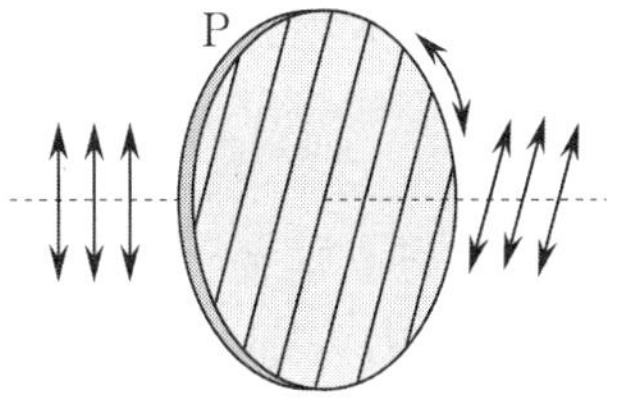

图 14-50　检偏器

偏振片不仅可以用来使自然光变为偏振光,还可以用来检验某一光波是否为偏振光,用于检验偏振光的偏振片称为**检偏器**. 如图 14-50 所示,一束线偏振光射到检偏器 P 上,当 P 的偏振化方向与入射偏振光的振动方向相同时,则该偏振光可以全部通过 P,此时透过 P 的光强最大;当 P 的偏振化方向和入射偏振光的振动方向相互垂直时,则该偏振光不能通过 P,此时透过 P 的光强为零,透射光强为零的现象称为消光. 如果以光的传播方向为轴,慢慢转动 P,则透过 P 的光经历着由明变暗,再由暗变明的变化过程. 如果射向 P 的是自然光,那么在旋转 P 的过程中,就不会出现明暗变化. 如果射向 P 的光是部分偏振光,当转动 P 时,会有由明到暗,再由暗到明的变化,但没有消光现象.

2. 马吕斯定律

前面只是定性地讨论了由起偏器产生的线偏振光通过检偏器后其光强的变化. 如果入射的线偏振光的振动方向和检偏器的偏振化方向的夹角为 α,那么透射光的光强遵循什么规律?法国科学家马吕斯指出,在不考虑吸收的理想情况下,透射光强度 I 和入射光强度 I_0 间的关系为

$$I = I_0\cos^2\alpha.$$

该式称为**马吕斯定律**,其证明如下.

设入射线偏振光的振幅为 A_0,振动方向为 $\overrightarrow{ON}$,如图 14-51 所示,把 A_0 分解为沿偏振片偏振化方向 $\overrightarrow{OM}$ 和垂直于 $\overrightarrow{OM}$ 方向的两个分量,其中只有平行于 $\overrightarrow{OM}$ 的分量可以通过偏振片,而垂直分量不能通过. 从图中可见,平行分量的振幅为 $A = A_0\cos\alpha$,由于光强和光振幅的平方成正比,所以有

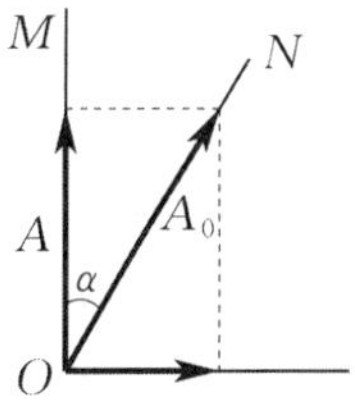

图 14-51　马吕斯定律的证明

$$I = I_0 \cos^2 \alpha.$$

由马吕斯定律可知，当 $\alpha = 0°, 180°$ 时，偏振片的偏振化方向与入射线偏振光的振动方向平行，$I = I_0$，透射光强度最大，入射光全部透过偏振片；当 $\alpha = 90°, 270°$ 时，偏振片的偏振化方向与入射线偏振光的振动方向垂直，$I = 0$，透射光强度为零，偏振片不透光. 因此以光的传播方向为轴旋转一周，透射光将出现由明逐渐变暗，又由暗逐渐变明的过程. 如果入射光是部分偏振光，检偏器旋转一周将出现两次最大和最小，而没有光强为零的情况. 马吕斯定律给出了检偏器检偏的定量结果.

同时，根据马吕斯定律可以推导出，自然光经过理想的偏振片后有两个变化：光强变为原来的二分之一；由自然光变成了光振动方向和偏振片偏振化方向一致的线偏振光.

14.3.3 反射和折射时光的偏振

实验表明，当自然光入射到折射率分别为 n_1 和 n_2 的两种介质（如空气和玻璃）的分界面上时，反射光和折射光都是部分偏振光. 如图 14-52(a) 所示，i 为入射角，r 为折射角，入射光为自然光. 图中光线上的点表示垂直于入射面的光振动，短线表示平行于入射面的光振动. 反射光是垂直于入射面的振动较强的部分偏振光，而折射光则是平行于入射面的振动较强的部分偏振光.

实验还表明，入射角 i 改变时，反射光的偏振化程度也随之改变. 当入射角 i_B 满足

$$\tan i_B = \frac{n_2}{n_1} \tag{14-42}$$

时，反射光中就只有垂直于入射面的光振动，而没有平行于入射面的光振动. 这时反射光为线偏振光，而折射光仍为部分偏振光，如图 14-52(b) 所示. 式(14-42) 是 1815 年由布儒斯特 (Brewster) 从实验中得出的，i_B 叫作起偏角或布儒斯特角.

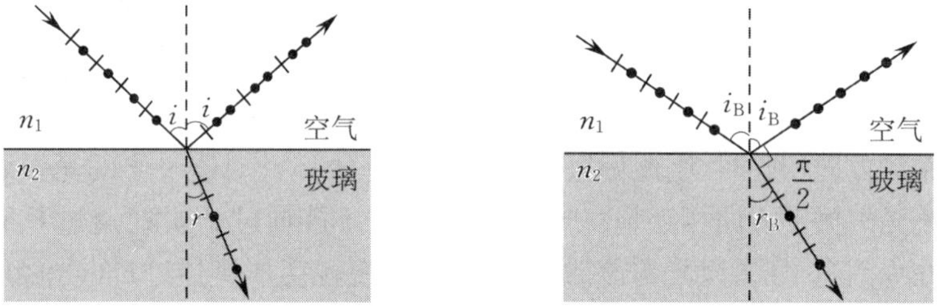

(a) 自然光反射和折射后产生的部分偏振光

(b) 入射角为起偏角时，反射光为线偏振光，折射光为部分偏振光

图 14-52　反射和折射时产生的偏振光

当入射角为起偏角时，有

$$\frac{\sin i_B}{\cos i_B} = \tan i_B = \frac{n_2}{n_1},$$

根据折射定律，有

$$\frac{\sin i_B}{\sin r_B} = \frac{n_2}{n_1},$$

所以

$$\sin r_B = \cos i_B,$$

即

$$i_B + r_B = \frac{\pi}{2}.$$

这说明，当入射角为起偏角时，反射光与折射光互相垂直.

自然光从空气照射到折射率为 1.5 的玻璃片上，欲使反射光为线偏振光，根据式(14-42)，得起偏角应为 56.3°.

对于一般的光学玻璃，反射的线偏振光的强度约为入射光强度的 7.5%，大部分光都能透过玻璃，因此，仅靠一块玻璃的反射来获得自然光的线偏振光，其强度是比较弱的. 但如果将一些玻璃片叠成玻璃片堆，如图 14-53 所示，并使入射角为起偏角，由于在各个界面上的反射光都是光振动垂直于入射面的线偏振光，经过玻璃片堆反射后，入射光中绝大部分垂直于入射面的光振动被反射掉，这样，从玻璃片堆透射出的光中，就几乎只有平行于入射面的光振动了，因而透射光也可近似看作线偏振光.

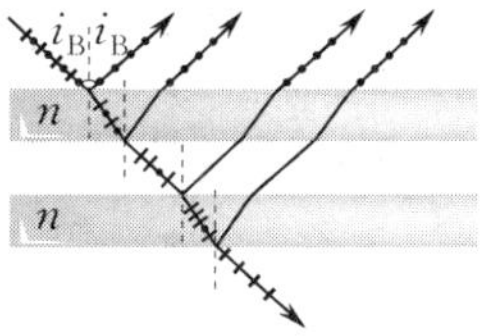

图 14-53　光通过玻璃片堆

例 14-10

水的折射率为 1.33，空气的折射率近似为 1，当自然光从空气射向水面发生反射时，起偏角为多少？而当光由水下进入空气时，起偏角又是多少？

解　由布儒斯特定律知，光从空气射向水面时，

$$\tan i_B = \frac{n_2}{n_1} = \frac{1.33}{1}, \quad i_B \approx 53.1°.$$

光由水下进入空气时，

$$\tan i_B' = \frac{n_1}{n_2} = \frac{1}{1.33}, \quad i_B' \approx 36.9°.$$

可见，$i_B + i_B' = 90°$. 这是必然的结果，且 i_B' 小于光在水中发生全反射的临界角. 这也是必然的，自然光发生全反射时，反射光不可能是线偏振光.

本节开始时我们讲到的反射光的偏振现象是马吕斯在 1809 年发现的. 说起这一发现，有这样一段故事. 马吕斯是法国人，他在寻求双折射现象的数学理论时，深深地被方解石晶体奇妙的双折射性质所吸引. 传说 1809 年的一天傍晚，他站在家中的窗户旁研究方解石晶体. 当时夕阳西照，阳光从离他家不远的巴黎卢森堡宫的窗户玻璃上反射过来，当他观察反射光透过他手中的方解石成像时偶然发现，方解石转到某一位置时，原本出现的两条双折射光线中有一条竟然消失了. 这一奇怪的现象立即引起了他的注意. 由此，马吕斯想到，可能是由于玻璃反射的光被偏振化了. 到了 1815 年，布儒斯特通过实验定量地给出了反射光偏振的规律，这就是前面提到的布儒斯特定律.

*14.3.4　由散射引起的光的偏振

拿一块偏振片放在眼前向天空望去，当转动偏振片时，会发现透过它的阳光有明暗的变化. 这说明阳光是部分偏振了的. 这种部分偏振光是大气中的微粒或分子对太阳光散射的结果.

一束光射到一个微粒或分子上，就会使其中的电子在光束内的电场矢量的作用下发生振动. 振动中的电子会向其周围发射同频率的电磁波，即光. 这种现象叫作**光的散射**. 正是由于这种散射的存在，才使得能从侧面看到穿过灰尘的光束或大型晚会上的彩色激光散射.

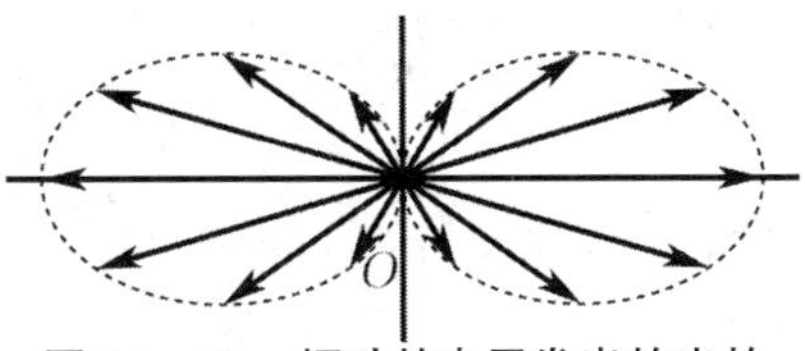

图 14-54　振动的电子发出的光的振幅和偏振方向示意图

分子中的一个电子振动时发出的光是偏振的，它的光振动的方向总垂直于光线传播的方向，并和电子的振动方向在同一个平面内. 但是，向各方向的光的强度不同：在垂直于电子振动的方向，强度最大；在沿着电子振动的方向，强度为零. 图 14-54 表示了这种情形，O 点处有一电子沿竖直方向振动，它发出的球面波向四周传播，各条光线的长度大致表示该方向上光振动的振幅.

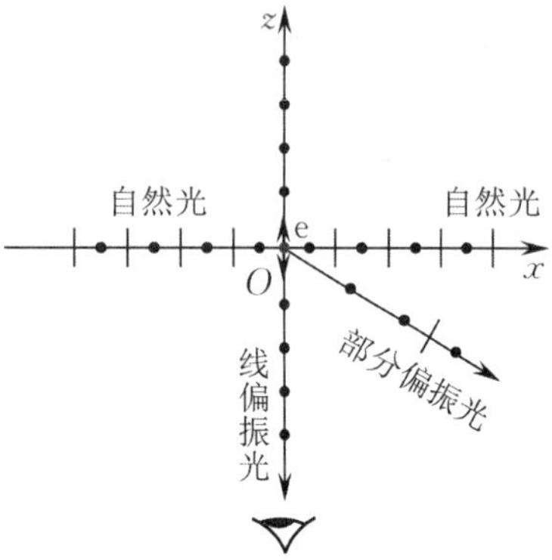

图 14－55　自然光的散射

如图 14－55 所示，设自然光沿水平方向（x 轴方向）射来，它的水平方向（y 轴方向，垂直于纸面向内）和竖直方向（z 轴方向）的光矢量激起位于 O 处的分子中的电子做同方向的振动而发生光的散射. 结合图 14－55 所示的规律，沿竖直方向向上看去，就只有振动方向沿 y 轴方向的线偏振光了. 这些线偏振光是大气中许多微粒或分子从不同方向散射来的光，也可能是经过几次散射后射来的光. 大气中微粒或分子的大小会影响其散射光的强度.

由于散射光的强度和光的频率的 4 次方成正比，所以阳光中的蓝色光成分比红色光成分的散射程度更高. 因此，天空看起来是蓝色的. 在早晨或者傍晚，太阳光沿着地平线射来，在大气层中传播的距离较长，其中的蓝色光成分大都散射掉了，余下的进入人眼的光就主要是频率较低的红色光了. 这就是朝阳或夕阳看起来发红的原因.

*14.3.5　双折射现象

1. 寻常光和非寻常光

一束光由一种介质进入各向同性介质（如玻璃、水等）的表面时，在界面上发生的折射光通常只有一束. 但是如果把一块透明的方解石晶体（$CaCO_3$ 的天然晶体）放在有字的纸面上，可以看到晶体下的字呈现双象，如图 14－56(a) 所示. 一束光线进入方解石晶体分裂成两束光线，它们分别沿不同方向折射，这种现象称为**双折射现象**. 双折射现象出现与否取决于介质的分子结构，当物质的分子规则地排列形成晶体时，晶体的分子间距在各方向上都不一样，分子之间的力学性质、电学性质、磁学性质都不一样，这样的物质称为各向异性介质，如方解石等. 光在各向异性的介质中传播时会发生双折射现象.

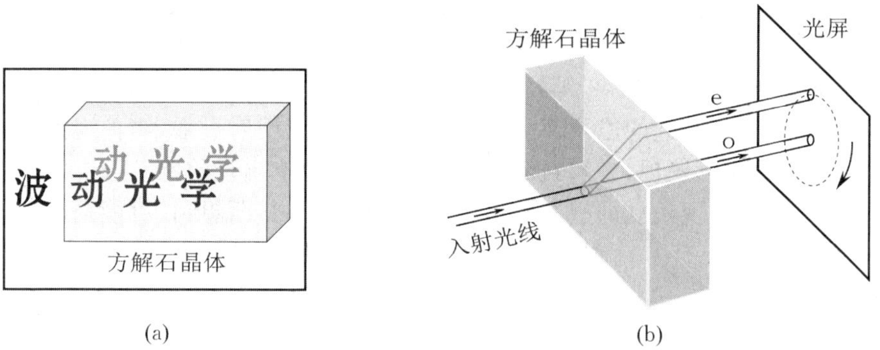

图 14－56　方解石的双折射现象

但像水、玻璃一类的介质分子是随机排列的，它们在各个方向上的物理性质相同，称为各向同性介质，它们属于非晶体. 光在各向同性介质中传播时不产生双折射现象.

实验指出，一条光线进入晶体所产生的两条折射光线中，一条在晶体内的传播速度与传播方向无关，称为寻常光线，简称 o 光；另一条在晶体内的传播速度与传播方向有关，称为非寻常光线，简称 e 光. 如果使晶体以入射光线为轴旋转，将发现 o 光传播方向不变，而 e 光则绕轴旋转，如图 14－56(b) 所示. 应注意，o 光和 e 光只有在双折射晶体内部才有意义，在晶体以外，就无所谓 o 光和 e 光了.

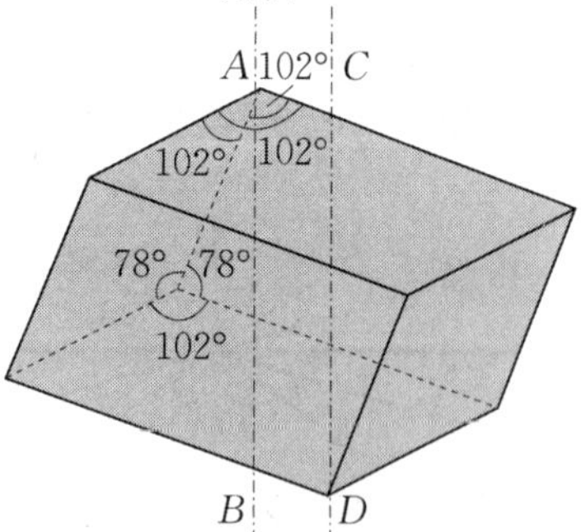

图 14－57　方解石晶体的光轴

实验还指出，在晶体内部存在着某些确定方向，光线沿着这个方向传播时不会产生双折射现象，即 o 光和 e 光在该方向上的传播速度相等，且 o 光和 e 光的光线重合，这个方向称为晶体的**光轴**. 只有一个光轴的晶体称为**单轴晶体**；有两个光轴的晶体称为**双轴晶体**. 方解石、石英、红宝石等都是单轴晶体，云母、硫黄、蓝宝石等都是双轴晶体. 为了说明晶体的光轴，下面分析方解石晶体. 如图 14－57 所示，天然方解石晶体是六面棱体，两棱之间的夹角约为 78° 或 102°. 从其 3 个钝角相汇合的顶点作一条直线，并使该直线与各邻边成等角，这一直线方向就是方解石晶体的光轴方向. 应注意，晶体的光轴指的是某一确定的方向，不是仅指一条直线，图 14－57 中互相平行的点画线都是该方解石晶体的光轴.

2. 单轴晶体中 o 光和 e 光的特性

在晶体中，光线和光轴组成的平面称为该光线的主平面. 实验指出，双折射晶体中 o 光和 e 光都是线偏振光，但它们的振动方向不同，o 光的振动方向垂直于 o 光的主平面，e 光的振动方向平行于 e 光的主平面. 若自然光垂直射入晶体表面，晶体中的光轴方向、纸面内 o 光和 e 光的振动方向分别如图 14－58 所示. 应该指出，在有些情况下，o 光的主平面和 e 光的主平面是不重合的.

晶体中的 o 光和 e 光的子波波面也是不同的. 由惠更斯原理可知，在各向同性的介质中，光在传播的任意时刻的某一点发出的子波，沿各个方向的传播速度都是相同的，经过 Δt 时间形成的子波波前是一个半径为 $v_o\Delta t$ 的球面. 实验指出，晶体中的 o 光沿各个方向的传播速度 v_o 都是相同的，而 e 光沿不同方向的传播速度 v_e 是不同的. 如图 14－59 所示，e 光、o 光的子波波前是以光轴为轴线的旋转椭球面，且 e 光和 o 光的子波波前在晶体光轴方向上相切. 对于不同的晶体，e 光的椭球面常有不同的形状. 根据这一点，把单轴晶体分为两类：一类晶体中，$v_e \leqslant v_o$，称为正晶体，如图 14－59(a) 所示，如石英就是正晶体；另一类晶体中，$v_e \geqslant v_o$，称为负晶体，如图 14－59(b) 所示，如方解石就是负晶体. 由于光在介质中的传播速度和介质折射率的关系为 $v=\dfrac{c}{n}$，其中 c 为真空中的光速. e 光和 o 光的波前在晶体光轴方向相切，表示沿光轴方向 e 光和 o 光的传播速度相同、折射率相等；在垂直于光轴的方向上，v_e 和 v_o 的差值最大. 把垂直于光轴方向上的折射率称为晶体的主折射率，用 n_o 或 n_e 表示. 所以，在负晶体中，e 光的主折射率 n_e 和 o 光的主折射率 n_o 相比较，有 $n_e \leqslant n_o$；而在正晶体中，有 $n_e \geqslant n_o$. 应用惠更斯原理作图，可以确定单轴晶体中 e 光、o 光的传播方向，从而说明双折射现象.

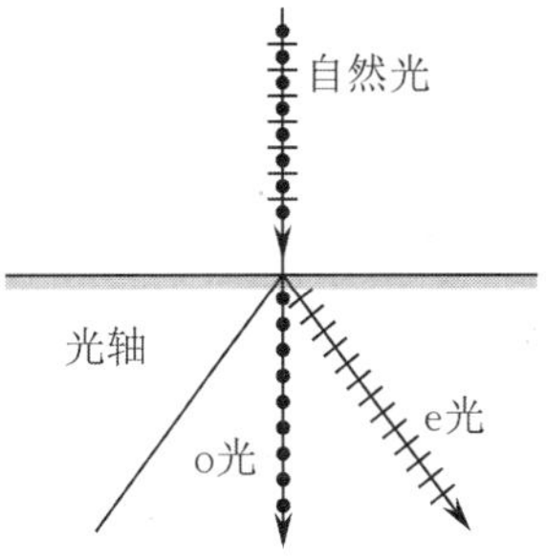

图 14－58　o 光和 e 光

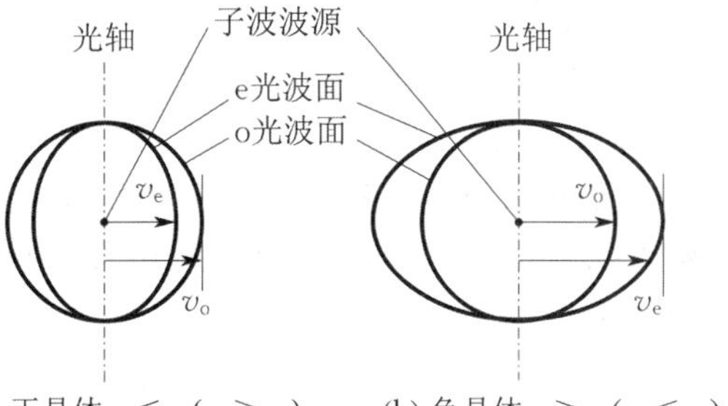

(a) 正晶体 $v_e \leqslant v_o (n_e \geqslant n_o)$　(b) 负晶体 $v_e \geqslant v_o (n_e \leqslant n_o)$

图 14－59　o 光和 e 光的子波波面

当自然光垂直入射到负晶体上时，波面上的每一点都可作为子波源，向晶体内分别发出球面子波和椭球面子波. 作所有球面子波的包络面，即得晶体中的 o 光波面，从入射点引相应子波包络面与光波面的切点的连线，其方向就是 o 光的传播方向；再作椭球面子波的包络面，从入射点引相应子波包络面与光波面的切点的连线，其方向就是 e 光的传播方向. 以负晶体为例，图 14－60 给出了几种比较常见的双折射情形.

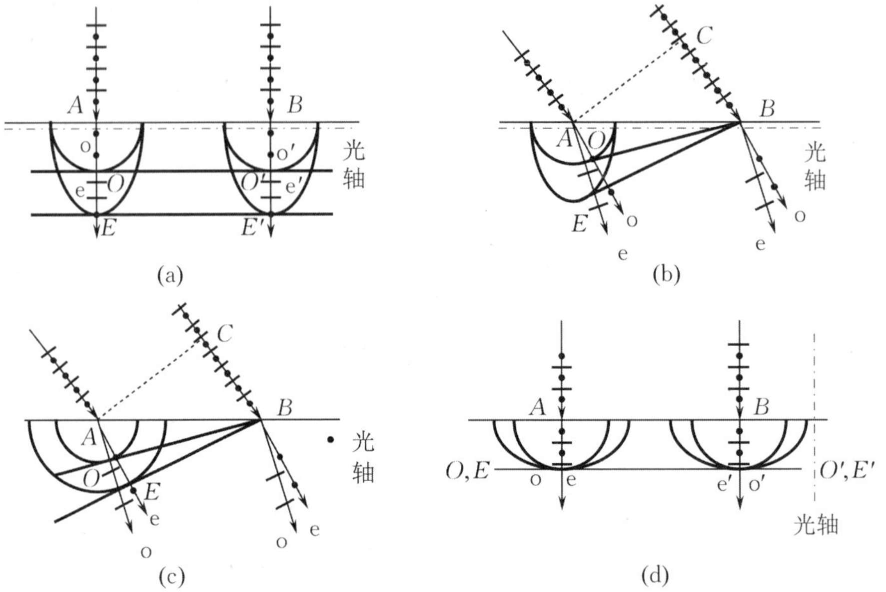

图 14-60　单轴负晶体中 e 光和 o 光的传播方向

图 14-60(a) 所示为平行光垂直入射晶体，光轴在入射面内，并与晶面平行. 这种情况下，入射波波面上各点同时到达晶体表面，波面 AB 上每一点同时向晶体内发出球面子波和椭球面子波(为了清楚起见，图中只画出 A，B 两点所发出的子波)，两子波波面在光轴上相切，各点所发子波波面的包络面为平面. 从入射点引向切点 O,O' 的连线方向就是所求 o 光的传播方向. 从入射点引向切点 E,E' 的连线方向就是 e 光的传播方向. 这种情况下，入射角 $i=0$，o 光沿原方向传播，e 光也沿原方向传播，但是两者的传播速度不同，所以 o 光波面和 e 光波面不重合，到达同一位置时，两者间有一定的相位差. 双折射的本质是 o 光、e 光的传播速度不同，折射率不同. 对于这种情况，尽管 o 光、e 光的传播方向一致，但仍具有双折射现象的特性.

图 14-60(b) 中光轴也在入射面内，并平行于晶面，入射光为平行光. 平行光斜入射时，入射波波面 AC 不能同时到达晶面. 当波面上 C 点到达晶面上 B 点时，AC 波面上除 C 点以外的其他各点发出的子波，都已各自在晶体中传播了相应的一段距离，其中 A 点发出的 o 光子波波面、e 光子波波面分别如图 14-60(b) 所示. 各点所发出的子波的包络面都是与晶体斜交的平面. 从入射点 B 向 A 点发出的子波波面分别引切线，再由 A 点向相应切点 O,E 引直线，即得所求 o 光、e 光的传播方向.

图 14-60(c) 中光轴垂直于入射面，并平行于晶面. 平行光斜入射与图 14-60(b) 的情形类似. 所不同的是因为旋转椭球面的转轴就是光轴，所以旋转椭球面与入射面的交线也是圆. 在负晶体情况下，e 光波面这个圆的半径为椭圆的半长轴，大于 o 光球面的半径. 两种子波波面的包络面也都是和晶面斜交的平面. 设入射角为 i，o 光、e 光的折射角分别是 r_o,r_e，则有

$$\frac{\sin i}{\sin r_o}=n_o,\quad \frac{\sin i}{\sin r_e}=n_e,$$

其中 n_o,n_e 为晶体主折射率. 在这一特殊情况下，e 光在晶体中的传播方向也可以用普通折射定律求得.

图 14-60(d) 中光轴在入射面内，并垂直于晶体表面. 对于这种情况，当平行光垂直入射时，光在晶体中沿光轴方向传播，不发生双折射.

阅读材料

习题 14

14-1　在双缝干涉实验中，两条缝的宽度原来是相等的. 若其中一条缝的宽度略变窄（缝的中心位置不变），则（　　）.

A. 干涉条纹的间距变宽

B. 干涉条纹的间距变窄

C. 干涉条纹的间距不变，但原极小处的强度不再为零

D. 不再发生干涉现象

14-2　在双缝干涉实验中，入射光的波长为 l，用玻璃纸遮住双缝中的一条缝，若在玻璃纸中的光程比相同厚度的空气中的光程大 $2.5l$，则屏幕上原来的明纹处（　　）.

A. 仍为明纹

B. 变为暗纹

C. 既非明纹也非暗纹

D. 无法确定是明纹还是暗纹

14-3　在如图 14-61 所示的三种透明材料构成的牛顿环装置中，各处数字为该处材料的折射率，用单色光垂直照射，在反射光中看到干涉条纹，则在接触点 P 处形成的圆斑为（　　）.

A. 全明

B. 全暗

C. 右半部明，左半部暗

D. 右半部暗，左半部明

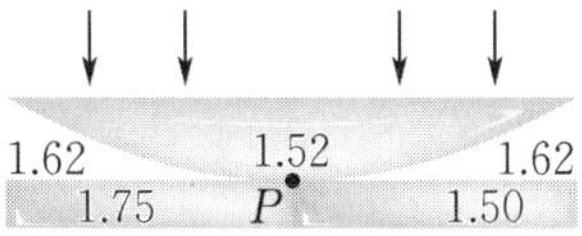

图 14-61

14-4　用劈尖干涉法可检测工件表面缺陷，当波长为 l 的单色平行光垂直入射时，若观察到的干涉条纹如图 14-62 所示，每一条纹弯曲部分的顶点恰好与其左边条纹的直线部分的连线相切，则工件表面与条纹弯曲处对应的部分（　　）.

A. 凸起，且高度为 $\frac{l}{4}$

B. 凸起，且高度为 $\frac{l}{2}$

C. 凹陷，且深度为 $\frac{l}{2}$

D. 凹陷，且深度为 $\frac{l}{4}$

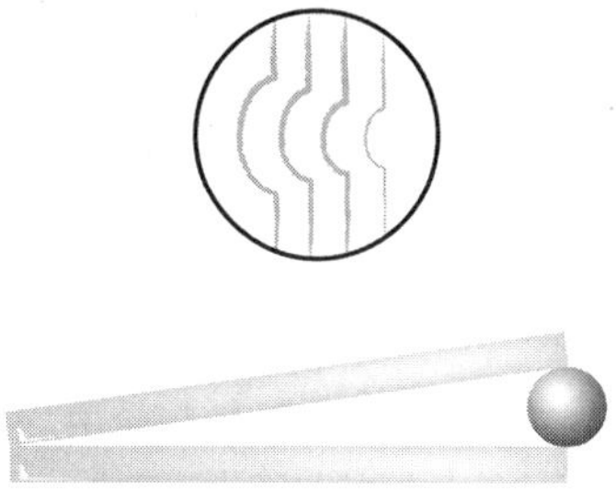

图 14-62

14-5　两块平玻璃构成空气劈尖，左边为棱边，用单色平行光垂直入射. 若上面的平玻璃慢慢地向上平移，则干涉条纹（　　）.

A. 向棱边方向平移，条纹间隔变小

B. 向棱边方向平移，条纹间隔变大

C. 向棱边方向平移，条纹间隔不变

D. 向远离棱边的方向平移，条纹间隔不变

14-6　若把牛顿环装置由空气搬入水中，则干涉条纹（　　）.

A. 中心暗斑变成亮斑

B. 变疏

C. 变密

D. 间距不变

14-7　杨氏双缝的间距为 0.2 mm，距离屏幕为 1 m.

(1) 若第 1 到第 4 级明纹间距为 7.5 mm，求入射光的波长；

(2) 若入射光的波长为 600 nm，求两相邻明纹的间距.

14-8　如用白光垂直入射到空气中厚为 320 nm 的肥皂膜上（其折射率为 $n = 1.33$），肥皂膜呈现什么色彩？

14-9　在玻璃板（折射率为 1.50）上有一层薄膜（折射率为 1.30）. 已知对于波长为 500 nm 和 700 nm 的垂直入射光都发生反射相消，这两波长之间没有别的波长的光反射相消，求此膜的厚度.

14-10　观察迈克耳孙干涉仪产生的等倾干涉条纹，在可动反射镜移动距离 $d = 0.322$ mm 的过程中，测得中心缩进 1 204 个条纹，求所用光波的波长.

14-11　一束单色平行光垂直照射在缝宽为 1.000 mm 的单缝上，缝后放一焦距为 2.000 m 的会聚

透镜.已知位于透镜焦平面处的屏幕上中央明纹的宽度为 2.500 mm,求入射光的波长.

14-12 波长为 546.1 nm 的平行光垂直照射在宽度为 0.100 mm 的狭缝上,缝后会聚透镜的焦距为 0.500 m,求中央明纹和第 1 级明纹在透镜焦平面上的宽度.

14-13 波长为 589.0 nm 的平行光垂直照射在单缝上,若缝宽为 0.100 mm,问第 1 级暗纹中心的衍射角为多大?若要使第 1 级暗纹中心的衍射角为 0.5°,则缝宽应为多大?

14-14 在白光的单缝衍射实验中,若缝宽为 0.500 mm,缝后会聚透镜的焦距为 0.500 m,问在位于透镜焦平面处的观察屏上,离中央明纹的距离为 1.500 mm 处,将出现哪几种波长的明纹?

14-15 光强为 I_0 的自然光,经过两夹角为 60° 的偏振片后,其偏振化方向在前两个偏振化方向夹角的平分线上,求最后透射光的强度.设每个偏振片具有 10% 的吸收.

14-16 自然光垂直入射到相互重叠的两块偏振片上.如果透射光强度为透射光最大强度的 $\frac{1}{3}$,或透射光强度为自然光强度的 $\frac{1}{3}$,求上述两种情况下,两偏振片之间偏振化方向间的夹角.

14-17 一束光由自然光和线偏振光混合而成,让其垂直通过一偏振片.若以此入射光为轴旋转偏振片,测得透射光强最大值是最小值的 5 倍,求入射光中自然光与线偏振光的强度之比.

14-18 一方解石割成的直角棱镜如图 14-63 所示,光轴垂直于直角棱镜的横截面,自然光以 48° 入射时,折射光中的 e 光恰与直角边 AB 平行,试求 n_e.

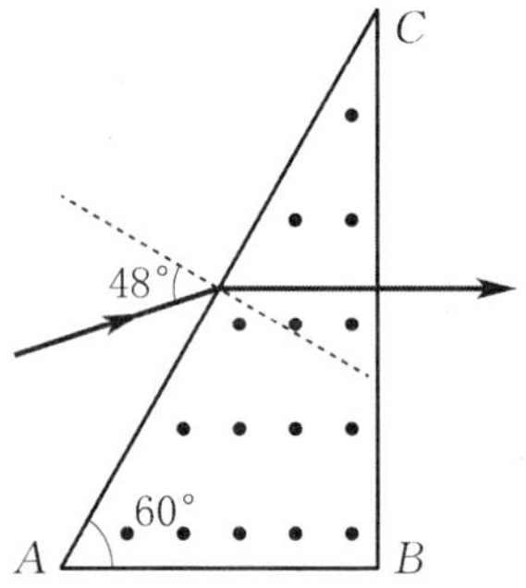

图 14-63

第5篇

量　子　论

经典物理学发展到十九世纪末，似乎已达到相当完善、相当成熟的程度．那时，一般的物理现象都可以从相应的理论中得到说明：物体的机械运动在速度比光速小得多时，准确地遵循牛顿力学的规律；电磁现象的规律被总结为麦克斯韦方程组；光的现象有光的波动理论，最后也归结到麦克斯韦方程组；热现象理论有完整的热力学，以及统计物理学．当时许多物理学家，包括像开尔文那样知名的、对物理学理论有着多方面贡献的物理学家，都认为物理学的基本规律已全部被揭露出来，今后的任务只是对这些规律进一步完善，并把物理学的基本定律应用到具体问题的处理上，以及用来说明新的实验事实而已．

就在物理学的经典理论取得重大成就的同时，人们发现的一些新的实验事实却给了经典物理学有力的冲击．这些冲击主要来自以下三个方面：一是1887年的迈克耳孙-莫雷实验否定了绝对参考系的存在；二是1900年瑞利(Rayleigh)和金斯(Jeans)用经典的能量均分定理来说明热辐射现象时，出现了所谓的“紫外灾难”；三是1896年贝克勒尔(Becquerel)首次发现放射性现象，说明原子不是物质的基本单元，原子是可分的．经典物理理论无法对这些新的实验结果做出正确的解释，从而使经典物理处于非常困难的境地，也使一些物理学家深感困惑．

为摆脱经典物理学的困境，一些思想敏锐而又不为旧观念束缚的物理学家，重新思考了物理学中的某些基本概念，终于在二十世纪初期诞生了相对论和量子理论．本篇主要介绍早期的量子论．对量子力学只介绍波函数和薛定谔方程．量子力学对氢原子和多电子原子的应用，只介绍几个主要结论．

第15章

量子物理基础

微课视频

1900 年，普朗克(Planck)首先引入“能量子”的概念，从理论上成功地得到了黑体辐射公式，并以之解释了黑体辐射实验，标志着量子论的诞生. 1905 年，爱因斯坦(Einstein)提出光量子的概念，成功解释了光电效应，促进了量子论的发展. 1913 年，玻尔(Bohr)用量子概念解释氢原子结构，并取得成功. 以这三个理论的成功建立起来的量子论体系，通常称为早期量子论(旧量子论). 在此基础之上，一些理论和实验物理学者又进行了更深入的探索，也取得了重大的成就，量子论成为近代物理学的基础理论. 本章基本上按照量子论发展历史的先后次序，首先介绍早期量子论，然后对量子力学的内容做初步介绍，最后介绍原子壳层结构的主要结论. 本章的主要内容有：黑体辐射，普朗克量子假设；光的量子性；玻尔的氢原子理论；粒子的波动性；不确定关系；量子力学的波函数，薛定谔方程；电子的自旋；原子的壳层结构；等等.

15.1　黑体辐射　普朗克量子假设

人们对于物质结构的认识，是经过了漫长时间的探索，不断深化的. 最初，人们认为原子是构成物质的基本单元，而且这种基本单元是不可分的. 1897 年，J. J. 汤姆孙(J. J. Thomson)发现电子是比原子更基本的物质单元. 后来，又相继发现了中子、质子、介子、超子等粒子. 正是这些不连续的基元，通过多种多样的组合方式构成了物质世界如此丰富多彩的图景. 但是，二十世纪以前，人们从来不曾怀疑过物质的能量的连续性. 在以牛顿为代表的经典力学理论、以玻尔兹曼(Boltzmann)为代表的统计力学理论和以麦克斯韦为代表的经典电磁理论中，人们一直认为能量是连续变化的，物体之间能量的传递也是以连续的方式进行的. 直到 1900 年，普朗克试图从理论上解释黑体辐射的规律时，才打破了能量连续变化这一传统的观念，提出了能量子的概念，从而开创了物理学革命的新纪元，宣告了量子物理的诞生.

15.1.1　热辐射　黑体

1. 热辐射

一切物体的分子都包含带电粒子，所以物体分子的热运动会导致运动物体不断向外发射电磁波. 电磁波也称为电磁辐射，物体由于分子的热运动而发射的电磁波称为**热辐射**. 一切物体都有热辐射，温度不同，发射的能量和波长也不同. 实验表明，不同物体在不同温度下发射热辐射的本领不同，温度越高，发射能量越大，发射的电磁波的波长越短. 温度在 800 K 以下的物体发射的电磁波一般在红外区域，可以产生热效应，但不能被人眼看见. 当温度进一步提高时，物体发射的电磁波才可能达到可见光区域. 例如，常温下的铁块发射热辐射的能量很小、波长很长，我们感觉不到它的热辐射;当把它加热到一定程度后,它就会向外发射红外线,我们就可以感觉到它向外散发的热量;温度再升高,铁块变红,向外发射红光;温度继续升高,则铁块熔化,颜色逐渐变白,向外发射的能量也越来越多.

物体除有发射电磁波的本领以外,还具有吸收和反射电磁波的本领.例如,微波炉内的物体因吸收了微波辐射而升温.又如,不同的物体对不同波长的光具有不同的吸收和反射本领,这就是我们可以看到五彩缤纷的物质世界的原因.

若物体向外发射电磁波,其能量就会减少;若物体吸收外来电磁波,其能量就会增加.如果在任意时间间隔内物体发射出去的能量均等于它所吸收的能量,即物体在热辐射过程中达到热平衡,此时的热辐射称为平衡热辐射,物体具有确定的温度.我们一般讨论的是平衡热辐射,它是热辐射问题中的一种理想模型.

2. 黑体

如果一个物体对于任何波长的电磁波都可以全部吸收,则称它为**黑体**.自然界不存在真正的黑体,实际物体对电磁波的吸收率不超过 99%,黑体只是一种理想模型.如果在一个由(钢、铜、陶瓷或其他)任意材料做成的空腔壁上开一个小孔,如图 15-1 所示,就可近似地把小孔表面当作黑体.这是因为小孔很小,射入小孔的电磁波要被腔壁多次反射,才有可能从小孔逃逸出来.若每次反射的吸收率为 97%,则经 n 次反射后,从小孔反射出空腔的能量仅为入射能量的 $\left(\frac{3}{100}\right)^n$.可见,只需 4 次反射,空腔吸收的能量已达入射能量的 99.999 9%.实验分析表明,空腔小孔向外发射的电磁波是含有各种频率成分的,不同频率成分的电磁波的强度不同,且随黑体的温度而异.

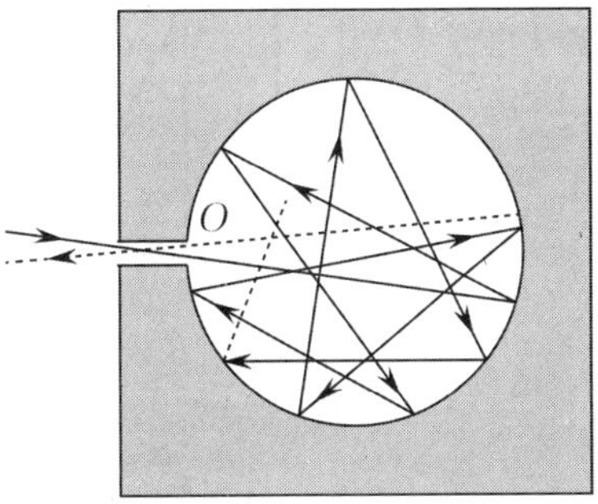

图 15-1　空腔小孔可视为黑体

15.1.2　黑体辐射的基本规律

为定量表述热辐射的基本规律,下面定义两个有关的基本物理量.

1. 单色辐出度

单位时间内,在热力学温度为 T 的黑体的单位面积上,在单位波长范围内所辐射的电磁波能量,称为**单色辐射出射度**,简称**单色辐出度**.显然,黑体的单色辐出度是与热力学温度 T 和波长 λ 有关的函数,用 $M_\lambda(T)$ 表示.

2. 辐出度

单位时间内,在热力学温度为 T 的黑体的单位面积上,所辐射出的各种波长的电磁波的能量总和,称为**辐射出射度**,简称**辐出度**.显然,它只是与黑体的热力学温度 T 有关的函数,用 $M(T)$ 表示.其值显然可由 $M_\lambda(T)$ 对所有波长的积分求得,即

$$M(T)=\int_0^\infty M_\lambda(T)\mathrm{d}\lambda.$$

3. 斯特藩-玻尔兹曼定律

图 15-2 是测定黑体单色辐出度与波长(或频率)关系的实验原理图.图中 A 是热力学温度为

T 的空腔，S 是可视为黑体的小孔，从小孔辐射出来的各种波长的电磁波经透镜 L_1 和平行光管 B_1 后，投射到起分光作用的棱镜 P 上. 不同波长的电磁波经过棱镜后以不同的方向射出，由会聚透镜 L_2 依次沿不同方向将各种波长的电磁波经平行光管 B_2 聚焦在探测器 C(如光电管、热电偶等) 上，即可测得单色辐出度 $M_\lambda(T)$ 与波长 λ(或频率 ν) 之间的关系曲线，如图 15－3 所示.

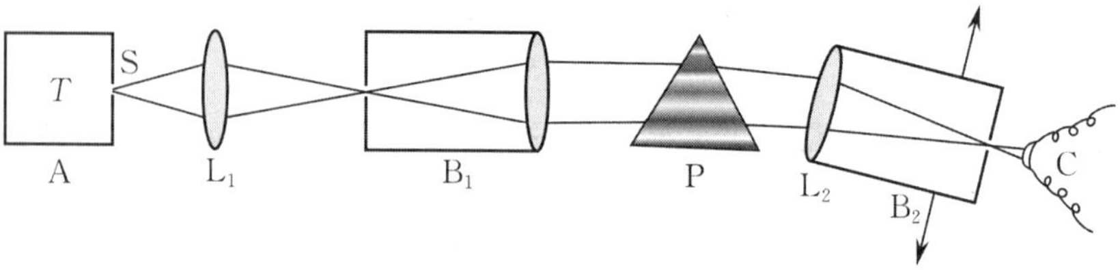

图 15－2　测定黑体单色辐出度与波长(或频率) 关系的实验原理图

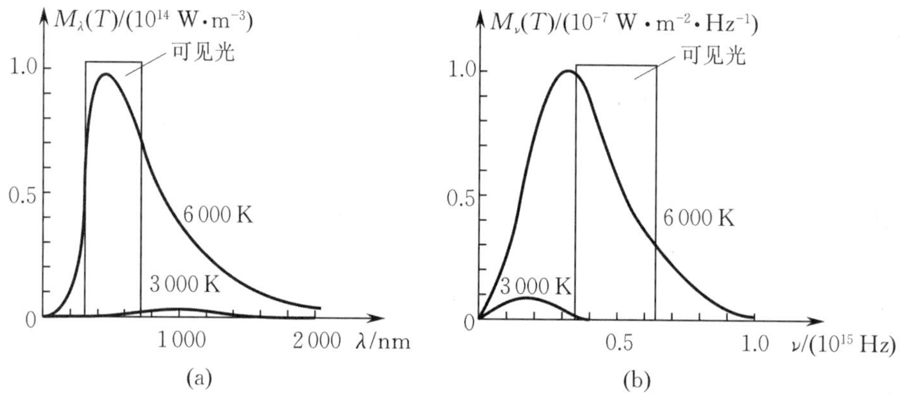

图 15－3　黑体单色辐出度的实验曲线

斯特藩-玻尔兹曼定律，首先由奥地利物理学家斯特藩(Stefan) 于 1879 年从实验数据的分析中发现. 五年后的 1884 年，玻尔兹曼从热力学理论出发也得出同样的结果. 该定律的内容为：黑体的辐出度(图 15－3(a) 中两条曲线分别与 λ 轴围成的面积) 与黑体的热力学温度的四次方成正比，即

$$M(T) = \int_0^\infty M_\lambda \mathrm{d}\lambda = \sigma T^4, \tag{15-1}$$

其中 σ 为斯特藩-玻尔兹曼常量，其值为 $5.670 \times 10^{-8}\ \mathrm{W \cdot m^{-2} \cdot K^{-4}}$.

4. 维恩位移定律

从图 15－3(a) 可以看到，随着黑体温度的升高，曲线的峰值波长 λ_m 与 T 成反比. 德国物理学家维恩(Wien) 于 1893 年用热力学理论得出 T 与 λ_m 之间的关系为

$$\lambda_m T = b, \tag{15-2}$$

其中 b 为维恩位移定律常量，其值为 $2.898 \times 10^{-3}\ \mathrm{m \cdot K}$. 式(15－2) 表明，当黑体的热力学温度升高时，在 $M_\lambda(T)-\lambda$ 曲线上，与单色辐出度 $M_\lambda(T)$ 的峰值相对应的波长 λ_m 向短波方向移动，这称为**维恩位移定律**.

斯特藩-玻尔兹曼定律和维恩位移定律是黑体辐射的基本规律，在现代科技中有着广泛的应用，是高温测量、遥感和红外追踪等技术的物理基础. 在天文学中，通常把恒星看成球形黑体，称与其辐出度相应的温度为恒星的有效温度，一般认为恒星的有效温度代表了恒星的光球层温度.

在十九世纪下半叶，欧洲各国都面临着改进钢铁冶炼技术的问题. 钢铁冶炼的关键是控制炉

温，而数千度的炉温可使任何温度计熔化，于是人们希望可以从钢水的颜色来判断炉温. 生产力发展的需要大大促进了对黑体辐射的研究.

例 15-1

(1) 温度为室温(20 ℃)的黑体，其单色辐出度的峰值所对应的波长是多少？

(2) 若要使一黑体单色辐出度的峰值所对应的波长在红色谱线范围内，其温度应为多少？

(3) 以上两辐出度的比值为多少？

解　(1) 室温的热力学温度为 $T=293.15\ \mathrm{K}$，故由维恩位移定律得

$$\lambda_m=\frac{b}{T}=\frac{2.898\times10^{-3}}{293.15}\ \mathrm{m}\approx 9\ 886\ \mathrm{nm}.$$

此波长的光已属红外谱线，远远超过人眼的视觉范围.

(2) 若取红光谱线的波长为 $6.50\times10^{-7}\ \mathrm{m}$，由维恩位移定律得

$$T=\frac{b}{\lambda_m}=\frac{2.898\times10^{-3}}{6.50\times10^{-7}}\ \mathrm{K}\approx 4.46\times10^{3}\ \mathrm{K}.$$

(3) 由斯特藩-玻尔兹曼定律可得

$$\frac{M(T_2)}{M(T_1)}=\left(\frac{T_2}{T_1}\right)^4=\left(\frac{4.46\times10^{3}}{293.15}\right)^4\approx 5.36\times10^{4}.$$

例 15-2

从对太阳光谱的实验观测中得知，太阳光的单色辐出度的峰值所对应的波长 λ_m 约为 483 nm，试由此估计太阳表面的温度.

解　相对于太阳表面的发光情况，其背景可视为黑体，发光的太阳亦可视为黑体中的小孔. 于是，由维恩位移定律可得太阳表面的热力学温度约为

$$T=\frac{b}{\lambda_m}=\frac{2.898\times10^{-3}}{483\times10^{-9}}\ \mathrm{K}\approx 6\ 000\ \mathrm{K}.$$

用这种方法估算太阳的温度是可行的，宇宙中其他发光星体的表面温度也可用这种方法进行推测.

15.1.3　普朗克辐射公式和能量子的概念

从理论上导出绝对黑体单色辐出度与波长和温度的函数关系，即 $M_\lambda=f(\lambda,T)$，是十九世纪末理论物理学的重大课题.

维恩假定了简谐振子的能量按频率的分布类似于麦克斯韦速率分布律，然后用经典统计物理学方法导出了公式

$$M_\lambda(T)=\frac{c_1}{\lambda^5}\mathrm{e}^{-c_2/\lambda T},\tag{15-3}$$

其中 c_1 和 c_2 都是由实验确定的参量. 式(15-3) 称为**维恩公式**. 维恩公式只在短波波段与实验曲线相符，而在长波波段则明显偏离实验曲线(见图 15-4).

瑞利-金斯公式是根据经典电动力学和经典统计物理学理论导出的另一个力图反映绝对黑体单色辐出度与波长和温度关系的函数，其表达式为

$$M_\lambda(T)=\frac{2\pi ckT}{\lambda^4},\tag{15-4}$$

其中 c 是真空中的光速，k 是玻尔兹曼常量. 从图 15-4 可以看到，瑞利-金斯公式在长波波段与实验相符，而在短波波段与实验曲线有明显差异. 这在物理学史上曾被称为“紫外灾难”.

可见，在解释黑体辐射的实验规律上，经典物理学理论遇到了极大的困难. 这被喻为十九世纪末物理学理论大厦上飞来的两朵“乌云”之一(另一朵则是迈克耳孙-莫雷实验，该实验证明了

绝对参考系并不存在).

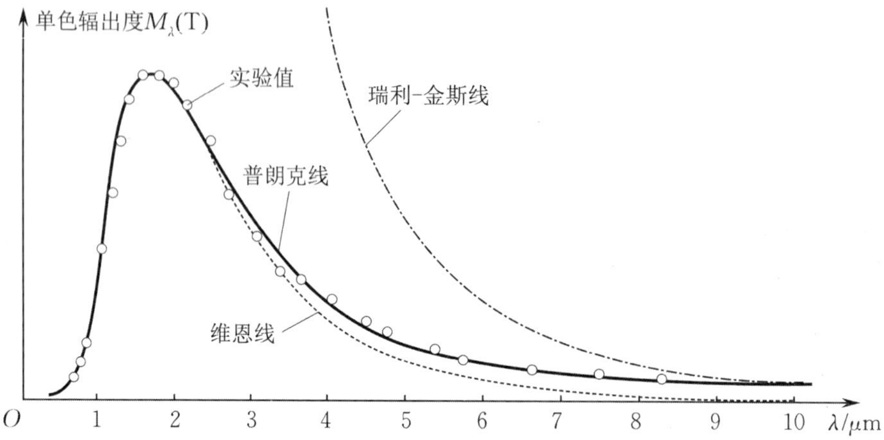

图 15-4　黑体辐射能量分布曲线

1900 年,普朗克在综合了维恩公式和瑞利-金斯公式各自的成功之处后得出

$$M_\lambda(T)=\frac{2\pi hc^2}{\lambda^5}\left(\frac{1}{e^{hc/\lambda kT}-1}\right), \tag{15-5}$$

其中 h 称为普朗克常量,$h=6.626\,070\,15\times10^{-34}$ J·s. 式(15-5)就是**普朗克辐射公式**. 普朗克指出,如果做下述假定,就可以从理论上导出此黑体辐射公式:物体发射或吸收频率为 ν 的电磁波,只能以 $h\nu$ 为单位进行,这个最小能量单位就是能量子,物体所发射或吸收的电磁波能量总是这个能量子的整数倍,即

$$E=nh\nu\quad(n=1,2,\cdots). \tag{15-6}$$

普朗克的能量子思想是与经典物理学理论相矛盾的,但也就是这一新思想,使物理学发生了划时代的变化.

普朗克理论的关键在于假设简谐振子能量的取值是离散的,即量子化的,其价值远不止于导出了符合实验的黑体辐射公式,更重要的是对经典物理的巨大突破,导致了量子力学的诞生. 普朗克是量子力学的奠基人之一,他因此获得 1918 年的诺贝尔物理学奖. 在二十世纪来临之际,普朗克的理论标志着近代物理的开端.

15.2　光的量子性

15.2.1　光电效应的实验规律

1887 年,赫兹在研究两个电极间放电现象时发现,当用紫外光照射电极时,放电电流会增加,当时还无法解释产生这个现象的原因. 在 1897 年,J. J. 汤姆孙发现电子之后,1899 年,莱纳德(Lénárd) 通过测量在光照下由金属中逸出的带电粒子的荷质比,确定了金属在光照射下发射的是电子. 我们把金属在光(电磁波)照射下有电子逸出的现象称为**光电效应**,逸出的电子称为光电子.

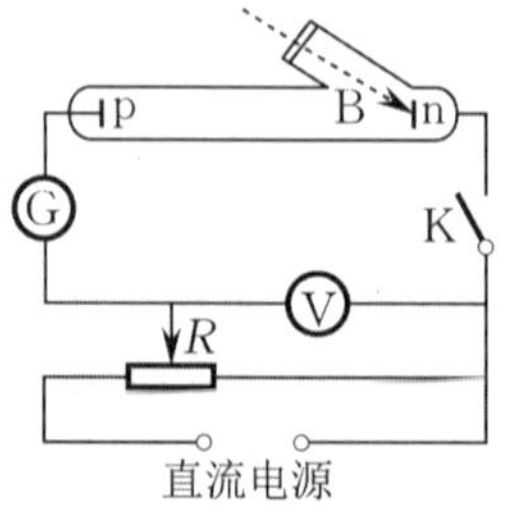

图 15-5　光电效应实验装置示意图

图 15-5 所示是光电效应实验装置示意图. B 为真空管,

n 为阴极，p 为阳极．阴极 n 在光照射下有光电子逸出．当在阳极与阴极间加正方向电压（阳极电势较高）时，逸出的光电子在电场作用下加速飞向阳极从而形成电流（称为光电流），光电流和电极间的电压可分别由电流计 G 和电压计 V 测量．光电效应的实验规律可概括如下．

1. 饱和电流 I_s 与入射光强度成正比

用一定频率的单色光照射阴极，并改变加在两极间的正方向电压 U，测量光电流 I 的变化，可得如图 15－6 所示的伏安曲线．实验表明，I 随 U 的增大而增大，并逐渐趋于饱和值 I_s，I_s 与入射光强成正比．图 15－6(a) 所示为在一定频率、不同强度的光照射下的实验结果，图 15－6(b) 所示为在不同频率、相同强度的光照射下的实验结果．

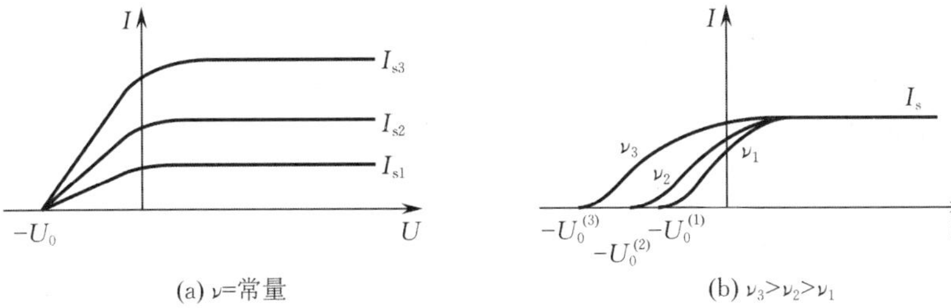

图 15－6　光电效应的伏安曲线

这一实验结果可解释为：当光电流达到饱和值 I_s 时，阴极上逸出的光电子已全部到达阳极，所以再增大电压，光电流仍保持不变．因此，该实验结果表明，单位时间内从金属中逸出的光电子数与入射光强度成正比．

2. 光电子的最大初动能 E_{km} 随入射光频率的增加而线性增加，与入射光强度无关

由图 15－6 中的实验曲线可见，当两电极间正方向电压为零时，光电流并不为零．只有当两电极间加反向电压且其大小达到某一数值 U_0 时，光电流 I 才为零．U_0 称为截止电压．

上述实验结果不难理解，光电子逸出后具有初动能，$U=0$ 时，虽两电极间没有正向电压来加速光电子，但仍有一些光电子具有足够的初动能而能从阴极飞向阳极．当反向电压足够大，即其数值等于截止电压 U_0 时，即使具有最大的初动能 E_{km} 的光电子，其初动能也全部用于克服电场力做功，而不能到达阳极，此时光电流 I 才为零，即 $E_{km}=eU_0$．图 15－6(a) 表明 E_{km} 与入射光强度无关，图 15－6(b) 表明 E_{km} 随入射光频率增大而增大．图 15－7 是在保持入射光强度不变的条件下，改变入射光的频率而得到的 U_0 随 ν 变化的实验曲线，表明 U_0 随 ν 线性增加，由该图可整理归纳出 U_0 与 ν 的关系公式：

$$U_0=\alpha\nu-\beta, \qquad (15-7)$$

即

$$E_{km}=e\alpha\nu-e\beta, \qquad (15-8)$$

表明光电子的最大初动能随入射光频率 ν 线性增加．式(15－7)和式(15－8)中的 α 为与阴极金属材料无关的普适常量，β 是由阴极材料决定的正值常量．

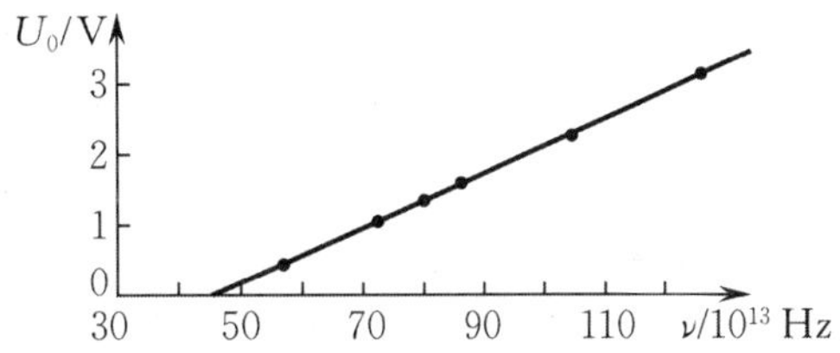

图 15－7　U_0 随 ν 变化的实验曲线

3. 对于每一种金属，只有当入射光频率 ν 大于该材料的截止频率 ν_0 时，才会产生光电效应

当 $E_{km}=0$ 时，没有光电子逸出，光电效应不能发生．设此时 $\nu=\nu_0$，则由式(15－8)可知

$$\nu_0=\frac{\beta}{\alpha}.$$

实验表明，对一定金属材料制成的阴极，当 $\nu \leqslant \nu_0$ 时，无论入射光强度多大，都没有光电效应发生. ν_0 称为这种金属的**截止频率**或**红限频率**.

4. 光电效应是瞬时发生的

实验表明，只要入射光频率 $\nu > \nu_0$，无论入射光如何微弱，都能产生光电效应，且从光照射到阴极至光电子逸出的时间不超过 10^{-9} s. 光电效应的弛豫时间如此之短，常被认为是瞬时发生的.

15.2.2 经典物理学解释光电效应所遇到的困难

首先，根据光的经典电磁理论，光是电磁波，光波的能量只与光的强度有关. 所以一定强度的光对阴极照射一定时间后，金属表面的电子理论上应当都可以获得足够的能量而逸出金属. 由电子从光波中获得能量的角度看，应与光波频率无关，更不应存在截止频率.

其次，按经典电磁理论，光波的能量分布于整个波面上，而电子只能在某个面积内吸收入射到金属表面的电磁波的能量，这个面积不大于以原子半径（10^{-10} m）为半径所作的圆的面积. 如果入射光足够微弱，则从光照射到金属表面产生光电子就会有可测量出来的弛豫时间. 在这段时间内，电子不断从光波中吸收能量，积累起来，直到它能逸出金属表面为止. 因此按经典电磁理论，光电效应不应该是瞬时的.

15.2.3 爱因斯坦的光量子理论和光电效应方程

需要指出的是，普朗克的能量子理论是不彻底的，他只考虑了空腔腔壁上原子简谐振子的能量的量子化，而对腔内电磁场仍用麦克斯韦的电磁场理论处理，认为辐射本质上是连续的电磁波. 爱因斯坦认为，电磁波理论在处理干涉、衍射等光学问题上是成功的，但在处理光的发射与吸收等能量转换问题中是不成功的. 电磁波理论只对时间平均值有效，而对于瞬时现象则必须引入粒子的概念. 在爱因斯坦看来，如果假定光的能量不连续地分布于空间，那么我们就可以更好地解释黑体辐射、光致发光、紫外线产生阴极射线，以及其他涉及光的发射与转换的现象的各种观测结果，其中“紫外线产生阴极射线”即为光电效应. 按照这种假设，从光源发出的光在传播时，在不断扩大的空间范围内，能量不是连续分布的，而是由一个个数目有限的能量子组成的，它们在运动中并不瓦解，并且只能被整个地发射和吸收. 也就是说，电磁场能量本身就是量子化的，在空间传播的电磁波是由一个个集中存在、不可分割的能量子组成的. 爱因斯坦称其为**光量子**，简称**光子**. 从对光电效应的讨论中，爱因斯坦得出光量子的能量为 $h\nu$.

按照爱因斯坦的光量子假说，电磁波的能量是量子化的，所以电磁波与物质交换的能量也必然是量子化的，在黑体辐射中是如此，在光电效应中也是如此. 在每次能量交换中，一个电子从频率为 ν 的电磁波中吸收的能量为一个光子的能量 $h\nu$. 这个能量中的一部分用来克服金属表面的引力势能和提供由于碰撞所消耗的能量，剩余的一部分就成为电子逸出金属表面以后的动能. 电子被束缚的程度有强有弱，束缚最松、逸出过程能量损耗最小的电子，逸出后的动能 E_k 最大，$E_k = E_{km}$，此时有

$$h\nu = E_{km} + W, \tag{15-9}$$

这就是爱因斯坦光电效应方程，其中 W 称为金属的逸出功，是电子从金属中逸出所需的最小能量. 逸出功与金属的材料特性有关，表 15-1 给出了几种金属的逸出功.

表 15-1 几种金属的逸出功

逸出功	钠	铝	锌	铜	银	铂
W/eV	2.28	4.08	4.31	4.70	4.73	6.35

爱因斯坦的光量子理论圆满地解决了经典电磁波理论解释光电效应时遇到的困难.

(1) 爱因斯坦光电效应方程式指出,光电子的动能与入射光强度无关. 当入射光强度增加时,入射光中的光子数目增加,因而使光电子的数目增加,即使光电流增大,但单个光电子的动能并不会因此改变. 从式(15-9)可见,对于确定的金属材料,逸出功有确定值,光电子动能只与入射光的频率 ν 有关,二者呈线性关系.

(2) 当入射光的频率满足 $h\nu_0 = W$ 时,光电子动能为零,此时没有光电子逸出,ν_0 是光电效应的截止频率. 当入射光频率 $\nu < \nu_0$ 时,无论光强多大,照射时间多长,单个电子从单个光子中获得的能量 $h\nu$ 都小于逸出功,不能发生光电效应. 只有当 $\nu > \nu_0$ 时,光电效应才可能发生.

(3) 当入射光频率 ν 大于截止频率 ν_0 时,不管其光强如何,每个光子的能量 $h\nu$ 不变. 只要光一照射到金属表面,某个光子的能量即可立刻被某个电子吸收,使其逸出金属表面而成为光电子,其间不需弛豫时间来积累能量.

爱因斯坦的光量子假说圆满地解释了光电效应,支持并发展了普朗克开创的量子论. 在 1906 年,爱因斯坦还进一步把能量不连续的概念应用于固体中原子的振动,成功地解释了当温度趋近于绝对零度时固体的比热容趋于零的现象. 之后的 1907 年,德拜(Debye) 改进了爱因斯坦的理论,使理论结果与实验符合得更好.

由于爱因斯坦工作的成功,普朗克提出的能量不连续的概念才引起物理学家的普遍注意,一些人开始用这种概念来思考经典物理学遇到的其他重大疑难问题,其中最重要、最突出的问题就是原子结构与原子光谱的问题. 玻尔在总结前人工作的基础上,于 1913 年提出了自己的原子结构模型. 玻尔的理论为解释原子结构提出了一个新的理论体系,使早期量子论得以基本完成.

实际上,当爱因斯坦提出光量子假说时,光电效应实验还很不精确. 为了检验爱因斯坦光电效应方程是否正确,密立根(Millikan) 花费了 10 年时间,克服了重重困难,利用巧妙而复杂的装置,于 1915 年成功地完成了光电效应的高精度实验. 密立根本想用实验否定光量子假说,但实验结果却验证了光量子假说和爱因斯坦光电效应方程的正确性. 正如著名的迈克耳孙-莫雷实验,其初衷是验证以太存在且相对于太阳静止的假说,其结果却成为光速不变原理的证据. 密立根在实验中测得 $h = 6.57 \times 10^{-34}$ J·s,普朗克根据黑体辐射实验求得 $h = 6.385 \times 10^{-34}$ J·s. 两个不同的理论与实验,得出的结论如此相近,在量子论创立的初期具有极为重大的意义. 这些事实既说明了物理学中理论与实验间紧密而复杂的关系,又反映了物理学家尊重实验结果的科学精神.

15.2.4 康普顿散射的实验装置

除光电效应外,光的量子性还表现在光的康普顿效应上,该效应是光显示出其粒子性的又一著名实验. 从 1922 年到 1923 年,康普顿(Compton) 研究了 X 射线在石墨上的散射,发现在散射的 X 射线中不但存在与入射线波长相同的射线,同时还存在波长大于入射线波长的射线成分. 这一现象被称为**康普顿效应**.

康普顿从实验上证实了爱因斯坦提出的关于光量子具有动量的假设,证明了 X 射线具有粒子性,因此获得了 1927 年的诺贝尔物理学奖.

康普顿散射的实验装置示意图如图 15-8 所示,X 射线管发出的 X 射线经过光阑射向散射物质，固定入射的 X 射线的波长为 λ_0，在不同的散射方向 θ 探测散射光的波长 λ.

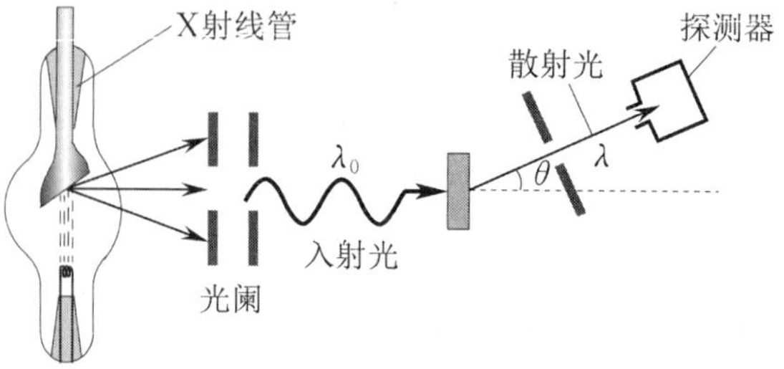

图 15-8　康普顿散射的实验装置示意图

15.2.5　康普顿散射的实验规律

康普顿散射实验的主要结论如下：

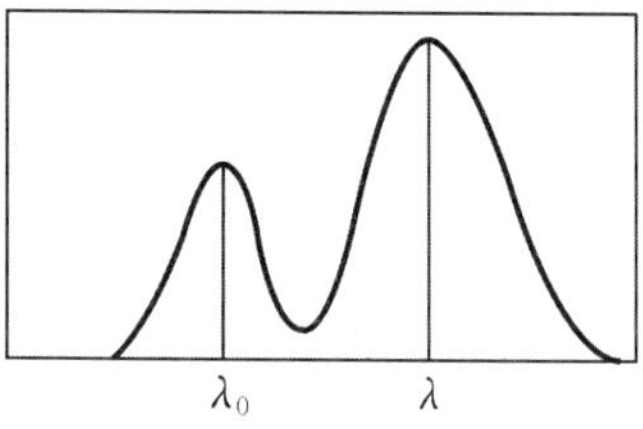

图 15-9　新散射波长 $\lambda > \lambda_0$

(1) 散射光中除原波长 λ_0 外，还出现了波长大于 λ_0 的新散射波长 λ（见图 15-9）；

(2) 波长差 $\Delta\lambda = \lambda - \lambda_0$ 随散射角的增大而增大（见图 15-10）；

(3) 新波长的谱线强度随散射角 θ 的增加而增加，且原波长的谱线强度降低（见图 15-10）；

(4) 对不同的散射物质，只要在同一个散射角下，波长差 $\Delta\lambda$ 都相同，$\Delta\lambda$ 与散射物质无关（见图 15-11）.

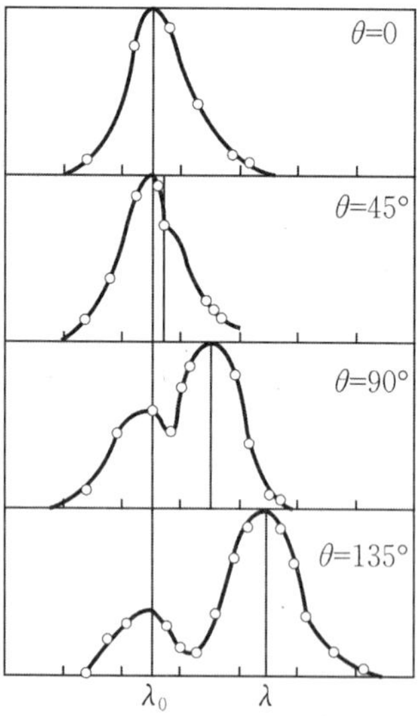

图 15-10　λ_0 和 λ 的谱线强度随 θ 的变化

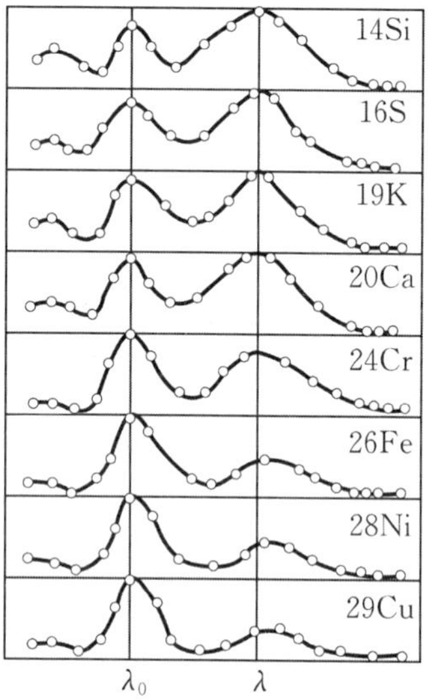

图 15-11　不同物质在同一 θ 下的散射

15.2.6　康普顿效应的理论解释

用经典电磁理论无法解释康普顿效应的散射光中有新的波长成分.

康普顿认为 X 光的散射应是光子与原子内电子碰撞的结果. X 射线光子与原子内层电子发生弹性碰撞时，由于内层电子与原子核结合得较为紧密（约为 1 keV 数量级），实际上可以看作发生在光子与质量很大的整个原子间的碰撞，光子基本上不失去能量，保持原波长不变. 但是当 X 射线光子与原子外层电子发生弹性碰撞时，由于外层电子与原子核结合得较弱（约为几 eV），与 X 射线光子相比，这些电子可以近似看成静止的“自由”电子，当光子与这些电子碰撞时，光子会失去部分能量，使其频率下降，波长增大. 这就是康普顿效应中出现新波长的原因.

康普顿效应的成功也不是一帆风顺的，起先，他认为散射光频率的改变是由于“混进了某种荧光辐射”，在计算中只考虑能量守恒，后来才认识到还要用动量守恒.

下面给出康普顿效应的定量计算结果. X 射线光子与静止的自由电子发生弹性碰撞，动量守恒，即

$$\frac{h}{\lambda_0}\boldsymbol{n}_0 = \frac{h}{\lambda}\boldsymbol{n} + m\boldsymbol{v}; \tag{15-10}$$

能量守恒，即

$$h\nu_0 + m_0c^2 = h\nu + mc^2, \tag{15-11}$$

其中 $\boldsymbol{n}_0$ 与 $\boldsymbol{n}$ 分别为入射方向与出射方向的单位方向矢量. 考虑到 X 射线光子的能量较大，电子的速度可能也很大，应该考虑相对论效应，即电子的质量应为

$$m = \frac{m_0}{\sqrt{1-\dfrac{v^2}{c^2}}}. \tag{15-12}$$

联立式(15-10)、式(15-11) 和式(15-12)，可得 X 射线光子与电子碰撞后的波长增量为

$$\Delta\lambda = \lambda - \lambda_0 = \frac{h}{m_0c}(1-\cos\theta) = 2\lambda_C\sin^2\frac{\theta}{2}, \tag{15-13}$$

其中 $\lambda_C = \dfrac{h}{m_0c} = 0.002\,426\,2\ \text{nm}$，称为康普顿波长，它是与散射物质的种类无关的普适常量. 式(15-13) 和实验结果符合得很好.

应该说明，只有当入射光的波长 λ_0 与康普顿波长 λ_C 可比较时，康普顿效应才比较显著. 因此要用 X 射线才能观察到康普顿散射. 而可见光波长比康普顿波长大得多$\left(\dfrac{\lambda_C}{\lambda_0}\approx 10^{-5}\sim 10^{-6}\right)$，所以用可见光基本观察不到康普顿散射.

康普顿效应中的自由电子不能像光电效应中那样吸收光子，而是散射光子. 若静止的自由电子完全吸收了光子，则电子的速度可能达到光速，但这是不可能的.

例 15-3

已知入射光波长为 λ_0.

(1) 求在 θ 方向观测到的散射光波长；

(2) 计算相应康普顿散射反冲电子(被光子撞出“原子”的电子) 的动量与动能.

解　(1) 如图 15-12 所示，在 θ 方向观测到的散射光波长的增量为

$$\Delta\lambda = \lambda - \lambda_0 = 2\lambda_C\sin^2\frac{\theta}{2},$$

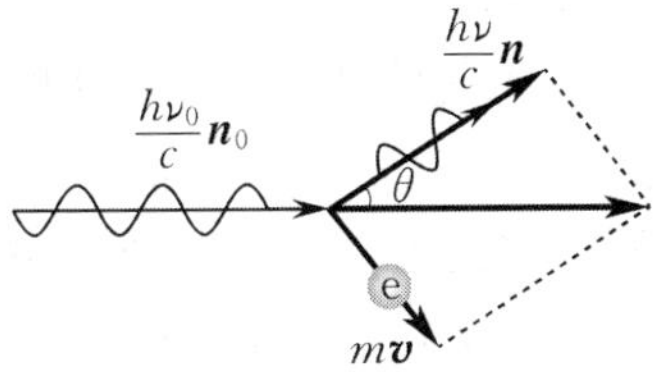

图 15-12　康普顿散射

波长为

$$\lambda = \Delta\lambda + \lambda_0 = 2\lambda_C\sin^2\frac{\theta}{2} + \lambda_0.$$

(2) 由动量守恒

$$\boldsymbol{p} = \frac{h\nu_0}{c}\boldsymbol{n}_0 - \frac{h\nu}{c}\boldsymbol{n}$$

可得动量分量为

$$p_x = \frac{h\nu_0}{c} - \frac{h\nu}{c}\cos\theta = \frac{h}{\lambda_0} - \frac{h}{\lambda}\cos\theta,$$

$$p_y = -\frac{h\nu}{c}\sin\theta = -\frac{h}{\lambda}\sin\theta.$$

由能量守恒可得电子的动能为

$$E_k = mc^2 - m_0c^2 = h\nu_0 - h\nu = hc\left(\frac{1}{\lambda_0} - \frac{1}{\lambda}\right) = hc\frac{\lambda-\lambda_0}{\lambda\lambda_0}.$$

例 15-4

波长为 450 nm 的单色光照射到钠的表面上.(1) 求这种光的光子能量和动量;(2) 求光电子逸出钠表面时的动能;(3) 若光子的能量为 2.40 eV,其波长为多少?

解 (1) 已知光的频率与波长的关系为 $\nu = \frac{c}{\lambda}$,所以光子的能量为

$$E = h\nu = \frac{hc}{\lambda}.$$

将已知数据代入上式,得

$$E = \frac{6.63 \times 10^{-34} \times 3.00 \times 10^{8}}{450 \times 10^{-9}} \text{ J} = 4.42 \times 10^{-19} \text{ J}.$$

若以 eV 为能量单位,则

$$E = \frac{4.42 \times 10^{-19}}{1.60 \times 10^{-19}} \text{ eV} \approx 2.76 \text{ eV}.$$

光子的动量为

$$p = \frac{h}{\lambda} = \frac{E}{c} = \frac{4.42 \times 10^{-19}}{3 \times 10^{8}} \text{ kg} \cdot \text{m} \cdot \text{s}^{-1} \approx 1.47 \times 10^{-27} \text{ kg} \cdot \text{m} \cdot \text{s}^{-1}.$$

若以 $\frac{\text{eV}}{c}$ 为动量单位,则

$$p \approx 2.76 \text{ eV}/c.$$

(2) 由光电效应方程,有 $E_k = E - W$.

由表 15-1 知,钠的逸出功为 $W = 2.28$ eV,所以

$$E_k = (2.76 - 2.28)\text{eV} = 0.48 \text{ eV}.$$

(3) 当光子能量为 2.40 eV 时,其波长为

$$\lambda = \frac{hc}{E} = \frac{6.63 \times 10^{-34} \times 3.00 \times 10^{8}}{2.40 \times 1.60 \times 10^{-19}} \text{ m} \approx 5.18 \times 10^{-7} \text{ m} = 518 \text{ nm}.$$

15.3 玻尔的氢原子理论

15.3.1 原子的核式结构模型及其与经典理论的矛盾

金属受热、光或电场的作用都会发射电子,这表示电子是原子的组成部分. 在正常情况下物质总是显示电中性,而电子是带负电的,这说明原子中除电子以外还有带等量正电的部分. 另外,电子的质量比整个原子的质量小得多,可以断定原子的质量主要由除电子以外的其余部分提供. 那么质量很小的电子和质量很大的正电部分是如何组成原子的呢?

1903 年,J. J. 汤姆孙提出了一种原子结构模型,在这种模型中,原子是一个球体,原子的正电部分均匀分布在整个原子球内,电子则一粒粒对称地镶嵌在球内的不同位置上. 历史上称这种模型为汤姆孙模型. 后来发现汤姆孙模型与许多实验相矛盾,其中最著名的是 α 粒子散射实验.

1909 年,盖革(Geiger) 和马斯登(Marsden) 在卢瑟福(Rutherford) 的指导下,用 α 粒子去轰击金箔中的原子. 实验发现,绝大多数 α 粒子穿过金箔后沿原方向(散射角为零) 运动,或散射角很小(一般只有 1°,2°),也有少数 α 粒子发生了较大角度的散射,还有个别 α 粒子(约占 1/8 000) 的散射角超过 90°,甚至被反弹回去. 这些实验事实是对汤姆孙模型的否定.

1911 年,卢瑟福提出了原子的核式结构模型. 在这个模型中,原子中央有一个带正电的核,称为原子核,它几乎集中了原子的全部质量. 电子以封闭的轨道绕原子核旋转,如同行星绕太阳的运动. 原子核的半径比电子的轨道半径小得多,对于电中性原子,全部电子所带的负电荷的总量

等于原子核所带的正电荷.

根据卢瑟福的模型,绝大多数 α 粒子可以从原子内部穿越,而不会受到原子核的显著的斥力作用,因而散射角很小,如图 15-13 中的轨迹 1 所示. 少数 α 粒子打在原子核附近,因而有较大的散射角,如图 15-13 中的轨迹 2 所示. 个别 α 粒子几乎对着原子核入射,因而被反弹回去,如图 15-13 中的轨迹 3 所示.

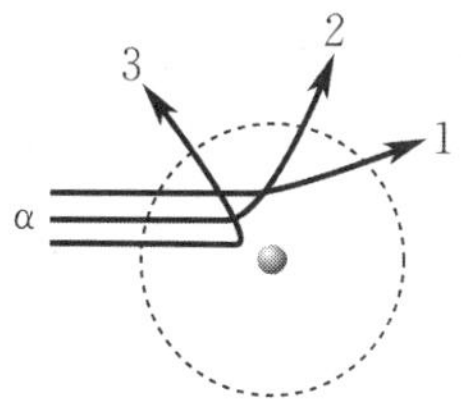

图 15-13　α 粒子散射实验

原子的核式结构模型表明,原子由原子核和绕核旋转的电子组成. 但是按照经典物理学理论,当带电粒子做加速运动时要辐射电磁波. 同时,由于电磁能量的不断释放,原子系统的能量不断减小,电子的轨道半径将随之不断减小. 所以,经典物理学理论对于原子的核式结构必定会得到以下两点结论:

(1) 原子不断地向外辐射电磁波,随着电子运动轨道半径的不断减小,辐射的电磁波的频率将发生连续变化;

(2) 原子的核式结构是不稳定结构,绕核旋转的电子最终将落到原子核上.

经典物理学理论的上述结论与实际情况不符. 首先,在正常情况下,原子并不辐射能量,只在受到激发时才辐射电磁波,即发光. 原子发光的光谱是线光谱,而不是经典物理学理论所认为的连续谱线. 另外,实验表明,原子的各种属性都具有高度的稳定性,并且处于不同条件下的同一种原子,其属性总是一致的. 这种属性的稳定性正说明了原子结构的稳定性.

15.3.2　氢原子光谱的规律性

原子光谱是原子结构性质的反映,研究原子光谱的规律性是认识原子结构的重要手段. 在所有的原子中,氢原子结构是最简单的,其光谱也是最简单的.

在可见光范围内很容易观察到氢原子光谱的四条谱线,这四条谱线分别用 H_α,H_β,H_γ 和 H_δ 表示,如图 15-14 所示. 1885 年,巴耳末(Balmer) 发现可以用简单的整数关系表示这四条谱线的波长,即

$$\lambda = B\frac{n^2}{n^2-2^2} \quad (n=3,4,5,6), \tag{15-14}$$

其中 B 是一个常量,其数值等于 364.57 nm. 后来巴耳末还观察到 n 取其他正整数时对应的谱线. 这些谱线连同已知的这四条谱线,统称为氢原子光谱的巴耳末系.

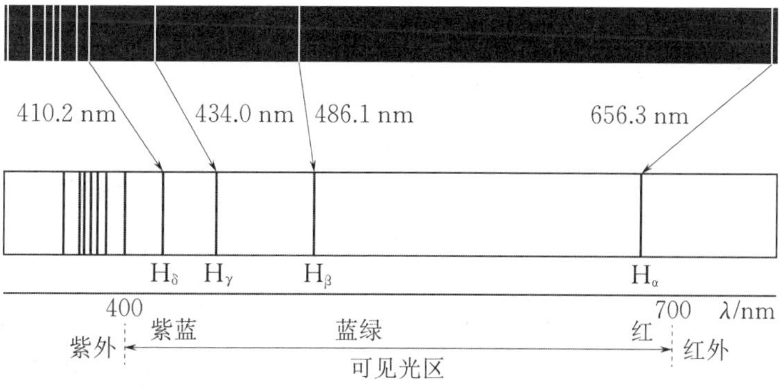

图 15-14　氢原子光谱的谱线

光谱学上通常用波数 σ 表示光谱线,它被定义为波长的倒数,即

$$\sigma = \frac{1}{\lambda}. \tag{15-15}$$

引入波数后,式(15-14)可以改写为

$$\sigma = R\left(\frac{1}{2^2} - \frac{1}{n^2}\right) \quad (n = 3,4,5,\cdots), \tag{15-16}$$

其中 $R = \frac{2^2}{B} \approx 1.097 \times 10^7\ \mathrm{m}^{-1}$,称为里德伯常量.

在氢原子光谱中,除可见光范围的巴耳末系以外,在紫外区、红外区和远红外区分别有莱曼系、帕邢系、布拉开系和普丰德系.这些线系中的谱线的波数也都可以用与式(15-16)相似的形式表示,即

莱曼系 $\sigma = R\left(\frac{1}{1^2} - \frac{1}{n^2}\right) \quad (n = 2,3,4,\cdots)$;

帕邢系 $\sigma = R\left(\frac{1}{3^2} - \frac{1}{n^2}\right) \quad (n = 4,5,6,\cdots)$;

布拉开系 $\sigma = R\left(\frac{1}{4^2} - \frac{1}{n^2}\right) \quad (n = 5,6,7,\cdots)$;

普丰德系 $\sigma = R\left(\frac{1}{5^2} - \frac{1}{n^2}\right) \quad (n = 6,7,8,\cdots)$.

可见,氢原子光谱的五个线系所包含的几十条谱线都遵从相似的规律.将上述五个公式综合为一个公式:

$$\sigma = R\left(\frac{1}{n_\mathrm{f}^2} - \frac{1}{n_\mathrm{i}^2}\right), \tag{15-17}$$

对于给定的 $n_\mathrm{f}(n_\mathrm{f} = 1,2,3,\cdots)$,$n_\mathrm{i}$ 分别取 $n_\mathrm{f}+1, n_\mathrm{f}+2, n_\mathrm{f}+3, \cdots$.

氢原子光谱的谱线规律被发现以后,里德伯(Rydberg)和里兹(Ritz)等人又于1908年发现碱金属也有类似于氢原子光谱的规律性.至此,原先人们觉得十分零乱而无序的原子光谱谱线,经过巴耳末、里德伯、里兹等人的归纳整理后,不仅显现出谱线系的规律性,而且还可以用简单的公式把这种规律表示出来.这无疑启示人们,原子的内部存在着固有的规律性,而这种规律性又会为原子结构理论的建立提供丰富的信息和无尽的畅想.

15.3.3 玻尔的量子论

卢瑟福的原子核式结构的建立和氢原子光谱规律性的发现为玻尔提出量子论奠定了基础.玻尔的量子论主要包括以下三个假设:

(1) 原子存在一系列不连续的稳定状态,即定态,处于这些定态中的电子虽做相应的轨道运动,但不辐射能量;

(2) 做定态轨道运动的电子的角动量 L 的数值只能等于 $\hbar\left(\hbar = \frac{h}{2\pi}\right)$ 的整数倍,即

$$L = mvr = n\hbar = n\frac{h}{2\pi} \quad (n = 1,2,3,\cdots), \tag{15-18}$$

式(15-18)称为角动量量子化条件,其中 m 是电子的质量,n 称为量子数,$\hbar$ 称为约化普朗克常量;

(3) 原子中的电子从某一个轨道跃迁到另一个轨道,对应于原子从某一定态跃迁到另一定态,这时才辐射或吸收相应量的光子,光子的能量由下式决定:

$$h\nu = E_\mathrm{i} - E_\mathrm{f}, \tag{15-19}$$

其中 E_i 和 E_f 分别是初态和末态的能量,$E_\mathrm{i} < E_\mathrm{f}$ 表示吸收光子,$E_\mathrm{i} > E_\mathrm{f}$ 表示辐射光子.

根据玻尔的上述假设来分析氢原子的轨道和能量.氢原子核所带正电荷为 e,电子在它提供

的电场中做圆周运动. 如果电子的轨道半径为 r_n，运动速率为 v_n，则由库仑定律和牛顿第二定律，可以写出下面的关系：

$$\frac{mv_n^2}{r_n}=\frac{1}{4\pi\varepsilon_0}\frac{e^2}{r_n^2}, \tag{15-20}$$

其中 m 是电子的质量. 由式(15-18)和式(15-20)可以算出电子的轨道半径和运动速率. 由于电子存在与主量子数 n 相对应的一系列轨道，从而也存在不同的运动速率，所以轨道半径和运动速率都附加角标，即

$$r_n=\frac{\varepsilon_0 h^2}{\pi me^2}n^2 \quad (n=1,2,3,\cdots), \tag{15-21}$$

$$v_n=\frac{nh}{2\pi mr_n} \quad (n=1,2,3,\cdots), \tag{15-22}$$

其中 n 可取从 1 开始的一系列正整数. 这表明，半径满足式(15-21)的轨道是电子绕核运动的稳定轨道. $n=1$ 对应的轨道半径 r_1 是最小轨道的半径，称为**玻尔半径**，常用 a_0 表示，其数值为

$$a_0=r_1=\frac{\varepsilon_0 h^2}{\pi me^2}\approx 5.292\times 10^{-11}\ \text{m}. \tag{15-23}$$

这个数值与用其他方法估计的数值一致. 根据式(15-21)和式(15-22)，可以求得氢原子系统的总能量等于电子动能与该系统的势能之和，即

$$E_n=\frac{1}{2}mv_n^2-\frac{1}{4\pi\varepsilon_0}\frac{e^2}{r_n}=-\frac{me^4}{8\varepsilon_0^2 h^2}\frac{1}{n^2}=\frac{E_1}{n^2} \quad (n=1,2,3,\cdots), \tag{15-24}$$

其中 $E_1=-\dfrac{me^4}{8\varepsilon_0^2 h^2}=-13.6\ \text{eV}$，它就是把电子从氢原子的第一个玻尔轨道上移到无限远处所需的能量值，即氢原子的电离能. 可见，原子的一系列定态的能量是不连续的. 这种性质就称为原子能量状态的量子化，而每一个能量值称为原子的能级. 式(15-24)就是氢原子的能级公式. 通常氢原子处于能量最低的状态，这个状态称为基态或正常态，对应于量子数 $n=1$，即 E_1. $n>1$ 的各个稳定状态的能量均大于基态的能量，称为激发态或受激态. 处于激发态的原子会自动跃迁到能量较低的激发态或基态，同时释放出能量等于两个状态能量差的光子，这就是原子发光的原理.

根据玻尔理论对于原子发光的论述，若原子处于能量为 E_i 的激发态，电子在量子数为 n_i 的轨道上运动，当它跃迁到量子数为 $n_\text{f}(n_\text{f}<n_\text{i})$ 的轨道上时，所发出光子的频率为

$$\nu=\frac{E_{n_\text{i}}-E_{n_\text{f}}}{h}=\frac{me^4}{8\varepsilon_0^2 h^3}\left(\frac{1}{n_\text{f}^2}-\frac{1}{n_\text{i}^2}\right),$$

对应的波数为

$$\sigma=\frac{1}{\lambda}=\frac{\nu}{c}=\frac{me^4}{8\varepsilon_0^2 h^3 c}\left(\frac{1}{n_\text{f}^2}-\frac{1}{n_\text{i}^2}\right)=R\left(\frac{1}{n_\text{f}^2}-\frac{1}{n_\text{i}^2}\right), \tag{15-25}$$

其中

$$R=\frac{me^4}{8\varepsilon_0^2 h^3 c}. \tag{15-26}$$

只要式(15-26)所表示的 R 值等于里德伯常量，式(15-25)与式(15-17)就完全相同. 将有关数据代入式(15-26)，可以得到 $R\approx 1.097\times 10^7\ \text{m}^{-1}$，显然这个数值与里德伯常量的实验值符合得很好. 这表示玻尔的量子论在解释氢原子光谱的规律性方面是十分成功的，同时也说明这个理论在一定程度上反映了原子内部的运动规律.

15.3.4 弗兰克-赫兹实验

在玻尔理论发表的第二年，即 1914 年，为验证玻尔理论中有关能量量子化的假设，弗兰克(Franck) 和赫兹设计了一个巧妙的实验，利用电子与稀薄气体中原子的碰撞，直接证实了原子能级的存在，为能量量子化提供了有力的证据，他们因此获得了 1925 年的诺贝尔物理学奖.

弗兰克-赫兹实验装置示意图如图 15-15 所示. 真空管 T 内充有稀薄的汞蒸气，F 为发射热电子的阴极；在栅极 G 与阴极 F 之间加有可调节的电压 U_1，使电子向 G 加速运动；在栅极 G 与板极 P 之间加一远低于 U_1 的反向电压 U_2(约 0.5 V). 调节真空管内汞蒸气的压强，使电子在由 F 到 G 的过程中能和汞原子发生几次碰撞. 由于有反向电压 U_2 的存在，只有通过栅极后仍有足够大能量的电子才能到达板极，到达板极的电子数可由电流计Ⓐ测出. 实验中调节 U_1 使之由零逐渐增大(U_2 保持不变)，测量板极电流 I，得到如图 15-16 所示的曲线. 由后面的分析可以看出，这一实验曲线很好地验证了玻尔的相关理论.

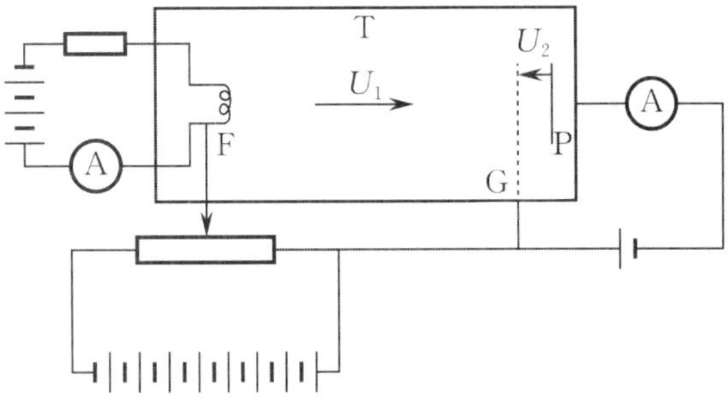

图 15-15 弗兰克-赫兹实验装置示意图

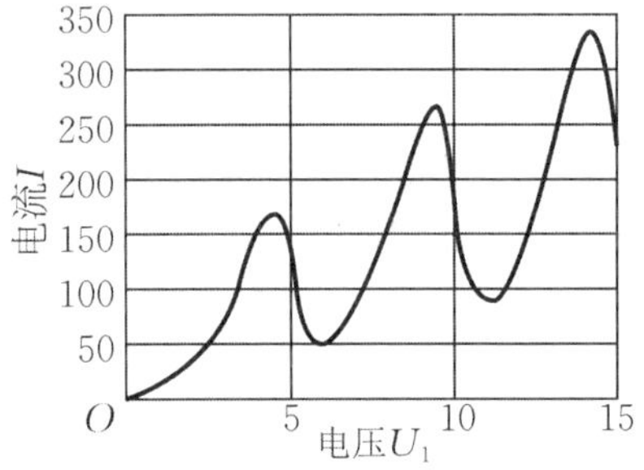

图 15-16 弗兰克-赫兹实验的板极电流与电压 U_1 之间的关系

根据玻尔理论，原子中电子的能量只能取离散的数值，所以当电子与汞原子碰撞时，汞原子或者不从电子吸收能量，其内部能量不变(称为弹性碰撞)；或者从电子吸收一份数值等于汞原子两个定态间能量差的能量，这份能量使汞原子由一个定态跃迁到另一个能量较高的定态(称为非弹性碰撞). 最常发生的跃迁是从基态跃迁到第一激发态. 当 U_1 较小时，电流大体和 $U_1^{3/2}$ 成比例地增加，这一段 $I-U_1$ 曲线与普通真空管的伏安特性曲线类似，说明电子与汞原子仅发生弹性碰撞. 在 U_1 达到 4.9 V 时，电流经极大值后迅速下降，表明从 $U_1 = 4.9$ V 起，电子与汞原子开始发生非弹性碰撞，发生非弹性碰撞的电子损失能量后已不能反抗反向电压 U_2 而到达板极 P. U_1 再升高，电子动能增加，但由于发生非弹性碰撞的电子增加，故电流 I 下降. 将 U_1 继续升高，电子动能进一步增加，此时电子在非弹性碰撞中虽失去一部分能量，但所余动能仍可使它反抗反向电压 U_2 而达到板极，从而电流逐步回升. 当 U_1 达到 9.8 V 时，实验曲线出现第二次电流陡降，这是电子与汞原子连续发生两次非弹性碰撞的结果. 在 14.7 V 附近，实验曲线出现第三次电流陡降，表明电子已与汞原子连续发生三次非弹性碰撞. 当 $U_1 > 4.9$ V 时，实验中还观察到汞蒸气开始发光，测得其波长为 $\lambda = 0.2537$ nm，相应的光子能量为

$$h\nu = h\frac{c}{\lambda} = 6.63 \times 10^{-34} \times 1.18 \times 10^{15}\ \text{J} = 7.82 \times 10^{-19}\ \text{J}.$$

当 $U_1 = 4.9$ V 时，电子可达到的动能为

$$eU_1 = 1.6 \times 10^{-19} \times 4.9\ \text{J} = 7.84 \times 10^{-19}\ \text{J}.$$

在实验误差范围内，可认为 $h\nu = eU_1$. 这表明汞原子在和电子的非弹性碰撞中，从电子吸收

4.9 eV 的一份能量，从基态跃迁到第一激发态；稍后，汞原子又从第一激发态跃迁回基态而发出的光子携带等量的能量.

弗兰克-赫兹实验表明，当电子与汞原子碰撞时，原子所能接受的能量不是任意的，而是一定的、不连续的、一份一份的. 原子吸收这份能量后便由基态跃迁到激发态，然后再跃迁回基态而发光. 实验证明了原子内确有不连续的定态能级存在.

弗兰克-赫兹实验还测出了汞原子的第一激发态与基态能量差为 (4.9 ± 0.1)eV. 我们称 $U_1 = 4.9$ V 为汞原子的第一激发电势.

通过更为精密的实验，还发现汞原子有第二激发电势 6.7 V. 汞原子吸收 6.7 eV 的一份能量后从基态跃迁到第二激发态，当原子再跃迁回基态时发出 $\lambda = 0.1850$ nm 的光. 汞原子吸收大于 10.4 V 的能量时可发生电离，其电离电势为 10.4 V.

15.3.5　玻尔理论的成就与局限性

从 1900 年普朗克提出能量量子化的概念起，逐步形成了一些量子理论（如光量子理论等），1913 年玻尔的理论使早期量子论趋近完善. 玻尔理论取得了很大成就，它指出经典物理对原子内部不适用. 玻尔理论肯定了原子的状态是离散的这一观点，而且认为这些离散的状态是稳定的定态. 这样就解决了原子的稳定性问题. 玻尔理论还提出了能级跃迁的概念和规律，在玻尔理论的基础上，利用经典物理理论即可导出巴耳末公式及电离电势、里德伯常量等，解释了二十多年未能解释的氢原子光谱的实验规律，说明了光谱线系与原子结构之间的关系. 定态和能级跃迁是两个不能从经典物理理论中得出的全新的概念，它们是量子理论的基本思想，是玻尔对量子理论的伟大贡献. 玻尔的重要成就在于继普朗克、爱因斯坦等人之后，进一步冲破经典物理的束缚，真正打开了人们认识原子结构的大门，架起了由经典物理通向量子物理的桥梁. 这是玻尔对物理学发展的革命性贡献.

1896 年，塞曼（Zeeman）发现在强度为十分之几特斯拉的磁场作用下，原子光谱线会分裂为几条谱线（称为塞曼效应）；1916 年，帕邢（Paschen）用色散本领很强的光谱仪观测原子光谱时，发现原来认为的一条谱线实际上由几条很近的谱线构成（称为光谱的精细结构）；等等. 这些实验现象不能用玻尔理论解释，因此索末菲（Sommerfeld）等人对玻尔理论加以推广，认为氢原子及类氢离子的电子轨道不是圆而是椭圆，而且这些椭圆可以在空间取不同方位. 这样就可以对塞曼效应和光谱的精细结构做出解释. 推广后的理论称为玻尔-索末菲理论（也简称为玻尔理论），也属于早期量子论的范畴.

玻尔理论为解释原子结构提供了一个简单直观的理论体系，可以解释许多与原子结构有关的现象，所以直到现在，当我们讨论一些复杂的原子现象时，仍经常用玻尔理论做定性说明和粗略估计.

物理学的每一次重大变革都是经历了许多物理学家相继创造的结果，在这种“接力赛”中每个物理学家只能完成各自的一项任务. 玻尔做了搭桥的工作，但并没有登上彼岸，他的理论中也存在着重要缺陷和局限性.

总体来说，玻尔理论是半经典、半量子的混合物，它一方面指出经典物理不适用于原子内部，提出了电子运动的定态概念，一方面又保留了电子有确定的位置和动量，按轨道绕原子核运行的经典概念，并用经典力学的规律加以计算. 玻尔理论虽解决了原子稳定性的问题，但在理论上是矛盾的，因为电子如按经典轨道运行，则必发生电磁辐射，也就不可能存在定态. 玻尔理论虽然能对氢原子和类氢离子给出正确的能级公式，并通过能级跃迁解释其光谱规律，但不能计算原子从一个能级跃迁到另一个能级的概率，因此不能解释光谱线的强度. 同时，对多电子原子，即使是只比氢原子多一个电子的氦原子，玻尔理论也不能解释其光谱规律. 此外，玻尔理论也不能处理非束缚态问题，如散射等.

从理论体系上看，玻尔理论基本是在经典物理的框架中加入了几条本来与经典理论不相容的量子理论的假设，虽然这些量子理论的假设使其理论获得了局部的成功，并充分体现了玻尔的智慧，但这些假设并没有从根本上揭示出量子化的本质. 玻尔理论的缺陷和弱点，使人们认识到早期量子论对经典理论的革命是不彻底的，仅依靠在经典理论的基础上强加量子化条件的办法讨论微观现象是行不通的，必须设法认识微观现象的本质，建立新的更深刻的理论. 为克服早期量子论的这些困难和局限性，又经过多位物理学家的共同努力，终于在二十世纪二十年代建立起了描述微观世界运动规律的新的量子理论 —— 量子力学. 作为早期量子论的代表，玻尔理论不仅提出了一些量子概念，解释了一些和原子结构有关的现象，而且对量子力学思想的产生也起到了直接的启发作用. 量子力学的两个组成部分 —— 矩阵力学和波动力学，都与玻尔理论有一定的渊源，其中矩阵力学可以认为是玻尔理论的一个自然发展.

15.4 粒子的波动性

15.4.1 经典物理中的波和粒子

波和粒子这两个概念，在经典物理中都是非常重要的. 它们是两种仅有的、又完全不同的能量传播方式，即能量的传播总可以用波或者粒子来描述. 例如，声音使耳膜感受到振动，这便是声音以波的形式传播能量的结果. 而将一石子猛击玻璃使之破碎，这则是以粒子的形式传递能量的例子. 经验告诉我们，波和粒子这两个概念永远无法同时使用，即不能同时用波和粒子这两个概念去描述同一个现象，因为这在逻辑上是不可能的.

我们知道，理想的粒子具有完全的定域性，原则上可以无限精确地确定它的质量、动量和电荷. 粒子可视为一个质点，尽管在自然界中所有粒子都有一定的大小，但在一定条件下也可视为一个质点. 对于质点，只要其初始位置和速度已知，原则上就可用牛顿力学完全描述它未来的位置和速度.

对于波，我们已从波的单缝衍射、双缝干涉等现象对它有所了解. 波的特征量是波长和频率. 对于理想的波，它必然具有确定的频率和波长. 原则上，频率和波长可被无限精确地测定. 因此，波不能被约束，必须在空间无限扩展.

综上所述，当说到粒子在空间的位置可被无限精确地测定时，意味着我们假定粒子是一无限小的质点；而若要无限精确地测定一个波的频率或波长，则这个波必须是在空间无限扩展的.

那么，具体如何测定一个波的波长呢？在实验上可以采取"拍"的方法. 如图 15－17 所示，取一振幅恒定、频率 ν_1 已知的波(原则上可以从波的发生器得到)与一同振幅、频率 ν_2 未知的波发生干涉，就形成了"拍". 根据是否存在拍，可以判定 ν_2 与 ν_1 之间是否有差值. 由傅里叶分析可知，图 15－18 所示的波形是由许多频率不同的正弦波叠加而成的.

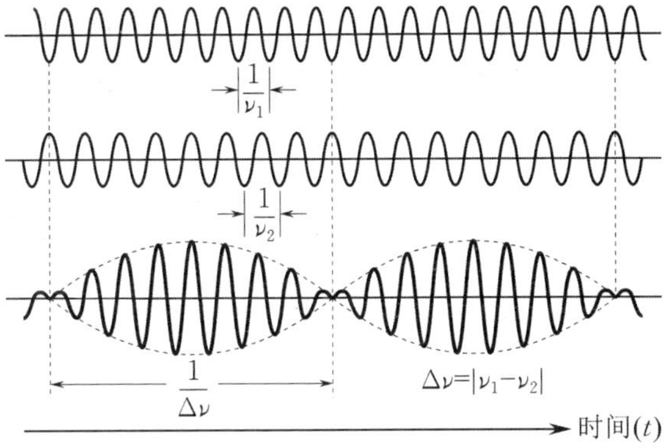

图 15 - 17　测定一个波的波长

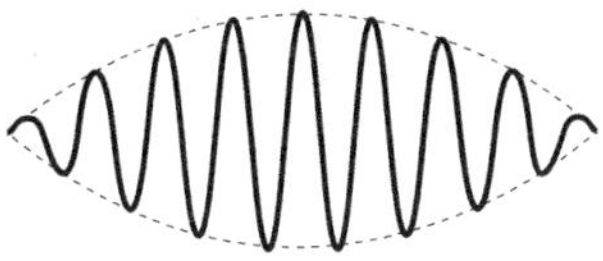

图 15 - 18　一个拍

至少要看到一个拍，才可判断是否存在拍. 从图 15 - 17 可知，观察一个拍所需要的时间是$\frac{1}{\Delta\nu}$，因此，“至少要看到一个拍” 所需的时间为

$$\Delta t \geqslant \frac{1}{\Delta\nu} \quad 或 \quad \Delta t\Delta\nu \geqslant 1. \tag{15 - 27}$$

设波速为 v，则在 Δt 时间内波走过的路程为

$$\Delta x = v\Delta t,$$

将之代入式(15 - 27)，有

$$\frac{\Delta x}{v} \geqslant \frac{1}{\Delta\nu}. \tag{15 - 28}$$

又因 $\nu = \frac{v}{\lambda}$，则 $\Delta\nu = |\nu_1 - \nu_2| = \frac{v\Delta\lambda}{\lambda^2}$，将之代入式(15 - 28)，得

$$\Delta x\Delta\lambda \geqslant \lambda^2. \tag{15 - 29}$$

式(15 - 27) 表明，要无限精确地测准频率，就需花费无限长的时间；式(15 - 29) 表明，要无限精确地测准波长，就必须在无限扩展的空间中进行观察. 后文将会看到，量子力学中最重要的一个关系 —— 不确定关系可从该结论导出.

15.4.2　光的波粒二象性

关于光的性质的研究，已有很长的历史. 早在 1672 年，牛顿就提出光的微粒说，认为光是由微粒组成的. 但不到六年，即 1678 年，荷兰的惠更斯向巴黎学院提出了《光论》，把光看作一种波，用光的波动说导出了光的直线传播规律、反射和折射定律，并解释了双折射现象. 从此，光的微粒说和波动说一直在争论中不断发展.

直到十九世纪初，在菲涅耳、夫琅禾费(Fraunhofer) 与托马斯 · 杨等人证实光的干涉、衍射的实验之后，光的波动说才为人们普遍承认. 到十九世纪末，麦克斯韦和赫兹更肯定了光是电磁波. 那时，光的波动说似乎取得了决定性的胜利.

可是，在二十世纪初，对光的性质的认识又出现了一个新的拐点. 爱因斯坦在 1905 年用光的量子说解释了光电效应，提出光子的能量：

$$E = h\nu. \tag{15 - 30}$$

在 1917 年又指出，光子不仅有能量，而且有动量：

$$p = \frac{h}{\lambda}. \tag{15 - 31}$$

式(15－30)和式(15－31)把标志波动性质的ν和λ通过一个普适常量——普朗克常量h,和标志粒子性质的E和p联系起来了.光是粒子性和波动性的矛盾统一体.式(15－30)和式(15－31)即是光的波粒二象性的数学表达式.

光的这种特性在1923年的康普顿散射实验中得到十分清晰的体现.在实验中,可以用晶体谱仪测定X射线的波长,它的根据是波动的衍射现象;而散射对波长的影响方式又使得X射线只能被当作粒子来解释.可见,光在传播时显示出波动性,在转移能量时显示出粒子性.光既能显示出波的特性,又能显示出粒子的特性.但是在任何一个特定的事例中,光要么显示出波动性,要么显示出粒子性,两者绝不会同时出现.

15.4.3 德布罗意假设

正当不少物理学家为光的波粒二象性感到十分迷惑的时候,一个刚从历史学转向物理学的法国青年人德布罗意(de Broglie),把波粒二象性推广到了所有的物质粒子,从而使量子力学的诞生迈开了革命性的一步.

1929年,德布罗意在领取诺贝尔奖奖金时回忆当时的想法:一方面,并不能认为光的量子论是令人满意的,因为它依照方程$E=h\nu$定义了光子的能量,而这个方程中却包含着频率ν.在一个单纯的微粒理论中,没有什么东西可以使我们定义一个频率.单单这一点就迫使我们在光的性质中必须同时引入微粒的观念和周期性的观念.另一方面,电子在原子中稳定运动的观念,引入了整数,到目前为止,在物理学中涉及整数的现象只有干涉和振动的简正模式.这一事实使他产生了这样的想法:不能把电子简单地视为微粒,必须同时赋予它们以周期性.

德布罗意在1923年9月至10月一连写了三篇短文,并于1924年11月向巴黎大学理学院提交了题为"量子理论的研究"的博士论文.在这些论文中,他提出了所有的物质粒子都具有波粒二象性的假设.他认为"任何物体都伴随以波,而且不可能将物体的运动和波的传播分开",并给出粒子的动量p与这伴随着的波的波长λ之间的关系为

$$\lambda=\frac{h}{p}. \tag{15-32}$$

这就是著名的德布罗意关系式,它是式(15－31)的推广.德布罗意认为,它对所有的物质粒子都成立,不论其静质量是否为零.我们只能把它看作一种假设,它的正确与否,必须通过实验来检验.

式(15－32)和相对论中的质能关系式

$$E=mc^2 \tag{15-33}$$

是近代物理学中最重要的两个关系式.前者通过普朗克常量(一个很小的量)把粒子性和波动性联系起来;后者通过光速(一个很大的量)把能量与质量联系起来.能在表面上完全不同的物理量之间找到内在的联系,不得不说是物理学的一大胜利.

式(15－32)也使我们进一步看清了普朗克常量的意义.在1900年普朗克引入这一常量时,它的意义是:量子化的量度,即它是不连续性(分立性)程度的量度单位.而现在,经过爱因斯坦和德布罗意的努力,物质粒子的波粒二象性的观念出现了,而在物质波动性和粒子性之间起桥梁作用的,又是这个普朗克常量.量子化和波粒二象性是量子力学中最基本的两个概念,而一个相同的常量h,在这两个概念中都起着关键的作用.这一事实本身就说明了这两个重要概念有着深刻的内在联系.

在任何表达式中,只要有普朗克常量h的出现,就必然意味着这一表达式的量子力学特征.

15.4.4　德布罗意的实验证明

1. 戴维孙-革末实验

1925 年，戴维孙(Davisson) 和革末(Germer) 在做电子在镍中的散射实验时，由于一次偶然的真空破坏事故，致使镍被氧化了. 为了将镍还原，他们对镍采取了加热处理，结果镍形成了单晶结构，从而第一次得到了电子在晶体中的衍射现象. 当时他们并没有了解关于电子具有波动性的德布罗意假设. 后来，通过牛津大学会议了解到物质波的概念后，在 1927 年，他们较精确地进行了这个实验. 实验的装置如图 15 - 19 所示，从加热的灯丝出来的电子经电位差 U 加速后，从"电子枪" 射出(动能为 eU)，并垂直地投射在一块镍单晶上，探测器安装在角度为 θ 的方向上，然后就在不同数值的加速电压 U 下读取散射电子束的强度. 结果发现，当 $U = 54\ \text{V}, \theta = 50°$ 时，探测到的散射电子束强度出现一个明显的极大值，如图 15 - 20(a) 和图 15 - 20(b) 所示. 这些强散射电子束的出现，可通过假定电子具有一个 $\lambda = \dfrac{h}{p}$ 的波长，并代入布拉格衍射公式(X 射线在晶体表面的衍射公式) 来解释. 而按照经典物理学的观点，只有波动才能发生干涉. 作为实例，我们再给出 G. P. 汤姆孙(G. P. Thomson) 电子衍射实验.

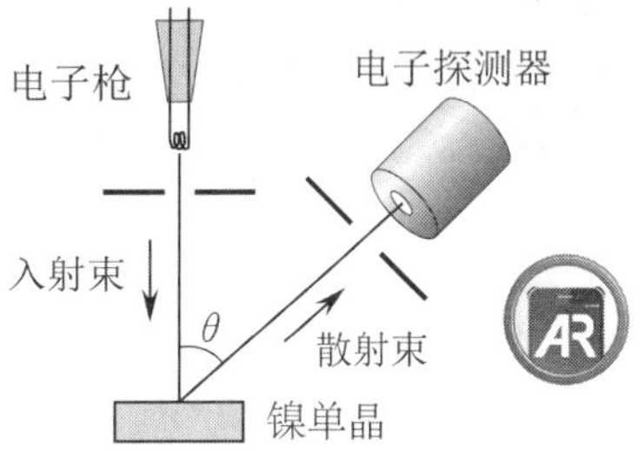

图 15 - 19　电子在晶体中衍射的实验装置示意图

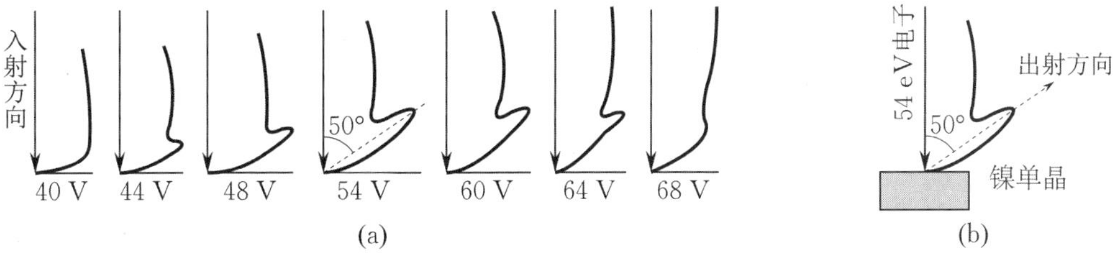

图 15 - 20　戴维孙-革末的实验结果

2. G. P. 汤姆孙电子衍射实验

前文讲述了 1927 年戴维孙和革末利用电子在晶面上的散射，证实了电子的波动性. 同一年，英国物理学家 G. P. 汤姆孙独立地从实验中观察到了电子透过多晶薄片时的衍射现象. 如图 15 - 21(a) 所示，电子从灯丝 K 逸出后，经过加速电压为 U 的加速电场，再通过小孔 D，成为一束很细的平行电子束，其能量约为数千电子伏. 当电子束穿过一多晶薄片 M(如铝箔) 后，再投射到底片 P 上，就获得了如图 15 - 21(b) 所示的衍射图样.

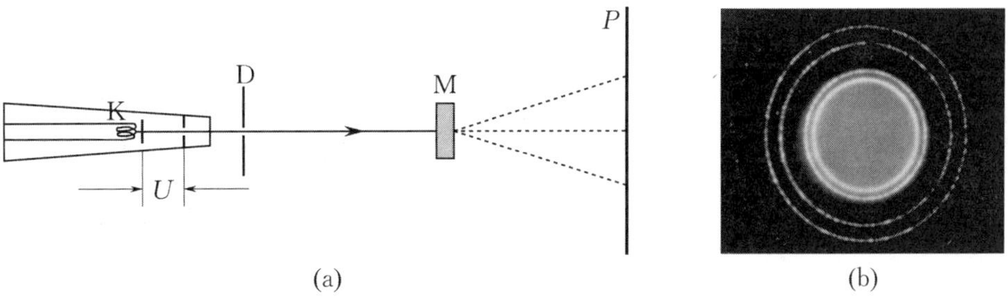

图 15 - 21　电子透过多晶薄片(如铝箔) 的衍射

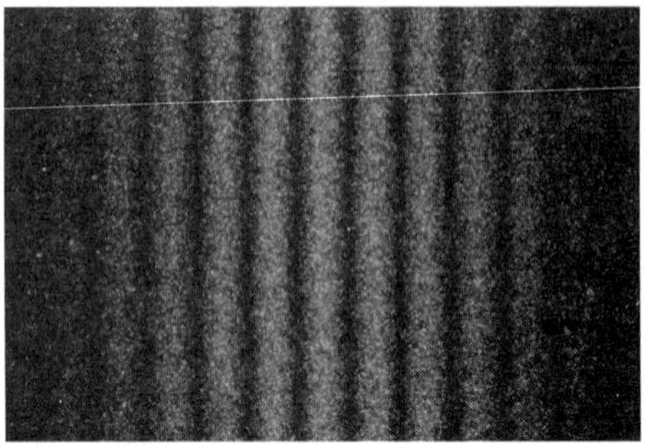

图 15－22　电子通过双缝的衍射图样

由前面的介绍我们知道，证实电子波动性的最直观的实验是电子通过狭缝的衍射实验，但要将狭缝做得极细是很困难的. 直到 1961 年，才制作出长为 50 μm、宽为 0.3 μm、缝间距为 1 μm 的多缝. 用 50 kV 的加速电压加速电子，使电子束分别通过单缝、双缝…… 五缝，均可得到衍射图样. 图 15－22 是电子通过双缝的衍射图样，这个图样与可见光通过双缝的衍射图样十分相似. 这就有力地证明了电子的波动性，证明了对于电子的德布罗意波公式的正确性.

二十世纪三十年代以后，实验进一步发现，一切实物粒子，如中子、质子、中性原子等都有衍射现象，也就是都有波动性. 所以我们可以说，波动性乃是粒子自身固有的属性，而德布罗意公式正是反映实物粒子波粒二象性的基本公式.

15.4.5　应用

微观粒子的波动性已经在现代科学技术上得到应用. 一个常见的例子是电子显微镜，其分辨率较光学显微镜高，这是因为电子束的波长较可见光的波长要短得多，而光学仪器的分辨率和波长成反比，波长越短，分辨率越高. 目前电子显微镜的分辨率已达 0.2 nm，所以，电子显微镜在研究物质结构、观察微小物体方面具有显著的功能，是当代科学研究的重要工具之一. 它在工业、生物、医学等方面的应用正在日益拓展. 随着社会的发展和科技的进步，产生了扫描隧道显微镜. 它在纳米材料、生命科学和微电子学等领域都有着不可估量的作用.

例 15－5

在一电子束中，电子的动能为 200 eV，求此电子的德布罗意波长.

解　由 $E_k = \frac{1}{2}mv^2$ 可得电子运动的速度为

$$v = \sqrt{\frac{2E_k}{m}}.$$

已知电子的质量为 $m = 9.1 \times 10^{-31}$ kg，1 eV $= 1.6 \times 10^{-19}$ J，将之代入上式，得

$$v = \sqrt{\frac{2 \times 200 \times 1.6 \times 10^{-19}}{9.1 \times 10^{-31}}}\ \mathrm{m \cdot s^{-1}}$$

$$\approx 8.4 \times 10^6\ \mathrm{m \cdot s^{-1}}.$$

由此可知，电子的德布罗意波长为

$$\lambda = \frac{h}{mv} = \frac{6.63 \times 10^{-34}}{9.1 \times 10^{-31} \times 8.4 \times 10^6}\ \mathrm{m}$$

$$\approx 8.67 \times 10^{-2}\ \mathrm{nm}.$$

这个波长的数量级和 X 射线波长的数量级相同.

例 15－6

从德布罗意波导出氢原子玻尔理论中的角动量量子化条件.

解　我们知道，如果在一根两端固定的弦上引起了波动，且弦长等于波长，则在此弦上可形成稳定的驻波（见图 15－23(a)）. 若将此弦逐渐弯曲，使之成为半径为 r 的圆，则弦上仍将是一稳定的驻波（见图 15－23(b) 和图 15－23(c)）. 此时，弦所形成的圆周长等于波长，即

$$2\pi r = \lambda.$$

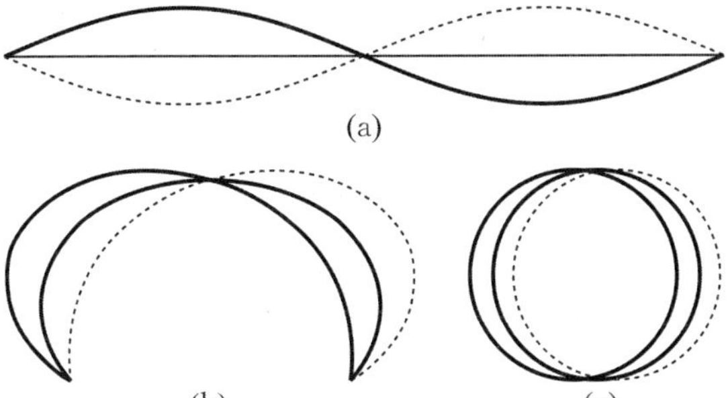

图 15－23　形成驻波的条件

一般来说，当半径为 r 的圆的周长等于波长的整数倍时，都可以在弦上形成稳定的驻波，故有

$$2\pi r = n\lambda,$$

其中 $n=1,2,3,\cdots$. 图 15－24 所示为 $n=4$ 时弦上所形成的驻波图样.

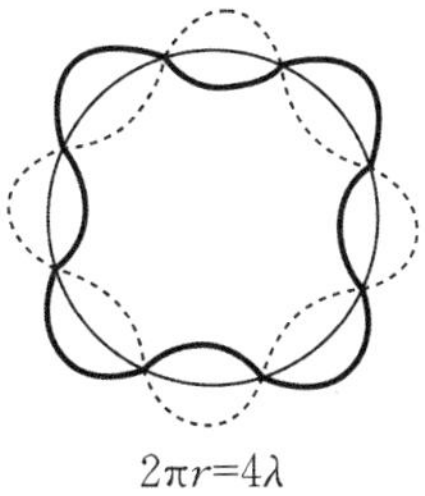

图 15－24　周长是波长的四倍时的驻波图样

从微观粒子具有波粒二象性来看，原子中的电子绕核运动是有其相应的波动图像的. 德布罗意在 1924 年认为，电子以半径 r 绕核做稳定的圆周运动，就相当于电子波在此圆周上形成了稳定的驻波. 换句话说，电子绕核运动时，只有在电子的物质波环绕着核形成驻波的情况下，才具有稳定的状态. 如图 15－23 所示，电子波在半径为 r 的圆周上形成驻波，必须满足的条件是

$$2\pi r = n\lambda \quad (n=1,2,3,\cdots),$$

其中 λ 为电子的德布罗意波长.

由德布罗意假设知道，质量为 m 的电子，以速率 v 绕半径为 r 的圆周做圆周运动时，其波长为

$$\lambda = \frac{h}{mv}.$$

联立上述两式，有

$$2\pi r m v = nh,$$

得

$$L = mvr = n\frac{h}{2\pi} \quad (n=1,2,3,\cdots),$$

这就是氢原子玻尔理论所假设的角动量量子化条件. 应当指出，上述推导虽较形象，但很不严格，这主要是在保留了轨道概念的同时，又用了德布罗意波的图像，使讨论混杂于经典理论和量子理论之中. 关于这个问题更为完善的讨论，需用量子力学来处理.

例 15－7

试计算温度为 25 ℃ 的慢中子的德布罗意波长.

解　类似于热平衡时的理想气体分子，在热平衡时，每个慢中子的平均动能都可看成是相等的. 因此，按照能量均分定理，慢中子的平均动能可以表示为

$$\bar{\varepsilon} = \frac{3}{2}kT,$$

其中 T 为热力学温度，k 为玻尔兹曼常量. 已知 $T=298.15\ \mathrm{K}$，于是，慢中子的平均动能为

$$\bar{\varepsilon} = \frac{3}{2}kT \approx 6.17\times10^{-21}\ \mathrm{J} \approx 3.86\times10^{-2}\ \mathrm{eV}.$$

考虑到中子的质量为 $m_{\mathrm{n}}=1.67\times10^{-27}\ \mathrm{kg}$，且中子的动能与动量的关系为 $p=\sqrt{2m_{\mathrm{n}}\bar{\varepsilon}}$，故

$$p=\sqrt{2\times1.67\times10^{-27}\times6.17\times10^{-21}}\ \mathrm{kg\cdot m\cdot s^{-1}}.$$

利用德布罗意波长公式，可得此慢中子的德布罗意波长为

$$\lambda = \frac{h}{p} \approx 0.146\ \mathrm{nm}.$$

应注意，上述慢中子的德布罗意波长的值，与 X 射线波长的数量级相同，且与 NaCl 晶体的相邻晶面间的距离 d(0.281 nm) 同数量级，所以慢中子射线在穿过薄晶片时，也会产生衍射图样.

15.4.6 德布罗意波的统计解释

为了理解实物粒子的波动性,我们可以参考借鉴光的性质.对于光的衍射图样来说,根据光是一种电磁波的观点,在衍射图样的亮处,波的强度大;暗处,波的强度小.而波的强度与波的振幅的二次方成正比,所以图样亮处的波的振幅的二次方比图样暗处的波的振幅的二次方要大.同时,根据光子的观点,某处光的强度大,表示单位时间内到达该处的光子数多,某处光的强度小,则表示单位时间内到达该处的光子数少;而从统计的观点来看,这就相当于说,光子到达亮处的概率要远大于光子到达暗处的概率.因此,粒子在某处附近出现的概率是与该处波的强度成正比的.

现在我们应用上述观点来分析电子的衍射图样,从粒子的观点来看,衍射图样的出现,是由于电子射到各处的概率不同而引起的,衍射图样的亮处,概率很大,衍射图样的暗处,概率则很小;而从波动的观点来看,衍射图样的亮处表示波的强度大,衍射图样的暗处表示波的强度小.所以,某处附近电子出现的概率就反映了在该处德布罗意波的强度.对于电子是如此,对于其他微观粒子也是如此.普遍地说,不管在何处,德布罗意波的强度都与粒子在该处附近出现的概率成正比.这就是德布罗意波的统计解释.

应该强调指出,德布罗意波与经典物理学中研究的波是截然不同的.例如,机械波是机械振动在空间的传播,而德布罗意波则是对微观粒子运动的统计描述.所以,我们绝不能把微观粒子的波动性机械地理解为经典物理学中的波.

15.5 不确定关系

在经典力学中,质点(宏观物体或粒子)在任意时刻都有完全确定的位置、动量、能量、角动量等.与此不同,微观粒子具有明显的波动性,以至于它的某些成对应关系的物理量不可能同时具有确定的量值.例如,位置坐标和动量、角坐标和角动量等,其中一个量确定得越准确,另一个量的不确定程度就越大.

德国物理学家海森伯(Heisenberg)根据量子力学推出,如果一个粒子的位置坐标具有一个不确定量 Δx,则同一时刻其动量也有一个不确定量 Δp_x,则 Δx 与 Δp_x 的乘积总是大于或等于一定的数值$\frac{\hbar}{2}$,即有

$$\Delta x \Delta p_x \geqslant \frac{\hbar}{2}. \qquad (15-34)$$

式(15-34)称为海森伯坐标和动量的不确定关系式.

这一规律直接来源于微观粒子的波粒二象性,可以借助电子单缝衍射实验结果来说明.如图 15-25 所示,设单缝宽度为 Δx,使一束电子沿 y 轴方向射向狭缝,在缝后放置底片,以记录电子落在底片上的位置.

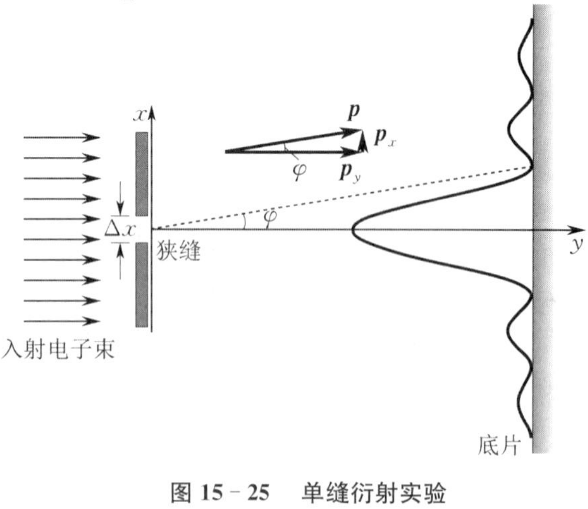

图 15-25 单缝衍射实验

电子可以从狭缝上任意一点通过狭缝,因此在电子通过狭缝的时刻,其位置的不确定量就是缝宽 Δx.由于电子具有波动性,底片上呈现

出与光通过狭缝时相似的单缝衍射图样，电子流强度的分布已显示于图中. 显然电子在通过狭缝的时刻，其横向动量也有一个不确定量 Δp_x，可从衍射电子的分布来估算 Δp_x 的大小. 为计算简便，先考虑到达单缝衍射中央明纹区的电子. 设 φ 为中央明纹旁第 1 级暗纹的衍射角，则 $\sin\varphi=\frac{\lambda}{\Delta x}$. 又有 $\Delta p_x=p\sin\varphi$，再由德布罗意关系式 $p=\frac{h}{\lambda}$，就可得到

$$\Delta p_x=p\sin\varphi=\frac{h}{\lambda}\cdot\frac{\lambda}{\Delta x}=\frac{h}{\Delta x},$$

即

$$\Delta x\Delta p_x\geqslant h. \tag{15-35}$$

式(15－35)中的大于号是在考虑到还有一些电子落在中央明纹以外区域的情况后加上的. 以上只是粗略估算，严格推导所得的关系式是式(15－34).

式(15－34)表明，微观粒子的位置坐标和同一方向的动量不可能同时具有确定值. 减小 Δx，将使 Δp_x 增大，即位置确定得越准确，动量确定得就越不准确. 这和实验结果是一致的. 例如，做单缝衍射实验时，缝越窄，电子在底片上分布的范围就越宽. 因此，对于具有波粒二象性的微观粒子，不可能用某一时刻的位置和动量描述其运动状态，轨道的概念已失去意义，经典力学规律也不再适用.

在所讨论的具体问题中，若粒子坐标和动量的不确定量相对很小，则说明粒子波动性不显著；若实际上观测不到，则仍可用经典力学处理.

例 15－8

原子的线度约为 10^{-10} m，求原子中电子速度的不确定量，讨论原子中的电子能否看成经典力学中的粒子.

解　原子中电子的位置不确定量 $\Delta x\approx 10^{-10}$ m，由不确定关系式(15－34)得电子速度的不确定量为

$$\Delta v_x=\frac{\Delta p_x}{m}\geqslant\frac{\hbar}{2m\Delta x}$$
$$=\frac{6.63\times10^{-34}}{4\times3.14\times9.1\times10^{-31}\times10^{-10}}\ \mathrm{m\cdot s^{-1}}$$
$$\approx5.8\times10^{5}\ \mathrm{m\cdot s^{-1}}.$$

由玻尔理论可估算出氢原子中的电子速度约为 $10^{6}\ \mathrm{m\cdot s^{-1}}$，可见速度的不确定量与速度大小的数量级基本相同. 因此原子中电子在任一时刻都没有完全确定的位置和速度，也没有确定的轨道，故不能看成经典粒子. 在玻尔-索末菲理论中，电子在一定轨道上绕核运动的图像不是对原子中电子运动情况的正确描述.

例 15－9

在电视显像管中，电子的加速电压为 9×10^{3} V. 设电子束的直径为 0.1×10^{-3} m，试求电子横向速度的不确定量，讨论此电子的运动问题能否用经典力学处理.

解　由题意知电子横向位置的不确定量 $\Delta x=0.1\times10^{-3}$ m，则由不确定关系式(15－34)得电子横向速度的不确定量为

$$\Delta v_x\geqslant\frac{\hbar}{2m\Delta x}$$
$$=\frac{6.63\times10^{-34}}{4\times3.14\times9.1\times10^{-31}\times0.1\times10^{-3}}\ \mathrm{m\cdot s^{-1}}$$
$$\approx0.58\ \mathrm{m\cdot s^{-1}}.$$

由于这时的电子速度 v 很大(约为 6×10^{7} m/s)，$\Delta v_x\ll v$，所以从电子运动速度相对来看是相当确定的，波动性不起什么实际作用，因此这里的电子运动问题仍可用经典力学处理.

例 15-10

波长$\lambda = 500$ nm的光沿x轴正方向传播. 如果测定波长的不准确度为$\frac{\Delta\lambda}{\lambda} = 10^{-7}$，试求同时测定光子位置坐标的不确定量.

解 由$p = \frac{h}{\lambda}$可得光子动量的不确定量大小为

$$\Delta p_x = \frac{\Delta\lambda}{\lambda^2}h.$$

又由不确定关系式(15-34)可知，同时测定光子位置坐标的不确定量为

$$\Delta x \geqslant \frac{\hbar}{2\Delta p_x} = \frac{1}{4\pi}\frac{\lambda^2}{\Delta\lambda}$$

$$= \frac{1}{4\times 3.14}\times\frac{500\times 10^{-9}}{10^{-7}}\ \mathrm{m} \approx 0.40\ \mathrm{m}.$$

不确定关系不仅存在于坐标和动量之间，也存在于能量和时间之间. 如果微观体系处于某一状态的时间为Δt，则其能量必有一个不确定量ΔE. 由量子力学可推出两者之间有如下关系：

$$\Delta E\Delta t \geqslant \frac{\hbar}{2}. \tag{15-36}$$

式(15-36)称为能量和时间的不确定关系式. 将其应用于原子系统，可以讨论原子各受激态的能级宽度ΔE和该能级平均寿命Δt之间的关系. 原子通常处于能量最低的基态，在受激发后将跃迁到各个能量较高的受激态，停留一段时间后又自发跃迁进入能量较低的定态. 大量同类原子在同一高能级上停留的时间长短不一，但平均停留时间为一定值，称之为该能级的平均寿命. 根据能量和时间的不确定关系式可知，平均寿命Δt越长的能级越稳定，能级宽度ΔE越小，即能量越确定. 因此基态能级的能量最确定. 由于能级有一定宽度，两个能级间跃迁所产生的光谱线也有一定宽度. 显然受激态的平均寿命越长，能级宽度越小，跃迁到基态所发射的光谱线的单色性就越好. 原子中受激态的平均寿命通常为$10^{-7}\sim 10^{-9}$数量级. 设$\Delta t = 10^{-8}$ s，可算得$\Delta E = 10^{-8}$ eV. 有些原子具有一种特殊的受激态，寿命可达10^{-3} s或更长，这类受激态称为亚稳态.

不确定关系式是微观客体具有波粒二象性的反映，是物理学中一个重要的基本规律，在微观世界的各个领域中有很广泛的应用. 由于通常都是用来做数量级的估算，有时也写成$\Delta x\Delta p_x \geqslant \hbar$或$\Delta E\Delta t \geqslant \hbar$等形式.

15.6 波函数 薛定谔方程

15.6.1 波函数

薛定谔(Schrödinger)认为，像电子、中子、质子等具有波粒二象性的微观粒子，也可像声波或光波那样用波函数来描述它们的波动性. 只不过电子波函数中的频率和能量的关系、波长和动量的关系，应如同光的波粒二象性关系那样，遵从德布罗意关系式而已. 这就是说，微观粒子的波动性与机械波(如声波)的波动性有本质的不同. 为了较直观地得出电子等微观粒子的波函数，不妨先从机械波的波函数出发. 当然，结果是否可靠，最终还要由实验来检验.

在前面有关章节中，曾得出平面机械波的波函数为

$$y(x,t)=A\cos 2\pi\left(\nu t-\frac{x}{\lambda}\right),\tag{15-37}$$

还曾得出平面电磁波的波函数为

$$E(x,t)=E_0\cos 2\pi\left(\nu t-\frac{x}{\lambda}\right),\quad H(x,t)=H_0\cos 2\pi\left(\nu t-\frac{x}{\lambda}\right).\tag{15-38}$$

显然,平面机械波和平面电磁波的波函数在形式上是相同的.现在将平面机械波的波函数写成复数形式,有

$$y(x,t)=A\mathrm{e}^{-\mathrm{i}2\pi\left(\nu t-\frac{x}{\lambda}\right)}.\tag{15-39}$$

实际上,式(15-37)是式(15-39)的实数部分.对于动量为 p、能量为 E 的粒子,它的波长 λ 和频率 ν 分别为

$$\lambda=\frac{h}{p},\quad \nu=\frac{E}{h}.$$

如果粒子不受外力场的作用,则为自由粒子,其能量和动量将是不变的.因而,自由粒子的德布罗意波的波长和频率也是不变的,可以认为它是一个平面单色波.若其波函数用 $\Psi(x,t)$ 表示,则有

$$\Psi(x,t)=\Psi_0\mathrm{e}^{-\mathrm{i}2\pi\left(\nu t-\frac{x}{\lambda}\right)},\tag{15-40}$$

也可以写成

$$\Psi(x,t)=\Psi_0\mathrm{e}^{-\mathrm{i}\frac{2\pi}{h}(Et-px)}.\tag{15-41}$$

我们在论述德布罗意波的统计意义时曾指出,对电子等微观粒子来说,粒子分布多的地方,粒子的德布罗意波的强度大,而粒子在空间分布数目的多少,是和粒子在该处出现的概率成正比的.因此,粒子某一时刻出现在某点附近体积元 $\mathrm{d}V$ 中的概率与 $\Psi^2\mathrm{d}V$ 成正比.由式(15-40)可知,波函数 Ψ 为一复数.而波的强度应为实正数,所以 $\Psi^2\mathrm{d}V$ 应由下式替代:

$$|\Psi|^2\mathrm{d}V=\Psi\Psi^*\mathrm{d}V,$$

其中 Ψ^* 是 Ψ 的共轭复数,$|\Psi|^2$ 为粒子出现在某点附近单位体积元中的概率,称为概率密度.

总体来说,某时刻在空间某处波函数值的二次方跟粒子在该处出现的概率成正比.这就是波函数的统计意义.因此,德布罗意波也叫作概率波.如果在空间某处,$|\Psi|^2$ 的值越大,粒子出现在该处的概率也越大;$|\Psi|^2$ 的值越小,粒子出现在该处的概率就越小.然而,无论 $|\Psi|^2$ 如何小,只要它不等于零,那么粒子总有可能出现在该处.波函数的统计意义是玻恩(Born)在 1926 年提出来的,为此,他与博特(Bothe)共同获得 1954 年的诺贝尔物理学奖.

由于粒子要么出现在空间的这个区域,要么出现在其他区域,所以某时刻在整个空间内发现粒子的概率应为 1,即

$$\int_V|\Psi|^2\mathrm{d}V=1.\tag{15-42}$$

式(15-42)叫作归一化条件.满足式(15-42)的波函数叫作归一化波函数.

15.6.2　薛定谔方程

在经典力学中,如果知道质点的受力情况,以及质点在初始时刻的坐标和速度,就可求得质点在任意时刻的运动状态.在量子力学中,微观粒子的状态是由波函数描述的,如果知道它所遵循的运动方程,那么,由其初始状态和能量,就可以求解粒子的状态.下面先建立自由粒子的薛定谔方程,然后,在此基础上,建立在势场中运动的微观粒子所遵循的薛定谔方程.需要注意的是,这里只是介绍建立薛定谔方程的思路,并不是严格的理论推导.因为它和牛顿的运动学方程一

样，不是由别的基本原理推导出来的.

设有一个质量为 m、动量为 p、能量为 E 的自由粒子，沿 x 轴运动，则其波函数可由式(15-41)表示，即

$$\Psi(x,t)=\Psi_0 e^{-i\frac{2\pi}{h}(Et-px)}.$$

将上式对 x 取二阶偏导数，对 t 取一阶偏导数，分别得

$$\frac{\partial^2\Psi}{\partial x^2}=-\frac{4\pi^2p^2}{h^2}\Psi, \tag{15-43}$$

$$\frac{\partial\Psi}{\partial t}=-\frac{i2\pi}{h}E\Psi. \tag{15-44}$$

考虑到自由粒子的能量 E 只等于其动能 E_k，自由粒子的动量与动能之间的关系为 $p^2=2mE_k$. 于是，由式(15-43) 和式(15-44) 可得

$$-\frac{h^2}{8\pi^2m}\frac{\partial^2\Psi}{\partial x^2}=i\frac{h}{2\pi}\frac{\partial\Psi}{\partial t}. \tag{15-45}$$

这就是**做一维运动的自由粒子的含时薛定谔方程.**

若粒子在势能为 E_p 的势场中运动，则其能量为 $E=E_k+E_p=\frac{p^2}{2m}+E_p$. 将此关系式代入式(15-41)，并利用式(15-43) 和式(15-44)，不难得到

$$-\frac{h^2}{8\pi^2m}\frac{\partial^2\Psi}{\partial x^2}+E_p\Psi=i\frac{h}{2\pi}\frac{\partial\Psi}{\partial t}. \tag{15-46}$$

这就是在势场中做一维运动的粒子的含时薛定谔方程. 这个方程描述了一个质量为 m 的粒子，在势能为 E_p 的势场中，其状态随时间变化的规律.

在有些情况下，微观粒子的势能 E_p 仅是坐标的函数，与时间无关. 于是，就可以把式(15-41) 所表达的波函数分成坐标函数与时间函数的乘积，即

$$\Psi(x,t)=\Psi(x)\phi(t)=\Psi(x)e^{-i\frac{2\pi}{h}Et}, \tag{15-47}$$

其中

$$\Psi(x)=\Psi_0 e^{i\frac{2\pi}{h}px}.$$

把式(15-47) 代入式(15-46) 可得

$$\frac{h^2}{8\pi^2m}\frac{d^2\Psi(x)}{dx^2}+(E-E_p)\Psi(x)=0,$$

或

$$\frac{d^2\Psi(x)}{dx^2}+\frac{8\pi^2m}{h^2}(E-E_p)\Psi(x)=0. \tag{15-48}$$

显然，由于 $\Psi(x)$ 只是 x 的函数，与时间无关，因此，式(15-48) 称为在势场中做一维运动的粒子的定态薛定谔方程. 此方程之所以被称为定态，不仅是因为粒子在势场中的势能只是坐标的函数，与时间无关，而且还因为系统的能量也为一与时间无关的常量，概率密度 $\Psi\Psi^*$ 亦不随时间改变. 这是定态所具有的特性. 以后所说到的粒子在无限深势阱中的运动、电子在原子内的运动等，都可视为定态下的运动.

若粒子在三维势场中运动，则可把式(15-48) 推广为

$$\frac{\partial^2\Psi(x,y,z)}{\partial x^2}+\frac{\partial^2\Psi(x,y,z)}{\partial y^2}+\frac{\partial^2\Psi(x,y,z)}{\partial z^2}+\frac{8\pi^2m}{h^2}[E-E_p(x,y,z)]\Psi(x,y,z)=0,$$

或简写成

$$\frac{\partial^2 \Psi}{\partial x^2}+\frac{\partial^2 \Psi}{\partial y^2}+\frac{\partial^2 \Psi}{\partial z^2}+\frac{8\pi^2 m}{h^2}(E-E_{\mathrm{p}})\Psi=0.$$

引入拉普拉斯算符$\nabla^2=\frac{\partial^2}{\partial x^2}+\frac{\partial^2}{\partial y^2}+\frac{\partial^2}{\partial z^2}$,上式便可以写成

$$\nabla^2 \Psi+\frac{8\pi^2 m}{h^2}(E-E_{\mathrm{p}})\Psi=0. \tag{15-49}$$

这就是一般的**定态薛定谔方程**,它是在势能 E_{p} 仅与坐标有关的势场中运动的粒子的德布罗意波的波动方程.

应当再次指出的是,式(15－49)不是由任何原理导出的,而是由自由粒子的含时薛定谔方程推广而得的,在推广时,我们假设势场中粒子的运动仍可沿用式(15－45).薛定谔方程和物理学中的其他基本方程(如牛顿力学方程、麦克斯韦电磁场方程等)一样,其正确性只能由实验来验证.下面将看到,由薛定谔方程推得的结论的确能解释一些实验结果,故而反映了微观粒子的运动规律.

由定态薛定谔方程不仅可以解得在给定势场中运动的粒子的波函数,从而知道粒子处于空间某一体积内的概率,而且还可以得到定态系统的能量.但要使式(15－49)解得的波函数 Ψ 是合理的,还需要对 Ψ 明确一些条件.这些条件是:

(1) $\int_{-\infty<x,y,z<+\infty}|\Psi|^2\mathrm{d}x\mathrm{d}y\mathrm{d}z$ 应为有限值,Ψ 可以归一化;

(2) $\Psi,\frac{\partial \Psi}{\partial x},\frac{\partial \Psi}{\partial y}$ 和$\frac{\partial \Psi}{\partial z}$ 应连续;

(3) $\Psi(x,y,z)$ 应为单值函数.

上述条件常称为标准条件.

15.7　电子的自旋

氢原子是只有一个电子在原子核库仑场中运动的最简单的原子,只要将势能函数的具体形式$E_{\mathrm{p}}=-\frac{1}{4\pi\varepsilon_0}\frac{e^2}{r}$代入定态薛定谔方程(见式(15－49)),即可严格求解,得到波函数和电子在原子核周围的概率分布,并自然地导出能量、轨道角动量及其投影的量子化公式.结果表明,概率密度极大值出现的地方与玻尔圆轨道间存在着对应关系.这就是说,在相当于玻尔圆轨道的地方,电子出现的概率最大.有关的量子化公式,即电子的能量 E_n、角动量的大小 L 及其投影 L_z 分别为

$$E_n=-\frac{1}{n^2}\left(\frac{me^4}{8\varepsilon_0^2 h^2}\right),$$

$$L=\sqrt{l(l+1)}\,\hbar,$$

$$L_z=m_l\hbar.$$

上述三个公式中,三个量子数 n,l,m_l 决定了电子轨道的运动状态,其中 n 称为主量子数,$n=1,2,\cdots$,它大体上决定了原子中电子的能量.l 称为副量子数(或角量子数),对于一定的主量子数 n,$l=0,1,2,\cdots,n-1$,它决定了原子中电子的轨道角动量的大小.另外,由于轨道磁矩和自旋磁矩的相互作用、相对论效应等因素的存在,副量子数对能量也有一些影响.由 n 的值所决定的能级实际上包含了若干个与 l 有关、靠得很近的分能级.m_l 称为磁量子数,对于一定的角量子数 l,

$m_l=0,\pm1,\pm2,\cdots\pm l$，它决定了电子轨道角动量 L 在外磁场中的空间取向.

由这些结论可以说明氢原子光谱等许多现象. 但有些实验结果，如下面讲述的施特恩-格拉赫实验等，只用电子绕核运动是无法解释的，还必须引进电子自旋运动假说. 施特恩-格拉赫实验首次证实了电子具有自旋，自旋角动量在磁场中的取向是量子化的. 这个实验是原子物理和量子力学的基础实验之一. 它还提供了测量原子磁矩的一种方法，并为原子束和分子束实验奠定了基础.

15.7.1 施特恩-格拉赫实验

原子中电子绕原子核旋转必定有一个磁矩. 设电子电荷为 $-e$，质量为 m_e，由电磁学知识可知磁矩为 $\boldsymbol{\mu}=-\dfrac{e}{2m_e}\boldsymbol{L}$. 代入角动量公式 $L=\sqrt{l(l+1)}\,\hbar$ 与空间量子化条件 $L_z=m_l\hbar$，可得磁矩 μ_l 及其在 z 方向的投影 $\mu_{l,z}$ 的数学表达式分别为 $\mu_l=-\sqrt{l(l+1)}\,\mu_B$ 和 $\mu_{l,z}=-m_l\mu_B$，其中 $\mu_B=\dfrac{e\hbar}{2m_e}$，称为**玻尔磁子**.

1921 年，施特恩和格拉赫(Gerlach) 对原子射线束通过非均匀磁场的情况进行了观察，最初的目的在于验证索末菲空间量子化假设. 实验装置如图 15－26(a) 所示，O 是银原子射线源，通过电炉加热使银蒸发，产生的银原子束通过狭缝 S_1 和 S_2，经过如图 15－26(b) 所示的非均匀磁场区域后，打在底片 P 上. 整个装置放在真空容器中.

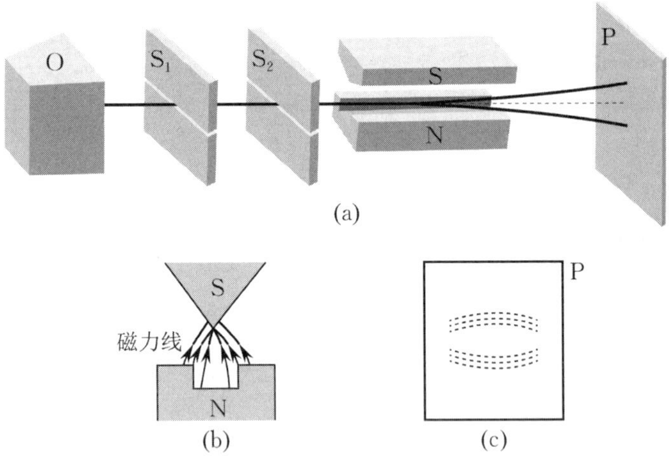

图 15－26 施特恩-格拉赫实验

实验发现，在不加磁场时，底片 P 上呈现一条正对狭缝的原子沉积；加上磁场后，呈现上、下两条沉积，如图 15－26(c) 所示，说明原子束经过非均匀磁场后分为两束. 这一现象证实了原子具有磁矩，且磁矩在外磁场中只有两种可能的取向，即空间取向是量子化的. 因为具有磁矩的原子在如图 15－26(b) 所示的非均匀磁场中除受到磁力矩的作用发生旋进外，还受到与其前进方向相垂直的磁力作用，这将使原子束偏转. 磁矩在外磁场方向投影为正的原子移向磁场较强的方向；反之，移向磁场较弱的方向. 如果原子有磁矩，但其取向并非是量子化的，则底片上的原子沉积应是连续的，而不是分立的.

上述原子磁矩显然不是电子轨道运动的磁矩，因为当角量子数为 l 时，轨道角动量和磁矩在外磁场方向的投影 L_z 和 $\mu_{l,z}=-\dfrac{e}{2m_e}L_z$ 有 $2l+1$ 个不同值，底片上的原子沉积应为 $2l+1$，即为奇数条，而不可能只有两条.

15.7.2　电子自旋

为了说明施特恩-格拉赫实验的结果，1925 年，乌伦贝克(Uhlenbeck) 和古德斯密特(Goudsmit) 提出电子具有自旋运动的假设，并且根据实验结果指出，电子自旋角动量和自旋磁矩在外磁场中只有两种可能的取向. 实验中银原子处于基态，且 $l=0$，即处于轨道角动量和磁矩皆为零的状态，因而只有自旋角动量和自旋磁矩.

完全类似于电子轨道运动的情况，假设电子自旋角动量的大小 S 和它在外磁场方向的投影 S_z 可以用自旋量子数 s 和自旋磁量子数 m_s 分别表示为

$$S=\sqrt{s(s+1)}\,\hbar,$$
$$S_z=m_s\hbar,$$

且当 s 一定时，m_s 可取 $2s+1$ 个值. 又由上述实验知，m_s 只有两个值，对应在外磁场中的两个取向，即 $2s+1=2$，可得

$$\begin{cases} s=\dfrac{1}{2}, \\ m_s=\pm\dfrac{1}{2}. \end{cases} \tag{15-50}$$

因而电子自旋角动量的大小 S 及其在外磁场方向的投影 S_z(见图 15-27) 分别为

$$S=\sqrt{\frac{1}{2}\left(\frac{1}{2}+1\right)}\hbar=\sqrt{\frac{3}{4}}\hbar, \tag{15-51}$$

$$S_z=\pm\frac{1}{2}\hbar. \tag{15-52}$$

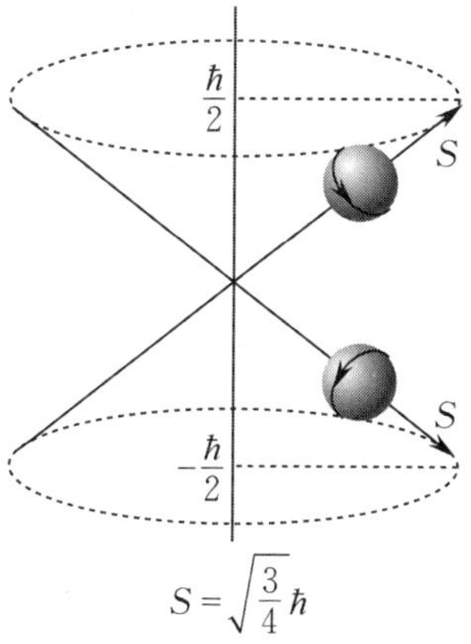

图 15-27　电子自旋角动量 S 在 z 轴上的分量是量子化的

引入电子自旋概念后，碱金属原子光谱的双线结构(如钠光的 589.0 nm 和 589.6 nm 等) 现象得到了很好的解释.

理论和实验研究表明，一切微观粒子都具有各自特有的自旋. 自旋是一个非常重要的概念.

15.8　原子的壳层结构

除氢原子和类氢离子外，其他元素的原子中都有两个或两个以上电子，这些电子在原子中分别处于怎样的运动状态？分布规律又如何？了解了这些问题也就了解了元素周期表中各元素排列、分类的规律性.

1916 年，柯塞尔(Kossel) 提出了多电子原子中核外电子按壳层分布的形象化模型. 他认为主量子数 n 相同的电子组成一个壳层(主壳层)，n 越大，壳层离原子核的平均距离越远. $n=1,2,3,4,5,6,\cdots$ 的各壳层分别用大写字母 K,L,M,N,O,P,… 表示. 在一个主壳层内，又按角量子数 l 分为若干个分壳层. 显然，主量子数为 n 的主壳层中包含 n 个分壳层. $l=0,1,2,3,4,5,\cdots$ 的各分壳层分别用小写字母 s,p,d,f,g,h,… 表示. 一般说来，主量子数 n 越大的主壳层，其能级越高；同一主壳层中，角量子数 l 越大的分壳层，能级越高. 由量子数 n,l 确定的分壳层通常这样表示：把 n 的数值写在前面，并排写出代表 l 值的字母，如 1s,2s,2p,3s,3p,3d,4s,….

核外电子在主壳层和分壳层上的分布情况由泡利不相容原理决定.

1925 年,泡利(Pauli) 根据对光谱实验结果的分析总结出如下规律:在一个原子中不能有两个或两个以上的电子处在完全相同的量子态. 也就是说,一个原子中任何两个电子都不可能具有一组完全相同的量子数(n,l,m_l,m_s),这称为**泡利不相容原理**. 以基态氦原子为例,它的两个核外电子都处于 1s 态,其(n,l,m_l) 都是(1,0,0),则 m_s 必定不同,即一个为 $+\frac{1}{2}$,另一个为 $-\frac{1}{2}$. 根据泡利不相容原理,不难算出同一主壳层上最多可容纳的电子数为

$$Z_n = \sum_{l=0}^{n-1} 2(2l+1) = 2n^2. \qquad (15-53)$$

在 $n = 1,2,3,4,\cdots$ 的 K,L,M,N $\cdots$ 各主壳层上,分别最多可容纳 2,8,18,32,$\cdots$ 个电子. 而在 $l = 0,1,2,3\cdots$ 的各分壳层上,分别最多可容纳 2,6,10,14,$\cdots$ 个电子. 表 15-2 列出了原子内各主壳层和各分壳层上最多可容纳的电子数.

表 15-2　原子内各主壳层和各分壳层上最多可容纳的电子数

n		l							$Z_n(2n^2)$
		0 s	1 p	2 d	3 f	4 g	5 h	6 i	
1	K	2(1s)	—	—	—	—	—	—	2
2	L	2(2s)	6(2p)	—	—	—	—	—	8
3	M	2(3s)	6(3p)	10(3d)	—	—	—	—	18
4	N	2(4s)	6(4p)	10(4d)	14(4f)	—	—	—	32
5	O	2(5s)	6(5p)	10(5d)	14(5f)	18(5g)	—	—	50
6	P	2(6s)	6(6p)	10(6d)	14(6f)	18(6g)	22(6h)	—	72
7	Q	2(7s)	6(7p)	10(7d)	14(7f)	18(7g)	22(7h)	26(7i)	98

原子处于正常状态时,每个电子都趋向占据可能的最低能级. 因此,能级越低(离核越近) 的壳层越先被电子填满,其余电子依次向未被占据的最低能级填充,直至所有 Z 个核外电子分别填入可能占据的最低能级为止. 由于能量还和角量子数 l 有关,所以在有些情况下,n 较小的壳层尚未填满时,下一个壳层上就开始有电子填入了. 关于 n 和 l 都不同的状态的能级高低问题,中国科学工作者总结出这样的规律:对于原子的外层电子,能级高低可以用 $n+0.7l$ 值的大小来比较,其值越大,能级越高. 例如,3d 态能级比 4s 态能级高,因此,钾的第 19 个电子不是填入 3d 态,而是填入 4s 态,等等.

按量子力学求得的各元素原子中电子排列的顺序,已在各元素的物理、化学性质的周期性中得到完全证实. 实际上,每当电子向一个新的主壳层填入时,就在元素周期表中开始了一个新的周期. 表 15-3 列出了原子序数为 1 ～ 18 的元素的电子组态分布.

表 15-3　原子序数为 1 ～ 18 的元素的电子组态

周期	原子序数及元素	K	L	M	电子组态
		1s	2s 2p	3s 3p 3d	
I	1H(氢)	1	—	—	1s
	2He(氦)	2	—	—	$1s^2$

续表

周期	原子序数及元素	K	L	M	电子组态
		1s	2s 2p	3s 3p 3d	
Ⅱ	3Li(锂)	2	1	—	$1s^2 2s$
	4Be(铍)	2	2	—	$1s^2 2s^2$
	5B(硼)	2	2 1	—	$1s^2 2s^2 2p$
	6C(碳)	2	2 2	—	$1s^2 2s^2 2p^2$
	7N(氮)	2	2 3	—	$1s^2 2s^2 2p^3$
	8O(氧)	2	2 4	—	$1s^2 2s^2 2p^4$
	9F(氟)	2	2 5	—	$1s^2 2s^2 2p^5$
	10Ne(氖)	2	2 6	—	$1s^2 2s^2 2p^6$
Ⅲ	11Na(钠)	2	2 6	1	$1s^2 2s^2 2p^6 3s$
	12Mg(镁)	2	2 6	2	$1s^2 2s^2 2p^6 3s^2$
	13Al(铝)	2	2 6	2 1	$1s^2 2s^2 2p^6 3s^2 3p$
	14Si(硅)	2	2 6	2 2	$1s^2 2s^2 2p^6 3s^2 3p^2$
	15P(磷)	2	2 6	2 3	$1s^2 2s^2 2p^6 3s^2 3p^3$
	16S(硫)	2	2 6	2 4	$1s^2 2s^2 2p^6 3s^2 3p^4$
	17Cl(氯)	2	2 6	2 5	$1s^2 2s^2 2p^6 3s^2 3p^5$
	18Ar(氩)	2	2 6	2 6	$1s^2 2s^2 2p^6 3s^2 3p^6$

阅读材料

习题 15

15-1 以一定频率的单色光照射在某种金属上，测出其光电流曲线，如图中的实线所示. 然后保持光的频率不变，增大照射光的强度，测出其光电流曲线，如图中的虚线所示，则符合题意的图是( ).

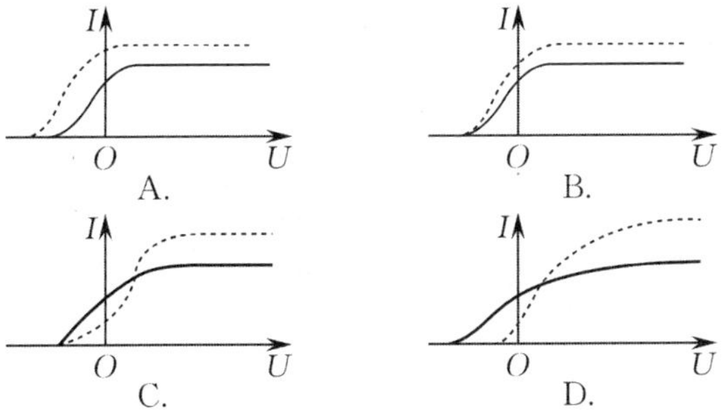

15-2 用 X 射线照射物质时，可以观察到康普顿效应，即在偏离入射光的各个方向上观察到散射光. 这种散射光中( ).

A. 只包含与入射光波长相同的成分

B. 既有与入射光波长相同的成分，也有波长变长的成分，波长的变化只与散射方向有关，与散射物质无关

C. 既有与入射光相同的成分，也有波长变长的成分和波长变短的成分，波长的变化既与散射方向有关，也与散射物质有关

D. 只包含波长变长的成分，其波长的变化只与散射物质有关，与散射方向无关

15-3 关于不确定关系式 $\Delta p_x \Delta x \geqslant \frac{\hbar}{2}$，有以下几种理解：

(1) 粒子的动量不可能确定；

(2) 粒子的坐标不可能确定；

(3) 粒子的动量和坐标不可能同时准确地确定；

(4) 不确定关系式不仅适用于电子和光子，也适用于其他粒子.

上述理解中正确的是(　　).

A. (1)(2)　　B. (2)(4)

C. (3)(4)　　D. (1)(4)

15-4　当用频率为 ν 的单色光照射某种金属时，逸出光电子的最大动能为 E_k. 若改用频率为 2ν 的单色光照射此种金属，则逸出光电子的最大动能为(　　).

A. $2E_k$　　B. $2h\nu - E_k$

C. $h\nu - E_k$　　D. $h\nu + E_k$

15-5　最早直接证实了电子自旋存在的实验之一是(　　).

A. 康普顿散射实验　　B. 卢瑟福散射实验

C. 戴维孙-革末实验　　D. 施特恩-格拉赫实验

15-6　测量星球表面温度的方法之一是将它看成绝对黑体，利用维恩位移定律，由测得的峰值波长 λ_m 计算出温度 T. 若测得北极星的 $\lambda_m = 0.35\ \mu m$，试求其表面温度.

15-7　黑体在某一温度时的单色辐出度为 $5.7\ W \cdot cm^{-2}$，试求这时黑体热辐射中的峰值波长 λ_m.

15-8　太阳可看作半径为 7.0×10^8 m 的球形黑体，试计算太阳的温度. 设太阳辐射到地球表面上的能量为 $1.4\times10^3\ W \cdot m^{-2}$，地球与太阳间的距离为 1.5×10^{11} m.

15-9　钨的逸出功是 4.52 eV，钡的逸出功是 2.50 eV，分别计算钨和钡的截止频率. 哪种金属可以用作可见光范围内的光电管阴极材料？

15-10　钾的截止频率为 4.62×10^{14} Hz. 今以波长为 435.8 nm 的光照射它，求钾放出的光电子的初速度.

15-11　在康普顿效应中，入射光子的波长为 3.0×10^{-3} nm，反冲电子的速度为光速的 60%，求散射光子的波长及散射角.

15-12　波长为 $\lambda = 0.070\ 8$ nm 的 X 射线在石蜡上发生康普顿散射，求散射角为 $\frac{\pi}{2}$ 和 π 方向上的散射 X 射线的波长.

15-13　一光子与自由电子碰撞，电子可能获得的最大能量为 60 keV，求入射光子的波长和能量.

15-14　已知 α 粒子的静质量为 6.68×10^{-27} kg. 求速度为 $5\ 000\ km \cdot s^{-1}$ 的 α 粒子的德布罗意波长.

15-15　求动能为 1.0 eV 的电子的德布罗意波长.

15-16　铀核的线度为 7.2×10^{-15} m，求其中一个质子的动量和速度的不确定量.

15-17　根据玻尔理论计算当氢原子处于基态时，电子的速度和绕行频率.

15-18　氢原子中的电子处于 $n=4, l=3$ 的状态，问：(1) 该电子的角动量 L 的值为多少？(2) 角动量 L 在 z 轴的分量有哪些可能的值？(3) 角动量 L 与 z 轴的夹角的可能值为多少？

附　　录

附录 A　国际单位制(SI)

根据 2018 年 11 月 16 日第 26 届国际计量大会包括中国在内的 53 个成员国的集体表决，全票通过了关于“修订国际单位制(SI)”的 1 号决议，国际单位制的 7 个基本单位：时间单位“秒”，长度单位“米”，质量单位“千克”，电流单位“安培”，热力学温度单位“开尔文”，物质的量单位“摩尔”，发光强度单位“坎德拉”全部改为由常数定义，此决议自 2019 年 5 月 20 日(世界计量日)起生效. 此次变革是改变国际单位制采用实物基准的历史性变革，是人类科学发展进步中的一座里程碑.

全国科学技术名词审定委员会、计量学名词审定委员会组织业内专家，针对国际单位制的 7 个基本单位的定义进行了修订工作，现将其新修订的中文定义正式公布如下.

表 A-1　国际单位制(SI)的基本单位

量的名称	单位名称	单位符号	定义
时间	秒	s	国际单位制中的时间单位，符号 s. 当铯频率 $\Delta\nu_{Cs}$，也就是铯 133 原子不受干扰的基态超精细跃迁频率，以单位 Hz，即 s^{-1} 表示时，取其固定数值 9 192 631 770 来定义秒
长度	米	m	国际单位制中的长度单位，符号 m. 当真空中光速 c 以单位 m/s 表示时，取其固定数值 299 792 458 来定义米，其中秒用 $\Delta\nu_{Cs}$ 定义
质量	千克	kg	国际单位制中的质量单位，符号 kg. 当普朗克常量 h 以单位 J·s，即 $kg\cdot m^2\cdot s^{-1}$ 表示时，取其固定数值 $6.626\ 070\ 15\times10^{-34}$ 来定义千克，其中米和秒分别用 c 和 $\Delta\nu_{Cs}$ 定义
电流	安[培]	A	国际单位制中的电流单位，符号 A. 当基本电荷 e 以单位 C，即 A·s 表示时，取其固定数值 $1.602\ 176\ 634\times10^{-19}$ 来定义安培，其中秒用 $\Delta\nu_{Cs}$ 定义
热力学温度	开[尔文]	K	国际单位制中的热力学温度单位，符号 K. 当玻尔兹曼常量 k 以单位 $J\cdot K^{-1}$，即 $kg\cdot m^2\cdot s^{-2}\cdot K^{-1}$ 表示时，取其固定数值 $1.380\ 649\times10^{-23}$ 来定义开尔文，其中千克、米和秒分别用 h，c 和 $\Delta\nu_{Cs}$ 定义
物质的量	摩[尔]	mol	国际单位制中的物质的量的单位，符号 mol. 1 mol 精确包含 $6.022\ 140\ 76\times10^{23}$ 个基本单元. 该数称为阿伏伽德罗常量，为以单位 mol^{-1} 表示的阿伏伽德罗常量 N_A 的固定数值
发光强度	坎[德拉]	cd	国际单位制中的沿指定方向发光的强度单位，符号 cd. 当频率为 540×10^{12} Hz 的单色辐射的光视效能 K_{cd} 以单位 $lm\cdot W^{-1}$，即 $cd\cdot sr\cdot W^{-1}$ 或 $cd\cdot sr\cdot kg^{-1}\cdot m^{-2}\cdot s^3$ 表示时，取其固定数值 683 来定义坎德拉，其中千克、米和秒分别用 h，c 和 $\Delta\nu_{Cs}$ 定义

表 A-2　SI 辅助单位

量的名称	单位名称	单位符号	定义
[平面]角	弧度	rad	弧度是一个圆内两条半径之间的平面角，这两条半径在圆周上截取的弧长与半径相等
立体角	球面度	sr	球面度是一个立体角，其顶点位于球心，而它在球面上所截取的面积等于以球半径为边长的正方形面积

表 A-3　SI 词头

词头名称	符号	因数	词头名称	符号	因数
尧[它]	Y	10^{24}	分	d	10^{-1}
泽[它]	Z	10^{21}	厘	c	10^{-2}
艾[可萨]	E	10^{18}	毫	m	10^{-3}
拍[它]	P	10^{15}	微	μ	10^{-6}
太[拉]	T	10^{12}	纳[诺]	n	10^{-9}
吉[咖]	G	10^{9}	皮[可]	p	10^{-12}
兆	M	10^{6}	飞[母托]	f	10^{-15}
千	k	10^{3}	阿[托]	a	10^{-18}
百	h	10^{2}	仄[普托]	z	10^{-21}
十	da	10^{1}	幺[科托]	y	10^{-24}

附录 B　常用物理常量表

表 B-1　基本物理常量

物理量	符号	数值
真空中的光速	c	299 792 458 m · s^{-1}
真空磁导率	μ_0	1. 256 637 062 12(19) $\times 10^{-6}$ N · A^{-2}
真空电容率	ε_0	8. 854 187 812 8(13) $\times 10^{-12}$ F · m^{-1}
引力常量	G	6. 674 30(15) $\times 10^{-11}$ m^3 · kg^{-1} · s^{-2}
普朗克常量	h	6. 626 070 15 $\times 10^{-34}$ J · s
基本电荷	e	1. 602 176 634 $\times 10^{-19}$ C
里德伯常量	R_∞	10 973 731. 568 160(21) m^{-1}
波尔半径	a_0	5. 291 772 109 03(80) $\times 10^{-11}$ m
电子静止质量	m_e	9. 109 383 701 5(28) $\times 10^{-31}$ kg
质子静止质量	m_p	1. 672 621 923 69(51) $\times 10^{-27}$ kg
中子静止质量	m_n	1. 674 927 498 04(95) $\times 10^{-27}$ kg
阿伏伽德罗常量	N_A	6. 022 140 76 $\times 10^{23}$ mol^{-1}
摩尔气体常量	R	8. 314 462 618 … J · mol^{-1} · K^{-1}

续表

物理量	符号	数值
玻尔兹曼常量	k	$1.380\,649 \times 10^{-23}$ J · K^{-1}
斯特藩-玻尔兹曼常量	σ	$5.670\,374\,419 \cdots \times 10^{-8}$ W · m^{-2} · K^{-4}
电子伏特	eV	$1.602\,176\,634 \times 10^{-19}$ J
原子质量单位	u	$1.660\,539\,066\,60(50) \times 10^{-27}$ kg
标准大气压	atm	101 325 Pa

注:表中数据为国际科学联合会理事会科学技术数据委员会(CODATA)2018 年的国际推荐值.

表 B-2　有关太阳和地球的数据

名称	数值
太阳的质量 m_S	1.99×10^{30} kg
太阳的半径 R_S	6.96×10^{8} m
地球的质量 m_E	5.97×10^{24} kg
地球赤道半径 R_E	6.37×10^{6} m

附录 C　历年诺贝尔物理学奖获得者

习题参考答案

习题 1

1-1　(1) B;　(2) C

1-2　D　1-3　D　1-4　B　1-5　D

1-6　(1) 32 m;　(2) 48 m;

(3) $-48\ \text{m}\cdot\text{s}^{-1}$, $-36\ \text{m}\cdot\text{s}^{-2}$

1-7　(1) $y=2-\dfrac{1}{4}x^2$;

(2) $2\boldsymbol{j}$, $4\boldsymbol{i}-2\boldsymbol{j}$;

(3) $\Delta\boldsymbol{r}=4\boldsymbol{i}-4\boldsymbol{j}$

1-8　(1) $18.0\ \text{m}\cdot\text{s}^{-1}$, $\alpha=123°41'$;

(2) $72.1\ \text{m}\cdot\text{s}^{-2}$, $\beta=-33°41'$

1-9　(1) 0.705 s;　(2) 0.716 m

1-10　$\dfrac{A}{B}(1-\mathrm{e}^{-Bt})$, $y=\dfrac{A}{B}t+\dfrac{A}{B^2}(\mathrm{e}^{-Bt}-1)$

1-11　(1) $6t\boldsymbol{i}+4t\boldsymbol{j}$, $(10+3t^2)\boldsymbol{i}+2t^2\boldsymbol{j}$;

(2) $3y=2x-20$, 图略

1-12　(1) $y=19-0.5x^2$;

(2) $2\boldsymbol{i}-6\boldsymbol{j}$;

(3) $2\boldsymbol{i}-4\boldsymbol{j}$, $\dfrac{8\sqrt{5}}{5}\ \text{m}\cdot\text{s}^{-2}$,

$\dfrac{4\sqrt{5}}{5}\ \text{m}\cdot\text{s}^{-2}$;

(4) 11.18 m

1-13　(1) 452 m;　(2) 12.5°;

(3) $1.88\ \text{m}\cdot\text{s}^{-2}$, $9.62\ \text{m}\cdot\text{s}^{-2}$

1-14　(1) 1.37 s;　(2) 10.67 m;　(3) 4.22 m

1-15　26.1 m, 2.31 s

1-16　(1) $\sqrt{\dfrac{R^2b^2+(v_0-bt)^4}{R^2}}$, $\boldsymbol{a}$ 与 $\boldsymbol{e}_n$ 的夹角为

$\arctan\left[-\dfrac{(v_0-bt)^2}{Rb}\right]$;

(2) $\dfrac{v_0}{b}$;　　(3) $\dfrac{v_0^2}{4\pi bR}$ r

1-17　(1) $0.5\ \text{rad}\cdot\text{s}^{-1}$, $1.0\ \text{m}\cdot\text{s}^{-2}$,

$1.01\ \text{m}\cdot\text{s}^{-2}$;

(2) 5.33 rad

1-18　(1) $2.30\ \text{m}\cdot\text{s}^{-2}$, $4.80\ \text{m}\cdot\text{s}^{-2}$;

(2) $\theta=3.15$ rad;　(3) $t=0.55$ s

习题 2

2-1　D　2-2　C　2-3　A

2-4　C　2-5　A

2-6　$\alpha=49°$, 0.99 s

2-7　(1) 取竖直向上为正方向, 5.94×10^3 N, -1.98×10^3 N;

(2) 3.24×10^3 N, -1.08×10^3 N. 由上述结果可见，在起吊相同重量的物体时，加速度越大，钢丝绳所受的张力越大. 因此，起吊重物时必须缓慢加速，以确保钢丝绳中的张力在安全范围内

2-8　7.2 N

2-9　$\dfrac{m'v'^2}{2\mu g(m'+m)}$

2-10　$R-\dfrac{g}{\omega^2}$

2-11　$15\ \text{m}\cdot\text{s}^{-2}$, $2.5\ \text{m}\cdot\text{s}^{-2}$

2-12　(1) $-0.25\cos\left(5t+\dfrac{\pi}{2}\right)$;　(2) 证明略

2-13　$6+4t+6t^2$,

$5+6t+2t^2+2t^3$

2-14　(1) $30\ \text{m}\cdot\text{s}^{-1}$;　(2) 467 m

2-15　(1) $v=\sqrt{2gh}\,\mathrm{e}^{-by/m}$;　(2) 5.76 m

2-16　$\sqrt{\dfrac{2g\cos\alpha}{r}}$, $-3mg\cos\alpha$

2-17　(1) $\dfrac{Rv_0}{R+v_0\mu t}$;

(2) $\dfrac{R}{\mu v_0}$, $\dfrac{R}{\mu}\ln 2$

2-18　(1) 6.11 s;　(2) 183 m

习题 3

3-1　C　3-2　C　3-3　A　3-4　C

3-5 D 3-6 C 3-7 D 3-8 C

3-9 2.55×10^5 N，这个冲力大致相当于一个 22 t 的物体所受的重力，可见此冲力是相当大的. 若飞鸟与飞机发动机叶片相碰，足以使飞机发动机损坏，造成飞行事故

3-10 (1) $-mv_0\sin\theta\boldsymbol{j}$； (2) $-2mv_0\sin\theta\boldsymbol{j}$

3-11 (1) 68 N·s； (2) 6.86 s； (3) 40 $\mathrm{m\cdot s^{-1}}$

3-12 1.14×10^3 N

3-13 $-\dfrac{kA}{\omega}$

3-14 366 N，其方向在铅直平面内，与来球方向的夹角为 145°

3-15 (1) 5∶4； (2) 1.5 N·s

3-16 (1) $0.05\ \mathrm{kg}\leqslant m\leqslant 0.45\ \mathrm{kg}$；
(2) 0.15 kg，600 s

3-17 2.5×10^3 N，其方向沿直角平分线指向弯管外侧

3-18 0.4 $\mathrm{m\cdot s^{-1}}$，3.6 $\mathrm{m\cdot s^{-1}}$

3-19 $\dfrac{mv_0\sin\alpha}{(m+m')g}$

3-20 $-\dfrac{27}{7}kc^{2/3}l^{7/3}$

3-21 (1) 0.53 J，0；
(2) 0.53 J，2.30 $\mathrm{m\cdot s^{-1}}$；
(3) 2.49 N

3-22 (1) $-\dfrac{3}{8}mv_0^2$； (2) $\dfrac{3v_0^2}{16\pi rg}$； (3) $\dfrac{4}{3}$ r

3-23 $(m_1+m_2)g$

3-24 (1) $\dfrac{1}{18}mv_0^2$，$-\dfrac{2}{9}mv_0^2$；
(2) $\dfrac{1}{18}mv_0^2$，$-\dfrac{2}{9}mv_0^2$；
(3) 证明略； (4) 证明略

3-25 (1) $G\dfrac{mm_E}{6R_E}$； (2) $-G\dfrac{mm_E}{3R_E}$；
(3) $E=-G\dfrac{mm_E}{6R_E}$

3-26 角位置 $\theta=48.2°$，速度大小为 $\sqrt{\dfrac{2Rg}{3}}$，速度的方向与重力方向的夹角为 41.8°

3-27 366 $\mathrm{N\cdot m^{-1}}$

3-28 $\sqrt{\dfrac{mm'}{k(m+m')}}v$

3-29 $\dfrac{2m'}{m\sqrt{5gl}}$

习题 4

4-1 B 4-2 B 4-3 C 4-4 C

4-5 B 4-6 D 4-7 A 4-8 C

4-9 C 4-10 D 4-11 C

4-12 C 4-13 A 4-14 B

4-15 (1) 13.1 $\mathrm{rad\cdot s^{-2}}$； (2) 390 r

4-16 10.8 s

4-17 $d=9.59\times10^{-11}$ m，$\theta=52.3°$

4-18 0.136 $\mathrm{kg\cdot m^2}$

4-19 $mR^2\left(\dfrac{gt^2}{2h}-1\right)$

4-20 $\dfrac{m_1R-m_2r}{J_1+J_2+m_1R^2+m_2r^2}gR$，

$\dfrac{m_1R-m_2r}{J_1+J_2+m_1R^2+m_2r^2}gr$，

$F_{T1}=\dfrac{J_1+J_2+m_1r^2+m_2Rr}{J_1+J_2+m_1R^2+m_2r^2}m_1g$，

$F_{T2}=\dfrac{J_1+J_2+m_1R^2+m_1Rr}{J_1+J_2+m_1R^2+m_2r^2}m_2g$

4-21 (1) $a_1=a_2=\dfrac{m_2g-m_1g\sin\theta-\mu m_1g\cos\theta}{m_1+m_2+\dfrac{J}{r^2}}$；

(2) $F_{T1}=\dfrac{m_1m_2g(1+\sin\theta+\mu\cos\theta)+(\sin\theta+\mu\cos\theta)m_1gJ/r^2}{m_1+m_2+J/r^2}$，

$F_{T2}=\dfrac{m_1m_2g(1+\sin\theta+\mu\cos\theta)+m_2gJ/r^2}{m_1+m_2+J/r^2}$

4-22 $F=3.14\times10^2$ N

4-23 (1) $\dfrac{J}{c}\ln 2$； (2) $\dfrac{J\omega_0}{4\pi c}$ r

4-24 $M=4.12$ N·m

4-25 $\dfrac{\omega^2R^2}{2g}$，$\left(\dfrac{1}{2}m'-m\right)R^2\omega$

4-26 29.1 $\mathrm{rad\cdot s^{-1}}$

4-27 -9.52×10^{-2} $\mathrm{rad\cdot s^{-1}}$，其中负号表示转台转动的方向与人相对于地面的转动方向相反

4-28 0.8π $\mathrm{rad\cdot s^{-1}}$

4-29 2.67 s

4-30 $\dfrac{6L}{25\mu}$

4-31 (1) 2.77 $\mathrm{r\cdot s^{-1}}$； (2) 26.2 J，72.6 J

4-32 (1) $\omega_b=\dfrac{m'}{m'+2m}\omega_a$； (2) $\omega_c=\dfrac{m'R^2}{m'R^2+2mr^2}\omega_a$

4-33 (1) 2.0 $\mathrm{kg\cdot m^2\cdot s^{-1}}$； (2) 88°38′

4-34 8.11×10^3 $\mathrm{m\cdot s^{-1}}$，6.31×10^3 $\mathrm{m\cdot s^{-1}}$

习题 5

5-1 B 5-2 B 5-3 B 5-4 C

5-5 C 5-6 B 5-7 B 5-8 C

5-9 D 5-10 E 5-11 B 5-12 B

5-13　B　5-14　B

5-15　(1) 0.10 m, 10 Hz, 20π rad·s^{-1}, 0.1 s, 0.25π;
(2) 7.07×10^{-2} m, -4.44 m·s^{-1}, -2.79×10^{2} m·s^{-2}

5-16　证明略，$2\pi\sqrt{m/\rho gS}$

5-17　(1) 证明略；(2) $\dfrac{1}{2\pi}\sqrt{k_1k_2(k_1+k_2)m}$

5-18　(1) $x=2.0\times10^{-2}\cos 4\pi t$;

(2) $x=2.0\times10^{-2}\cos\left(4\pi t+\dfrac{\pi}{2}\right)$;

(3) $x=2.0\times10^{-2}\cos\left(4\pi t+\dfrac{\pi}{3}\right)$;

(4) $x=2.0\times10^{-2}\cos\left(4\pi t+\dfrac{4\pi}{3}\right)$

5-19　(1) $x_1=8.0\times10^{-2}\cos(10t+\pi)$;
(2) $x_2=6.0\times10^{-2}\cos(10t+0.5\pi)$

5-20　(1) $x=0.10\cos\left(\dfrac{5\pi}{24}t-\dfrac{\pi}{3}\right)$;

(2) 当初相取为 $\varphi_0=-\dfrac{\pi}{3}$ 时，P 点的相位为 $\varphi_P=\varphi_0+\omega(t_P-0)=0$(如果初相取为 $\varphi_0=\dfrac{5\pi}{3}$，则 P 点的相位应表示为 $\varphi_P=\varphi_0+\omega(t_P-0)=2\pi$)；

(3) 1.6 s

5-21　(1) -8.66×10^{-2} m；(2) 2.14×10^{3} N；
(3) 2 s；(4) $\dfrac{4}{3}$ s

5-22　(1) 4.2 s；(2) 4.5×10^{2} m·s^{-2}；
(3) $v=2\cos\left(1.5t-\dfrac{5\pi}{6}\right)$

5-23　(1) 3.13 rad·s^{-1}, 2.01 s;
(2) $\theta=\dfrac{\pi}{36}\cos 3.13t$;
(3) -0.218 rad·s^{-1}, -0.218 m·s^{-1}

5-24　$x=2.5\times10^{-2}\cos(40t+0.5\pi)$

5-25　(1) 空盘做振动的周期为 $T=\dfrac{2\pi}{\omega}=2\pi\sqrt{\dfrac{m_1}{k}}$，此时的振动周期为 $T'=\dfrac{2\pi}{\omega'}=2\pi\sqrt{\dfrac{m_1+m_2}{k}}$；

(2) $\dfrac{m_2g}{k}\sqrt{1+\dfrac{2kh}{(m_1+m_2)g}}$

5-26　(1) 0.314 s;
(2) 2.0×10^{-3} J, 2.0×10^{-3} J;
(3) $\pm7.07\times10^{-3}$ m;
(4) $\dfrac{E}{4}$, $\dfrac{3E}{4}$

5-27　9.62×10^{-3} J

习题 6

6-1　D　6-2　C　6-3　C　6-4　A

6-5　B　6-6　C　6-7　D

6-8　0.40 m

6-9　(1) 0.2 m, 2.5 m·s^{-1}, 1.25 Hz, 2.0 m;
(2) 1.57 m·s^{-1};
(3)

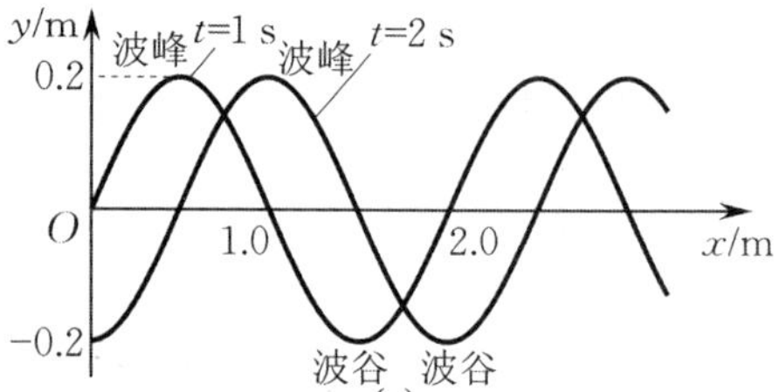

(a)

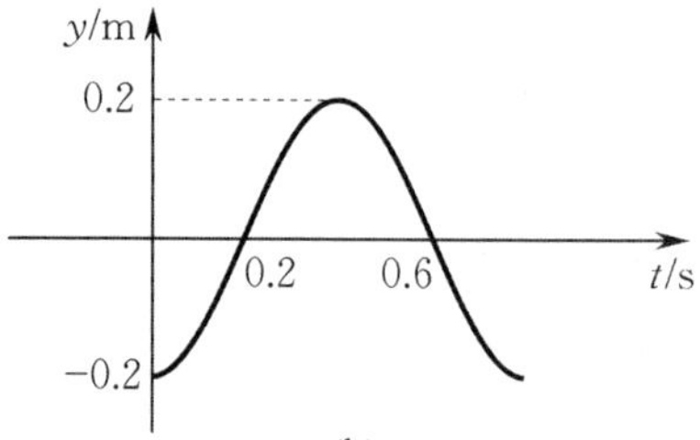

(b)

讨论略

6-10　(1) 8.33×10^{-3} s, 0.25 m;
(2) $y=4\times10^{-3}\cos(240\pi t-8\pi x)$

6-11　(1) $y_1=A\cos(100\pi t-15.5\pi)$,
$y_2=A\cos(100\pi t-5.5\pi)$,
它们的初相分别为 -15.5π 和 -5.5π(若波源初相取为 $\dfrac{3\pi}{2}$，则它们的初相分别为 -13.5π，-3.5π)；
(2) π

6-12　(1) $y=0.10\cos\left[500\pi\left(t+\dfrac{x}{5\,000}\right)+\dfrac{\pi}{3}\right]$;

(2) $y=0.10\cos\left(500\pi t+\dfrac{13\pi}{12}\right)$,
40.6 m·s^{-1}

6-13　(1) $y=0.04\cos\left[\dfrac{2\pi}{5}\left(t-\dfrac{x}{0.08}\right)-\dfrac{\pi}{2}\right]$;

(2) $y=0.04\cos\left(\dfrac{2\pi}{5}t+\dfrac{\pi}{2}\right)$

6-14　$y=0.04\cos\left[\dfrac{\pi}{6}\left(t+\dfrac{x}{10}\right)-\dfrac{\pi}{2}\right]$

6-15　(1) $8.4\pi, 8.2\pi$；(2) π

6-16　$1.27\times10^{-2}\ \mathrm{W\cdot m^{-2}}, 1.27\times10^{-2}\ \mathrm{W\cdot m^{-2}}$

习题 7

7-1　D　7-2　B　7-3　C　7-4　D

7-5　A　7-6　B　7-7　C　7-8　B

7-9　9.5 天

7-10　$3.21\times10^{17}\ \mathrm{m^{-3}}, 10^{-2}\ \mathrm{m}$,
$4.69\times10^{4}\ \mathrm{s^{-1}}$

7-11　(1) $2.0\times10^{3}\ \mathrm{m\cdot s^{-1}}$,
$5.0\times10^{2}\ \mathrm{m\cdot s^{-1}}$；
(2) 4.81×10^{2} K

7-12　$2.06\times10^{3}\ \mathrm{m\cdot s^{-1}}$,
$2.23\times10^{3}\ \mathrm{m\cdot s^{-1}}$,
$1.82\times10^{3}\ \mathrm{m\cdot s^{-1}}$

习题 8

8-1　D　8-2　C　8-3　C　8-4　C

8-5　A　8-6　C　8-7　B　8-8　B

8-9　5.0×10^{2} J, 1.21×10^{3} J

8-10　(1) 623.25 J, 623.25 J, 0；
(2) 1 038.75 J, 623.25 J,
415.50 J

8-11　55.7 J

8-12　(1) 2.49×10^{3} J, 8.73×10^{3} J；
(2) 1.73×10^{3} J, 1.73×10^{3} J；
(3) 1.51×10^{3} J, 0 J

8-13　(1) 2.77×10^{3} J, 2.77×10^{3} J；
(2) 2.0×10^{3} J, 2.0×10^{3} J

8-14　15%

8-15　93.3 K

8-16　8.0 kW·h

8-17　(1) $T_2 = 1\,200$ K；(2) $n = 1.96\times10^{26}\ \mathrm{m^{-3}}$

8-18　$2.78\ \mathrm{J\cdot K^{-1}}$

8-19　(1) $612\ \mathrm{J\cdot K^{-1}}$；(2) $-570\ \mathrm{J\cdot K^{-1}}$；
(3) $42\ \mathrm{J\cdot K^{-1}}$，熵增加

习题 9

9-1　B　9-2　D　9-3　A　9-4　B

9-5　A

9-6　因为电势是在无穷远处被定义为 0 的，而距离点电荷距离为 r 处的电势的计算式是 Q/r. 所以当 Q 为正时，产生的电势是正的，当 Q 为负时，产生的电势是负的. 同样可以从计算式看出，在正(或负) 点电荷电场中，离点电荷越远，电势越低(或高)

9-7　(1) $\dfrac{qq'}{2\pi\varepsilon_0}\dfrac{r}{(r^2+a^2)^{3/2}}\boldsymbol{j}$；(2) $\pm\dfrac{\sqrt{2}}{2}a$；
(3) 当 q 与 q' 同号时，q' 在所放的位置上从静止释放后，便沿着 y 轴加速远离 q，直至无穷远处；当 q 与 q' 异号时，q' 从静止释放后，因所受力始终指向原点 O，因此便以原点 O 为平衡位置，在 y 轴上振动

9-8　$\pi R^2 E$

9-9　$\dfrac{\lambda}{\pi^2}a\varepsilon_0$

9-10　平行平面中间的电场强度为$\dfrac{\sigma_1-\sigma_2}{2\varepsilon_0}$，两边的电场强度为$\dfrac{\sigma_1+\sigma_2}{2\varepsilon_0}$

9-11　(1) $\dfrac{\sigma_e}{2\varepsilon_0}\left(1-\dfrac{1}{\sqrt{1+\left(\dfrac{R}{x}\right)^2}}\right)$；(2) $\dfrac{\sigma_e}{2\varepsilon_0}$；
(3) $\dfrac{R^2\sigma_e}{4\varepsilon_0 x^2}$

9-12　$0, 5.79\times10^{20}\ \mathrm{N\cdot C^{-1}}, 38.4\times10^{20}\ \mathrm{N\cdot C^{-1}}$,
$19.2\times10^{20}\ \mathrm{N\cdot C^{-1}}$，电场强度的方向都沿径向向外

9-13　(1) $1.04\ \mathrm{N\cdot m^2\cdot C^{-1}}$；(2) 9.29×10^{-12} C

9-14　$2.21\times10^{-12}\ \mathrm{C\cdot m^{-3}}$,
缺少的电子数密度为 $1.38\times10^{7}\ \mathrm{m^{-3}}$

9-15　0.05 nm

9-16
$$\begin{cases}\boldsymbol{E}_{\mathrm{I}} = \boldsymbol{0} \quad (r<R_1),\\ \boldsymbol{E}_{\mathrm{II}} = \dfrac{Q_1}{4\pi\varepsilon_0 r^2}\boldsymbol{e}_r \quad (R_1<r<R_2),\\ \boldsymbol{E}_{\mathrm{III}} = \dfrac{Q_1+Q_2}{4\pi\varepsilon_0 r^2}\boldsymbol{e}_r \quad (r>R_2);\end{cases}$$

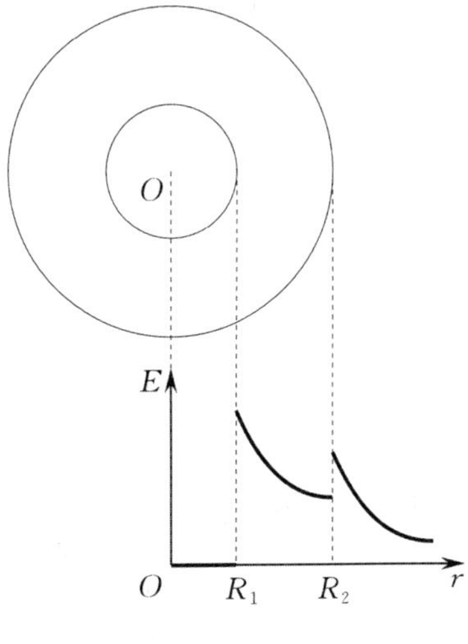

$$\begin{cases} U_{\mathrm{I}} = \dfrac{Q_1}{4\pi\varepsilon_0 R_1} + \dfrac{Q_2}{4\pi\varepsilon_0 R_2} & (r \leqslant R_1), \\ U_{\mathrm{II}} = \dfrac{Q_1}{4\pi\varepsilon_0 r} + \dfrac{Q_2}{4\pi\varepsilon_0 R_2} & (R_1 \leqslant r \leqslant R_2), \\ U_{\mathrm{III}} = \dfrac{Q_1 + Q_2}{4\pi\varepsilon_0 r} & (r \geqslant R_2) \end{cases}$$

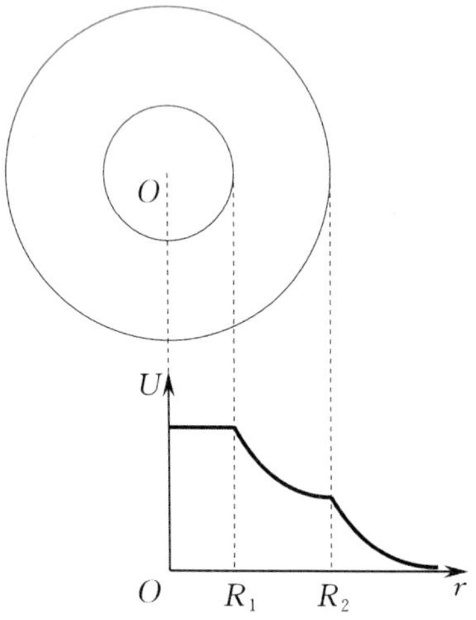

9-17 (1) $\begin{cases} \boldsymbol{E}_1 = \boldsymbol{0} & (0 < r < R_1), \\ \boldsymbol{E}_2 = \dfrac{\lambda_1}{2\pi\varepsilon_0 r}\boldsymbol{e}_r & (R_1 < r < R_2), \\ \boldsymbol{E}_3 = \dfrac{\lambda_1 + \lambda_2}{2\pi\varepsilon_0 r}\boldsymbol{e}_r & (r > R_2); \end{cases}$

(2) $\begin{cases} \boldsymbol{E}_1 = \boldsymbol{0} & (0 < r < R_1), \\ \boldsymbol{E}_2 = \dfrac{\lambda_1}{2\pi\varepsilon_0 r}\boldsymbol{e}_r & (R_1 < r < R_2), \\ \boldsymbol{E}_3 = \boldsymbol{0} & (r > R_2); \end{cases}$

(3) $\begin{cases} U_1 = \dfrac{\lambda_1}{2\pi\varepsilon_0 r}\left(\dfrac{1}{R_1} - \dfrac{1}{R_2}\right) & (0 \leqslant r \leqslant R_1), \\ U_2 = \dfrac{\lambda_1}{2\pi\varepsilon_0 r}\left(\dfrac{1}{r} - \dfrac{1}{R_2}\right) & (R_1 \leqslant r \leqslant R_2), \\ U_3 = 0 & (r \geqslant R_2) \end{cases}$

9-18 (1) 圆柱体内场强 $\boldsymbol{E}_{\mathrm{in}} = \dfrac{\rho r}{2\varepsilon_0}\boldsymbol{e}_r$，

圆柱体外场强 $\boldsymbol{E}_{\mathrm{out}} = \dfrac{\rho R^2}{2\varepsilon_0 r}\boldsymbol{e}_r$；

(2) 圆柱体内电势 $U_{\mathrm{in}} = -\dfrac{\rho R^2 \ln r}{2\varepsilon_0} + \dfrac{\rho(R^2 - r^2)}{4\varepsilon_0}$，圆柱体外电势 $U_{\mathrm{out}} = -\dfrac{\rho R^2 \ln r}{2\varepsilon_0}$

9-19 $-\dfrac{\sqrt{3}q}{2\pi\varepsilon_0 a}$，$-\dfrac{\sqrt{3}qQ}{2\pi\varepsilon_0 a}$

9-20 (1) $2.14 \times 10^7\ \mathrm{V \cdot m^{-1}}$；(2) $1.36 \times 10^4\ \mathrm{V \cdot m^{-1}}$

9-21 (1) 3.0×10^{10} J； (2) 416.7 天

9-22 $\begin{cases} U_1 = \dfrac{\sigma}{\varepsilon_0}a & (x \leqslant -a), \\ U_2 = -\dfrac{\sigma}{\varepsilon_0}x & (-a \leqslant x \leqslant a), \\ U_3 = -\dfrac{\sigma}{\varepsilon_0}a & (x \geqslant a) \end{cases}$

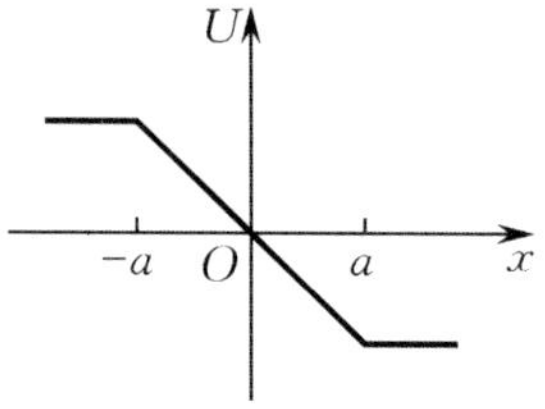

9-23 $\begin{cases} \boldsymbol{E}_1 = \dfrac{Qr}{4\pi\varepsilon_0 R^3}\boldsymbol{e}_r & (r < R), \\ \boldsymbol{E}_2 = \dfrac{Q}{4\pi\varepsilon_0 r^2}\boldsymbol{e}_r & (r > R) \end{cases}$

9-24 $\begin{cases} \boldsymbol{E}_1 = \dfrac{kr^2}{4\varepsilon_0}\boldsymbol{e}_r & (0 < r < R), \\ \boldsymbol{E}_2 = \dfrac{kR^4}{4\varepsilon_0 r^2}\boldsymbol{e}_r & (r > R) \end{cases}$

习题 10

10-1 A 10-2 A 10-3 E 10-4 D

10-5 (1) $U_1 = 3.3 \times 10^2$ V，$U_2 = 2.7 \times 10^2$ V；

(2) $U_1 = U_2 = 2.7 \times 10^2$ V；

(3) $U_1 = 60$ V，$U_2 = 0$

10-6 $\sigma_1 = 6.5 \times 10^{-6}\ \mathrm{C \cdot m^{-2}}$，

$\sigma_2 = -4.9 \times 10^{-6}\ \mathrm{C \cdot m^{-2}}$，

$\sigma_3 = 4.9 \times 10^{-6}\ \mathrm{C \cdot m^{-2}}$，

$\sigma_4 = 8.1 \times 10^{-6}\ \mathrm{C \cdot m^{-2}}$，

$\sigma_5 = -8.1 \times 10^{-6}\ \mathrm{C \cdot m^{-2}}$，

$\sigma_6 = 6.5 \times 10^{-6}\ \mathrm{C \cdot m^{-2}}$

10-7 1.06×10^{-10} F

10-8 (1) 2.2×10^{-7} J； (2) 减少 1.1×10^{-7} J；

(3) 增加 2.2×10^{-7} J

10-9 (1) 当 $0 < r \leqslant a$ 时，有

$E_1 = 0$，$D_1 = 0$，

$U_1 = \dfrac{Q}{4\pi\varepsilon}\left(\dfrac{1}{a} - \dfrac{1}{b}\right) + \dfrac{Q}{4\pi\varepsilon_0}\left(\dfrac{1}{b} - \dfrac{1}{d}\right)$，

当 $a < r \leqslant b$ 时，有

$E_2 = \dfrac{Q}{4\pi\varepsilon r^2}$，$D_2 = \dfrac{Q}{4\pi r^2}$，

$U_2 = \dfrac{Q}{4\pi\varepsilon}\left(\dfrac{1}{r} - \dfrac{1}{b}\right) + \dfrac{Q}{4\pi\varepsilon_0}\left(\dfrac{1}{b} - \dfrac{1}{d}\right)$，

当 $b < r \leqslant d$ 时，有

$E_3 = \dfrac{Q}{4\pi\varepsilon_0 r^2}$，$D_3 = \dfrac{Q}{4\pi r^2}$，

$U_3=\frac{Q}{4\pi\varepsilon_0}\left(\frac{1}{r}-\frac{1}{d}\right)$,

当 $r>d$ 时,有

$E_4=0, D_4=0, U_4=0$;

(2) $4\pi\varepsilon_0\varepsilon\frac{abd}{a\varepsilon(d-b)+d\varepsilon_0(b-a)}$

10-10 (1) $1.1\times10^{-2}\ \mathrm{J\cdot m^{-3}}$, $2.2\times10^{-2}\ \mathrm{J\cdot m^{-3}}$;

(2) 1.11×10^{-7} J, 3.31×10^{-7} J;

(3) 4.42×10^{-7} J,计算方式略

10-11 $\varepsilon_r d:\varepsilon_r(d-\delta)+\delta$

10-12 $D=4.5\times10^{-5}\ \mathrm{C\cdot m^{-2}}$, $E=2.5\times10^{6}\ \mathrm{V\cdot m^{-1}}$,

$P=2.2\times10^{-5}\ \mathrm{C\cdot m^{-2}}$

10-13 $5.31\times10^{-10}\ \mathrm{F\cdot m^{-2}}$

10-14 $\frac{15}{7}$

10-15 $1.7\times10^{-6}\ \mathrm{C\cdot m^{-1}}$, $0.17\times10^{-6}\ \mathrm{C\cdot m^{-1}}$,

$0.017\times10^{-6}\ \mathrm{C\cdot m^{-1}}$

10-16 (1) 4 μF;

(2) $U_{AC}=4$ V, $U_{CD}=6$ V, $U_{DB}=2$ V

10-17 $\frac{Q^2}{8\pi\varepsilon_0 R}$

习题 11

11-1 C 11-2 D 11-3 B

11-4 $13.3\ \mathrm{mA\cdot m^{-2}}$

11-5 1.73×10^{9} A,流向为自西向东,与地球自转方向一致

11-6 0

11-7 (a) $\frac{\mu_0 I}{8R}$, (b) $\frac{\mu_0 I}{2\pi R}(\pi-1)$, (c) $\frac{\mu_0 I}{4\pi R}(\pi+2)$

11-8 (1) $\begin{cases}B=\frac{\mu_0 Ir}{2\pi R^2} & (0<r\leqslant R),\\ B=\frac{\mu_0 I}{2\pi r} & (r>R);\end{cases}$

(2) 5.6×10^{-3} T

11-9 (1) $B=\frac{\mu_0 Ir}{2\pi R_1^2}\quad(r<R_1)$;

(2) $B=\frac{\mu_0 I}{2\pi r}\quad(R_1<r<R_2)$;

(3) $B=\frac{\mu_0 I(R_3^2-r^2)}{2\pi r(R_3^2-R_2^2)}\quad(R_2<r<R_3)$;

(4) $B=0\quad(r>R_3)$

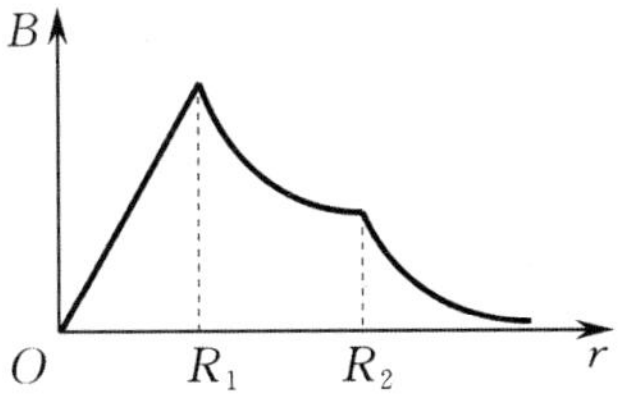

11-10 $\frac{\mu_0 j}{2}$

11-11 (1) $\mu_0 j$; (2) 0

11-12 $\begin{cases}H=\frac{Ir}{2\pi R^2}, B=\frac{\mu Ir}{2\pi R^2} & (r<R),\\ H=\frac{I}{2\pi r}, B=\frac{\mu_0 I}{2\pi r} & (r>R)\end{cases}$

习题 12

12-1 B 12-2 A 12-3 D 12-4 B

12-5 1.7 V,线圈平面与磁感应强度方向平行时电动势最大

12-6 -2.51 V

12-7 $-\frac{\mu_0 l\omega}{2\pi}\ln\frac{b}{a}I_0\cos\omega t$

12-8 0.05 T

12-9 $\frac{1}{2}\omega BL(L-2r)$

12-10 -3.84×10^{-5} V,A 端

12-11 $\frac{\mu_0 l}{\pi}\ln\frac{d-a}{a}$

12-12 (1) $L_1=0$; (2) $L_2=4$ L

12-13 $9.05\ \mathrm{m^3}$, 28.8 H

12-14 (1) 6.28×10^{-6} H; (2) 3.14×10^{-4} V,方向与线圈 B 中的电流方向相同

12-15 $5.6\times10^{-17}\ \mathrm{J\cdot m^{-3}}$, $0.21\ \mathrm{J\cdot m^{-3}}$

习题 13

13-1 C 13-2 B 13-3 B 13-4 B

13-5 D

13-6 40.0 cm

13-7 (1) -0.50,缩小倒立像;

(2) 2.00,放大正立像

13-8 4.2 cm 到 5 cm 之间

13-9 -60 cm

13-10 凸透镜应距离光源 1.2 m 或 0.4 m

13-11 证明略

习题 14

14-1 C 14-2 B 14-3 D 14-4 C

14-5 C 14-6 C

14-7 (1) 500 nm; (2) 3 mm

14-8 黄色

14-9 673 nm

14-10 629 nm

14－11　625 nm

14－12　5.46×10^{-3} m，2.73×10^{-3} m

14－13　5.89×10^{-3} rad，6.75×10^{-3} m

14－14　430 nm，600 nm

14－15　约等于 $0.23I_0$

14－16　$54°44'$，$35°16'$

14－17　1∶2

14－18　$n_e=1.486$

习题 15

15－1　B　15－2　B　15－3　C　15－4　D

15－5　D

15－6　8.28×10^3 K

15－7　$\lambda_m=2\ 898$ nm

15－8　5 800 K

15－9　1.09×10^{15} Hz，0.603×10^{15} Hz. 钡是可以用于可见光范围内的光电管阴极材料

15－10　5.74×10^5 m·s^{-1}

15－11　0.004 3 nm，62.3°

15－12　0.073 2 nm，0.075 6 nm

15－13　0.007 86 nm，158 keV

15－14　1.99×10^{-5} nm

15－15　1.23 nm

15－16　1.18×10^{-20} kg·m·s^{-1}，1.13×10^7 m·s^{-1}

15－17　2.18×10^6 m·s^{-1}，6.58×10^{15} Hz

15－18　(1) $L=\sqrt{12}\hbar$；(2) $0,\pm\hbar,\pm2\hbar,\pm3\hbar$；(3) 30°，55°，73°，90°，107°，125°，150°